EUL VERLAG

EUROPEAN BUSINESS SCHOOL

International University Schloß Reichartshausen

Inauguraldissertation

zur Erlangung eines Doctor rerum politicarum (Dr. rer. pol.)

an der EUROPEAN BUSINESS SCHOOL, International University, Oestrich-Winkel

vorgelegt von

Dipl.-Kfm. Benjamin Pfeifer

aus Erfurt

Zur Nachhaltigkeitsorientierung von Private Equity-Investoren – Anforderungen und Trends in den Kontrollsystemen der Beteiligungsgesellschaften in Deutschland

Betreuer (Erstgutachter): Prof. Dr. Heinz Klandt

Zweitgutachter: Prof. Dr. Dirk Schiereck

Eingereicht am: 13.10.2008

Tag der Disputation: 11.12.2008

Reihe: FGF Entrepreneurship-Research Monographien · Band 67

Herausgegeben von Prof. Dr. Heinz Klandt, Oestrich-Winkel, Prof. Dr. Dr. h. c. Norbert Szyperski, Köln, Prof. Dr. Michael Frese, Gießen, Prof. Dr. Josef Brüderl, Mannheim, Prof. Dr. Rolf Sternberg, Hannover, Prof. Dr. Ulrich Braukmann, Wuppertal, und Prof. Dr. Lambert T. Koch, Wuppertal

Dr. Benjamin Pfeifer

Zur Nachhaltigkeitsorientierung von Private Equity-Investoren

EUL VERLAG

Bibliografische Information der Deutschen Nationalbibliothek

Die Deutsche Nationalbibliothek verzeichnet diese Publikation in der Deutschen Nationalbibliografie; detaillierte bibliografische Daten sind im Internet über <http://dnb.d-nb.de> abrufbar.

Dissertation, European Business School (EBS), Oestrich-Winkel, 2008, unter dem Titel: Zur Nachhaltigkeitsorientierung von Private Equity-Investoren – Anforderungen und Trends in den Kontrollsystemen der Beteiligungsgesellschaften in Deutschland

D 1540 (2008)

ISBN 978-3-89936-877-2
1. Auflage Dezember 2009

JOSEF EUL VERLAG GmbH
Brandsberg 6
53797 Lohmar
Tel.: 0 22 05 / 90 10 6-6
Fax: 0 22 05 / 90 10 6-88
E-Mail: info@eul-verlag.de
http://www.eul-verlag.de

Bei der Herstellung unserer Bücher möchten wir die Umwelt schonen. Dieses Buch ist daher auf säurefreiem, 100% chlorfrei gebleichtem, alterungsbeständigem Papier nach DIN 6738 gedruckt.

„*Wir sind an einem Punkt der Geschichte angelangt, an dem unübersehbar wird, dass es mehr gibt als ökonomisches Wachstum*" – Andrew Oswald, University of Warwick

Danksagung

Bei der Erstellung und Durchführung der vorliegenden Dissertation waren unterschiedlichste Menschen eine große Hilfe. Neben allen Unterstützern, möchte ich den Folgenden meinen besonderen Dank aussprechen.

Zu allererst gilt mein aufrichtiger Dank meinem Doktorvater, Herrn Prof. Dr. Heinz Klandt vom Lehrstuhl für Entrepreneuership an der EUROPEAN BUSINESS SCHOOL. Er brachte mir großes Vertrauen in einer sehr schwierigen Zeit entgegen und übernahm kurzfristig die Betreuung meiner Arbeit. Neben diesem Vertrauensvorschuss behalte ich die konstruktive Kritik und klärenden Gespräche in bleibender Erinnerung. Neben der guten Betreuung bin ich Herrn Prof. Klandt jedoch auch für den hohen Grad an Freiheit dankbar, den er mir bei der Themenfindung und Ausarbeitung der Studie hat zukommen lassen.

Genauso herzlich möchte ich Herrn Prof. Dr. Dirk Schiereck für die Übernahme der Zweitkorrektur meiner Arbeit danken.

Eine wichtige und zentrale Rolle hat neben meinen Doktorvätern insbesondere Herr Dr. Paschen von Flotow, Leiter des SUSTAINABLE BUSINESS INSTITUTE (SBI), eingenommen, dem ich an dieser Stelle ganz besonders herzlich danken möchte. Er hat nicht nur meine Arbeit finanziell gefördert, sondern vor allem den Inhalt und die Ausrichtung der Studie maßgeblich beeinflusst. In den vielen Gesprächen und intensiven Diskussion mit Herrn Dr. von Flotow hat meine Arbeit seine eigentliche Richtung bekommen. Viele seiner Einwürfe und Ideen haben maßgeblich zur Entwicklung dieser Arbeit beigetragen. Ich möchte ihm an dieser Stelle neben seiner fachlich kompetenten Beratung besonders für die Ruhe und Geduld danken, mit der er viele emotional und vehement vorgetragene Ideen einer kritischen Beurteilung hat zu kommen lassen und dem kreativen Geist damit Bahnen gezeigt hat.

Herzlich danken möchte ich auch meinem Freund und Förderer Dr. Klaus Eichhorn. Er hatte während der gesamten Zeit immer ein offenes Ohr für die Beschwerden eines Doktoranden und stand mit Rat und Tat jederzeit zur Verfügung. Auch möchte ich ihm für seinen persönlichen Einsatz danken, mit dem er mir oftmals die notwendigen Freiräume im engen Zeitplan der Unternehmensberatung geschaffen hat.

Ich möchte auch Herrn Dr. Dr. Holger Patzelt vom Max Planck Institut, Jena, für die freimütig übernommenen Korrekturen meines Fragebogens und Hilfe bei der konzeptionellen Strukturierung der Arbeit sehr herzlich danken.

In diesem Sinne möchte ich auch meinen Dank dem Bundesverband Deutscher Kapitalbeteiligungsgesellschaften (BvK e. V.) und hier insbesondere Herrn Dr. Frommann, dem damaligen Geschäftsführer, für die Unterstützung bei der empirischen Datenerhebung sowie der Anpassung des Erhebungsinstrumentes sehr herzlich danken.

Meinem Freund Dr. Hendrik Koch gilt mein herzlichster persönlicher Dank. Seinen stetigen Hinweisen und Ausführungen ist es zu verdanken, dass ich das Thema der „Nachhaltigkeit“ für meine Arbeit entdeckt habe und konzeptionell einbinden konnte.

Wesentliche Unterstützung bei der Erstellung und vor allem Korrektur habe ich dazu vor allem von Herrn Dr. Florian Muschaweck erhalten. Vor allem erinnere ich mich sehr gerne an die vielen Stunden in der Staatsbibliothek in München, die meist der Diskussion unserer Arbeiten gewidmet werden. Für interessante Diskussionen und kritische Hin-terfragung danke ich zudem Herrn Dr. Felix Zeidler sowie Herrn Dr. Jens-Paul Zühlke für die Korrektur eines großen Teils meiner Arbeit. Meinen Freunden Dres. Lars Hoffmann und Felix Holzhäuser gilt gesonderter Dank.

Weiterhin möchte ich Herrn Dr. Christian Dickopf an dieser Stelle neben allem Gesagten für die Begleitung der Jahre zwischen Beruf und Dissertation danken.

Neben der inhaltlichen Unterstützung spielt vor allem eine gute akademische Betreuung eine wichtige Rolle. Für ihr freundliches Wesen, umfangreiche Hilfestellung und Umschiffung vieler Klippen möchte ich ganz besonders herzlich Frau Eliane Zapp danken. Ich wüsste nicht, was ohne ihren oft aufopferungsvollen Einsatz zur Befriedigung aller bürokratischen Hürden aus dieser Arbeit geworden wäre.

Neben allen Genannten ist mein aufrichtiger Dank jedoch meinen Eltern und meiner gesamten Familie zu schulden. Ihre Liebe, ihr Vertrauen und ihre Unterstützung in all den guten und teilweise schwierigen Zeiten haben diese Arbeit überhaupt erst möglich gemacht.

Ich möchte die Arbeit an dieser Stelle meinem Großvater, Herr Dr. med. Klaus Pfeifer, widmen.

München, Dezember 2009, Benjamin Pfeifer

Inhaltsverzeichnis

Abbildungsverzeichnis

Tabellenverzeichnis

Abkürzungsverzeichnis

BVCA	British Venture Capital Association
BvK	Bundesverband Deutscher Kapitalanlagegesellschaften
CMBOR	Centre for Management Buy-Out Research
DCF	Discounted Cashflow
EBIT	Earnings Before Interest and Tax
EVCA	European Venture Capital Association
F&E	Forschung und Entwicklung
FN	Fußnote
GmbH	Gesellschaft mit beschränkter Haftung
GP	General Partner
HGB	Handelsgesetzbuch
IPO	Initial Public Offering
k.A.	keine Angabe
KfW	Kreditanstalt für Wiederaufbau
LBO	Leveraged Buyout

LP	Limited Partner
M	Median
MIT	Michigan Institute of Technology
NGO	Non Governmental Organizations
o.V.	ohne Verfasser
o.J.	ohne Jahrgang
o.O.	ohne Ort
PU	Portfoliounternehmen
ROI	Return On Investment
SRI	Socially Responsible Investment
UN	United Nations
UNEP	United National Environment Programm
VC	Venture Capital
VG	Verschuldungsgrad

Teil A: Einleitung

1. Einleitung und Problemstellung

„The task today for organizational scholars is similar to that discerned by KEYNES early in this century: to set in motion those forces of instruction and imagination which change opinion." – Gladwin, Krause & Kennelly, 1995, S. 40 –

„Sustainable business success and shareholder value cannot be achieved solely through maximising short-term profits, but instead through market-oriented yet responsible behaviour" – Kommunique der Kommission Corporate Social Responsibility –

Die während der *Industriellen Revolution* vorherrschende Auffassung, dass unserer Erde und den auf ihr lebenden Gesellschaften für immer genug Ressourcen für unbeschränkten Konsum und Wachstum zur Verfügung stehen, ist überholt. Diese Auffassung der unbegrenzten Möglichkeiten und stetigen Verfügbarkeit steht in direkter Opposition zur heutigen, globalen Situation (Loske & Bleischwitz, 1996, S. 154).

Es stellt sich also die Frage, welche Paradigmen eine „neue", zukünftige Industrielle Revolution leiten könnten. Auf gesellschaftspolitischer Ebene wurde vor diesem Hintergrund der Entwurf der „nachhaltigen Entwicklung" konzipiert. Wichtige Schritte hierbei waren die Ergebnisse der *Brundtland-Kommission*, die *Rio-Deklaration*, die Inhalte der *Agenda 21* sowie die Prinzipien des *Club of Rome*. Inhaltlich stehen, unabhängig von den verschiedenen Foki und Zielsetzungen der einzelnen Dokumentationen, bei allen insbesondere die Notwendigkeit der Begrenzung der Befriedigung menschlicher Bedürfnisse und der Ressourcenverbrauch im Zentrum des Interesses (Stappen, 2006, S. 27-36). Ihr Ziel ist es, die zur Verfügung stehenden natürlichen Ressourcen verantwortungsbewusst und sinnvoll zu nutzen, zukünftige Generationen nicht zu gefährden und für eine gerechte Verteilung dieser zu sorgen. *„Das Leitbild einer nachhaltigen Entwicklung ist [somit] nicht nur Ausdruck einer normativ gesetzten Zielrichtung für eine wünschenswerte Zukunft, sondern reflektiert auch einen realen Problemdruck der Gegenwart"* (Fichter, Nowak & Beucker, 2006, S. 38).

In Bezug auf wirtschaftliches bzw. unternehmerisches Handeln wird Nachhaltigkeit grundsätzlich als die Ausrichtung eines Unternehmens an ökonomischen, ökologischen sowie sozialen Zielen verstanden, wobei die Gewichtung der einzelnen Dimensionen unternehmensspezifisch ist (UNEP, 2005, S. 14). Die heißt, dass die Zielsetzung von Unternehmen die langfristige Profitabilitätssicherung sein muss, anstatt die Realisierung kurzfristiger Gewinne auf Kosten von Umwelt und Gesellschaft. Somit sind aus nachhaltiger Sicht Unternehmensbelange und –entscheidungen zur Wertschöpfung aus einer breiten, ganzheitlichen Perspektive heraus zu betrachten (Schaltegger & Burrit, 2003, S, S. 86; Sheu & Lo, 2005, S. 89).

Inhaltlich stellt die Entwicklung der letzten Jahre verschiedene Anforderungen an die Unternehmen.[1] Zum einen muss sich ein Innovationswettbewerb entwickeln, um der Verknappung der Ressourcen zu begegnen. Auch muss ein Verständnis der Auswirkungen der Handlungen von Wirtschaft und Gesellschaft auf die Natur und sich selber entwickelt werden. Auf gesellschaftlicher Ebene müssen Anstrengungen zum Reputationsaufbau und –schutz unternommen werden. Zum anderen werden Geschäftsideen entwickelt, die aufgrund der aktuellen Situation neue Geschäftsfelder und Märkte eröffnen (Fichter, Nowak & Beucker, 2006, S. 41).

Hart & Milstein (2003) schreiben, ein nachhaltiges Unternehmen sei „*one that contributes to sustainable development by delivering simultaneously economic, social and environmental benefits*“ (S. 56). Im Zentrum der Diskussion steht die Frage nach dem Zweck der Unternehmung im eigentlichen Sinne.[2] Im Sinn der ausgeführten Ideen sollte ein Unternehmen mit dem Ziel geführt werden, eine akzeptable Profitabilität zu erwirtschaften, und weniger dem Zweck der Kostensenkung resp. Kosteneffizienz dienen (Sheu & Lo, 2005, S. 89). Eine Betrachtung unter anderen als rein profit- bzw. kostenrelevanten Aspekten führt zu einer ganzheitlichen Wahrnehmung des Unternehmens, das dem Zweck der Sicherung eines langfristigen Erfolges in Form des Shareholder Value[3] folgt (Hauff, 1987, S. 46). Weiterhin wird auch nach der Bedeutung der Unternehmen in der Gesellschaft gefragt. Die Entwicklungen der letzten Dekaden haben dazu geführt, dass der Staat durch Abgabe von (sozialen und ökologischen) Regulierungs- und Gestaltungsbefugnissen zunehmend an Bedeutung verloren hat.

[1] Das Thema der nachhaltigen Entwicklung wird seit der Rio-Konferenz 1992 zunehmend von Großunternehmen aufgegriffen; beobachtbar z.B. durch die Zunahme der Umwelt- und Nachhaltigkeitsberichterstattung; vgl. Stahlmann & Clausen, 2002, S. 22.

[2] Der Zweck eines Unternehmens kann unterschiedlich ausgelegt werden. Peter Drucker schrieb, dass der Zeck eines Unternehmens einzig die Schaffung und Befriedigung der Kunden sei (Bedürfnisbefriedigung; Stakeholderkonzept). Milton Friedman sah 1970 den Zweck der Unternehmung darin, Cashflows zu erwirtschaften und damit den Wert der Kapitalanteile für die Anteilseigner zu maximieren. (siehe hierzu die später folgenden Ausführungen und Quellen).

[3] Das Konzept des Shareholder Value wurde 1986 von Alfred Rappaport begründet. Der Shareholder Value beschreibt den Marktwert des Eigenkapitals eines Unternehmens und betrachtet im engeren Sinne vor allem den Unternehmenswert börsennotierter Aktiengesellschaften (Marktkapitalisierung). Im weiteren Sinne wird der Shareholder Value als ein strategischer Ansatz zur Unternehmenssteuerung verstanden, der auf eine adäquate Verzinsung des eingesetzten Kapitals der Eigenkapitalgeber fokussiert ist; vgl.: Rappaport, 1999, S. 1-20.

U.a. hat dazu der Globalisierungsdruck bzw. Kompromisse zur Förderung der Attraktivität von Investitionsstandorten geführt. Dies alles hatte einen Bedeutungsgewinn der Unternehmen in der Gesellschaft zur Folge, da die Unternehmen wesentliche Aufgaben des Staates z.B. im Bildungsbereich (Aus-/ Weiterbildung, Jugendförderung etc.) übernommen haben. Dieser Bedeutungsgewinn geht jedoch mit einer Veränderung der Einstellungen und Erwartungen der Gesellschaft gegenüber der Wirtschaft einher, da zusätzliche Handlungs- und Gestaltungsmöglichkeiten auch neue Anforderungen und Verantwortungen bedeuten, welche vor allem durch nicht-staatliche Institutionen (NGOs) oder die individuellen Konsumenten an die Unternehmen herangetragen werden (Matten, Crane & Chappel, 2003, S. 110).

Trotz umfangreicher Diskussionen und zahlreicher wissenschaftlicher Publikationen in der Nachhaltigkeitsforschung[4] konnte das Themenfeld bisher nicht final abgegrenzt werden. Bisher liegt z.B. weder ein einheitliches und allgemein akzeptiertes theoretisches Modell vor, noch existiert eine allgemein anerkannte Definition des eigentlichen Nachhaltigkeitsbegriffes. Auch liegen zu den einzelnen Instrumenten oder deren Applikation bzw. Erfolgswirkung verschiedene und z.T. widersprüchliche Ergebnisse und Erkenntnisse vor (Hansen & Schrader, 2005, S. 383).

Es wird häufig gefragt, ob die geltenden marktwirtschaftlichen Ordnungsprinzipien und deren entsprechende Repräsentanten eine dauerhafte Umwelt- und Sozialleistung bei den Unternehmen durchsetzen können, oder ob „durch die Dynamik des freien Wettbewerbs, des Geldes und der offenkundigen starken Wachstumszwänge [diese] immer wieder unterlaufen werden" (Stahlmann & Clausen, 2002, S. 9). Somit kann die Frage gestellt werden, welche Institutionen[5] oder Rahmenbedingungen nötig sind, um eine Ausbalancierung zwischen den augenscheinlich antagonistischen Zielen (Ökonomie und Soziales/ Umwelt) herbeizuführen.

Auf dem Weg hin zu nachhaltigeren Unternehmen spielen verschiedene Akteure und deren Verhältnis zur Gesellschaft eine wichtige Rolle (Steurer, 2006, S. 56; siehe hierzu auch Freimann, 2004). Scholtens (2006) argumentiert, dass: *"[a]s changing products, processes and markets is necessary in order to achieve sustainability and as this change requires finance, [...] there is much more scope [for exerting influence] for the direct providers of finance*

[4] Siehe hierzu die Literaturanalyse von Hansen & Schrader (2005).

[5] Der Begriff Institution (lat. *institutio* = Einrichtung, Erziehung, Anleitung) kommt aus der soziologischen Forschung und meint die normative Gestaltung der soziale Wirklichkeit durch verankerte (institutionalisierte) Handlungsrechte bzw. –pflichten. Diese eingerichteten Gestaltungsmechanismen bestimmen das Wirken und Handeln von Gruppen und/ oder Gemeinschaften nach innen und nach außen hin verbindlich; vgl.: Esser, 2000, S. 32.

[...]" (S. 28). Gemeint sind hiermit z.B. Banken, staatliche Fördergesellschaften, Investmentfonds und auch Risikokapitalgeber.[6]

Besonders Beteiligungsgesellschaften und Investmentfonds werden durch die Gesellschaft oft als kurzfristige Finanzspekulanten ohne soziale und ökologische Bodenhaftung wahrgenommen. In weiten Teilen wird die gesellschaftliche Wahrnehmung der **Beteiligungsgesellschaften**, hier sowohl Private Equity als auch Venture Capital, durch Vorurteile über das immanente Geschäftsmodell bestimmt. Insbesondere wird der Branche die Verfolgung einer kategorischen Effizienzorientierung zur Maximierung des eingesetzten Kapitals unterstellt (Hirsch-Kreinsen, 2008, S. 8). Es wird dabei davon ausgegangen, dass die mit einer Übernahme einhergehenden Einschnitte und Veränderungen in den Unternehmen in den meisten Fällen ihre Begründung in überhöhten Preisen, der Umlage des zur Akquisition aufgenommenen Fremdkapitals auf das übernommene Unternehmen und in hohen Renditeansprüche finden. Die wahrgenommenen (negativen) Auswirkungen sind dann meist z.B. Entlassungen, die Verschiebung von (F&E-) Investitionen oder die Degeneration der Unternehmenskultur. Aus gesellschaftlicher Sicht wird somit davon ausgegangen, dass für diese Investoren Konzepte zur Integration von „Umwelt" und „Gesellschaft" in Geschäftsprozesse „undefinierbare Erscheinungen" sind, die so nichts mit ihrem eigentlichen Geschäft zu tun haben (Randjelovic, 2001, S. 67).

Da jedoch auch Risikokapitalgeber nicht außerhalb der Gesellschaft agieren, sondern durch umfangreiche Investitionen einen großen Teil der Wirtschaft und damit der Gesellschaft aktiv beeinflussen, und durch die zunehmende öffentliche Wahrnehmung sozialer und ökologischer Faktoren verstärkt ins öffentliche Interesse rücken, ist zu vermuten, dass auf mittel- bis langfristige Sicht Investoren auch diesen Themen eine steigende Relevanz zuweisen müssen. Dies mag sich besonders durch höhere Erwartungen an das Geschäftsgebaren der Beteiligungsgesellschaften, sich ergebende strengere Konsequenzen bei einem wahrgenommenen „Fehlverhalten" und eine sich verändernde politische Gesetzgebung manifestieren. In Bezug auf die kapitalmarkt-orientierten Investmentfonds zeigt sich dies bereits. In der vergangenen Dekade hat vor allem der Einfluss der institutionellen Investoren auf die Aktivitäten der global agie-

[6] Der Begriff „Risikokapitalgeber" wird oft synonym für „Wagniskapital" verwendet. Er umfasst die Finanzierung meist junger, aber auch etablierter Unternehmen aus oft innovativen Branche, und steht damit dem weitaus größeren Teil des in öffentlichen Kapitalmärkten organisierten „Public Equity" gegenüber (vgl. hierzu Weitnauer (2007)). Eine genauere Abgrenzung der zugrunde liegenden Begriffe der Untersuchung findet sich in Kapitel A.6.1 sowie im Grundlagenkapitel B.1.

renden Investmentfonds eine verstärkte Fokussierung auf Nachhaltigkeitsthemen und Nachhaltigkeitsaktivitäten durch Bewertung finanzieller sowie sozialer und ökologischer Aspekte in den Fonds bewirkt (SRI). Für die Fonds wurde damit neben der Realisierung einer angemessenen Rendite auch die Begrenzung möglicher Umwelt- und Sozialrisiken interessant (Chatterji & Levine, 2005, S. 1).[7] In Bezug auf zukünftige Kapitalzuwendungen der Investoren zahlt sich die Berücksichtigung von „nachhaltigen" Aspekten jedoch eher langfristig als kurzfristig aus (UNEP, 2005, S. 27).[8]

Relevanz erlangen diese Themen weiterhin, sobald man neben den oben beschriebenen Themen die Aspekte „Reputation" auf der einen Seite und „Geschäftsgenerierung" bzw. „Risikovermeidung / Geschäftssicherung" auf der anderen Seite in die Argumentation einbezieht. Reputation wird durch individuelles Handeln bedingt, was dazu führt, dass man dieses bei falschem Verhalten auch verlieren kann. Verlorene Reputation kann bestimmte Handlungen (Aktivitäten, Ergebnisse) negativ beeinflussen und ist somit ein Risikofaktor. Guy Hands von der renommierten Private Equity-Gesellschaft TERRA FIRMA bemerkt hierzu, dass *„Private Equity [...]auf lange Sicht nur erfolgreich sein [wird], wenn sich die Beteiligten über mehr Gedanken machen als über andere Private Equity-Unternehmen und die Kapitalgeber"*. Zudem kann die Wahrnehmung von sozialen oder ökologischen Ideen zu (ökonomischen) Erfolg führen, wenn sie in die richtigen Geschäftsmodelle implementiert werden. Eine Nicht-Wahrnehmung muss dabei nicht (unbedingt) zu ökonomischem Misserfolg einer Gesellschaft führen. Es kann jedoch passieren, dass anders agierende Konkurrenten Vorteile (z.B. beim Fundraising) erringen, die sich damit negativ auf die eigene geschäftliche Situation auswirken. Ein anderer Grund kann auch sein, dass sich durch die Nicht-Beachtung neu ergebende Märkte ignoriert bzw. günstige Markteintrittszeitpunkte verpasst werden.

[7] Nichtsdestotrotz existieren hier unterschiedliche Auffassungen: zum einen wird die Auffassung vertreten, dass es einen grundsätzlichen Zielkonflikt zwischen Shareholder Value-Orientierung und Nachhaltigkeit gibt, d.h. durch die Verfolgung nachhaltiger Ziele wird der Shareholder Value eines Unternehmen nicht maximiert. Zum anderen besteht die Auffassung, dass sich eine gute Nachhaltigkeitsperformance in einem höheren Shareholder Value niederschlägt, z.B. durch eben die Vermeidung der Einpreisung möglicher negativer Konsequenzen in der Zukunft; vgl. Rosen & von Flotow, 2003, S. 15.

[8] An dieser Stelle ist in Bezug auf das Thema *Socially Responsible Investment* (SRI) zu erwähnen, dass ein großer Unterschied zwischen Investmentfonds und Private Equity-Fonds darin besteht, dass nur erstere (in Deutschland) der Regulierung von Seiten des Staates unterliegen und damit bei letztere eine sehr eingeschränkte Transparenz festzustellen ist; vgl.: Böttinger, 2005, S. 21.

Im Gegensatz zu den Erkenntnissen zu „prinzipiengeleiteten [Kapitalmarkt-] Investitionen" (Rosen & von Flotow, 2003, S. 11)[9] existieren in Bezug auf die Betrachtung von (kapitalmarktunabhängigen) Eigenkapitalinvestoren bisher kaum wissenschaftliche Veröffentlichungen, die die Verbindung zwischen „Private Equity"- und Nachhaltigkeitsthemen bzw. die Relevanz von sozialen, ökologischen und ethischen Themen für diese Gruppe der Finanzintermediäre thematisieren. *„It appears that most of the [existing] literature concentrates on the role of public shareholders [...] However, this focus neglects the potential impact of the credit channel and <u>private equity</u> on a firm's non-financial policies and performance. [...]"* (Scholtens, 2006, S. 19).

Ein Bereich, der bisher besonders vernachlässigt wurde, ist die Auseinandersetzung mit der Rolle, der Ausgestaltung und der Erfolgswirkung von Controllingsystemen der Beteiligungsgesellschaften. Auch wurden, abgesehen von reinen Marktentwicklungen, spezifische Wahrnehmungen und Einschätzungen relevanter gesellschaftlicher Trends und ihre Repräsentation innerhalb der Beteiligungsgesellschaften kaum zum Thema wissenschaftlicher Untersuchungen gemacht. Dies ist verwunderlich, weswegen z.B. Sheu & Lo (2005) die Wichtigkeit der Controlling- und Berichtssysteme hervorheben, indem sie ausführen, dass *„the more [investors] know about a company, the greater their scope of investment choices. In other words, the reporting system has to have an impact on a company's overall performance"* (S. 79).

Durch diese Forschungslücke können bis heute keine Aussagen darüber gemacht werden, inwieweit die angesprochenen Themen in der Private Equity-Branche berücksichtigt bzw. wahrgenommen werden. Somit können keine Aussagen darüber getroffen werden, ob und wie bestimmte (gesellschaftliche) Entwicklungen Resonanz in den Beteiligungsgesellschaften erfahren. Es kann z.B. auch keine wissenschaftlich verifizierte Aussage darüber getroffen werden, ob eine Negierung dieser Themen im eigentlichen Geschäftsmodell der Beteiligungs-

---

[9] In Bezug auf die Rolle und die einhergehende Performance von „prinzipiengeleiteten Investmentfonds" konnten bisherige (empirische) Untersuchungen, u.a. Bello (2005), Gezcy et al. (2003), Hamilton et al. (1993), Statman (2000, 2005), nur eine schwache Korrelation bzw. keine signifikante Beziehung zwischen prinzipiengeleiteten Investment und Erfolg der Fonds (*return*) bei gleichbleibendem Risiko feststellen (Scholtens, 2006, S. 19). Dies erhärtet die Aussagen von Haigh & Hazelton (2004) und Johnson (2003), dass reine *„shareowners"* einen eher limitierten Einfluss auf die betreffenden Unternehmen haben. Damit folgen diese Ergebnisse auch der Aussage von Robinson (1979), dass die Unternehmen die Finanzierung bestimmen und beeinflussen und nicht umgekehrt.

gesellschaften begründet ist, oder ob diese Gedanken grundsätzlich nur noch nicht in der Branche angekommen sind.[10]

Ein erster wichtiger Schritt ist daher, Erkenntnisse über das Verständnis der Rolle der langfristigen Wertgenerierung für die Beteiligungsunternehmen aus Investorensicht zu erlangen. Des Weiteren sollte darauf abgestellt werden Determinanten zu identifizieren, die dieses Verständnis bzw. die Wahrnehmung bestimmen.

2. Zielsetzung und Forschungsfragen

„What needs to improve is the understanding by the Private Equity stars of the role of healthy relationships between business and key stakeholders, and the value of values – even in a business that you're going to own for a few years. Nothing fluffy, nothing philantrophic. But something to do with sustainable and responsible wealth creation" - Leeora Black, Managing Director ACCSR -

Die vorliegende Arbeit widmet sich der Generierung eines ersten, grundsätzlichen Überblicks über die Verbindung zwischen dem Konzept der nachhaltigen Entwicklung und dem Bereich der Eigenkapitalbeteiligungen. Es soll vor allem danach gefragt werden, ob Nachhaltigkeitsthemen bzw. die daraus resultierenden Anforderungen von den Beteiligungsunternehmen erkannt werden und ob sie sich in den Controllingsystemen der Beteiligungsgesellschaften manifestieren. Damit steht die Untersuchung und Formulierung einer (grundsätzlichen) „Nachhaltigkeitsorientierung", also die (systematische) Berücksichtigung bestimmter aktueller gesellschaftlicher und politischer Aspekte durch die in Deutschland aktiven Beteiligungsgesellschaften, im Mittelpunkt des Interesses dieser Arbeit.

Darüber hinaus wird untersucht, ob etwaige Varianzen in der Wahrnehmung der sich verändernden Anforderungen (Trends) von bestimmten Charakteristika der Beteiligungsgesellschaften bestimmt werden. Es ist die Frage zu stellen, ob Unterschiede in den Charakteristika der Beteiligungsgesellschaften als Determinanten die Ausprägung resp. Akzeptanz des Nachhaltigkeitsgedankens der Beteiligungsgesellschaften beeinflussen. Ausgangspunkt sind die Überlegungen von Sarasvathy (2004, S. 520), dass die Einstellung der handelnden bzw. ent-

[10] Hierdurch erweisen sich Unterschiede bei der Betrachtung des Private Equity-Sektors zum Industriesektor. Zum Industriesektor unterstreichen Wagner & Schaltegger (2004), dass es nicht die Frage ist, ob das Thema "Nachhaltigkeit" hier angekommen ist, sondern vielmehr welche spezifischen Themen die Unternehmensleistung besonders betreffen und welche Richtung diese kausale Verbindung hat. Von diesem Kenntnisstand kann in Bezug auf die Private Equity-Industrie noch nicht ausgegangen werden; vgl.: Wagner & Schaltegger, 2004, S. 6.

scheidenden Person sowie seine Interaktion mit seiner Umwelt die Gestalt a) seines kompletten Unternehmensumfeldes und b) spezifische zentrale Charakterzüge desselben prägen. Es kann angenommen werden, dass spezifische Merkmale der Beteiligungsgesellschaften sowie Einstellungen der handelnden Private Equity-Manager die Entwicklung/ Prägung der Beteiligungsgesellschaft sowie der finanzierten Portfoliounternehmen beeinflussen können. Diese Überlegungen gehen auf den Grundsatz zurück, dass eine funktionelle Organisation und Gestaltung einer Organisation die Ausprägung des Willens der beteiligten Personen ist (Schweikart, 1992, S. 475-476).[11]

Da die Handlungen der Investoren immer auf Daten basieren, die in Form von Kennzahlen in den Portfoliounternehmen erhoben werden, bietet sich hier die Betrachtung der Controllingsysteme der Beteiligungsgesellschaften und ihre Inhalte als passendes Untersuchungsobjekt an. Für die Bestimmung der nachhaltigen Orientierung wird auf die Betrachtung des Kontrollverhaltens bzw. der Ausgestaltung der Controllingsysteme und -instrumente der Beteiligungsgesellschaften abgestellt, die zur Überwachung und Steuerung der finanzierten Portfoliounternehmen verwendet werden.[12] Dabei stellt die Untersuchung sowohl auf das Frühphasen- als auch auf das Spätphasensegment ab (in Anlehnung an Groh & Gottschalk, 2005), d.h. es sollen sowohl Investoren bzw. Finanziers von jungen, innovativen Firmen als auch Finanziers von etablierten Firmen aus dem Buyout-Sektor in die Untersuchung einbezogen werden.

Zusammengefasst können folgende Forschungsfragen für diese Untersuchung formuliert werden:

Forschungsfrage 1: Wie bewerten Private Equity-Investoren aktuelle politische und gesellschaftliche Trends? Gibt es hier Unterschiede zwischen Merkmalen der Beteiligungsgesellschaften?

Forschungsfrage 2: Wie wichtig sind nachhaltigkeits-relevante Controllinginhalte für Private Equity-Investoren? Gibt es hier Unterschiede zwischen Gruppen von Beteiligungsgesellschaften?

---

[11] Siehe hierzu auch die Ausführungen in Abschnitt C.4.1.

[12] Für eine ausführlichere Begründung der Wahl von Controllingsystemen als Untersuchungsobjekt diese die Argumentation den Einleitungen der Untersuchungsteile in Teil C dieser Arbeit.

Forschungsfrage 3: Beeinflussen Gesellschafts-Charakteristika die Verwendung nachhaltigkeits-relevanter Controllinginstrumente und damit die Nachhaltigkeits-Orientierung?

Grundsätzlich soll es in der vorliegenden Untersuchung weder darum gehen, einen "optimalen" Grad an Nachhaltigkeit zu bestimmen, noch soll ein bestimmtes Nachhaltigkeitskonzept für die Beteiligungsbranche entwickelt werden. Vielmehr soll die Bedeutung der *nachhaltigen Räson* für den Beteiligungsprozess empirisch belegt und erste Erkenntnisse für die Determinanten der Durchsetzung des Nachhaltigkeitsgedankens in der Beteiligungsbranche erbracht werden (UNEP, 2005, S. 10).

Folgende Zieldetaillierung kann somit aufgestellt werden:

1. Generierung eines tieferen Verständnisses für die Wahrnehmung von Nachhaltigkeitsthemen durch die Investmentmanager der (deutschen) Beteiligungsgesellschaften.
2. Gewinn eines Überblicks über die relevanten, nachhaltigkeitsorientierten Inhalte der Controllingsysteme von Private Equity-Gesellschaften.
3. Identifikation der Determinanten, die eine Nachhaltigkeitsorientierung bei (deutschen) Beteiligungsgesellschaften/ -managern fördern.

Dabei richten sich die Studienergebnisse an:

- (institutionelle) Investoren,
- Private Equity-/ Investment Manager,
- (Unternehmens-) Gründer und Geschäftsführung etablierter Unternehmen sowie
- politische Entscheider,

die in der eine ganzheitlichen, nachhaltigen Entwicklung einen zukunftsweisenden Weg sehen.

3. Einordnung der Untersuchung und wissenschaftliches Vorgehen

Die berührten Forschungsgebiete der Untersuchung sind die Finanzierungslehre, speziell die Private Equity-Forschung, die Controlling-Forschung sowie das noch relativ neue Feld der Nachhaltigkeitsforschung. Die beiden ersten Gebiete sind spezielle Forschungsfelder der allgemeinen Betriebswirtschaftslehre. Die Betriebswirtschaftslehre (als Teilgebiet der Wirtschaftswissenschaften) als eine Form der realen Sozialwissenschaften gesehen werden, die sich mit der Beschreibung und Analyse real existierender Forschungsobjekte, wie z.B. Unternehmen, Organisationen und ökonomischen Akteuren beschäftigt. Als solche weisen beide auch starke Verbindungen zu anderen Feldern, wie z.B. zur Sozial-Psychologie und der Sozialwissenschaft auf (Klingebiel, 2006, S. 24). Das Feld der Nachhaltigkeitsforschung hat seinen Ursprung vor allem in der Umweltökonomie. Da sich das Thema jedoch nicht nur auf einzelne Wirtschaftseinheiten oder Regionen beschränkt, können auch volkswirtschaftliche, politikwissenschaftliche und entwicklungswissenschaftliche Tendenzen in der Nachhaltigkeitsforschung wieder gefunden werden (Matten, 2001, S. 2).

Es ist anzumerken, dass auch das relativ neue Forschungsfeld des Entrepreneurship (Müller-Böling & Klandt, 1993, S. 136) als relevanter Teil der Untersuchung angesehen werden kann.[13] Die Entrepreneurship-Forschung beschäftigt sich mit einer Vielzahl unterschiedlicher Phänomene, weshalb sie also als ein „*potpourri*" aus unterschiedlichen Forschungsdisziplinen angesehen wird (Roskos, 2003, S. 13). Ihre Themen sind u.a. die Gründung und Entwicklung von Geschäftsideen resp. jungen Unternehmen. Dabei stehen die Idee resp. Ideengenerierung (siehe hierzu Schumpeter, 1934), die Unternehmerperson sowie Untersuchungen zu Organisationsentwicklung, Gründungserfolg und Gründungsorientierung bzw. Gründungsneigung (siehe hierzu Klandt, 1984) im Mittelpunkt des Interesses dieses Forschungsgebietes (Klandt, 1999, S. 242). Weiterhin spielt auch die Untersuchung der Gründungsfinanzierung (hierzu z.B. Achleitner, 2003) eine große Rolle. Die dabei gewonnenen Erkenntnisse sind größtenteils empirischer Natur. Die Untersuchung passt grundsätzlich zu diesem Forschungsfeld, da sich Private Equity[14] a) u.a. der Finanzierung von jungen Unternehmen und b) oft mit innovativen, teils noch sehr jungen Branchen beschäftigt. Zudem kann die Tätigkeit der Private Equity-Manager grundsätzlich als eine unternehmerische Tätigkeit verstanden werden. Zum einen dadurch, dass sie jungen Unternehmen (professionelle) Unterstützung bei Aufbau und Entwicklung von (noch jungen) Geschäftsprozessen geben. Zum anderen dadurch, dass sie Veränderungsprozesse und „unternehmerischen Schwung" in bereits etablierten, älteren Unternehmen durchsetzen (hierzu z.B. Gompers & Lerner, 1999).

[13] Im Folgenden soll das Entrepreneurship als eigene Teildisziplin jedoch nicht aufgeführt werden, da die grundlegenden Zusammenhänge und Konzepte nicht primär bestimmender Teil des vorliegenden Untersuchungskonzeptes und der darauf aufbauenden empirischen Untersuchung sind.

[14] Nach der Definition in Kapitel B.1 und nachfolgend in Abschnitt A.1.6.1.

Die anschließenden Teile sollen einen einführenden Überblick über die primär relevanten Forschungsgebiete geben und die Untersuchung in knapper Form hinsichtlich des erwarteten Erkenntnisgewinns in den jeweiligen Forschungskontext einordnen.

3.1 Berührungspunkte mit der Unternehmensfinanzierung

Die Unternehmensfinanzierung (Corporate Finance) kann nach Brealey & Meyers (2003) in die beiden Hauptkategorien Finanzierung von Investitionen und Durchführung von Investitionen aufgeteilt werden. Die Investitionsfinanzierungsforschung beschäftigt sich u.a. mit der Analyse von Verträgen zur Finanzierung durch Investoren, wobei diese für ihre eingesetzten Mittel Rechte an der Partizipation einer zukünftigen Wertgenerierung erlangen. Die Forschung zur Durchführung von Investition beschäftigt sich u.a. mit der Verwendung der Mittel und den damit einhergehenden Entscheidungen ihrer optimalen Allokation.

Wright & Robbie (1998, S. 522) begründen die Private Equity-Forschung als speziellen, aber distinkten Teil der Unternehmensfinanzierung. Zum einen bestehen nach ihren Ausführungen essentielle Unterschiede zur meist kapitalmarkt-orientierten Ausrichtung der klassischen Unternehmensfinanzierung. Die Private Equity-Forschung interessiert sich primär für die Finanzierung junger und etablierter Unternehmen abseits des organisierten Kapitalmarktes. Hier greifen die speziellen Fähigkeiten der Risikofinanzierer, die durch ihre Intermediärfunktion[15] u.a. das Problem der asymmetrischen Information (z.B. *moral hazard*) beseitigen resp. abmildern können. Zum anderen werden nicht nur Fragen der finanziellen Gestaltung betrachtet. Vielmehr interessiert sich die Private Equity-Forschung für den gesamten Zyklus der Risikofinanzierung, die dabei alle Phasen einer Private Equity-Transaktion (siehe Abschnitt B.1.3) umfasst.

Wichtige Bereiche, die von bisher von besonderem Interesse für die Private Equity-Forschung waren, sind z.B. die Portfoliozusammensetzung und Performance der Beteiligungsgesellschaften. Zum anderen sind bisher Themen zur Investitionsentscheidung und zu damit einhergehenden Kriterien sowie der strategische und operative Umgang mit den Portfoliounternehmen bzw. der Einfluss der Beteiligungsgesellschaften auf ihr Portfoliounternehmen von Interesse für konzeptionelle oder theoretische Arbeiten gewesen (z.B. bei Schefczyk, 2000, S. 23). Innerhalb des Beteiligungsprozesses kann die Beziehung zwischen Investor und finanziertem Unternehmen und hier besonders die Kontrolle, Betreuung und Einflussnahme (Governance-

[15] Siehe hierzu Abschnitt B.1.1.2.

Mechanismen, hierzu z.B. Barney et al, 1989) durch den Investor als eines der bedeutendsten Themen angesehen werden (Robbie, Wright & Chiplin, 1997, S. 9; so auch Sapienza et al., 1996; Kaplan & Stromberg, 2004). Hier spielen vor allem die Maßnahmen zur Kontrolle der Portfoliounternehmen (*monitoring*) eine herausragende Rolle (Wright & Robbie, 1998, S. 545; so auch Sapienza & Gupta, 1994).

In dieses Untergebiet der Private Equity-Forschung ist die vorliegende Studie, die sich mit der Untersuchung der Verwendung und Ausprägung von Kontrollsystemen und -instrumenten (als spezifische Governance-Mechanismen) durch einen Privaten Equity-Investor beschäftigt, einzuordnen.

3.2 Berührungspunkte mit der Controllingforschung

Die Controllingforschung hat sich, obwohl sie eine noch relativ junge Teildisziplin der Betriebswirtschaftslehre ist, in der praktischen und wissenschaftlichen Diskussion etabliert (Schäffer, Binder & Gmür, 2005, S. 2). Nichtsdestotrotz besteht weiterhin eine lebhafte Diskussion über den eigentlichen Controllingbegriff sowie darüber, was den konkreten Aufgabenbereich des Controllings wirklich ausmacht, und wie sich das Controlling damit als Teildisziplin der Betriebswirtschaftslehre abgrenzt (Weißenberger, 2001, S. 3).

Das Ziel der Controllingforschung liegt darin, „gleichermaßen praktikable sowie theoretisch fundierte Gestaltungsempfehlungen für den Aufbau eines unternehmensbezogenen Controllingsystems abzuleiten und“ über Führungssysteme in die Praxis zu integrieren (Lange & Schaefer, 2004, S. 1). Nach Reichmann (2001) ist Controlling definiert als „zielbezogene Unterstützung von Führungsaufgaben, die der systemgestützten Informationsbeschaffung und Informationsverarbeitung zur Planerstellung, Koordination und Kontrolle dient“ (S. 12).[16]

Verschiedene Ansätze können in der Controllingforschung unterschieden werden. Neben informationsorientierten (z.B. Reichmann 2001) und koordinationsorientierten (z.B. Horváth, 2002) Ansätzen werden im weitesten Sinne auch rationalitätssichernde (z.B. Weber & Schäffer 2001) Controllingansätze unterschieden (Lange & Schaefer, 2004, S. 1-2).

Abgesehen von den verschiedenen Ansätzen, anhand derer sich die Ausrichtung der Controllingforschung strukturieren lässt, dienen auch diverse Controllinginstrumente, die dazu die-

[16] An dieser Stelle soll angemerkt werden, dass diese Definition lediglich eine der möglichen und auch verwendeten Definition zu Controlling und zum Controllingbegriff ist. Eine Übersicht und letztlich auch die Herausstellung des für diese Arbeit relevanten Begriffs folgt in Kapitel B.3.1.1.

nen, zwischen unterschiedlichen Aspekten der Controllingforschung zu differenzieren. Küpper (2001) benennt hier insbesondere isolierte und übergreifende Controllinginstrumente. Isolierte Instrumente sind vor allem Organisations-, Personalführungs-, Planungs-, Kontroll- und Informationssysteme. Dagegen werden übergreifende Instrumente vor allem durch Kennzahlen- bzw. Zielsysteme übergreifende Instrumente definiert (S. 24). Schäffer, Binder & Gmür (2005) haben in einer Zitations- und Kozitationsanalyse die relevanten Themen und Literatur der Controllingforschung in Deutschland in verschiedene Bedeutungs- und Forschungscluster über verschiedene Zeiträume eingeteilt. Diese Gruppen (Cluster) (von 1990 – 2003) bieten eine Übersicht über die relevanten Themen in der Controllingforschung. Als die bedeutendsten Themen werden Ergebnisse zum „Controllingkonzept", zur „Prozesskostenrechnung" und „Investitionsrechnung" aufgeführt. Auch relevant, jedoch in bedeutend kleinerer Anzahl vertreten, sind das „Target Costing", die „Kostenrechnung", das Thema der „Controllability", die „Balanced Scorecard" sowie Ergebnisse zum „Shareholder Value" (S. 21-22).

Weiterhin kann die Controllingforschung auch dahingehend strukturiert werden, welche Organisationen resp. Teilgebiete der Unternehmung als Untersuchungseinheiten im Zentrum der Forschung stehen. Ein sehr spezielles Segment sind dabei z.B. das Beteiligungsmanagement (z.B. Littkemann, 2004) oder Studien zum Thema des Controllings in Private Equity-Transaktionen (z.B. Achleitner & Bassen, 2003). Diese müssen von den weitaus besser erforschten Gebieten z.B. des Konzerncontrollings abgegrenzt werden.

Die vorliegende Arbeit will den Erkenntnisstand in eben diesen eher speziellen Bereichen erhöhen, indem es die Ausgestaltung von isolierten Instrumenten sowie die Relevanz spezifischer, übergreifender Instrumente im Hinblick auf sich neu stellende Anforderungen aus Politik und Gesellschaft aus der Sicht von Private Equity-Investoren untersucht.

3.3 Berührungspunkte mit der Nachhaltigkeitsforschung

Reale Probleme stehen grundsätzlich im Fokus der Nachhaltigkeitsforschung. Ziel dieser Forschungsrichtung ist es, diese Probleme in wissenschaftliche Fragestellungen zu überführen und verwertbare Aussagen und Erkenntnisse zu generieren, die wiederum zu anwendbaren und verfügbaren Wissen werden. Nach Ausführungen von Hayn, Nölting & Voß (2003) bewegt sich Nachhaltigkeitsforschung „damit an den Schnittstellen zwischen Wissenschaft, Politik, Wirtschaft und Öffentlichkeit und sitzt quasi zwischen allen Stühlen" (S. 4). Wie bereits beschrieben, hat die Nachhaltigkeitsforschung ihren eigentlichen Ursprung in der Umweltökonomie. Jedoch haben die Erkenntnisse durch ihre Übertragung auf ein globales Niveau und damit auf die Gesellschaft auch für (Wirtschafts-) Unternehmen an Relevanz gewonnen.

In der Debatte um eine zukunftsfähige gesellschaftliche Entwicklung stehen vor allem konkurrierende Ziele und unterschiedliche Interessen der handelnden Personen sowie sich daraus ergebende Ansätze zur Lösung dieser Konflikte im Vordergrund. Wissenschaftliche Erkenntnisse werden dabei zum einen über die Gesellschaft und die hierin inbegriffenen Akteure auf gesamtwirtschaftlichem, globalem Niveau gesammelt, zum anderen werden auch Erkenntnisse auf einzelwirtschaftlicher Ebene gesammelt, wodurch Handlungen, Entscheidungen und Einstellungen von Einzelakteuren (z.B. Unternehmen oder Konsumenten) Ziel der wissenschaftlichen Auseinandersetzung werden. Die Forschung kann dabei normativ, integrativ oder partizipativ erfolgen (Gladwin, Kennelly & Krause, 1995, S. 36).

Die Unternehmen haben in der heutigen Debatte einen besonderen Platz eingenommen. Es wird dabei darauf abgestellt, dass Unternehmen sowohl Problembereiche darstellen, als auch eine der wichtigsten Problemlöser für die sich auftuenden Problemfelder sind. In diesem Zusammenhang haben sich die Themenfelder der gesellschaftlichen Verantwortung von Unternehmen (*Corporate Social Responsibility*) sowie der Unternehmerischen Nachhaltigkeit (*Corporate Sustainability*) herausgebildet. Beide Begriffe sind heute noch nicht abschließend definiert, und es existiert darüber hinaus noch eine Vielzahl von anderen Begriffsvarianten, die enger oder weiter an sie angelehnt sind (Suchanek & Lin-Hi, 2006, S. 5).

Zum Thema des Einflusses der Nachhaltigkeitskonzeption auf den Shareholder Value und damit die Unternehmens-Performance liegen zahlreiche Studien vor (z.B. Ziegler, Rennings & Schröder, 2002). Eine besondere Rolle spielen hierbei auch Studien, die sich mit der Performance von nachhaltigen Investitionsfonds (*Socially Responsible Investment*) beschäftigen (z.B. Garz, Volk & Gilles, 2002; Armbruster, 2000). Daneben spielen Studien zu anwendungsorientierten „Business Case-Studien" eine Rolle. Diese haben zum Ziel, die Konzeption des Nachhaltigkeitsgedankens auf spezielle, wirtschaftsnahe Anwendungsfälle zu übertragen und hieraus Schlüsse auf mögliche Lösungs- bzw. Integrationsansätze zu ziehen (z.B. Moore & Wüstenhagen, 2004; Leitschuh-Fecht & Steger, 2003). Ein drittes Feld sind Studien zur Verbindung von Unternehmen und (Zivil-) Gesellschaft, ein viertes Gebiet schließlich beschäftigt sich mit der Identifizierung und (eventuellen) Quantifizierung von Risiken und

Chancen, die a) aus den Konzepten hervorgehen oder b) durch die Konzepte angegangen und (optimalerweise) vermieden werden können (z.B. Rogall, 2004).

Innerhalb und zwischen diesen Gruppen spielen immer wieder spezifische Instrumente und Maßnahmenpakete zur Anwendung oder Durchsetzung der Nachhaltigkeitskonzepte eine große Rolle. So existieren zahlreiche Studien zu Möglichkeiten der Integration von nachhaltigen Ideen in strategische oder operative Systeme bzw. die Messung von Erfolg oder Umsetzungsgrad. Im Speziellen sind dies z.B. Untersuchungen zur Messung von bzw. Berichterstattung über spezifische Nachhaltigkeitsaktivitäten oder verwandte Handlungen (z.B. Schaltegger, Bennett & Burrit, 2006).

Die vorliegende Untersuchung setzt an diesem Punkt an, indem u.a. die Relevanz bestimmter Controllingsysteme und -instrumente für die Private Equity-Branche als spezifischen *Business Case* herausgestellt, und Determinanten für ihre systematische Verwendung identifiziert werden sollen.

3.4 Wissenschaftliches Vorgehen der Arbeit

Eine strukturierte empirische Untersuchung muss grundsätzlich ein klares und nachvollziehbares Vorgehen aufweisen. Thommen (1983, S. 42) empfiehlt hierzu ein Vorgehen nach einem 3-stufigen Modell, das eine Unterteilung in Forschungsobjekt, Forschungsziele und Forschungsstrategie vorsieht. Klandt (1997, S. 115) strukturiert den Untersuchungsprozess ähnlich und stellt diesen grafisch dar (siehe Abbildung 1).

Das **Forschungsobjekt** stellt den eigentlichen Gegenstand der Untersuchung dar. Dabei ist zwischen einem Erkenntnis- und einem Erfahrungsobjekt zu unterscheiden. Als **Erfahrungsobjekt** wird dabei die Institution bezeichnet, über die die eigentlichen Aussagen gemacht werden sollen. Im vorliegenden Fall sind dies die Beteiligungsgesellschaften, welche Unternehmen Eigenkapital durch Übernahme von Unternehmensanteilen zukommen lassen und in Deutschland aktiv sind. Als **Erkenntnisobjekte** werden diejenigen Forschungsaspekte bezeichnet, auf die sich die Untersuchung konkret bezieht (Friedrichs, 1990, S. 83-85). In der vorliegenden Arbeit werden zwei Aspekte untersucht. Zum einen wird die Einschätzung und die Meinung / Einstellung der Private Equity-Manager geprüft. Zum anderen werden die spezifisch verwandten Kontrollsysteme, die zur Kontrolle und Steuerung der Portfoliounternehmen eingesetzt werden, untersucht.

Forschungsziele bzw. Forschungsprobleme (Wissenschaftsmotive) unterstützen das wissenschaftliche Arbeiten bei der Artikulation des eigentlichen Untersuchungszweckes, d.h. die Ableitung von Formulierungen, die den Sinn der Arbeit manifestieren. Die formulierten **Forschungsziele** strukturieren dabei die Aussagen über das eigentliche Forschungsobjekt, indem sie verschiedenen Bedeutungs- und Analyseteilen zugeordnet werden. Klandt (2008, S. 13) unterstellt hier eine Unterteilung in theoretische und technologische Motive. Theoretische Motive sollen dabei die Realität (Welt) erkennen, technologische sollen die Welt verändern und gestalten. Weiterhin sind drei Unterscheidungen hinsichtlich der zu untersuchenden Zusammenhänge möglich nämlich in Bezug auf a) Entstehungszusammenhänge (*context of discovery*), b) Rechtfertigungszusammenhänge (*context of justification*) und c) Verwertungszusammenhänge (*context of utilization*) (Anderseck & Walterscheid, 2005, S. 5). In der angewandten betriebswirtschaftlichen Forschung dominieren Untersuchungen, die einen Verwertungszweck aufweisen. Dabei steht die eigentliche Nutzung der Erkenntnisse durch Überführung in die Praxis im Vordergrund. Ein Nutzen durch die gewonnenen Erkenntnisse ergibt sich, wenn Entscheidungsgrundlagen gelegt werden können. Entscheidungsgrundlagen dienen prinzipiell dazu, Entscheidungsprozesse herbeizuführen, die es ermöglichen, dass z.B. neue Gestaltungsformen o.ä. entstehen (Wöhe, 2000, S. 33). Optimale Ergebnisse sind folglich die, bei denen starker Anwendungsbezug festzustellen ist.

Die Beschreibung von Phänomenen als rationale Planungshandlungen erfolgt hinsichtlich der Formulierung und Präzisierung eines **Forschungsproblems**, das über eine reine Beschreibung hinausgeht, stets vor dem Hintergrund theoretischer Modelle. So können rein normative oder bloß beschreibende Aussagen vermieden werden (Bortz & Döring, 2003). Dies sagt jedoch nichts darüber aus, dass die eigentliche Problemstellung nicht auch an in der Praxis wahrgenommen Problemen orientiert sein darf, die erstmal einer rein theoretischen Fundierung entbehren. Solange die eigentliche Analyse, d.h. die Aufstellung des zugrunde liegenden Konzeptes mit den zu untersuchenden Zusammenhängen, anhand etablierter Theorien durchgeführt wird, kann bei sorgsamer Durchführung auch hier ein Erkenntnisgewinn im Sinne der Wissenschaftstheorie[17] erzielt werden. Kongruent dazu kann die Problemstellung entweder theoretisch oder praktisch motiviert sein (Hausschildt, 2006, S. 61-63).

[17] Die Wissenschaftstheorie als Metatheorie ermöglicht, es empirisch beobachtete Phänomene der Unternehmenspraxis in allgemeingültige Beziehungszusammenhänge zu übertragen. Zur Erkenntnisgewinnung können drei aufeinander folgende Schritte unterschieden werden: a) Beschreibung des realen Untersuchungsgegenstan-

Für die vorliegende Untersuchung kann ein Forschungsziel in der Identifizierung von Präferenzen spezifischer Anforderungen und Trends in der aktuellen Nachhaltigkeitsdiskussion gesehenen werden, von denen angenommen wird, dass sie sich in naher bis mittlerer Zukunft auch auf die Verhaltensweisen der Private Equity-Gesellschaften auswirken werden. Ein weiteres Ziel ist es, die Controllingsysteme der Beteiligungsgesellschaften dahingehend zu untersuchen, inwieweit sich diese Anforderungen in den operativen Tätigkeiten der Private Equity-Investoren niederschlagen. Ein klarer Entstehungszusammenhang kann dabei herausgearbeitet werden, da besonders auf Gesellschaftsmerkmale abgestellt wird, deren Manifestation in einem relevanten Umfang hypothesiert wird. Die Untersuchung bekommt dadurch ein klares Erkenntnisziel. Entsprechend der gestellten Forschungsfragen unterteilt sich die Untersuchung dabei in drei aufeinander folgende Teile. Die untersuchten Zusammenhänge werden jeweils in eigenen Bezugsrahmen strukturiert.

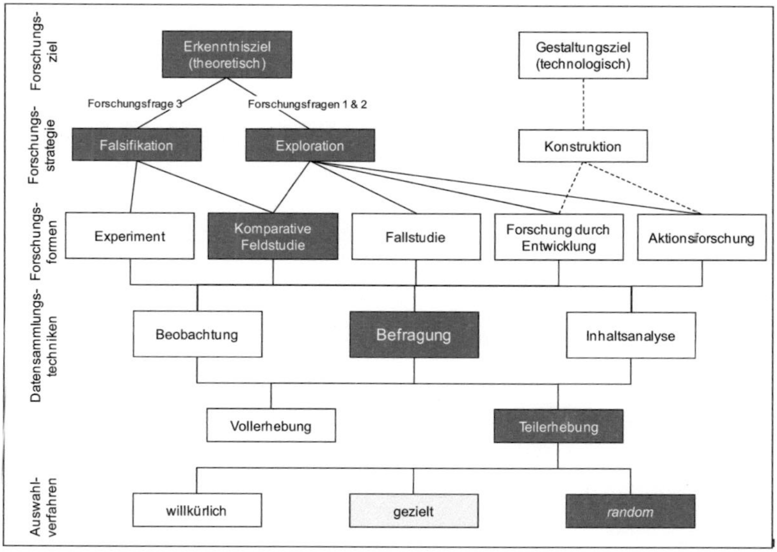

Abbildung 1: Festlegung der Untersuchungsmethode
Quelle: Eigene Darstellung in Anlehnung an Klandt (2008, S. 14)

des, b) Erklärung der Beziehungen zwischen dem Untersuchungsgegenstand und der beobachteten Phänomene, c) Ableitung von Hypothesen Prognose der Entwicklung des Beziehungsgeflechtes. Theorien können aus verschiedenen methodologischen Perspektiven gesehen werden: a) listenwissenschaftlich, b) klassisch-naturwissenschaftlich, c) konstruktivistisch; Anderseck & Walterscheid, 2005, S. 14.

Hinsichtlich der **Forschungsstrategie** kann nach Thommen (1983, S. 42) zwischen einem empirischen und einem denklogischen[18] Vorgehen unterschieden werden. Die Forschungsstrategie der vorliegenden Arbeit ist empirischer Natur. Die drei Untersuchungsteile unterschieden sich dabei in ihrem Vorgehen (Klandt, 2008, S. 14). Während die ersten beiden Teile explorativer Natur sind, folgt der dritte Teil einem explanativen (falsifizierenden) Ansatz.[19] Ausgehend von der Beschreibung und Unterscheidung der Beteilungsgesellschaften bzw. ihrer relevanten (Handlungs-) Merkmale und der Beschreibung des zugrund liegenden Nachhaltigkeitskonzeptes wird u.a. ein kontingenztheoretisches Konzept der Controllingsysteme von Beteiligungsgesellschaften entwickelt, das die Grundlage für den individuellen Bezugsrahmen bildet (siehe hierzu Abschnitt C.4.3.1). Dieser Rahmen stellt die Basis für die Generierung von Hypothesen zu den Determinanten der Nachhaltigkeitsorientierung der Gesellschaften dar, die anschließend in durch bivariate und multivariaten Verfahren auf ihre Gültigkeit hin überprüft werden sollen.

Zusammengefasst sollen unter Bezugnahme auf den **Forschungsprozess** nach Klandt (2008) die Erkenntnisziele der Untersuchung durch eine sowohl explorative als auch falsifizierende Forschungsstrategie erreicht werden (siehe hierzu Abbildung 1). Der explorative Charakter der ersten beiden Untersuchungsteile ist dabei durch die noch sehr frühen Stadien der relevanten Forschungsfelder bedingt. Weiterhin ist die empirische Studie als eine **komparative Feldstudie** aufgebaut. Die Daten wurden mittels eines sowohl Papier- als auch Internet-basierten Fragebogen (**Befragung**) erhoben. Die durch den Autor determinierte Grundgesamtheit (siehe hierzu Abschnitt C.1.2) wurde in einem strukturierten Prozess ermittelt. Da jedoch nicht davon ausgegangen werden konnte, dass die gesamte Population erfasst wird, kann von einer **Teilerhebung** ausgegangen werden. Weil alle Untersuchungsobjekte die gleiche Wahrscheinlichkeit zur Aufnahme in das Sample hatten, liegt hier ein "***random sample***" vor (siehe hierzu auch Roskos, 2003, S. 18).

Der formale Ablauf der Untersuchung soll im folgenden Abschnitt dargelegt und konkretisiert werden.

[18] Denklogische Verfahren sind deduktive Ansätze, bei denen auf theoretischer Ebene über logisches Schlussfolgern vom allgemeinen Phänomenen auf Besonderheiten geschlossen werden kann; vgl.: Thommen, 1983, S. 42-47.

[19] Falsifizierende Ansätze gehen auf den Ansatz des kritischen Empirismus von Karl Popper zurück. Für eine genaue Ausführung des wissenschaftstheoretischen Ansatzes von Popper siehe z.B. Juhos, 1970, S. 41-70.

4. Untersuchungsmethoden und Aufbau der Arbeit

Das erste Kapitel „Einleitung" (Kapitel A) stellt die grundsätzlichen Zusammenhänge und Forschungslücken der Untersuchung dar und widmet sich dem methodischen Vorgehen sowie der formalen Struktur der Arbeit (siehe hierzu Abbildung 2).

Kapitel B („Untersuchungsgegenstand") gibt als zweites Kapitel einen einführenden Überblick über die Grundlagen der a) verschiedenen Arten von Beteiligungsgesellschaften sowie ihren Funktionsmechanismen und Aktivitäten, b) den Themen „nachhaltige Entwicklung" und „unternehmerische Nachhaltigkeit" und c) des grundlegenden Controllingkonzeptes sowie des Private Equity-Controllings. Dabei wird in allen Abschnitten ein sinnvoller Bezug zu den nachfolgenden empirischen Untersuchung hergestellt. Dies genügt der Konzentration auf die relevanten Aspekte und Erkenntnisse.

Teil	Name	Inhalt
A	**Einleitung**	• Problemstellung und Zielsetzung • Einordnung in das System der Wissenschaften und methodisches Vorgehen • Aufbau der Arbeit • Integrativer Bezugsrahmen der Arbeit • Einführende Begriffsabgrenzungen
B	**Untersuchungsgegenstand**	• Private Equity und Venture Capital - Darstellung des Grundmodells (Definition und Abgrenzung; Theoretische Fundierungen) - Wertsteigerung und Einflussnahme durch Beteiligungsgesellschaften - Sustainable Private Equity • Konzepte der Nachhaltigkeit - Grundlagen und Historie (Definition und Begriffsabgrenzung; Theoretische Fundierung) - Treiber und Barrieren von Nachhaltigkeit - Nachhaltigkeitskonzepte - Einbindung Nachhaltigkeit in Unternehmenskontext - Einfluss auf Nachhaltigkeit auf Erfolg und Performance - Socially Responsible Investments (SRI) • Private Equity-Controlling - Theoretische Fundierung und Konzepte - Darstellung ausgewählter Konzepte und Ansätze - Abgrenzung Private Equity- und Beteiligungscontrolling - Ebenemodell des Private Equity-Controlling

Abbildung 2: Aufbau und Inhalt der Kapitel A und B
Quelle: Eigene Darstellung

In Kapitel C „Empirische Analyse der Forschungsfragen" werden die Ergebnisse der eigentlichen empirischen Untersuchung dargestellt. Diese gliedert sich in 4 Teile. Im ersten Teil werden das empirische Vorgehen und die Datengrundlage vorgestellt. Die drei folgenden Teile befassen sich mit den Ergebnissen zu den jeweiligen Forschungsfragen. Jedes Kapitel wird einzelnen eingeleitet, und die entsprechenden konzeptionellen und theoretischen Grundlagen beschrieben. Den Abschluss jedes empirischen Untersuchungsteils bilden Zusammenfassungen der zentralen Erkenntnisse.

Die erste Forschungsfrage (**F1**) wird durch den Punkt „Bewertung politischer und gesellschaftlicher Trends und Thematiken" angegangen. Hier sollen (deskriptive) Ergebnisse zur Wahrnehmung von Anforderungen und Trends sowie sich ergebende Bewertungsunterschiede aufgezeigt werden. Der folgende Punkt „Untersuchung der Relevanz spezifischer, nachhaltigkeits-relevanter Controllinginhalte für Beteiligungsgesellschaften" (**F2**) bildet den zweiten Teil der Untersuchung. Mittels einer Clusteranalyse sollen Bewertungsgruppen gebildet werden, anhand derer die deskriptiven Erkenntnisse zur Verwendung bzw. Relevanz von spezifischen, nachhaltigkeitsrelevanten Controllingsystemen und Kennzahlen aufgezeigt werden können. Im weiteren Verlauf der Analyse (**F3**) steht die Erklärung der Nachhaltigkeitsorientierung der Beteiligungsgesellschaften im Mittelpunkt des Interesses. Die Charakteristika der Beteiligungsgesellschaften (*Absichtsgröße*) sollen auf ihren Einfluss für die Nachhaltigkeitsorientierung der Risikokapitalgeber (*Ergebnisgröße*) anhand bi- und multivariater Analysen hin untersucht werden. Ziel soll es sein, Determinanten zu identifizieren, die die Nachhaltigkeitsorientierung von Beteiligungsgesellschaften in Deutschland beeinflussen (siehe hierzu Abbildung 3).

Teil	Name	Inhalt
C	**Empirische Analyse der Forschungsfragen**	• Datengrundlage und Untersuchungsmethodik (Forschungsanordnung und Erhebungsinstrumentarium; Grundgesamtheit und Stichprobe; Beschreibung der realisierten Stichprobe; Validierung der Stichprobe) • Empirische Befunde - F1: Bewertung politischer und gesellschaftlicher Trends und Thematiken - F 2: Untersuchung der Relevanz spezifischer, nachhaltigkeits-relevanter Controllinginhalte für Beteiligungsgesellschaften - F 3:Einfluss der Gesellschaftsmerkmale auf die Nachhaltigkeitsorientierung von Beteiligungsgesellschaften
D	**Beurteilung der Ergebnisse und Ausblick**	• Zusammenfassung und Kommentierung • Ansatzpunkte für weitere Forschungen

Abbildung 3: Aufbau und Inhalt der Kapitel C und D
Quelle: Eigene Darstellung

Eine Zusammenfassung der Ergebnisse sowie ein Ausblick über weitere Forschungsfelder bzw. sich aus der Untersuchung direkt ergebende Fragen werden in Kapitel D gegeben.

5. Integrativer Bezugsrahmen der Arbeit

Mit Blick auf die gestellten Forschungsfragen und das entsprechende Vorgehen der Untersuchung, lassen sich in der Gesamtschau folgende Zusammenhänge der zu untersuchenden

Themenfelder und Untersuchungsschwerpunkte in einem integrativen Bezugsrahmen zusammenfassen. Dieser greift die relevanten Themenkomplexe der Untersuchung strukturierend auf (siehe hierzu Abbildung 4).

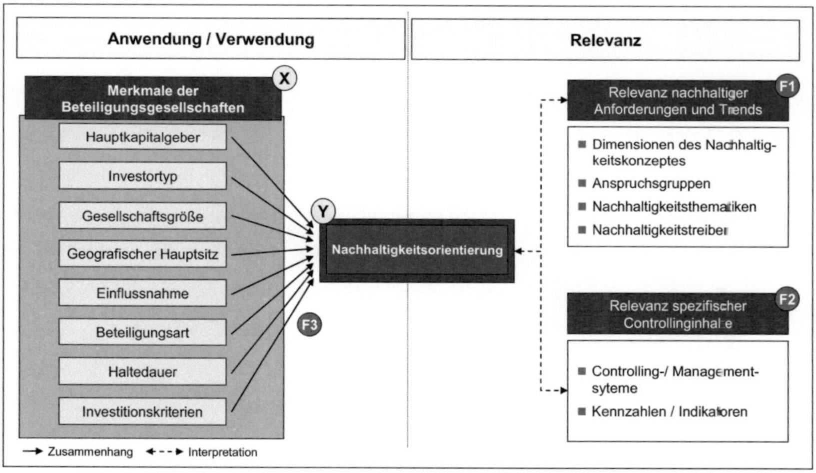

Abbildung 4: Integrativer Bezugsrahmen der vorliegenden Arbeit
Quelle: Eigene Darstellung

Die aufgestellten Forschungsfragen (aus Kapitel A.2) untersuchen das Themenfeld „nachhaltige Entwicklung und Private Equity" erstmals systematisch. Dazu ist es zuerst notwendig, einen grundsätzlichen Eindruck der Haltung der Private Equity-Investoren zum Thema der nachhaltigen Entwicklung und der fundamentalen Aspekte zu gewinnen (F1). Daneben stellt sich die Frage, ob diese rein „akademischer" Natur ist, oder ob sich die vorher angefragten Inhalte auch im Handeln der Beteiligungsgesellschaften widerspiegeln. Da die Handlungen der Investoren immer auf Daten basieren, die in Form von Kennzahlen von den Portfoliounternehmen erhoben werden, sollen konkrete, nachhaltigkeits-relevante Controllinginstrumente auf ihre Relevanz hin bewertet (F2) und Determinanten der systematischen Berücksichtigung (Orientierung) dieser identifiziert werden (F3).

Es wird deutlich, dass die Studie damit übergeordnet zum einen in die Untersuchung der **Relevanz** von bestimmten Themenfeldern und zum anderen in die Untersuchung der **Anwendung bzw. Verwendung** von spezifischen Instrumenten unterteilt werden kann. Das Konstrukt der Nachhaltigkeitsorientierung von Beteiligungsgesellschaften, d.h. der systematischen

Verwendung von nachhaltigkeits-relevanten Controllinginstrumenten[20], stellt hier das integrative Element der Untersuchung dar.

Hinsichtlich der 3 Themenfelder ist festzustellen, dass die beiden ersten (F1 und F2) als Vorarbeiten zur besseren Interpretation der Nachhaltigkeitsorientierung dienen. Hier sollen bisher nicht vorhandene empirische Erkenntnis zur Bedeutung von nachaltigkeits-relevanten Anforderungen und Trends sowie spezifischen Controllinginhalten für Beteiligungsgesellschaften gesammelt werden, die der Einordnung und Hinterfragung der Motivation des Themas dienen sollen. Das dritte Untersuchungsgebiet (F3) untersucht dahingegen einen spezifischen Zusammenhang der Nachhaltigkeitsorientierung mit anderen Variablen.[21] Somit bauen die Analysen der Themengebiete nachfolgend aufeinander auf und sollen es schlussendlich erlauben die gestellten Forschungsfragen hinreichend zu beantworten und einen fundierten Überblick über die Nachhaltigkeitsorientierung von Beteiligungsgesellschaften zu erhalten.

6. Einführende Begriffsabgrenzungen

Für die Untersuchung sind in den einzelnen Themengebiete speziellen Begriffe relevant. Diese sollen im Folgenden beschrieben werden. Ziel dieses Abschnittes ist es, Missverständnisse hinsichtlich der Begrifflichkeiten auszuschließen. Die exakten Definitionen befinden sich in angemessenen Umfang in den jeweiligen inhaltlichen Abschnitten.

6.1 Begrifflichkeiten des Private Equity und Venture Capital

Private Equity- und Venture Capital-Investoren werden auf höchster Aggregationsstufe, neben Hedge Fonds und Investmentfonds, den **Finanzinvestoren** zugeordnet (Kamp & Krieger, 2005, S. 20-21). „Unter Finanzinvestoren versteht man alle Investoren, die kein strategisches Interesse am Unternehmen haben, dessen Beteiligungstitel sie erwerben. Ihre Kaufentscheidung ist lediglich in finanziellen Motiven begründet" (Kaserer et al., 2007, S. 13; in Anlehnung an Achleitner, 2002). Ein anderer in diesem Zusammenhang verwendeter Begriff ist die **„Beteiligungsgesellschaft"**. Unter einer Beteiligungsgesellschaft versteht man grundsätzlich Gesellschaften, die Beteiligungen an anderen Unternehmen erwerben und deren Geschäftstätigkeit überwiegend oder ausschließlich im Halten dieser besteht. Der Begriff ist dabei oft mehrdeutig besetzt (Busack & Kaiser, 2006, S. 17).

[20] Siehe hierzu v.a. die Ausführungen in Kapitel C.4.1 und C.4.3.1.

[21] Die inhaltlichen Aspekte der einzelnen Themengebiete werden, wie bereits in Kapitel A.4 erwähnt, in den entsprechenden Abschnitten in eigenen Bezugsrahmen systematisiert und detailliert beschrieben.

Grundsätzlich existieren verschiedene Konzeptionen der Begriffe „Private Equity" und „Venture Capital", wobei sich besonders die Auffassungen im angloamerikanischen Raum von denen im europäischen Raum unterscheiden. In Deutschland und anderen europäischen Ländern werden die beiden Begriffe häufig synonym verwendet. Im angloamerikanischen Raum hingegen wird **Private Equity** oft als „Hauptbegriff" **(i.w.S.)** verstanden, der als Unterkategorien Private Equity (i.e.S.) und Venture Capital als Synonyme für Spät- bzw. Frühphaseninvestitionen betrachtet (EVCA, 1998, S. 5; Bandulet, 2005, S. 42)

Eine mögliche Beschreibung von **Private Equity (i.e.S.)**, als Synonym für einen Spätphasen- bzw. Buyout-Financier, stellt besonders auf die Konzentration des Finanziers auf etablierte Firmen aus reifen Branchen ab. Die hier durchgeführten Transaktionen werden regelmäßig als Buyouts bezeichnet. Buyouts umfassen die Akquisition von Mehrheitsanteilen durch einen Investor. Coyle (2000, S. 34) definiert folgende Arten von Buyouts: *Leveraged Buyout* (LBO), *Management Buyout* (MBO), *Management Buyin* (MBI), *Buyin Management Buyout* (BIMBO) und *Institutional Buyout* (IBO).

Venture Capital grenzt sich gegen die vorangegangenen Beschreibungen dahingehend ab, dass vor allem junge, innovative Unternehmen finanzieret werden. Die wesentlichen Charakteristika der erworbenen Unternehmen sind dabei „Neuheit, Innovationsorientierung und Wachstumsausrichtung" (Welpe & Dowling, 2003, S. 278). In den sechziger und siebziger Jahren dominierte für diese Art der Unternehmensfinanzierung der Begriff *Kapitalbeteiligungsgesellschaft* (Schefczyk, 2000, S. 15). Man kann nach dem Zeitpunkt der Investition im Lebenszyklus eines Unternehmens zwischen *seed finance* (englisch *seed*: Saat), *early stage finance* (englisch: *early stage*: Frühphase) und *growth finance* (englisch *growth*: Wachstum) unterscheiden (Grabherr, 2001, S. 226-227).

Ein weiterer Unterschied der beiden Finanzinvestortypen besteht darin, dass die Finanzierungen im Venture Capital-Bereich häufig weitaus risikobehafteter sind als die Finanzierung reifer Unternehmen, da z.B. sowohl die Tragfähigkeit des Unternehmenskonzeptes (*Business Plan*; hierzu Klandt, 1999), die technische Tragfähigkeit der Produkte und die Fähigkeiten des Managements sich meist noch nicht über eine längere Zeit beweisen konnten (Hartmann-Wendels, 2003, S. 215-217). Weitere Beschreibungen und Unterscheidungen der Begriffe finden sich in Abschnitt B.1.2.

6.2 Relevante Nachhaltigkeitsbegriffe

Obwohl das Nachhaltigkeitskonzept bereits in den 1920er Jahren von verschiedenen Autoren beschrieben wurde, hat erst die wissenschaftliche Bearbeitung der „nachhaltigen Entwicklung“ einem breiteren Interesse den Weg geebnet. Grundlegend für die Definition[22] des Begriffes der „nachhaltigen Entwicklung“ (*sustainable development*) war der von der World Commission on Environment and Development (WCED) veröffentliche Bericht „Our Common Future“, der auch als Brundtland-Report bekannt wurde. (Hauff, 1987, S. 46). Dieser brachte die nachhaltige Entwicklung mit dem wirtschaftlichen Wachstum in Verbindung, und kann daher als wegweisend für die nachfolgende Forschung gesehen werden (Thomas & Nowak, 2006, S. 7). Der Brundtland-Report definiert „nachhaltige Entwicklung“ als *„[a] development which meets the needs of the present without compromising the ability of future generations to meet their own needs"* (UN Commission on Environment and Development, 1987, S. 54). Eine alternative Definition schlagen Gladwin, Kennelley & Krause (1995), indem sie die nachhaltige Entwicklung als *„[a] process of achieving human development in an inclusive, connected, equitable, prudent and secure manner* (S. 878) beschreiben.

Nach Wilson (2003, S. 2-3) ist eine Wirkung des Konzeptes der nachhaltigen Entwicklung, dass dieses als Orientierung für das Handeln von Unternehmen dient und so die Zielsetzungen dieser Unternehmen beeinflussen, vielleicht sogar bestimmen kann. In diesem Fall spricht man von „Corporate Sustainability“ (unternehmerische Nachhaltigkeit), was bedeutet, dass die Grundsätze und Handlungsanweisungen aus dem Konzept der nachhaltigen Entwicklung auf Unternehmensebene angewendet werden (Steurer et al., 2005, S. 274). Hier gilt: *"[] there is no one definition of what it takes to be a responsible corporate. The key is to have a rigorous process for identifying those responsibilities and fulfilling them"* (Blyth, 2005, S. 30). Sheu & Lo (2005) geben einen einführenden Überblick über mögliche Definitionen[23] und Erklärungsversuche von unternehmerischer Nachhaltigkeit.

---

[22] Blyth (2005) unterstreicht, dass es keine eindeutige Definition davon gibt, was ein verantwortungsbewusstes oder nachhaltiges Unternehmen ist, sondern unzählige Definition existieren; vgl.: Blyth, 2005, S. 30; Thomas & Nowak, 2006, S. 3.

[23] Bisher existiert keine allgemein anerkannte Definition sowohl von Corporate Social Responsibility als auch von Corporate Sustainability (Godfrey, 2007). Zum Beispiel führt Carroll (1999) 25 verschiedene Definitionen von Corporate Social Responsibility auf, die in der vorliegenden Literatur existieren. Dies gibt einen ersten Eindruck, wie weitläufig und komplex die Begriffsbestimmung der beiden Termini heutzutage ist. Dabei hat es nach Margolis & Walsh (2001) einen sehr großen Einfluss, vor allem für eventuelle Argumente für Maßnahmenentscheidungen oder auch Einflussnahme auf die Unternehmensleistung, wie man die Termini definiert. Godfrey

Dylick & Hockerts (2002) wenden die originäre Definition des Brundtland-Reports auf den Unternehmensfall an: *„[corporate sustainability means,] meeting the needs of a firm's direct and indirect stakeholders (shareholders, clients, pressure groups, communities) without compromising its ability to meet needs of future stakeholders as well"* (S. 131). Dabei ist das Ziel, die ökonomische, ökologische und soziale Kapitalbasis zu vermehren bzw. zu stärken. Dies kann erreicht werden, indem die Erträge und nicht die Kapitalbasis konsumiert werden, d.h. die notwendigen zur Verfügung stehenden Ressourcenstämme nicht unwiederbringlich im Produktionsprozess aufgebraucht werden.

"*Corporate Social Responsibility*" (CSR) wurde 1953 zuerst von Willian J. Bowen verwendet (Thomas & Nowak, 2006, S. 4; Bassen, Jarstram & Meyer, 2005, S. 231) und wird von der Enquete-Kommission (1998) als ein Konzept definiert, in dem Unternehmen soziale und umweltbezogene Belange in ihr Geschäftstätigkeiten und ihre Interaktionen mit relevanten Stakeholdern[24] auf freiwilliger Basis integrieren. Darüber hinaus werden hierunter Maßnahmen verstanden, *„ [which are] going beyond compliance and investing more in human capital, the environment and relations with stakeholders"* (S. 3).

Eine sehr praktische Definition bietet Godfrey (2007) an. Ihm zufolge *„comes [CSR] under the healing of Corporate Strategy, because it considers how a firm chooses to deal with important elements of its operating environment, and the performance consequences of those choices"* (S. 208). Damit kann Corporate Social Responsibility als ein Teil bzw. Teilstück der Unternehmerischen Nachhaltigkeit (Corporate Sustainability) gesehen werden. Folgende Grafik (Abbildung 5) soll das Verhältnis der verschiedenen, bisher definierten Elemente verdeutlichen.

In diesem Beziehungszusammenhang grenzt sich Corporate Social Responsibility von den Konzepten der unternehmerischen Nachhaltigkeit (Corporate Sustainability) und nachhaltiger Entwicklung durch eine geringere Aggregationsebene ab. Während Nachhaltige Entwicklung und Corporate Sustainability als Leitbilder bzw. Paradigmen zu verstehen sind, stellt Corpora-

---

(2007) plädiert aufgrund dieser unzureichenden Begriffsgrundlage dafür, bei jeder Arbeit eine eigenständige und für die Untersuchung passende Definition aufzustellen; vgl.: Godfrey, 2007, S. 209.

[24] „Stakeholder sind als juristische oder natürliche Personen, bei denen davon ausgegangen werden [kann !], dass sie in beträchtlichen Maße von Aktivitäten, Produkten und/ oder Dienstleistungen der Organisationen betroffen sind. Sie lassen sich auch dadurch charakterisieren, dass ihre Aktivitäten die Moglichkeiten einer Organisation, ihre Strategien erfolgreich umzusetzen und Zielvorgaben zu erreichen, erheblich beeinflussen" (Global Reporting Initiative, 2006, S. 10).

te Social Responsibility eher eine Art Managementmodell dar, in dem mit unter andere Konzepte wie z.B. Corporate Citizenship[25] integriert sind (siehe hierzu die Arbeiten von Wood & Jones, 1995; Clarkson, 1995, S. 244; Holmes & Watts, 2000; Dawkins & Lewis, 2003).[26] Dies bedeutet z.B., dass Corporate Social Responsibility eher spezifische Ausprägungen aufweist und klare, starke Anforderungen an die Unternehmensverantwortlichen richtet (Wilson, 2003, S. 2). Des Weiteren sind die Konzepte auf unterschiedliche Zeitspannen ausgelegt. Während Corporate Social Responsibility sich auf einen für Unternehmen praktikablen Zeitraum, z.B. Geschäftsjahre, bezieht, zielen Corporate Sustainability und Nachhaltige Entwicklung einen eher langfristigen Zeiträume (z.B. Dekaden) ab (Steurer, Langer & Konrad, 2005, S. 264).

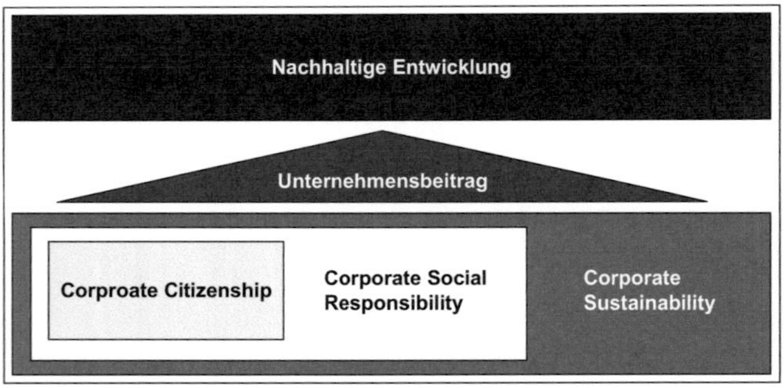

Abbildung 5: Verhältnis der verschiedenen Nachhaltigkeitsbegriffe
Quelle: Eigene Darstellung in Anlehnung an Loew et al. (2005, S. 12)

6.3 Relevante Controllingbegriffe

Der Begriff des **Controllings** basiert auf dem Englischen „control“ und meint „steuern“, „regeln“, „kontrollieren“ (Friedl, 2003, S. 148). Grundsätzlich umfasst Controlling Ansätze, die die qualitativen und quantitativen Steuerungsinstrumente eines Unternehmens konzeptionieren und betreiben. Hinter dem Begriff steht ein umfassendes Steuerungs- und Koordinationskonzept zur Unterstützung der Geschäftsleitung und der führungsverantwortlichen Stellen bei der ergebnisorientierten Planung und Umsetzung unternehmerischer Aktivitäten (Ziegenbein,

[25] „Corporate Citizenship“ wird hier als gesellschaftliches Engagement von Unternehmen definiert. Dieses geht klar über das eigentliche wirtschaftliche Wirken des betreffenden Unternehmens hinaus und soll zur Lösung von sozialen Problemen, z.B. durch Spenden, Sponsoring und Stiftungen etc., beitragen; vgl.: Loew et al, 2005, S. 1.

[26] Andere, öfters in diesem Zusammenhang als ein Unterthema von Corporate Social Responsibility in Verbindung gebracht sind Konstrukte wie z.B. *Corporate Volunteering* und *Corporate Foundations*. Ein mögliches alternatives Konstrukt zu dem oben dargestellten stellt Merten (2007) vor; vgl. Merten, 2007, S. 3.

2007, S. 24-25). Anders als das Management ist Controlling damit eine entscheidungsunterstützende Tätigkeit, die dezentrale, planungs- und kontrolldeterminierte Führung als Leitbild voraussetzt (Küpper, 2005, S. 14).

Der Zweck und Gegenstand des Controllings ist nach Rieper, Witte & Berens (1996) das „Sammeln, Aufbereiten und Analysieren von Daten zur Vorbereitung zielsetzungsgerechter Entscheidungen" (S. V). Dies umfasst vor allem die Ausrichtung der Steuergrößen auf die strategischen Zielgrößen, die Koordination der Informationsflüsse, die Moderation der Analyse und Interpretation der Messergebnisse und die Unterstützung der Entscheidungsprozesse des Managements.[27]

Reichmann (2001) beschreibt Controlling als *„bedarfsberechte Bereitstellung entscheidungsrelevanter Informationen, die aus dem betrieblichen Rechnungswesen erhalten werden und damit als eine rechnungswesenunterstützte Systematik zur Verbesserung der Entscheidungsqualität darstellt"* (S. 10). Horváth (2002) definiert Controlling als ein *„Subsystem der Führung, das Planung und Kontrolle sowie Informationsversorgung systembildend und systemkoppelnd ergebniszielorientiert koordiniert und so die Adaption und Koordination des Gesamtsystems unterstützt*" (S. 153). Küpper (2001, S. 7) erweitert diese Definition, indem er zu den aufgezählten Elementen in der Definition nach Horváth (2002) die Koordination zwischen den Führungs(teil)systemen Organisation und Personalführung hinzufügt.

Eine andere Definition schlagen Weber & Schäffer (2001, S. 76) vor, die Controlling als einen Mechanismus zur Sicherstellung einer angemessenen Rationalität der Führung sehen. Hierbei wird Rationalität als zielorientiertes Handeln verstanden, welches sich im Spannungsverhältnis von Reflexion und Intuition in den einzelnen Phasen des Führungszyklus vollzieht (so auch Weber & Schäffer, 1999). In dieser Form ist diese Definition die schärfste der bisher Dargestellten (Achleitner & Bassen, 2003, S. 5).

Nachdem die grundlegenden Begriffe geklärt sind, ist es wichtig im Folgenden einen kurzen Überblick der weiteren hier wichtigen controlling-relevanten Begriffe zu erhalten.

---

[27] In der Englischen bzw. angloamerikanischen Literatur wird in Bezug auf Controllinginstrumente und die informationsbasierte Steuerung von Unternehmen oft von Management Accounting Systemen (MAS) oder Management Information Systems (MIS) gesprochen. Diese sollen hier definiert sein als: *„highly subjective and situational [information] systems, [that] should be tailored to business, objectives and managers of each company*" (Jones, 1985, S. 304).

Beteiligungscontrolling wird nach Borchers (2006) als *„aktive Steuerung von Beteiligungen [...und...] Mittel des Wertsteigerungsmanagements„* (S. 234) verstanden. Aufgabenspezifisch umfasst das Beteiligungscontrolling dabei die Koordination von Führungs(teil)systemen zur Erzielung einer bestmöglichen Zielerreichung (Viemann & Hibbeln, 2006, S. 302-305).

Venture Capital- bzw. Private Equity-Controlling ist ein bisher nur wenig untersuchter Bereich und daher bislang nicht eindeutig definiert. Dennoch existieren einige Unterschiede zum klassischen Beteiligungscontrolling. Im Rahmen dieser Untersuchung gelten folgende Definition der Begriffe nach Prester (2000): Venture Capital- und Private Equity-Controlling ist die *„gesamtzielorientierte[n], unternehmens- oder projektbezogene[n] Erfüllung von Führungsaufgaben, soweit sie durch systemgestützte Koordination von Informationsbereitstellung, Planung und Kontrollen erreicht werden kann"* (S. 138).

Jais (2003) schlägt eine auf die Spätphasenfinanzierung fokussierte Definition vor, indem er Buyout-Controlling, bzw. Venture Capital-/ Private Equity-Controlling als die *„koordinierte Ausgestaltung von Planungs-, Informationsversorgungs- und Kontrollinstrumenten, die den Beteiligungsmanager bei der wert- und ausstiegsorientierten Steuerung einer Buyout-Transaktion unterstützen*" (S. 31) beschreibt. Durch die spezifische Benennung von Ausstiegs- und Wertorientierung, wird hier spezifisch auf die zentralen Kriterien bzw. Erfolgskriterien der Risikofinanzierung eingegangen.

Nach Schaltegger, Bennett & Burritt (2006, S. 13) muss in Bezug auf das **Nachhaltigkeits-Controlling** zwischen „sustainability accounting" und „sustainability reporting" unterschieden werden.[28] „Sustainability accounting" (Nachhaltigkeitsrechnungslegung) meint dabei das Management von neuen Informationen und Buchhaltungsmethoden, die das Ziel verfolgen, Informationen zu kreieren und bereitzustellen, die Unternehmen in der Einschätzung und Überwachung von nachhaltigkeitsrelevanten Bereichen und Aktivitäten unterstützen. Dem hingegen sind unter „sustainability reporting" (Nachhaltigkeitsberichterstattung) Kommunikations-Maßnahmen zu verstehen, die Informationen über Nachhaltigkeit und nachhaltigkeitsrelevante Bereiche und Aktivitäten strukturiert wiedergeben.

[28] Es sei darauf hingewiesen, dass auch in diesem Bereich bisher keine abschließende und allgemein akzeptierte Definition besteht. Folgende Abgrenzung und Beschreibung nach Schaltegger, Bennett & Burritt (2006) soll dabei lediglich stellvertretend für andere möglich Auffassungen im Rahmen dieser Untersuchung gültig sein.

Teil B: Untersuchungsgegenstand

Um ein einheitliches Verständnis über die Objekte der Untersuchung zu erhalten, wurden im vorangegangenen Kapitel die relevanten Grundbegriffe dieser Arbeit (Private Equity, Nachhaltigkeit und Private Equity-Controlling) definiert. Im Folgenden sollen nunmehr einzelne wichtige Aspekte der drei thematischen Gebiete vorgestellt werden. Ziel ist es, die in den folgenden Untersuchungsteilen zugrunde gelegten Aspekte, die wichtig für das ganzheitliche Verständnis sind, adäquat aufzubereiten und zur Verfügung zu stellen.

1. Private Equity-Gesellschaften

In diesem Kapitel soll ein detaillierter Überblick über die Grundlagen von Private Equity-Gesellschaften gegeben werden. Dazu ist es nötig, anfangs ein näheres Verständnis der Funktionsweise des Private Equity-Grundmodells und der Unterschiede von Buyout- resp. Venture Capital-Gesellschaften (als die beiden Hauptvertreter des Private Equity) zu bekommen. Es werden Grundlagen der Handlungen und zentralen Werttreiber dargestellt, derer sich die Private Equity-Gesellschaften zur Entwicklung ihrer Beteiligungen bedienen. Weiterhin soll der komplette Transaktionsprozess exemplarisch dargestellt sowie eine Einführung in das Thema „nachhaltiges“ Private Equity gegeben werden.

Im deutschen Sprachraum wird im Gegensatz zum englischen Sprachraum traditionell, zwischen Venture Capital-Gesellschaften, welche spezialisiert Finanzierungen von jungen bzw. innovativen Unternehmen und Geschäftsideen übernehmen, und Buyout-Gesellschaften, die auf die Finanzierung in späteren Finanzierungsphasen spezialisiert sind, unterschieden (Issakson, 2007, S. 15; siehe hierzu auch Abbildung 6). Jedoch wird diese Unterteilung von Schefczyk (2000) kritisiert, da die Abgrenzung a) nicht mit dem internationalen Sprachgebrauch vereinbar ist und b) Risikokapitalgeber in Deutschland noch zum größten Teil „nicht ausgeprägt“ innovative Unternehmen/ Unternehmenskonzepte finanzieren. Hauptkritikpunkt ist, dass in vielen Fällen die Abgrenzung als Operationalisierung schwierig werden kann (S. 37).

Dieser Argumentation folgend soll der Begriff Private Equity-Gesellschaft bzw. Beteiligungsgesellschaft hier synonym sowohl für Venture Capital- als auch für Private Equity-/ Buyout-Gesellschaften stehen. Die Kapitalnehmer, d.h. die finanzierten Unternehmen, werden als Portfoliounternehmen bezeichnet (Welpe & Dowling, 2005, S. 278). Institutionelle Investoren und private Anleger sollen im weiteren Verlauf als "Kapitalgeber" bezeichnet werden (Nielsen, 2006, S. 1).

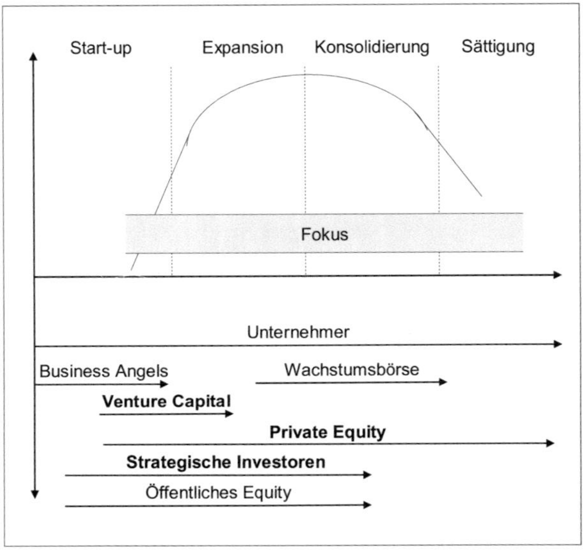

Abbildung 6: Finanzierungsphasen und Risikokapitalgeber
Quelle: Eigene Darstellung

Private Equity im Sinne dieser Arbeit kann demnach, in Anlehnung an Kraft (2001, S. 34), folgendermaßen definiert werden:

> *„Private Equity ist eine Art der Unternehmensfinanzierung, bei der zumeist nicht-börsennotierten Unternehmen von spezialisierten Finanzintermediären mittel- bis langfristiges Risikokapital zur Verfügung gestellt wird, das diesen von Kapitalgebern zur Verfügung gestellt wurde. Private Equity-Gesellschaften kontrollieren und betreuen ihre Portfolio-Unternehmen aktiv in allen Unternehmensbereichen. Zur Realisierung einer vorher definierten Mindest-Kapitalverzinsung besteht von vorneherein die Absicht, die Beteiligung wieder zu veräußern".*

In dieser Arbeit sollen die Begriffe "Private Equity-Investoren", "Private Equity-Gesellschaft" und "Beteiligungsgesellschaft" synonym verwendet werden.

1.1 Private Equity-Grundmodell

1.1.1 Aufbau von Private Equity-Gesellschaften

Das grundsätzliche Modell der Private Equity-Beteiligungen bezieht sich vor allem auf den Ablauf sowie die (legale) Strukturierung der jeweiligen Finanzierungen. Um die intermediative Aufgabe effektiv wahrnehmen zu können, sind Private Equity-Gesellschaften rechtlich international grundsätzlich als *Limited-Partnerships*, in Deutschland meist als GmbH & Co. KG strukturiert (Betsch, Schmidt & Groh, 2000, S. 92). Internationale Beteiligungsgesellschaften sind in einzelnen Ländern häufig jedoch aus Steuergründen nur über Beratungsgesellschaften vertreten, während die eigentlichen Fonds außerhalb in anderen Ländern angesiedelt sind.

In diesen Modellen nehmen die Kapitalgeber die Rolle der Kommanditisten ein und werden als *Limited Partners (LP)* beschrieben. Die Verantwortlichen auf Fondsseite übernehmen als *General Partners (GP)* die Komplementär-Rolle. Damit ist die Haftung des Fondsvehikels (Komplementär-GmbH) auf das Gesellschaftsvermögen, also auf die durch die Investoren und das Management eingebrachten Mittel, begrenzt. Die Investoren stellen das genehmigte Kapital je nach Abruf der Komplementär-GmbH zur Verfügung. Die Geschäftsführung wird von einem Kommanditisten übernommen, der in der Regel die Form einer GmbH & Co. KG besitzt, die selbst wiederum Kommanditistin an der Komplementär-GmbH ist (Kaserer et al., 2007, S. 16).

Vergütet werden die Kapitalgeber, die rund 99% des Kapital stellen (Watrin & Gocksch, 2002, S. 341), mit rund 80 % der nach Ablauf eines Geschäftsjahres erwirtschafteten Gewinne. Die Initiatoren bzw. Manager der Beteiligungsgesellschaften werden durch eine erhobene *Management Fee* (rund 2% des eingesetzten Kapitals) sowie durch eine Gewinnbeteiligung von rund 20% der erwirtschafteten Gewinne vergütet. Die Management Fee steht dabei von vorne herein fest und wird grundsätzlich erhoben. Die Gewinnbeteiligung kommt jedoch nur zustande, sobald eine gewisse Mindestrendite (Mindestverzinsung) des Kapitals (*hurdel rate*) erzielt wurde (Feinendegen, Schmidt & Wahrenburg, 2003). Diese Mindestrendite wird normalerweise bei Auflage des jeweiligen Fonds mit den Investoren aufgehandelt und vertraglich fixiert, und fungiert als Anreizmechanismus für die Private Equity-Investoren (Casamatta, 2003, S. 2060). Abbildung 7 soll die Struktur einer Private Equity-Transaktion darstellen.[29]

[29] Es sei darauf hingewiesen, dass diese Struktur vor allem für Spätphasenfinanzierungen, besonders von Buyout-Transaktionen, gilt. Oft unterscheiden sich Frühphasentransaktionen (Venture Capital) hierzu in ihrer Strukturierung. Siehe hierzu die Ausführungen in B.1.2.1.

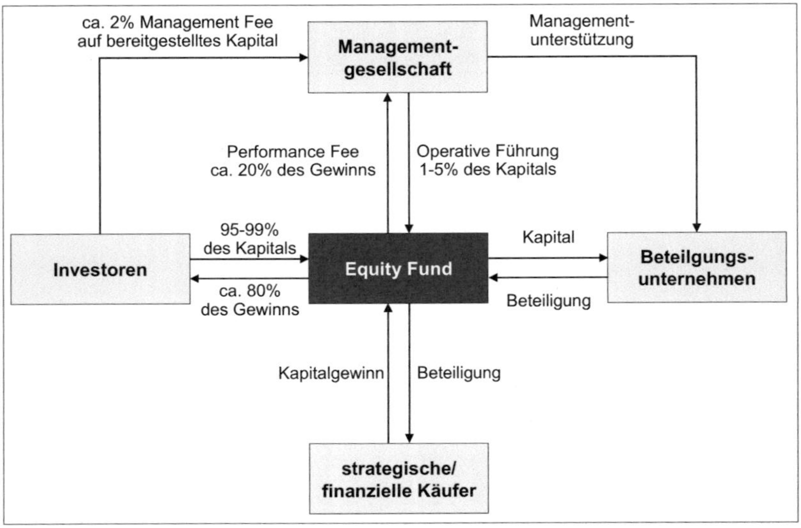

Abbildung 7: Struktur einer Private Equity-Transaktion
Quelle: Eigene Darstellung in Anlehnung an Diem (2005, S. 18) sowie Gottschalk (2007, S. 5)

Private Equity-Gesellschaften investieren grundsätzlich voll haftendes Eigenkapital. Investitionen werden als direkte Beteiligungen der Komplementär-GmbH an dem jeweiligen Portfoliounternehmen[30] durchgeführt (Gompers & Lerner, 1999c, S. 6). Die Beteiligung kann dabei entweder als Mehr- oder als Minderheitsbeteiligung erfolgen. Eine Minderheitsbeteiligung liegt vor, wenn der gehaltene Kapitalanteil des Private Equity-Investors unter 50% liegt *et vice versa*. Buyouts (als besondere Form der Spätphasenfinanzierung) erweitern dies, indem hier nicht nur voll haftendes Eigenkapital investiert wird, sondern die Akquisitionen mit einem beträchtlichen Anteil an Fremdkapital durchgeführt werden. Dies geschieht zum einen vor allem aufgrund der großen Beteiligungshöhe, die meist zu hoch ist, um sie vollständig mit Eigenkapital durchzuführen, zum anderen durch den Einsatz von Fremdkapital, durch den die Eigenkapitalrendite erhöht werden kann (*leverage effect*) (Grabherr, 2000, S. 221).

1.1.2 Ziele und Funktionen von Private Equity-Gesellschaften

Die inhärenten Ziele der Private Equity-Investoren lassen sich nach Schefczyk (2000, S. 31) in derivative und originäre Ziel unterteilen. **Derivative Ziele** ergeben sich dabei indirekt aus

[30] Portfoliounternehmen werden Unternehmen dann genannt, wenn Sie im Rahmen einer Beteiligung in das Portfolio einer Private Equity-Gesellschaft, unabhängig ob Früh- oder Spätphaseninvestor, aufgenommen wurden; vgl. Welpe & Dowling, 2005, S. 278.

den Anforderungen und Zielen der Kapitalgeber. Dies sind vor allem Rendite- bzw. Sicherheitsinteressen und –ziele (so auch Welpe & Dowling, 2003, S. 280). Im Gegensatz dazu beziehen sich **originäre Ziele** nicht auf Ziele von Dritten, sondern gehen direkt aus den Bedürfnissen der Beteiligungsgesellschaften hervor. Dabei lassen sich Markt-, Effizienz- und Vergütungsziele unterscheiden. Marktziele beziehen sich auf Möglichkeit, Kapital auch weiterhin von alten und neuen Investoren für zukünftige Investitionstätigkeiten zu akquirieren. Im direkten Zusammenhang damit sind Effizienzziele zu sehen, die darauf abzielen, die durch die Tätigkeit generierten Erträge nicht durch (zu) hohe Kosten aufgrund eines ineffizienten Geschäftsbetriebes der Beteiligungsgesellschaft zu einem großen Teil kompensieren zu lassen. In diesem Sinne sind auch Vergütungsziele zu sehen, die auf den Erhalt der Management fee und der variablen (Gewinn) Erfolgsvergütung fokussiert sind (Schefczyk, 2000, S. 31-36).

Private Equity-Investoren werden von den Kapitalgebern als spezielle Intermediäre in Anspruch genommen. Zumeist liegt dies in der besonderen **Natur der durchgeführten Finanzierungen** begründet[31]. Die Funktionen und Leistungsanforderungen der Private Equity-Gesellschaft bestimmen die geltenden Zielsetzungen zwischen Kapitalgebern und Beteiligungsgesellschaft, aber auch zwischen Beteiligungsgesellschaft und Portfoliounternehmen (Welpe & Dowling, 2005, S. 279). Private Equity-Gesellschaften übernehmen als Intermediäre u.a. *„die Finanzierungsfunktion, die Bewertungs- und Selektionsfunktion, die Transaktionsfunktion, die Monitoring- bzw. Corporate Governance-Funktion, die Betreuungsfunktion und schließlich die Exitfunktion durch den Verkauf der Beteiligungen für ihr Kapitalgeber"* (Kaserer et al., 2007, S. 14;)[32]. Lerner, Schoar & Wong (2007, S. 731) zeigen darüber hinaus, dass Kapitalgeber bevorzugt Private Equity-Investoren als Finanzintermediär in Anspruch nehmen, da diese oft nicht die nötigen intensiven Kontakte, Fähigkeiten bzw. Ressourcen zur Durchführung z.B. einer intensiven Due Dilligence haben.

Es können somit verschiedene Funktionen unterschieden werden, die Private Equity-Investoren als Finanzintermediäre wahrnehmen (siehe hierzu z.B. Barney et al., 1990). Hierbei nehmen Informationen eine zentrale Rolle ein. Die **Informationsgenerierung** zur Über-

[31] Auch liegt für Institutionelle Investoren immer ein Problem darin, ihr Portfolio optimal zu diversifizieren. Da ein großer Teil des zur Verfügung stehenden Kapitals in öffentlich gehandelte Finanztitel oder (reale) Wertgegenstände investiert sind, stellt Private Equity aufgrund seiner geringen Korrelation mit den öffentlichen Märkten eine sinnvolle Diversifikationsmöglichkeit für die Institutionellen Investoren dar. Siehe hierzu u.a. Quigley & Woodward (2005) und Phalippou & Zollo (2005).

[32] Siehe hierzu auch die Studien von Barry et al. (1990), Fried, Bruton & Hisrich (1998); Schefczyk (2000) und Welpe & Dowling (2005).

wachung und Durchsetzung von abgeleiteten Handlungen aus Sicht eines externen Anteilseigners ist eine der zentralen Aktivitäten der Private Equity-Investoren (*Monitoringfunktion*). Sie tragen dabei direkt zu einer effizienteren Allokation der vorhandenen Unternehmens- Ressourcen im Portfoliounternehmen bei (Scholtens, 2006, S. 21). Greenwood & Javanivic (1990) haben hier empirisch festgestellt, dass die Fähigkeit zur Generierung qualitativ hochwertiger Informationen (*information processing capacities*) direkt mit der Auswahl erfolgreicherer Investitionsobjekte zusammenhängt. Des Weiteren stellen King & Levine (1993) heraus, dass gut informierte Intermediäre zu einer verbesserten Weiterentwicklung ihr Portfoliounternehmen beitragen und damit erfolgreiche Durchsetzungen von Innovationen fördern. Gupta & Sapienza (1992) betonen, dass wertvolle Vorteile von Private Equity-Investoren dadurch erreicht werden können, dass sie a) Kapitalgeber und Kapitalnehmer (Portfoliounternehmen) effizient zusammenbringen, b) durch Spezialisierung bessere Investitionsentscheidungen als die Kapitalgeber treffen und c) den Portfoliounternehmen auch nicht-finanzielle Unterstützung bereitstellen. Dabei bestimmen die Informiertheit des Investors bzw. die daraus folgenden Güte der Investmententscheidung sowie der Qualität der Betreuung in der Haltphase wie erfolgreich eine spezifische Finanzierung sein wird (*Transaktionsfunktion*) (Bandulet, 2005, S. 48).

Weiterhin ist die **Kapitalbereitstellungsfunktion** zu nennen. Dabei sorgen Private Equity-Investoren dafür, dass Unternehmen, die aufgrund von Eigenkapitallücken (*equity gap*) keine Finanzierung erhalten hätten, sich auch außerhalb des geregelten Börsen- oder Fremdkapitalmarktes finanzieren können. Zu begründen ist dies damit, dass, abhängig von der spezifischen Situation, in der sich ein Unternehmen befindet, die Kapitalkosten bzw. das Risiko möglicher Finanzierungsvarianten zu hoch sind. Mögliche Finanzierungen sind dabei kleinere Menge Eigenkapital oder auch größere Menge fremd- oder Mezzanine-Kapital (Kaserer et al. 2007, S. 19).

Eine weitere zentrale Funktion ist die **Managementfunktion** (Schefczyk, 2000, S. 17), welche in Betreuungsfunktion und Unterstützungsfunktion unterteilt werden kann.

Die <u>Betreuungsfunktion</u> befasst sich vor allem mit spezifischen Fragen des Managements der Portfoliounternehmen. Hier geht es vor allem um strategische Fragen, aber auch um Fragen z.B. der personellen Besetzung des Managements oder anderen Personalentscheidungen (Kaplan & Strömberg, 2001, S. 429). Neben spezialisierten Erfahrungen der Private Equity

Manager kommt ihnen hier auch ihre Position als eigentlich externe Partei zu Gute. Obwohl die Risikofinanzierer in dem betreffenden Unternehmen investiert sind, also eigentlich als „*insider*" wahrgenommen werden, sind sie dennoch nicht so lange und nicht so tief in das eigentliche System des Portfoliounternehmens eingebunden. Dadurch können sie (potentiell) einen „objektiven" Überblick bzw. eine „externe" Perspektive über die Unternehmensgeschehnisse wahren (Bandulet, 2005, S. 42).

Die Unterstützungsfunktion umfasst vor allem den Einsatz von speziellen Management- oder Marktkenntnisse der Private Equity Investoren. Zum einen werden die finanzierten Portfoliounternehmen bei operativen und strategischen Managements angeleitet und unterstützt, zum anderen können die Marktkenntnisse der Investoren dazu verwandt werden, Marktmöglichkeiten professionell einzuschätzen bzw. das bestehende Produktportfolio der finanzierten Unternehmen anzupassen bzw. optimal einzustellen (Frommann & Dahmann, 2005, S. 8). Ein entscheidender Faktor für das Bestehen der Anreize zur Betreuung und Unterstützung ist die Langfristigkeit der Investition der Private Equity-Investoren. Der langer Zeitraum sowie mögliche zusätzliche Finanzierungen bedingen die Wichtigkeit der aktiven Kontrolle des Portfoliounternehmens (Lerner, 1995, S. 302-303). Die Durchsetzung des Einflusses kann zum einen durch den unbedingten Bedarf der Portfoliounternehmen an spezifischen Kenntnissen und sachrelevanten Ratschlägen begründet werden, zum anderen ermöglichen die bei Vertragsschluss[33] garantierten Kontrollrechte zusätzlich zur monetären Motivation der Manager die Willensdurchsetzung der Private Equity Investoren. Hierzu dienen vor allem die Möglichkeit des Aufbaus eines Sanktionspotenzials (z.B. Entlassungsandrohung) (hierzu z.B. Cuny & Talmor 2006) und der Austausch von Managern (hierzu v.a. Hellman & Puri 2002).

Die Durchführung der wahrgenommenen Funktionen stützt sich zum großen Teil auf die spezifischen **Kenntnisse und Erfahrungen (Expertenwissen),** welche oft bei den Investoren nicht in angemessener Form vorhanden sind oder zur Verfügung stehen (Kanniainen & Keuschnigg, 2004, S. 1936). Sie werden speziell aufgrund der immanent wichtigen Kontrollanrei-

[33] Im Rahmen der Vertragsgestaltung bedienen sich die Beteiligungsgesellschaften der Eigenschaften bestimmter Finanzierungsinstrumente, um ihre Beteiligungen zu kontrollieren. Diese Finanzierungsstrukturen dienen dazu, a) das Management kontrollieren zu können (Überwachung) und b) Anreize zu schaffen. Beispiele hierfür sind z.B. der Einsatz von Wandelschuldverschreibungen, zustandsabhängigen Finanzierungen (*stage financing*), Verwässerungsschutzrechte, Liquidationsrechte und besondere Kontrollrechte. Eine Wirkungsweise ist z.B., dass Erfolgsbeteiligungen für Manager der Portfoliounternehmen eine Abmilderung von Interessenskonflikten gewährleisten. Insgesamt lässt sich zudem festhalten, dass die Wahl der spezifischen Finanzierungsinstrumente durch ihre fehlende Liquidität der Beteiligungstitel ein längerfristiges Engagement garantiert; vgl.: Betsch, Schmidt & Groh, 2000, S. 102-109.

ze allokiert (Denis, 2004, S. 304). Expertenwissen bezieht sich hierbei besonders auf die Beurteilung und Kenntnisse bestimmter Märkte und Branchen (Marktwissen) und auf spezielle Fertigkeiten. Das Marktwissen beruht dabei vor allem auf bestehenden (positiven oder negativen) praktischen Erfahrungen (Dimov & De Clerq, 2006, S. 209). Bei den Fertigkeiten handelt es sich einerseits besonders um Management-, Strukturierungs- und Organisationsfähigkeiten (Casamatta, 2003, S. 2060), anderseits aber auch um Spezialwissen und Erfahrung in Teilgebieten, wie z.B. der Unternehmensfinanzierung und Unternehmensbewertung. Zudem haben die Private Equity-Investoren oft Insider-Wissen und besonders wertvoll Zugang zu Netzwerken (Hartmann-Wendels, 2003, S. 218), was besonders wertvoll ist. Investoren können so die Kosten für die Informationsbeschaffung und Kontrolle durch Spezialisierung und Synergien (Zentralisierung) innerhalb ihrer Gesellschaften reduzieren. Diese Sichtweise bestätigt die bereits vorher artikulierte Wahrnehmung von Private Equity als institutionelles Arrangement (Engelmann & Heitzer, 2001. S. 215), welches dazu beiträgt, Informations- und Kontrolldefizite in den finanzierten Unternehmen zu beseitigen und die finanzierten Unternehmen bei einer wertstiftenden Unternehmensentwicklung durch Beratung und Assistenz zu unterstützen (Kaserer et al., 2007, S. 35).

Alles in allem rechtfertigt sich der Einsatz von Private Equity-Gesellschaften für die Kapitalgeber vor allem durch die Möglichkeit, **Transaktionskosten**[34] in einem signifikanten Umfang einsparen zu können (Hartmann-Wendels, 2003, S. 218; Scholtens, 2006, S. 30; hierzu auch Admati & Pfleiderer, 1994). Eine besonders wichtige Rolle spielen dabei optimal an die Anforderungen angepassten Verträge zwischen der Private Equity-Gesellschaft und a) den Kapitalgebern bzw. b) dem betreffenden Portfoliounternehmen (hierzu Aghion & Tirole, 1994; Berglöf, 1994; Repullo & Suarez 1999; Corneli & Yosha 2003; Kannainen & Keuschnigg, 2004).[35]

[34] Der Transaktionskostenansatz ist ein elementarer Teil der Neuen Institutionenökonomie. Der Transaktionskostenansatz geht auf die Arbeiten von Coase (1960), Beston & Smith (1976) und Williamson (1985) zurück. Die Hauptaussagen sind, dass die Kosten, die mit einer (finanziellen) Transaktion einhergehen, die Finanzbeziehung verteuern und die Wahrscheinlichkeit des Abschlusses eines (Finanzierungs-) Vertrags senken; vgl. Schefczyk, 2000, S. 102.

[35] Auf das Problem der Vertragsgestaltung in Venture Capital- und Buyout-Transaktionen soll in dieser Studie nicht eingegangen werden. Zusätzlich zur oben zitierten Literatur zur Gestaltung von Beteiligungsverträgen und dem damit einhergehenden Einsatz spezifischer Finanzierungsinstrumente soll auf die aktuellen Studien von Kaplan & Strömberg (2000) und Hellmann (1998) für einen genaueren Einblick und empirische Ergebnisse in den USA sowie die Studien von Schwienbacher (2005), Bascha & Walz (2001) und Cumming (2002) für europäische Ergebnisse verwiesen werden.

1.1.3 Wertgenerierung durch Private Equity-Gesellschaften

"... it is well documented, that getting Private Equity has a profound impact on the way entrepreneurial firms operate." (Beuselinck & Manigart, 2007, S. 261)

Obwohl der Begriff „Private Equity" schon länger bekannt war und entsprechende Gesellschaften in praxi seit geraumer Zeit aktiv waren, wurde das eigentliche akademische Forschungsfeld erst recht spät durch die Studien von MacMillan (1988) und Gorman & Sahlman (1986) begründet. Diese Studien haben als eine der ersten herausgestellt, dass die Beziehung zwischen dem Eigenkapitalinvestor und dem finanzierten Unternehmen aus mehr besteht, als der reinen finanziellen Verquickung (Welpe & Dowling, 2005, S. 280). Timmons & Bygrave (1992, S. 207) haben diese Idee aufgegriffen und konkretisiert, dass dieser Mehrwert über das eingesetzte Kapital hinaus besonders in den Aktivitäten der Investoren zur Generierung einer Wertsteigerung, die vor allem als immaterielle Leistungen verstanden wurden, zu sehen ist. Im Folgenden sollen diese wertgenerierenden Leistungen in angemessener Form inhaltlich strukturiert und beschrieben werden.

Bisher wurde viel über die Wertgenerierung in Private Equity-Transaktionen publiziert.[36] Studien von Gomez-Mejia, Balkin & Welborne (1990) und Sapienza (1992) folgend lässt sich dieses neue Untersuchungsfeld in drei Gebiete unterteilen. Die Bereiche der Untersuchung können in a) Art und Tiefe der geleisteten Betreuung, b) die Rollen und Rollenverteilung in den Private Equity-Gesellschaften sowie zwischen den Investoren und den Portfoliounternehmen und c) die eigentliche Relevanz bzw. den Erfolg der Private Equity-Leistungen für die Entwicklung der Portfoliounternehmen (*performance studies*) unterschieden werden.

Grundlagen

Gompers (1995), Gompers & Lerner (1999a, 1999b) sowie Hellmann & Puri (2002) haben u.a. die aktive Wertgenerierung von Private Equity-Investoren und ihre Handlungen empi-

[36] Vorliegende Studien haben sich besonders mit der Frage nach der Wirkung von Private Equity- und Venture Capital-Aktivitäten auseinander gesetzt. Eine zentrale Annahme ist hier, dass sich die Leistungen und der Erfolg abhängig von dem jeweiligen Land und damit aufgrund der jeweiligen Gesetzgebung und den Institutionellen Rahmenbedingungen (z.B. Liquidität der Kapitalmärkte) unterscheiden können. In diesen Abhängigkeiten müssen die wertgenerierenden Leistungen und das Verhalten der Investoren angepasst werden (Cumming, Fleming & Suchard, 2005, S. 297). Die grundsätzlichen Funktionsmechanismen und Unterschiede wurden in zahlreichen Studien untersucht. Zu nennen sind hier Studien a) zu Unterschieden bei finanziellen *Verträgen* und *Syndizierung* von Gompers & Lerner (1999a, 2001) und b) zur *Bewertung*, der *Returns* und der *Exitorientierung* von Private Equity-Gesellschaften von Barry et al. (1990), Black & Gilson (1998), Gompers & Lerner (1999, 2000), Schweinbacher (2001, 2002), Cumming & MacIntosh (2002), Cochrane (2003).

risch untersucht. Theoretische Auseinandersetzungen erfolgten bisher u.a. durch Kanniainen & Keuschnigg (2003, 2004), Keuschnigg & Nielsen (2003, 2004) sowie Keuschnigg (2003). Dass die Investoren in der Lage, sind ihre Leistungen einzusetzen, liegt in der Natur ihrer Beziehungen zu den Portfoliounternehmen. Um einen Überblick über die Beziehungen zu bekommen, soll die folgende Abbildung diese Beziehungen grafisch strukturieren (siehe Abbildung 7).

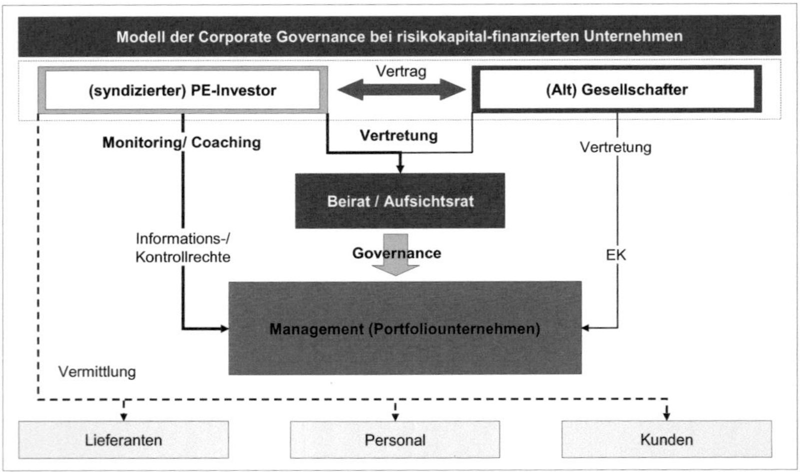

Abbildung 8: Beziehungssystem zwischen Private Equity-Investor und Portfoliounternehmen
Quelle: Eigene Darstellung in Anlehnung an Ruppen (2001, S. 32)

Es zeigt sich, dass die Investoren ein Portfoliounternehmen indirekt über ihre Vertretung in dessen Kontrollgremien beeinflussen können. Man spricht hier von einer *formalen* Verbindung (Meier, Hiddemann & Brettel, 2006, S. 1039). Über ihren Sitz im Kontrollgremium können die Investoren z.B. Empfehlungen für anstehende Entscheidungen abgeben und sich dafür einsetzen, dass die von ihnen präferierten Entscheidungen getroffen werden (*voting on crucial issues*) (Dai, 2007, S. 543). Zusätzlich erhalten sie die Möglichkeit, direkt unternehmensinterne Informationen zu beziehen (zur Rolle der Kontrollgremien in der Corporate Governance siehe Fama & Jensen (1983)). Weitere Handlungsoptionen sind a) die Beeinflussung von Unternehmensrichtlinien (corporate policies), b) die Eingabe von Resolutionen zur Fokussierung der Diskussion innerhalb des Gremiums (*shareowner resolution*), und c) Entscheidungen zum Kauf weiterer oder Verkauf der gehaltenen Anteile (Scholtens, 2006, S. 21). Barry, Muscarella, Peavy &Vestupyens (1990, S. 462-463) stellen fest, dass die Vertretung von Investoren in den Kotrollgremien sich positiv auf die operative Leistung auswirkt, und somit auch zu einer besseren Bewertung, z.B. durch die Kapitalmärkte (im Falle eines IPO [*initial public offering*]) führen kann (so auch Megginson & Weiss (1991), Lerner (1995), Hellmann & Puri (2000, 2002), Brav & Gompers (1997) und Ivonav & Xie (2005)).

Darüber hinaus können Investoren durch die Interaktion mit dem Management des Portfoliounternehmens auch direkt Einfluss ausüben. Hier spricht man von einer *informellen* Interaktion, die vor allem auf dem Prinzip der Beratung und des Konsens aufbaut (Meier, Hiddemann & Brettel, 2006, S. 1039). Diese Interaktion findet außerhalb der eigentlichen Kontrollgremiensitzungen statt, indem Investoren dem Portfoliounternehmen bzw. seinem Management vor allem bestimmte Ressourcen zur Verfügung stellen, die diese in der jeweiligen Situation nötig haben. Beispiele sind (Kaserer et al., 2007, S. 97):

- Verbesserung des Managements (z.B. Coaching),
- Hilfe bei Suche nach geeigneten Mitarbeitern,
- Einbringen von Managementkapazitäten,
- Einbringen von technischem Know-how,
- Bereitstellung eines Netzwerkes.

Wie eng die Portfoliounternehmen konkret mit ihren Beteiligungen interagieren ist je nach Finanzierungsphase unterschiedlich (Schefczyk, 2000, S. 305-309). Unabhängig von den konkreten Situationen können zwei grobe Kategorien unterschieden werden: aktive Beeinflussung (*hands-on*) und passive Beeinflussung (*hands-off*) (Harrison & Mason, 1992, S. 389; Schefczyk & Gerpott, 2001, S. 301; Harrison, 2005, S. 1). Meier, Hiddemann & Brettel (2006, S. 1035) belegen, dass Investoren die operative Leistung von Portfoliounternehmen vor allem durch aktive Verhaltensweisen, den Einsatz externer Ressourcen sowie die Förderung „leistungsfähiger“ Informationssysteme steigern können. Zudem stellen Sapienza & Gupta (1994) fest, dass die Interaktion zwischen Investor und Portfoliounternehmen (Management) bzw. deren Erfolg stark von dem Erfahrungshintergrund des Managements, der Entwicklungsphase des Portfoliounternehmens, der Innovationsgrad der Produkte und Dienstleistungen sowie der Zielübereinstimmung (*goal congruence*) von Investor und Management abhängt (S. 1620; siehe auch B.1.1.2).

Die hier angesprochenen Maßnahmen üben direkten Einfluss auf die Geschäftstätigkeiten des Portfoliounternehmens aus. Um die richtigen Entscheidungen zu treffen und die Resultate aufnehmen zu können, sind die Investoren auf eine funktionierende Versorgung mit Informationen angewiesen. Die Qualität der Informationsversorgung ist vor allem durch a) die Vollständigkeit und Intensität des Berichtswesens (Reißig-Thust, 2003, S. 207-211 und 229-234), b) die Frequenz des Informationsaustausches (Sapienza et al., 1996, S. 1620) und c) der inhaltlichen Qualität (Richtigkeit) der bereitgestellten Informationen determiniert. Die Beschaffenheit und Funktionalität der Informationssysteme innerhalb der Beteiligungsgesellschaft und in den Portfoliounternehmen ist daher ein zentrales Entscheidungs- und Einflusskriterium bei Private Equity-Finanzierungen (Meier, Hiddemann & Brettel, 2006, S. 1041).

Wertreiber

Werttreiber spielen bei den Aktivitäten der Investoren eine zentrale Rolle. Ziel von Investoren ist es, Unternehmensanteile für einen geringeren Preis zu einen Zeitpunkt t_0 zu kaufen und sie nach einer gewissen, unterschiedlich langen Halteperiode zum Zeitpunkt t_n wieder zu veräußern. Durch Betrachtung der Wertermittlung eines Unternehmens können verschiedene Ansatzpunkte zur Steigerung des Unternehmenswertes ausgemacht werden. Kaserer et al. (2007, S. 91-92) leiten über die mathematische Formel zur Renditeberechnung zwei grundlegende Ansatzpunkte ab.[37] Zum einen kann der Wert eines Portfoliounternehmens durch die Veränderung seines Cashflows (FCFF), zum anderen über die Veränderung der Bewertungsverhältnisse (EKQ) beeinflusst werden. Die damit einhergehenden Maßnahmen sind vor allem finanzieller Natur (*financial engineering*).[38]

Unter Rückgriff auf die konkreten Wertreiber unterscheiden Berg & Gottschlag (2003) drei Wertgenerierungshebelgruppen und ordnen diesen zahlreiche mögliche Wertgenerierungshebel zu. Grundsätzlich lassen sich die Gruppen anhand ihrer Wirkungsweise unterscheiden. Dabei differenzieren Berg & Gottschalk (2003, S. 17) zwischen *Werttransfer*, *primärer Wertschöpfung* und *sekundärer Wertschöpfung*. Die folgende Grafik soll die verschiedenen Werthebelgruppen überblicksartig zusammenfassen (siehe Abbildung 9):

[37] $r = \frac{FCFF_{T+1}}{FCFF_1} * \frac{k_0 - g_0}{k_T - g_T} * \frac{1}{EKQ} - VG(1 + k\,d)^T - 1$; vgl. Kaserer et al., 2007, S. 91.

[38] Ziel ist es z.B., „die Kapitalkosten *k* über eine Veränderung der Risikostruktur der Cashflows oder des Verschuldungsgrades [Fremdkapitaleinsatz] zu reduzieren“ (Kaserer et al., 2007, S. 92).

Werttransfer	Primäre Wertschöpfungshebel	Sekundäre Wertschöpfungshebel
Wertgenerierung durch Unterschied zwischen An- und Verkaufspreis	Leistungssteigerung	Corporate Governance
Maßnahmen zur Korrektur bestehender Fehlbewertungen • Veränderung der Marktbewertung • (neue) Erkenntnisse des Investors bei Anteilsübernahme • Überlegene Transaktionsfähigkeiten des Investors	**Verbesserung operative Effizienz** • Produktivitätssteigerung • Neukonfiguration Unternehmensressourcen • Kostensenkungsprogramm (Margenverbesserung) • Bereitstellung Know-How **Financial Engineering** • Optimierung Kapitalstruktur • Reduktiong (nach-Steuer) Kapitalkosten **Veränderung strategische Positionierung** • Anpassung strategische Zielsetzungen/ -programme • Umbau Aufbau-/ Ablauforganisation • Optimierung Preis-/ Produktpolitik • Optimierung Kundenstruktur/ Distributionskanäle	**Reduzierung Agency-Kosten** • Konfliktvermeidung • Disziplinierungsmaßnahmen (Reduktion Free-Cash-Flow) • Monitoring **Parenting-Effekte** • Wiederherstellung (unternehmerische) Motivation • Rat und Hilfe
Kaserer et al. (2007)	Nikoskelainen & Wright (2007) Busenitz, Maesel & Fiet (1997)	Schefczyk & Pankotsch (2005) Hart (1995)

Abbildung 9: Wertreiber in Private Equity-Transaktionen
Quelle: Eigene Darstellung in Anlehnung an Berg & Gottschalk (2003, S. 17-33)

Werttransfers stellen die Ausnutzung von z.B. Bewertungsunterschieden (Arbitrage) dar und sind meist reine passive, opportunistische Investitionen. Sekundäre Wertschöpfung bezeichnet dabei eine Erhöhung des Wertes des betrachteten Unternehmens, ohne dass Restrukturierungsmaßnahmen vorgenommen wurden (Reduzierung der Agency-Kosten; Parenting-Effekt).[39] Sekundäre Wertschöpfungshebel unterscheiden sich von primären, indem sie keine direkte Wertänderung induzieren. Dagegen können primäre Werthebel z.B. die finanzielle

[39] Beide Ansätze können unter das Thema der Beeinflussung der Corporate Governance von Portfoliounternehmen subsummiert werden. Im Rahmen von Beteiligungsfinanzierungen kann zwischen verschiedenen Arten von Corporate Governance (hierunter wird ein Regelwerk verstanden, mit dem das Management überwacht und sein Handlungsspielraum eingeschränkt werden kann (im Sinne von *check and balances*; Hart, 1995, S. 681) unterschieden werden. Zum einen bestehen Regeln und Kontrollabhängigkeiten zwischen den Kapitalgebern einer Beteiligungsgesellschaft (institutionelle Investoren) und den Fonds-Verantwortlichen (Private Equity-Manager/ Initiatoren). Dieses Regelwerk kann als externe Corporate Governance bezeichnet werden. Notwendig ist eine strenge Governance hier, da es z.B. keine Analysten, die es bei öffentlichen Investmentfonds gibt, die die Handlungen überwachen und Informationen generieren, also eine geringe Transparenz vorherrscht. Ziel ist hier vor allem die Überwachung der Beteiligungsgesellschaft durch die Kapitalgeber bzw. durch (a priori) die Eingrenzung der Handlungsmöglichkeiten des Fonds-Managements etc. Zum anderen bestehen Regeln innerhalb einer Beteiligungsgesellschaft (interne Corporate Governance). Diese Regeln dienen der effizienten Steuerung der Prozesse der Gesellschaft und zur Kontrolle und Steuerung der Private Equity-Manager. Eine letzte Art der Corporate Governance ist die in dieser Untersuchung im Fokus stehende Portfolio Corporate Governance. Hier geht es um die Kontrollverhältnisse und Regelen zwischen den Beteiligungsgesellschaften und ihren Portfoliounternehmen; vgl.: Schefczyk & Pankotsch, 2005, S. 305.

Ertragskraft des Unternehmens steigern.[40] Im Zusammenspiel der beiden Gruppen unterstützen sekundäre Werthebel die primären Wertschöpfungshebel in ihrer Wirkung.

1.2 Abgrenzung verschiedener Arten von Private Equity

Die Natur bzw. die Identität eines Investors spielt in Transaktionen eine große Rolle. Es wurde bereits ausgeführt, dass Portfoliounternehmen je nach der Situation, in der sie sich zu Zeitpunkt der Investition befinden, spezielle Anforderungen an einen Investor stellen (Grabherr, 2006, S. 235). Auch wurde dargelegt, dass die betreffenden Privat Equity-Investoren aufgrund einer hohen Spezialisierung in der Lage sind, mit den betreffenden Situationen in einem angemessenen Nutzen-Risiko-Verhältnis umzugehen, indem je nach Investitionsobjekt und -anlass die damit einhergehenden Einflussnahme auf das Portfoliounternehmensmanagement bestimmt wird (Dai, 2007, S. 539).

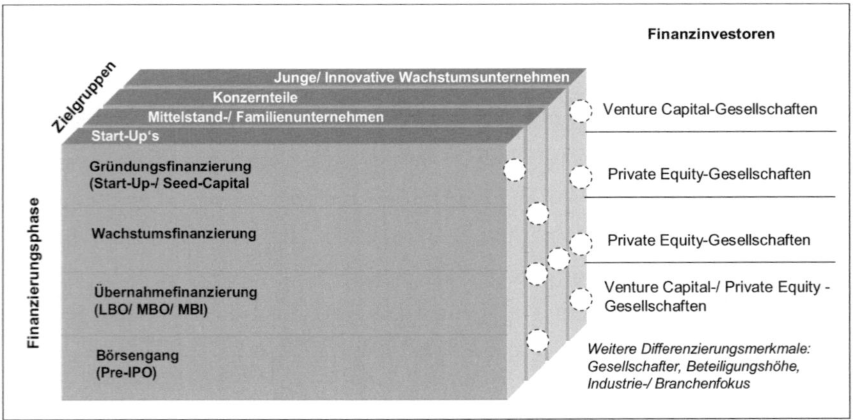

Abbildung 10: Abgrenzung zwischen Private Equity und Venture Capital
Quelle: Eigene Darstellung in Anlehnung an Aricum (2001, S. 8)

[40] Es sei angefügt, dass die Maßnahmen zur Verbesserung der operativen Effizienz immer nur in einem sinnvollen Umfang durchgeführt werden sollten, da radikale Einschnitte zur kurzfristigen Effizienzsteigerung sich negativ und eventuell irreversibel auf die zukünftige Leistungsfähigkeit des Unternehmens auswirken können (Nikoskelainen & Wright, 2007, S. 513). Der Erfolg der Maßnahmen, vor allem bzgl. Leistungssteigerung, hängt nach Erkenntnissen von Busenitz, Moesel & Fiet (1997) eng mit den Eigenschaften und der Situation des Unternehmens zusammen. Die Autoren führen aus, dass vor allem der individuelle Hintergrund und die Fähigkeiten des Unternehmens zur Entscheidungsfindung die Verbesserung des operativen Erfolgs bestimmen. Des Weiteren spielen die Unternehmensmerkmale und die bestehenden Wettbewerbsstrategien eine wichtige Rolle. Zum Schluss weisen die Autoren spezielle auf die Rolle des „Lernens" hin. Nur effizient implementierte Lernprozesse können die ergriffenen Maßnahmen in operativen, real zu messenden Erfolg umsetzen; vgl.: Busenitz, Moesel & Fiet, 1997, S. 3.

In Bezug auf ihre Eigentümerstruktur lassen sich die Beteiligungsgesellschaften in die Kategorien „*captive*“, „*semi-captive*“ und „*independent*“ einteilen (Wright & Robbie, 1998, S.528). Weitere Unterscheidungskriterien sind „die Zuordnung zum öffentlichen oder privaten Sektor“, der Spezialisierungsgrad (nach Regionen, Branchen, Finanzierungsphasen und Unternehmensgrößen) sowie „die Art und Weise der geleisteten Managementunterstützung“ (Schefczyk, 2000, S. 18; siehe Abbildung 10).

Den Ausführungen von Kussmaul (2006) folgend, können grundsätzlich verschiedene Beteiligungsgesellschaftsarten unterschieden werden (S. 199):

- Early-Stage-Gesellschaften (Frühphaseninvestoren),
- Later-Stage-Gesellschaften (Spätphaseninvestoren),
- öffentliche Kapitalbeteiligungsgesellschaften,
- Universalbeteiligungsgesellschaften.

Universalbeteiligungsgesellschaften stellen dabei den Grundtypus eine Beteiligungsgesellschaft dar. Diese Gesellschaften sind nicht auf bestimmte Finanzierungsphasen festgelegt, sondern investieren sowohl in junge als auch in etablierte Unternehmen. Im Gegensatz zu den öffentlichen Kapitalbeteiligungsgesellschaften arbeiten diese Gesellschaften jedoch nicht mit Geldern aus der öffentlichen Förderung. Öffentlich geförderte Kapitalbeteiligungsgesellschaften verwalten Kapital aus öffentlichen Förderprogrammen (z.B. dem ERP-Beteiligungsprogramm). Dabei sind sie, was Beteiligungsbranche, Finanzierungsphase bzw. Finanzierungszweck und Beteiligungshöhe betrifft, den geltenden Regeln der öffentlichen Emittenten unterworfen (Schefczyk, 2000, S. 16).[41]

Die beiden verbleibenden Typen können mit Hilfe der Analyse ihrer gewählten Investitionsstrategien unterschieden werden (EVCA, 2000, S. 12; grundsätzlich Fenn, Liang & Prowse, 1997, S. 17). Groh & Gottschlag (2005) schlagen drei Dimensionen zur klaren Differenzierung zwischen Früh- und Spätphaseninvestoren vor, wobei diese jedoch nicht unumstritten sind. Sie umfassen a) die Finanzierungsstrategie, b) das Finanzierungsvolumen und c) das Finanzierungsrisiko (S. 25). Soweit die öffentliche Förderung keine Rolle spielt, können verschiedene Beteiligungsfinanzierungen auch hinsichtlich ihres Einflusses auf die Strategie des

---

[41] Es ist anzumerken, dass Groh & Gottschalk (2005) ausführen, dass die staatliche Förderung weniger erfolgreich als die private Finanzierung durch Eigenkapitalinvestoren ist; vgl.: Groh & Gottschalk, 2005, S. 25.

finanzierten Unternehmens unterschieden werden (Kollmann, 2004, S. 91). Grabherr (2006) schlägt einige Regeln vor, die zur Differenzierung verschiedener Investorenarten (potentiell) herangezogen werden können (S. 236):

- Je jünger das Unternehmen ist, desto näher muss der Investor lokalisiert sein. Grabherr (2006) verweist hier auf den Begriff des geografischen Aktionsradius. Je weiter der Investitionsfokus auf spätere Finanzierungsphasen ausgerichtet ist, desto weiter ist der Investitionsradius der Investoren ausgedehnt.[42]
- Je jünger das Unternehmen ist, desto besser muss sich der Investor in den betreffenden Branchen und Märkten auskennen. Dies gilt vor allem für technologie- oder industrieorientierte und sehr innovative Firmen, zu denen wenig verfügbare Unternehmensinformationen und Erfahrungen zum Zusammenspiel zwischen angebotenem Produkt(en) oder Dienstleistung(en) und Markt vorliegen.
- Je jünger das Unternehmen ist , desto wichtiger sind andere als rein finanzielle Unterstützungs-, Beratungs- und Betreuungsfunktionen.
- Je weiter der Fokus auf spätere Finanzierungsphasen gelegt ist, desto weniger eng ist der Kontakt zwischen Investor und Portfoliounternehmen.
- Je weiter der Fokus auf spätere Finanzierungsphasen gelegt ist, desto ausgereifter und stabiler muss die Organisation und das Management der zu finanzierenden Unternehmen sein

Diese Regeln unterstreichen die hohe Bedeutung von Managementleistung und Kapitaleinsatz, der mit den jeweils spezifischen Investitionen für die Investoren einhergeht.

Da die Zusammenhänge und Resultate bisher lediglich auf einem sehr grundsätzlichen Level beschrieben wurden, sollen im Folgenden die zwei Hauptarten des Private Equity (Venture Capital und Private Equity) einer differenzierten Betrachtung unterzogen werden.

1.2.1 Venture Capital-Gesellschaften

Junge Unternehmen leiden im Hinblick auf ihre Finanzierung häufig an einer Kapitalunterdeckung. Diese resultiert aus der Diskrepanz des vorhandenen Eigenkapitals des oder der Grün-

[42] Beispiele hierfür sind die großen, vor allem US-amerikanischen Beteiligungsgesellschaften wir KKR, The Carlyle Group, Terra Firma, Cerberus oder Blackstone. Es gibt hier jedoch auch Ausnahmen, wie z.B. 3i, die als Beteiligungsgesellschaft mit Fokus auf junge Firmen auch weltweit investieren.

der und dem Kapitalbedarf des jungen Unternehmens (Berger & Udell, 1998, S. 662). Um die Lücke zu schließen, stellt externes Eigenkapital außerhalb der organisierten Kapitalmärkte eine adäquate Alternative dar. Dies gilt insbesondere, da andere Finanzierungen nicht verfügbar oder unverhältnismäßig teuer wären (Kaserer et al. 2007, S. 25). Kussmaul (2006) sieht Venture Capital als eine *„spezielle Form der langfristigen, aber zeitlich begrenzten Unternehmens- und Innovationsfinanzierung mit risikotragendem, in einer Unternehmenskrise haftendem Eigenkapital oder eigenkapitalähnlichem Kapital, verbunden mit der aktiven unternehmerischen Betreuung und Beratung des zu finanzierendem Unternehmens [...]. [Adressaten sind] kleine bzw. mittlere innovative und tendenziell technologieorientierte (junge) nicht emissionsfähige Unternehmen mit geringer Eigenkapitalausstattung und hohen Wachstumspotenzialen, die allerdings komplexen unternehmerischen Aufgabengegenüberstehen und zur Entscheidungsfindung auf externe Hilfe angewiesen sind"* (S. 198).

Die Finanzierung junger Unternehmen ist durch hohes Wachstumspotential und dem damit verbundenen hohen (Verlust-) Risiko geprägt (Carpenter & Petersen, 2002, S. F55). Dies betrifft vor allem die zukünftige Markt- und Organisationsentwicklung sowie die Eigenschaften und Potentiale aktueller und zukünftiger Produkte (z.B. hinsichtlich technischer Machbarkeit, Zeitdauer bis zur Marktreife, Höhe der Entwicklungskosten; eventuelle Produkt- und Haftungsrisiken etc.). Gründe sind hier vor allem die starke Abhängigkeit des Erfolges von der Person des Gründers bzw. dem jeweiligen Managementteam (Hartmann-Wendels, 2003, S. 216). Um ihre Risiken zu streuen, investieren Venture Capital-Investoren grundsätzlich in mehrere Ideen und Unternehmen. Dies geschieht mit der Erwartung, dass nur wenige der finanzierten Unternehmen eine überdurchschnittliche Entwicklung erfahren und damit die (erwartete und geforderte) Verzinsung des Kapitals für den Investor erreichen (Groh & Gottschalk, 2005, S. 25).

Folgende Punkte zur Charakterisierung von Venture Capital-Gesellschaften können festgehalten werden:

- **Finanzierung**: Meist Minderheitsbeteiligungen durch offene oder stille Beteiligung. Die offene Beteiligung geschieht über den direkten Erwerb von Anteilen am (je nach Rechtsform) Grund- oder Stammkapital des zu finanzierenden Unternehmens. Häufig sind auch Kombinationen von Finanzierungsarten anzutreffen, bei denen das voll haftende Eigenkapital um mezzanine Instrumente zu Risikosteuerung ergänzt wird (Schefczyk, 2000, S.

18). Meist erfolgt die Kapitalbereitstellung stufenweise, wobei die Stufen an vorher festgelegte Ziele gekoppelt sind (*stage financing*). Die Finanzierung findet oft durch Syndizierung mit anderen Investoren statt.

- **Haltezeit**: In der Regel werden Engagements mit unbegrenzter Laufzeit eingegangen. Da die Venture Capital-Investoren jedoch eine klare Exit-Orientierung haben, besteht der feste Plan, die Beteiligungen nach 5 – 10 Jahren wieder zu veräußern (Schefczyk, 2000, S. 16).[43]

- **Handlungen**: Venture Capital-Investoren lassen sich häufig über den eigentlichen Kapitalanteil hinausgehende Kontroll- und Mitspracherechte zusichern. Zentrales Interesse ist es, auf strategische Entscheidungen sowie die Mittelverwendung innerhalb der Portfoliounternehmen Einfluss zu nehmen. Zu den zentralen Maßnahmen und Aktivitäten zählen: regelmäßiges, formelles Reporting, Überprüfung wichtiger Covenants (Kennzahlen), Entsendung von Vertretern in Gremien, vertraglich gesicherte Informations-, Gestaltungs- und Mitspracherechte, Managementunterstützung und Beratung (Engelmann & Heitzer, 2001, S. 220). Weiterhin ist die Unterstützung bei betriebswirtschaftlichen Fragen wichtig, da die Gründer, abhängig von der Branche, oft lediglich über sehr technik-lastige Kenntnisse verfügen (hierzu z.B. Stuart & Abetti, 1990).

- **Branchen**: Relevant sind zumeist innovative Branchen, die überdurchschnittliches Wachstumspotential aufweisen. Dies sind z.B.: Umwelt-/ Kommunikationstechnik; Medientechnik; Biotechnologie und Genetikmärkte (Heinke & Heitzer, 1999, S. 215). Somit fokussieren Venture Capital-Gesellschaften vor allem auf Branchen mit Technologie- und Innovationsorientierung. Zur Wirkung von Venture Capital auf den Innovationsgrad sei auf Studien von Kortum & Lerner (2000); Gomper & Lerner 2003; Hellmann & Puri (2000) und Achleitner & Klöckner (2005) verwiesen.[44]

- **Risiken**: Risiken werden von allem durch bestehende exogene exogene Markt- Produktrisiken und endogene Informations- und Verhaltensrisiken bestimmt (Engelmann & Heitzer (2001, S. 217).

[43] Studien haben diese Zeitspanne des Öfteren untersucht. Es ergeben sich teilweise unterschiedliche Ergebnisse. Als eine der ersten (modernen) Studien haben Pakes & Ericsen (1988) festgestellt, dass die Haltedauer bei Frühphaseninvestoren in den meisten Fällen bei weniger als 5 Jahre lag (so auch Sahlman, 1990), eine Desinvestition oft sogar in den ersten drei Jahren angestrebt wurde.

[44] Für eine übersichtliche Zusammenfassung der Studien vgl. Kaserer et al., 2007, S. 30-32.

Auch Venture Capital-Gesellschaften können je nach Finanzierungsphase in unterschiedliche Kategorien eingeteilt werden (Ruppen, 2001, S. 22):

- **Seed** (Entwicklung der Geschäftsidee sowie von Prototypen),
- **Start-Up** (Finanzierung kurz vor der Markteintrittsphase),
- **First-Stage** (Produkteinführungsphase),
- **Expansion** (Durchsetzung der Produkte und Unternehmensexpansion nach erfolgreicher Markteinführung; hierzu u.a. Nathusius, 2001).[45]

1.2.2 Buyout-Gesellschaften

In späteren Finanzierungsphasen bzw. späteren Finanzierungsrunden sind Buyout-Gesellschaften die typischen Beteiligungsfinanzierer. Der Unterschied zwischen den Gesellschaften entsteht durch den Einsatz eines erhöhten Fremdkapitalanteils bei einer Beteiligungsfinanzierung. Mit dem erhöhten Fremdkapitaleinsatz wird auf der einen Seite versucht, die Verzinsung des eingesetzten Eigenkapitals zu erhöhen (*leverage effect*), auf der anderen Seite kann eine Risikoreduzierung erreicht werden, da weniger eigenes Kapital eingesetzt wird und die Rückzahlungsverantwortung komplett auf das akquirierte Unternehmen übertragen wird (Schäfer & Fisher, 2007, S. 9-17).

Obwohl diese Art des Beteiligungskapitals in der Öffentlichkeit die meiste Aufmerksamkeit erhalten hat (Frommann & Dahmann, 2005, S. 11-12), ist die dazugehörige Forschung zwar recht umfangreich, jedoch nicht so weit entwickelt wie die Forschung zum Thema „Venture Capital". Das höhere öffentliche Interesse kommt nach Auffassung vieler Autoren zum einen vor allem durch die "Undurchsichtigkeit" des Geschäfts aufgrund der nicht vorhandenen Transparenzvorschriften zustande. Zum anderen haben in den letzten Jahren einige spektaku-

[45] Die Entwicklung von Unternehmen ist grundsätzlich extrem heterogen. Gruber, Harhoff & Tausend (2003) unterstreichen, dass Unternehmen, auch in denselben Branchen, selten die gleichen Entwicklungen durchmachen, d.h. denselben Entwicklungspfaden folgen. Dennoch wurden Modelle aufgestellt, die versuchen, exemplarische Phasen der Entwicklung von Unternehmen zu erfassen und zu strukturieren. Die so entstandenen Modelle lassen sich in *Lebenszyklusmodelle* (u.a. Kazanjian & Drazin (1990, S. 137-141), Adizes (1989) und Flamholtz & Randle (1998)); *Stufenmodelle* zur Unternehmensentwicklung (u.a. Galbraith (1982, S. 70-76); Churchill & Lewis (1983, S. 30ff.) und Garnsey (1996)) sowie *Evolutionsmodelle* (u.a. Scott & Bruce (1987, S. 45ff.)) unterteilen. Dabei folgen Lebenszyklusmodelle bei der Beschreibung der Entwicklung der Unternehmen den Mustern biologischer Lebenszyklen. Stufenmodelle erweitern diese Sicht, indem sie eine Abfolge von Entwicklungsstufen beschreiben. Diese Modelle stellen die Unternehmensentwicklung als ein „schubweises, diskontinuierliches Wachstum unter Einfluss von Unternehmenskrisen" dar. Evolutionsmodelle kombinieren Lebenszyklus- und Stufenmodelle, indem sie die Phasen in eine Reihenfolge bringen und die Auswirkungen von Unternehmenskrisen mit einbeziehen; vgl.: Gruber, Harhoff & Tausend, 2003, S. 3-4.

läre „öffentlichkeitswirksame" Transaktionen stattgefunden, die aufgrund der vermuteten „Wertzerstörung" schlussendlich auch Politiker zu Kommentierungen mit divergierenden Qualitäten hingerissen haben (White, 2006, S. 3). Daraus folgern Cumming, Siegel & Wright (2007, S. 440), dass es eine wichtige Aufgabe der Buyout-Gesellschaften ist, den Einfluss auf die finanzierten Unternehmen sowie die Auswirkungen für diese und die Gesellschaft stringent zu untersuchen und auch zu kommunizieren.[46]

Folgende Charakteristika können für diese Private Equity-Gesellschaften festgehalten werden (Wright & Robbie, 1998, S. 525):

- Buyout-Gesellschaften investieren meist höhere Volumina als Venture Capital-Geber und gehen meist Mehrheitsbeteiligungen ein (Nikoskelainen & Wright, 2007, S. 519)
- Buyout-Gesellschaften halten Unternehmen meist 5 – 10 Jahre (Meier, Hiddemann & Brettel, 2006, S. 1036).[47]
- Buyout-Gesellschaften suchen nach Firmen, die in ihren Augen *„under-performing"* sind, also Entwicklungspotential aufweisen und daher tendenziell unterbewertet sind. Diese Ziele können dabei sowohl für private als auch öffentlich gelistete Firmen (*taking private*) gelten (Jelic, Saadouni & Wright, 2005, S. 644).
- Häufigste Handlungen sind in kurz- und langfristige Zeithorizonte einzuteilen. Kurzfristige Handlungen umfassten vor allem einen graduellen Turnaround durch z.B. Refinanzierung, Refokusierung und Reorganisation der Geschäftsaktivitäten. Langfristige Handlungen betreffen vor allem die ganzheitliche Anpassung der Strukturen und Operationen mit dem Ziel, die kurzfristig erreichten Anpassungen langfristig zu sichern und zu verankern (White, 2006, S. 6)

Aufgrund dieser Charakteristika müssen die in den vorangegangenen Kapiteln angeführten Definitionen für Buyout-Gesellschaften angepasst werden:

> *[Buyout] ist der Kauf eines kontrollierenden Anteils an einem Unternehmen (oder Unternehmensteil) von bestehenden Teilhabern auf begrenzte Zeit, der meist durch eine*

[46] Siehe hierzu auch die im weiteren Verlauf des Artikels zitierte und zusammengefasst Literatur zum Zusammenhang zwischen Private Equity-Leistungen und den Portfoliounternehmen; vgl.: Cumming, Siegel & Wright, 2007, S. 439. Es ist hinzuzufügen, dass dies natürlich im gleichem Umfang für Venture Capital-Gesellschaften gilt.

[47] Cao & Lerner (2006) zeigten in einer aktuellen Studie, dass die durchschnittliche Haltezeit bei Buyout-Gesellschaften 6,87 Jahre (M = 3,55) betrug; vgl.: Cao & Lerner, 2006, S. 14.

Kombination aus Eigenkapital und Fremdkapital finanziert ist und von hochspezialisierten Finanzinvestoren durchgeführt wird (Berg & Gottschalk, 2004, S. 3; so auch Wright et al., 1994, S. 216).

Kaserer et al. (2007, S. 26-30) haben die wichtigsten Finanzierungsanlässe und dazugehörige Implikationen zusammengefasst:

- **Buyouts für kleine und mittlere Unternehmen (KMU[48])** (Kleinere Buyout-Transaktionen zur Wachstumsfinanzierungen in späteren Unternehmensphasen durch Private Equity erfüllen den Finanzierungsbedarf, wenn größere Kapitalvolumen notwendig werden, Börsenhandel und Publizität jedoch nicht erwünscht sind; Anlässe sind meist Krisenfälle, Generationenwechsel etc.; hierzu z.B. Groh & Gottschalk, 2005).
- **Abspaltungen von Geschäftsbereichen eines Konzerns durch Buyout** (Kauf bzw. zur Weiter- bzw. Fortführung von Teile eines Konzerns oder Gesellschaften eines Konglomerats z.B. durch a) Verselbstständigung durch Ausgründung und Anteilsbeibehalt durch die Muttergesellschaft oder b) Verkauf des Geschäftsbereiches; hierzu z.B. Schäfer & Fisher, 2007).
- **Buyouts von großen Unternehmen** (Grundsätzlich gleiche Regeln wie bei den bereits beschriebenen Finanzierungsanlässen, jedoch hier a) Eigenkapitalausstattung meist besser, b) andere Finanzierungsquellen Kredite, Kapitalmärkte möglich; hierzu z.B. Nikoskelainen & Wright, 2007).

1.3 Private Equity-Investitionsprozess

Beteiligungsgesellschaften folgen meist einem wohl strukturierten Transaktionsprozess. Der Transaktionsprozess stellt die „Wertschöpfungskette“ von Beteiligungsgesellschaften dar. Die Abfolge der Prozessschritte richtet sich dabei nach den notwendigen Maßnahmen, vom Kauf bis zum finalen Verkauf von Beteiligungen an jungen oder etablierten Unternehmen.

[48] Die Zusammenfassung von kleinen und mittleren Unternehmen unter den Begriff KMU (**kl**eine und **m**ittlere **U**nternehmen) geht auf die anglo-amerikanische Tradition zurück, diese Unternehmen als SME (*small and medium-sized enterprises*) zu bezeichnen. Da keine einheitliche Definition besteht, wird hier die des IfM in Bonn herangezogen, das kleine Unternehmen als Unternehmen mit bis zu 9 Beschäftigten und einem Umsatz von unter 1 Mio. EUR definiert, mittlere Unternehmen mit einer Beschäftigungszahl von 10 – 499 und einem Umsatz von bis zu 50 Mio EUR, große Unternehmen mit einer Beschäftigungszahl größer gleich 500 und einem Umsatz von mehr als 50 Mio. EUR im Jahr; vgl. Günterberg & Wolter, 2002, S. 14.

Bygrave & Timmons (1992, S. 70-72) unterteilen den Prozess in vier Phasen: a) Investitionsentscheidung, b) Vertragsgestaltung und Vertragsabschluss, c) Beteiligungskontrolle und Wertgenerierung und d) Exit. Obwohl diese Auffassung und Beschreibung sehr weit verbreitet ist, existieren auch andere Aufteilungen mit einer unterschiedlichen Anzahl von Prozessschritten. Zum Beispiel unterteilen Tyebjee & Bruno (1984, S. 1053) in fünf Hauptphasen: a) Geschäftsgenerierung, b) *Screening* möglicher Investitionsopportunitäten, c) Geschäftsbewertung, d) Transaktionsstrukturierung und e) Post-Investitions-Aktivitäten. Im Rahmen dieser Arbeit soll folgender Strukturierung (siehe Abbildung 11) gefolgt werden.

Abbildung 11: Exemplarischer Beteiligungsprozess
Quelle: Eigene Darstellung in Anlehnung an Isaksson (2007, S 42); Welpe & Dowling (2005, S. 28) Schefczyk (2000, S. 34)

Der in dieser Untersuchung zugrunde gelegte Investitionsprozess besteht aus drei Hauptphasen mit insgesamt fünf Prozessschritten. Auf höchster Aggregationsebene sind diese in 1) die Analysephase, 2) die Transaktions- und Umsetzungsphase und 3) den Exit unterteilt. Auch wenn der Prozess durch diese Strukturierung fix wirkt, ist er in der Praxis grundsätzlich dynamischer Natur. In den meisten Fällen überschneiden sich Phasen aufgrund von schnellen Entscheidungen oder Unplanbarkeiten. Bestimmend, und damit auch verantwortlich für die hohe Dynamik und Komplexität, ist die Vielzahl involvierter Stakeholder bis zum Abschluss des Investitionsprozesses (Isaksson, 2007, S. 43; so auch Gompers & Lerner, 2002).[49]

Die erste Phase, die *Analysephase*, umfasst zwei Prozessschritte: a) die Gründung der Gesellschaft und b) die Geschäftsgenerierung (*dealflow*). Die Gründung der Beteiligungsgesellschaft bzw. die Auflegung eines spezifischen Beteiligungsvehikles (Fonds) ist die erste Phase im gesamten Investitionsprozess. Zu Anfang wird eine komplett neue Gesellschaft gegründet, also eine neue Organisation mit neuen Strukturen und neuen Personal (originäre Gründung). Im zweiten Fall wird lediglich ein Vehikel zur Akquisition und Verwendung von Kapital von einer bestehenden Gesellschaft aufgelegt, womit folglich keine originäre Gründung einer neuen Gesellschaft vorliegt. Beide Prozessschritte beinhalten bestimmte Ziele und Regeln, welche in den Statuten der neuen Gesellschaften festgehalten werden und z.B. die zu verfolgenden Investitionskriterien[50], Leitfaden zum Umgang mit potentiellen Beteiligungen, Haltedauer, Investitionsumfang und bevorzugte Exits umfassen. Diese Statuten werden im Markt kommuniziert, um Finanzmittel von (institutionellen oder privaten) Kapitalgebern zu allokieren. Sobald die neue Gesellschaft gegründet bzw. das neue Vehikel etabliert ist und Kapital eingesammelt wurde, müssen Geschäfte generiert werden (*dealflow*). Ziel dabei ist es, Unternehmen mit passenden Merkmalen zu finden und möglichst viele Informationen über diese potentiellen Beteiligungsobjekte zusammenzutragen. (Zemke, 1995, S. 81-88; White, 2007, S. 7)

[49] Zusätzlich können sich die Phasen auch gegenseitig beeinflussen. Hier spielt der Exit eine dominante Rolle. Sind die Beteiligungsgesellschaften in dieser Phase erfolgreich, können sie also einen Kapitalgewinn für ihre Investoren generieren, bringt ihnen dies eine gute Reputation bzw. ein gutes Image ein. Dadurch sind die betreffenden Gesellschaften in der Lage, a) leichter neues Kapital für neue Beteiligungen zu bekommen und b) wenden sich mehr Unternehmen mit (potentiell) besseren Geschäftsideen an diese Gesellschaften, vgl.: Isaksson, 2007, S. 44.

[50] Empirische Studien zu Investitionskriterien finden sich bei Fried et al. (1993), Hall & Hofer (1993), Brettel (2002); Scheibehenne, Ising & Schiereck (2003) und Eisele, Habermann & Oesterle (2003). Einen guten Überblick findet sich dazu auch in der vielbeachteten Literatursynthese zu Private Equity und Venture Capital bei Wright & Robbie, 1998, S. 538.

In der *Transaktions- und Umsetzungsphase* wird a) die Investitionsentscheidung getroffen und im Anschluss an die eigentliche Transaktion b) das Unternehmen betreut und nach den Vorstellungen der Investoren entwickelt. Eine Investitionsentscheidung wird meist mit Hilfe einer Beteiligungswürdigkeitsprüfung[51] getroffen. Die Beteiligungswürdigkeitsprüfung evaluiert ein Beteiligungsobjekt anhand der in der ersten Hauptphase definierten und fixierten Investitionskriterien.[52] Hierbei werden vorliegenden Business Pläne möglicher Investitionsobjekte selektiert (*screening*) und ihre einzelnen Teile inhaltlich bewertet. Die Auswahl adäquater Geschäftsideen basiert somit auf einem mehrstufigen Prozess. (Schefczyk, 2000, S. 34)

Nach der Auswahl eines Beteiligungsobjektes wird die spezifische Transaktionsstruktur festgelegt. Diese umfasst vor allem a) die konkrete Bewertung des Portofoliounternehmens, b) die Vertragsgestaltung und c) die finanzielle Strukturierung der Transaktion. Die Bewertung, vor allem von jungen Unternehmen, ist ein komplexer Vorgang, der vor allem von den verwendeten Bewertungskriterien bestimmt wird. Die richtige Wahl der Bewertungskriterien legt eine korrekte Wertbestimmung des Objektes fest.[53] Bei der Vertragsgestaltung werden vor allem die Rechte und Pflichten der Vertragsparteien geregelt; diese sind z.B. die Aufstellung von Katalogen zustimmungspflichtiger Geschäfte und die Zugestehung von Informations- und Kontrollrechten. Die Vertragsgestaltung bestimmt die nachfolgenden Phasen in der Hinsicht, dass sie die möglichen Verhaltensweisen und Handlungsansätze der Investoren determiniert (Houben, 2003, S. 19-24). Der letzte Schritt bei der Investitionsentscheidung ist die finanzielle Strukturierung. Sie hat durch die Wahl verschiedener Finanzierungsinstrumente einen großen Einfluss auf die Stellung des Investors im Portfoliounternehmen und die damit einhergehende (Kapital-) Haftung.

Sobald die Transaktion strukturiert, die Anteilsübernahme vollzogen und somit das Unternehmen in das Portfolio des Private Equity-Investors übergegangen ist, beginnt die Kontrolle bzw. die Entwicklung des Unternehmens. Die damit einhergehenden Leistungen und Ansätze zur Wertgenerierung wurden bereits in Kapitel B.1.1.3 thematisiert. White (2006) sowie Meier, Hiddemann & Brettel (2006) betonen in diesem Zusammenhang besonders die Rolle

[51] Dieser Bereich wurde bisher in zahlreichen Studien untersucht. Siehe hierzu die Literaturanalyse in Reißig-Thust, 2003, S. 45-48.

[52] Zentrale Investitionskriterien sind z.B. Managementkompetenz, Marktpotential, Produktdifferenzierung, Wettbewerbsposition, Qualität des Geschäftsplans und der Zeithorizont; vgl. Welpe, 2004; White, 2007, S. 7.

[53] Die Schwierigkeiten und Methoden der Bewertung von Unternehmen sollen an dieser Stelle nicht weiter thematisiert werden. Für eine umfassende Bearbeitung des Themas sei auf die Dissertationen von Knecht (2003) und Isaksson (2007) verwiesen.

der Informationssysteme a) zur Befähigung des Investors das Portfoliounternehmen zu kontrollieren und zu steuern sowie b) in der Lage zu sein, effizient mit den Unternehmensakteuren (Management, Mitarbeiter, andere Anteilseigner etc.) und zentralen externen Stakeholdern (Gesellschaft, Kapitalmärkte, Gesetzgeber etc.) kommunizieren zu können.

Die letzte Phase, der *Exit*, ist die mit Abstand wichtigste Phase im ganzen Investitionsprozess. Hier zeigt sich, ob a) die Investition hinsichtlich der der Einschätzung der Markt- und Entwicklungschancen die richtige war und b) ob der Investor während der Haltephase in der Lage war, das Unternehmen optimal zu entwickeln.[54] Ein Exit kann vor allem über durch Börsennotierung (IPO), über einen Secondary Buyout (Verkauf an einen anderen Investor), über einen Verkauf an ein anderes Unternehmen oder über einen Rückkauf durch die Altgesellschafter resp. einen Management Buyout (MBO) durch das Portfoliounternehmen erfolgen (Cumming & MacIntosh, 2002, S. 10). Im negativen Fall kann der Exit auch durch die Liquidation des Portfoliounternehmens erfolgen (Wöhe & Bielstein, 1994, S. 122).[55]

1.4 Einführung in das Konzept Sustainable Private Equity

"How do we balance social [and ecological] concerns against the need to create value for our shareholders?" – Brigham, Gapenski & Ehrhardt (1999, S. 3) -

Die traditionelle Unternehmensfinanzierung basiert grundsätzlich auf der neoklassischen Wirtschaftstheorie, die von effizienten Märkten mit rationalen und perfekt informierten Akteuren ausgeht. Ein Unternehmen wird als technokratische Einheit gesehen, die darauf ausgelegt ist, ihre erwirtschafteten Zahlungsströme (*Cashflows*) zu maximieren. Die Akteure in den Unternehmen handeln dabei ausschließlich rational und eigennützig (Rudolph, 2006, S. 145). Die Entscheidungen im Unternehmenskontext sind hiernach normativer Natur und dienen

[54] An dieser Stelle sei angemerkt, dass der Exit besonders für die Frühphaseninvestoren eine zentrale Rolle spielt. Bedingend hierfür ist, dass seine Investitionsobjekte, junge Unternehmen, in der Entwicklungsphase meist keine Dividenden auszahlen, der Investor also während der Haltezeit keine Kapitalvorteile generieren kann. Der wirtschaftliche Erfolg des Frühphaseninvestors ist hier allein dadurch beeinflusst, dass die gehaltenen Anteile in der Exit-Phase zu einem gesteigerten Wert abgegeben werden können (Amit, Brander & Zott, 1998, S. 457). Bei Spätphaseninvestoren stellt sich dies ein wenig anderes dar. Da die Investition in etablierten Unternehmen erfolgt, erhält der Investor je nach Marktlage durchaus bereits in der Haltephase Transferzahlung in Form von Dividendenausschüttungen oder anderen Arten von Gewinnbeteiligungen. Des Weiteren setzen vor allem Buyout-Gesellschaften oft Instrumente wie z.B. die Rekapitalisierung ein, um bereits in der Haltephase einen Teil ihres Kapitals aus dem Unternehmen abzuziehen (Isaksson, 2007, S. 62).

[55] Zu empirischen Erkenntnisse über den Erfolg der unterschiedlichen Exitkanäle bzw. die damit einhergehenden Charakteristika derselben sei auf die Studien von Megginson & Weiss (1991), Bygrave et al. (1994), Black & Gibson (1998) Cumming & MacIntosh (2001, 2002, 2003) und Schwienbacher (2005) verwiesen.

ausschließlich der Maximierung der Unternehmenswerte (*shareholder value*) (Blair, 2003, S. 56).

Diese Konzeption ließ Milton Friedman die Aussage prägen, dass es die einzige Aufgabe eines Unternehmens sei, Cashflows zu erwirtschaften und das Kapital der Unternehmenseigner zu maximieren und wurde später als der „*cashflow-approach*“ bekannt (Friedman, 1970; siehe hierzu Turner, 2006, S. 5).[56] McWilliams & Siegel (2001, S. 115) betonen, dass diese Perspektive überholt ist, da hierdurch die anstehenden Probleme der Unternehmensfinanzierung nicht mehr vollständig gelöst werden können. Es wird angenommen, dass eine Weiterverfolgung der reinen Konzentration auf die (kurzfristigen) Erträge und Kapitalrenditen von Unternehmen langfristig nicht aufrechterhaltbar sein wird.[57] Weiterhin vermag eine rein wertmaximierende Sicht eines Unternehmens nach Boatright (1999) die Differenzierung und Integration von Modellen zu Verfügungsrechten (*property rights* nach Coase (1960) und Demsetz (1967)), Modellen zu Sozialen Institutionen (*social institutions*) und der Vertragstheorie (*contractual models*) nicht mehr vollständig zu erklären (so auch Hill, Ainscough, Shank & Manullang, 2006). Godfrey (2007, S. 210) greift als einer der wenigen Autoren den Gedanken von Friedman (1970) relativierend auf und führt aus, dass andere als rein wertmaximierende Aktivitäten nur dann durchgeführt werden sollten, wenn sich ein vertretungswürdiges Verhältnis zwischen einhergehenden (gesamten) Kosten und Nutzen (Gewinn) ergeben.

Bereits im letzten Jahrhundert haben sich Investoren, meist aus einem kirchlichem Umfeld, dafür eingesetzt, dass ihr Kapital nur bestimmten Unternehmen zu Verfügung gestellt wurden. Damit wollten sie erreichen, dass ihr Kapital, als Nebenergebnis, im Sinne ihrer Überzeugungen und Weltansichten eingesetzt wird (Hauser-Ditz & Wilke, 2005, S. 6-7). Es zeigt sich also, dass die Hindernisse auf diesem Weg besonders die Annahmen und Einstellungen der handelnden und verantwortlichen ökonomischen Agenten sind.

Das Thema des “Responsible Finance” ist somit nicht grundsätzlich neu in der Unternehmensfinanzierung, entwickelt sich jedoch nur langsam zu einem allgemein anerkannten Mo-

[56] Der Artikel von Friedman (1970) „*The social responsibility of business is to increase its profits*“ im New York Times Magazine ist bis heute einer der bekanntesten Artikel zum Thema Corporate Social Responsibility. Kernaussage ist, dass sich Manager um nichts weiter kümmern sollten, als die Ansprüche und Bedürfnisse ihrer Anteilseigener (*shareholder*) zu befriedigen bzw. nur Aktivitäten vorantreiben, die ausschließlich der Profitmaximierung dienen. Aller anderen Themen sollten dem Staat bzw. der Gesellschaft überlassen werden; vgl. Moon, 2007, S. 30.

[57] Soppe (2004) bemerkt hierzu, dass „*financial short-termism will be proven unsustainable sooner or later*“ (S. 214).

dell. Um sich dem Thema wissenschaftlich strukturiert zu nähern, soll hier ein Überblick über Private Equity-Gesellschaften als nachhaltige Finanzintermediäre (Kapitel B.1.4.1) und die Charakteristika von „nachhaltigen“ Private Equity-Gesellschaften“ (Kapitel B.1.4.2) gegeben werden.

Es sei an dieser Stelle darauf hingewiesen, dass es nicht Ziel dieser Untersuchung ist, ein finales Bild einer nachhaltigen Beteiligungsgesellschaft zu entwerfen. Vielmehr sollen die folgenden Ausführungen dazu dienen, sich einen Überblick über die aktuelle Diskussion und mögliche Ansätze zu verschaffen.

1.4.1 Private Equity als eine Ausprägung nachhaltiger Finanzinvestoren

Nach Soppe (2004, S. 214) kann die Finanzierungsfunktion von Investoren zur Durchsetzung, Anwendung und Erklärung des Konzeptes der nachhaltigen Entwicklung in der Unternehmenspraxis beitragen. Weiterhin ermöglichen die immanenten Strukturen und Einflussmöglichkeiten der Finanzinvestoren, sowohl ökonomische als auch außerökonomische Themen und Elemente in die von ihnen kontrollierten Unternehmen einzubinden und zu forcieren (Randjelovic, 2001, S. 42). Beteiligungsgesellschaften, die diesen Maximen folgen, können unter dem Begriff "nachhaltiges Private Equity" subsummiert werden. Bisher liegt jedoch eine abschließende und allgemein anerkannte Definition dieses Begriffes, noch eine inhaltliche Strukturierung der darin enthaltenen Themen und Problembereiche vor.

Ein möglicher Ansatz einer ersten inhaltlichen Kategorisierung möglicher Arten findet sich in den Ausführungen von O'Rourke (2003, S. 125). Es können verschiedene Arten von „ethischen“ Investitionsprodukten differenziert werden:

- Socially Responsible Investment (SRI) Fonds,
- „Grüne“ Fonds (*green funds*),
- Umweltfonds (*environmental (technology) funds*),
- Nachhaltigkeitsfonds (*sustainable funds*).

Wie sich die angesprochenen Gesellschaften verhalten und sich in die verschiedenen Kategorien aufteilen, hängt spezifisch mit der Zieldefinition bzw. der grundsätzlichen Ausrichtung (*mission*) der Gesellschaft zusammen, d.h. z.B. welche Wichtigkeit die betrachtete Beteiligungsgesellschaft den Themen Ökologie und Gesellschaft sowie deren Verquickung mit der ökonomischen Leistung des Portfoliounternehmens zumisst. EUROSIF (2007) unterstreicht besonders die Rolle, die Private Equity für die Durchsetzung und Förderung einer generellen Nachhaltigkeit in der Zukunft spielen kann. Hier wird hinsichtlich der Selektion und Betreuung der benutzten Unternehmensindikatoren bemerkt: „*if Private Equity is increasingly playing a role in the development and practices of companies, there is a growing role for sustainability factors to play an important part in the criteria of these investors*" (EUROSIF, 2007, S. I).

Bisher liegen hierzu nur wenig Beiträge und wissenschaftliche Untersuchungen vor. Zu nennen sind hier die Studien von Diefendorf (2001), Randjelovic, O'Rourke & Orsato (2003), Moore & Wüstenhangen (2004) und O'Rourke (2006). Die Autoren beschäftigen sich erstmals mit der Frage nach der Rolle und dem Einfluss von Private Equity-Gesellschaften, vor allem Frühphaseninvestoren, auf die nachhaltige Leistung und Ausrichtung von Portfoliounternehmen. Dabei stehen vor allem ökologische Themen im Mittelpunkt des Interesses.[58]

EUROSIF (2007) beschreibt nachhaltiges Private Equity als: „*specific area [of Private Equity] where profit objectives are supplemented by a mission which has direct impacts on sustainability*" (S. 5). Somit sollen nachhaltige Beteiligungsgesellschaften bzw. „nachhaltiges Private Equity" in dieser Arbeit in Anlehnung an die Ausführungen von Rennings (2000) und Randjelovic et al. (2003) als *Beteiligungsgesellschaften, die sich mit der Ausrichtung, Inhalt und langfristigen Wirkung der Produkte, Dienstleistungen, Services und Praktiken ihrer finanzierten Unternehmen auseinander setzten* definieren.

Meist wird von "nachhaltigen" Private Equity-Gesellschaften ein strikter „*hands-on*" Investment-Ansatz verfolgt. Hierbei stehen die Ausrichtung der Wertgenerierung der Firmen an den Nachhaltigkeits-Zielen bzw. die Vermeidung von negativen ökologischen oder sozialen Ein-

[58] Nachhaltig orientierte und agierende Beteiligungsgesellschaften achten besonders auf den „ökologischen Fußabdruck" und den sozialen Einfluss bzw. die sozialen Auswirkungen ihres Handelns und des Handelns ihrer Portfoliounternehmen (O'Rourke, 2006, S. 128). Ob die Gesellschaften dabei als „grün" oder als „nachhaltig" zu bezeichnen sind, richtet sich in den meisten Fällen nach ihren Investitionsobjekten bzw. der Natur und den Aktivitäten der von ihnen finanzierten Unternehmen (Randjelovic, 2003). Beiden Arten ist gemeinsam, dass sie spezifisch in Unternehmen investieren, die ihre Erträge mit Nachhaltigkeits-verträglichen Aktivitäten bzw. auf eine nachhaltige Art und Weise erwirtschaften. Anders herum bedeutet dies, dass diese Gesellschaften nicht in Industrien oder Branchen investieren, die als klar nicht-nachhaltig angesehen werden. Es sei an dieser Stelle nochmals darauf hingewiesen, dass das Thema „Nachhaltigkeit" ökonomischen Leistungsziele mit der ökologischen und gesellschaftlichen Dimension verbindet. Ansonsten trifft die bereits gegebene Beschreibung auch auf die Gesellschaften zu, die als „nachhaltig" zu bezeichnen sind: sie halten sichtbare und einflussreiche Anteile an ihren Portfoliounternehmen, sie interagieren mit dem Management und haben Einfluss auf die Steuerung desselben (*corporate governance*) und sie sind persönlich in die Aktivitäten involviert; vgl.: EUROSIF, 2007, S. 4.

flüssen durch die finanzierten Unternehmen im Interessenfokus (Rennings, 2000, S. 321; Hart, 1995, S. 990). Wie bei anderen Private Equity-Investoren auch ist es das oberste Ziel, das Kapital der Investoren durch sinnvolle Investitionen zu vermehren (*return on investment*) (O'Rourke, 2006, S. 133).[59] Der Unterschied besteht allein darin, dass ein anderes Wertentwicklungskonzept bei der Zusammenarbeit und der Entwicklung der Portfoliounternehmen zugrunde gelegt wird. Dadurch versuchen die Beteiligungsgesellschaften, deren Handlungen durch das kulturelle und soziale System des relevanten Marktes sowie durch die geltenden juristischen Regelungen bestimmt werden, nicht nur Profite aus den gehaltenen Investitionen zu schlagen, sondern orientieren sich auch an den Auswirkungen auf die Nachhaltigkeits-Performance der Portfoliounternehmen (siehe hierzu auch Abbildung 12).

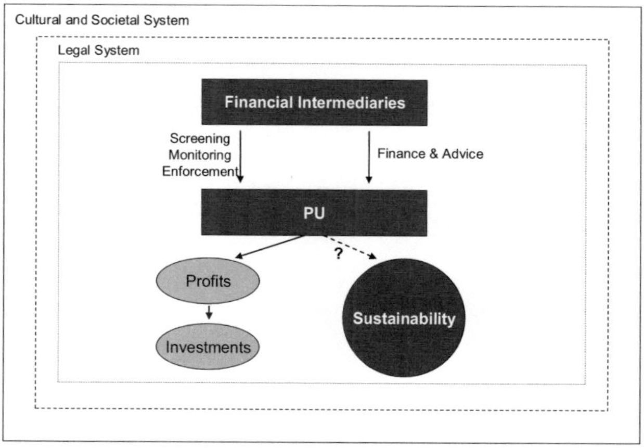

Abbildung 12: Einflussbereiche der Handlungen des Risikokapitalgeber
Quelle: Eigene Darstellung, in Anlehnung an Scholtens (2006, S. 22)

Kernthemen sind hierbei: a) die generelle Berücksichtigung von Unternehmen, die ein entwickeltes Nachhaltigkeitskonzept aufweisen; b) die Annahme, dass die Wahrnehmung und Bearbeitung von Nachhaltigkeits-Themen in späteren Phasen der Risikovermeidung dienen kann resp. wird; c) die Annahme, dass sich durch die Art von Themen neue Märkte erschließen bzw. kreieren lassen; d) die Annahme, dass sich durch die nachhaltig-orientierten Konzepte eher weiteres Kapital erheben bzw. bessere Exitmöglichkeiten finden lassen werden (O'Rourke, 2006, S. 134-135).

[59] Auch die nachhaltigen Investoren sehen sich als aktive Finanzintermediäre. So führt Randjelovic (2001) z.B. aus, dass besonders nachhaltig orientierte Venture Capital-Gesellschaften ihren Mehrwert in der Post-Investment-Phase und weniger in der Transaktions- oder Selektionsphase sehen; vgl. Randjelovic, 2001, S. 42.

1.4.2 Weitere Aspekte von nachhaltigen Private Equity-Gesellschaften

„Issues of human rights, labour standards, environment and corporate governance are seldom discussed as pros and cons of private equity BUT if Private Equity[-firms] continue to expand at the rate demonstrated during the last few years, it is inevitable that they will be subject to greater scrutiny not only by activists but also by governments" - White, 2006, S. 9 -

Wie bereits beschrieben, zeichnen sich nachhaltige Private Equity-Gesellschaften dadurch aus, dass sie u.a. ihre Investitionsobjekte anhand spezifischer Kriterien selektieren. Diese beziehen sich z.B. auf die Ausprägungen der verfolgten Unternehmensstrategie, der produzierten und gehandelten Produkte, der einhergehenden Produktion, der angewandten Managementsysteme oder der Marktkommunikation (*transparency issues*) (O'Rourke, 2003, S. 134; so auch EUROSIF, 2007, S. 7). Es existieren verschiedene Ansätze. Unterschieden werden können Negativ- bzw. Positiv-Auswahl-Verfahren sowie Best-in-Class-Ansätze. Ersteres bedeutet, dass nur Unternehmen mit bestimmten Kriterien aus der Selektion ausgeschlossen werden, z.B. werden Unternehmen, die moralisch-fragwürdige Praktiken aufweisen oder in umweltschädigenden Branchen arbeiten, ausgeschlossen. Zu diesen Aspekten zählen auch noch z.B. Verstöße gegen Menschenrechtsvereinbarungen, Korruption, Verletzung von arbeitsrechtlichen Auslagen, andere Verstöße gegen Umweltauflagen oder andere soziale Themen (wie z.B. Waffen- oder Nuklear-Produktion) (Cumming & Johan, 2007, S. 395).

Die zugrunde gelegten Kriterien finden sich in den späteren Phasen durchaus in den verwendeten Instrumenten und Indikatoren zur Unternehmenssteuerung der Portfoliounternehmen wieder. Die Studie des EUROSIF (2007, S. 13) hat erste, wenn auch nicht final wissenschaftlich fundierte Ergebnisse hierzu zusammen getragen. Es existieren hiernach klare, nicht-finanzielle Ziele bei den befragten Unternehmen aus der „nachhaltigen" Private Equity-Szene. Als Quellen werden hierzu vor allem die „*triple bottom line*"-Kriterien (nach Elkington, 1997), bestehende soziale und Umwelt-Richtlinien und andere Kriterien aus dem Bereich des „Nachhaltigen Unternehmertums" verwendet. Die Autoren führen aus, dass besonders die Prinzipien der „Balanced Scorecard" zur Steuerung und Integration von relevanten Indikatoren geeignet ist.

Es wird zudem unterstrichen, dass besonders institutionelle Investoren die wichtigsten Treiber der Entwicklung sind, und dass dieser Einfluss in Zukunft noch zunehmen wird (hierzu v.a. Steurer et al., 2005). Diese Entwicklung konnte bereits im Bereich SRI gesehen werde und es wird angenommen, dass sie sich im Bereich Private Equity aufgrund der kongruenten Grundkonzeptionen vergleichbar verhalten wird (EUROSIF, 2007, S. 15). Als einen Treiber der Attraktivität von nachhaltigen Private Equity-Programmen für die institutionellen Investoren heben Cumming & Johan (2007, S. 395) hervor, dass die nachhaltigen Programme ein zusätzliches Instrument zum (optimalen) Risikoausgleich im Portfolio der institutionellen Investoren darstellen. Grund hierfür ist, neben dem Risiko-Ertrags-Profil-Vorteilen gegenüber anderen Anlageformen, z.B. die noch mehr spezialisierte Natur der Nachhaltigkeits-Fonds, die nochmals über die bereits hohe Spezialisierung der anderen Beteiligungsgesellschaften hinausgeht (EVCA, 2007, S. 8). Auch die vermeintliche Wertstiftung (*shareholder value*), speziell durch die Beachtung und Förderung des Humankapitals, kann als Grund angenommen werden (Cumming & Johan, 2007, S. 395; so auch Scheibenhenne et al., 2003, S. 674).

Laut EVCA (2007) bewirken die neuen Anforderungen eine hohe Dynamik, die von der Branche aufgenommen werden muss. Hierbei geht es jedoch nicht um eine spezielle Gruppe von Private Equity-Gesellschaften, die sich dem Konzept der Nachhaltigkeit verschrieben haben bzw. in besonders nachhaltigen Branchen (z.B. dem *Clean-Tech* etc.) investieren. Vielmehr wird ein allgemeiner Mentalitätswandel innerhalb der gesamten Private Equity-Industrie angesprochen. Zentrales Argument ist, dass Private Equity-Gesellschaften besonders geeignet sind, auf die sich stellenden Herausforderungen (z.B. Ressourcenbeschränkung, Klimawandel, Gesellschaftswandel [Migration, Arbeitslosigkeit; soziales System etc.]) zu reagieren bzw. diese in ihre Investment-Entscheidung mit einbeziehen. Weitere Themen sind vor allem die zunehmend höheren Transparenzanforderungen an die Beteiligungsgesellschaften, die zunehmend wichtigere Rolle der Entwicklung des Humankapitals sowie die Steuerung und Führung von wichtigen (internen und externen) Stakeholdern (*stakeholder participation/ stakeholder governance*) (White, 2006, S. 3-4).

Alle diese Aspekte haben Einfluss auf die Aktivitäten der Private Equity-Investoren in ihren Portfoliounternehmen. Mögliche Vorteile, die sich den Gesellschaften erschließen würden, sind nach Ansicht des EVCA (2007) z.B. *first-mover*-Vorteile bei neuen Technologien (Finanzierung der Technologieführerschaft), Imagegewinne durch effiziente Meisterung und „Leuchtturm-Funktion“ bei anstehenden gesellschaftlichen Herausforderungen (*intangible asset*) etc. (S. 2-6).

2. Konzepte der Nachhaltigkeit

Ziel dieses Kapitels ist die Einführung in das Thema „nachhaltige Entwicklung“ sowie die Beschreibung des Konzeptes der „unternehmerischen Nachhaltigkeit“. Um einen Überblick über die relevanten Bereiche und Inhalte zu bekommen, sollen zuerst der Ursprung und die Entwicklung des grundlegenden Konzeptes dargelegt werden. Anschließend soll zwischen der gesellschaftlichen und unternehmerischen Dimension des Konzeptes der nachhaltigen Entwicklung unterschieden werden. Der Fokus liegt hier auf der Beschreibung des Konzeptes der Nachhaltigkeit im Unternehmenskontext.

2.1 Paradigmen der wissenschaftlichen Nachhaltigkeits-Diskussion

„Since the Enlightenment, thinkers have progressively differentiated humanity from the rest of the nature and have separated objective truth from subjective morality. The greatest challenge of postmodern society may reside in their reintegration" - Gladwin, Kennely & Krause, 1995, S. 896 -

Die Qualität wissenschaftlicher Forschung misst sich daran, ob sie die richtigen Fragen stellt und sinnvolle Antworten generiert. Welche Fragen gestellt werden, ist stark durch die Weltanschauung der Forschenden geprägt. Der Prozess der Problembearbeitung und Erkenntnisgenerierung wird folglich von Auffassungen über strukturierte Erkenntnisgewinnung aus den Wissenschaftstheorien bestimmt (Balzer, 1997, S. 20-23). Dieser Prozess wird durch zugrunde liegende Paradigmen bedingt. Ein Paradigma ist definiert als: *„constellations of beliefs, values and concepts that give shape and meaning to the world a person experiences and acts within“* (Norton, 1991, S. 75).[60] Paradigmen stellen also einen Rahmen dar, der die Vorstellungen und Annahmen von Menschen über die Funktionsweise von Menschen strukturiert (Weltverständnis). Diese Rahmen haben dadurch Einfluss auf die Ausdrucksweise zur Beschreibung von Phänomenen und Beobachtungen, und damit auch auf Gedanken, Wahrnehmung und letztendlich auf konkrete Handlungen. Gefestigt werden Paradigmen bewusst oder unbewusst durch vielfältige Kräfte, die Einfluss auf Gesellschaften und deren handlungsweisende Axiome haben. Durch die Überführung in Normen und Strukturen sowie durch Legitimation finden existierende Paradigmen ihre Verankerung und Akzeptanz in den Denkweisen der Menschen. Einmal akzeptiert, ist es aufgrund der tiefen Verwurzelung und Ver-

[60] Siehe hierzu auch die Ausführungen und die detaillierte Diskussion von paradigmatischen Ansätzen zur nachhaltigen Entwicklung in Gladwin, Kennelly & Krause (1995, S. 880-896).

quickung mit diesen „*reinforcement*"-Mechanismen nur sehr schwer bestehende Weltanschauungen von Menschen zu ändern (Morgan, 1980, S. 610).

In Bezug auf die Wahrnehmung unserer Umwelt existierten bisher zwei oppositionelle Paradigmen: das technokratische und das ecozentrische Paradigma. Das *technokratische* Paradigma ist heute in unserer Gegenwart bestimmend. Es geht von einer inaktiven und passiven Erde aus. Die existierenden Objekte werden hier allein durch externen Einfluss bewegt und folgen keinem „inneren Antrieb". Dieses mechanistische Weltbild betrachtet die uns umgebende Erde als die Summe ihrer Teile, deren Systeme isoliert hierarchisch geordnet sind. Der Mensch wird klar von der ihn umgebenden Natur unterschieden. Der Antrieb des Menschen ist die Benutzung und Formung der Erde zu seinem persönlichen, individuellen Vorteil. Dadurch ergibt sich ein egozentrisches Bild, das rein an der Vermehrung des vorhandenen Kapitals, und nicht an zukünftigen Generationen interessiert ist. (Gladwin, Kennelly & Krause, 1995, S. 881)

Das Gegenteil dieses Weltbildes ist das *ecozentrische* Paradigma, in welchem der Mensch nur ein Teil einer lebenden Erde ist, die dem Prinzip der Ganzheitlichkeit folgt (Lovelock, 1998, S. 316). Die Erde wird als aktiv und sensitiv für menschliche Aktivitäten begriffen. Die Auswirkungen menschlichen Handelns sind immanent und können den Menschen zum direkten Nachteil werden. Der Mensch wird grundsätzlich nicht als exponierter Teil des Ganzen gesehen. Zu seiner Bedürfnisbefriedigung benutzt der Mensch lediglich soviel, wie absolut notwendig ist (Gladwin, Kennelly & Krause, 1995, S. 886-887).[61]

Es wird klar, dass sich beide Paradigmen grundlegend unterscheiden. Alternativ untersuchen Gladwin, Kennelly & Krause (1995, S. 889-890) das Paradigma der Nachhaltigkeit (*sustaincentric paradigm*) als Konsens zwischen den beiden dargestellten diametralen Weltanschauungen.[62] Die Erde wird hier als die Heimstatt des Menschen gesehen, die er für seine

[61] Gladwin, Kennelly & Krause (1995) legen in ihrer dialektischen Betrachtung der herrschenden Paradigmen dar, dass beide beschriebenen Paradigmen nicht zum Konzept der Nachhaltigkeit passen. Das technokratische Weltbild ist vor allem durch die Exponierung des Menschen unangemessen. Es lässt einen Gerechtigkeitsgedanken vollständig vermissen und ist allein auf die Befriedigung einer Minderheit (der Menschen) ausgerichtet. Das ecozentrische Weltbild dagegen wird hinsichtlich seiner zu schwachen Positionierung des Menschen kritisiert. Durch die schwache Position des Menschen ist es nach Auffassung der Autoren ungeeignet als Ansatz, Natur und Kultur bzw. Lebensweise des Menschen zu verbinden. Beide Ansätze können somit nicht sowohl die Bewahrung des Notwendigen und den Imperativ der Entwicklung als Teil des Menschen vereinigen; vgl.: Gladwin, Kennelly & Krause, 1995, S. 882-889.

[62] Es sei darauf hingewiesen, dass es zur Möglichkeit der Aufstellung und Berechtigung eines eigenen Nachhaltigkeitsparadigmas auch gegensätzliche Positionen gibt. Zum Beispiel führen Lockett, Moon & Visser (2006)

Entwicklung und sein Dasein nutzen muss, soll und kann, die er aber gleichzeitig für sich und folgende Generationen intakt erhalten muss. Die ökonomischen Handlungen der Menschen zur Generierung des für sie Lebensnotwendigen und die natürlichen Systeme werden als voneinander untrennbar verstanden. Trotzdem wird der Mensch aber nicht als ein bloßer Unterteil derselben gesehen. Vielmehr ist der Mensch mit der Natur verquickt, hierbei ihr und ihren Teilen jedoch intellektuell überlegen (Wilber, 1995, S. 11-20). Grundsätzlich wird hier ein stark pluralistisches Verständnis entwickelt. Sowohl die heutigen und zukünftigen Rechte z.B. der Biosphere als auch der Menschen werden berücksichtigt, aber nicht kategorisch hinsichtlich ihrer Wichtigkeit exponiert. Das Nachhaltigkeitsparadigma versucht demnach Ansprüche und Bedürfnisse der Erde aus ganzheitlicher Sicht zu ordnen. Ziel ist es, die Existenz und Entwicklungsfähigkeit der vielfältigen Teile der Erde auf lange Sicht zu sichern (Gladwin, Kennelly & Krause, 1995, S. 890).

Auch wenn grundsätzlich zwischen gesellschaftlicher und unternehmerischer Nachhaltigkeit unterschieden werden muss, liegt der Ursprung des Nachhaltigkeitsbegriffs dennoch in einem wirtschaftsnahen Bereich.[63] Zuerst erwähnt und grundsätzlich beschrieben wurde das Konzept von Hans von Carlowitz im Jahr 1713 (Mathe, 2001, S. 246-247). Von Carlowitz (1713) beschäftigte sich mit der Forstwirtschaft und führte aus, dass die zukünftige Sicherung der Grundbedürfnisse (an Holz bzw. fortwirtschaftlichen Produkten) nur dann erreicht wird, wenn der heutige Grundbestand durch bewussten Umgang und geeignete Maßnahmen in seiner Form erhalten wird (Fleury, 2005, S. 5).[64] Hinter diesen ersten Gedanken verbirgt sich die Idee des Kapital- und Substanzerhaltes[65] (Hauff, 1987, S. 46; Fichter et al., 2006, S. 3). Diese Idee wird auf verschiedenen Ebenen unterschiedlich aufgefasst. Eine gängige Kritik ist, dass

aus, dass eben aufgrund der unklaren Grenzen (*highly permeable boundaries*), der zu verbindenden Teileinheiten (Ökologie allein, Verbindung zwischen Ökologie, Gesellschaft und Ökonomie etc.) und der resultierenden unterschiedlichen Studienergebnisse kein einheitliches, dominantes Paradigma gebildet werden könne; vgl. Lockett, Moon & Visser, 2006, S. 120. Auch wird die grundsätzliche „Konkretisierbarkeit der Nachhaltigkeit" von einigen Autoren bezweifelt und eher als eine „*regulative Idee*" (resultierend in einen langfristigen Erfahrungs-, Lern- und Suchprozess) betrachtet; exemplarisch vgl. Grundwald & Kopfmüller, 2006, S. 40.

[63] Auch wenn Fichter et al. (2006) und Loew et al. (2004) bemerken, dass „Nachhaltigkeit" kein originär betriebswirtschaftliches Konzept ist. Nach dieser Auslegung liegt der Ursprung eher in einem „gesellschaftspolitischen Diskurs (der im Folgenden auch dargestellt werden soll); vgl. Fichter et al., 2006, S. 18; Loew et al., 2004, S. 64.

[64] Im Original von Hans von Carlowitz heißt es: " *Wird derhalben die größte Kunst/ Wissenschaft/ Fleiß und Einrichtung hiesiger Lande darinnen beruhen / wie eine sothane Conservation und Anbau des Holtzes anzustellen / daß es eine continuierliche beständige und nachhaltende Nutzung gebe / weiln es eine unentbehrliche Sache ist / ohne welche das Land in seinem Esse nicht bleiben mag*"; vgl.: von Carlowitz, 1713, S. 105-106.

[65] „[I]mproved human welfare and social equity are necessary to motivate bioshperic respect, and enhanced welfare and bioshperic respect are needed to facilitate social equity/ capital" (Gladwin et al.,1995, S. 879).

sich die Ansätze der (gesellschaftlichen) nachhaltigen Entwicklung (*sustainable development*) und der nachhaltigen Unternehmensführung (*Corporate Sustainability/ Corporate Social Responsibility*) gegenseitig ausschließen (Moon, 2007, S. 297). Aus diesem Grund wird im Folgenden zuerst das Konzept der Nachhaltigkeit und die historische Entwicklung des Nachhaltigkeitsbegriffs auf gesellschaftlicher und anschließend auf unternehmerischer Ebene dargelegt.

2.2 Nachhaltigkeit im gesellschaftlichen Kontext

Im gesellschaftlichen Kontext wird „Nachhaltigkeit" als ein Leitbild verstanden, das menschliche Handlungen und die Entwicklung von Gesellschaften steuert (Gminder, 2005, S. 84). Zwei Schlüsselbegriffe sind für die Umsetzung und das richtige Verständnis nachhaltiger Entwicklung von zentraler Bedeutung (Stappen, 2006, S. 27-35):

- das Konzept der Bedürfnisse und
- die Idee der Grenzen.

Hier werden die **Bedürfnisse** aller Gesellschaften, besonders allerdings die überlebensnotwendigen Bedürfnisse der Entwicklungsländer, die die Ärmsten der Welt sind, beachtet. Dabei geht es vor allem um die notwendigen Ressourcen und Güter zur Lebenserhaltung und zum gesellschaftlichen Funktionieren der einzelnen Volkswirtschaften. Stappen (2006) spricht hier insbesondere von der „Tragfähigkeit des Erd-Ökosystems" (S. 28). Die Idee der **Grenzen** umfasst Fortschritt im technischen sowie im sozialen Bereich. Gemeint sind z.B. die Entwicklung neuer Technologien und deren Anwendung zur Befriedigung der bestehenden Bedürfnisse sowie die Entwicklung von Organisationen, die das soziale Leben, also das Zusammenleben der in einer Gesellschaft vereinten Menschen, steuern.[66]

Historische Entwicklung

Rudimentär wurden diese beiden Schlüsselthemen erstmals 1972 in einem Studienbericht zu den „Grenzen des Wachstums" des MIT an den *Club of Rome* erwähnt, der die Themen der Ressourcenverschwendung in der globalen Wirtschaft und soziale Problematiken sowie das rasante Wachstum der Weltbevölkerung strukturiert aufgegriff. Die Studie zeichnete ein Bild der Welt, welches Konsequenzen und Handlungen unumgänglich macht (siehe hierzu Mea-

[66] Nachhaltigkeit muss damit als ein gesellschaftlicher Such- und Veränderungsprozess gesehen werden; vgl.: Freimann, 2004, S. 5.

dows et al., 1972). Konkretisiert wurden die angesprochenen Themen 1987 in einer anknüpfenden Studie der *UN Commission on Environment and Development.* Im so genannten „Brundtland-Bericht“ mit dem Titel „*Our Common Future*“ wird Nachhaltigkeit bzw. nachhaltige Entwicklung das erste Mal im vorgegebenen Kontext definiert. Wie bereits in Kapitel A.1.5.2 ausgeführt, definiert der Bericht nachhaltige Entwicklung als “*[a] development which meets the needs of the present without compromising the ability of future generations to meet their own needs*” (UN Commission on Environment and Development, 1987, S. 54). Dadurch wurde in dieser Definition die primäre, auf Umweltprobleme ausgerichtete Auffassung des *Club of Rome,* um eine soziale Dimension erweitert (Loew et al., 2004, S. 58).[67]

Eine weitere Konkretisierung erhielt die Nachhaltigkeitsidee 1992 auf dem Erdklimagipfel, der von den Vereinten Nationen (UN) in Rio de Janeiro ausgerichtet wurde. Resultat der Beratungen der 175 eingeladenen Nationen war ein Aktionsprogramm, das als „AGENDA 21“ bekannt wurde. Diese Agenda umfasst Deklarationen und Beschlüsse der Politik zum Thema „nachhaltige Entwicklung“ und ist damit ein Wegweiser der Politisierung des Nachhaltigkeitsgedankens (Fleury, 2005, S. 6; siehe besonders Keating, 1993). Die formulierten übergeordneten sozialen, ökonomischen und ökologischen Ziele sind a) die Förderung der nachhaltigen Entwicklung durch Handelsliberalisierung, b) die Verbindung und gegenseitige Unterstützung von Handel und Umwelt, c) die Bereiststellung von finanziellen Ressourcen an die Entwicklungsländer und d) die Förderung von makroökonomischen Richtlinien, die die Umwelt und (globale) Entwicklung stützen (UNEP, 2004, S. 3).

Obwohl diese Prinzipien und Konzepte heute bereits Einzug in die Verfassungen der Europäischen Union und in 2004 auch in die deutsche Verfassung gehalten haben, existieren dennoch Probleme in ihrer Umsetzung bzw. Etablierung auf der operativen, bürgernahen Ebene (z.B. in Hinsicht des Konsumverhaltens, der Reisevorlieben etc.) (Gminder, 2005, S. 85). Des Weiteren wurde bisher noch kein eindeutiger Begriff der „Nachhaltigkeit“ oder der „nachhaltigen Entwicklung“ allgemein anerkannt. Stattdessen existieren rund 200 verschiedene Ausle-

[67] Die soziale Dimension umfasst hier besonders Fragen nach der Verteilungsgerechtigkeit auf nationalen und globalen Level, somit also Fragen nach der internen Organisation von Gesellschaften. Dies bedingt eine ethische Sichtweise, indem auf das moralische Recht eines jeden Einzelnen auf die „Erhaltung lebensnotwendiger Ressourcen“ und Funktionen des Ökosystems als auch auf gerechte Zugangsmöglichkeit zu globalen Ressourcen verwiesen wird; vgl. Loew et al., 2004, S. 58-59.

gungen des Begriffs, die eine Auseinandersetzung erschweren und viel Komplexität[68] in die Diskussion bringen (Lison, 2002, S. 20).[69]

Zentrale Konzeptionen

Das bereits erwähnte Prinzip des Kapitalerhaltes als grundlegendes Motiv eines nachhaltigorientierten Paradigmas und seiner Konzepte stützt sich auf die Untergliederung in drei **Hauptkapitalformen** (Daly, 1991, S. 2). Unterschieden werden a) das ökonomische Kapital, b) das natürliche (ökologische) Kapital und c) das soziale Kapital. Das ökonomische Kapital besteht vor allem aus Finanzkapital, Realkapital und Wissenskapital, welche ein effizientes Wirtschaften und ein ausreichendes Versorgungsniveau garantieren sollen. Das ökologische Kapital umfasst vor allem natürliche Ressourcen, d.h. alle in der Natur vorkommenden Ressourcen inkl. Sauerstoff, und natürliche Funktionen (Ökoservices) wie z.B. Selbstreinigung von Boden und Wasser sowie kombinierte Leistungen wie die Sauerstofferzeugung aus der Interaktion zwischen Sonne, Pflanzen, Wasser und Luft. Das soziale Kapital schließlich besteht aus Humankapital und gesellschaftlichem Kapital. Hierbei ist beschreibt das Humankapital u.a. die Fähigkeiten und die Motivation von einzelnen gesellschaftlichen Akteuren, während das gesellschaftliche Kapital Infrastrukturen und Qualität von Bildung und Wissenschaft sowie anderer zentraler „Dienstleistungseinrichtungen“ umfasst. Insgesamt sollen hierdurch die soziale Gerechtigkeit und Sicherheit gesichert werden (Fleury, 2005, S. 8).

Über die Rollen der Kapitalarten und ihre Austauschbarkeit existieren unterschiedliche Auffassungen, woraus sich die Differenzierung in „starke“ und „schwache“ Nachhaltigkeit ergibt. Die stringenteste Definition zeigt dabei die „starke“ Nachhaltigkeit. Hier werden die ökologischen Ressourcen als kategorische Schranken einer möglichen Entwicklung gesehen, die nicht durch andere Ressourcenarten (z.B. Human- oder Sachkapital) ersetzt werden können. Eine Entwicklung kann nur im Rahmen der verfügbaren Ressourcen stattfinden, wobei auf die

[68] Die Debatte um eine klare Begriffsabgrenzung wird besonders von der Natur des Themas bestimmt. Kritische Punkte sind vor allem, dass es bisher keine negativen Abgrenzungen der Begriffe (z.B. „unnachhaltig“) gibt, die Begriffe sehr kontextabhängig (z.B. von Zeit und Gesellschaft) sind und keine anerkannte Autorität existier, die eine exakte Definition aufstellen könnte; vgl. Moon, 2007, S. 297-298.

[69] Lison (2002) merkt an, dass ein Weg zur inhaltliche Zuordnung der verschiedenen Nachhaltigkeitsbegriffe die Einteilung in Nachhaltigkeit in engeren Sinne (i.e.S.) und Nachhaltigkeit im weiteren Sinne (i.w S.) ist. Nachhaltigkeit i.e.S. umfasst hier lediglich die ökologische Dimension. Die zentrale Forderung ist hier, dass „wirtschaftliches Handeln [der Gesellschaften] im Einklang mit den Endlichkeit und Reproduktionsfähigkeit der natürlichen Lebensgrundlagen stehen muss“ (S. 22). Unter Nachhaltigkeit i.w.S. wird dagegen „ein Prozess verstanden [...], der zum Ziel hat, ökologische, ökonomische und sozialethische Zielsetzungen zu harmonisieren“ (S. 22). Es zeigt sich hier, dass die Nachhaltigkeit i.w.S. sich am besten mit den drei zentralen Dimension (Ökonomie, Ökologie und Gesellschaft) der hier angesprochenen Konzepte vereinbaren lässt.

Konservierung dieser für spätere Generation geachtet werden muss. Weniger strikt wird dies im Rahmen der „schwachen" Nachhaltigkeit ausgelegt. Hier können die vorhandenen natürlichen Ressourcen durchaus durch ökonomisches oder soziales Kapital ersetzt werden. Die aufgebrauchten natürlichen Ressourcen würden hierbei durch die geschaffenen sächlichen oder humanen Werte ersetzt. Hier besteht sozusagen eine Austauschbarkeit zwischen den Ressourcen-/ Kapitalarten (Jörissen, Kopfmüller & Brandl, 1999, S. 63-64).

Das Konzept der drei Kapitalarten ist u.a. die Grundlage für das **3-Säulen-Modell**, das von der Enquete-Kommission *„Schutz der Menschen und der Umwelt"* 1998 entworfen wurde (siehe hierzu Enquete-Kommission, 1998). Das 3-Säulen-Modell basiert auf den bereits genannten drei Dimensionen (ökologische, ökonomische und soziale Dimension).[70] Grundsätzlich wird davon ausgegangen, dass alle drei Dimensionen gleichrangig sind und die damit verbundenen Anforderungen und Ziele der Dimensionen paritätisch angegangen werden sollten (Loew et al., 2004, S. 60). Die Dimensionen werden auch als „Aktivitätsfelder" interpretiert und stellen Leitlinien dar, anhand derer verschiedene Ziele erreicht werden sollen. Diese sind für die ökonomische Dimension die „Effizienz" (Nutzung natürlicher Ressourcen zur Ermöglichung weiteren Wirtschaftswachstums), für die soziale Dimension die „Suffizienz" (die Befriedigung der grundlegenden menschlichen Bedürfnisse und Probleme der Lebensqualität in Gesellschaften) und für die ökologische Dimension die „Resilienz" (funktionaler Erhalt des Naturkapitals) (Döring & Ott, 2001, S. 330).

Aufgrund vielfach vorgetragener Kritik an diesem mehrdimensionalen Modell[71] wurde von der Helmholtz-Gemeinschaft deutscher Forschungszentren (HGF) 1997 ein **integratives Modell der Nachhaltigkeit** entwickelt. Anders als das Drei-Säulen-Modell wird hier auf die Operationalisierung der Vorgaben über Dimensionen verzichtet. Stattdessen wird die „Frage nach konstitutiven Elementen des Leitbilds der Nachhaltigkeit" (Fichter et al., 2006, S. 8) gestellt. Primäres Ziel ist es dabei, konkrete Regeln und Handlungsleitlinien für Politik und Wirtschaft abzuleiten. Kopfmüller et al. (2001) identifizieren drei spezifische Elemente, die die Konzeption des Leitbildes der „Nachhaltigkeit" konstituieren: a) intra- und intergenerationelle Gerechtigkeit, b) die Annahme einer globalen Orientierung/ Perspektive und c) die Annahme eines anthropozentrischen Ansatzes. Die beiden letzteren Elemente bedingen, dass

[70] Rosen & von Flotow (2003) sprechen hier von einer *„triadischen"* Definition.
[71] Siehe hierzu u.a. Brand & Jochum (2000, S. 75) und Fichter et al. (2006, S. 7).

sowohl eine langfristige und Nationen-/ Regionen-übergreifende Perspektive eingenommen, als auch die komplette Vielfalt des Menschlichen miteinbezogen wird. Inhaltlich fokussiert „Nachhaltigkeit" damit vor allem die aktuelle und zukünftige Lebensqualität aller Menschen. Zur Umsetzung der Elemente auf gesellschaftlicher Ebene werden substanzielle und instrumentelle Regeln definiert (S. 189-194):

- *Substanzielle Regeln* umfassen inhaltliche Mindestanforderungen, die eine nachhaltige Entwicklung bedingen.
- *Instrumentelle Regeln* schließen Methoden und Anleitungen zur Erfüllung der aufgestellten Mindestanforderungen ein.[72]

Die Themen zu den generellen Zielen der nachhaltigen Entwicklung sind damit folgende:

- Sicherung der menschlichen Existenz (z.B. Gesundheit, Grundversorgung, Verteilungsgerechtigkeit etc.; Gminder, 2005, S. 85),
- Erhaltung des gesellschaftlichen Produktivkapitals (ökonomischer Wohlstand; Fichter et al., 2005, S. 46),
- Bewahrung der kulturellen, natürlichen und partizipativen Entwicklungs- und Handlungsmöglichkeiten (soziale Gerechtigkeit; Vöhringer, 2004, S. 26).

Wie bereits erwähnt, sind die Schwierigkeiten der konkreten Umsetzung der gesellschaftspolitischen Konzeptionen in praxi, vor allem in der wirtschaftlichen Praxis, das zentrale Problem der Modelle. Um einen Konsens der Konzepte herbeizuführen, soll eine Einführung in das Thema der unternehmerischen Verantwortung und ihrer Motivatoren und Treiber zur Annahme und Beachtung der politischen und gesellschaftlichen Forderungen durch Unternehmen dargestellt werden. Im Anschluss daran sollen zentrale Aspekte des Konzeptes beschrieben werden, bevor in Kapitel B.2.3.4 auf ein konkretes Umsetzungsmodell im Unternehmenskontext eingegangen wird.

[72] Es geht bei den instrumentellen Regeln um die Frage, „*welche institutionellen, politischen und ökonomischen Bedingungen für Handlungen, Entscheidungen und Prozesse gegeben sein müssen, um eine nachhaltige Entwicklung in der Praxis zu realisieren*" (Fichter et al., 2006, S. 15). Kopfmüller et al. (2001) definieren hierzu zehn Regeln, die sich a) auf die Defizite ökonomischen Handelns (Internalisierung externer sozialer und ökologischer Kosten, angemessene Diskontierung, Verschuldung, faire weltwirtschaftliche Bedingungen, Förderung der internationalen Zusammenarbeit) und b) auf Qualitäten und Fähigkeiten zur politischen Umsetzung der Nachhaltigkeit (Resonanzfähigkeit der Gesellschaft, Reflexivität der Gesellschaft, Steuerungsfähigkeit, Selbstorganisation, Machtausgleich) beziehen. Die Regeln stellen dabei Prüfkriterien zur Entwicklung und zum Status Quo der nachhaltigen Entwicklung dar; vgl. Kopfmüller et al., 2001, S. 273-275.

2.3 Nachhaltigkeit im Unternehmenskontext

„Unternehmerische Nachhaltigkeit bedeutet den Transfer des gesellschaftlichen Leitbilds auf die Unternehmensebene" – Gminder, 2005, S. 86 -

Unternehmen haben durch ihre wirtschaftlichen Aktivitäten bzw. die Allokation von relevanten Produktionsfaktoren (Arbeit, Kapital und Wissen) einen direkten Einfluss auf den Ressourcenverbrauch und die Belastungen für die Umwelt (Sheu & Lo, 2005, S. 83).[73] Durch ihr Handeln und die resultierenden Einflüsse ergibt sich wiederum ein indirekter Wirkungszusammenhang mit gesellschaftlichen Aspekten, wie z.B. Lebensqualitäten, Lebensstilen oder Konsumstilen (Grundwald & Kopfmüller, 2006, S. 107). Grundsätzlich sind Unternehmen damit ein (integraler) Teil der Gesellschaft. Dies impliziert tendenziell, dass „Wirtschaften [an sich] kein Selbstzweck" (Leitschuh-Fecht & Steger, 2003, S. 259) sein kann.

Auf der einen Seite können Unternehmen ihr Verhältnis zur Gesellschaft aktiv gestalten (Merten, 2007, S. 1) und somit u.a. als Treiber der Umsetzung politischer Anforderungen auf gesellschaftlicher Ebene fungieren (Moon, 2007, S. 298). Auf der anderen Seite ist aber auch die Ansicht möglich, dass verantwortliches Handeln von Unternehmen meist durch Druck bzw. Anforderungen von Regierung oder Gesellschaft induziert wird.[74] Loew, Ankele, Braun & Clausen (2004, S. 18) sprechen hier von einer antizipativen Strategie.

Wie bereits in der Einleitung (Kapitel A.6.2) angesprochen, wird in diesem Kontext oft von „Corporate Sustainability" oder „Corporate Social Responsibility" gesprochen. Als ein neues und sich entwickelndes handlungsleitendes Konzept für die Unternehmensgestaltung (Wilson, 2003, S. 1) bezieht sich „***Corporate Sustainability***" auf die kurz- sowie langfristige Leistung

---

[73] Diese Zusammenhänge gehen auf die Anfänge der Produktionstheorie zurück. Nach Gutenberg (1958) ergibt sich der Sinn von Unternehmen in der Erstellung (Produktion, Bereitstellung) von materiellen sowie immateriellen Gütern. Diese Güter stellen Outputfaktoren dar, die durch Umwandlung von bestimmten Inputfaktoren produziert wurden. Damit ist es die immanente Aufgabe des Managements, diesen Kombinationsprozess durch Balancierung der Beziehung zwischen Input- und Outputfaktoren (ökonomisch) effizient zu gestalten. Hierbei spielt die vorgegebene Ressourcenknappheit des gegebenen Kapitals eine wichtige Rolle. Kapitalarten sind: Sachkapital (Vermögensgegenstände etc.); finanzielles Kapital; Naturkapital; kultiviertes Naturkapital (u.a. Lachsframen, landwirtschaftliche Nutzflächen); Sozialkapital (moralisches Orientierungswissen, Institutionen usw.); Humankapital (Fähigkeiten, Bildung etc.) und Wissenskapital; vgl. Fleury, 2001, S. 5; Döring & Ott, 2001, S. 320.

[74] Druck aus der Gesellschaft gelingt häufig durch die Androhung von Boykotten bzw. Ächtung von betreffenden Unternehmen. Hier muss zwischen explizitem (Boykotten, Klagen, Regulationen etc.) und implizitem Druck von Seiten der (gesellschaftlichen Stakeholder unterschieden werden. Durch das Ausüben von Druck bauen die Stakeholder einen ökonomischen Druck auf die Unternehmen auf, der diese (letztendlich) zur Befolgung der Forderungen drängen mag (Godfrey, 2007, S. 210). Zu diesem Thema siehe u.a. die Arbeiten von Jones (1995); Wood & Jones (1995); Mitchell, Agle & Wood (1997) und Rowley & Berman (2000).

sowie die Wertgenerierung (shareholder value) eines Unternehmens in den drei bereits beschriebenen relevanten Dimensionen (Steurer et al, 2005, S. 274). Als Leitkonzept stellt es Instrumente und Maßnahmen zur Verfügung, um definierte Ziele umzusetzen und die Ergebnisse kontrollieren zu können (Loew et al., 2005, S. 11). Damit stellt dieses Konzept eine Alternative zu den traditionellen Modellen des (unbeschränkten) Wachstums und Profit-Maximierung dar (Wilson, 2003, S. 1). Auch ***„Corporate Social Responsibility“*** betrachtet Verhaltensweisen und Handlungen von Unternehmen, jedoch schließen diese Betrachtungen lediglich die Verhaltensweisen und Handlungen auf ökologischer und sozialer Ebene, unter Auslassung der ökonomischen Dimension, ein. Die ökonomische Dimension wird hier grundsätzlich als (exogene) Rahmenbedingung gesehen. Es geht also bei diesem Konzept um die grundsätzliche Verantwortung von Unternehmen (Loew et al., 2005, S. 2), d.h. die Wahrnehmung bestimmter Anforderungen, die über die gesetzliche Verpflichtung hinausgehen (Carroll, 1999, S. 272). Entsprechende Unternehmen sind sich damit der sozialen und ökologischen Auswirkungen ihrer wirtschaftlichen Tätigkeiten bewusst (Hansen & Schrader, 2005, S. 376).

2.3.1 Unternehmerische Verantwortung und Nachhaltigkeit

Das Thema „Unternehmen und Verantwortung“ 1953 wurde zum ersten Mal von William J. Bowen angesprochen, der festhielt, dass Unternehmen verpflichtet sind, eine soziale Verantwortung für die Ziele und Werte der Gesellschaft zu übernehmen (Windsor, 2001, S. 229; Carroll, 1999, S. 270).[75] Peter Drucker folgte dieser Auffassung 1954, als er dem Management neben der Aufgabe Profite zu erwirtschaften auch in der Verantwortung sah, die Auswirkungen der Aktivitäten zur Profitgenerierung auf die Gesellschaft zu beachten (Joyner, Payner & Raiborn, 2002, S. 302). Von 1960 bis ins 21. Jahrhundert wurde der Begriff der unternehmerischen Verantwortung fortlaufend erweitert. Vor allem die Verquickung mit der *Stakeholdertheorie* (McWilliams & Siegel 2001, S. 118) hat das Konzept entscheidend beeinflusst. Ab 1990 wurde vor allem die Verbindung von Nachhaltigkeit, Verantwortung und Unternehmensleistung untersucht (u.a. Woods, 1991). Ab dem 21. Jahrhundert wurden die Impulse aus der besonders im angloamerikanischen Raum geprägten Diskussion auch in anderen Ländern aufgegriffen und in die nationalen Debatten integriert. Dabei wurde unterneh-

[75] Für eine ausführliche Beschreibung der historischen Begriffsentwicklung und einer eingehenden Literaturanalyse siehe u.a. Thomas & Nowak (2006). Im Folgenden wird grundsätzlich von der Unterteilung und Definition der beiden Begriffe wie in Kapitel A.1.6.2 vorgestellt ausgegangen.

merische Verantwortung und Nachhaltigkeit besonders mit dem Phänomen der Globalisierung in Verbindung gebracht. In Vordergrund vieler Studien standen dabei die Auswirkungen von Nachhaltigkeitsthemen auf die finanzielle Entwicklung und Leistungsfähigkeit von Unternehmen (hierzu vor allem Orlitzky, 2005). Auch wurde das Aspekt der *social licence to operate* besonders bearbeitet und in das allgemeine Konzept integriert (Gunningham, Kagan & Thornton, 2002, S. 3-6).

Unternehmerische Verantwortung und Nachhaltigkeit muss nach diesen Ausführungen im Unternehmenskontext in engem Zusammenhang mit strategischen Absichten und Zielsetzungen gesehen werden. Verantwortungsübernahme bedeutet dabei vor allem, die Konsequenzen und Gründe für die Handlungen bzw. Entscheidungen des Unternehmens gegenüber sich selbst und anderen zu rechtfertigen (Hansen & Schrader, 2005, S. 387). Grundsätzlich bestehen vier zentrale Verantwortlichkeiten für Unternehmen: a) ökonomische, b) ethische, c) legale und d) diskrete (Thompson & Smith, 1991, S. 30).[76] Zentral sind vor allem Legitimitätsthemen, die aus dem Umgang mit Externalitäten sowie aus Wettbewerbsgründen resultieren. Inhaltlich können die Begrifflichkeiten je nach Unternehmenssituation und ökonomischen und legalen Rahmenbedingungen voneinander abweichen. Dabei werden die Konzepte vor allem zur Anforderungsidentifikation[77] und Lösungsgenerierung verwandt (Clarkson, 1995, S. 244). Die Wahrnehmung dieser Anforderungen kann in diesem Kontext als „unternehmerische Verantwortung" aufgefasst werden (Hansen, 1998, S. 713). Somit ist das Thema der unternehmerischen Nachhaltigkeit und Verantwortung eines, das (Hansen & Schrader, 2005, S. 375-377):

- soziale und umweltrelevante Belange betrifft,
- einen Beitrag zu nachhaltiger Entwicklung zu leisten vermag,

[76] Fichter (2004) geht hierbei speziell auf die soziale Verantwortung von Unternehmen ein. Nach seinen Ausführungen bezieht sich die soziale Verantwortung von Unternehmen auf die *„Notwendigkeit, direkte und indirekte Folgewirkungen unternehmerischer Tätigkeit zu beachten [... und auf die] Nutzung unternehmerischer Potenziale zur Minderung gesellschaftlicher Probleme (z.B. Jugend- und Altersarbeitslosigkeit)"*. Damit lässt sie sich als *„systematische Suche nach Potenzialen für externe positive Effekte in den Wertschöpfungsprozessen der Unternehmung"* verstehen; vgl. Fichter, 2004, S. 59.

[77] Loew et al. (2004) unterscheiden hier die interne und die externe Dimension der unternehmerischen Verantwortung. Die interne Dimension umfasst dabei das Mitarbeitermanagement, den Arbeitsschutz, die Sozialverträglichkeit des Unternehmens bzw. von Restrukturierungen sowie die Steuerung von Auswirkungen auf die Umwelt und den Ressourcenverbrauch. Die externe Dimension umfasst die Umfeldverantwortung (z.B. für lokale Gemeinden und Kommunen), die Geschäftspartner, Zulieferer und Verbraucher, bestehende Menschenrechte, sowie den globalen Umweltschutz; vgl. Loew et al., 2004, S. 37.

- die Einhaltung von Rechtsvorschriften (*compliance*) beinhaltet,
- unternehmerisches Engagement (z.B. in Form von Investitionen) erfordert,
- dabei kein Ersatz für Rechtsvorschriften des Gesetzgebers ist,
- das Management von Unternehmen und deren Kerngeschäft berührt.

Nach Fichter et al. (2006) müssen nachhaltig agierende verantwortungsvolle Unternehmen somit folgende Grundprämissen erfüllen:[78]

1) „Ein Unternehmen kann nur dann einen Beitrag zur nachhaltigen Entwicklung leisten, wenn es ihm gelingt, zu jeden Zeitpunkt einen ausreichenden Cashflow zur Sicherung der Liquidität zu garantieren und kontinuierlich Erträge zu erzielen, die über den Aufwendungen liegen (Gewinn)" (S. 20).
2) Naturgüter sollen nur im Rahmen der *Safe Minimum Standards* in Anspruch genommen werden, d.h. wirtschaftliches Handeln darf nicht die Funktionen des ökologischen Gesamtsystems beeinträchtigen (so auch Loew et al., 2004, S. 69).
3) „Unternehmen sollen einen Mehrwert für kommunales oder regionales Umfeld schaffen, indem sie zum Erhalt und der Entwicklung des Humankapitals im eigenen Hause oder bei Geschäftspartnern (Ausbildung, Wissensmanagement etc.) beiträgt und die Auswirkungen auf das gesellschaftliche Kapital berücksichtigt transparente Entscheidungen, Akzeptanz der unternehmerischen Entscheidungen" (S. 20, so auch Döring & Ott, 2001).

2.3.2 Treiber der Nachhaltigkeit

Hinter den Entwicklungen a) des Einflusses der Unternehmen und b) der Wahrnehmung der sich ergebenden Rolle stehen bestimmte, forcierende Treiber und Motivatoren. Diese bedingen die Wahrnehmung der Themen durch die Unternehmen und reichen von der *(social) licence to operate*[79] bis hin zur Generierung von Wettbewerbsvorteilen (Moon, 2007, S. 299; so

[78] Zentraler Punkt für das betreffende Unternehmen muss hier die Sicherung der Zukunftsfähigkeit sein. Somit stellt die Wahrnehmung von (nachhaltiger) Verantwortung auch ein Thema des strategischen Managements dar; vgl.: Hülsmann, 2004, S. 50.

[79] „*Licence to operate*" betrifft die Akzeptanz und die Legitimität eines Unternehmens, in einem Markt arbeiten zu können. Hier sind nicht legale Schranken gemeint, sondern z.B. die Blockade durch Kunden, ausgelöst durch eine negative Medienkampagne oder ein schlechtes Image. Die „*licence to operate*" wird für Unternehmen heute immer wichtiger, da die Veränderungen der letzten Dekaden es leichter gemacht haben, diese zu verspielen; vgl.: Warhurst, 2001, S. 58.

auch Porter & Cramer, 2002).[80] Es können drei grundlegende Kategorien unterschieden werden, nach denen Nachhaltigkeitsanforderungen von Unternehmen wahrgenommen werden sollten: a) die utilitaristische Kategorie (*utilitarian perspective*), b) die *negative duty approach-Kategorie* und c) die *positive duty approach-Kategorie* (Thomas & Nowak, 2006, S. 9). Die erste Kategorie ist eine rein nutzenbasierte Sicht, die davon ausgeht, dass Themen verfolgt werden, um in der Lage zu sein, formulierte Leistungsziele erreichen zu können. Die zweite Kategorie ist dafür ausgelegt, (negative) Konsequenzen, z.B. Kosten durch die Gesellschaft aufgrund der Vernachlässigung gestellter Anforderungen, von vorneherein zu vermeiden. Die dritte Kategorie umfasst Motivationen, die aus einem Selbstantrieb heraus und unabhängig von externen Forderungen getroffen werden (Logsdon & Wood, 2002, S. 163-165; Mitchell, Agle & Wood, 1997, S. 857).

Die Treiber gewinnen für die Unternehmen an Relevanz, weil sie spezifische, betriebswirtschaftliche und erfolgswirksame Effekte bedingen. Dyllick (2003, S. 239) unterschiedet sechs Gruppen von Motiven, die ausschlaggebend dafür sind, dass Unternehmen sich des Themas der Nachhaltigkeit annehmen:

- Möglichkeit zu Kostensenkung,
- Risikominderung und Planungssicherheit,
- Sicherung von Akzeptanz und Legitimität (Reputation, Image),
- Gewinnung und Sicherung von Marktanteilen (Kundenbindung, Zugang zu Kapital),
- Entwicklung neuer Märkte, Geschäftsfelder und Erlösquellen.

Einer der zentralsten Punkte ist, dass Anstrengungen als Risikoprävention für den Erhalt der *licence to operate* gesehen werden können (Warhurst, 2001, S. 58). Die licence *to operate* ist entscheidend den Erhalt der gesellschaftlichen Akzeptanz der Unternehmen und damit eine Grundvoraussetzung für die Wertschöpfung dieser. Die gesellschaftliche Legitimität kann nicht per se durch die Einhaltung von rein gesetzlichen Anforderungen er- oder behalten werden. Vielmehr müssen Unternehmen sich vermehrt den konkreten Anforderungen der Gesell-

[80] Nach Moon (2007) können die Treiber in vier Gruppen eingeteilt werden: a) Markttreiber, b) soziale Treiber (hier vor allem Mitarbeiter, Kapitalgeber, Lieferanten und Kunden), c) Regierungstreiber und d) Treiber resultierend aus der Globalisierung; vgl. Moon, 2007, S. 301. Weitere Treiber der Nachhaltigkeit werden von Cox et al. 2004); dem EU Green Paper sowie Bassen, Hölz & Schlange (2007) beschrieben. Dyllick (2004) derweilen unterteilt die Treiber von Nachhaltigkeit in marktliche und aussermarktliche Treiber; vgl. Dyllick, 2004, S. 89-93; Gminder, 2005, S. 86.

schaft in Bezug auf soziale und ökologische Leistungen stellen. (Suchanek & Lin-Hi, 2006, S. 3).

Hansen & Schrader (2005, S. 384) kategorisieren die Treiber weiterhin in „vorökonomische" und „ökonomische" erfolgswirksame Effekte. Als **vorökonomischer Effekt** wird vor allem der Reputations- bzw. Imageaufbau gesehen. Beide können a) die Beziehung zu Kunden herstellen und/ oder festigen (Kundenbindung, Vertrauen) und b) einen positiven Einfluss auf die Beziehungen zu innerbetrieblichen und außerbetrieblichen Anspruchsgruppen haben. Zu den wichtigen innerbetrieblichen Anspruchsgruppen zählen hier vor allem die Mitarbeiter. Eine gesteigerte Reputation trägt hierbei insbesondere zur Motivations- und Zufriedenheitssteigerung sowie zur Mitarbeiterbindung bei. In Bezug auf die zentralen außerbetrieblichen Anspruchsgruppen nennen Hansen & Schrader (2005, S. 384) hier vor allem den *„good-will-puffer"* als wichtigen Effekt. Dies bedeutet, dass Unternehmen mit einer hohen Reputation in Krisenzeiten ihre Legitimität nicht sofort verlieren, sondern eine Art „Bonus" genießen, der ihnen dabei hilft, sich aus der Krise zu befreien. Ein zentraler **ökonomischer Effekt** ist die (mögliche) Steigerung des Unternehmenswertes.[81] Als Gründe hierfür werden neben den genannten Punkten des geringeren Risikos und der Identifikation von Geschäftsopportunitäten auch die erhöhte Attraktivität für ethische Investoren (vor allem SRI) ausgemacht. Ein weiterer Effekt sind die angesprochenen Kosteneinsparungen z.B. aufgrund eines effizienteren Energie- und Materialeinsatz sein.

2.3.3 Aspekte unternehmerischer Nachhaltigkeitsanforderungen

Die beschriebenen Treiber führen zu neuen Bedingungen, denen sich die Unternehmen anpassen müssen. Jedoch nicht nur in praktischer Hinsicht, sondern auch auf intellektueller Ebene, bezüglich ihres Selbstverständnisses als Unternehmen, sind die Anforderungen an das Verantwortungsempfinden der Unternehmen eine Herausforderung. Besonders schwierig ist es, hier einen angemessenen Umfang zu bestimmen (Küpper & Picot, 1999, S. 132).

Ein adäquates Verantwortungskonzept für Unternehmen muss auf der einen Seite eine Konkretisierung vernünftiger Anforderungen beinhalten, und auf der anderen Seite Grenzen dieser Verantwortung definieren. Suchanek & Lin-Hi (2006) sprechen in diesem Kontext von „konkreten Anforderungsbedingungen" für Unternehmen. Somit ist unternehmerische Nachhaltigkeit eine *„Aufgabe des Managements, die gewährten Freiheiten unternehmerischen*

[81] Bei börsennotierten Unternehmen ist hier vor allem die Steigerung des Aktienwertes gemeint.

Handelns so zu nutzen, dass die Bedingungen ihrer künftigen Freiheit nicht zerstört werden" (S. 17).

Nachhaltigkeitsanforderungen unterliegen bestimmten Konzeptaspekten, die dazu dienen, angemessene Umfänge und dazugehörige Grenzen für und von den Unternehmen zu definieren. Zuallererst müssen die adäquaten *Handlungsfelder* abgrenzt werden. Handlungsfelder dienen der Zuordnung von Verantwortlichkeiten und relevanten Anforderungen zu Akteuren. Ein Unternehmen kann nur für die Bereiche und Handlungen Verantwortung übernehmen, die es direkt oder zumindest indirekt beeinflussen kann. Daneben kommt es auch auf die Situation an, in der ein Unternehmen sich befindet. Die *Situationen* können hier z.B. in Bezug auf klimatische, technische, kulturelle, psychologische und ökonomische Bedingungen kategorisiert werden. Dies bedeutet, dass eine sinnvolle Verantwortungsübernahme in verschiedenen Situationen wechseln kann. Dabei bedingt die Komplexität heutiger Gesellschaften, dass hier oft Grenzen verschwimmen und konkrete Verantwortungszuweisungen schwierig sind (Küpper, 1992, S. 498).

Ein weiterer Aspekt ist die Beachtung von *Handlungsspielräumen* und *Realisierungschancen* der Unternehmen. Die Spielräume für unternehmerische Handlungen konkretisieren die bereits angesprochenen Handlungsfelder. Diese umfassen besonders die Einfluss- und Handlungsmöglichkeiten, die einem (wirtschaftlichen) Akteur grundsätzlich zur Verfügung stehen, um die an ihn gestellten Anforderungen angehen und befriedigen zu können. Eine wichtige Rolle können in diesem Kontext Regeln und Systeme (Institutionen) spielen, die das Zusammenwirken von Unternehmen und z.B. Gesellschaft unterstützen (Suchanek & Lin-Hi, 2006, S. 10-11).[82]

Ein letztes wichtiges Element im Konzept dieses Verantwortungsverständnisses ist das *Vertrauen*, und es sollte als eines seiner wichtigsten Elemente gesehen wird. Es wird vor allem in Form des Vertrauensvorschusses, der Unternehmen von Seite der Gesellschaft und all ihren Institutionen entgegengebracht wird, bedingt. Vertrauensvorschüsse ermöglichen und erleichtern das Zusammenleben von Akteuren in einer Gesellschaft (Hansen & Schrader, 2005, S. 384). Dies geschieht vor allem dadurch, dass Zeit und Kosten gespart werden, die sonst für die Überprüfung jeglicher Informationen eines anderen Akteurs notwendig wären. Dies ent-

[82] Ein weiterer wichtiger Aspekt hier ist die Anreizkompatibilität. Diese bedeutet, dass „niemand dazu genötigt werden sollte, im Namen von Moral bzw. Verantwortung systematisch gegen seine eigenen (wohlverstandenen) Interessen handeln zu müssen"; vgl. Suchanek & Lin-Hi, 2006, S. 10.

bindet natürlich nicht von bestimmten Transparenzvorschriften, die für die Informationsversorgung der Gesellschaft gelten und welche die Aufrechterhaltung des Vertrauens bedingen.

Auch wenn sich Unternehmen zu den beschriebenen Konzepten und Implikationen bekennen, kann (noch) nicht final von einem nachhaltigen Unternehmen gesprochen werden. Es hängt es nicht von Absichtserklärungen oder Unternehmensvision ab, ob ein Unternehmen als nachhaltig angesehen werden kann, sondern von dessen Handlungen und den Leistungen auf den entsprechenden Gebieten. Daher spielen hier vor allem Modelle und Konzepte zur Umsetzung und Erfassung der Leistungen auf den relevanten Ebenen durch entsprechende Instrumente eine große Rolle (Grundwald & Kopfmüller, 2006, S. 109).

2.3.4 Modell unternehmerischer Nachhaltigkeit (Dyllick & Hockerts, 2002)

Betriebswirtschaftliche Konzepte unterstützen Entscheidungsfindungen und dienen zur direkten und konkreten Steuerung von Unternehmensaktivitäten. Konzeptionelles Ziel ist dabei die Schaffung einer Grundlage zum Abgleich von Unternehmenszielen und Ergebnissen (Bassen et al., 2005, S. 235). Zentrale Anforderung an ein Modell zur Integration des Nachhaltigkeitsgedankens in ein Unternehmen ist, dass sowohl Zielbereiche als auch Handlungsbereiche definiert und entstehende Konflikte gelöst werden. Das Management braucht also einen Rahmen, der die Dimensionen integriert (Gminder, 2005, S. 87) und konkrete Handlungsanweisungen ableitbar macht (Dyllick, 2003, S. 235-239).

Modelle unternehmerischer Nachhaltigkeit sind oft eng mit dem Konzept der „**Triple Bottom Line**“ verknüpft. Das von Elkington (1997) vorgeschlagene Konzept stellt einen Rahmen zur Erfassung und Darstellung der ökonomischen, ökologischen und sozialen Parameter eines Unternehmens dar. Ziel ist es, die Werte, Sachverhalte und Prozesse zu integrieren und zu erfassen, die Unternehmen befähigen, die negativen Effekte ihres wirtschaftlichen Handelns zu reduzieren bzw. Werte in den relevanten Dimensionen zu schaffen (Schaltegger & Burrit, 2005, S. 186-189).[83] Die Dimensionen umfassen dabei den wirtschaftlichen Erfolg (ökonomische Dimension), die Umweltverträglichkeit (ökologische Dimension) und soziale Gerechtigkeit (soziale Anforderungen) (Elkington, 1997, S. 20-24), wobei die Kapitalerhaltungsfunktion im Fokus des Konzeptes steht.

[83] Rekapitulierend muss gesagt werden, dass der „konstitutive“ Organisationszweck von Unternehmen ist, die Nachfrage und Bedürfnisse von zahlungsfähigen Kunden auf (wettbewerblich strukturierten) Märkten zu befriedigen. Der generierte Profit misst die Effizienz des monetär bewerteten Ressourceneinsatz als Differenz zwischen Kosten und Erlösen; vgl.: Leitschuh-Fecht & Steger, 2003, S. 259.

Entsprechend der bereits dargestellten Dimensionen wird hier der bereits beschriebene breite **Kapitalbegriff** zugrunde gelegt. Das Konzept umschließt somit nicht nur das *ökonomische Kapital* (z.B. ausreichende, cashflow-basierte Liquidität, angemessene Profitabilität), sondern auch das ökologische und soziale Kapital. Im Unternehmenskontext enthält das *soziale Kapital* das Humankapital (Fähigkeiten, Motivationen und der Loyalität von Mitarbeitern und Geschäftspartnern) und das Gesellschaftskapital (Qualität der öffentlichen Institutionen z.B. des Bildungssystems, der Infrastruktur und der kulturelle Einrichtungen) (Brown, Dillard & Marshall, 2006, S. 11-19; siehe auch Kapitel B.2.2). In diesem Zusammenhang steht besonders das soziale Kapital im Vordergrund. Begründung ist, dass nur das soziale Kapital wirklich (frei) beeinflussbar ist. Das ökonomische Kapital muss maximiert werden, a) um die Kapitalgeber zu befriedigen und b) um der eigentlichen Funktion der Unternehmen nachzukommen. Das ökologische Kapital ist bereits sehr stark reguliert bzw. steht schon seit langem im Zentrum des Interesses von Politik und Öffentlichkeit. Für Unternehmen bestehen hier strenge Auflagen, vor allem in Deutschland. Somit bleibt hier vor allem das soziale Kapital als Ansatz, vor allem vor dem Hintergrund der Externalisierung der Kosten von Unternehmen. Aufgabe ist es z.B. Gründe für bestimmte, sozial relevante Entscheidungen (z.B. Entlassungen, Werksschließungen etc.) transparent zu machen (Fichter, 2004, S. 58-59).

Die Hauptschwierigkeit von Konzepten zur Integration ökonomischer, ökologischer und sozialer Aspekte des Unternehmensmanagements liegt in der Gewichtung und Integration der verschiedenen Aspekte und der damit einhergehenden Beziehungen der Nachhaltigkeitsdimensionen (Schaltegger & Burrit, 2003; S. 86). Dyllick & Hockerts (2002) haben diese vielfältigen Beziehungen und Kriterien in ein schematisches Modell gebracht. Ausgangspunkt und Ansatzpunkt des Modells ist die Auffassung, dass „*sustainable business success and shareholder value cannot be achieved solely through maximising short-term profits, but instead through market-oriented yet [holistic] responsible behaviour*" (Rogall, 2000, S. 20).[84] Gminder (2005 S. 87) spricht in diesem Zusammenhang vom „Prinzip der Dauerhaftigkeit". Weitere Prinzipien[85] sind der kategorische Erhalt aller Kapitalarten und die langfristige Kapitalvermehrung. Die angesprochenen Prinzipien zur „ergebnisorientierten" unternehmerischen

[84] Schlüsselbegriff eines jeden Nachhaltigkeitsbegriffs sind die individuellen und kollektiven Hinterlassenschaften („*fair bequest package*"), wobei jener, aus dieser Perspektive, inhaltlich den Aufbau, den Erhalt und die Reproduktion von Kapitalbeständen umfasst; vgl. Döring & Ott 2001, S. 320.

[85] Ausführungen und Diskussionen zu Prinzipien von Nachhaltigkeit finden sich außerdem Fichter et al., 2006, S. 22.

Nachhaltigkeit bilden den konkreten Rahmen des angesprochenen Modells von Dyllick & Hockerts (2002). Das Modell, das eine Integration der angesprochenen Dimensionen und Prinzipien zur Handlungsleitung von Unternehmen ermöglichen soll, ist in Abbildung 13 dargestellt.

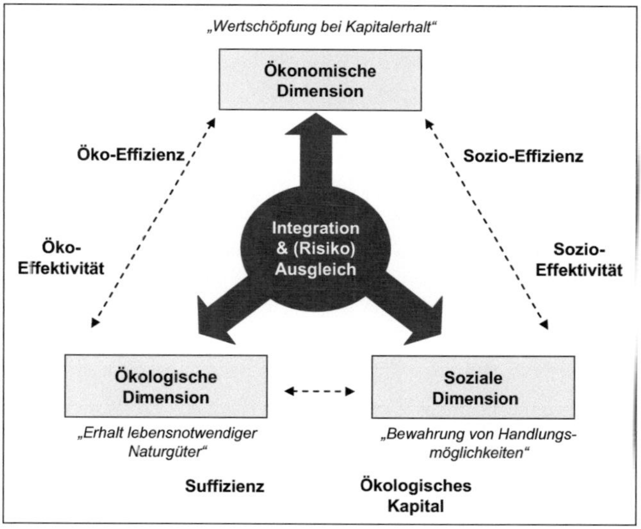

Abbildung 13: Gestaltungskonzept und Prinzipien des Modells der unternehmerischen Nachhaltigkeit
Quelle: Eigene Darstellung in Anlehnung an Dyllick & Hockerts (2002, S. 138)

Die Erreichung der dargestellten Ziele und die notwendigen Maßnahmen können auf unterschiedlichen Handlungsebenen, z.B. in der Gesellschaft, in Nutzungssystemen (Umwelt) oder in einzelnen Unternehmensbereichen[86], stattfinden (Gminder, 2005, S. 87-88). Konsequenterweise werden im vorliegenden Modell die drei relevanten Dimensionen als einzelne Fälle (*cases*) dargestellt. Es wird in den ökonomischen Fall, den ökologischen Fall und den gesellschaftlichen (sozialen) Fall unterschieden. Jeder der Fälle muss beachtet werden und stellt einen Imperativ zur Erreichung des jeweiligen Ziels dar. Dies bedeutet, dass man jedwede Dimension (hinsichtlich Zielerreichung, Nutzen) maximieren kann, solange auch die Ziele der

[86] Innerhalb der Unternehmen sind dabei vor allem die Unternehmensvision und –politik (*corporate governance*), die Unternehmensstrategien und die Organisation (Aufbau- und Ablauforganisation) bestimmend; vgl.: Fichter et al., 2006, S. 19-20.

anderen Dimension noch erreicht werden (*win-win-Situationen*) (Dyllick & Hockerts, 2002, S. 139).[87]

Wenn man die Fälle verbindet, ergeben sich spezifische Aspekte, die es zu beachten gilt. Mit Blick auf die ökonomische Dimension geben die *Öko- und Sozio-Effizienz* (Schaltegger & Sturm, 1995, S. 6) die jeweiligen (relativen) Verhältnisse von ökonomischer Wertschöpfung und a) ökologischer Schadschöpfung (Umweltbelastungen etc.) sowie b) sozialen Effekten wieder. Die für die Betrachtung des ökologischen Falls relevanten Aspekte sind die *Öko-Effektivität* und die *Suffizienz*. Die Öko-Effektivität stellt hier den Grad der absoluten Umweltverträglichkeit (als absoluter Leistungsindikator) von Unternehmensaktivitäten dar (Schaltegger & Petersen, 2000, S. 80), während die Suffizienz vor allem den bewussten und kritischen Umgang von z.B. Kunden mit den angebotenen Produkten beinhaltet und beispielsweise ein Bemühen um einen sinnvollen Ressourcenverbrauch betrifft. Die letzten beiden Aspekte, *Sozio-Effektivität* und *ökologisches Kapital*, beziehen sich auf den sozialen Fall. Wie auch die Öko-Effektivität, misst die Sozio-Effektivität dabei als absoluter Leistungsindikator die soziale Verträglichkeit des wirtschaftlichen Handelns. Der Aspekt des ökologischen Kapitals betrifft insbesondere die Nutzung von natürlichen Ressourcen durch die Gesellschaft in Abgleich mit ihren Auswirkungen auf die Verfügbarkeit dieser Ressourcen für kommende Generationen (Dyllick & Hockerts, 2002, S. 138).

Bei der Umsetzung des Modells sind ausdrücklich die Unternehmensprozesse bzw. eine adäquate prozessuale Strukturierung betroffen. Zum einen ist die Anpassung der organisatorischen Prozesse, wie z.B. die Funktionsorientierung sowie die Möglichkeit zur Verankerung neuer Ideen in der Unternehmenssteuerung (*corporate governance*), notwendig. Zum anderen spielen die Flexibilität und Offenheit des Unternehmens, also u.a. eine Life-Cycle-Orientierung und Dialog- und Kooperationsbereitschaft mit *stakeholdern* sowie eine grundsätzliche Wandlungsfähigkeit, eine wichtige Rolle. Im Rahmen der vorliegenden Untersuchung ist vor allem Untersuchung der Transparenzvoraussetzungen innerhalb von Unternehmen wichtig. Diese beziehen sich vor allem auf „effektive und angepasste" Controlling- und Kennzahlensysteme und Instrumente, um die Auswirkungen und Leistungen zu messen (Fichter et al., 2006, S. 25-28).

[87] In der ökonomischen Dimension z.B. kann sich das Unternehmen ökologischen und sozialen Anforderungen solange zuwenden und Nutzen stiften, solange der ökonomische Nutzen, als oberstes Ziel eines Unternehmens im vorgesehenen Sinne erreicht wird; vgl.: Gminder, 2005, S. 88.

2.4 Zusammenführung der Konzepte

Es kann festgestellt werden, dass konkrete normative Fundamente für die unternehmerische Nachhaltigkeit existieren, auch wenn der Begriff nicht abschließend formal definiert ist. Ihre Basis ist die nachhaltige Gesellschaftsentwicklung (*sustainable development*). Der umsetzungsbezogene Kern ist die Integration von ökonomischen, sozialen und ökologischen Anforderungen/ Thematiken (*concerns*) z.B. in die Führung von Unternehmen zur kurz- und langfristigen Leistungserstellung in allen drei Dimensionen. Das Konzept der unternehmerischen Nachhaltigkeit (Verantwortung) dient in diesem Kontext als Instrument zur Integration der sozialen und umweltrelevanten Themen in die Unternehmensaktivitäten und in die Interaktion mit den Stakeholdern auf operativer Ebene. Dieses Konzept ist daher als inhaltlich spezifischer und stakeholder-orientierter als die gesellschaftliche Nachhaltigkeit zu betrachten (Clarkson, 1995, S. 244; so auch Holmes & Watts, 2000; Dawkins & Lewis, 2003). Nachhaltige Entwicklung dient also als normatives Grundkonzept, unternehmerische Nachhaltigkeit als Unternehmenskonzept und Unternehmerische Verantwortung als Managementansatz (Steurer et al., 2005, S. 273-275).

Als Fazit können die unterschiedlichen Referenzpunkte der gesellschaftlichen und unternehmerischen Nachhaltigkeit folgendermaßen zusammengefasst werden (siehe Abbildung 14):

	Unternehmerische Nachhaltigkeit	Gesellschaftliche Nachhaltigkeit
Ziel	Optimierung unternehmerischer Ökoeffizienz und Sozioeffizienz	Beitrag zur Lösung von Nachhaltigkeitsproblemen der Gesellschaft
Ansatzpunkte für Maßnahmen	Tätigkeiten des Unternehmen und deren Nachhaltigkeitswirkungen (z.B. Nachhaltigkeitsaspekte der Prozesse und Produkte)	Nachhaltigkeitsprobleme der Gesellschaft (z.B. Klimaschutz, Energieeffizienz, Mobilität, Landwirtschaft und Tourismus)
Maßnahmen	Primär auf Unternehmensebene (operative und strategische Maßnahmen)	Primär auf übergeordneten Ebenen (transformative, ordnungspolitische Maßnahmen)

Abbildung 14: Unterschiedliche Ziele, Ansatzpunkte und Maßnahmen von unternehmerischer und gesellschaftlicher Nachhaltigkeit
Quelle: Eigene Darstellung in Anlehnung an Gminder (2005) und Dyllick & Hockerts (2002)

3. Private Equity-Controlling

Die in dieser Arbeit betrachteten Untersuchungsgegenstände Private Equity und Nachhaltigkeit sind wichtige Bestandteile der heutigen Gesellschaft bzw. Wirtschaft. Es zeichnet sich zudem ab, dass ihre Bedeutung noch zunehmen wird. Die Beschreibung einzelner Teilaspekte hat jedoch gezeigt, dass trotz intensiver wissenschaftlicher Bemühungen auf beiden Feldern eine konzeptionelle Integration der beiden Phänomene bisher nicht oder nur rudimentär statt gefunden hat. Eine Möglichkeit zur Integration bietet hier die Einbeziehung des Controllings.

Grundlegende Einstellungen und Wahrnehmungen wirtschaftlicher und gesellschaftlicher Akteure können als Indikator für die Relevanz dieser Themen herangezogen werden. Wie zu zeigen sein wird, bestimmen neben situativen Gegebenheiten vor allem Werte und Einstellungen der verantwortlichen Akteure die Ausgestaltung von Controllingsystemen (siehe hierzu Abschnitt C.4.2). Diese Grundannahmen wurden bereits in den leitenden Forschungsfragen dieser Arbeit aufgegriffen (Kapitel A.1.2). Demnach bietet sich das Thema des Controllings von Unternehmen, hier spezifisch das Controlling innerhalb von Private Equity-Transaktionen, als eine Möglichkeit zur Integration der beiden Themengebiete und zur Untersuchung der "Wahrnehmung der Nachhaltigkeit" durch Beteiligungsgesellschaften an.

In den folgenden Abschnitten sollen die Grundzüge des Controllingkonzeptes erläutert und eine Einführung in das Private Equity-Controlling gegeben werden. Den Abschluss bildet die Beschreibung des Ebenenmodells des Private Equity-Controllings.

3.1 Grundlagen des Controllings von Unternehmen

3.1.1 Controllingbegriffe und Konzeptionen

Bislang liegt keine allgemein akzeptierte Auffassung über den Gegenstand bzw. die Konzeption des Controllings vor (Hirsch, 2003, S. 249).[88] Ein wesentlicher Einwand, der bislang die Einführung einer allgemeinen Definition verhindert hat ist, dass grundsätzlich Unklarheit über die Funktion des Controllings besteht. Besonders schwierig scheint die (klare) Abgrenzung der Funktion des Controllings von ihrer organisationellen Einbindung zu sein (Küpper, 2005,

[88] Obwohl der Begriff „Controlling" stark an eine. angloamerikanische Redewendung erinnert, ist er doch ein rein deutscher Begriff und wird fast ausschließlich im deutschen Sprachraum gebraucht (Becker, 1999). Controlling kann vor allem hinsichtlich der damit umfassten Aufgaben, grundsätzlich mit dem englischen „Management Accounting" gleichgesetzt werden. Der wichtigste Unterschied ist jedoch, dass der Begriff im deutschen wie im englischen Sprachgebrauch wenig eindeutig verstanden wird und ausgeprägt ist; vgl.: Zühlke, 2007, S. 17; Becker & Messner, 2005, S. 421; Becker, 1999, S. 2.

S. 8). Auf Führungsbereiche und -handlungen[89] bezogen kann Controlling a) als Informationssystem[90] (im Sinne des traditionellen, internen Rechnungswesens), b) als Instrument für Planung, Steuerung und Kontrolle[91] und c) als Instrument zur Handhabung qualitativer Aspekte auf strategischer Ebene verstanden werden (Küpper, 2005, S. 14). Grundsätzlich ist Controlling damit eine „spezielle Führungs- und Managementfunktion, die von unterschiedlichen Aufgabenträgern – darunter auch, aber nicht nur von Controllern – vollzogen wird" (Weber & Schäffer, 2006, S. 1).

Aus dieser recht rudimentären Positionierung haben sich verschiedene Controlling-Konzeptionen entwickelt. Die Diskrepanzen lassen sich recht gut in der Entwicklung des Controllingbegriffs bzw. der Controlling-Konzeption erkennen. In den 1990er Jahren hatte sich in der Diskussion um die theoretischen Fundamente des Fachgebietes weitgehend eine koordinative Sicht auf das Controlling etabliert (Pietsch & Scherm, 2001, S. 207; Ossadnik, 2003, S. 32). Da diese Sichtweise jedoch nicht unumstritten war, entwickelten sich in der Folge verschiedene weitergehende Ansätze zum Verständnis und zur Konzeption des Controllings von Unternehmen. Im Folgenden sollen vor allem auf die beiden Konzeptionen von Weber & Schäffer (2001) und Küpper (1987, 2001) eingegangen werden.[92]

Rationalitätssicherungs-Konzeption nach Weber & Schäffer (2001): Weber & Schäffer (1999) definieren den Begriff „Controlling" als Entwicklung von effektiven und effizienten und damit kontextabhängigen Lösungsansätzen für bestimmte Führungsprobleme, die mit

[89] Führungshandlungen können hier als Handlungen verstanden werden, die von verantwortlichen Akteuren zur Steuerung eines Unternehmens entschieden und eingeleitet werden, vgl.: Weber, 2004, S. 68.

[90] Informationssysteme dienen vor allem der Übermittlung generierter und an anderer Stelle gebrauchter Daten und Datensets (Informationsübermittlung). In diesem Kontext sollen Informationen folgender Definition folgen: „[…] managerial accounting information […] reflect and promote rationality in decision maiking" (Covaleski, Dirsmith & Samuel, 1996, S. 6). Pläne und Kontrollen können nur dann effektiv und effizient durchgeführt werden, wenn die entsprechend benötigten der Plan- und Kontrollinformationen zum richtigen Zeitpunkt und in der richtigen Form dem Handlungsverantwortlichen vorliegen. Damit kommt einem passenden Informationssystem, das diese Aufgaben meistern kann, eine wichtige (Führungs-) Rolle zu, vgl.: Küpper, 2005, S. 127.

[91] Unter einem „Instrument" wird in diesem Kontext ein „Hilfsmittel oder Werkzeug, das der Erreichung eines bestimmten Ziels oder Zielbündels dient" verstanden, vgl.: Schaltegger, Herzig, Kleiber & Müller, 2002, S. 3).

[92] Nicht näher dargestellt werden sollen hier z.B. die Konzeptionen des Controllings als Informationsversorgung oder als Ergebniszielorientierung. Hierbei wird Controlling zum einen als Beschaffung, Aufbereitung und Koordination von Informationen verstanden, die zur „Steuerung der Betriebswirtschaft durch die Unternehmensleitung auf deren Ziel hin" (Heigl, 1989, S. 3) genutzt werden. Diese Konzeption des Controllings ist per se stark rechnungswesenslastig und damit technokratisch. Zum anderen wird das Controlling als Mittel zur erfolgszielbezogenen Steuerung bzw. zur konsequenten Ausrichtung eines Unternehmens auf die definierten Ziele gesehen. Problematisch ist hier vor allem, dass das Zielsystem eines Unternehmens vollständig auf die Gewinndimension zusammengeschrumpft wird und damit wichtige Teile des Gesamtkonstruktes „Unternehmen" auslässt, vgl.: Weber & Schäffer, 2006, S. 18-21.

rationalitätssichernden Maßnahmen vor allem an Fähigkeiten (Können) und der Bereitschaft (Wollen) der verantwortlichen Manager ansetzen (Schäffer & Weber, 2004, S. 2). Die Grundannahme dieser Konzeption ist, dass Akteure lediglich über begrenzte kognitive Fähigkeiten verfügen und eigenständigen Zielen folgen. Beide Annahmen sind konstituierend für die bereits angesprochenen „Könnens"- und „Wollens"-Beschränkungen, die letztlich auftretende Rationalitätsdefizite bestimmen (Schäffer, 2001, S. 84-85). Diese Beschränkungen lassen Handlungen notwendig werden, die die Wahrscheinlichkeit erhöhen, dass durch die „Realisierung von Führungshandlungen die antizipierten Zweck-Mittel-Beziehungen hergestellt werden" (Zühlke, 2005, S. 14). Dies führt nach Weber & Schäffer (2001) zur Sicherung der Rationalität der Handlungen in Unternehmen. Zu den sich ergebenden Aufgaben eines Controllers fallen vor allem die Bereitstellung von Fakten- und Methodenwissen und die Durchführung von Abweichungsanalysen. Dies bildet damit einen kritischen Gegenpart in der Willensbildung (Entscheidungsfindung) der Verantwortlichen und ermöglichst es, anstehende Entscheidungen durch Ideengebung und andere Anstöße weiterzuentwickeln (Weber, 2002, S. 40; Achleitner & Bassen, 2003, S. 5).

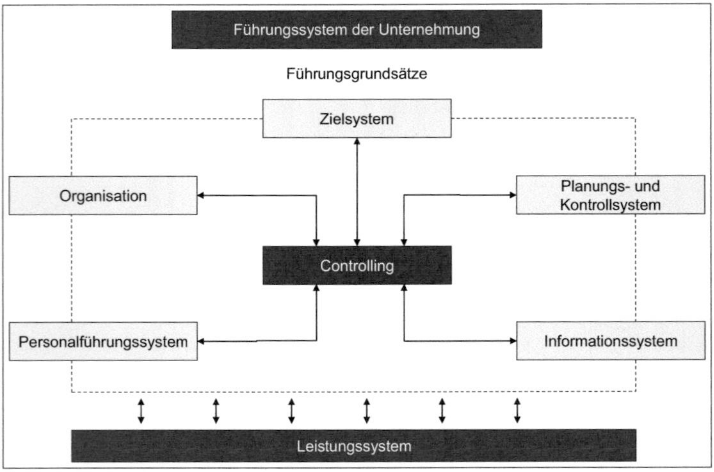

Abbildung 15: Controlling im Unternehmenskontext
Quelle: Eigene Darstellung in Anlehnung an Küpper (1987, S. 99) aus Weber & Schäffer (2006, S. 23)

Koordinations-Konzept nach Küpper (1987, 2001): Die koordinations-orientierte Auffassung sieht das Controlling als Balancierung der unterschiedlichen in einem Unternehmen relevanten Teilsysteme (Weber & Schäffer, 2006, S. 23; siehe hierzu Abbildung 15). Controlling kann dadurch als „funktionsübergreifendes Steuerungskonzept[93] mit der Aufgabe der ergebnisorientierten Koordination von Planung, Kontrolle und Informationsversorgung" (Horvath, 2000, S. 5) verstanden werden. Konkret geht dies auf einen systemischen Ansatz zurück, in dessen Verlauf das Führungssystem eines Unternehmens in a) Planungs- und Kontrollsysteme und b) Informationssysteme differenziert wird und so eine Koordinationsnotwendigkeit bedingt.[94] Diese Lücke wird hier durch das Controlling geschlossen (Ossadnik, 2003, S. 37-44).

Küpper (1987) erweiterte diese Konzeption. Da die Differenzierung seiner Ansicht nach nicht nur punktuell, sondern gesamtunternehmensbezogen aufgefasst werden sollte, müssen neben den Planungs-, Kontroll- und Informationssystemen, auch die anderen organisationsrelevanten System eines Unternehmens durch ein koordinierendes Controlling abgedeckt werden. Speziell werden darin weitere sich ergebende Abstimmungsprobleme innerhalb eines Unternehmens sowie die erforderlichen Anreizsetzungen (vor allem in der Personalpolitik) zur Durchsetzung adäquater Lösungen eingeschlossen (S. 82-116). Controlling dient damit der effizienten und effektiven, ganzheitlichen Führung und Steuerung eines Unternehmens. Problematisch ist hierbei anzusehen, dass durch die ganzheitliche Definition des Controllings ein sehr breites Aufgabenspektrum angesprochen wird. Vor allem in größeren Unternehmen ergibt sich bei einer derartigen Definition des Controllings eine hohe Komplexität. Ein Ausweg ist hier die Begrenzung der Koordinationsfunktion auf die besonders planungsintensiven Führungsbereiche. Controlling wirkt zwar weiterhin auf eine breite Spanne von Teilsystemen eines Unternehmens, beschränkt sich dadurch aber auf die planungsrelevanten inhaltlichen Aspekte (Weber, 1992, S.176), und erfährt eine Reduktion des Koordinationsbedarfs und so eine Komplexitätsverringerung (Weber & Schäffer, 2006, S. 23).

Trotz vielfältig geäußerter Kritik wird Controlling im weiteren Verlauf dieser Arbeit vor allem als Koordinationsfunktion verstanden. Hier wird der Begründung von Jais (2003, S. 32)

---

[93] Unter einem Konzept sollen hier verschiedene „aufeinander abgestimmte Instrumente zur Erreichung eines bestimmten Ziels oder Zielbündels" verstanden werden. Konzepte integrieren und koordinieren dadurch den Einsatz und die Verwendung verschiedener Instrumente, vgl.: Schaltegger et al., 2002, S. 3.

[94] Koordination wird aufgrund von (bestehenden oder sich ergebenden) Ziel- und Interessensdivergenzen von und zwischen Akteuren eines Unternehmens notwendig. Koordination kann definiert werden als „Abstimmung und Harmonisierung von Handlungen der Organisationsmitglieder [sowie die] Ausrichtung arbeitsteilig gebildeter Stellen im Hinblick auf Ziele und Zwecke der Organisation" (Staehle, 1999, S. 555). Fremde Einwirkungen oder Selbstkontrolle können Koordination ermöglichen. Im Mittelpunkt der Koordination steht jedoch immer die Kontrolle. Edwards (1979) nennt hierzu verschiedene Kontrollkonzepte: einfache, direkte Kontrolle, technische Kontrolle (z.B. Taktierung) und bürokratische Kontrolle (z.B. Vorgaben, Regeln und Programme), vgl.: Staehle, 1999, S. 555-557.

gefolgt, der ausführt, dass die Koordinationsfunktion vor allem vor dem Hintergrund der Wert- bzw. Exit-Orientierung von Beteiligungsgesellschaften an Relevanz gewinnt. Zudem sind, wie bereits in Abschnitt B.1 ausgeführt, vor allem die Unterstützungsleistungen der Investoren ein wesentlicher Teil der wertstiftenden Natur von privatem Beteiligungskapital. Damit adäquate Unterstützungsleistungen erfolgreich angewendet werden können, benötigen Investoren Informationen[95] darüber, welche Problemfelder in welcher Weise angegangen werden müssten (Möller, 2002, S. 98). Diese werden durch das Controlling zur Verfügung gestellt. Damit erhält es die gerade angesprochene, koordinative Rolle.

Abschließend wird festgehalten, dass Controlling (*management accoutning*) in dieser Untersuchung als ein Bündel von Mechanismen und Instrumenten verstanden wird, die a) zur Präsentation von unternehmensbezogenen Informationen und b) zur Bereitstellung von Informationen zur (internen) Entscheidungsfindung dienen. Die Ausgestaltung ist dabei vor allem durch die Unternehmensumwelt, die Unternehmensstrategie und die Charakteristika der Organisation sowie ihrer Akteure bestimmt (Schweikart, 1992, S. 472).

3.1.2 Theoretische und praktische Gründe für das Aufkommen von Kontroll-Systemen und –Instrumenten

Für die meisten Gebiete der Betriebswirtschaftslehre gilt, dass neue Erkenntnisse und Fortschritte vor allem durch die Verbindung von Theorie und Praxis entstehen.[96] Im Folgenden soll daher ein kurzer Einblick in die theoretischen und praktischen Gründe der Relevanz des Controllings für Unternehmen gegeben werden.

---

[95] Information (lat.: *informare* „eine Form geben“) wird im “menschlichen” Kontext als ein Wissen, also eine Art Ergebnis eines Erfahrungsprozesses, verstanden, dem situativ eine Bedeutung und damit eine Geltung zugeordnet wird. Wittmann (1959) spricht in diesem Zusammenhang auch von zweckorientiertem Wissen. Dieses (person- und zeitabhängige) Wissen reduziert/ eliminiert durch seine Berücksichtigung bestehende Unsicherheiten. Durch ihre Natur ist Informationen eine Veränderungstendenz innerhalb des spezifischen Systems immanent, vgl.: Wittmann, 1959, S. 14.

[96] Es kann unterschieden werden, ob ein Problem bzw. Forschungsgebiet eher praktisch oder theoretisch begründet ist. Die Gebiete werden durch real- oder formaltheoretische Aussagensysteme im jeweiligen Forschungsfeld abgetragen und bearbeitet. Die *realtheoretischen Aussagensysteme* stellen Abbilder der Realität durch Beobachtungen und Annahmen und deren Formulierung in Hypothesen dar. Werden Zusammenhänge erkannt, so ermöglichen diese die wissenschaftliche Erklärung von beobachtbaren und beobachteten Phänomenen, welche wiederum z.B. für Prognosezwecke im dem entsprechenden Gebiet verwendet werden können. *Formaltheoretische Aussagensysteme* bilden beobachtete Phänomene in mathematischen Modellen ab. Hier wird oft bewusst Abstand von der eigentlichen Realität genommen, da zu Vereinfachungszwecken häufig komplexe Phänomene in Funktionen abstrahiert werden. Damit erheben die mathematischen Modelle keinen Anspruch darauf, konkret strukturähnliche Abbildungen der Realität vorzunehmen. Es ist hinzuzufügen, dass im Bereich des Controlling beide Arten von Aussagensystemen eine große Rolle spielen; vgl.: Küpper, 2005, S. 50-51.

Vor dem Hintergrund der in Abschnitt B.3.1.1 dargestellten koordinations-orientierten Controlling-Konzeption unterstreicht Küpper (2005), dass Interdependenzen[97] den zentralen Gegenstand einer Theorie des Controllings dar[stellen]" (S. 51). Durch Zerlegung der Handlungsfelder wird bewirkt, dass sich die ergebenen Teile z.T. gegenseitig bedingen und damit nicht unabhängig von einander sind. Besondere Bedeutung haben a) Sachinterdependenzen[98] (Wiedergabe technischer und wirtschaftlicher Beziehungen) und b) Verhaltensinterdependenzen (Wiedergabe des Verhaltens von Personen und dessen Wirkung auf das Verhalten von anderen Personen bzw. die Erwartungen über die gegenseitigen Abhängigkeiten) (S. 52). Das Controlling als Koordinationsinstanz versucht nun über die Aufstellung und Formulierung, die Wahl und den Einsatz geeigneter Instrumente a) diese Interdependenzen (auf ihre Zusammenhänge und Konsequenzen hin) zu analysieren und b) adäquate Handlungsanweisungen abzuleiten (Cordes, 1976, S. 18-25; Laux & Liermann, 1997, S. 195-201).

Da die Mitarbeiter in einem Unternehmen heutzutage die zentralen Produktionsfaktoren sind, gewinnt vor allem die Erklärung von Verhaltensinterdependenzen an Relevanz. Unternehmen bestehen aus Mitarbeitern, die nicht isoliert von anderen handeln, sondern sich in ihren Handlungen gegenseitig beeinflussen. Um mögliche, sich daraus ergebende Konflikte (durch z.B. Delegation oder Dezentralisierung) und dadurch bedingte Ineffizienzen (z.B. Ressort-/ Informationsegoismus, Gruppenbildung, Manipulation, Fehlbeurteilung oder Suboptimierung) innerhalb des Unternehmens zu vermeiden, müssen Informationen und Instrumente bereitgestellt werden, die in der Lage sind z.B. Interessenskonflikte oder Informationsasymmetrien zu lösen bzw. zu vermeiden. Während bei Sachinterdependenzen die Kontrolltheorie die theoretische Basis für die Betrachtung bot, wird diese hier vor allem a) von verhaltenswissenschaftlichen (*behavioral accounting*)[99] und b) agency-theoretischen Ansätzen[100] gebildet (Küpper,

[97] Interdependenzen entstehen, wenn mindestens zwei Tatbestände sich gegenseitig beeinflussen. Definiert werden kann eine Interdependenz als eine Aufteilung von Aufgaben, die gemeinsam und einvernehmlich beschlossen wurde, und dadurch entsprechende Verantwortungsbereiche erzeugt und Dependenz und Interdependenz zwischen diesen Bereichen in Hinsicht auf die Gesamtaufgabe bewirkt, vgl.: Watzlawick, 1976, S. 30f.

[98] Zur Analyse und Bearbeitung von Sachinterdependenzen werden vor allem Optimierungs- und Simulationsmodelle herangezogen. Diese dienen a) der Formulierung von Wissen bzw. Vorstellung über die betrachteten Interpendenzen, b) der Analyse dieser und c) der Bereitstellung von passenden Mess- und Maßgrößen zur Koordination der Planung durch Entscheidungen in den relevanten Bereichen. Die Modelle basieren häufig auf der theoretischen Grundlage der Kontrolltheorie (siehe für einen Überblick Feichtinger & Hartl, 1986), vgl.: Rieper, 1992, S. 37; Küpper, 1987, S. 243-251.

[99] Der Begriff des „*behavioral accounting*" wurde durch Bruns & De Coster (1969) eingeführt. Der Ansatz verzichtet auf die Aufstellung von Modellen und den dazu nötigen Annahmen, und wendet sich der eigentlichen Informationserfassung und –verarbeitung durch den Menschen sowie den Wirkungen der Controllingkonzepte zu. Ausführlicher hierzu vgl. Weber & Schäffer, 2006, S. 26-27.

2005, S. 65-66). Die agency-theoretischen Ansätze fokussieren Probleme, die sich mit unbekannten oder versteckten Eigenschaften der Vertragspartner (*hidden characteristics*), wegen ungleich verteilter Informationen zwischen den Vertragspartnern (*hidden information*) oder durch nicht-beobachtbare Leistungen und Handlungen der Personen (*hidden action*) ergeben (Weißenberger, 1997, S. 148). Das Controlling versucht, den sich auftuenden Problemen durch die Gestaltung von Führungssystemen zu begegnen. Durch die Betrachtung von Planung und Kontrolle sowie den Informationssystemen müssen die Führungsteilsysteme und die auftretenden Agency-Konflikte analysiert werden. Diese sind: das Planungssystem (Nutzendeterminanten, Dezentralisierung), das Kontrollsystem (Ergebnis- und Verhaltenskontrolle), das Informationssystem (Informationsasymmetrien), das Personalführungssystem (Motivation, Risikoverteilung) und die Organisation (Steuerung der Mitarbeiter-Beziehungen und Aufbau- und Ablauforganisation) (Küpper, 2005, S. 76-78; siehe hier zu Abbildung 15).

Neben den rein aus der Theorie abgeleiteten Gründen der Notwendigkeit der Kontrolle von Unternehmen kann die Relevanz der umfassenden Instrumente und Systeme vor allem aus einem praktischen Problemdruck heraus begründet werden. Insbesondere zunehmende Unternehmensgrößen, eine erhöhte Komplexität der Organisationen und steigender Kosten- und Wettbewerbsdruck bedingen, dass herkömmliche betriebswirtschaftliche Systeme und Instrumente zur Handhabung der sich stellenden Probleme nicht mehr ausreichen. Die im Controlling enthaltenen Instrumente und Systeme können Verantwortlichen dabei helfen ihre Unternehmen in einer immer komplexer werdenden Umwelt richtig zu steuern (*Komplexitätsbewältigung*) (Kieser & Walgenbach, 2003, S. 59).

Unabhängig von der Art der Begründung stiftet das Controlling Nutzen, indem es Informationen generiert. Information ist hierbei vor allem Wissen, dass von Managern gebraucht wird, um anstehende Führungsentscheidungen zu treffen und Handlungen auszulösen (Weber,

[100] Die Agency-Theorie ist neben der Transaktionskostentheorie und der Theorie der Verfügungsrechte (*property-rights theory*) ein Teilgebiet der Neuen Institutionenökonomie (begründet vor allem von Ronald Coase (1937), wobei ein weiter Teil bereits Anklänge in der "*Herr-Knecht"-Dialektik* von Hegel gefunden hat). Agency-Probleme treten dann auf, wenn Aufgaben und Macht zwischen einem Verantwortlichen und einem Weisungsempfänger verteilt sind, innerhalb derer der erste beauftragt und der zweit leistet. Ziel der Agency-Theorie ist es, das Handeln von Menschen in einem hierarischem Gefüge zu analysieren und zu prognostizieren. Für einen umfassenden Überblick über die Agency- bzw. Principal-Agent-Theorie wird an dieser Stelle auf die Arbeiten von Neus (1989), Jensen & Meckling (1976), Holmström (1979) sowie Watts & Zimmermann (1986) verwiesen; vgl.: Eisenhardt, 1989, S. 58-60.

2004, S. 272f.).[101] Es kann in diesem Kontext zwischen drei Arten der Informationsnutzung unterscheiden werden (Pelz, 1978, S. 349-355; Weber, 2004, S. 114f.):

- instrumentelle Nutzung (unmittelbare Nutzung zur Entscheidungsfindung nach Generierung der Information);
- konzeptionelle Nutzung (Informationen lösen Veränderung von Denk- und Handlungsmustern aus);
- symbolische Nutzung (beispielsweise ex-post Verwendung von Wissen zur Rechtfertigung spezifischer Entscheidungen des Management.

Die verschiedenartigen Gründe und Notwendigkeiten, die das Controlling bedingen, haben zur Entwicklung vieler Spielarten des Controllings geführt. Auf aggregierter Ebene können diese in Steuercontrolling, Finanzcontrolling und Management-Controlling unterteilt werden (Jordan, 1989, S. 140). Alle dienen grundsätzlich drei distinkten Führungszielen: a) Sicherung der Antizipations- und Adaptionsfähigkeit (Anpassung an aktuelle und zukünftige Umweltveränderungen), b) Sicherung der Reaktionsfähigkeit (Wahl und Einsatz geeigneter Instrumente) und c) Sicherung der Koordinationsfähigkeit (Abstimmung der Führungssysteme) (Horváth, 2000, S. 151).

3.1.3 Planung und Kontrolle

Unternehmerische Planung und Kontrolle sowie Entscheidungen und die damit verbundenen Systeme (Planungs-, Kontroll- und Entscheidungssysteme) sind die fundamentalen Grundlagen für die Erklärung des Verhaltens des Managements eines Unternehmens.[102] Da insbesondere das Controlling als Koordinationsmittel auf diesen Grundlagen fußt (Staehle, 1999, S. 518) sollen beide im Folgenden kurz beschrieben und abgegrenzt werden.

Der Begriff der "**Entscheidung**" kann in zweierlei Hinsicht definiert werden. Zum einen stellt eine Entscheidung einen Entschluss, also die Wahl einer Handlung aus einer Menge möglicher Alternativen, dar. Zum anderen kann eine Entscheidung aber auch einen Prozess von Entscheidungsakten über einen längeren Zeitraum umfassen. Über den Prozess des Entschei-

---

[101] Möller (2002) führt hierzu an, das die Auswahl von Informationen ein bedeutendes Problem der Steuerung von Unternehmen darstellt, sich hieraus aber auch das Gestaltungspotential von Controllingansätzen ergibt; vgl.: Möller, 2002, S. 97.

[102] Von den genannten Begriffen ist die Steuerung abzugrenzen. Die Steuerung bezieht sich lediglich auf die Bereitstellung von Informationen zur Beeinflussung des Verhaltens der Handlungs- und Entscheidungsträger, die der Durch- und Umsetzung der Entscheidungen final dienen sollen, vgl.: Koch, 1994, S. 15-20.

dens wurden bisher verschiedenste Theorien und Konzepte aufgestellt,[103] von denen sich jedoch bisher keines endgültig durchsetzen konnte. Das Ziel von Entscheidungen ist die Reduktion der bestehenden wahrgenommenen Umweltkomplexität, indem sich der Entscheidungsakt aktiv und definitiv auf eine Handlungsalternative festlegt und andere Handlungsalternativen (für diesen Zeitpunkt) ausgeschlossen werden (Staehle, 1999, S. 534).[104]

In Bezug auf Entscheidungen stellen "Planung" und "Kontrolle" die vorgelagerten resp. nachgelagerten Phasen dar. **Planung** wird als die Betrachtung der vorweggenommenen Konsequenzen bestimmter Handlungen unter Unsicherheit (bei unvollkommener Information) verstanden. Dies dient speziell der Unterstützung der richtigen Zielausrichtung der Organisationsaktivitäten. Die abgeleiteten Ziele werden meist durch Soll-Vorgaben aus der Planung kommunizierbar gemacht (Staehle, 1999, S. 539). Die **Kontrolle** ist dementsprechend der Vergleich einer zu prüfenden Größe mit den in der Planung generierten Soll-Vorgaben (oft auch Maßstabs- oder Normgrößen).[105] Die Kontrolle bildet damit das Fundament „für die Einleitung von Anpassungsmaßnahmen und von neuen Entscheidungen, durch welche unerwünschte Abweichungen zwischen den miteinander verglichenen Größen behoben oder zukünftig vermieden werden sollen“ (Küpper, 2005, S. 132).

Sowohl Planung als auch Kontrolle (und damit das Controlling an sich) dienen grundsätzlich drei Funktionen (Staehle, 1999, S. 539; Jais, 2003, S. 41-53; Mellemvik, Monsen & Olson, 1988):[106]

- *Informationsfunktion* (Prognose und Unsicherheitsreduktion),

---

[103] Einige prominente Theorien sind z.B. Theorie der rationalen Wahl, Theorie der begrenzt-rationalen Wahl (*bounded rationality*), Modell des Inkrementalismus, Konflikt-Modell der Entscheidung, Politik-Modell der Entscheidung, Modell der organisierten Anarchie, vgl.: Maruschke, 2005, S. 9-17.

[104] Die Unsicherheit der Entscheidungssituation kann zwischen wohldefinierten und schlecht-definierten Situationen unterschieden werden. Abhängig von dem Unsicherheitsgrad der Situation trifft der Entscheidende dann reine Routineentscheidungen bzw. adaptive Entscheidungen oder muss aufgrund der hohen Unsicherheit auf innovative Handlungsalternativen ausweichen; vgl.: Staehle, 1999, S. 534.

[105] Hinsichtlich der Kontrolle durch die Betrachtung von Soll-Vorgaben können folgende Spielarten unterschieden werden: Soll-Basis-Vergleich (Überprüfung des Prämissenfortschritts); Soll-Wird-Vergleich (Überprüfung der Planentwicklung); Soll-Ist-Vergleich (Überprüfung der eigentlichen Ergebnisse), vgl.: Prester, 2000, S. 153.

[106] Neben diesen Funktionen führt Macharzina (1995) vier weitere Funktionen an: 1) Beobachtungsfunktion, 2) Abbildungsfunktion, 3) Beurteilungsfunktion, 4) Präventivfunktion. Schäffer & Eckey (2004) erweitern diese Liste weiter. Neben den angesprochenen Funktionen dient die Kontrolle bzw. das Controlling weiterhin der Gewinnung von Erkenntnissen und erfüllt dadurch eine Lernfunktion. Achleitner & Bassen (2002) unterscheiden weiterhin auch explizit eine „Planungsfunktion“, die die Zielbildung, Problemfeststellung, Problemanalyse und Alternativenbewertung umfasst, vgl.: z.B. Achleitner & Bassen, 2002, S. 41; zudem vgl.: Macharzina, 1995, S. 356.

- *Koordinationsfunktion* (Handlungen zur Steuerung und Abstimmung des organisatorischen Handelns; erfolgt durch Systembildung und Systemkopplung (Achleitner & Bassen, 2002, S. 49-52); sind, vor allem bei größeren Unternehmen, durch hohen Kommunikationsaufwand geprägt; Schäffer & Eckey (2004, S. 534) sprechen in diesem Kontext detaillierend auch von einer Durchsetzungsfunktion des Controllings),[107]
- *Kontrollfunktion* (umfasst vor allem die kontinuierliche Überachtung bzw. Anpassung aller organisatorischer Handlungen und Aktivitäten in Abstimmung mit zuvor aufgestellten Plänen und Standards (Khandwalla, 1975, S. 144); kann als funktionales Gegenstück zur Planung gesehen werden (Achleitner & Bassen, 2002, S. 41)).

Zur Durchführung der Kontrolle werden **Kontrollsysteme** eingesetzt. Marquet-Pondeville (2000, S. 2) differenziert unter Rückgriff auf die Typologie von Simons (1995) vier verschiedene Kontrollsysteme. Neben den Grenzen eines Unternehmens (*boundary system*), interaktiven Kontrollsystemen (zur Mitarbeitersteuerung) und diagnostischen Kontrollsystemen (Informationssystemen zur Generierung von Informationen) wird hier die Wichtigkeit von Glauben- bzw. Überzeugungssystemen (*belief systems*) hervorgehoben.[108] Diese Systeme dienen der Kontrolle, da die Verantwortlichen ihre Überzeugungen nutzen, um die die Werte, Ziele und Richtung des Unternehmens zu beeinflussen. Häufig geschieht dies z.B. über Statements zur Unternehmensvision. Demnach bedeutet dies, dass die persönlichen Wahrnehmungen und Prioritäten der Verantwortlichen (Manager) die Art und Weise der Kontrolle bzw. die dazu eingesetzten Systeme stark prägen.

3.2 Controlling im Private Equity-Beteiligungsprozess

Der Einbruch des Beteiligungsmarktes zu Anfang des neuen Jahrhunderts hat viele Anleger verprellt, die große Summen in den privaten Beteiligungsmarkt investiert hatten,. Obwohl Komplettausfälle nur stellenweise aufgetreten sind, haben sie die grundsätzlichen Ressentiments der Kapitalgeber gegenüber dem Private Equity-Geschäftsmodell (z.B. hohe Illiquidität) bestärkt. Ein wichtiger, oft angesprochener Kritikpunkt ist die geringe Transparenz über

[107] Die Koordination durch Planung und Kontrolle kann auf horizontaler sowie auf vertikaler Ebene stattfinden. Auf der horizontalen Ebene werden vor allem die funktionalen Teilbereiche eines Unternehmens fokussiert. Besonders wichtig sind hier kosten-/ input-orientierte, marktpreis-/ output-orientierte und gewinn-/ knappheitsorientierte Abstimmungen. Aus vertikaler Sicht werden spezifisch einzelnen, hierarchisch-strukturierte Managementebenen über verschiedenen Arten der Planung und Kontrolle koordiniert; vgl.: Gaitanides, 1983, S. 235-242; Kreikebaum, 1987, S. 121.

[108] Die Kategorisierung von Merchant (1997) spricht in diesem Zusammenhang von den kulturellen Systemen (*cultural systems*).

die Leistungen und Kosten der Beteiligungsgesellschaften. Dieser Umstand hat dazu geführt, dass sich z.B. die Branchenverbände diesem Thema zugewandt haben. So entwickelte z.B. die *European Private Equity & Venture Capital Association* (EVCA) Richtlinien zur Kapitalakquise (*fundraising*), zu den Methoden der Unternehmensbewertung und Performance-Dokumentation sowie zur Fondsberichterstattung. Diese Entwicklungen haben u.a. dazu geführt, dass in den letzten Jahren dem lang vernachlässigten Thema des Controllings innerhalb von Beteiligungsgesellschaften sowie des Controllings der gehaltenen Beteiligungen eine gesteigerte Aufmerksamkeit in Wissenschaft und Praxis geschenkt wurde (Schenk, 2004, S. 154).

Es muss angemerkt werden, dass es nicht der Anspruch dieser Arbeit ist, ein abschließendes Controlling-Konzept auszuarbeiten, das alle Aspekte, Instrumente und potenziellen Probleme erläutert. Vielmehr soll ein Überblick über die das grundlegende Zusammenhänge und wichtige Charakteristika gegeben werden, damit die im empirischen Teil abgefragten Instrumente und die sich ergebenden Implikationen in den richtigen Kontext eingeordnet werden können.

3.2.1 Konzeption des (industriellen) Beteiligungscontrollings

Die zunehmende Internationalisierung und Verquickung von Unternehmen hat in den 90er Jahren dazu geführt, dass Controlling nicht nur als eine Einheitsaufgabe von Konzernmüttern betrachtet wurde (Littkemann, 2004, S. 12). Da Unternehmen zunehmend auf verschiedenen Märkten und mit verschiedenen Tochtergesellschaften agieren, hat sich gezeigt, dass ein einheitliches und vom Mutterkonzern gesteuertes Controlling unnötige Ineffizienzen in der Konzernsteuerung mit sich bringt. Diese Konstellation hat vor allem vor dem Hintergrund des sich immer stärker etablierenden Themas des Wertmanagements[109] in Unternehmen höhere Brisanz gewonnen. Somit wurde in diesem Kontext dem Thema des Controllings von Beteiligungen gesteigerte Aufmerksamkeit geschenkt. (Horváth, 1996, S. 82-94). Eine Übersicht zum aktuellen Stand der Forschung gibt die Arbeit von Schumacher (2005).

[109] Unter Wertmanagement kann ein Management-Ansatz verstanden werden, der die Veränderungen des Unternehmenswertes hinsichtlich seiner Quellen und seines Umfangs erfasst und zur Entscheidungsfindung dient (Bleicher, 1995). Wertmanagement meint in diesem Zusammenhang vor allem die Abkehr von der reinen Verwaltung von Anlagegütern und Beteiligungen, hin zu der aktiven Verwaltung und Steuerung dieser Vermögenswerte; vgl.: Borchers, 2006, S. 234.

3.2.1.1 Abgrenzung des (industriellen) Beteiligungscontrollingbegriffs

Zum Begriff des (industriellen) Beteiligungscontrollings existiert bisher eine Vielzahl von Definitionsansätzen.[110] Nach Definition von Borchers (2005) ist Beteiligungscontrolling *„ein funktionsübergreifendes, integriertes Teilsystem des Controlling mit konsequenter Ausrichtung der Führungsebenen auf die entscheidungsrelevanten Parameter zur Planung und Kontrolle sämtlicher Beteiligungen unter Berücksichtigung alternativer Kooperationsformen“* (S. 237). Bezeichnend ist, dass das Beteiligungscontrolling sich mit der Steuerung von gesamten Unternehmen beschäftigt, die mit einem Industriekonzern bzw. Unternehmen verbunden sind (oder gehalten werden).[111] Dabei finden die Controllingaktivitäten jedoch ausschließlich auf „Mutterseite“ statt und umfassen nicht das Controlling innerhalb der gehaltenen (Tochter-) Unternehmen! Nicht zu verwechseln ist das Beteiligungscontrolling allerdings mit dem Beteiligungsmanagement. Das „klassische“ Controlling dagegen beschäftigt sich „mit der Steuerung einzelner Betriebe oder Betriebsstätten“ (Littkemann, 2004, S. 12).

Die Unterscheidung eines spezifischen (industriellen) Beteiligungscontrollings vom Unternehmens-Controlling kann an den Unterschieden zwischen der Kontrolle von Unternehmenseinheiten und rechtliche selbstständigen Einheit festgemacht werden. Bestimmend sind die besonderen betriebswirtschaftlichen und juristischen Grundzüge rechtlich selbständiger Einheiten. Anders als die z.T. als Profit- oder Cost-Center geführten Unternehmensteile im „klassischen“ Controlling sind Beteiligungen aufgrund § 76 AktG grundsätzlich eigenverantwortlich. Da das Einfluss- und Steuerungspotential durch die Anteils- und Stimmrechtsstruktur bedingt ist, sind die Einflussmöglichkeiten der Mutter limitiert, d.h. sie liegen generell unterhalb der Möglichkeiten in einem Einheitsunternehmen. Daraus folgt, dass das Controlling von Beteiligungen durch seine spezifische Natur eine weitaus höhere Komplexität aufweist als das klassische Controlling (Borchers, 2006, S. 234-235).

[110] Für eine Übersicht verschiedener Definitionen des Begriffs „Beteiligungscontrolling“ sowie eine Gegenüberstellung unterschiedlicher Definitionen von „Konzerncontrolling“ siehe Littkemann, 2004, S. 9.

[111] Littkemann (2004) differenziert weiterhin zwischen Beteiligungscontrolling im engeren und im weiteren Sinne. Im engeren Sinne umfasst die Definition die oben angesprochene Steuerung ganzer, selbstständiger Unternehmen. Im weiteren Sinne wird darunter „neben der Steuerung rechtlich selbstständiger Tochtergesellschaften auch die Steuerung aller anderen juristisch nicht erfassten, real existierenden Formen der Unternehmensverbindung, wie z.B. Joint Ventures, Gemeinschaftsunternehmen und strategische Allianzen […]“ (S. 13) verstanden; vgl.: Littkemann, 2004, S. 13.

3.2.1.2 Ziele und Funktionen des Beteiligungscontrollings

Trotz aller Unterschiede ähnelt das Zielsystem des Beteiligungscontrollings dem des klassischen Controlling, da es vor allem auf die Gestaltung und Unterstützung der Unternehmenspolitik durch die Bereitstellung notwendiger Informationen, Analysen und Entscheidungshilfen abzielt (Kleinschnittger, 1993, S. 37). Es trägt damit zur langfristige Erfolgssicherung der beteiligten Unternehmen bei. So erhält das Beteiligungscontrolling ein komplexes, mehrdimensionales Zielsystem (Littkemann, 2004, S. 50).

Im Zentrum der Aktivitäten stehen die Informationsfunktion, die Planungs- und Kontrollfunktion sowie die Integrations- und Kontrollfunktion (siehe Abschnitt B.3.1.3). Vor allem in der Planaufstellung und Kontrolle besteht hier eine klare Zukunftsorientierung. Da bei einer Unternehmensbeteiligung weniger auf eine streng operative Betrachtung und Beeinflussung abgestellt wird, sondern vielmehr auf das (langfristige) Erreichen von gesteckten (Beteiligungs-) Zielen, sind die vorher definierten *„milestones"* weit wichtiger als vergangenheitsorientierte Ergebnisse und ihre Analyse. Das Beteiligungscontrolling erfüllt daneben eine wichtige Beratungs- und Servicefunktion, die als solche nicht zum Aufgabenspektrum des „klassischen" Controllings gehört. Hier bei geht es vor allem um die Einbringung und Einbindung von spezifischem Know-how der Mutterunternehmung in das (Tocher-) Unternehmen (Borchers, 2006, S. 243-244).

Die Ausgestaltung des Beteiligungscontrollings ist grundsätzlich situativ an die Bedürfnisse des Mutterunternehmens sowie an die Natur der Beteiligungen angepasst. Wie noch in Abschnitt C.4.2 zu sehen sein wird, wird die Gestalt des Controllingkonzeptes auf konzernspezifischer bzw. beteiligungsspezifischer Seite durch unternehmensinterne wie externe Faktoren determiniert (Borchers, 2000, S. 60-65). Neben Bestimmungsgrößen wie der Unternehmensgröße (z.B. Elmore, 1990, S. 76-82), der Unternehmensumwelt (Das, 1986, S. 224-229),[112] der Organisationsstruktur des Mutterunternehmens (Bruns & Waterhouse, 1975, S. 197-201) sowie dem Wettbewerb (Khandwalla, 1972) ist hier vor allem die Natur und das Verhalten der Verantwortlichen für die situative Gestaltung der Controllingsysteme bestimmend. Zusätzlich spielt die Beteiligungsphase eine zentrale Rolle. Unterschieden wird gängigerweise zwischen Akquisitions-, Beteiligungs- und Desinvestitionsphase (vgl. hierzu auch die Ausfüh-

[112] Hierzu gehören Umweltdefinitionen bezüglich des ökonomische, politisch-rechtlichen, technologischen, sozio-kulturellen und länderspezifischen Systems eines Unternehmens; vgl. Borchers, 2006, S. 239.

rungen in Kapitel B.1). Während in der Akquisitions- und Deinvestitionsphase vor allem Planungen und Analysen zur Suche, Beurteilung und Preisfindung der Beteiligung im Vordergrund stehen, stellt die Beteiligungsphase auf die Integration des erworbenen Unternehmen in den Konzern bzw. die Realisation der erwarteten Effekt des Erwerbs (*mergers*) ab (Borchers, 2006, S. 241).

3.2.2 Grundlagen des Private Equity-Controllings

Der Begriff des „Private Equity-Controllings" wurde bisher weder in der Praxis noch in der Theorie ausreichend definiert (Jais, 2003, S. 32). Verschiedene Arbeiten haben sich jedoch spezifisch mit dem Controlling in Venture Capital- bzw. Buyout-Transaktionen beschäftigt.

Prester (2000) zum Beispiel definiert das Venture Capital-Controlling als *„gesamtzielorientierte unternehmens- oder projektbezogene Erfüllung von Führungsaufgaben, soweit sie durch systemgestützte Koordination von Informationsbereitstellung, Planung und Kontrollen erreicht werden kann"* (S. 138). Diese Definition unterscheidet spezifisch hinsichtlich des Unternehmens- und des Projektbezuges. Der Unternehmensbezug ergibt sich aus der Notwendigkeit der Steuerung und des Engagements in einzelnen Portfoliounternehmen, da der Erfolg der Beteiligungsgesellschaften grundsätzlich mit der Fähigkeit der Investoren zusammenhängt, diese a) richtig auszusuchen und b) ihnen die richtigen Impulse bzw. Unterstützung zukommen zu lassen. Der Projektbezug resultiert aus den individuellen Anforderungen jedes einzelnen Portfoliounternehmens.

Jais (2003) definiert das Controlling in Spätphasen-/ Buyout-Transaktionen in Anlehnung an die Definition des Beteiligungscontrollingbegriffs ähnlich. Nach seinen Ausführungen ist Buyout-Controlling *„die koordinierte Ausgestaltung von Planungs-, Informationsversorgungs- und Kontrollinstrumenten, die den Beteiligungsmanager bei der wert- und ausstiegsorientierten Steuerung einer Buyout-Transaktion unterstützten"* (S. 32). Hier werden die zentralen, bereits im vorangegangenen Abschnitt angesprochenen Merkmale der (geschäftsmodell-immanenten) Antizipation und der zeitlichen Begrenzung in die Definition ausgenommen. Dies trägt dem Umstand Rechnung, dass das zentrale Erfolgkriterium einer Private Equity-Transaktion immer die erzielte Wertsteigerung und deren Abgleich mit den vorweg antizipierten Wertsteigerungspotential ist (Jais, 2003, S. 17).

Private Equity-Gesellschaften sind aufgrund ihrer Spezialisierung auf den Erwerb und das Management von Unternehmensanteilen hohen Risiken ausgesetzt. Um diese Risiken handhaben zu können, bedienen sich verschiedener Steuerungsmechanismen (*corporate governance*), die ihnen zur Zielerreichung genügen sollen (siehe hierzu Gompers, 1995; Gompers & Lerner, 1995, 1999; Kaplan & Strömberg, 2004). Neben diesen Instrumenten verwenden Private Equity-Investoren vor allem Mechanismen und Instrumente zur Überwachung (*monitoring*) ihrer Portfoliounternehmen (siehe hierzu Sapienza & Korsgaard, 1996; Cornelli & Yosha, 2003).[113] Kommunikation und Datenverfügbarkeit spielt hier eine zentrale Rolle, v.a. um Reputation zu schaffen und zu erhalten. Eine gute Reputation sorgt dafür, dass a) neues Kapital für Akquisitionen eingeworben werden kann und sich b) genug lohnende, interessante Investitionsmöglichkeiten für den jeweiligen Investor ergeben (Beuselinck & Manigart, 2007, S. 263-265).

Die Informationsanforderungen der Kapitalgeber sind ausschlaggebend für den Aufbau und die Spezifikationen der kontroll-relevanten Schnittstelle zwischen den Beteiligungsgesellschaften und den Portfoliounternehmen (Achleitner & Bassen, 2003, S. 8). Ein ausreichendes Reporting gegenüber den Kapitalgebern steigert die Reputation zusätzlich. Somit müssen Beteiligungsgesellschaften grundsätzlich über ein Controlling verfügen, welches die notwendigen Informationen für diese Bereiche bereitstellen kann (Mitchell, Reid & Terry, 1996, S. 1). Den Bedarf an Informationen bedingen vor allem vier Herausforderungen (Schenk, 2004, S. 154):

- Kontrolle der Unternehmensentwicklung,
- Auslösung von Managementmaßnahmen,
- Vorbereitung von Exit-Entscheidungen,
- Dokumentation.

Herausforderungen in Bezug auf die Kontrolle der Unternehmensentwicklung der Portfoliounternehmen begründen sich vor allem durch die Kapitalüberlassung der Investoren an ihre Beteiligungen. Es müssen Kontroll- und Anreizsysteme etabliert werden, die a) die Handlungen und Entscheidungen des Managements ab- und einzuschätzen und b) einen möglichen Missbrauch oder Fehlverwendung ihres Kapitals vermeiden (*moral hazard*). Die Auslösung von Managemententscheidungen zielt auch die zentralen Gestaltungselemente (vertraglich

[113] Private Equity-Controlling umfasst in diesem Fall sowohl das Controlling in Frühphaseninvestitionen (Venture Capital) als auch in Spätphaseninvestitionen (Private Equity/ Buyout) (Schenk, 2004, S. 138).

zugesicherten Mitsprache-, Informations- und Entscheidungsrechte) ab (Achleitner & Bassen, 2002, S. 34-36). Die Wahl des richtigen Exits ist als eine weitere Herausforderung eine zentrale Stellgröße im Private Equity-Geschäft. Ein adäquates Controlling erleichtert hier die Anschätzung und Festlegung des optimalen Zeitpunktes und stellt die grundlegenden Daten für die Berechnung und Festlegung realistischer Verkaufsoptionen bereit. Die Dokumentation, als die letzte Herausforderung, spielt vor allem in der Kommunikation mit den Kapitalgebern der Beteiligungsgesellschaft eine tragende Rolle (Schenk, 2004, S. 401-402).

Der Aufbau eines Controllings und die Durchsetzung von entsprechenden Maßnahmen in den Portfoliounternehmen kann demnach, wie bereits in Abschnitt B.1 beschrieben, als eine definitive Mehrwertleistung von Beteiligungsgesellschaften angesehen werden (Achleitner & Bassen, 2003, S. 6).

3.2.3 Unterscheidungsmerkmale des Private Equity-Controllings

Wie auch beim (industriellen) Beteiligungscontrolling sind die sendenden und empfangenden Parteien des Private Equity-Controllings unterschiedliche juristisch autonome Personen. Die empfangenden Parteien können durchaus zahlreich sein. Die Inhalte sind zudem auf die sachlichen Grundlagen bezogen und vorweg vertraglich determiniert und limitiert. Die abzustimmenden Prozesse zur Informationsübermittlung sind auf eine endliche, die Investitionsphase umfassende Zeitspanne bezogen (Schenk, 2004, S. 155). Obwohl es sich beim Private Equity-Controlling somit auch um eine Betrachtung von Unternehmen handelt, an dem ein anderes Unternehmen (Mehr- oder Minderheits-) Anteile hält, unterschiedet es sich doch in einigen Merkmalen vom (industriellen) Beteiligungscontrolling. Somit ist Private Equity-Controlling nicht als reiner Sonderfall des (industriellen) Beteiligungscontrollings anzusehen (Schenk, 2004, S. 318). Die Unterschiede zwischen (industriellem) Beteiligungscontrolling und Private Equity-Controlling zeigen sich besonders hinsichtlich der verwendeten Steuerungsgrößen, der verfolgten Strategien sowie des betrachteten Zeithorizonts.

Controllingkonzepte sollen die gesteckten Ziele des implementierenden Unternehmens in Form von Bestimmungs- und Kontrollgrößen umsetzen. Die Bestimmungs- und Kontrollgrößen sind die Fixpunkte, anhand derer die Steuerung z.B. der Beteiligungen durch gezielte Maßnahmen oder Ausübung inhärenter Rechte durchgeführt wird. In Bezug auf diese zugrunde zu legenden **Steuerungsgrößen** unterscheiden sich vor allem Frühphaseninvestoren von Industrie-Unternehmen. Während die Industrieunternehmen hauptsächlich auf Marktwertindikatoren, Jahresabschlusskennzahlen, Markterfolgsindikatoren und sonstige Rentabilitätsmaße fokussiert sind, sind diese für Venture Capital-Investoren aufgrund der besonderen Situation ihrer Investitionsobjekte oft unbrauchbar (siehe hierzu Abschnitt B.1.2.1). Die Firmen- und Datenhistorie dieser Firmen ist meist nicht ausreichend, um Markt- oder Werte-Daten sinnvoll zu berechnen. Daher muss hier oft auf andere Steuerungsgrößen wie z.B. Vergleichswerte mit anderen Unternehmen (*comparables*) zurückgegriffen werden (Prester, 2000, S. 141-142). Daneben ist Private Equity-Investitionen immanent, dass sie aktiv mit den Portfoliounternehmen zusammenarbeiten resp. diese aktiv beeinflussen („*hands-on*"-Ansatz, siehe Abschnitt B.1). Damit stehen in Private Equity-Transaktionen eher die individuelle Betreuung und Beeinflussung als die Steuerung anhand formalisierter Systeme im Vordergrund (Bassen & Kleinschmidt, 2005, S. 558-559; Schefczyk, 2000, S. 27-32).

Da, wie bereits beschrieben, die Ausgestaltung des Controllings stark von der gewählten (Unternehmens-) **Strategie** abhängt, müssen die Controllingsysteme zur Steuerung und Kontrolle ihrer Beteiligungen bei Beteiligungsgesellschaften und Industrieunternehmen grundsätzlich unterscheiden. Industrieunternehmen erwerben aufgrund ihrer Investitions- und Beteiligungsmanagementpolitik Anteile an anderen Unternehmen meist mit dem Ziel a) die Marktsituation zu beeinflussen oder b) spezifische Synergiepotentiale durch die Akquisition zu erwerben. Beteiligungsgesellschaften verfolgen im Vergleich hierzu eine eher opportunistische Strategie, indem keine Synergiepotentiale erreicht werden sollen, sondern vielmehr rein auf die Steigerung des Wertes der gehaltenen Anteile abgestellt wird. Da der Erfolg der Beteiligungsgesellschaft explizit von dem Erfolg einer geringen Anzahl von Unternehmen abhängt, müssen die eingesetzten Systeme auf die Realisierung der Erträge aus diesen Erfolgssteigerungen ausgerichtet sein (Achleitner & Bassen, 2003, S. 33).

Wichtig ist weiterhin der **Zeithorizont** als letztes Unterscheidungsmerkmal. Industrieunternehmen erwerben Anteile (meist) für einen unbestimmten bzw. oft unbegrenzten Zeitraum. Eine klare Deinvestitionsabsicht liegt zum Akquisitionszeitpunkt häufig nicht vor. Beteiligungsgesellschaften hingegen erwerben Unternehmensanteile grundsätzlich nur mit einer klaren Exit-Orientierung. Dass der zugrunde gelegte Zeithorizont bestimmend für die Gestaltung insbesondere der Planung ist, müssen sich beide Ansätze hier eindeutig unterscheiden (Prester, 2000, S. 142-145).

3.3 Ebenenmodell des Private Equity-Controllings

Nachdem das Private Equity-Controlling als ein eigenständiges Konzept abgegrenzt wurde, soll nun ein mögliches grundlegendes Modell unter Berücksichtigung der unterschiedlichen Aspekte beschrieben werden.

Wie eingangs erwähnt, liegt die Notwendigkeit eines Controllingsystems vor allem in der Komplexität und der inhärenten Dynamik (bzw. Dynamisierung) der Umwelt von Unternehmen, und hier spezifisch der Beteiligungsgesellschaften, begründet (Achleitner & Bassen, 2002, S. 1192; Mitchell, Reid & Terry, 1996, S. 4). Ein Controllingsystem soll alle notwendigen Informationen zur Steuerung und Bewertung der Portfoliounternehmen und für den Betrieb des Beteiligungsfonds, zu dem Auswahl, Investition, Steuerung und Exit aus den Beteiligungen zählen, bereitstellen. Neben der (allgemeinen) Steuerung stellt die Überwachung (*monitoring*) der Portfoliounternehmen ein wesentliches Merkmal des Private Equity-Controllings dar. Beuselinck & Manigart (2007) beschreiben auf Grundlage der Richtlinien der EVCA (2001), dass *„monitoring should allow the [investment] manager to confirm that the investment is progressing in accordance with the relevant business plan and should provide sufficient information to identify any failures to meet targets or milestones and to formulate remedial plans where necessary"* (S. 262).

Die Überwachung findet vor allem in den Beiräten bzw. Aufsichtsräten der Portfoliounternehmen statt. Durch die erworbenen Sitze haben die Investoren Zugriff auf die von ihnen geforderten Informationen und erhalten in regelmäßigen Abständen Berichte (siehe hierzu Kapitel B.1.1.3). Zu welchen Informationen Zugang besteht und wie die Steuerungs- und Informationsbefugnisse verteilt sind, ist in den Beteiligungsverträgen (*subscription agreement*) zwischen Investor und Investitionsobjekt festgelegt (Kaplan & Strömberg, 2001, S. 426-427). Als integraler Bestandteil der Beteiligungsverträge werden die Kontroll- und Informationssysteme werden bereits in der Akquisitionsphase installiert (Mitchell, Reid & Terry, 1996, S. 3). Nach den Ausführungen von Beuselinck & Manigart (2007, S. 4) sowie Davila & Foster (2005, S. 1043) wird hierin ein bedeutender Faktor zur Professionalisierung der Portfoliounternehmen durch Private Equity-Investoren gesehen. Steuerung und Überwachung finden jedoch nicht nur von Investor zu Portfoliounternehmen statt. Jedoch wollen auch die Kapitalgeber der Investoren über die Fortschritte und Erfolge (*performance*) der Private Equity-Gesellschaften, in die sie investiert haben, informiert werden.

Das Ebenenmodell von Achleitner & Bassen (2002, S. 1193) greift diese Gedanken auf und integriert alle drei verschiedenen Ebenen und Parteien einer Private Equity-Transaktion. Die Ebenen können dabei aufgrund der Richtung des Informationsflusses strukturiert werden. Das Modell unterscheidet drei grundsätzliche Ebenen (eine grafische Übersicht bietet Abbildung 16):

- Portfoliounternehmens-Ebene (Unternehmenscontrolling)
- Beteiligungsgesellschafts-Ebene (Private Equity-Controlling)
- Kapitalgeber-Ebene (Investoren-Controlling)

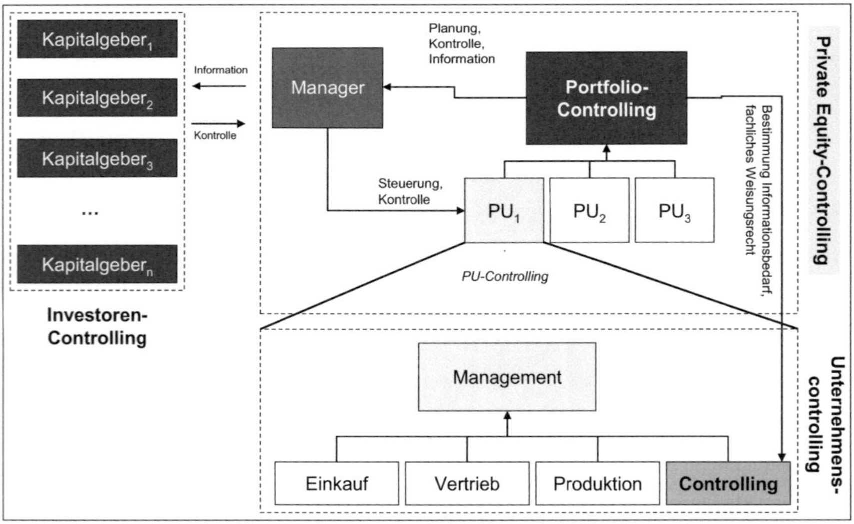

Abbildung 16: Einbindung und Beziehungen verschiedener Controllingarten in Private Equity-Transaktionen
Quelle: Eigene Darstellung in Anlehnung an Achleitner & Bassen (2002, S. 1193) und Jais (2003, S. 89)

Alle Ebenen bedingen sich inhaltlich. Aufgrund der Abhängigkeiten der involvierten Parteien verlaufen die informations-relevanten Transaktionen normalerweise top-down. Dies bedeutet, dass Anforderungen und Bedürfnisse der Kapitalgeber das Controlling der Private Equity-Gesellschaften bestimmen. Der Private Equity-Investor muss sein Controllingsystem derart konfigurieren, dass er diesen Informationsanfragen gerecht werden kann. Es muss meist eine Vielzahl von Kapitalgebern beachtet werden, was hohe Anforderungen an die Flexibilität der Systeme stellt. Darauf aufbauend bestimmt dies die Informationsbedürfnisse des Private Equity-Investors an seine Portfoliounternehmen. Ausschlaggebend sind hier, neben den Angaben für die Kapitalgeber, die Informationen, die die Grundlage für die Plankontrolle und Wertermittlung und –überwachung des Portfoliounternehmens durch den Private Equity-Investor bilden (Achleitner & Bassen, 2005, S. 90).

3.3.1 Unternehmenscontrolling

Die erste Ebene bezieht sich auf die Kontrolle des Wertschöpfungszyklus der Portfoliounternehmen (Unternehmenscontrolling). Das übergeordnete Ziel des Controllings ist hier, den Unternehmenserfolg trotz bestehender Unsicherheit und Komplexität zu sichern. Gesteuert durch die Vorgaben des Managements, werden Informationen über die bestimmenden Elemente der Wertschöpfungskette des Unternehmens (hier exemplarisch Einkauf, Vertrieb und Produktion) gesammelt. Diese Informationen werden in strukturierter Form dem Management als Entscheidungsgrundlage zur Verfügung gestellt (siehe Abbildung 16).

Die Inhalte und die dafür notwendigen Gestaltungsmerkmale der Controllingsysteme werden vor allem durch die immanenten Organisationscharakteristika, Finanzierungsmerkmale, Ressourcenverfügbarkeit und die involvierten Persönlichkeiten beeinflusst. Die zugrunde gelegten Inhalte müssen sowohl alle internen als auch alle externen erfolgsrelevanten Faktoren der Portfoliounternehmen erfassen. Abhängig von der Lebensphase des Portfoliounternehmens kann sich die Gewichtung und Relevanz einzelner Themen verschieben. Neben der Lebensphase ist auch die Branchenzugehörigkeit des betrachteten Portfoliounternehmens ausschlaggebend für die inhaltliche Gestaltung des Controllingsystems (Bassen & Kleinschmidt, 2005, S. 556). In diesem Rahmen spielen vor allem die Finanzierungsmerkmale eine wichtige Rolle.

Wie bereits angemerkt, hängt das an sich autonome Unternehmenscontrolling des Portfoliounternehmens nach der Investition eines Private Equity-Investors in großem Umfang von dessen Vorgaben und Anforderungen ab. Diese werden durch die erhaltenen Weisungsrechte im Portfoliounternehmen resp. in den entsprechenden Controllingstellen durch- und umgesetzt. Dabei fließen Informationen lediglich in eine Richtung, nämlich vom Portfoliounternehmen zum Investor. Die Kommunikation ist zwischen diesen Parteien somit einseitig, da kein Austausch, sondern nur ein Abrufen von Informationen durch den Investor stattfindet.

3.3.2 Private Equity-Controlling

Dem Unternehmenscontrolling übergeordnet befindet sich die zweite Ebene des vorgeschlagenen Modells: das Private Equity-Controlling. Hierbei liegt der Fokus auf der Betrachtung des kompletten Private Equity-Zyklus.

Private Equity-Gesellschaften haben grundsätzlich Bedarf Informationen über ihre Beteiligungen zu erhalten und diese verarbeiten zu können. Demnach leiten sich drei gesonderte Ziele des Private Equity-Controllings ab (Mitchell, Reid & Terry, 1996, S. 16):

- Betrachtung, Berechnung und Sicherung des Erfolges des Gesamtportfolios (*control)*;
- Analyse und Überwachung von einzelnen Beteiligungen mit dem Ziel der Vorbereitung eines erfolgreichen Exits (*performance measurement*);
- Sicherstellung einer angemessenen Betreuung der Portfoliounternehmen (*decision-making*).

Bezüglich des Private Equity-Controllings kann zwischen dem Controlling des (Gesamt-) Portfolios des Investors und dem Controlling von Einzelunternehmen unterschieden werden (Hipp, 2004, S. 609).

Portfolio-Controlling

Das **Portfoliocontrolling** allokiert innerhalb des Private Equity-Controllings relevante Aufgaben und Instrumente, die zur übergeordneten Kontrolle und Steuerung aller gehalten Beteiligungen (Gesamtportfolio) notwendig sind. In das Portfoliocontrolling fließen Informationen von der Portfoliounternehmens-Ebene meist in standardisierter und hoch aggregierter Form ein. Diese Informationen dienen vor allem der kennzahlen-basierten Analyse des Beteiligungsportfolios (Schenk, 2004, S. 155-156).

Auf inhaltlicher Ebene erfasst das Portfoliocontrolling vor allem das Risiko und die Rendite der Private Equity-Gesellschaft. Dabei bestimmen die individuell zu erzielenden Renditen das Fonds-spezifische Risiko. Die (Gesamt-) Rendite von Beteiligungsgesellschaften ergibt sich aus dem Vergleich des Wertes eines (spezifischen) Fonds zum Auflagezeitpunkt und seines Wertes zum Zeitpunkt des Auslaufens der in dem Fonds gebundenen Mittel. Der Wert des Gesamtportfolios ergibt sich aus den Werten und Wertentwicklungen der einzelnen Beteiligungen. Wiederum berechnet sich die Rendite einer Einzelinvestition durch den Vergleich des

Wertes der gehaltenen Unternehmensanteile bei der Investition mit dem Wert dieser bei der Deinvestition. Die Betrachtung der Durchschnittsrendite bzw. die Berechnung der sich ergebenden Varianzen der Anteilsbewertungen und deren Auswirkungen auf die schlussendliche Rendite estimiert das Risiko, dem der Wert des gehaltenen Fonds einer Beteiligungsgesellschaft ausgesetzt ist (Weidig & Mathonet, 2004, S. 3-5; so auch Cochrane, 2003).[114]

Die Gestaltung des Portfoliocontrollings ist besonders von der Größe des Gesamtpotfolios abhängig. Je größer ein Portfolio ist, d.h. je mehr Unternehmen gehalten werden, desto höhere Anforderungen werden gestellt. Hinzu kommt, dass die Anforderungen neben der Anzahl der gehaltenen Beteiligungen auch von deren Diversität abhängen. Die Diversität ist abhängig von a) den Branchen, in denen investiert wurde, und b) dem Entwicklungsstand, der Größe der einzelnen Portfoliounternehmen und dem Institutionalisierungsgrad[115] (Achleitner & Bassen, 2002, S. 1192-1195). Dies bestimmt nicht nur die Komplexität bzw. das Unsicherheits- und Risikoniveau, dem sich die Investoren zu stellen haben, sondern auch die anzuwendenden Controllingsysteme und –instrumente (Bassen & Kleinschmidt, 2005, S. 557-559). Thematisch divergieren die zu erfassenden Informationen zusätzlich in Abhängigkeit der Transaktionsphase (Beteiligungssuche, Investitionsentscheidung, Betreuung und Steuerung und Exit) (Hipp, 2004, S. 609).

Controlling von Portfoliounternehmen durch den Private Equity-Investor

Das **Controlling von Portfoliounternehmen** (*Dealmanagement*) bezieht sich auf die Sammlung und Aufbereitung von finanziellen und nicht-finanziellen Informationen über den aktuellen Status, die historische Entwicklung und die Prognose der zukünftigen Entwicklungsmöglichkeiten der betreffenden Portfoliounternehmen (Bassen & Kleinschmidt, 2005, S. 554-555). Es beinhaltet also alle Aufgaben und Instrumente, die zur effizienten und richtigen Steuerung/ Betreuung eines Portfoliounternehmen notwendig sind (Schenk, 2004, S. 155).

[114] Die Wertermittlung a) eines Portfolios und b) der einzelnen Beteiligungen ist problematisch. Schwierigkeiten macht hier vor allem der Umstand, dass der exakte Wert a) des Portfolios und b) einzelner Anteile lediglich zum Zeitpunkt der Investition bzw. zum Zeitpunkt des Exits klar ermittelt werden kann. Somit können die eigentlichen Werte während der Investitionsphase nur näherungsweise mit Hilfe approximativer Bewertungsmethoden ermittelt werden; vgl.: Bassen & Kleinschmidt, 2005, S. 559; zu möglichen Bewertungsmethoden siehe EVCA (2003) und Knecht (2003).

[115] Beispielsweise behindern Minderheitsbeteiligungen oder heterogene Zusammensetzungen von Gesellschaften oftmals die effiziente Implementierung von Änderungsvorstellungen. Damit können solch transaktionsspezifische Institutionalisierungsmerkmale potentiell zu Unsicherheiten für den Investor führen. Zu diesem Zweck müssen in solchen Fällen Maßnahmen, vor allem auf Controllingebene ergriffen werden, um den Anforderungen gerecht zu werden; vgl.: Hipp, 2004, S. 609.

Damit bildet es, wie vorweg angesprochen, die Grundlage für das Portfoliocontrolling, und ist auf eine extensive Versorgung mit Informationen angewiesen (Mitchell, Reid & Terry, 1996, S. 16).

Die Informationsanforderungen und Inhalte sowie ihre Komplexität hängen von den Merkmalen der Portfoliounternehmen und deren Umwelt ab (Kreikebaum, 1997). Wichtige Faktoren sind dabei wiederum die Unternehmensgröße, das Alter des Unternehmens sowie immanente Organisationsmerkmale der Portfoliounternehmen (Bassen & Kleinschmidt, 2005, S. 559). Weiterhin sind auch Merkmale der Beteiligungsgesellschaften selbst bestimmend für die Art und Weise bzw. den Umfang des Controllings. Da die meisten Beteiligungsgesellschaften eher kleine Organisationen mit beschränkten Ressourcen sind, fallen Controllingaufgaben oft den Investmentmanagern zu. Da auch deren Anzahl begrenzt ist, sind individuelle Investmentmanager regelmäßig für mehrere Portfoliounternehmen zuständig (Achleitner & Bassen, 2002, S. 1192). Aufgrund der beschränkten internen Ressourcen bestehen erhebliche Anforderungen die Effektivität und Effizienz bei der Controllinggestaltung. Beides ist eng mit der Qualität der Informationen, den anfallenden Kosten und dem immanenten Zeitbedarf verknüpft. Ihre Bestimmung und die optimale Balancierung sind kritische Größen bei der Gestaltung des internen Private Equity-Controlling (Bassen & Kleinschmidt, 2005, S. 559). Inhaltlich sind andere Faktoren bestimmend. Zu nennen sind hier die zugrunde gelegten Zielgrößen der Beteiligungsgesellschaften, ihre verfolgten Strategien, der zugrunde gelegte Zeithorizont der Investition (Haltedauer) sowie die Komplexität der zu erhebenden Informationen (Prester, 2000, S. 139).

Der Aufteilung aus Abschnitt C.3.2.2 folgend, kann zwischen dem strategischen und dem operativen Controlling von Portfoliounternehmen unterschieden werden. Das strategische Controlling sollte hierbei eine Potentialanalyse, eine Planung zur Geschäftsfeldstrategie und eine mittelfristige Ergebnis- und Kapitalbedarfsplanung umfassen. Ein Jahresbudget, ein Berichtswesen für Investoren und Management und adäquate Kostenrechnungs- und Kalkulationsinstrumente sollten im operativen Controlling thematisch abgebildet werden (Stahl, 2003, S. 431-433). Inhaltlich liegt der Fokus bei beiden auf der Erfassung von finanziellen Indikatoren zur Finanzlage, wie z.B. Liquidität, Ertrag und (monetärem) Erfolg. Nicht-finanzielle Informationen gewinnen besonders in Sondersituationen oder bei Änderung der (von Kapitalgeber, Gesetzgeber etc.) gestellten Anforderungen an Bedeutung (Bassen & Kleinschmidt, 2005, S. 559-560).[116]

Aufgrund der bereits in Kapitel B.1.2 genannten Besonderheiten von Private Equity-Investitionen sowie den vorangegangenen Ausführungen bestehen spezifische Anforderungen an die verwendeten Instrumente. Dies sind insbesondere:

- Vermeidung von kosten-, zeit- und verarbeitungs-intensiven Gestaltungen (Einfachheit);
- Eindeutige Abbildung der zentralen Orientierungsgrößen (z.B. Liquidität);
- Stringente Einbeziehung von zukünftigen Entwicklungen (Zukunftsorientierung);
- Integration von Instrumenten zur Bewertung immaterieller Vermögensgegenstände.

Es muss unterstrichen werden, dass diese Anforderungen besonders für Frühphasen-Investitionen und kleinere Beteiligungsgesellschaften gelten. (Bassen & Gröne, 2003, S. 294; Das, 1986, S. 223)

Im Gegensatz zum Unternehmenscontrolling ist die Kommunikation beim Private Equity-Controlling vielschichtiger. Nicht nur empfängt das Private Equity-Controlling Informationen a) der Portfoliounternehmen bzw. b) ihrer eigenen Organisation, sondern gibt auch Informationen an die Kapitalgeber weiter. Diese Interaktion und das Abgleichen der Inhalte mit den eigenen Anforderungen und den Anforderungen der Kapitalgeber macht den Private Equity-Investor zu einer Art Informationskatalysator zwischen Kapitalgebern und finanzierungssuchenden Unternehmen (Bassen & Kleinschmidt, 2005, S. 557).

In Bezug auf die Kommunikation mit den Kapitalgebern einer Beteiligungsgesellschaft spielen zusätzlich zu den bereits genannten Faktoren besonders die Anforderungen dieser an a) die Qualität und das Format der bereitgestellten Informationen sowie b) deren inhaltliche Fokussierung eine wichtige Rolle bei der Gestaltung von Inhalt und Form des Private Equity-Controllings.

---

[116] Bausch & Kaufmann (2000) untergliedern anzuwendende Instrumente in vier Gruppen: 1) Rentabilitätsorientierte Instrumente, 2) Integrierte Plan- und Berichtsinstrumente, 3) Instrumente zur Ausrichtung am Kapitalmarkt und Beurteilung der Umsetzung von Strategien, 4) Instrumente zur Ressourcenorientierung (BSC, Realoptionen, EFQM etc.); vgl.: Bausch & Kaufmann, 2000, S.122.

3.3.3 Investoren-Controlling

Bei den Kapitalgebern von Private Equity-Gesellschaften handelt es sich meist um institutionelle Investoren (u.a. Banken, Versicherungen, Pensionskassen), zum Teil aber auch um Privatinvestoren mit entsprechenden Kapitalvermögen (vgl. Schefczyk, 2000, S. 17-22; siehe hierzu auch Kapitel B.1.2). Die Private Equity-Investoren sind hier vor allem Emittenten von Informationen, die in Form von Berichten an die Kapitalgeber weitergegeben werden (Schenk, 2004, 156-157).

Die Kapitalgeber der Beteiligungsgesellschaften nutzen, wie die Private Equity-Investoren auch, Informationen zur Beurteilung und Steuerung ihres Portfolios. Beides dient dazu, sicherzustellen, dass sich ihre Investitionen auszahlen, d.h. eine adäquate Rendite auf das eingesetzte Kapital erzielt wird (*Asset Management-Zyklus*). Hierzu ist es notwendig, ausreichende Rechte zu erhalten bzw. Nebenbedingungen aufzustellen, die ein von den Kapitalgebern vorgesehenes Verhalten bzw. Verwendung des Kapitals durch die Investoren sicherstellt. Die vorgesehenen Nebenbedingungen spielen hier eine zentrale Rolle, da sie die spezifischen Anforderungen der Kapitalgeber operationalisieren (Gompers & Lerner, 1996, S. 480-483). Nebenbedingungen können z.B. die Berücksichtigung von ethischen Vorgaben und Kriterien bei der Auswahl und der Betreuung der Portfoliounternehmen durch die Private Equity-Investoren vorsehen (Zöllner, 2005, S. 241).[117] Somit benötigen die Kapitalgeber Informationen von den Private Equity-Investoren, die ihnen erlauben sowohl das Wirtschaften und die Entwicklung der betreffenden Beteiligungsvehikel als auch die Einhaltung der aufgestellten Nebenbedingungen nachvollziehen zu können (Bassen & Kleinschmidt, 2005, S. 560-561).

Bestimmend für die Ausgestaltung des Controllings auf der Kapitalgeber-Ebene ist a) die Größe des gehaltenen Gesamtportfolios, b) die Rolle, die Private Equity-Investitionen hierin spielen und c) die Gestaltung der innerhalb der Kapitalgeberorganisation genutzten, übergeordneten Controllingsysteme (Fleischhauer & Hoyer, 2004, S. 395).

[117] Gompers & Lerner (1996) unterscheiden hier konkret zwischen a) Regelungen des allgemeinen Fondsmanagements, b) Regelungen der Aktivitäten und Verhaltensweisen des Private Equity-Investors, c) Regelungen der Portfolioinvestments; vgl.: Gompers & Lerner, 1996, S. 480-483.

Teil C: Empirische Analyse der Forschungsfragen

Die Ausführungen in der Einleitung sowie die Erkenntnisse aus den Grundlagen der Untersuchungsgegenstände haben gezeigt, dass die angesprochenen Themen der nachhaltigen Entwicklung und des Private Equity heutzutage eine wichtige Rolle spielen. Jedoch konnte auch gezeigt werden, dass, trotz mannigfaltiger wissenschaftlicher Anstrengungen in beiden Bereichen, bisher keine Verbindung der beiden Themen vorgenommen wurde. Weitläufig herrscht immer noch die Meinung vor, dass Private Equity-Investoren als rein ökonomische Akteure keinen Sinn darin sehen, andere als ihre eigenen, ökonomischen Interessen zu verfolgen. Dies gilt vor allem in Bezug auf den Umgang mit ihren Portfoliounternehmen, die auf monetären Erfolg getrimmt werden. Zwar unterstützen anekdotische Befunde diese Meinung, jedoch wurde es bisher versäumt, die Themen konkret mit Blick auf die Private Equity-Investoren zu untersuchen.[118] Dabei ist es von großem Interesse, Informationen darüber zu generieren, wie Beteiligungsgesellschaften mit dem Thema Nachhaltigkeit umgehen und wie sie Ansätze beurteilen, die das Thema Nachhaltigkeit und erfolgreiches Wirtschaften einigen könnten.

Die Ausführungen zum integrativen Bezugsrahmen der Arbeit in Kapitel A.5 haben gezeigt, dass die zu untersuchenden Themenbereiche, abgegrenzt durch die einleitenden Forschungsfragen, zwar in gewissem Umfang überlappend, aufgrund der Art der Fragestellungen jedoch jeweils als alleinstehend anzusehen sind. Daher ist der empirische Teil dieser Untersuchung entsprechend in drei separate Teile gegliedert. Diese umfassen sukzessive die Themen „Bewertung zentraler Nachhaltigkeitskomponenten" (F1), „Bewertung spezifischer, nachhaltigkeits-relevanter Controllinginhalte" (F2) und deren Differenzierung hinsichtlich Investoren-Gruppen und „Analyse der Determinanten der Nachhaltigkeitsorientierung" (F3). Die Themen sollen jeweils einzeln motiviert und die Untersuchung in Bezugsrahmen konkretisiert werden. Jeder Untersuchungsschritt wird in einem separaten Kapitel abgehandelt. Die verwendeten Methodiken sind ausschließlich quantitativer Natur.

Der erste Teil (Kapitel C.2) befasst sich mit der Bewertung grundsätzlicher Inhalte und gesellschaftlich diskutierter Themen der Nachhaltigkeit. Dabei handelt es sich um eine beschreibende Auswertung der empirischen Daten. Aufgrund der deskriptiven Natur der Forschungsfrage sowie der fehlenden theoretischen Fundierung dieses thematischen Abschnitts

[118] Eine Ausnahme machen hier die Studien von Frohmann & Dahmann (2005) und Kaserer et al. (2007), die sich explizit mit den Wirkungen der Private Equity-Investoren auf ihre Portfoliounternehmen sowie den Umgang mit diesen befassen.

werden keine expliziten Hypothesen geprüft.[119] Die Interpretation der Ergebnisse ist somit vorläufiger Natur. Ziel des Kapitels ist es, einen ersten Eindruck der Wichtigkeit des Themas der nachhaltigen Entwicklung für die Private Equity-Investoren zu erhalten.

Kapitel C.3 befasst sich im Anschluss mit der Bewertung der Relevanz spezifischer Controllinginstrumente aus dem strategischen und operativen Controlling, die in der Literatur als nachhaltigkeits-relevant gekennzeichnet wurden. Da hierzu in Bezug auf die Private Equity-Branche noch keine Studien vorliegen, ist auch diese Untersuchung deskriptiver bzw. explorativer Natur. Aufgrund der fehlenden theoretischen Basis sollen auch hier keine kausalen Beziehungen getestet werden. Die Auswahl der angewandten statistischen Methoden berücksichtigt dies. Zusätzlich zur univariaten Auswertung der Bewertungsergebnisse sollen Mittelwertvergleiche Unterschiede in den Bewertungen von identifizierten Beteiligungsgesellschaftsgruppen aufzeigen und inhaltliche Besonderheiten herausstellen.

Anders stellt sich dies in Bezug auf die abschließende Analyse der Determinanten der systematischen, aktuellen bzw. zukünftigen Anwendung der vorher en detail abgefragten Controllinginstrumente (Kapitel C.4) dar. Zur Ausgestaltung der Controllingsysteme bzw. der Determinanten ihrer Verwendung finden sich in der Controllingliteratur verwendbare theoretische Ansätze. Im speziellen sollen demnach auf Basis der Kontingenztheorie Hypothesen zu den Determinanten der Controllinggestaltung aufgestellt werden. Die (inferenzstatistische) Überprüfung der Hypothesen erfolgt mittels bivariaten bzw. multivariaten Analysemethoden.

Den beschriebenen Analyseteilen sind eine Beschreibung des Erhebungsinstrumentariums und ein Überblick der verwendeten Datengrundlage (Kapitel C.1) vorangestellt.

[119] Bortz & Döring (2003) führen aus, dass zur Aufstellung und Prüfung von Hypothesen ein ausreichender Wissenstand über das Themenfeld oder die betrachteten Untersuchungsgegenstände bzw. ihre Verbindung bestehen muss. Liegt dies nicht vor, kann nicht von einer Deduktion, d.h. Ableitung und Prüfung von Prognosen über das Verhältnis von Merkmalen aus allgemeinen Sätze/ Theorien (Explanation), gesprochen werden. An die Stelle der Deduktion tritt somit die Induktion (Exploration). Hier werden keine formellen Hypothesen aufgestellt und (logischerweise) auch keine Aussagen über allgemeingültige Zusammenhänge auf Grundlage der Beurteilung dieser Hypothesen getroffen. Dieses Vorgehen trägt somit dem nur unzureichend vorhandenen Wissenstand im betrachteten Forschungsgebiet Rechnung. Ziel ist es hier vor allem, Einblicke in das Themenfeld zu bekommen und durch erste Erkenntnisse, die rein hypothetisch und nicht final interpretiert werden, eine Wissensbasis zu erarbeiten, die deduktive Forschungen ermöglicht. Hypothetische Interpretation meint hier nach Klandt (2007), dass die Ergebnisse logisch nicht final abgesichert werden können, die Ergebnisse damit nicht den Charakter der Endgültigkeit annehmen; vgl.: Bortz & Döring, 2003, S. 35, 385; Klandt, 2007, S. 37.

1. Erhebungsinstrumentarium und Datengrundlage

Der folgende Abschnitt beschäftigt sich mit den Eckpfeilern der durchgeführten empirischen Erhebung. Es wird sowohl die Forschungsanordnung, das Erhebungsinstrumentarium, als auch die Grundgesamtheit bzw. die Stichprobe der Untersuchung erläutert und charakterisiert. Auf eine explizite Beschreibung der empirischen Operationalisierung einzelner Variablen soll an dieser Stelle verzichtet werden. Zur besseren Verständlichkeit soll diese an den relevanten Stellen im Ergebnisteil den Auswertungen vorangestellt werden.

1.1 Forschungsanordnung und Erhebungsinstrumentarium

Forschungsanordnung

In der einleitenden Darstellung des Forschungsprozesses (Kapitel A.4) wurde bereits ausgeführt, dass die Untersuchung auf einem Datensatz basiert, der mittels einer systematischen Fragebogenerhebung generiert wurde. Die Untersuchungsobjekte sind Beteiligungsgesellschaften und deren Controllingsysteme, die als konstituierende Elemente der Orientierungen der Gesellschaften zu sehen sind. Die Erhebung hat die Form einer Querschnittsanalyse (*simultaneous cross-sectional analysis*). Als Querschnittsanalysen durchgeführte Studien stellen auf die Identifizierung und Erklärung von Unterschieden bei den zu untersuchenden Untersuchungsobjekten ab. Die dazu notwendigen Daten werden zu annähernd gleichen Zeitpunkten erhoben und komparativ-statistisch ausgewertet. Es wird dabei unterstellt, dass etwaige zeitliche Veränderung in den Ausprägungen der Untersuchungsobjekte per se vernachlässigt werden können. Hierdurch grenzen sich Querschnittsanalysen von Längsschnittanalysen ab (Sanders & Größler, 2007, S. 3).[120] Die Wahl dieser Untersuchungsform wird in diesem Kontext als sinnvoll angesehen, da einzelne Aussagen der Investmentmanager von Beteiligungsgesellschaften zu einem zeitunabhängigen Punkt erhoben werden sollen. Zudem wird unterstellt, dass aufgrund der zeitlichen Restriktionen der zu befragenden Probanden eine einmalige Befragung eine höhere Rücklaufquote generieren kann als eine wiederholte Befragung.

Die Hauptuntersuchung wurde als großzahlige schriftliche Befragung mittels eines standardisierten Fragebogens durchgeführt. Die Fragebögen wurden postalisch und (auf Wunsch) per

[120] Eine Längsschnittanalyse bietet sich in diesem Rahmen weniger an, da das Thema der „Verantwortung“ und der „langfristigen Perspektive“ noch relativ neue bzw. komplett ausgeblendete Konzepte in den Werte- und Handlungssystemen der befragten Investmentmanager sind. Daher ist es sinnvoll, die historische oder zukünftige Veränderung bestimmter Charakteristika und Variablen in einer Längsschnittuntersuchung zu erheben und zu analysieren; vgl.: Sander & Größler, 2007, S. 1-5.

Email versandt. In der zweiten Erhebungswelle wurde zu Zwecken der Erhöhung der Rücklaufquote der Fragebogen zusätzlich in eine Onlinebefragung überführt. Die Datenerhebung mittels standardisierter Fragebögen ist für Forschungsansätze mit inkludierter multivariater Analyse üblich (Knecht, 2003, S. 235). Des Weiteren können die Variablen der explorativen und explanativen Untersuchungsteile aufgrund der (jeweils) vorgelagerten literaturbasierten Vorarbeit in einem Fragebogen angemessen formuliert und abgefragt werden. Zudem wird über die Abfrage mittels standarisierter Fragebogen gewährleistet, dass im gewünschten Falle Aussagen und Angaben von den Probanden auch anonym gemacht werden können.

Fragebogen

Bei der Erarbeitung des verwendeten Fragebogens wurden die gängigen formalen Regeln zur Fragebogengenerierung beachtet (Bortz & Döring, 2003 S. 253-262; Atteslander, 2006, S. 147-148). Zum einen sollen durch den Fragebogen die notwendigen Daten für die empirische Analyse der (explorativen und explanativen) Fragestellungen gesammelt werden, zum anderen werden auch Informationen zu weiteren thematischen Details aufgenommen, die neue und weiterführende Schlüsse ermöglichen und den Status Quo absichern resp. erweitern sollen. Die Auswahl der im Fragebogen abzufragenden Informationen erfolgte mittels vorangegangener Expertengespräche (*Pre-Test*), einer umfassenden Literaturrecherche in den verwandten Themenfeldern sowie dem Abgleich mit bereits bestehenden relevanten Fragebögen. Ziel war es, die relevanten inhaltlichen Aspekte abzudecken sowie die höchstmögliche Allgemeingültigkeit der Befunde garantieren zu können.

Der entwickelte und im Anhang abgebildete 5-seitige Fragebogen setzt sich aus mehreren Inhaltsblöcken zusammen und ist entsprechend in vier Teile gegliedert. Den Anfang des Fragebogens bildet eine Einführungsseite, die gleichzeitig als Deckblatt fungiert und eine kurze Einführung und Beschreibung der Themenstellung der Studie enthält. Des Weiteren werden, in thematische Absätze gegliedert, Ausfüllhinweise und Hinweise auf die Verwendung der zu erhebenden Daten gegeben. Explizit wird auf die garantierte anonyme Auswertung der Daten hingewiesen. Nach den anschließenden inhaltlichen Frageblöcken schließt eine Seite zur Angabe des Namens der Gesellschaft bzw. des Probanden und seinen Kontaktdaten zur späteren Zusendung einer Zusammenfassung der Ergebnisse den Fragebogen ab.

Die Gliederung und Inhalte ergaben sich neben den Erkenntnissen aus der Literaturanalyse aus Gesprächen mit Testpersonen vor Versand des Fragebogens. Bei diesen Vorbesprechungen mit ausgewählten Investmentmanagern stand die sprachliche und pragmatische Verständlichkeit der (meist geschlossenen) Fragen im Fokus. Eine klare inhaltliche und thematische Strukturierung war zur Erleichterung des Ausfüllens des Fragebogens oberste Priorität. Leitsatz bei der Gestaltung des Fragebogens war immer die Erzielung einer möglichst hohen Rücklaufquote (Atteslander, 2006, S. 147). Die Einarbeitung der erhaltenen Kritik und Erregungen sollten den „Komfort" beim Ausfüllen des Fragebogens durch die Probanden erhöhen. Der Aufbau des inhaltlichen Teile sowie der anfänglichen Angaben orientieren sich an den Empfehlungen von Bortz & Döring (2003, S. 258).

Die inhaltlichen Teile sind alphabetisch in vier Themenblöcke untergliedert:[121]

Teil A: Fragen zu institutionellen Charakteristika;

Teil B: Fragen zu Organisation der Kontrollsysteme;

Teil C: Fragen zur Struktur und zu Inhalten der Kontrollsysteme;

Teil D: Fragen zur Zuteilung von Relevanzen und Wahrnehmung spezifischer nachhaltigkeits-orientierter Thematiken.

Da der Begriff der „Nachhaltigkeit" bzw. „nachhaltigen Entwicklung" oft in unterschiedlicher Weise gebraucht wird und sich (augenscheinlich) vor allem in der Private Equity-Branche noch nicht durchgesetzt hat, ist anzunehmen, dass er oft unreflektiert eingesetzt wird. Um Verzerrungen aufgrund von „Nicht-Relevanz" bzw. unterschiedlicher Definitionen zu vermeiden, wurde im Fragebogen explizit auf die Erwähnung der Begriffe „Nachhaltigkeit" oder „nachhaltige Entwicklung" verzichtet. Stattdessen wurde meist von „Anforderungen" gesprochen.

1.2 Grundgesamtheit, Datenerhebung und Stichprobe

Das Erkenntnisinteresse der vorliegenden Untersuchung stellt auf inhaltliche Wahrnehmungen und Bewertungen sowie kontrollspezifische Erkenntnisse über die in Deutschland aktiven Beteiligungsgesellschaften ab. Die Definition und die Beschreibung der adäquaten Grundge-

[121] Bortz & Döring (2003) bemerken zur Aufteilen von Fragenthemen in inhaltliche Blöcke, dass die exakte Reihenfolge der Fragen die Eigenschaften des Fragebogens (z.B. hinsichtlich seiner Gütekriterien) nicht beeinflusst; vgl.: Bortz & Döring, 2003, S. 256.

samtheit[122] sind als Datengrundlage für die Erreichung der gesetzten Ziele essentiell. Der Erhebungsprozess ist grafisch in Abbildung 17 dargestellt.

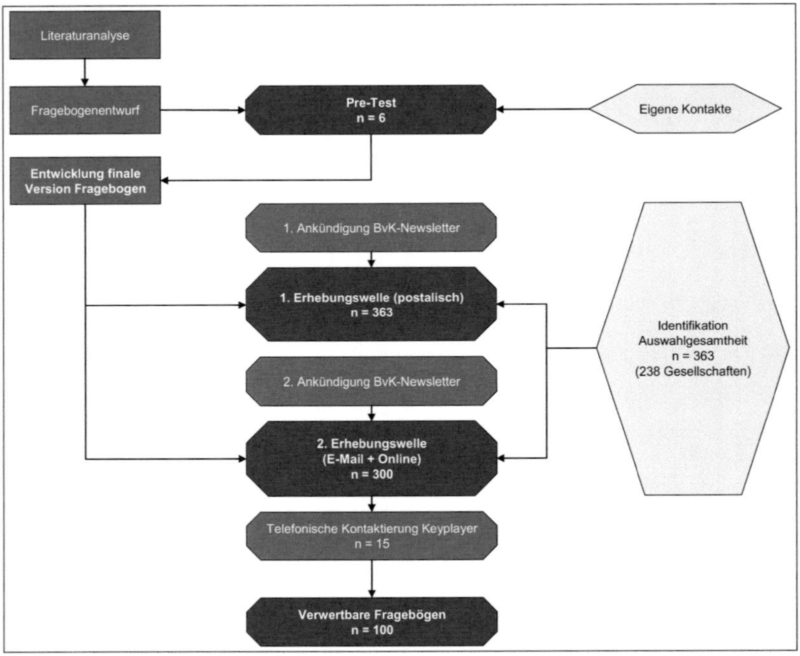

Abbildung 17: Überblick Datenerhebungsprozess
Quelle: Eigene Darstellung

Die **Grundgesamtheit** der Studie umfasst per se sämtliche in Deutschland aktiven Beteiligungsgesellschaften. Hier sind sowohl Früh- als auch Spätphasenfinanciers eingeschlossen. Die Definition und Abgrenzung der Financiers folgt dabei der Ausführungen in Abschnitt B.1.2. Die zur Grundgesamtheit zählenden Gesellschaften (*Erhebungseinheiten*) mussten daher folgende Grundcharakteristika aufweisen, um für die Befragung ausgewählt zu werden:

- Betriebswirtschaftliche Institutionen mit eigenständiger Rechtsform und Infrastruktur;
- Gesellschaften mit dem Zweck des Erwerbs, der Betreuung und des Verkaufs von Gesellschaftsanteilen;[123]

[122] Unter einer Grundgesamtheit werden alle Einheiten verstanden, über die die Aussagen getroffen werden sollen; vgl. Schnell, Hill & Esser, 1999, S. 247-249.

- Aktivitäten (Erwerb, Betreuung und Verkauf von Gesellschaftsanteilen) in Deutschland.

Die Auswahl der Gesellschaften wurde im Hinblick auf Gründungsjahr, Rechtsform, Anzahl der Beschäftigen, Rendite oder branchenspezifischen Aktivitäten nicht eingeschränkt.

Die Identifikation und Generierung der **Auswahlgesamtheit** wurde in Zusammenarbeit mit dem Bundesverband deutscher Kapitalbeteiligungsgesellschaften (BvK e.V. vorgenommen. Dabei erfolgt die Identifikation über die Mitgliedschaftsliste des BvK e.V. Die so erhaltene Übersicht der Private Equity-Gesellschaften in Deutschland wurde durch eine intensiven Internetrecherche erweitert. Es wurden sowohl die Namen und Adressen einzelner Gesellschaften als auch persönliche Kontaktdaten der verantwortlichen Investmentmanager in entscheidungsrelevanten Positionen erhoben und systematisch erfasst.

Insgesamt konnten aus der Mitgliederliste des BvK 149 validierte Kontaktdaten generiert werden. Die Internetrecherche ergab weitere 89 Kontakte. Die Auswahlgesamtheit summiert sich somit auf 238 in Deutschland aktive Private Equity-Gesellschaften. Die Hauptsitze der aufgenommenen Gesellschaften liegen dabei sowohl in Deutschland als auch im europäischen und nicht-europäischen Ausland.

Empirische Erhebung

Die Datenerhebung erfolgte von Juni bis Juli 2007. Am 18.06.2007 wurden Fragebogenpakete an alle identifizierten und ausgewählten Gesellschaften resp. Investmentmanager (*Aussageeinheiten*[124]) verschickt. Die Fragebogenpakete umfassten dabei ein personalisiertes Anschreiben mit Beschreibung der Studie, einen Appell zur Teilnahme sowie allen notwenigen Kontaktdaten, den eigentlichen 5-seitigen-Fragebogen und einen frankierten Rückumschlag.

Der Fragebogen wurde an einzelne Investmentmanager der Gesellschaften verschickt. Angeschrieben wurden explizit Personen mit Verantwortung im Investitionsgeschäft sowie Verantwortung und Weisungsbefugnis bei der Betreuung von Portfoliogesellschaften. Dabei wur-

[123] Hierzu sei anzumerken, dass es gängige Praxis der Beteiligungsgesellschaften ist, nicht unbedingt alle notwendigen Institutionen in einem Land angesiedelt zu haben. So kommt es z.B. häufig aus steuerlichen Gründen vor, dass der Fondsträger in einem Land innerhalb oder außerhalb der EU sitzt und in einem spezifischen Land lediglich eine „Beratungsgesellschaft“ unterhält, die sich um den Erwerb, die Betreuung und den Verkauf der Unternehmensanteile kümmert (Kaserer et al., 2007). Besonders gilt dies für ausländische, vor allem angloamerikanisch Beteiligungsgesellschaften. Diese Beratungsgesellschaften wurden explizit in die Studie eingeschlossen.

[124] Als Aussageeinheiten können Institution oder Personen bezeichnet werden, über die in den Hypothesen und der damit verbundenen empirischen Untersuchung Erkenntnisse erzielt werden sollen; vgl.: Friedrichs, 1990, S. 123-146.

den, je nach Größe der Gesellschaft, mitunter mehrere Investmentmanager einer Gesellschaft angesprochen. Pro Gesellschaft erhielten jedoch maximal zwei Manager einen Fragebogen. Insgesamt wurden somit 363 Fragebögen gesendet. Dem eigentlichen Anschreiben vorausgehend, kündigte der Newsletter des BvK e.V. die Studie eine Woche vor Versand an. Die Ankündigung beschrieb kurz Anlass und Ziel der Studie und wies explizit auf die konkrete Unterstützung der Studie durch den BvK e.V. hin.

Alle Befragten, die bis zum 10.07.2007 nicht geantwortet hatten, erhielten eine E-Mail mit nochmaliger Aufforderung zu Teilnahme an der Studie. Insgesamt wurde diese E-Mail an 300 Probanden verschickt. Des Weiteren wurde die Studie in einem weiteren Newsletter des BvK e.V. erwähnt, worin nochmals explizit darauf hingewiesen wurde, dass der BVK e.V. die Studie aufgrund Ihrer Relevanz und Aktualität unterstützt. Die Email enthielt zudem einen Link zu einer digitalisierten Version des Fragebogens auf einer Online-Umfrage-Homepage (Uni-Park).

Zum Abschluss der Studie wurden einzelne Beteiligungsgesellschaften (n = 15), die bis dato nicht oder nur anonym geantwortet hatten, vom 13.08.2007 – 14.08.2007 noch einmal telefonisch kontaktiert und um die Rücksendung der Fragebögen gebeten.

Insgesamt erhielten 371 aktive Investmentmanager aus 238 identifizierten Gesellschaften den der Untersuchung zugrunde liegenden Fragebogen. Acht der angeschriebenen Probanden waren zum Zeitpunkt des Anschreibens nicht mehr im Unternehmen aktiv; eine Gesellschaft hatte sich bereits aufgelöst. Somit wurden 237 Gesellschaften resp. 363 Investmentmanager gesichert erreicht. Insgesamt lehnten 32 angeschriebene Investmentmanager die Teilnahme an der Studie ab. Der Rest der versendeten Anschreiben blieb unbeantwortet. 96 schriftliche Fragebögen wurden ausgefüllt zurückerhalten. Die Online-Umfrage generierte vier brauchbare Datensätze. Es ergibt sich somit eine „gesamte" Rücklaufquote (alle angeschriebenen Investmentmanager) von 27,5%.[125] Sämtliche zurückerhaltene Fragbögen konnten in die Studie einbezogen werden. Die Rücklaufquote kann aufgrund der häufigen Anfragen an Investmentmanager und deren zeitlicher Belastung aus den Beteiligungsgeschäft als sehr gut eingestuft werden.

[125] Auf die teilnehmenden Gesellschaften bezogen, ergibt sich eine Rücklaufquote von ca. 39%. Zur Berechnung wurde hierzu das Sample um „doppelte" Antworten auf einzelnen Gesellschaften bereinigt. Diese Bereinigung ergab, dass insgesamt 93 Einzelgesellschaften an der Erhebung teilgenommen haben.

Nachdem in den vorangegangenen Abschnitten die Erhebung, die Erhebungsinstrumente und die Durchführung der Hauptuntersuchung beschrieben wurden, soll im Folgenden das erreichte Sample näher charakterisiert werden.

1.3 Charakterisierung der befragten Beteiligungsgesellschaften

Die Charakteristika der erhaltenen Stichprobe haben im weiteren Verlauf der Untersuchung eine zentrale Funktion. Vornehmlich dient ein großer Teil dieser Hintergrundvariablen einerseits als Stichprobenvariablen zur Unterscheidung von Stichprobengruppen in den deskriptiven, explorativen Analyse (Kapitel 2 und 3), während andererseits ausgewählte Charakteristika als Determinanten der Nachhaltigkeitsorientierung (Kapitel 4) verwendet und auf ihre Wirkung hin untersucht werden.

Die Charakteristika der Beteiligungsgesellschaften sind deskriptive Merkmale und Fakten der Untersuchungseinheiten und wurden in Frage 1 bis Frage 6 des Fragebogens a erhoben worden.[126] Es wurden keine spezifischen, konkreten Angaben z.B. zu Erfolg, Größe, konkreten Handlungen oder anderen eher sensiblen Themen abgefragt.[127] Ein Teil der Variablen, vor allem Angaben zum Investortyp, wurden durch externe Recherchen, beispielsweise in Internetauftritten oder Unternehmensdokumentationen, ermittelt.[128]

In diesem Abschnitt sollen die zentralen Hintergrundvariablen in inhaltlich geordneten Blöcken vorgestellt werden. Der erste Block setzt sich dabei aus den primär konstituierenden Gesellschaftsmerkmalen (Investortyp, Hauptkapitalgeber und geografischer Hauptsitz der Gesellschaften) zusammen. Der zweite Block bezieht sich speziell auf das Volumen des verwalteten Kapitals der Gesellschaften, die durchschnittliche Dauer, mit der Beteiligungen gehalten werden, sowie die Performance-Einschätzungen der Gesellschaften gegenüber ihren Konkurrenten. Im dritten Block sollen investitionsspezifische Determinanten der Gesellschaf-

---

[126] Die Auswahl der Charakterisierungsvariablen erfolgte anhand der Beschreibungen in Kapitel B.1. Des Weiteren wurde diese Auswahl mit anderen, Private Equity-bezogenen Fragebögen (z.B. Brinkrolf, 2002; Welpe, 2004; Meier, Hiddemann & Brettel, 2006) bzw. Controlling-bezogenen Fragebögen (Littkemann, 2004) verglichen und um fehlende Merkmale ergänzt.

[127] Die „Antwortbereitschaft" der Probanden hinsichtlich der Sensibilisierung zu bestimmten Daten wurde, wie bereits in Abschnitt C.1.2 erwähnt, in einem Pretest mit ca. sechs aktiven, leitenden Private Equity-Managern aus verschiedenen Bereichen untersucht. Als Resultat des Tests wurden bestimmten Fragen (aus allen Teilen des Fragebogens) hinsichtlich der identifizierten/ wahrgenommenen Hinweise und Einwände abgeändert.

[128] Der Großteil der Variablen geht jedoch auf direkte Aussagen der Beteiligungsgesellschaften zurück. Es wurde im Verlauf weitgehend versucht, auf eine sekundäre Ausweitung bzw. Erweiterung des Datensatzes durch unternehmensexterne Daten zu verzichten.

ten (bevorzugte Beteiligungsarten, Wichtigkeit spezifischer Investitionskriterien, Relevanz von bestimmten Unterstützungsleistungen) des Samples vorgestellt werden.

1.3.1 Konstituierende Gesellschaftsmerkmale

Bezüglich der **Investortypen**, als Element des ersten inhaltlichen Blocks, konnten nur die namentlich erwähnten teilnehmenden Gesellschaften klar zugeteilt werden. Daraus ergibt sich, dass die zugeordneten Investorentypen lediglich n_{Iges} = 76 Gesellschaften umfassen.[129] Spätphaseninvestoren sind dabei mit 52,6% (n_{SpI} = 40) gegenüber den Frühphaseninvestoren mit 47,4% (n_{FpI} = 36) nur sehr leicht überrepräsentiert.

Neben der Zuordnung zu einem Investortyp sind vor allem die **Hauptkapitalgeber** einer Beteiligungsgesellschaft ein zentrales Merkmal der untersuchten Unternehmen. Die Zusammensetzung der Hauptkapitalgeber kann unter Umständen das Verhalten der Gesellschaft stark prägen, wobei vor allem ihre Anforderungen eine zentrale Rolle einnehmen (siehe hierzu die Ausführungen in Kapitel B 1.2 sowie die empirischen Ergebnisse in C.3.3.1.3 und C.4.3.6 – C.4.3.8). Die Zusammensetzung der Hauptkapitalgeber wurde in Frage 1 des Fragebogens erhoben. Die Probanden wurde aufgefordert, aus einer Liste von fünf möglichen Kapitalgebern (Versicherungen & Banken, Pensionskassen, Unternehmen, Private Investoren & Family Offices, Fund of Funds & Investmenthäuser)[130] diejenigen zu bestimmen, die einen Anteil von über 40% am gesamten verwalteten Kapital ihrer Gesellschaft ausmachen. Mehrfachantworten waren möglich. Soweit eine bestimmte Kapitalgeberart nicht aufgeführt war, konnten die Probanden diese unter der Rubrik „Andere" ergänzen. Im Ergebnis (n_{HKges} = 100 bei insgesamt 128 Nennungen) sind die Versicherungen & Banken [*HKVerB*][131] im Gesamtsample mit 42,3% ($n_{HKV\&B}$ = 55) die dominierende Kapitalgeberart. Andere eher stark vertretene Arten sind die Fund of Funds [*HKFoF*] (14,1%; n = 18); die Pensionskassen [*HKPen*] (12,5%; n = 16) sowie Privatinvestoren [*HKPriv*] (15,7%; n = 20). Unternehmen [*HKUnt*] sind mit le-

[129] Eine Unterscheidung wurde lediglich hinsichtlich Frühphasen- und Spätphaseninvestoren getroffen. Aufgrund der Angaben der Internetauftritte vorhandener Unternehmensdokumentation und den Erklärungen des BvK e.V. wurden die einzelnen bekannten Gesellschaften den beiden Gruppen zugeordnet. Dabei entschied vor allem die Nennung der Investitionsobjekte bzw. deren Finanzierungs- oder Entwicklungsphasen über die Zuordnung. So wurden Gesellschaften, die konkret eine Buyout-Finanzierung oder ähnliches angaben, den Spätphaseninvestoren zugeordnet. Andersherum wurden Gesellschaften den Frühphaseninvestoren zugeordnet, soweit hier keine Nennung von Buyout-Finanzierungen vorhanden waren resp. diese Finanzierungen nur bis zur Expansionsphase eingingen.

[130] Die Auswahl der genannten Hauptkapitalgeber erfolgte in Abgleich mit relevanten Studien; vgl.: Wegner, 2003, S. 26; Steurer et al., 2005; Cumming, Siegel & Wright, 2007, S. 451.

[131] Die Kürzel in eckigen Klammern bezeichnen die SPSS-Codierung der einzelnen Variablen und werden im weiteren Verlauf für alle Variablen zur besseren Identifikation angegeben

diglich 7,8% (n = 10) nur wenig vertreten (siehe hierzu Abbildung 17). Da Wegner (2003)[132] sowie Kaserer et al. (2007) eine ähnliche Verteilung der Hauptkapitelgeber darstellen, ist anzunehmen, dass das Sample diese relativ gut widerspiegelt.

Die Auswertung der Angaben in der Rubrik „Andere“ [*HKAnd*] ergab, dass neben den genannten Kapitalgeberarten vor allem Universitäten[133] und offizielle Regierungsinstitutionen, z.B. die Europäische Union, Bund und Länder, sowie Kammern und Verbände wichtige zusätzlich Kapitalgeber der befragten Beteiligungsgesellschaften sind. Bezüglich der (deutschen) staatlichen Institutionen wurde vor allem z.B. die Kreditanstalt für Wiederaufbau (KfW) mit ihren ERP-Beteiligungsprogrammen als wichtige Quelle erwähnt. Bei der Analyse der namentlich bekannten Gesellschaften stellt sich heraus, dass diese „öffentlichen“ Kapitalquellen vor allem von den Öffentlichen Beteiligungsgesellschaften, d.h. den Eigenkapitalfonds von öffentlichen Institutionen bzw. staatseigenen Kreditanstalten[134], als wichtig benannt werden. Vor allem in Bezug auf die öffentlichen Beteiligungsgesellschaften werden zudem Mutter-Kapitalgesellschaften als zentrale Kapitalgeber genannt, die Eigenkapital aus ihren eigenen Bilanzen in den öffentlichen Fonds investieren.[135] Ein Teil der Probanden gibt zusätzlich an, dass Aktionäre einen zentralen Teil des verwalteten Kapitals stellen. Dies gilt somit nur für die Beteiligungsgesellschaften, die sich gesondert über den (öffentlichen) Kapitalmarkt finanzieren. Diese Gesellschaften weisen hierdurch eine (sehr) breite Streuung der einzelnen Kapitelgeber auf. Als letzter Punkt müssen Gesellschaften erwähnt werden, die keine

---

[132] Wegner (2003) basiert seine Ergebnisse hier auf die Daten des BvK aus dem Jahr 2001; vgl.: Wegner, 2003, S. 26.

[133] Universitäten als Kapitalinvestoren bzw. Kapitalgeber von Beteiligungsgesellschaften sind vor allem in den USA sehr verbreitet. Dies liegt vor allem an der spezifisch amerikanischen universitären Struktur. Durch hohe Studiengebühren und ein ausgeprägtes *Sponsorship-* bzw. *Donation-System* verfügen die zahlreichen „Top-Universitäten“ (Princeton, Harvard, Standfort, Berkeley, Chicago etc.) z.T. über sehr hohe Kapitalbestände, die professionell verwaltet werden. Um ein gute Kapitalausstattung auch in Zukunft garantieren zu können, legen die Universitäten ihre Kapitalüberschüsse in großem Maße national und international an. Ein Beispiel hierfür ist die Harvard University, Cambridge MA, die neben zahlreichen anderen Investitionen zu den größten Waldbesitzern in Neuseeland gehört.

[134] Öffentliche Beteiligungsgesellschaften sind meist nicht gewinnorientierte Gesellschaften, die auf kleine und mittlere Unternehmen spezialisiert sind und diesen Beteiligungsmöglichkeiten anbieten. Finanzierungen nehmen meist die Form einer Stillen Beteiligung an und werden auf längere Zeit (ca. 10 Jahre) gehalten. Meist findet während dieser Zeit keine Beeinflussung der Portfoliounternehmen durch die Investoren statt. Aufgrund der nicht vorhandenen Gewinnorientierung werden die Anteile meist zum Nominalwert zurückgeführt. Neben den bereits genannten Kreditanstalten gibt es häufig auch Kammern und Verbände und Banken, die keinen direkten Einfluss auf die Geschäftsführung nehmen; vgl.: u.a. Achleitner et al., 2004, S. 72-76.

[135] Anders als bei industriellen „Mutter-Gesellschaften“ wird diese Art der Kapitalbeschaffung in dieser Untersuchung nicht als herkömmliches Corporate Venture Capital (CVC) bezeichnet. Zur Abgrenzung und Beschreibung des CVC siehe Gompers & Lerner (1998, S. 6-10).

Kapitalgeber haben, die die genannten Spezifikationen (mehr als 40,0% des verwalteten Kapitals) erfüllen.

Der **geografische Hauptsitz** [*GeoReg*] der Probanden ist das letzte Element des ersten inhaltlichen Blocks. Die Probanden wurden hierzu in Frage 2 des Fragebogens aufgefordert, aus drei Auswahlmöglichkeiten zu spezifizieren, ob der Hauptsitz der Gesellschaften a) innerhalb Deutschlands, b) innerhalb von Europa, aber außerhalb von Deutschland oder c) „global", also außerhalb Europas anzusiedeln ist. Es kann angenommen werden, dass es sich bei Gesellschaften mit europäischem Sitz außerhalb Deutschlands vor allem um britische Gesellschaften mit Sitz in London handelt.[136] Des Weiteren sind unter „globalen" Gesellschaften vor allem Beteiligungsgesellschaften aus den USA zu verstehen. Beide „Gesellschaftsarten" sind für a) für ihre Größe und b) für ihre sehr stark international ausgerichteten Investitionsaktivitäten bekannt. Da die Märkte für Eigenkapitalinvestitionen vor allem in den USA und Großbritannien relativ lange bestehen und sehr reif sind, verfügen sie oft über die ausgeprägtesten Erfahrungen in ihren Bereichen (Fried & Hisrich, 1994, S. 30).

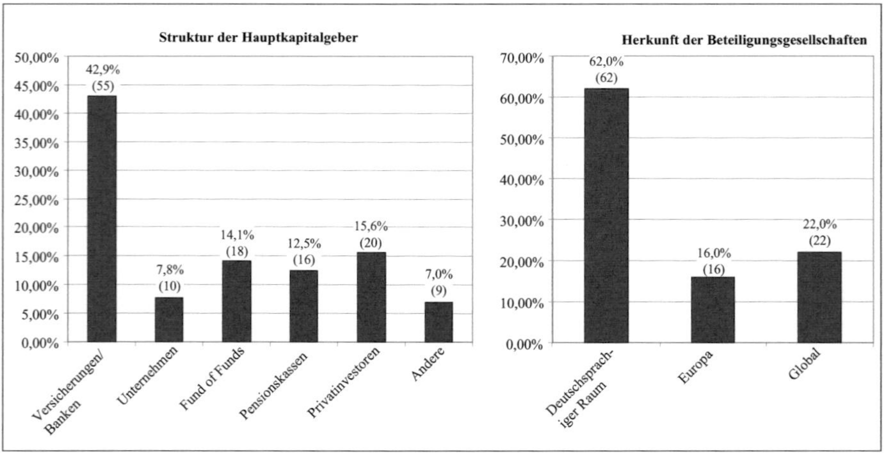

Abbildung 18: Struktur und Herkunft der Hauptkapitalgeber im Gesamtsample
Quelle: Eigene Erhebung

Es zeigt sich, dass 62,0% der teilnehmenden Gesellschaften (n_{HsD} = 62) ihren Hauptsitz in Deutschland haben. 22,0% der Gesellschaften geben an, einen globalen Hauptsitz (n_{HsGlo} =

[136] Siehe hierzu die Übersichten über die geografischen Sitze der größten Beteiligungsgesellschaften in Europa und weltweit bei Kaserer et al. (2007, S. 40-43).

22) zu haben. Danach folgen die europäischen Gesellschaften mit 16 Nennungen, was einem Anteil von 16,0% am Gesamtsample entspricht (siehe Abbildung 18). Somit entspricht die Struktur der abgefragten Gesellschaften gut der grundsätzlichen Verteilung auf dem deutschen Markt für private Unternehmensbeteiligungen entspricht, auf dem relativ vielen kleineren deutschen Gesellschaften einige vergleichsweise große internationale Beteiligungsfonds gegenüberstehen (Kaserer et al, 2007, S. 40-43).

1.3.2 Institutionelle Gesellschaftsmerkmale

Die Analyse der Variablen des zweiten Blocks ergibt an erster Stelle, dass die befragten Gesellschaften durchschnittlich ungefähr 1,2 Mrd. EUR für **Investitionen verwalten** [*VerwKap*]. Dabei beträgt die Spannweite hier ca. 25,1 Mrd. EUR. Die unterschiedlichen Volumina der Gesellschaften reichen von ca. 4,0 Mio. EUR bis 25,5 Mrd. EUR. Die Angaben zum verwalteten Kapital können als Maßzahl für die Größe einer Beteiligungsgesellschaft angesehen werden (Kaserer et al., 2007, S. 39-46). Die weitere deskriptive Analyse ergibt eine stark rechtsschiefe Verteilung (*v(VerwKap)* = 5,97), d.h. eine große Anzahl der Gesellschaften liegt links vom Durchschnitt, d.h., dass ein großer Anteil der Gesellschaften weniger als die durchschnittlich angegebenen 1,2 Mrd. EUR verwaltet. Dies ist sachlogisch nachvollziehbar, da normalerweise nur die wenigsten Gesellschaften weit mehr als 500 Mio. EUR verwalten.

Der **Umfang des investierten Kapitals** [*InvKap*] wurde in dieser Untersuchung als „Messlatte" für die Erfahrung der Investoren angenommen (Nikoskelainen & Wright, 2007, S. 525). Dies bedeutet, dass eine höhere praktische Erfahrung bei den Investoren anzunehmen ist, je mehr Kapital bereits investiert ist,. Es zeigt sich, dass durchschnittlich nur rund 64,0% der gehaltenen Kapitalvolumina investiert sind. Die Spannweite reicht hier von 0,5% (vermutlich für neu angelegte Fonds zum Zeitpunkt der Befragung) bis 100,0%. Die Betrachtung des Durchschnitts kann als Signal für den oft erwähnten, bestehenden Investitionsstau (vgl. hierzu z.B. Züchner, 2006) auf dem Markt für Unternehmensbeteiligungen gesehen werden.

Weiterhin gaben die Probanden hinsichtlich der **Haltedauer** [*Dauer*], mit denen die erworbenen Beteiligungen durchschnittlich in ihrem Portfolio bleiben, einen Durchschnitt von 5,5 Jahren an. Hier reichte die Spannweite der Werte von einem Jahr bis zu 14 Jahren. Auch hier weist die rechtschiefe Verteilung (*v(dauer)* = 1,45) der Daten darauf hin, dass ein Großteil der Gesellschaften ihre Beteiligungen kürzer als die durchschnittlichen 5,5 Jahre halten. Es ergibt sich auch hier eine gute Deckung mit den bisherigen Erkenntnissen der Struktur des Beteiligungsmarktes in Deutschland (siehe hierzu Frommann & Dahmann, 2005).

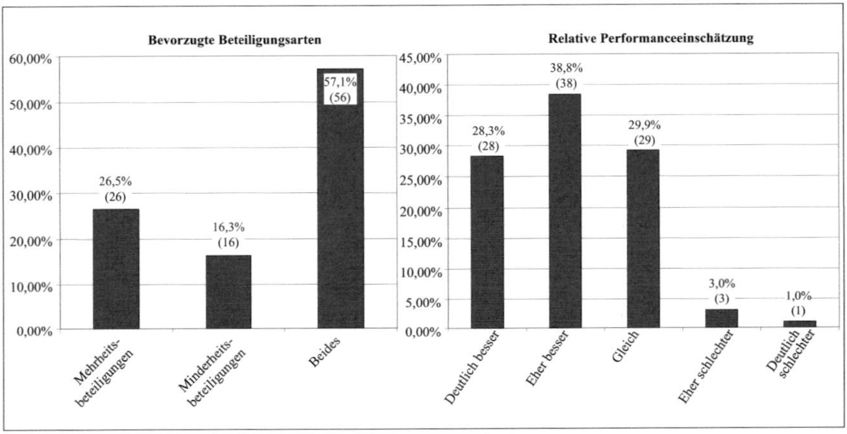

Abbildung 19: Bevorzugte Beteiligungsarten und relative Performanceeinschätzung der Beteiligungsgesellschaften
Quelle: Eigene Erhebung

In Frage 5 des Fragebogens wurden die Probanden aufgefordert, ihre eigene **Performance relativ zum relevanten Wettbewerb** zu beurteilen. Die Bewertung erfolgt anhand eine 5-stufigen Likert-Skala (somit einer Bewertung mit klarem Mittelpunkt) mit den Polen „viel besser“ (1) und „viel schlechter“ (5). Es ergibt sich, dass sich die Befragten Gesellschaften im Durchschnitt „besser“ als der Wettbewerb (Mittelwert = 2,000) einschätzen (siehe Abbildung 19). Die Analyse der einzelnen Ergebnisse zeigt, dass hier lediglich die bereits erwähnten Öffentlichen Beteiligungsgesellschaften abweichen, welche z.T. auch angaben, nach ihren Bewertungen „gleiche“ oder „schlechtere“ Leistungen relativ zum Wettbewerb zu erbringen.

1.3.3 Investitionsspezifische Gesellschaftsmerkmale

Die Erfassung der **bevorzugten Beteiligungsarten**, als Teil des dritten Blocks, dient vor allem der weiteren Spezifizierung der Gesellschaften hinsichtlich ihrer Investitionsstrategien und ihres Verhaltens während der Haltephasen. Wie bereits in Abschnitt B.1.2 erwähnt, korreliert die Beeinflussung der Portfoliogesellschaften oft relativ stark mit den gehaltenen Anteilen der Beteiligungsgesellschaften. Dies gilt vor allem für den Spätphasenbereich, wo in erster Linie größere Anteile gehalten werden und eine aktive Betreuung stattfindet. Im Frühphasenbereich zeigen sich demgegenüber öfters Minderheitsbeteiligungen, vor allem aus Gründen des Risikomanagements im Umgang mit jungen Unternehmen (Welpe & Dowling, 2005, S. 278; Nikoskelainen & Wright, 2007, S. 519). Die Betrachtung der bevorzugten Beteiligungsarten kann also a) als Differenzierung zwischen einem aktiven oder passiven Investor gelten und b) als Basis einer feineren Unterscheidung zwischen Früh- und Spätphaseninvestoren dienen. Die Probanden konnten in Bezug hierauf in Frage 2 des Fragebogens spezifizieren, ob sie bevorzugt a) Minderheitsbeteiligungen, b) Mehrheitsbeteiligungen oder c) beide Beteiligungsarten eingehen. Im Ergebnis gaben 57,2% der Probanden an, keine der beiden ersteren Beteiligungsumfänge zu präferieren (n_{beides} = 56), während 26,5% Minderheitsbeteiligungen (n_{Mind} = 26) und 16,3% Mehrheitsbeteiligungen (n_{Mehr} = 16) bevorzugen (siehe Abbildung 19).

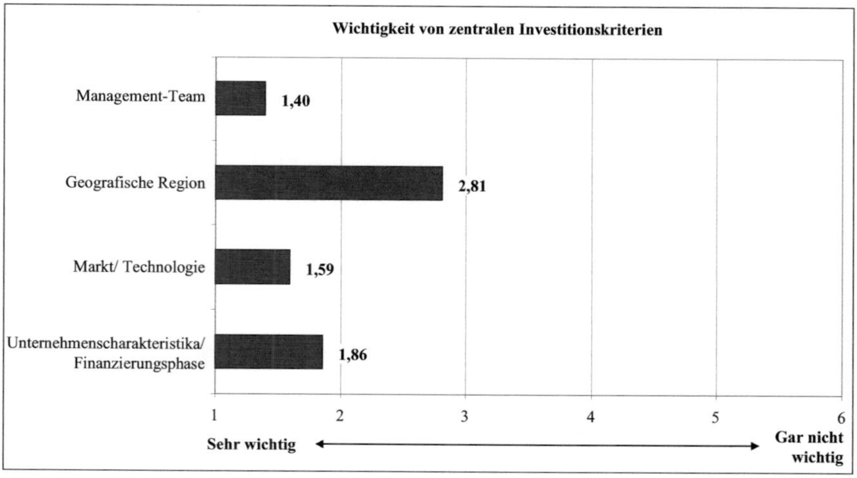

Abbildung 20: Wichtigkeit von zentralen Investitionskriterien
Quelle: Eigene Erhebung

Ein weiteres investitionsspezifisches Merkmal sind die **Kriterien**, anhand derer die Beteiligungsgesellschaften passende Investitionsobjekte auswählen. Den Probanden wurden in Frage 4 des Fragebogens vier mögliche, stark aggregierte Kriterien zur Bewertung angeboten. Die Kriterien repräsentieren hierbei weniger einzelne, spezifische Punkte, sondern eher Gruppen von gleichartigen Kriterien. Die Kriteriengruppen wurden durch Synthese von bekannten, bereits in anderen Erhebungen verwendeten Kriterien gebildet und mit den Teilnehmern des Pre-Tests abgeglichen. Die aufgelisteten Variablen sollten von den Probanden anhand einer 6-

stufigen Likert-Skala mit den Polen „sehr wichtig“ (1) bis „gar nicht wichtig“ (6) bewertet werden[137].

Die Bewertung ergibt, dass die Kriterien „Markt/ Technologie“ [*InvMar*] und „das Management-Team“ eines Unternehmens [*InvMaT*] (M = 1,000) als am wichtigsten bewertet werden. Dies deckt sich sowohl mit den Aussagen der Teilnehmer der Pre-Studie als auch mit bisherigen Markterkenntnissen und wissenschaftlichen Studien (für den deutschen Markt siehe hier v.a. Brettel (2002); Eisele, Habermann & Oesterle (2003)). Scheibehenne, Ising & Schiereck (2003, S. 669) betonen hierzu, dass Markt und Technologien bestimmend sind, da diese häufig die Expertise der Gesellschaften in spezifischen Märkten repräsentieren. Des Weiteren ist das Management-Team, vor allem in Frühphasen, ein bestimmender Faktor für den Unternehmenserfolg bzw. den Erfolg des möglichen Investments (Knecht, 2003). Als zweitwichtigstes Kriterium wurde das Kriterium „Unternehmenscharakteristika/ Finanzierungsphase“ [*InvUCh*] (M 2,000) eingestuft. Die Lokalisierung eines Investitionsobjektes hinsichtlich seiner „geografischen Region“ [*InvGeo*] wurde als „eher wichtig“ ($M = 3{,}000$) bewertet (siehe Abbildung 19 für eine grafische Darstellung der Mittelwertberechnungen).

Auch hier konnten die Probanden weitere Kriterien, die bestimmend für ihre Investitionsentscheidungen bzw. Auswahl ihrer Investitionsobjekte sind, in der Rubrik „Andere“ ergänzen. Es zeigte sich, dass sich die genannten, zusätzlichen Kriterien in zwei Kategorien, unternehmensrelevante und finanzielle Kriterien, unterteilen lassen. Abbildung 21 gibt diese grobe Einteilung wieder.

Es zeigt sich, dass besonders Kriterien zur wirtschaftlichen Lage und zu zukünftigen potentiellen Optimierungs- und Entfaltungsmöglichkeiten eine große Rolle für die befragten Investoren spielen.

[137] Die 6-stufige Likertskala ist eine Erweiterung der 5-stufigen Likertskala, welche auf die Arbeiten von Likert (1932) zurückgeht (siehe hierzu Bortz & Döring, 2003, S. 222-224). Die 6-stufige Variante fügt der originären Skala eine weitere Dimension hinzu. Hierdurch wird vermieden, dass eine „neutrale“ Mitte“ von den Probanden gewählt werden kann. Jeweils müssen die Probanden entscheiden, ob sie eher tendenziell positiv oder negativ stimmen. Nach Klandt (2007) können die Ergebnisse interpretiert werden, indem ihr logischer Abstand zu einem imaginären Neutralpunkt betrachtet wird; vgl.: Klandt, 2007, S. 82.

Unternehmensrelevante Kriterien	Finanzielle Kriterien
• Auktionen/Proprietär • Eigentums- & Transaktionsstruktur • Exitmöglichkeiten • (adäquate) Risikostruktur • (klare) Erfolgstreiber / Werttreiber / Geschäftsmodell (z.B. Inhaber) • Klare Alleinstellungsmerkmale • (vorhandene) Strategie • Sales- und Marketingplan	• Operative Performance / Stabilität des Unternehmens / Stabilität des EBIT • (vorhandenes) Restrukturierungspotenzial / Operative Gestaltungspotentiale • Positiver Cashflow / Liquidität • (vorhandene) Synergiepotenzial (Synergien) • Skalierbarkeit • Unternehmensbewertung • Wachstumspotenzial; „Wachstum & Profitabilität“

Abbildung 21: Kategorien zusätzlich genannter Investitionskriterien
Quelle: Eigene Darstellung

Als letzter Punkt dieses dritten Blocks wurde die Probanden in Frage 11 des Fragebogens gebeten, neun mögliche **Unterstützungsarten**, die sie in bzw. für ihre Portfoliounternehmen durchführen bzw. (z.B. durch externe Beratungsunternehmen; hierzu Wegner, 2003, S. 38-41) veranlassen, auf ihre Wichtigkeit hin zu bewerten. Die Unterstützungsarten stehen in dieser Untersuchung als Statthalter für die unterschiedlichen Möglichkeiten, mit denen Investoren Einfluss auf ihre Portfoliounternehmen nehmen können. Dieses Konzept geht auf Erkenntnisse zurück, dass sich unterschiedliche Investorarten verschieden stark in ihre Beteiligungen „einmischen“[138], wobei besonders zwischen Früh- und Spätphaseninvestoren unterschieden werden muss (Wright & Robbie, 1998, S. 525; sowie die Ausführungen in Abschnitt B.1.2).

Die Bewertung sollte anhand einer 6-stufigen Likert-Skala mit den Polen „sehr wichtig“ (1) und „gar nicht wichtig“ (6) erfolgen. Die verschiedenen abgefragten Leistungen lassen sich bei sachlogischer Betrachtung grob in die drei Bereiche a) strategische Unterstützung/ Beeinflussung, b) Unterstützung/ Beeinflussung des Controllings; c) operative Unterstützung/ Be-

[138] Hier wurde spezifisch von Unterstützungsleistungen und nicht von „Einflussnahme“ gesprochen, um dem Umstand Rechnung zu tragen, dass Beteiligungsgesellschaften, die einen zu starken Einfluss auf Unternehmensentscheidungen nehmen, „faktische Geschäftführung“ unterstellt werden kann. Dies führt zum einen dazu, dass sie im Risiko stehen, im Falle einer Insolvenz vollumfassend verantwortlich für entstehende Ansprüche gemacht zu werden (finanzielles Risiko), und zum anderen damit auch steuerlich als Gewerbetreibende anerkannt zu werden und damit einen steuerlichen Nachteil zu erleiden (steuerliches Risiko); vgl.: Bredeck, 2002, S. 98.

einflussung unterteilen. Aufgrund dessen wurde für die neun erhobenen Variablen eine explorative Faktorenanalyse[139] durchgeführt. Die Ergebnisse sind in Tabelle 1 abgetragen.

Ergebisse Faktorenanalyse			
Rotierte Komponentenmatrix	Enflstrk	Enflcon	enfloper
Festlegung der Unternehmenspolitik und -struktur	0,726		
Ausrichtung der Unternehmensstrategien und –ziele	0,845		
Festlegung der Liquiditäts- und Finanzierungsstruktur	0,766		
Festlegung der Ergebnis- und Rentabilitätsziele	0,708		
Ausrichtung/ Gestaltung der Controllinginstrumente			0,845
Beurteilung von Investitionen			0,722
Personalentscheidungen		0,736	
Vertriebsentscheidungen		0,85	
F&E-Entscheidungen		0,887	
Extraktionsmethode: Hauptkomponentenanalyse			
Rotationsmethode: Varimax mit Kaiser-Normalisierung; Bestimmung der Clusteranzahl mittels Parallelanalyse			

Tabelle 1: Faktorenanalyse zur Beeinflussung von Portfoliounternehmen
Quelle: Eigene Erhebung

Es ergeben sich die drei sachlogisch erwarteten Faktoren. Dabei laden die ersten vier klar strategisch-orientierten Variablen auf den ersten Faktor. Dieser wird somit als "strategische EInflussnahme" [*enflstrk*] charakterisiert. Operative Unterstützungsleistungen (wie z.B. „Personal-„ oder “F&E-Entscheidungen“) laden auf den zweiten Faktor [*enfloper*]. „Investitionsbeurteilung“ und „Controlling-Definition“ sind controlling-relevante Varialen. Der dritte Faktor wird daher als "Controllingeinflussnahme" [*enflcon*] gekennzeichnet. Die drei identifizierten Faktoren erklären insgesamt 72,1% der Gesamtvarianz und können damit als sehr aussagekräftig interpretiert werden.

Für die ermittelten Faktoren wurden die Mittelwerte der Bewertungen der jeweils auf die Faktoren ladenden Variablen für jeden der 100 Fälle berechnet. Die Mittelwerte werden im Fol-

[139] Grundsätzlich kann zwischen einer explorativen Faktorenanalyse (EFA) und einer konfirmatorischen Faktorenanalyse (KFA) unterschieden werden. Das explorative Verfahren stellt dabei ein hypothesengenerierendes und das konfirmatorische Verfahren ein hypothesenüberprüfendes Verfahren dar. Die explorative Faktorenanalyse wird dann eingesetzt, wenn keine konkreten Hypothesen über die Anzahl der Variablen existieren, die wirklich in einem Datensatz vorhanden sind. Ausgangspunkt einer Faktorenanalyse ist somit immer eine große Anzahl von Variablen, von denen a priori nicht bekannt ist, ob und in welcher Weise sie miteinander zusammenhängen. Die Faktorenanalyse untersucht, ob sich unter den betrachteten Variable Gruppen befinden, denen jeweils eine einzelne, komplexe Hintergrundvariable zugrunde liegt (= Faktor). Die notwendigen Schritte der Faktorenanalyse gliedern sich wie folgt: 1) Wahl der Art der Extraktionsmethode, 2) Wahl der Abbruchkriteriums, 3) Methode der Faktorrotation. Hinsichtlich der Extraktionsmethode wird grundsätzlich zwischen der Hauptkomponenten- und der Hauptachsenmethode unterschieden. Die Hauptkomponentenmethode versucht dabei möglichst viel der Varianz durch Linearkombinationen der Variablen (Faktoren) zu erklären, während die Hauptachsenmethode versucht, latente Konstrukte in den Beziehungsmustern der manifesten Variablen zu entdecken. Die Anzahl der Faktoren wird mittels des Eigenwerteverkaufs ermittelt. Hier bei stehen die Verfahren des Kaiser-Kriteriums (Kaiser & Dickmann, 1959), des Scree-Plots (Cattell, 1966) und der Parallelanalyse (Horn, 1965) zur Verfügung. In der vorliegenden Untersuchung wurde die Hauptkomponentenmethode angewendet. Die Rotation erfolgte mittels der Varimax-Rotation. Die Anzahl der Faktoren wurde nach dem Kaiser-Kriterium ausgewählt und mittels der Parallelanalyse verifiziert; vgl. Moosbrugger & Schermelleh, 2007, S. 8.

genden als die zugehörigen Variablenwerte verwendet.[140] In der Analyse der neuen Variablen ist zu erkennen, dass die Probanden der Einflussnahme auf die Strategie [*enflstrk*] ihrer Portfoliounternehmen eine wichtigere Rolle einräumen (M = 2,250) als der Einflussnahme auf das Controlling [*enflcon*] (M = 2,500) oder die operativen Abläufe der Beteiligungen [*enfloper*] (M = 3,000). Dennoch kann festgestellt werden, dass alle drei Maßnahmen als „wichtig" betrachtet werden.

2. Bewertung zentraler Nachhaltigkeitskomponenten durch Beteiligungsgesellschaften

2.1 Einführende Bemerkungen und Definitionen

2.1.1 Ziele und Aufbau der Analyse

Wie bereits in der Einführung zu diesem Untersuchungsteil beschrieben, existieren bisher kaum gesicherte Erkenntnisse darüber, welche Rolle spezifische Nachhaltigkeitsthematiken im Private Equity-Bereich spielen. Bisher wurden Bewertungen von Nachhaltigkeitsthemen vor allem bei Managern von (Industrie-) Unternehmen durchgeführt. Beispiele sind die Studien von Holmes (1976), Bowman (1977); Quarzi & O'Brien (2000), Rosjek (2001), Marz et al. (2003) und Steeger, Ionescu-Somers & Salzmann (2007).

Das Nachhaltigkeitskonzept ist sehr divers und per se nicht auf eine einzelne Weise stringent abfragbar. Es stellt sich somit hier die Frage, wie die Relevanz eines ganzen Konzeptes innerhalb der Untersuchung erfasst werden kann. Da wie bereits erwähnt auf die explizite Nennung des „Begriffs" Nachhaltigkeit verzichtet werden sollte, wurde von vornherein ausgeschlossen, bereits existierende Konzepte zur „Abfrage" des Stellenwertes der Nachhaltigkeit bei Unternehmen (z.B. von Hahn & Scheermesser, 2006) zu verwenden. Stattdessen orientiert sich die Studie konkret an den grundlegenden Elementen der Übertragung des Konzeptes der nachhaltigen Entwicklung auf den Unternehmenssektor. Diese staffeln sich in Abhängigkeit ihrer Konkretisierung (siehe Abbildung 22).[141]

Konform mit dem Konzept aus Abschnitt B.2.1, stehen am Anfang auf der abstraktesten Konkretisierungsebene die grundlegenden **Dimensionen** der nachhaltigen Entwicklung (Öko-

[140] Die Berechnung der neuen Faktorenwerte erfolgt nach folgendem Algorithmus: [$Faktorwert_{neu} = (Var_1 + Var_2 + \ldots + V_n) / n$].

[141] Die Abbildung gibt den Untersuchungsrahmen dieses Abschnittes wieder. Aufgrund der explorativen Natur dieses Untersuchungsabschnittes erfolgt die Darstellung in Form eines begrifflichen Bezugsrahmens; vgl.: Klandt, 2007, S. 64.

nomie, Ökologie und Gesellschaft). Auf Unternehmensebene übersetzt, können diese Dimensionen jeweils als Herausforderungen bzw. bestehende Anforderungen interpretiert werden (Schaltegger, Bennett & Burrit, 2006, S. 3; so auch Schmidtheiny, 1992, S. 32-40). Zusätzlich wird hier zu Differenzierungszwecken die Dimension de>r „klimatischen Anforderungen“ aufgenommen. Hier wird die Frage bearbeitet, ob Private Equity-Investoren überhaupt auf abstrakter Ebene andere als rein ökonomische Anforderungen in ihrem Geschäft wahrnehmen (Kapitel C.2.2.1).

Ausgehend von dieser Ebene stellen **Anspruchsgruppen** (stakeholder) die nächste Konkretisierungsebene dar (Kapitel C.2.2.2). Anforderungen werden durch diese gestellt und durchgesetzt. Welche Gruppen spezifisch als wichtig erachtet werden, lässt konkretisierende Schlüsse zu. Demnach bilden die Betrachtung und Bewertung verschiedener Anspruchsgruppen durch die Private Equity-Investoren einen zweiten elementaren Teil der Beurteilung des Nachhaltigkeitskonzeptes.

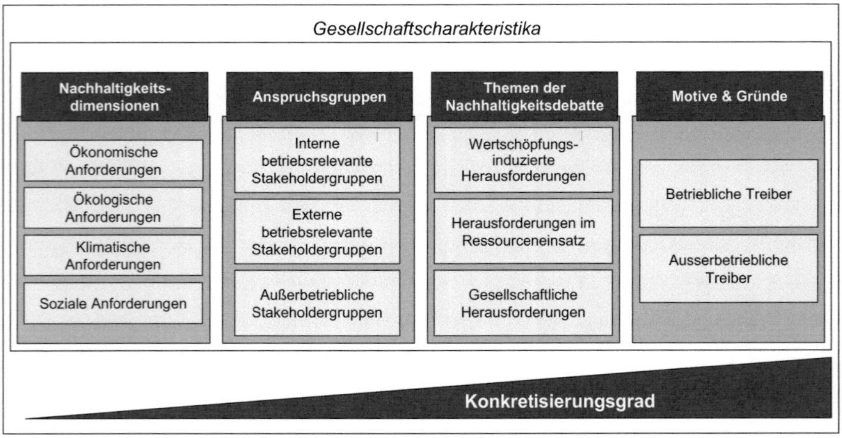

Abbildung 22: Untersuchungselemente der Bewertung grundlegender Nachhaltigkeitsthematiken
Quelle: Eigene Darstellung

Eine weitere Konkretisierung ist die Betrachtung der **aktuellen politischen und gesellschaftlichen Diskussion (Nachhaltigkeitsdebatte)**. Diese wird eben durch die vorher abgefragten Anspruchsgruppen bzw. ihre Bedürfnisse getrieben und gelenkt. Daher stellt sich die Frage, was Private Equity-Investoren bewegt, genauer, welche Themen und sich abzeichnende Veränderungen eine spezifische Bedeutung für die Investoren haben (Kapitel C.2.2.3).

Die letzte und konkreteste Ebene ist die Frage nach dem „weshalb“. Diese Frage umfasst die **Treiber**, also Gründe und Motive, weshalb sich Private Equity-Investoren mit den genannten und geprüften Elementen überhaupt beschäftigen bzw. beschäftigen würden (Kapitel C.2.2.4).

Den Abschluss bilden eine überblicksartige Zusammenfassung der Ergebnisse sowie die Formulierung vorläufiger Erwartungen an die folgenden Teile (C.2.3).

Die Ergebnisse aller vier Unterteile sollen einen Beitrag zur hinreichenden Beantwortung von Forschungsfrage 1 leisten: Wie bewerten Private Equity-Investoren aktuelle politische und gesellschaftliche Trends? Ziel dieses Abschnitts ist also die Beschreibung der Befunde der Bewertung von grundlegenden Nachhaltigkeitsthemen und Konzepten durch Beteiligungsgesellschaften in Deutschland. Inhaltlicher Zweck ist es dabei, einen ersten Eindruck der Wahrnehmung bestimmter, nachhaltigkeitsrelevanter Themengebiete und Konzeptelemente zu ermitteln. Zusätzlich sollen die Ergebnisse weiterhin auf Unterschiede zwischen bestimmten Gesellschaftsmerkmalen hin untersucht werden.

Die Analyse erfolgt in Form einer empirisch-quantitativen Exploration (Bortz & Döring, 2003, S. 373-285). Durch die Auswertung und Aufbereitung der gewonnenen quantitativen Daten sollen bisher unberücksichtigte oder unentdeckte Muster und Regelläufigkeiten in den Messwerten sichtbar gemacht werden. Dazu werden die Daten zuerst mittels deskriptiver Statistik (Häufigkeitsverteilungen, Maße der zentralen Tendenz und Dispersion) untersucht. Ziel ist die Gewinnung eines Überblicks des Datenmaterials sowie erste Merkmalsgruppenvergleiche. Dabei soll sowohl auf numerische als auch auf grafische Darstellungen zurückgegriffen werden.

Die Analyse des erhobenen Datensatzes erfolgt anhand verschiedener statistischer Methoden. Neben der rein deskriptiven Analyse der Ergebnisse werden zur aktuellen Bewertung Tests zur Unterscheidung der Erkenntnisse hinsichtlich bestimmter Stichprobenausprägungen durchgeführt. Aufgrund der ordinalen Skalierung der zu untersuchenden Variablen wurde hier auf nicht-parametrische Tests für zwei Stichproben (Mann-Whitney-U-Test[142]) und für mehre

[142] Der Mann-Whitney-U-Test wird zur Überprüfung der signifikanten Unterscheidung der Mittelwerte zweier Variablen angewendet. Er gehört zur Gruppe der nicht-parametrischen Tests. Der Test stellt, anders als die parametrischen Tests (hier der t-Test), keine besonderen Bedingungen an die Daten-Verteilung. Die Ordinalskalierung der Daten reicht aus. Methodisch bringt der Mann-Whitney-U-Test die Scores beider betrachteter Gruppen in eine aufsteigende Reihenfolge und gibt diesen Ränge. Anschließend wird für die beiden Gruppen getrennt die Summe der Rangwerte berechnet. Anhand der Betrachtung der beiden sich ergebenden Summen wird die Null-Hypothese getestet, dass beide Stichproben aus der gleichen Grundgesamtheit stammen. Um verifiziert zu wer-

Stichproben (H-Test nach Kruskal-Wallis[143]) zurückgegriffen.[144] Den hier angewendeten Methoden ist explizit ein explorativer Charakter zuzuschreiben. Damit sind auch die Ergebnisse primär als vorläufig zu betrachten. Die gewonnenen Aussagen sind strikt von statistischen Hypothesenprüfungen zu unterscheiden. Somit sind die verwendeten Signifikanztest nicht als Prüfung zu interpretieren, sondern vielmehr als Beurteilung der Bedeutung des beobachteten Effektes (vgl. Bortz & Döring, 2003, S. 384; hierzu auch Oldenbürger, 1996, S. 72). Die dazu verwendeten Variablen sollen im folgenden Abschnitt (C.2.1.2) kurz charakterisiert werden.

2.1.2 Operationalisierung der verwendeten Charakteristika

Die Stichprobenvergleiche wurden hinsichtlich der konstituierenden, institutionellen und investitionsspezifischen Gesellschaftsmerkmale durchgeführt. Ziel ist es, auf mögliche Unterschiede in den Charakteristika der Beteiligungsgesellschaften hinzuweisen. Da die für die Stichprobenanalyse zu verwendenden Variablen nur zum Teil für die Analyse tauglich sind, wurden die originär auf metrischem und ordinalem Niveau erhoben Variablen zur einfacheren Berechnung und Interpretation zu kategorialen Variablen umkodiert (Bühl & Zöfel, 2002, S. 11). Die untenstehende Abbildung gibt einen Überblick über die verwendeten Beteiligungscharakteristika sowie ihre Operationalisierung zur Durchführung der angesprochenen Tests (siehe Abbildung 23).

Im Folgenden soll knapp auf die neu gebildeten Variablen bezüglich der Gesellschaftsgröße, der Haltedauer sowie der einzelnen Einflussarten eingegangen werden. Die restlichen Variablen wurden bereits in Abschnitt C.1.3 auf ihre Ausprägungen hin beschrieben.[145]

Die auf metrischem Niveau (in Mio. EUR) erhobenen **Größen** der jeweiligen Beteiligungsgesellschaften [*GröKat*] wurden in fünf Größenklassen unterteilt. Die Häufigkeitsauszählung

den, sollten die Wert der beiden Gruppen Werte ungefähr gleichmäßig verteilt sein, also fast gleich groß sein; vgl. Brosius, 1998, S. 758. Bühl & Zöfel, 2002, S. 115-120.

[143] Der H-Test nach Kruskal & Wallis gehört wie der Mann-Whitney-U-Test zur Gruppen der nichtparametrischen Tests. Allerdings werden hier die Mittelwerte mehrerer unabhängiger, mindestens ordinalskalierter Stichprobenvariablen verglichen. Auch hier gelten weniger strikte Anforderungen an die zu überprüfenden Daten wie in vergleichbaren parametrischen test (hier der F-Test). Der Vergleich der Rangwerte der Daten lässt ein Urteil darüber zu, ob Unterschiede zwischen den betrachteten Gruppen hinsichtlich der Beobachtungsanzahlen vorliegen. Unterschiede konstituieren sich durch die Betrachtung der Größe gegenüber des gemeinsamen Medians; vgl.: Wallace, 1959, S. 225-227.

[144] Dies bedeutet, dass bei Variablen mit zwei Kategorien der U-Test nach Mann-Whitney durchgeführt werden muss und bei Variablen mit mehr als zwei Kategorien der H-Test nach Kruskal-Wallis.

[145] Unabhängig von den folgenden deskriptiven Auswertungen der Ergebnisse wurde auf eine Analyse der Ausprägungen und Beziehungen zwischen den zu beschreibenden Variablen verzichtet. Anzumerken ist jedoch, dass eine pro forma durchgeführte Kreuztabulierung der jeweiligen Variablen untereinander keine signifikanten Zusammenhänge ergab.

ergibt, dass insgesamt 56 Probanden (56,0% des Gesamtsamples) in die kleinste Klasse von unter 250 Mio. EUR fallen. 16 Probanden (16,3%) bzw. 17 Probanden (17,3%) werden den Klassen von 250 Mio. – 500 Mio. EUR bzw. größer als 1 Mrd. EUR zugeordnet. Nur sieben Probanden (7,3%) bzw. zwei Probanden (2,3%) entfallen auf die Größenklassen von 500 Mio. – 750 Mio. EUR bzw. 750 Mio. – 1 Mrd. EUR.

Ordnungs-NR	Variable	Enthaltene Kategorien
1	Größe (verwaltetes Kapital)	▪ < 250 Mio. EUR ▪ 250 Mio. – 500 Mio. EUR ▪ 500 Mio. – 750 Mio. EUR ▪ 750 Mio. – 1 Mrd. EUR ▪ > 1 Mrd. EUR
2	Haltdauer	▪ 0 – 5 Jahre ▪ 5 – 10 Jahre ▪ 10 – 15 Jahre ▪ 15 – 20 Jahre
3	Investortyp	▪ Frühphaseninvestor ▪ Spätphaseninvestor
4	Beteiligungsart	▪ Mehrheitsbeteiligung ▪ Minderheitsbeteiligung ▪ Beides
5	Geografischer Hauptsitz	▪ Deutschland ▪ Europa ▪ Global (außerhalb Europa)
6	Umfang strategischer Einfluss	▪ Strategischer Einfluss ▪ Kein strategischer Einfluss
7	Umfang Eingreifen in Controlling	▪ Einfluss auf Controlling ▪ Kein Einfluss auf Controlling
8	Umfang operativer Einfluss	▪ Operativer Einfluss ▪ Kein operativer Einfluss

Abbildung 23: Überblick über verwendete Stichprobenvariablen
Quelle: Eigene Erhebung

Die ebenfalls auf metrischem Niveau (in Jahren) erhobene durchschnittliche **Haltedauer** der Beteiligungsgesellschaften [*DauerKat*] wurde in insgesamt vier Klassen unterteilt. Die Häufigkeitsanalyse ergibt, dass ein Großteil der befragten Beteiligungsgesellschaften, nämlich 62 Probanden (62,3% des Gesamtsamples), ihre Portfoliounternehmen durchschnittlich 5 – 10 Jahre halten. 28 Probanden (28,3%) halten dagegen ihre Portfoliounternehmen unter 5 Jahren, also eher kurz. Nur sieben Probanden (7,3%) halten ihre Portfoliounternehmen 10 -15 Jahre, länger als 15 Jahre halten keine der Probanden ihre Anteile. Die grafischen Aufarbeitungen der beiden beschriebenen Variablenausprägungen sind in Abbildung 24 dargestellt.

Die Variabeln zur Bewertung der Wichtigkeit des **Einflusses** auf bestimmte Entscheidungen, nämlich strategisches Eingreifen [*StratKat*], das Eingreifen in das Controlling des Portfoliounternehmens [*ContrKat*] sowie operatives Eingreifen [*Operakat*], wurden in jeweils zwei Kategorien, „Eingreifen" und „nicht Eingreifen" eingeteilt. Die Einteilung wurde auf Grundlage der jeweiligen Bewertungen der Wichtigkeit der spezifischen Variablen getroffen. So führt eine Bewertung der jeweiligen Variable als tendenziell wichtig (von (1) „sehr wichtig" bis (3) „eher wichtig") zur Einteilung in die „Eingreifen"-Kategorie, während eine tendenziell unwichtige Bewertung (von (4) „eher unwichtig" bis (6) „gar nicht wichtig") eine Einteilung als „nicht eingreifende Gesellschaft" nach sich zieht.

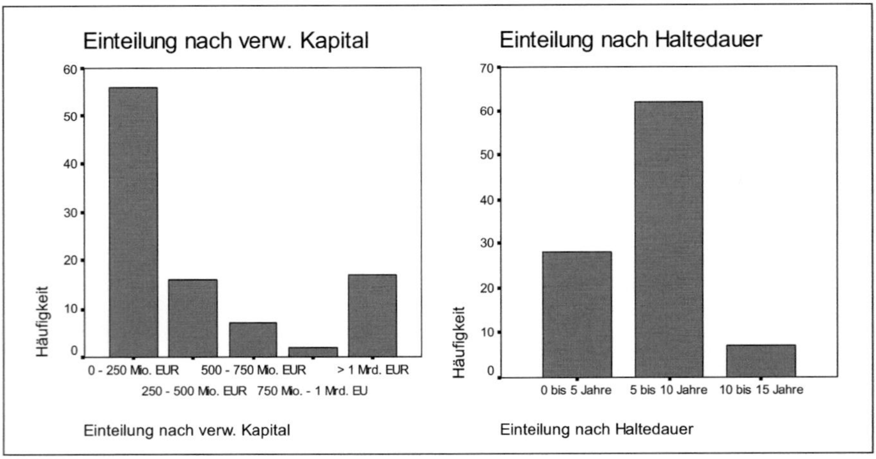

Abbildung 24: Grafische Darstellung der eingeteilten Größenklassen und Haltedauer-Kategorien
Quelle: Eigene Erhebung

79 Probanden (80,3% des Gesamtsamples) nehmen tendenziell aktiven Einfluss auf die Strategie des Portfoliounternehmens. Ausgeglichener präsentiert sich die Beeinflussung des Controllings eines spezifischen Portfoliounternehmens. Hier liegen die „aktiven" Beteiligungsgesellschaften mit 49 Zuteilungen (51,0%) nur knapp über den in diesem Bereich passiven Gesellschaften. Interessanterweise greifen nur 36 Probanden (37,3%) aktiv in das operative Geschäft ein, während 61 Probanden (62,9%) es bevorzugen, keinen Einfluss auf die operativen Belange ihrer Portfoliounternehmen zu nehmen (siehe Abbildung 25).

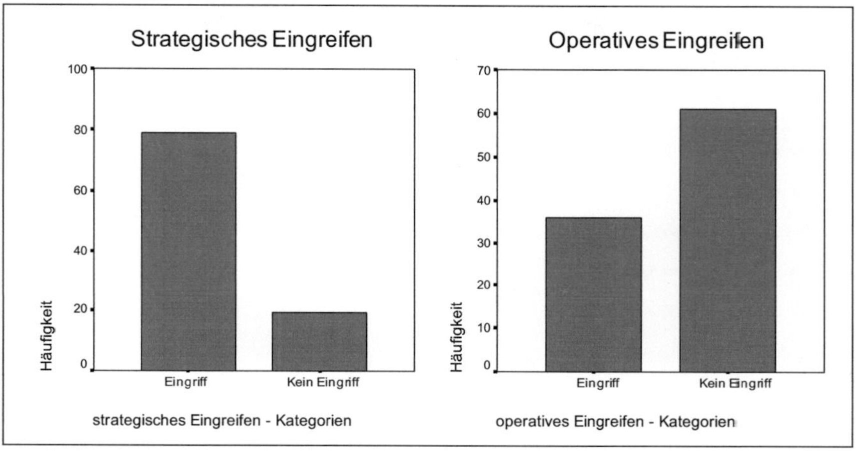

Abbildung 25: Grafische Darstellung der Einflussnahme der Beteiligungsgesellschaften
Quelle: Eigene Erhebung

Die (kategorialen) Charakteristika werden im folgenden Untersuchungsabschnitt (Kapitel C.2.2 – C.2.5) als Stichprobenvariablen verwendet. Dabei soll lediglich auf die Ergebnisse (Mittelwertunterschiede) eingegangen werden, die sich als signifikant auf dem 5%-Niveau[146] erwiesen haben. Diese werden in der Rubrik „signifikante Stichproben" durch die jeweiligen Ordnungszahlen gekennzeichnet.

2.2 Empirische Ergebnisse der Bewertung zentraler Nachhaltigkeitskomponenten

2.2.1 Relevanz der fundamentalen Nachhaltigkeitsdimensionen

Der einleitenden Beschreibung folgend, widmet sich dieser Abschnitt der Relevanz der zentralen Nachhaltigkeitsdimensionen bzw. den daraus resultierenden Anforderungen für die Private Equity-Investoren. Dabei gilt es, sowohl die aktuelle Wahrnehmung der Wichtigkeit dieser Anforderungen als auch eine mögliche Veränderung dieser Bewertung zu einem späteren Zeitpunkt zu erfassen.

[146] Gängigerweise wählt man bei inferenzstatistischen Auswertung in den Wirtschaftswissenschaften ein Signifikanzniveau von 95%, 99% oder 99,9%. Das Signifikanzniveau sollte je nach den erwarteten Auswirkungen eines Fehlers gewählt werden. Je niedriger das Signifikanzniveau, desto extremere Werte der Prüfgröße werden zugelassen, bevor die Null-Hypothese abgelehnt wird. Aufgrund der explorativen Natur der Untersuchung und der als gering bewerteten Einflusses von Fehlern wird hier das 5%-Signifikanzniveau (95%) als ausreichend und adäquat erachtet; vgl.: Sedlmeier, 1996, S. 45-46..

Aktuelle und zukünftige Bewertung von Anforderungen				
	Signifikante Stichproben	Median	Standardabweichung	Schiefe
Ökonomische Anforderungen: Aktuell		1,000	0,645	1,290
Ökonomische Anforderungen: Zukunft		2,000	0,378	-1,784
Ökologische Anforderungen: Aktuell	**1**	3,000	1,068	0,209
Ökologische Anforderungen: Zukunft		1,000	0,502	0,087
Klimatische Anforderungen: Aktuell	**1; 5**	3,000	1,197	0,493
Klimatische Anforderungen: Zukunft		2,000	0,523	0,081
Soziale Anforderungen: Aktuell	***8***	3,000	1,015	0,664
Soziale Anforderungen: Zukunft		2,000	0,468	-0,751
Ordnungsnummern der Stichproben: 1-Größe; 2-Haltedauer; 3-Investortyp; 4-Beteiligungsart; 5-geografischer Hauptsitz; 6-Umfang strategischer Einfluss; 7-Umfang Einfluss auf Contgrolling; 8-Umfang operativer Einfluss.				
Kursive Stichproben-Ordnungsnummers weisen auf distinktes, aber nach Stichprobenvergleich nicht signifikantes Ergebnise hin				

Tabelle 2: Bewertung der aktuellen und zukünftigen Bedeutung unterschiedlicher Anforderungsarten
Quelle: Eigene Erhebung

In Frage 16 des Fragebogens wurden vier Anforderungsgruppen angeführt (ökonomische, ökologische, klimatische und soziale Anforderungen). Die Probanden wurden aufgefordert, die einzelnen Anforderungsgruppen auf ihre aktuelle Wichtigkeit für sie bzw. ihre Portfoliounternehmen hin zu bewerten. Die Bewertung erfolgte hier anhand einer 6-stufigen Likert-Skala mit den Polen „äußerst wichtig" (1) und „gar nicht wichtig" (6). Des Weiteren sollten die Probanden spezifizieren, wie sie die Veränderung dieser Bewertung zukünftig einschätzen. Die zukünftige Bewertung erfolgte anhand einer 3-stufigen Skale mit den Polen „höher" (1) und „niedriger" (3). Für alle vier Anforderungsarten wurden umfangreiche deskriptive Statistiken angefertigt. Zur Detaillierung der Ergebnisse wurden, wie bereits in der Einleitung beschrieben, nicht-parametrische Stichprobenvergleiche berechnet. Tabelle 2 fasst die Ergebnisse der Analysen überblicksartig zusammen.

2.2.1.1 Beurteilung ökonomischer Anforderungen

Wie sachlogisch zu erwarten war, wird aktuellen ökonomischen Anforderungen, also Anforderungen an die wirtschaftliche Leistungsfähigkeit von Unternehmen von Seiten z.B. der Fremdkapitalgeber (Banken) oder der Eigenkapitalgeber (Kapitalmarkt, Investoren, andere

Kapitalgeber), die höchste Bedeutung für sie bzw. in Bezug auf ihren Umgang mit den Portfoliounternehmen zugemessen. Im Durchschnitt bewerteten die Beteiligungsgesellschaften diese Anforderungen als „äußerst wichtig“ (M[147] = 1,000). Mit einer eher geringen Standardabweichung (δ = 0,545) streuen die Bewertungen eher wenig. Dies lässt den Schluss zu, dass der Großteil der befragten Beteiligungsgesellschaften mit dieser Bewertung übereinstimmt.

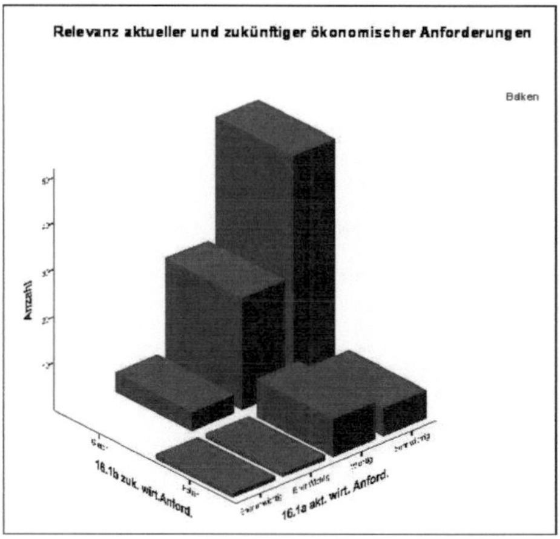

Abbildung 26: Grafische Darstellung der aktuellen und zukünftigen Bewertungen der Wichtigkeit von ökonomischen Anforderungen
Quelle: Eigene Erhebung

Aufgefordert, die zukünftige Entwicklung dieser aktuellen Bewertung einzuschätzen, gaben die Beteiligungsgesellschaften an, dass diese Anforderung nicht an Bedeutung verlieren, sondern gleich bleiben wird. Nur ein sehr geringer Anteil der Probanden schätzte ein, dass ökonomische Anforderungen in Zukunft noch an Bedeutung gewinnen werden. Die folgende Abbildung (Abbildung 26) verdeutlicht dies grafisch. Hier werden Anzahlen der jeweilig abgegebenen Bewertungen der aktuellen Bedeutung mit den spezifischen Einschätzungen der zukünftigen Veränderung der Bewertung in Verbindung gesetzt. Es wird deutlich, dass der Großteil der befragten Beteiligungsgesellschaften die ökonomischen Anforderungen aktuell als äußerst wichtig einschätzt und sie für die Zukunft als gleich bleibend betrachtet. Dies be-

[147] Hier wurde der Median (M) verwendet. Bei der Berechnung des Medians wird die Stichprobe in zwei gleiche Teile getrennt. Vorteile (bessere Interpretation) bietet diese Berechnungsmethodik bei ordinalskalierten Variablen oder bei Variablen mit schiefen, unsymmetrischen Verteilungen. Weiterhin beeinflussen extreme Werte (d.h. Ausreißern) die Ergebnisse kaum; vgl.: Lange & Bender, 2001, S. 25.

stätigt auch die Schiefe der Verteilung[148] (*v(ÖkoAkt)* = -1,784). Diese weist auf eine starke linksschiefe Verteilung, also die Konzentration der Werte auf der rechten Seite der Verteilung, hin.

Hinsichtlich möglicher Unterschiede in den unterschiedlichen zu untersuchenden Stichprobenvariablen zeigten sich keine signifikanten Unterschiede. Dies bestätigt den Eindruck, dass die ökonomischen Anforderungen grundsätzlich für alle Beteiligungsgesellschaften, egal welcher Art, Größe oder nationalen Herkunft bestehen.

2.2.1.2 Beurteilung ökologischer Anforderungen

Als zweite übergeordnete Bedingungen wurden Anforderungen von ökologischer Seite an die Unternehmen überprüft. Diese umfassen vor allem z.B. Anforderungen an den verantwortungsvollen Ressourceneinsatz von Unternehmen oder den Schutz der Umwelt resp. der ökologischen Ressourcen (Biodiversität etc.) bzw. die Vermeidung von durch unternehmerische Handlungen verursachte Umwelt-Schädigungen.

Die direkte Verbindung von ökologischen Anforderungen und Beteiligungsgesellschaften kann den Eindruck erwecken, dass die Überprüfung nur wenig Sinn ergibt, da Beteiligungsgesellschaften nicht produzieren und für ihre Arbeit nur wenige (ökologisch relevante) Ressourcen einsetzen. Sinnvoll wird die Verbindung jedoch, wenn bedacht wird, dass Beteiligungsgesellschaften in den meisten Fällen direkt mit Portfoliounternehmen zusammenarbeiten bzw. Einfluss auf Unternehmen ausüben, die meistens über Produktion verfügen und damit einen erheblichen Ressourceneinsatz bedingen. Das Ausmaß der Wahrnehmung bzw. Bewertung der ökologischen Anforderungen durch den externen Investor kann damit einen erheblichen Effekt auf die Umsetzung der Implikationen der Anforderungen auf Produktionsebene haben.

Bei der Auswertung der Daten zeigt sich, dass die ökologischen Anforderungen von den Probanden lediglich als „eher wichtig" (M = 3,000) beurteilt werden. Damit wird den ökologischen Anforderungen im Vergleich eine geringere Bedeutung als den ökonomischen Anforderungen beigemessen. Die gegenüber den wirtschaftlichen Anforderungen deutlich gesteigerte Streuung (δ = 1,068) weist jedoch darauf hin, dass eine Diskrepanz zwischen den Probanden besteht. Eine mögliche Erklärung für die geringe Bedeutung kann möglicherweise bereits im

[148] Die Schiefe einer Verteilung kann als Symmetriemaß verstanden werden. Das Maß gibt an, ob eine Neigung der Verteilung nach links (rechtsschiefe Verteilung; $v > 0$) oder nach rechts (linksschiefe Verteilung; $v < 0$) vorliegt. Das Ausmaß von V gibt dabei die Stärke der Neigung an; vgl.: Handl, 1985, S. 110.

vorangegangenen Textabschnitt gefunden werden. Es wurde beschrieben, dass die Beteiligungsgesellschaften lediglich einen indirekten Einfluss ausüben, und somit nicht direkt mit ökologischen Themen in Verbindung gebracht werden. Somit ist es verständlich, dass sich ein Großteil der Probanden bei den Themen Ökologie und ökologische Verantwortung nicht oder nur teilweise angesprochen und verantwortlich fühlt.

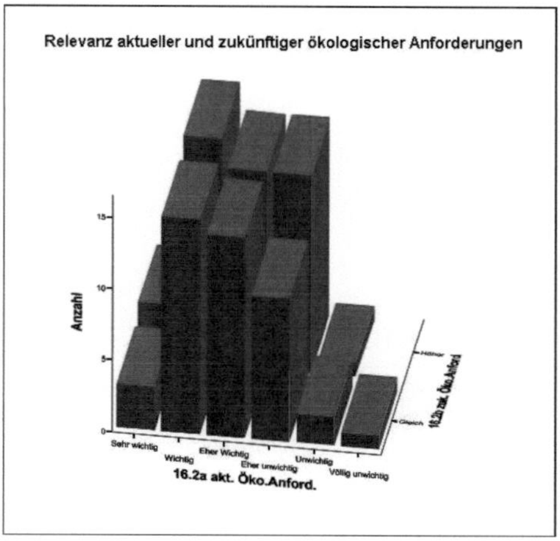

Abbildung 27: Grafische Darstellung der aktuellen und zukünftigen Bewertungen der Wichtigkeit von ökologischen Anforderungen
Quelle: Eigene Erhebung

Dass diese sich Haltung jedoch möglicherweise verändern könnte, deuten die Ergebnisse zur zukünftigen Veränderung dieser Bewertung an. Im Durchschnitt (M = 1,000) werden ökologischen Anforderungen in Zukunft weitaus wichtiger für die Beteiligungsgesellschaften und ihre Portfoliounternehmen bewertet. Dabei herrscht bei den Aussagen der Probanden hier eine deutlichere Geschlossenheit vor, als bei der vorangegangenen aktuellen Einschätzung (δ = 0,502; siehe Abbildung 27).

Es zeigt sich, dass vor allem Probanden, die die Bedeutung der ökologischen Anforderungen als „eher unwichtig" beurteilen, ihr eine höhere zukünftige Relevanz zuordnen. Dabei ist anzunehmen, dass es sich hierbei um Gesellschaften handelt, die aktiv die aktuellen gesellschaftlichen Diskussionen und Debatten über die ökologischen Dimensionen verfolgen. Zwar sind die Themen aus ihrer Sicht dabei noch lange nicht direkt relevant für ihr Geschäft, aber sie rechnen damit, dass dies in Zukunft, bei einer sich stetig intensivierenden Diskussion, passieren kann bzw. wird. Zudem besteht eine Parität zwischen den Gesellschaften, die die Anforderungen aktuell als eher relevant einschätzen (also Bewertungen von „eher wichtig“ bis „wichtig“ abgegeben haben). Diese Gesellschaften schätzen die Anforderungen zu gleichen Teilen als gleich bleibend bzw. sich in Zukunft noch verstärkend ein. Dies lässt den Schluss zu, dass bei den Gesellschaften, die sich bereits der sich neu eröffnenden Problemfelder bewusst sind, eine Uneinigkeit über die Entwicklung dieser Trends in Zukunft besteht. Schließlich kann vermutet werden, dass Gesellschaften, die diesen Themen und ihren Anforderungen aktuell gar keine Relevanz zuordnen, auch in Zukunft nicht von diesen Bewertungen resp. Einstellungen (Sichtweisen) abweichen werden. Somit ergeben sich drei grundsätzliche Gruppen:

- die Gruppe der aktuell interessierten Gesellschaften,
- die Gruppe der skeptischen aber aufgeschlossenen Gesellschaften und
- die Gruppe der nicht-interessierten Gesellschaften.

Die zweite Kategorie bildet hierbei die größte Gruppe, während die nicht-interessierten Gesellschaften nur einen verschwinden kleinen Teil des Gesamtsamples ausmachen.

Hinsichtlich möglicher Stichprobenunterschiede in den aktuellen Bewertungen zeigen sich bezüglich der Größe der Gesellschaften signifikante Unterschiede ($p = 0{,}013$). Konkret bewerten die relativ großen Gesellschaften mit verwalteten Kapitalvolumina von (durchschnittlich) 750 Mio. EUR bis 1 Mrd. EUR die Bedeutung der ökologischen Anforderungen als wichtiger als die Unternehmen anderer Größenklassen.

2.2.1.3 Beurteilung klimatischer Anforderungen

Getrennt von den ökologischen Anforderungen wurden klimatische Anforderungen abgefragt. Gemeint sind hier vor allem Themen, die das Weltklima oder regionale Klimate bzw. die Veränderung derselben betreffen. Auf Unternehmen bezogen, werden hier vor allem Themen z.B. zur Emission von Klimagasen fokussiert. Somit sind diese Anforderungen konkreter und themenspezifischer, als z.B. die Kategorie der „ökologischen“ Themen, die unschärfer und damit umfassender gefasst wurden.

Auch die klimatischen Anforderungen werden lediglich als „eher wichtig“ ($M = 3{,}000$) bewertet. Die starke Streuung ($\delta = 1{,}197$) untermauert die vorher beschriebene Ansicht, dass konkreter umrissene Themen zu differenzierteren Bewertungen führen als unkonkretere. Im

Durchschnitt wird angegeben, dass sich diese Bewertung in Zukunft auch nicht ändern wird, also auf einem eher niedrigeren Relevanzniveau für die Beteiligungsgesellschaften verbleiben wird (Abbildung 28).

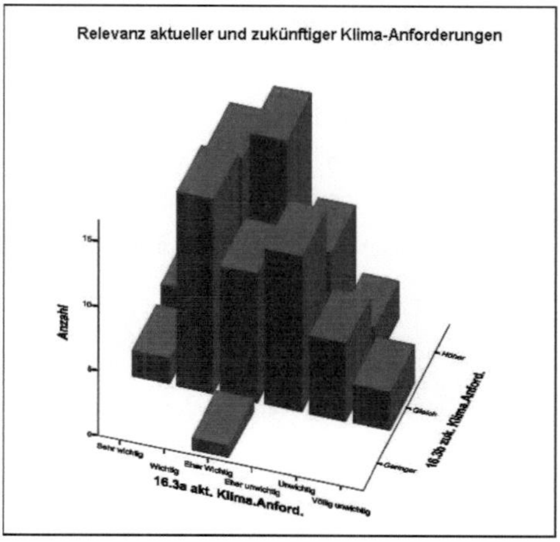

Abbildung 28: Grafische Darstellung der aktuellen und zukünftigen Bewertungen der Wichtigkeit von klimatischen Anforderungen
Quelle: Eigene Erhebung

Wie bereits schon in Bezug auf die ökologischen Anforderungen zu sehen war, werten Gesellschaften, die den klimatischen Anforderungen bereits jetzt schon eine hohe Bedeutung zuweisen, diese für die Zukunft als gleich bleibend hoch ein. Allerdings liegt der Anteil der Gesellschaften, die die Anforderungen lediglich als „eher wichtig" betrachten aber erwarten, dass ihre Bedeutung in Zukunft signifikant zunimmt, weitaus höher als im Vergleich zu den ökologischen Anforderungen. Als vielleicht wichtigster Schluss ist zu betonen, dass Gesellschaften, die aktuell nicht von der Bedeutung der Anforderungen für ihr Geschäft bzw. der Rolle dieser Anforderungen für die Aktivitäten ihrer Portfoliounternehmen überzeugt sind, dies auch in Zukunft nicht sein werden. Diese Sichtweise wird durch die signifikant höheren Anteile der „gleich bleibenden" Bewertungen in den Kategorien von „eher unwichtig" bin „völlig unwichtig" belegt.

Hinsichtlich möglicher weitergehender Unterschiede konnten mehrere signifikante Erkenntnisse gewonnen werden. Wiederum ergab sich eine signifikante Unterscheidung für die Gesellschaftsgröße ($p = 0{,}018$). Sehr große Gesellschaften (750 Mio. EUR bis 1 Mrd. EUR) bewerten klimatische Anforderungen dabei höher als Gesellschaften aus den restlichen Größenklassen. Weiterhin ergaben sich auch Unterschiede hinsichtlich der geografische Lage des Hauptsitzes der Beteiligungsgesellschaft (p = 0,03). Besonders Gesellschaften mit Sitz im deutschsprachigen Raum oder mit einem Hauptsitz im „globalen", also außer-europäischen Ausland, d.h. meist einem US-amerikanischen Hauptsitz, messen klimatischen Anforderungen eine höhere Bedeutung als Gesellschaften mit einem europäischen nicht-deutschsprachigen Hauptsitz. Dies kann als ein erster Hinweis darauf angesehen werden, dass es möglicherweise klare Abgrenzungen hinsichtlich der Wahrnehmung und Bewertung bestehender Anforderungen zwischen Gesellschaften aus unterschiedlichen Regionen oder auch Kulturkreisen gibt.

2.2.1.4 Beurteilung sozialer Anforderungen

Soziale Anforderungen sollten als letzte Kategorie bewertet werden. Auch Anforderungen, die eher soziale Belange, z.B. von Mitarbeitern und Gesellschaft, umfassen, wurden nur als „eher wichtig" (M = 3,000) eingestuft. Wie bereits in der vorherigen Bewertungen, streuen die Ergebnisse auch hier recht stark (δ = 1,015). Dies kann nochmals als ein Hinweis der Uneinigkeit der Probanden hinsichtlich der Wichtigkeit nicht-ökonomischer Anforderungen aufgefasst werden. Die rechtsschiefe Verteilung (*v(SozAkt)* = 0,664) deutet darauf hin, dass in der Tendenz eine etwas höhere Wichtigkeit als der durch den Median angegebene Durchschnitt wahrscheinlich ist.

Die zukünftige Veränderung der Bedeutung wird im Durchschnitt als gleich bleibend bewertet (M = 2,000) und zeigt eine klare linksschiefe Ausprägung (*v(SozAkt)* = -0,751) der Daten (siehe Abbildung 29).

Es zeigt sich, dass vor allem Gesellschaften, die aktuell sozialen Anforderungen eine eher unwichtige bzw. eher leidlich wichtige Bedeutung zumessen, diese Einstellung in Zukunft auch beibehalten werden. Nur vergleichsweise wenige Gesellschaften aus dieser Kategorie rechnen mit einer wachsenden Bedeutung der sozialen Anforderungen. Es kann somit festgehalten werden, dass soziale Anforderungen zukünftig (im Vergleich) eher als unwichtig bewertet werden. Eine Erklärung bietet möglicherweise der Umstand, dass die befragten Beteiligungsunternehmen tendenziell wenig in die operativen Bereiche ihrer Portfoliounternehmen eingreifen (M = 3,000, siehe Abschnitt C.1.3.3).

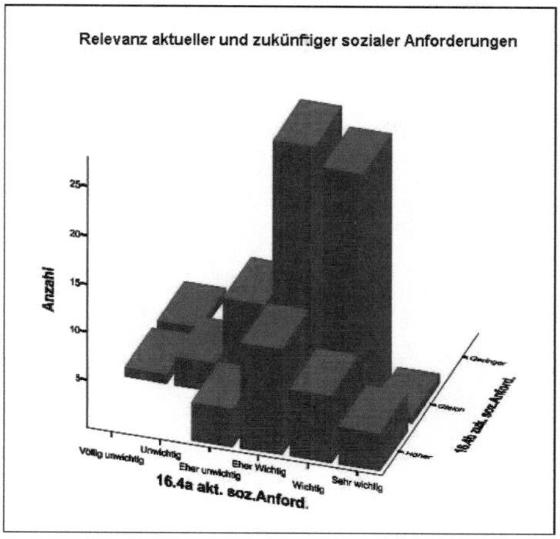

Abbildung 29: Grafische Darstellung der aktuellen und zukünftigen Bewertungen der Wichtigkeit von sozialen Anforderungen
Quelle: Eigene Erhebung

Da soziale Belange, d.h. die aktive Auseinandersetzung mit Bedürfnissen und Anforderungen von Mitarbeitern resp. externer sozialer Anspruchsgruppen, meist in operativen Bereichen angesiedelt sind, ist anzunehmen, dass die Investoren aufgrund dessen nicht oder nur sehr wenig in Kontakt mit diesen Themen kommen. Diese können daher keine wirkliche Relevanz für sie haben. Kritisch muss hier jedoch angemerkt werden, dass bei den sozialen Anforderungen auch Themen wie die Sozialverträglichkeit von z.B. restrukturierungsbedingten Entlassungen oder Standort- bzw. Produktionsverlagerungen inbegriffen sind. Letztere liegen klar im Handlungsfokus der Investoren. Somit könnten diese Ergebnisse also mit den landläufigen Vorurteilen einhergehen, dass Beteiligungsgesellschaften tendenziell wenig sozialorientiert handeln.[149]

2.2.1.5 Zusammenfassung

Wie erwartet, sind ökonomische Anforderungen am relevantesten für die befragten Beteiligungsgesellschaften. Obwohl eine deutliche Diskrepanz gegenüber der Wichtigkeit von anderen Themen besteht, sind die ökonomischen Anforderungen jedoch nicht so dominant, dass andere nicht-ökonomische Themen völlig an Relevanz verlieren. Hier sind vor allem die ökologischen Anforderungen und besonders die Einschätzung ihrer zukünftigen Bedeutung he-

[149] Da die Analyse in diesem Fall jedoch zu grob und undifferenziert ist, soll diese Frage auf die Detailanalysen zur systematischen Erfassung von Nachhaltigkeitsthemen in Abschnitt C.3 verschoben werden.

rauszustellen. Klimatische und soziale Anforderungen bleiben teilweise hinter dieser recht positiven Bewertung zurück.

Ein möglicher Grund lässt sich am Bewertungsunterschied der ökologischen und klimatischen Anforderungen erkennen. Während die eher grobe und unspezifizierte Kategorie der ökologischen Anforderungen tendenziell höher bewertet wird, bleiben die spezifischeren klimatischen Anforderungen hinter dieser Bewertung zurück. Beide Gruppen sind heutzutage stark diskutiert, das Thema Ökologie (als ein Oberbegriff) ist aber meist präsenter. Dies mag den Schluss zulassen, dass die Wahrnehmung von Anforderungen durch die Beteiligungsgesellschaften zum großen Teil durch die gesellschaftliche und politische Diskussion, die offen in den Medien geführt wird, geprägt ist.

Dies weist aber womöglich auf eine Verzerrung der Ergebnisse aufgrund sozialer Erwünschtheit (*social desirability response set*[150]) (Randall & Fernandes, 2004, S. 805) hin. Dies würde bedeuten, dass Probanden in einer expliziten Befragung höhere Bewertungen abgeben, um einer bestimmten (individuell) wahrgenommenen Erwünschtheit, die z.B. stark durch Medien kommuniziert und geprägt wird, zu folgen. Tendenziell kann sich also die wirklich zugewiesene Bedeutung von der hier abgegebenen unterscheiden. In Bezug auf die erhaltenen Antworten haben nur wenige Probanden deutlich eine indifferente resp. ablehnende Haltung gegenüber nicht-ökonomisch bestimmten Anforderungen gezeigt. Es kann somit potenziell vermutet werden, dass eine „eher wichtige“ Bewertung tendenziell auch als „Ausflucht“ genannt wurde, auch wenn die jeweilige Anforderung in Wirklichkeit keine Rolle für den jeweiligen Probanden spielt.

2.2.2 Relevanz zentraler Stakeholdergruppen

Wie bereits klar wurde, können die relevanten Anspruchsgruppen (Stakeholder) als Auslöser für eine Hinwendung der Unternehmen zu nachhaltigeren Geschäftsaktivitäten und der Berücksichtigung des Nachhaltigkeitskonzeptes gesehen werden. Steurer (2004, 2006) hat ausgeführt, dass unternehmerische Nachhaltigkeit bzw. die Wahrnehmung von unterschiedlichen Verantwortungen nur mit der Wahrnehmung der spezifischen Anspruchsgruppen einhergehen

---

[150] Soziale Erwünschtheit (*Social-Desirability-Response-Set*) resultiert aus der Tendenz, Merkmale nicht nach der persönlich zutreffenden Einstellung zu beantworten, sondern nach sozialen Normen, die nach Auffassung der Versuchsperson erwünscht sind, vgl. Schnell, Hill & Esser, 1999, S. 330. Siehe zu weiteren auch die Arbeiten zur Rolle der sozialen Erwünschtheit in der Ethik-Forschung in Randall & Fernandes, (2004, S. 806), sowie die Grundlagenarbeiten von Zerbe & Paulhus (1987, S. 255).

kann. Oft ist ein nachhaltigeres Verhalten von Unternehmen somit eine direkte Antwort auf die Anforderungen relevanter Anspruchsgruppen (Basu & Palazzo, 2007, S. 122).

Die Analyse der Bedeutung unterschiedlicher Anspruchsgruppen für die Beteiligungsgesellschaften soll daher herausstellen, welche konkreten Anspruchsgruppen von den Gesellschaften als wichtig eingeschätzt werden. Ziel ist eine Abstufung und Einteilung der zentralen Stakeholder in Bedeutungsklassen und als Resultat ein weiterer Eindruck darüber, ob auch andere als rein ökonomische Themen eine Rolle für die Private Equity-Investoren spielen.

Die Bewertung der Wichtigkeit der verschiedenen Anspruchsgruppen erfolgte in Frage 17 des Fragebogens. Die Probanden wurden aufgefordert 14 unterschiedliche Anspruchsgruppen auf ihre aktuelle und zukünftige Rolle für die Lösung der dringlichsten Probleme ihrer Gesellschaft und der ihrer Portfoliounternehmen hin zu bewerten.[151] Die Bewertung erfolgte wie auch bereits vorher anhand einer 6-stufigen Likert-Skala mit den Polen „sehr wichtig" (1) und „gar nicht wichtig" (6).[152] Um eine detaillierte Sicht auf die Verteilung der Bewertungen der Stakeholderarten je Bewertungskategorie zu erhalten, sind die Anteile an den Antwortmöglichkeiten je Stakeholderart pauschal in Abbildung A1 (im Anhang) grafisch abgetragen.

Wie zu erwarten war zeigt sich, dass einige Stakeholdergruppen als klar wichtiger eingeschätzt werden als andere. Diese Streuung der Bedeutung der Anspruchsgruppen ermöglicht ihre Einteilung in drei distinkte Gruppen und sukzessiv eine Analyse und einen Vergleich der Gruppen in den folgenden Abschnitten (siehe Abbildung 30). Die Einteilung orientiert sich in diesem Falle stark an der Einteilung von Clarkson (1995, S. 105), der *Stakeholder* vor allem in zwei Gruppen (*primary & secondary*) eingeteilt hat. Primäre Anspruchgruppen sind dabei Akteure, ohne die ein Unternehmen nicht überleben kann resp. nicht handlungsfähig ist. Sekundäre Anspruchsgruppen beeinflussen Unternehmen oder werden von Unternehmen beeinflusst, sind aber nicht unbedingt für sein Überleben notwendig.

---

[151] Die Auswahl der verschiedenen Anspruchsgruppen erfolgte in Anlehnung an die in den Studien von Steuer et al. (2006), Konrad, Steurer & Langer (2006) und Godfrey (2005) genannten und operationalisierten Einteilungen.

[152] Die zu bewertenden Gruppen sind innerhalb der Fragestellung grob nach ihrem inhaltlichen Bezug geordnet aufgeführt. So beziehen sich die ersten drei Nennungen auf Kapitalgebergruppen, die folgenden vier Nennungen auf direkt betrieblich-relevante Anspruchsgruppen und die nächsten drei Nennungen setzen sich auf öffentlichen bzw. gesellschaftlichen Anspruchsgruppen zusammen. Die letzten vier Nennungen beziehen sich auf Interessensgruppen aus den drei Nachhaltigkeits-Dimensionen bzw. auf Bildungseinrichtungen.

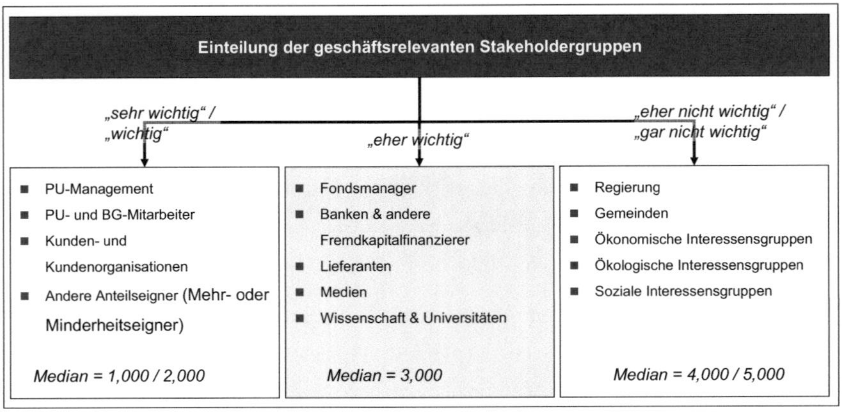

Abbildung 30: Gruppierung der relevanten Stakeholdergruppen
Quelle: Eigene Darstellung

2.2.2.1 Interne betriebsrelevante Stakeholder

In der ersten Gruppe wurden Anspruchsgruppen zusammengefasst, die von den Probanden durchschnittlich als am wichtigsten bewertet wurden. Die vier hierunter gefassten Gruppen weisen Mediane zwischen 1,000 („sehr wichtig") 2,000 („wichtig") auf. Die deskriptiven Ergebnisse und Stichprobenunterschiede sind in Tabelle 3 dargestellt.

Das Management des Portfoliounternehmens [*StHMan*] wurde klar als die wichtigste Stakeholdergruppe für die Beteiligungsgesellschaften (M = 1,000) herausgestellt. Aufgrund der geringen Streuung (δ = 0,591) lässt sich auch eine recht hohe Übereinstimmung zwischen den Probanden feststellen. Trotzdem ergeben sich Bewertungsunterschiede zwischen den Probanden in Bezug auf die Dauer, für die Anteile an einem Portfoliounternehmen durch den Investor gehalten werden (p = 0,040) sowie in Bezug auf den Umfang des Eingreifens in die Strategie eines Portfoliounternehmens (p = 0,025). Es zeigt sich, dass besonders für Gesellschaften, die ihre Anteile kurz (bis zu 5 Jahre) halten und für Gesellschaften, die aktiv in strategische Entscheidungen eingreifen, das Management der Portfoliounternehmen ein besonders wichtiger Stakeholder ist. Zu dieser Gruppe, wenn auch mit einem ein wenig geringeren Durchschnittswert, werden auch Gesellschaften gezählt, die die Anteile zwischen 5 Jahren und 10 Jahren halten. Von diesen beiden Kategorien werden die "lang-haltenden" (zwischen 10 und 15 Jahren) Gesellschaften signifikant abgegrenzt. Nichtsdestotrotz liegen die Bewertungen allesamt in dem wichtigen Segment. Dies bestätigen bereits vorliegende Erkenntnisse, z.B. von Knecht (2003, S. 378) zur Wichtigkeit der Konfiguration und der Qualifikation des Managements als einen der zentralen Stakeholder von externen Investoren.

Durchschnittliche Relevanz zentraler Stakeholdergruppen				
	Signifikante Stichproben	Median	Standardabweichung	Schiefe
Andere Anteilseigner (Mehrheit/ Minderheit)		2,000	1,311	1,520
Mitarbeiter	**2**	2,000	0,929	1,801
Management des Portfoliounternehmens	**2; 6**	1,000	0,591	1,887
Kunden/ Kundenorganisationen	**6**	2,000	1,208	0,690
Ordnungsnummern der Stichproben: 1-Größe; 2-Haltedauer; 3-Investortyp; 4-Beteiligungsart; 5-geografischer Hauptsitz; 6-Umfang strategischer Einfluss; 7-Umfang Einfluss auf Contgrolling; 8-Umfang operativer Einfluss.				

Tabelle 3: Bewertungen der internen betriebsrelevanten Stakeholder
Quelle: Eigene Erhebung

Weitere, als wichtig bewertete Stakeholderarten innerhalb der ersten Gruppe (M = 2,000) sind die Mitarbeiter [*StHMA*], Kunden und Kundenorganisationen [*StHKun*], sowie andere Anteilseigner, die Mehr- oder Minderheitsanteile an einem jeweiligen Portfoliounternehmen halten [*StHAnt*]. Die Bewertungen bezüglich der Mitarbeiter können hier aufgrund einer recht geringen Streuung (δ = 0,929) als am einheitlichsten angesehen werden. Ein Unterschied zwischen den Stichproben ergibt sich hinsichtlich der Haltedauer der Gesellschaften (p = 0,045). Es zeigt sich, dass die Mitarbeiter als Stakeholdergruppe vor allem für Gesellschaften mit einer Haltedauer bis zu 5 Jahren am relevantesten sind. Für Gesellschaften, die die Anteile eher länger (zwischen 10 Jahren und 15 Jahren) halten, liegt die Durchschnittsbewertung sogar unter dem Median der Gesamtstichprobe. Zudem ergibt sich, dass Gesellschaften, die strategisch bei ihren Portfoliounternehmen intervenieren, die Rolle der Kunden tendenziell wichtiger einschätzen als eher passive Gesellschaften (p = 0,056).

Die letzte hier betrachtete Anspruchsgruppe sind andere Anteilseigener [*StHAnt*]. In Private Equity-Transaktionen ist es nicht ungewöhnlich, dass auch andere Anteilseigner neben dem eigentlichen hier betrachteten Investor existieren. Hierfür können sich mehrere Gründe finden lassen. Zum einen erwerben Beteiligungsgesellschaften nur in wenigen Fällen die Anteilsmehrheit oder gleich alle Anteile eines Unternehmens. Zum anderen sind vor allem bei kleineren Venture Capital-Deals bzw. großen Buyout-Syndizierungen (Zusammenschlüsse) mehrerer Investoren sehr häufig (Ferrary, 2007, S. 1)[153]. Diese weisen im Vergleich die höchste Streuung in den Bewertungen auf (δ = 1,311).

2.2.2.2 Externe betriebsrelevante Stakeholder

Die Stakeholderarten in der zweiten identifizierten Gruppe wurden durchgängig als „eher wichtig“ (M = 3,000) eingestuft. Zusammengefasst werden hier die die Manager von Kapitalmarktfonds [*StHFon*], die potentiell als Anleger bzw. als Kontakte zu Kapitalgebern fungieren können, Banken und andere Fremdkapitalgeber der Gesellschaft sowie des Portfoliounternehmens [*StHFK*], Lieferanten des Portfoliounternehmen [*StHLie*], die Medien [*StHMed*] und Universitäten bzw. andere wissenschaftliche Institutionen [*StHUni*] (siehe Tabelle 4).

Durchschnittliche Relevanz zentraler Stakeholdergruppen				
	Signifikante Stichproben	Median	Standardabweichung	Schiefe
Fondsmanager	**3**	3,000	1,561	0,587
Banken/ andere Fremdkapitalgeber	**3**	3,000	1,207	0,614
Lieferanten	**4; 8**	3,000	1,161	0,598
Medien		3,000	1,234	0,281
Gemeinden		4,000	1,264	-0,285
Wissenschaft/ Universitäten	**1; 3; 4**	3,000	1,396	0,445
Ordnungsnummern der Stichproben: 1-Größe; 2-Haltedauer; 3-Investortyp; 4-Beteiligungsart; 5-geografischer Hauptsitz; 6-Umfang strategischer Einfluss; 7-Umfang Einfluss auf Contgrolling; 8-Umfang operativer Einfluss.				

Tabelle 4: Bewertungen der externen betriebsrelevanten Stakeholder
Quelle: Eigene Erhebung

Die einheitlichsten Bewertungen liegen in dieser Gruppe in Bezug auf die Wichtigkeit der Lieferanten [*StHLie*] vor (δ = 1,161). Dabei spielen sie vor allem für die Gesellschaften eine eher höhere Rolle, die Einfluss auf die operativen Aktivitäten ihrer Portfoliounternehmen nehmen (p = 0,045). Dies ist sachlogisch verständlich, da das Lieferantenmanagement besonders in Gründungs- bzw. Restrukturierungssituationen eine große Rolle spielt. Bei beiden Anlässen ist zudem oft ein aktives Eingreifen bzw. aktives Beraten von Seiten der Investoren von Nöten. Es kann somit vermutet werden, dass vor allem für Venture Capital-Gesellschaften bzw. für Gesellschaften, die in Krisenunternehmen (*Distressed Private Equity*) investieren, die Lieferanten eine besondere Rolle spielen.

[153] Siehe hierzu auch die Ausführungen in Abschnitt B.1.

Eine weitere Unterscheidung für unterschiedliche Wichtigkeitsbewertungen kann hinsichtlich der bevorzugten Beteiligungsart der Beteiligungsgesellschaften getroffen werden (p = 0,017). Interessanterweise zeigt sich, dass besonders Minderheitsanteilseigner die Lieferanten als Stakeholdergruppe leicht wichtiger einstufen als Gesellschaften, die bevorzugt Mehrheitsbeteiligungen bzw. bei Beteiligungsarten eingehen. Dieses Ergebnis unterstützt das Argument, dass Lieferanten vor allem für Venture Capital-Gesellschaften, also aktiv beteiligte Minderheits-Financiers von jungen Unternehmen, eine wichtigere Rolle spielen als für andere Private Equity-Gesellschaften. Auch dies ist sachlogisch nachvollziehbar, da besonders in der Gründungssituation der Kontakt zu zentralen Lieferanten bzw. deren Unterstützung des Start-Ups oft eine Grundbedingung für einen Erfolg der Gründung bzw. der Investition des Venture Capital-Investors ist (hierzu z.B. Kailer, 2002, S. 66).

Fondsmanager [*StHFon*] (M = 3,000; δ = 1,561) und Banken bzw. andere Fremdkapitalgeber [*StHFK*] (M = 3,000; δ = 1,207) können hinsichtlich ihrer Rolle für spezifische Investortypen unterschieden werden. Während Fondsmanager vor allem für Frühphaseninvestoren eine höhere Bedeutung haben (p = 0,031), sind Banken und andere Fremdkapitalgeber besonders für Spätphaseninvestoren eher wichtig (p = 0,024). Die wichtigere Rolle der Banken für die Spätphaseninvestoren kann aus unterschiedlichen Perspektiven heraus interpretiert und erklärt werden. Zum einen spielen Banken mit Blick auf Spätphaseninvestoren eine entscheidende Rolle bei der Finanzierung von größeren Transaktionen. Fondsmanager spielen hier eher eine untergeordnete Rolle, da die Firmen, an denen die Spätphaseninvestoren Anteile erwerben, per se nicht kapitalmarktnotiert sind resp. es sich um einen *going-private*[154] handelt. Zum anderen, nun mit Blick auf die finanzierten Portfoliounternehmen, sind Banken erst in späteren Lebensphasen eines Unternehmens zunehmend wichtigere Stakeholder.[155] Dies mag die Bewertung zu erklären.

Die Bewertungen hinsichtlich der Rolle der Universitäten streuen eher durchschnittlich (δ = 1,396). Unterschiede in den Bewertungen konnten vor allem hinsichtlich Größenunterschieden (p = 0,004), unterschiedlicher Investorentypen (p = 0,015), sowie Beteiligungsarten (p = 0,010) festgestellt werden. Es zeigt sich, dass Universitäten vor allem für sehr kleine Gesell-

[154] Bei einen *going-private* handelt es sich um Kapitalmarkt-orientierte Finanztransaktionen, bei denen die öffentlich gehandelten Anteile eines Unternehmens komplett aufgekauft und vom Markt genommen werden. Siehe hierzu z.B. Engel, Hayes & Wang, 2007, S. 116-119.

[155] Siehe hierzu die Ausführungen zur *Pecking-Order-Theorie* in Abschnitt B.1.1.3.

schaften (kleiner 250 Mio. EUR) bzw. sehr große Gesellschaften (größer 1 Mrd. EUR), für Frühphaseninvestoren und Investoren, die bevorzugt sowohl Minderheits- als auch Mehrheitsinvestitionen eingehen, relevant sind. Zusammengefasst zeigen die Ergebnisse deutlich, dass Universitäten vor allem für Venture Capital-Gesellschaften eher wichtige Stakeholder darstellen.

2.2.2.3 Gesellschaftliche und politische (außerbetriebliche) Stakeholder

Die dritte, eher als unwichtig bewertete Gruppe (siehe Tabelle 5), umfasst vor allem öffentliche Stakeholder (Regierungen und Gemeinden) sowie öffentlich agierende Interessensvertretungen (NGO's). Die Rolle der Regierungen [*StHGov*]wird in dieser Gruppe durch die Probanden noch als am wichtigsten beurteilt (M = 3,500; δ = 1,384).

Durchschnittliche Relevanz zentraler Stakeholdergruppen				
	Signifikante Stichproben	Median	Standardabw eichung	Schiefe
Gemeinden		4,000	1,264	-0,285
Regierung		3,500	1,384	0,056
Umwelt-NGOs (z.B. Greenpeace, WWF)	**5; 8**	5,000	1,268	-0,570
Soziale NGOs (z.B. Kirchen)	**8**	5,000	1,285	-0,818
Ökonomische NGOs (z.B. Gewerkschaften)	**4**	4,000	1,493	-0,378
Ordnungsnummern der Stichproben: 1-Größe; 2-Haltedauer; 3-Investortyp; 4-Beteiligungsart; 5-geografischer Hauptsitz; 6-Umfang strategischer Einfluss; 7-Umfang Einfluss auf Contgrolling; 8-Umfang operativer Einfluss.				

Tabelle 5: Bewertungen der außerbetrieblichen Stakeholdergruppen
Quelle: Eigene Erhebung

Mit Blick auf die Häufigkeitsverteilung dieser Stakeholderart (siehe A1 im Anhang), gewinnt die Streuung bzw. Schiefe der Verteilung für die korrekte Beurteilung erheblich an Bedeutung. Es zeigt sich, dass trotz der relativ geringen durchschnittlichen Bewertung der Anteil an Probanden, die die Regierung als einen wichtigen Stakeholder betrachten, hoch ist (22 Probanden stufen diesen als „wichtig" und 23 als „eher wichtig" ein). Dies spiegelt sich in der relativ hohen Standardabweichung, vor allem aber in der rechtsschiefen Verteilung wieder (*v(StHGov)* = 0,056). Damit tendieren mehr Probanden zu einer positiven als zu einer negativen Bewertung. Dies lässt vermuten, dass nur ein Teil, wenn auch ein gewichtiger, die Regierung als Stakeholder eher vernachlässigt. Bestimmende Charakteristika lassen sich aber nicht auf einem signifikanten Niveau identifizieren. Im Hinblick auf den Einfluss, den die Politik auf die Beteiligungsunternehmen haben kann, ist diese divergierende Sicht einleuchtend. Vor allem politische Entscheidungen zu Steuer- und Wirtschaftsrecht haben großen Einfluss auf die Möglichkeiten der Geschäftstätigkeiten der Beteiligungsunternehmen. Somit kann vermutet werden, dass vor allem die Gesellschaften, die in Deutschland ansässig sind, der Regierung einen höheren Stellenwert zuschreiben als Gesellschaften mit Sitz außerhalb Deutschlands. Zudem muss hier auf die spezifischen legalen Strukturierungen vieler Beteiligungsgesellschaften verwiesen werden (siehe hierzu Kapitel B 1.1.1). Da ein Großteil vor allem der angloamerikanischen Gesellschaften ihren Sitz in steuerbegünstigten Regionen (z.B. Cayman Islands, Luxemburg etc.) hat, sind sie oft nur mit sog. Beratungsgesellschaften in Deutschland vertreten. Als solche treffen viele der politischen Entscheidungen, vor allem bezüglich der Besteuerung, nicht oder nur peripher auf sie zu. Dies kann als Grund dafür angesehen werden, weshalb sich hier eine recht große Differenz zwischen den Bewertungen ergibt, die dazu führt, dass der Regierung als Stakeholder im Durchschnitt eine recht niedrige Wichtigkeit zugeschrieben wird.

Die Gemeinden [*StHGem*] werden als Anspruchsgruppe deutlich weniger differenziert bewertet. Zwar streuen auch hier die Werte recht stark (δ = 1,264), allerdings sind die „negativ" bewertenden Gesellschaften in der Mehrzahl (siehe Abbildung A1 im Anhang). Die linksschiefe Verteilung der Ergebnisse (*v(StHGem)* = -0,285) unterstreicht dies. Somit sind kommunale Institutionen, die für die jeweilig ansässigen Portfoliounternehmen wichtig sein können, tendenziell für Beteiligungsgesellschaften nicht von Interesse. Einerseits ist dies verständlich, da die Investoren nicht derart präsent vor Ort bzw. operativ nicht so tief involviert sind, dass sie Gemeinden eine Relevanz bemessen sollten. Allerdings hat die Wahrnehmung der kommunalen Gegebenheiten durchaus Einfluss auf die Einstellung bezüglich der Auswirkungen bestimmter Geschäftsentscheidungen auf die jeweilig betroffene Region.

Interessensvertretungen in sozialen, ökonomischen oder ökologischen Bereichen bilden die am wenigsten relevanten Stakeholderarten. Als Beispiele für Interessensvertretungen in den genannten Bereichen wurden vor allem Nicht-Regierungsorganisationen (NGOs)[156] bzw. kulturelle und religiöse Institutionen in den jeweiligen Bereichen genannt. Für soziale Interessensvertretungen [*StHRel*] wurden Kirchen als Beispiel in der Fragestellung angeführt. Natür-

---

[156] Non-Governmental Organizations (NGO) sind von staatlichen Institutionen weder abhängige noch organisierte Organisationen, die sich gesellschaftlich und politisch für Themen, häufig im zivilgesellschaftlichen Bereich, engagieren; vgl.: Snow, 2007, S. 3.

lich stehen diese nicht allein für sämtliche Institutionen, die für soziale Belange eintreten. Aufgrund ihrer stark karitativen Ausrichtung wurden sie in diesem Rahmen als passend empfunden. Andere mögliche Beispiele wären z.B. *Amnesty International*, die *Welthungerhilfe* oder *terre des hommes*. Als Beispiel für ökologische Nicht-Regierungsorganisationen [*StHUm*] wurden der *World Wide Fund* (WWF) und *Greenpeace* angeführt. Beide Stakeholderarten werden als definitiv „unwichtig" (M = 5,000) eingestuft. Die Häufigkeitsverteilungen und die Schiefe der Verteilung bestätigen, dass lediglich ein geringer Anteil der Probanden diesen Stakeholdern eine erhöhte Relevanz zuweist. Die Überprüfung dieser Unterschiede ergibt, dass dies vor allem für Gesellschaften mit einer operativen Einflussnahme gilt ([*StHRel*] (p = 0,034; [*StHUm*] (p = 0,018)). Dies geht mit den bereits genannten Argumenten einher, dass, je mehr operativer Investoren in einem Unternehmen involviert sind, andere als rein betriebswirtschaftlich relevante Themen eine stärkere Bedeutung erlangen. Darüber hinaus kann bezüglich des geografischen Hauptsitzes der Gesellschaft festgestellt werden, dass Gesellschaften mit Sitz in Europa, aber außerhalb des deutschsprachigen Raumes, den ökologischen Interessensvertretungen eine eher geringere Bedeutung zuweisen als Gesellschaften aus dem außer-europäischen Ausland bzw. aus Deutschland (p = 0,012).

Ökonomischen Interessensvertretungen [*StHFin*], also vor allem Gewerkschaften und anderen Branchen- und Industrieverbänden, wird im Vergleich eine noch höhere Bedeutung zugeteilt (M = 4,000; δ = 1,493), hier vor allem von Beteiligungsgesellschaften mit bevorzugter Mehrheitsbeteiligung an ihren Portfoliounternehmen (p = 0,024). Jedoch sind diese Stakeholder auch für diese Gesellschaften „eher unwichtig". Damit stimmen die Ergebnisse ungefähr mit denen von Steeger, Ionescu-Somers & Salzmann (2007) überein, die die genannten Anspruchsgruppen zwar als sehr fordernd identifizieren, ihre Berücksichtigung und Beachtung innerhalb von Unternehmen aber als begrenzt bezeichnet haben.

2.2.2.4 Zusammenfassung

Zusammenfassend kann festgestellt werden, dass sich die Relevanzen verschiedener Stakeholderarten für die befragten Beteiligungsgesellschaften in starkem Maße unterscheiden. Wie bereits festgestellt und auch anfangs erwartet, spielen die Stakeholder, die direkt mit der Wertschöpfung bzw. der betrieblichen Tätigkeit der Gesellschaften bzw. der Portfoliounternehmen zusammenhängen, die wichtigste Rolle. Andere Stakeholder, besonders aber Anspruchsgruppen aus politischen und gesellschaftlichen Bereichen, spielen im Vergleich hierzu eine eher untergeordnete Rolle. Auf den ersten Blick wäre den befragten Beteiligungsgesellschaften diesbezüglich eine eher wenig nachhaltig-orientierte Einstellung zu bescheinigen. Allerdings werden z.B. den Mitarbeitern, Lieferanten und dem Management von Gesellschaften durchaus Relevanzen zugeschrieben. Wie eingangs beschrieben, sind besonders diese für eine Umsetzung der Corporate Sustainability auf (operativer) Unternehmensebene wichtig. Daher sollte die oben artikulierte Sicht eingeschränkt betrachtet werden.

Es vermittelt sich abschließend also der Eindruck, dass die Bewertungen sich nicht nur je nach Stakeholderart, sondern auch hinsichtlich spezifischer Gesellschaftsmerkmale unterscheiden. Somit kann festgehalten werden, dass die Beteiligungsgesellschaften bezüglich ihrer Orientierungen an „außer-ökonomischen" Anspruchsgruppen nicht komplett einheitlich und damit nur schwer pauschal vergleichbar sind.

2.2.3 Bewertung spezifischer, nachhaltigkeits-relevanter Themenfelder

Dass neue Themen, Konzepte und resultierende Anforderungen Resonanz in Unternehmen bzw. bei dessen Management finden, ist selten ein interner, eindimensionaler Prozess. Die Veränderungen, die mit einem „Umdenken" einhergehen müssen, sind vielmehr in den meisten Fällen von außen getrieben. Konkret sind aufkommende Veränderungen in Gesellschaft und Politik bzw. davon motivierte Reaktionen der Wirtschaftsakteure meistens für ein solches "Umdenken" verantwortlich. Um zu überprüfen, welche von den Veränderungen betroffenen Bereiche aktuell für die Beteiligungsgesellschaften eine Rolle spielen, sollen im Folgenden generelle, übergeordnete Themenbereiche der Beteiligungsgesellschaften auf ihre Relevanz hin beurteilt werden. Ziel dieses Abschnittes ist es, die Bereiche zu identifizieren, die in der Wahrnehmung der Beteiligungsgesellschaften die größte Aufmerksamkeit finden. Dies soll Aufschluss darüber geben, welche Veränderungen auf gesellschaftlicher Ebene tendenziell dazu führen können, dass sich die Beteiligungsgesellschaften stärker an den Forderungen des Konzeptes der nachhaltigen Entwicklung orientieren.

Konkrete, aktuelle Themen wurden in Frage 18 des Fragebogens vorgestellt. Die Probanden wurden aufgefordert, jeweils fünf spezifische Herausforderungen aus drei distinkten Gruppen hinsichtlich ihrer Relevanz für die Handlungsfähigkeit bzw. den Erfolg ihrer Gesellschaft zu bewerten. Die Themen gliedern sich dabei 1) in sich einstellende Herausforderungen auf dem Gebiet der allgemeinen Wertschöpfung von Unternehmen, 2) Herausforderungen resultierend aus der Ressourcendebatte bzw. Fragen zum Ressourceneinsatz in Unternehmen, und 3) allgemeine Herausforderungen auf gesellschaftlicher Ebene (siehe hierzu Abbildung 22). Die einzelnen Themen wurden dabei aus aktuellen wissenschaftlichen und populärwissenschaftlichen Publikationen, aus Publikationen der einschlägigen Interessensverbände (z.B. *BvK*, *EV-CA* und andere Branchen- und Industrieverbände) sowie der Tagespresse entnommen.

Wie auch in den vorangegangenen Fragen wird die Relevanz anhand einer 6-stufigen Likert-Skala mit den Polen „äußerst wichtig" (1) und „gar nicht wichtig" (6) erfasst. Die Auszählung und Mittelwertbildung anhand des Medians (inkl. Streuungs- und Verteilungsmaße) werden auch hier durch Stichprobenvergleiche in Bezug auf die vorgestellten Gesellschaftsmerkmalen erweitert und konkretisiert.

Im Folgenden werden die Ergebnisse der Bewertungen der drei Gruppen einzeln dargestellt. Den Abschluss des Abschnittes bildet eine zusammenfassende Übersicht der Ergebnisse.

2.2.3.1 Wertschöpfungsrelevante Themen

Die folgenden Herausforderungen bezüglich der Wertschöpfung von Unternehmen beziehen sich sowohl auf die Beteiligungsgesellschaften selbst als auch auf die Handlungsfähigkeit ihrer Portfoliounternehmen.[157] Es wurden fünf spezifische Themen der Wertschöpfungsdebatte exemplarisch herausgegriffen, die im Folgenden als Variablen für die Untersuchung operationalisiert wurden. Die deskriptiven Ergebnisse sowie signifikante Stichprobenunterschiede sind in der nachstehenden Tabelle 6 dargestellt.

Von den fünf aufgeführten Themen wurden die staatlichen Transparenzanforderungen [*GovTra*] und der Reputationswettbewerb [*Reput*] als weniger wichtig im Vergleich zu den anderen genannten Themen bewertet. Beide Themen werden im Durchschnitt als „eher wichtig" (M = 3,000) beurteilt. Da auch die angeschlossenen Streuungsmaße annähernd ähnlich sind, dient die Analyse der Verteilungsmaße bzw. der Häufigkeiten als Konkretisierung. Es zeigt sich, obwohl beide Verteilungen rechtsschief sind, dass der Reputationswettbewerb [*Reput*] (*v(Reput)* = 0,866) tendenziell mehr positive Bewertungen erhält als staatliche Transparenzanforderungen [*GovTra*] (*v(GovTra)* = 0,631). Beide Variablen zeigten keine signifikanten Unterschiede hinsichtlich verschiedener Unternehmensmerkmale. Es kann somit gefolgert wer-

[157] Aufgrund der komplexen Natur der betrachteten Transaktionen können beide Perspektiven nur schlecht getrennt werden. Der Erfolg und die Handlungsfähigkeit der Beteiligungsgesellschaften sind direkt mit der Handlungsfähigkeit bzw. dem Erfolg ihrer Portfoliounternehmen verknüpft. Somit ist zu vermuten, dass auch Themen, die nicht mit der direkten Wertschöpfung der Beteiligungsunternehmen verbunden sind, indirekt Implikationen auf diese haben.

den, dass die Transparenzanforderungen von Seiten der Regierung, z.B. die sukzessive Ablösung der Buchführungs- und Ausweispflicht nach HGB[158] durch die Grundsätze der IFRS[159] o.ä., bislang nur eine untergeordnete Rolle in dieser Themenzusammenstellung darstellen. Die empirischen Ergebnisse, besonders die Betrachtung der Häufigkeitsverteilung, belegen, dass zwar viele Probanden die Reputation als wichtigen Faktor wahrnehmen, die Tendenz das Thema aber klar als eher zweitrangig deklariert. Die hier vorgestellten Unterschiede sollen durch Abbildung A2 in Anhang 1 deutlicher dargestellt werden.

Gruppe 1: Wertschöpfung				
	Signifikante Stichproben	Median	Standardabweichung	Schiefe
Globalisierung der Wertschöpfung	**1; 5; 6**	2,000	1,259	1,066
Zunehmender Kostendruck	**2; 4; 6**	2,000	1,144	1,024
Staatliche Transparenzanforderungen		3,000	1,148	0,631
Reputationswettbewerb		3,000	1,147	0,866
Innovationswettbewerb (z.B. IT)	**3; 5; 6; 8**	2,000	1,378	1,021
Ordnungsnummern der Stichproben: 1-Größe; 2-Haltedauer; 3-Investortyp; 4-Beteiligungsart; 5-geografischer Hauptsitz; 6-Umfang strategischer Einfluss; 7-Umfang Einfluss auf Contgrolling; 8-Umfang operativer Einfluss.				

Tabelle 6: Ergebnisse zur Gruppe 1 der relevanten Nachhaltigkeitsthemen
Quelle: Eigene Erhebung

Reputationswettbewerbe sind vor allem in den letzten Dekaden zu einem wichtigen Thema für Unternehmen geworden. Bei klassischen Industrieunternehmen bezieht sich dies auf die Stellung und Wahrnehmung des eigenen Unternehmens im Vergleich zu den relevanten Konkurrenzunternehmen (Kaiser, 2002, S. 762). In Bezug auf Beteiligungsgesellschaften teilt sich dies vor allem auf zwei unterschiedliche Bereiche auf. Zum einen dient die Reputation dazu, Kapital für neu aufzulegende Fonds und andere Beteiligungsvehikel von Kapitalgebern zu akquirieren. Zum anderen dient die Reputation dazu, Investitionen in adäquaten Zielunternehmen zu tätigen. Sie soll die Gesellschafter resp. Anteilseigner des Zielunternehmens dazu zu bewegen, Anteile an ihrem Unternehmen an den Investor abzugeben. Wie den empirischen Ergebnissen zu entnehmen ist, liegt die Durchschnittsbetrachtung zwar eher auf einem zweitrangigen Niveau, jedoch kann vermutet werden, dass vor allem Reputationsthemen in Zeiten, in denen die Beteiligungsgesellschaften und vor allem ihre angewandten Praktiken stark unter

[158] Handelsgesetzbuch
[159] International Financial Reporting Standards

öffentlicher Beobachtung stehen, an Relevanz gewinnen. Zum einen kann hier das Thema der *social licence to operate*, also die gesellschaftliche Akzeptanz für die wirtschaftlichen Handlungen, angeführt werden, zum anderen können dies aber vor allem die angesprochenen Themen der Kapitalakquisition sein, die in Zukunft das Thema des Reputationsaufbaus bzw. der Reputationsbewahrung wichtiger werden lassen.

Wichtiger werden dagegen die Themen der allgemeinen Globalisierung der Wertschöpfung [*GloWer*], der zunehmende Innovationswettbewerb [*InnoWt*] sowie der zunehmende allgemeine Kostendruck [*KostDru*] beurteilt. Alle drei Themen wurden im Durchschnitt als „wichtig“ (M = 2,000) eingestuft. Zwar streuen die Bewertungen recht stark, jedoch erhält die [*GloWer*] bei genauerer Betrachtung die eindeutigste Bewertung (δ = 1,259; *v(GloWer)* = 1,066). Globalisierungsthemen sind schon seit geraumer Zeit äußerst präsent in der gesellschaftlichen Debatte. Für Wirtschaftsunternehmen bedeuten diese meist a) die Möglichkeit zur Diversifikation bzw. Relokalisierung von Bereichen ihrer Wertschöpfungskette, aber auch b) die Eröffnung von neuen Absatz- und Beschaffungsmärkten. Für Beteiligungsgesellschaften bedeutet Globalisierung vor allem die Mobilität von Kapital, d.h. a) die Möglichkeit, Beteiligungen an Unternehmen in verschiedenen Ländern erwerben zu können, aber auch b) Kapital aus unterschiedlichen Märkten bzw. von unterschiedlichen Kapitalgebern zu akquirieren. Auf der anderen Seite können Globalisierungsthemen auch eine wichtige Rolle bei der Entwicklung bzw. Reorganisation ihrer gehaltenen Portfoliounternehmen spielen. Die Globalisierungsthemen werden dabei besonders von den sehr großen Beteiligungsgesellschaften, die ein Kapitalvolumen von mehr als 1 Mrd. EUR verwalten, als wichtig beurteilt (p = 0,004). Dieses Ergebnis ist sachlogisch erklärbar, da diese Gesellschaften vor allem Beteiligungen an großen, international tätigen Unternehmen erwerben. Bei diesen Gesellschaften gehört die Beschäftigung mit Globalisierungsthemen zum alltäglichen Geschäft. Weiterhin zeigen sich signifikante Unterschiede bezüglich des geografischen Hauptsitzes der Gesellschaften (p = 0,002). Hier bewerten europäische bzw. globale Beteiligungsgesellschaften die Globalisierungsthemen als weit wichtiger als die deutschen Gesellschaften. Da die meisten Gesellschaften, die ein Kapital von mehr als 1 Mrd. EUR verwalten, aus dem außer-deutschen Ausland stammen, passt dieses Ergebnisse a) zu den Ergebnissen zu den Größenunterschieden, b) kann dies jedoch auch ein Beleg dafür sein, dass deutsche Firmen tendenziell weniger offen für die Herausforderungen der Globalisierung sind als nicht-deutsche Gesellschaften. Ein weiteres interessantes, aber erwartetes Ergebnis ist, dass vor allem strategisch aktive Gesellschaften den Globalisierungsthemen eine hohe Relevanz zukommen lassen (p = 0,005). Zusammenfassend zeigt sich also, dass sehr große, insbesondere globale Gesellschaften und Gesellschaften, die aktiv in die strategische Ausrichtung ihrer Portfoliounternehmen involviert sind, Globalisierungsthemen eher einen hohen Stellenwert zuweisen.

Als ein weiteres wichtiges Thema wird der Innovationswettbewerb [*InnoWt*] gesehen. Innovationswettbewerbe spielen vor alle in Technologie-orientierten Industrien eine große Rolle. Vor allem auf politischer Ebene hat die Förderung dieser Wettbewerbsart einen hohen Stellwert erlangt. Ziel ist dabei vor allem die Stärkung des Forschungs- und Entwicklungspotentials in jungen, aber auch in etablierten Unternehmen. Als Beispiel für die umfangreichen Bemühungen kann das Programm des Bundesministeriums für Forschung und Entwicklung (BMBF) zur Förderung von Hightech-Gründungen und des innovativen Mittelstandes genannt werden. Nach einer Studie des Institutes der deutschen Wirtschaft sind Beteiligungsgesellschaften die wichtigsten Teilnehmer in den betroffenen Märkten (IW Consult, 2006). Dabei bedienen die Frühphasenfinanzierer (Venture Capital-Gesellschaften) vor allem den Markt für Hightech-Gründungen, die Spätphaseninvestoren dagegen den Markt für innovative, etablierte Unternehmen. Die Bemühungen um die Förderung des Innovationswettbewerbes fokussieren vor allem Defizite, die die private Wagniskapitalfinanzierer (z.B. Business Angels) bzw. Beteiligungsgesellschaften davon abhalten (könnten), den innovativen Unternehmen benötigtes Kapital zur Verfügung zu stellen. Diese Defizite zeigen sich besonders in a) der Verschiebung von Mitteln von der Frühphasenfinanzierung hin zur Spätphasenfinanzierung und b) in der Abwanderung von Kapital aus den angesprochenen Märkten. Als Gründe müssen hier vor allem steuerliche (z.B. Anwendung der Gewerbssteuer durch unpassende Anwendung der Regeln zur Feststellung der Gewerblichkeit; geänderte Abschreibungs- und Verlustvortrag- bzw. Verlustanrechnungsgrundsätze; Zuwanderungsbestimmungen der Beteiligungsmanager etc.) genannt werden. Da viele der Gründe für die Defizite vor allem im aktuell geltenden UBGG[160] verankert sind, drängt vor allem der *BvK* auf eine Änderung und die Einführung eines Private Equity-Gesetzes (IW Consult, 2006, S. 167).

Es zeigt sich, dass der Innovationswettbewerb für die befragten Beteiligungsgesellschaften ein Thema ist (M = 2,000; δ = 1,378). Vor allem Frühphasenfinanzierer messen den Themen hier eine besondere Bedeutung zu (p = 0,001). Gleiches gilt für Gesellschaften, die ihren

[160] Gesetz über Unternehmensbeteiligungsgesellschaften

Hauptsitz außerhalb von Deutschland im europäischen bzw. globalen Raum haben (p = 0,039). Dies kann ein Hinweis darauf sein, dass sich die deutschen Beteiligungsgesellschaften im Vergleich eher mit den Bedingungen abfinden, als ihre ausländischen Konkurrenten. Dies mag einleuchten, wird bedacht, dass die ausländischen Investoren die steuerlichen und rechtlichen Rahmenbedingungen kritischer beobachten, da sie sich in allen Fällen die Frage stellen müssen, ob sie ihr Kapital wirklich in einem bestimmten Land (z.B. Deutschland) belassen oder es zu Gunsten anderer Länder abziehen. Konkretisiert wird diese Sicht vor allem dadurch, dass der Innovationswettbewerb für Gesellschaften eine besondere Rolle spielt, die sowohl strategisch (p = 0,027) als auch operativ (0,025) in ihre Portfoliounternehmen eingreifen.

Die letzte abgefragte Herausforderung ist der zunehmende Kostendruck auf die Unternehmen [*KostDru*]. Die Höhe und erwartete Entwicklung von Kosten der Portfoliounternehmen[161] spielt vor allem in der Spätphasenfinanzierung, aber auch bei Unternehmensgründungen, eine entscheidende Rolle. Im ersten Fall sind Kosten- bzw. Kosteneinsparpotenziale ausschlaggebend für die Entwicklungs- und Rationalisierungserfolge der Investoren. Da besonders die Optimierung von Portfoliounternehmen bzw. die Eliminierung von Defiziten zur Ertrags- und damit Wertsteigerung der Portfoliounternehmen beitragen, sind Kostenthemen zentral für jeden Investor. Die hohe Wahrnehmung von möglichen zunehmenden Kosten und des resultierenden Drucks (M = 2,000; δ = 1,144) bestätigen diese Sicht. Es zeigt sich, dass dies vor allem für Gesellschaften gilt, die bevorzugt Mehrheitsbeteiligungen an ihren Portfoliounternehmen halten (p = 0,036). Sinnvoll erklärbar ist dieses Ergebnis vor allem deshalb, da besonders Investoren, die Mehrheitsanteile halten, stärker von einer Optimierung (Effizienzsteigerung) der betreffenden Unternehmen partizipieren. Zudem zeigt sich auch hier, dass Gesellschaften, die besonders aktiv in strategischen Entscheidungen des Portfoliounternehmens eingebunden sind, sich eher für die Herausforderungen von zunehmenden Kosten interessieren (p = 0,001).

2.2.3.2 Themen des Ressourceneinsatzes

Im Unterschied zu den vorangegangenen Nennungen, betreffen Themen des Ressourceneinsatzes primär Problembereiche produzierender Unternehmen. Dies bedeutet, dass hier ledig-

[161] Da die Investoren, wie bereits erwähnt, nur sehr wenige physische Ressourcen benötigen, wird das Kostenthema hier rein auf die Portfoliounternehmen fokussiert.

lich Themen angesprochen werden, die nur indirekt für einen Investor relevant sein können, jedoch über die transaktionsspezifische Verquickung mit den Portfoliounternehmen durchaus Relevanz gewinnen (siehe hierzu die Ausführungen in C.2.4.1). Dabei stammen die ausgewählten Themen spezifisch aus der allgemeinen Debatte der öffentlichen Medien zur Beziehung zwischen Umweltveränderungen und dem wirtschaftlichen Handeln von Unternehmen.

Spezifisch wurden Themen aus den Bereichen der kostenrelevanten Auswirkungen der Klima- und Umweltdebatte und der resultierenden Effizienzsteigerung von Unternehmen angesprochen. Als Herausforderungen bezüglich der Effizienzsteigerung von Unternehmen wurden konkret neue Standards zu Emissionen von produzierenden Betrieben [*EmisSt*], die Rohstoffverknappung [*Rohsto*] und die effiziente Nutzung von Ressourcen (z.B. durch Recycling o.ä.) [*Recycl*] abgefragt. Kosten-relevante Herausforderungen werden durch steigende Energiepreise [*EnerPr*] bzw. Emissionspreise [*EmisPr*] abgefragt. Die Ergebnisse zu den Durchschnittsbewertungen der Probanden sowie Standardabweichungen und Verteilungsmaße finden sich in Tabelle 7.

Gruppe 2: Resourceneinsatz				
	Signifikante Stichproben	Median	Standardabw eichung	Schiefe
Steigende Energiepreise		3,000	1,407	0,711
Steigende Emissionspreise	**4; 6**	3,000	1,393	0,286
Emissionsstandards	**4**	3,000	1,444	0,287
Rohstoffverknappung		3,000	1,468	0,611
Effiziente Nutzung der Ressourcen (z.B. Recycling)		3,000	1,458	0,492
Ordnungsnummern der Stichproben: 1-Größe; 2-Haltedauer; 3-Investortyp; 4-Beteiligungsart; 5-geografischer Hauptsitz; 6-Umfang strategischer Einfluss; 7-Umfang Einfluss auf Contgrolling; 8-Umfang operativer Einfluss.				

Tabelle 7: Ergebnisse zur Gruppe 2 der relevanten Nachhaltigkeitsthemen
Quelle: Eigene Erhebung

Insgesamt ergeben sich niedrigere Bewertungen als in der vorherigen Gruppe. Alle abgefragten Themen werden im Durchschnitt als „eher wichtig“ (M = 3,000) eingestuft. Mit Blick auf die eingangs erwähnte eher indirekte Natur dieser Herausforderungen für die Beteiligungsgesellschaften überrascht dieses Ergebnis nicht. Die detailliertere Analyse der gewonnenen Daten lässt allerdings eine differenziertere Sicht zu.

Auch wenn die Durchschnitte ähnlich sind, kann der Herausforderung durch steigende Energiepreise [*EnerPr*] eine im Vergleich tendenziell höhere Relevanz zugeschrieben werden. Dies belegt vor allem die am stärksten rechtsschiefe Verteilung dieser Daten (*v(EnerPr)* = 0,711). Damit tendieren die Probanden in ihren Bewertungen hier stärker zu einer „wichtigen" Bewertung, als bei den anderen Herausforderungen. Auch sachlogisch kann dies nachvollzogen werden. Von den genannten Produktions-bezogenen Herausforderungen sind vor allem Energiepreise die eingängigsten und gebräuchlichsten Themen. Energiepreise, also insbesondere Preise für Strom und Wärme, lassen sich direkt messen und sind integraler Bestandteil jeder Kostenkalkulation. Da Investoren, vor allem wenn sie eher mehr in die Portfoliounternehmen involviert sind, oft stark kalkulationsorientiert sind, ist es verständlich, dass hier Kostensteigerungen in einem Bereich durchaus Relevanz im spezifischen Fall erhalten. Auch hier werden die beschriebenen Unterschiede in Abbildung A3 in Anhang 1 grafisch detaillierter dargestellt.

Die beiden Effizienz-orientierten Herausforderungen Rohstoffverknappung [*Rohsto*] (δ = 1,468) und die effiziente Nutzung von Ressourcen [*Recycl*] (δ = 1,458) können als zweitwichtigste Kategorien gewertet werden. Auch hier deuten die eher ausgeprägt rechtsschiefen Verteilungen darauf hin, dass eher mehr Probanden eine positivere Bewertung als der Durchschnitt abgegeben haben. Die etwas geringere Bedeutung dieser Herausforderungen ist konsistent mit dem zuvor angeführten Argument. Zwar sind Ressourcenthemen, wie z.B. die Verhinderung von Verschwendung, Aufbereitung von Ausschüssen oder die Verwendung von alternativen Rohstoffen, aktuell viel diskutiert, allerdings sind sie eher weit vom eigentlichen Kerngeschäft der Beteiligungsgesellschaften entfernt. Dennoch kann die hohe Publizität als Grund dafür angeführt werden, dass diese beiden Themen im Vergleich als tendenziell wichtiger bewertet wurden.

Als Abschluss bleiben die Themen Emissionsstandards [*EmisSt*] und steigende Emissionspreise [*EmisPr*] als die tendenziell niedriger bewerteten Themen zu erwähnen. Beide weisen die niedrigsten Verteilungsmaße auf (*v(EmisSt)* = 0,287; *v(EmisPr)* = 286). Dies bedeutet, dass die Bewertungen in der Tendenz sehr nahe am genannten Durchschnitt (M = 3,000) liegen. Trotzdem ergeben sich hier signifikante Unterschiede bei den Bewertungen durch verschiedene Stichproben. Es zeigt sich, dass steigende Emissionspreise insbesondere durch Gesellschaften mit bevorzugt mehrheitlichen Beteiligungen diesen Herausforderungen eine höhere Bedeutung zumessen (p = 0,043). Das Gleiche ist auch in Bezug auf sich ändernde Emissionsstandards erkennbar (p = 0,011). Es lässt sich feststellen, dass strategisch mehr involvierte Investoren den steigenden Emissionspreisen tendenziell eine erhöhte Wichtigkeit zukommen lassen (p = 0,042). Auch hier greift das Argument, dass, je stärker Beteiligungsgesellschaften in einem Unternehmen investiert sind bzw. je stärker sie sich mit der strategischen Ausrichtung und Entscheidungsfindung befassen, sie vor allem Emissions-relevante, also stark operative Themen, eher als wichtig empfinden als andere Beteiligungsgesellschaften.

2.2.3.3 Themen des gesellschaftlichen Diskurses

Gesellschaftlich relevante Themen beziehen sich, anders als die vorangegangenen angesprochenen, vor allem auf extern induzierte Veränderungen. Genauer betrifft dies Veränderungen, die durch Umschichtungen in der Geisteshaltung und Prioritätensetzung der Gesellschaft bzw. veranlasste oder nicht-veranlasste (politische) Reformen entstehen. Inhaltlich können die fünf ausgewählten Themen zwei Bereichen zugeordnet werden. Ein Bereich ist dabei die (operative) Handlungsfähigkeit der Gesellschaften. Hier wurden die Themen der mangelnden Infrastruktur [*InfrSt*] sowie der Mangel an qualifiziertem Personal [*QulPer*] den Probanden als zu bewertende Herausforderungen genannt. Der zweite Bereich kann als Herausforderungen durch die Einflussnahme von außenstehenden Anspruchsgruppen charakterisiert werden. Hierzu zählen in der Untersuchung fiskalische, also steuerpolitische Anpassungen [*StPol*], veränderte Sozialstandards in Unternehmen, die z.B. durch Stakeholder-Aktivismus durchgesetzt bzw. eingeführt wurden [*SozSt*], sowie sich ändernde Anforderungen der Kapitalgeber der Beteiligungsgesellschaften [*AnfKap*]. Im Vergleich zum vorangegangenen Abschnitt zeigt sich, dass die abgefragten Herausforderungen hier direkter mit den Handlungen bzw. Zielsystemen der Beteiligungsgesellschaften verknüpft sind.

Die durchschnittlichen Bewertungen sind in Tabelle 8 dargestellt. Abbildung A4 in Anhang 1 stellt zudem die im Folgenden zu beschreibenden Unterschiede in der Wichtigkeit der Herausforderungen grafisch anschaulicher dar.

Gruppe 3: Gesellschaft				
Gruppe 3: Gesellschaft	**Signifikante Stichproben**	Median	Standardabw eichung	Schiefe
Mangelnde Infrastruktur		3,000	1,426	0,195
Mangel an qualifiziertem Personal		2,000	1,188	1,115
Fiskalische Anpassungen (Steuerpolitik)	**5**	2,000	1,061	0,803
Veränderte Sozialstandards (Stakeholder-Aktivismus)	**6**	3,000	1,172	0,485
Anforderungen der Kapitalgeber (Investitionsrichtlinien)		2,000	1,034	1,310
Ordnungsnummern der Stichproben: 1-Größe; 2-Haltedauer; 3-Investortyp; 4-Beteiligungsart; 5-geografischer Hauptsitz; 6-Umfang strategischer Einfluss; 7-Umfang Einfluss auf Contgrolling; 8-Umfang operativer Einfluss.				

Tabelle 8: Ergebnisse zur Gruppe 3 der relevanten Nachhaltigkeitsthemen
Quelle: Eigene Darstellung

Die Ergebnisse sind differenzierter als im vorangegangenen Abschnitt. Drei der abgefragten Herausforderungen lassen sich von den anderen als wichtiger [M = 2,000] abgrenzen. Durch die Beachtung der Schiefen der jeweiligen Verteilungen dieser drei Themen kann der "Mangel an qualifiziertem Personal" [*QulPer*] als die am wichtigsten bewertete Herausforderungen herausgehoben werden ($\delta = 1{,}188$; $v(QulPer) = 1{,}115$). Ein Mangel kann dabei sowohl auf die Personalausstattung der Beteiligungsgesellschaften, als auch auf das Vorhandensein von qualifiziertem Personal in den jeweiligen Portfoliounternehmen bezogen werden. Besonderes Augenmerk sollte hierbei auf die Beteiligungsebene bzw. auf das vorhandene Portfoliounternehmens-Management gelegt werden. In vielen Studien wurde die Verbindung zwischen Erfolg einer Unternehmung und der Qualifikation bzw. der Verfügbarkeit von qualifiziertem Managementpersonal[162] untersucht (Gmür & Schwerdt, 2005s. S. 222). Wie bereits in Abschnitt B1.1.3 erwähnt, ist eine der Kernkompetenzen der Beteiligungsgesellschaften die Auswahl und Rekrutierung von adäquatem Managementpersonal. Vor allem bei jungen Unternehmen und Unternehmensgründungen, bei denen das Managementteam ein wichtiges Investitionskriterium ist, steht die Entwicklung des Managementteams und vor allem die Beschaffung von qualifiziertem Personal (außerhalb der Managementriege) im Fokus des Investoreninteresses. Das vorgestellte Ergebnis belegt damit augenscheinlich diese vorherigen Erkenntnisse.

[162] Hier ist darauf hinzuweisen, dass auch qualifizierte Fachkräfte erfolgsrelevant sein können bzw. sind. Gerade in der heutigen Zeit zeigt sich, dass dementsprechend ein Mangel an qualifizierten Fachkräften ein Erfolgsrisiko sein kann. Entsprechende Hinweise gibt die aktuelle Diskussion z.B. über den Ingenieurmangel in vielen deutschen Industriezweigen.

Das nächste als am wichtigsten bewerte Thema sind Anforderungen von Seiten der Kapitalgeber [*AnfKap*] (δ = 1,034; *v(AnfKap)* = 1,310). Die Berücksichtigung der Anforderungen der Kapitalgeber ist ein Imperativ für jede Beteiligungsgesellschaft. Private Equity-Gesellschaften sind nur dann in der Lage, Mittel für ihre Investment-Vehikel (Fonds) einzusammeln, solange die möglichen Investoren mit den dazugehörigen Investitionsrichtlinien und –zielen einverstanden sind. Geben die Kapitalgeber bestimmte Richtlinien vor, so sind nur die Gesellschaften in der Lage Kapital von ihnen zu erhalten, die diese Anforderungen erfüllen. Im Kapitalmarktbereich hat besonders die Entwicklung des SRI-Sektors gezeigt, welchen Einfluss sich verändernde Anforderungen von Kapitalgebern auf Investment-Gesellschaften, die dahinter stehenden Aktivitäten und Verhaltensweisen haben können. Dieses Ergebnis kann damit als Hinweis angesehen werden, dass möglicherweise auch im Beteiligungsbereich eine solche Veränderung eintreten kann. Dabei muss jedoch unterstrichen werden, dass dies augenscheinlich nur dann adäquat funktioniert, wenn die Initiative größtenteils durch die Kapitalgeber induziert wird.

Die Bedeutung von bestehenden Herausforderungen aufgrund von fiskalischen Anpassungen [*StPol*] wurde bereits in Abschnitt C.2.2.3.1 in Bezug auf den Innovationswettbewerb beleuchtet. An dieser Stelle zeigt sich, dass dieser Punkt definitiv ein relevantes Thema für die Beteiligungsgesellschaften darstellt, indem es als „wichtig" (M = 2,000; δ = 1,061) beurteilt wird. Wie bereits mehrfach ermittelt, stufen vor allem Gesellschaften mit bevorzugt mehrheitlichen Beteiligungen diese Herausforderung wichtiger ein als andere Gesellschaften (p = 0,009). Leider konnte an dieser Stelle kein signifikanter Unterscheid bezüglich der geografischen Herkunft der Gesellschaften gefunden werden. Dieses hätte eine zusätzliche Bestätigung der zuvor dargestellten Ergebnisse bedeutet.

Als im Vergleich dazu weniger wichtig, aber relevant, wurden sich verändernde Sozialstandards [*SozSt*] (M = 3,000; δ = 1,172) und mangelnde Infrastruktur [*Infrast*] (M = 3,000; δ = 1,426) eingeschätzt. Es zeigt sich wiederum, dass vor allem Gesellschaften, die in strategischen Entscheidungssituationen ihre Beteiligungen aktiv einbringen, sich ändernde Sozialstandards eher als wichtig beurteilen als andere (p = 0,001). Auch hier kann die größere Nähe zu dem Unternehmen und spezifischen Unternehmensbelangen als Grund dafür angeführt werden.

2.2.3.4 Zusammenfassung

Zusammenfassend kann festgestellt werden, dass bestimmte Nachhaltigkeitsthemen eine besondere Bedeutung für die Beteiligungsgesellschaften einzunehmen scheinen und stellen, je konkreter sie formuliert sind, für die Investoren wichtige Herausforderungen dar. Es zeigt sich, dass Themen, die die direkte Wertschöpfung der Beteiligungsgesellschaften bzw. der Portfoliounternehmen betreffen, am wichtigsten eingeschätzt werden. Zum einen sind vor allem die Themen der Globalisierung und des Innovationswettbewerbes zu nennen, also Themen, die direkt mit der Wertentwicklung/ Potenzialentfaltung bzw. mit der Generierung von neuen Investitionsmöglichkeiten zusammenhängen. Im Hinblick auf wesentliche Gesellschaftsmerkmale zeigt sich, dass vor allem große Gesellschaften und Frühphasenfinanzierer, die sich stark in der strategischen Entwicklung ihrer Beteiligungen engagieren (und somit weniger auf Arbitragegewinne aus sind), diesen Herausforderungen aufgrund veränderter Wertschöpfungsbedingungen eine besonders große Bedeutung zumessen. Zum anderen sind dies aber auch gesellschaftlich relevante Themen wie z.B. der wahrgenommene Mangel an qualifiziertem Personal, eine veränderte Steuerpolitik oder sich ändernde Anforderungen der Kapitelgeber.

Ressourcen-orientierte Herausforderungen spielen eher eine untergeordnete Rolle. Dies bedeutet nicht, dass diese als unwichtig betrachtet werden (der Median liegt bei 3,000). Jedoch vermittelt sich der Eindruck, dass ein Thema, je weiter es von den eigentlichen Aktivitäten der Beteiligungsgesellschaften entfernt ist, desto weniger relevant eingestuft wird. Dass die abgefragten Herausforderungen dennoch eine tendenziell wichtige Bewertung erhalten haben, kann darauf zurückzuführen sein, dass die Themen aktuell sehr stark im Fokus der öffentlichen Diskussion stehen. Da ein großer Teil der Beteiligungen der Private Equity-Investoren Technologie- bzw. Produktions-orientierte Betriebe sind, spielen diese Themen für sie durchaus eine Rolle. Die detailliertere Analyse ergibt, dass dies vor allem für die Beteiligungsgesellschaften gilt, die eher stark in den strategischen Bereichen ihrer Beteiligungen involviert sind.

2.2.4 Bewertung aktueller und zukünftiger Treiber von Nachhaltigkeitsanforderungen

Die vorangegangenen Abschnitte haben versucht, Aussagen zu zentralen Aspekten (unterschiedlichen Konkretisierungsgrades) der unternehmerischen Nachhaltigkeit zu generieren. In diesem Abschnitt soll nun versucht werden, die Treiber (Motive und Gründe) zu identifizieren, die ausschlaggebend dafür sein können, dass die bisher untersuchten Aspekte ihre Relevanz für die Beteiligungsgesellschaften erhalten (siehe hierzu auch Abschnitt B.1.4). Es wurde bereits erwähnt, dass neue Konzepte wie das der Nachhaltigkeit selten aus eigenem Antrieb bzw. „Gutmenschentum" heraus ihre Verbreitung finden. Vielmehr sind es graduelle Veränderungen bzw. die Änderungen von Einstellungen einer großen Masse bzw. von zentralen Akteuren, die zu einem Wandel hin zur Verwendung neuer Verhaltensweisen, Denkweisen oder Orientierungen führen, die damit das Handeln aller aber auch einzelner prägen. In diesem Rahmen spielen vor allem die Gründe und Motive eine große Rolle, weshalb z.B. individuelle, unternehmerische Organisationen solchen veränderten Anforderungen folgen sollten. Zum einen können diese Anreize sein, da man sich eine Steigerung seines Nutzens, Gewinns o.ä. verspricht. Zum anderen kann es aber auch die Vermeidung von Risiken sein. Hier ist z.B. der Verlust von Kunden oder Marktanteilen, das Verpassen von neuen Geschäftschancen oder die Kostensteigerung aufgrund eines unangepassten Verhaltens bzw. in Form von Strafen, Reklamationen, Auflagen etc. zu nennen. In Bezug auf Beteiligungsgesellschaften können hier exemplarisch vor allem die Schwierigkeiten, neues Kapital zu akquirieren oder Investitionsobjekte zu finden bzw. der Verlust der *social licence to operate*, als mögliche Risiken gesehen werden (Warhurst, 2001, S. 58).

Der folgende Abschnitt soll eine Reihe möglicher Gründe untersuchen, weshalb sich Beteiligungsunternehmen potentiell mit den genannten Anforderungen (von Stakeholdern) befassen. Mögliche Treiber wurden in Frage 19 des zugrunde liegenden Fragebogens abgefragt. Die Probanden wurden aufgefordert, insgesamt elf verschiedene mögliche Treiber, weshalb sich ihre Gesellschaften aktuell und zukünftig mit den Anforderungen der relevanten Stakeholder zu befassen, auf ihre aktuelle Wichtigkeit und ihre Veränderung der in Zukunft hin zu bewerten. Die einzelnen Treiber wurden in Anlehnung an die empirische Erhebung von Hahn & Scheermesser (2006) ausgesucht und spezifiziert, und mit den Ausführungen von Moon (2007) abgeglichen. Dabei sollten einzeln aufgeführten möglichen Gründen Wichtigkeiten zugeordnet werden. Die Bewertungen wurden anhand einer 6-stufigen Likertskala mit den Polen „sehr wichtig" (1) bis „völlig unwichtig" (6) erhoben. Die Einschätzung der Veränderung der Wichtigkeit in Zukunft wurde anhand einer 3-stufigen Skala mit den Werten „höher" (1), „gleich (2) und „niedriger" (3) erhoben.

Im Überblick zeigt sich, dass die Durchschnittsbewertungen zwischen einer Einstufung als „wichtig“ (M = 2,000) und „eher wichtig“ (M = 3,000) fluktuieren. Dies ist aufgrund der geringen Varianz der Ergebnisse per se ein unbefriedigendes Resultat. Bei der Betrachtung der Streuungsmaße ist zu erkennen, dass einige Variablen mehr streuen (hier eine $\delta > 1{,}000$) als andere. Die Durchschnittsbildungen der erwarteten zukünftigen Veränderung der Wichtigkeit ergeben, dass für sämtliche eine gleich bleibende Bedeutung in Zukunft (M = 2,000) erwartet wird. Auch diese Ergebnisse sind zuerst aufgrund der geringen Varianz nicht sonderlich befriedigend. Es können keine Faktoren identifiziert werden, die besonders treibend für die Nachhaltigkeitsorientierung der Beteiligungsgesellschaften angesehen werden können. Jedoch bedeutet dies auch, dass von den Probanden nicht erwartet wird, dass die recht hohen Relevanzen der einzelnen Treiber in Zukunft abnehmen werden. In Verbindung mit den zukünftigen Durchschnittsbewertungen zeigt sich, dass die stärker streuenden Ergebnisse größtenteils eine etwas niedrigere aktuelle Bewertung (M = 3,000) erhalten haben.

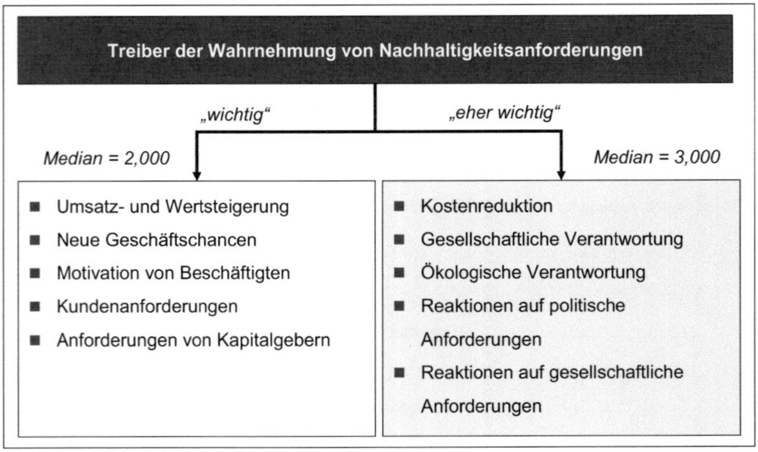

Abbildung 31: Einteilung der Nachhaltigkeitstreiber
Quelle: Eigene Darstellung

Aufgrund dieser Erkenntnisse wurde eine Gruppierung der Variablen hinsichtlich ihrer berechneten Durchschnitts- und Streuungsmaße vorgenommen. Es ergeben sich zwei Gruppen. Die erste Gruppe umfasst alle Treiber, die direkt mit betriebs-relevanten Themen verbunden sind. Als direkt betrieblich-relevante Treiber werden hier jene bezeichnet, die direkt mit der Umsatzgenerierung, Wertschöpfung bzw. Werterstellung oder der Unternehmensfinanzierung in Verbindung stehen. Alle hier einbezogenen Variablen weisen eine durchschnittlich „wichtige“ Bewertung (M = 2,000) auf. Die zweite Gruppe setzt sich nach der vorgenommenen Einteilung vornehmlich aus außerbetrieblichen Treibern zusammen. Die Gründe beziehen sich dabei besonders auf unterschiedliche Anforderungsarten, die z.T. bereits in Abschnitt C.2.4 analysiert wurden. Diese Einteilung folgt damit den Ausführungen von Dyllick (2004).[163] Die Aufteilung ist in Abbildung 31 dargestellt. In den folgenden beiden Abschnitten sollen die Treiber der beiden abgegrenzten Gruppen detailliert analysiert werden.

2.2.4.1 Betriebliche Treiber der Nachhaltigkeitsorientierung

In der Gruppe der betrieblichen Treiber der Nachhaltigkeitsorientierung von Beteiligungsgesellschaften können insgesamt fünf Gründe und Motive zusammengefasst werden, die Gründe für die aktuelle und zukünftige Wahrnehmung von Stakeholderanforderungen durch die Beteiligungsgesellschaften darstellen. Insbesondere sind dies: Umsatz- und Wertsteigerungen [*UmsAkt*], neue Geschäftschancen [*GesAkt*], Motivation von Beschäftigten [*MotAkt*], Kundenanforderungen [*KunAkt*] und Anforderungen von Kapitalgebern [*KapAkt*]. Im Folgenden sind die Ergebnisse der deskriptiven sowie Stichprobenanalyse dargestellt. Die Ergebnisse der Analysen fasst Tabelle 9 zusammen.

Wie bereits erwähnt, weisen alle hier einbezogenen Variablen die gleiche durchschnittliche Wichtigkeit (M = 2,000) auf. Da auch die Standardabweichungen relativ nahe beieinander liegen ($0{,}782 < \delta < 1{,}107$), scheint die Betrachtung der Verteilungsmaße am dienlichsten.

Der Treiber "Anforderungen der Kapitalgeber" [*KapAkt*] weist hier die am stärksten rechtsschiefe Verteilung auf (v(*KapAkt*) = 1,516). Dies deutet darauf hin, dass Anforderungen von Kapitalgebern tendenziell ein hohes Gewicht für die Wahrnehmung der Stakeholderanforderungen und damit für das Konzept der nachhaltigen Entwicklung haben. Es wird angenommen, dass sich die Relevanz in Zukunft nicht verändert (M = 2,000). Zusätzlich zu der Argumentation aus C.2.4.3 zeigt sich, dass in beiden Abschnitten den Kapitalgebern die gleiche, hohe Wichtigkeit zugeordnet wurde. Die Übereinstimmung belegt die Konsistenz in den Aussagen der Probanden. Hinsichtlich signifikanter Stichprobenunterschiede stellt sich heraus, dass die Kapitalgeberanforderungen besonders durch die Probanden als wichtig angesehen werden, die sich aktiv in Controllingthemen ihrer Portfoliounternehmen einbringen (p= 0,005), sich also eher intensiv mit den Controllingsystemen und Kontrollabläufen ihrer Betei-

[163] Siehe hierzu Abschnitt B.2.3.

ligungen befassen. Da die in den Controllingsystemen (der Beteiligungen sowie der Investoren) gewonnenen Daten das Handeln und die Ergebnisse eines Unternehmens auf (meist) quantitativer Ebene erfassen, und sowohl zur Unterstützung der Entscheidungsfindung des Managements als auch der externen Kommunikation dienen (vgl. hierzu Abschnitt B.3.1), kann diese Art der Einflussnahme als eine immanent wichtige angesehen werden. Neben dem Aufbau eines professionell aufgebauten Kontrollsystems zur effizienten Steuerung der Unternehmensabläufe und konsistenten Entscheidungsfindung stellen die Beteiligungsgesellschaften hierdurch sicher, dass ihnen die gewünschten und benötigten Daten zu Überwachung und Steuerung des betreffenden Portfoliounternehmens zur Verfügung stehen. Diese Daten befähigen die Investoren, effizient und in angemessenem Maße mit ihren Kapitalgebern zu kommunizieren und Rechenschaft abzulegen. Da die externen Kapitalgeber nur auf Grundlage der gewonnenen Kontrolldaten informiert werden, ist zu vermuten, dass sie bestimmte Anforderungen an die in der Kommunikation verwendeten Daten stellen, denen die Private Equity-Investoren nachkommen müssen.

Betriebliche Nachhaltigkeitstreiber				
	Signifikante Stichproben	Median	Standardab weichung	Schiefe
Umsatz-/ Wertsteigerung	**5; 6; 7**	2,000	0,829	1,036
Umsatz-/ Wertsteigerung: Zukunft		2,000	0,262	-3,339
Neue Geschäftschancen		2,000	0,782	1,008
Neue Geschäftschancen: Zukunft		2,000	0,418	-1,362
Motivation von Beschäftigten		2,000	1,076	1,107
Motivation von Beschäftigten: Zukunft		2,000	0,395	-1,612
Kundenanforderungen		2,000	1,107	0,739
Kundenanforderungen: Zkunft		2,000	0,391	-1,353
Anforderungen von Kapitalgebern	**7**	2,000	1,065	1,516
Anforderungen von Kapitalgebern: Zukunft		2,000	0,439	-0,989
Ordnungsnummern der Stichproben: 1-Größe; 2-Haltedauer; 3-Investortyp; 4-Beteiligungsart; 5-geografischer Hauptsitz; 6-Umfang strategischer Einfluss; 7-Umfang Einfluss auf Contgrolling; 8-Umfang operativer Einfluss.				

Tabelle 9: Bewertungs-Ergebnisse der aktuellen und zukünftigen betrieblichen Nachhaltigkeitstreiber
Quelle: Eigene Erhebung

Nichtsdestotrotz weisen die beiden Ergebnisse auf eine klare Struktur hin. Stakeholder-relevante Themen, genauer die Aufnahme dieser und Orientierung an ihnen, werden dann als wichtiger wahrgenommen, wenn sie eindeutig mit wirtschaftlichen (Erfolgs-) Größen verbunden werden können. Die Stichprobenergebnisse bekräftigen weiterhin, dass international aktive und aktiv strategie-bestimmende Beteiligungsgesellschaften die Relevanz dieser Treiber besonders hoch einschätzen.

Zwei weitere wichtige Treiber zur Wahrnehmung von Stakeholderanforderungen sind die Möglichkeiten zur Erzielung von Umsatz- und Wertsteigerungen [*UmsAkt*] sowie die Entwicklung von neuen Geschäftschancen [*GesAkt*] in den Portfoliounternehmen. Die relativ geringe Streuung bei beiden Variablen ($\delta = 0{,}829$ bzw. $\delta = 0{,}782$) deutet auf eine einheitliche Bewertung dieser durch die Probanden hin. Die Schiefemaße (v(*UmsAkt*) = 1,036; v(*GesAkt*) = 1,008) deuten auch hier auf eine eher höhere Bewertung als der errechnete Median hin. Die Durchführung der Stichprobenvergleiche ergibt, dass a) besonders Gesellschaften aus Europa (0,003), b) Gesellschaften mit aktiver Rolle bei der Strategiebestimmung (p = 0,004) und c) Gesellschaften, die sich aktiv in die Ausgestaltung des Controllings der Beteiligungen einbringen (p = 0,007), Umsatz- und Wertsteigerungen als Treiber für die verstärkte Wahrnehmung von Stakeholderinteressen wichtiger einstufen als andere Gesellschaften. Es konnten dagegen keine signifikanten Unterschiede für neue Geschäftschancen als Treiber einer nachhaltigeren Orientierung gefunden werden.

Treiber, die die Möglichkeit der Geschäftsgenerierung in bestehenden Bereichen betreffen, sind die letzten beiden Komponenten in der Gruppe der als „wichtig“ bewerteten Nachhaltigkeitstreiber. Die Motivation der Beschäftigen [*MotAkt*], also die Wahrnehmung der Anforderungen der eigenen sowie der Belegschaft der Portfoliounternehmen, kann dabei als die Aufrechterhaltung der internen Handlungsfähigkeit (Marktbedienung) gewertet werden. Die Bedürfnisse und Anforderungen der Kunden [*KunAkt*] vertritt somit die Möglichkeit zur Aufrechterhaltung der Marktposition durch Befriedigung der Kundenbedürfnisse. Dass beide Variablen als wichtig eingestuft werden belegt, dass sich Beteiligungsgesellschaften in hohem Maße auch an nicht primär monetär ausgedrückten Anforderungen orientieren. Vielmehr belegen die Ergebnisse, dass z.B. Veränderungen in den Mitarbeiterpositionen (Anforderungen) und die Anforderungen der Kunden mit in Entscheidungen einbezogen werden. Des Weiteren belegt es, dass Mitarbeiter und Kunden durchaus über die Artikulation und Einbringung ihrer Bedürfnisse die Orientierungen der Beteiligungsgesellschaften zu steuern vermögen.

2.2.4.2 Außerbetriebliche Treiber der Nachhaltigkeitsorientierung

Die als „eher wichtig“ (M = 3,000) bewerteten Faktoren beziehen sich vor allem auf die Wahrnehmung von an die Beteiligungsgesellschaften herangetragene Verantwortungen, auf die Rolle von Reaktionen auf Anforderungen von Gesellschaft und Politik sowie auf die Wichtigkeit, Stakeholderinteressen zur Imagepflege wahrzunehmen. Wie auch im vorherigen Abschnitt wird durchschnittlich erwartet, dass sich die Wichtigkeiten der einzelnen Treiber in Zukunft nicht verändern. Die Auswertungen der empirischen Ergebnisse bildet Tabelle 10 ab.

Die verantwortungsbezogenen Variablen erfassen deutlich die drei relevanten Nachhaltigkeitsdimensionen. Dabei sind die ökologische [*ÖkVAkt*] und die soziale (gesellschaftliche) Dimension [*GVeAkt*] klar benannt. Die Möglichkeiten zu Kostenreduktionen durch die Wahrnehmung von Stakeholderanforderungen [*KosAkt*] stellt in diesem Kontext ein Proxy für effizientes, wirtschaftliches Handeln dar. Damit decken sie die ökonomische Verantwortungs-Dimension ab.

Außerbetriebliche Nachhaltigkeitstreiber				
	Signifikante Stichproben	Median	Standardabweichung	Schiefe
Imageförderung		3,000	0,867	-0,049
Imageförderung: Zukunft		2,000	0,391	-1,652
Kostenreduktion	**6**	3,000	1,028	0,574
Kostenreduktion: Zukunft		2,000	0,369	-1,503
Gesellschaftliche Verantwortung	**3; 5; 6**	3,000	1,102	0,180
Gesellschaftliche Verantwortung: Zukunft		2,000	0,448	-1,046
Ökologische Verantwortung		3,000	1,175	0,236
Ökologische Verantwortung: Zukunft		2,000	0,487	-0,526
Reaktion auf polit. Anforderungen	**1; 3; 4**	3,000	1,188	0,289
Reaktion auf polit. Anforderungen: Zukunft		2,000	0,399	-1,029
Reaktion auf gesell. Anforderungen	**4**	3,000	1,163	0,224
Reaktion auf gesell. Anforderungen: Zukunft		2,000	0,401	-1,548
Ordnungsnummern der Stichproben: 1-Größe; 2-Haltedauer; 3-Investortyp; 4-Beteiligungsart; 5-geografischer Hauptsitz; 6-Umfang strategischer Einfluss; 7-Umfang Einfluss auf Contgrolling; 8-Umfang operativer Einfluss.				

Tabelle 10: Bewertungs-Ergebnisse der der aktuellen und zukünftigen außerbetrieblichen Nachhaltigkeitstreiber
Quelle: Eigene Erhebung

Es zeigte sich bereits in Abschnitt B 2, dass Verantwortung und ihre Wahrnehmung stark individuell perspektivisch geprägt sind. Individuen oder Organisationen können nicht per se dazu „gezwungen“ werden, Verantwortung zu übernehmen. Vielmehr müssen sie die relevanten Verantwortungen „erkennen“. Diese „Erkennen“ geht in den meisten Fällen von Sanktionen betroffener Dritter aus (Schweikart, 1992, S. 476). Dies ist jedoch nur dann effektiv, wenn diese Sanktionen a) in adäquater Weise aufgenommen werden und b) in einem Umfang erfolgen, der die von den Sanktionen Betroffenen erreicht und so die intendierten Anpassungen hervorruft. Dies heißt schlussendlich, dass „Verantwortungsthemen“ tendenziell subjektiver und damit weniger klar erkennbar bzw. „messbar“ sind.

Die Möglichkeit, Kosten durch das „Aussteuern“ von Stakeholdern zu sparen, wird tendenziell von mehr Probanden als wichtig empfunden wird (v(*KosAkt*) = 0,547). Der Mann-Whitney U-Test ergibt, dass dies so vor allem durch strategisch eher involvierte Gesellschaften herausgehoben wird (p = 0,009). Im Vergleich dazu liegen weniger Probanden mit ihrer Bewertung der Wichtigkeit der ökologischen und gesellschaftlichen Verantwortung höher als der Durchschnitt. Auch sind die Streuungsmaße bei diesen Variablen im Vergleich höher (δ = 1,175 bzw. δ = 1,102). Die Probanden divergieren hier also in ihren Bewertungen stärker als hinsichtlich anderer Treiber. Für die gesellschaftlichen Verantwortung [*GVeAkt*] ergibt sich, dass besonders Spätphaseninvestoren diese als relevanter einschätzen (p = 0,028). Die Unterscheidung zwischen Früh- und Spätphaseninvestoren interagiert mit den bereits beschriebenen Resultaten zur Wichtigkeit von relevanten Stakeholdern (Abschnitt C.2.2.2) und spezifischen Nachhaltigkeitsthemen (Abschnitt C.2.2.3). Es stützt die Vermutung, dass vor allem die Financiers etablierter Unternehmen, die stärker in der Öffentlichkeit stehen resp. kritischer beobachtet werden, aufgrund des daraus erwachsenen Drucks eher Stakeholderinteressen beachten als Frühphaseninvestoren. Des Weiteren spielt die gesellschaftliche Verantwortung für globale Unternehmen eine gewichtigere Rolle (p = 0,033). Da es sich, wie beschrieben, bei diesen Gesellschaften meist um große und kritisch betrachtete Organisationen handelt, mag die voran angeführte Argumentation auch hier gelten. Ein letzter Unterschied ergibt sich bezüglich strategisch eingreifender Gesellschaften. Auch diese bewerten die Rolle ihrer gesellschaftlichen Verantwortung höher als passive Gesellschaften (p= 0,05).

Keine Stichprobenunterschiede ergeben sich bezüglich der ökologischen Verantwortung [*ÖkVAkt*] und der Imageförderung als Treiber der Wichtigkeit des Konzeptes der nachhaltigen

Entwicklung. Jedoch unterscheidet sich die Beurteilung der zukünftigen Wichtigkeit von den anderen Variablen. Während die zukünftigen Bewertungen der Wichtigkeit der Variablen bei den anderen Variablen recht homogen sind und eine gleich bleibende Bedeutung erwarten lassen, ergibt sich hier ein anderes Bild. Wie in Abbildung 32 zu erkennen ist, erwartet ein hoher Teil der Gesellschaften, die diesen Treiber als „eher relevant“ (und damit dem Durchschnitt entsprechen) betrachten, dass die ökologische Verantwortung in Zukunft an Gewicht als Nachhaltigkeitstreiber zunehmen wird. Zwar ist der Teil der Probanden, der eine gleiche Bedeutung in Zukunft erwartet immer noch größer, jedoch ist das Verhältnis der beiden Bewertungen hier zu Gunsten einer höheren Bedeutung verschoben.

Der Vergleich zwischen den beiden abgefragten Variablen und den Reaktionen auf gesellschaftliche [*GAAkt*] bzw. politische [*PolAkt*] Anforderungen ergibt ein einheitliches Bild. Beide Maße zur Verteilung liegen recht nahe beieinander (v(*GAAkt*) = 0,289; v(*PolAkt*) = 0,224). Somit weisen beiden Variablen eine ungefähr gleichbedeutende Wertung auf. Es kann festgestellt werden, dass politische Änderungen vor allem bei Gesellschaften eher als Treiber einer Nachhaltigkeits-Orientierung fungieren, wenn bevorzugt Mehrheitsbeteiligungen gehalten werden (p = 0,049).

Somit nehmen Gesellschaften, die sich tendenziell stärker eines Portfoliounternehmens annehmen, politischen Druck eher als Anreiz zu einer Anpassung wahr, als Gesellschaften mit nur einem geringen „*stake*“ in einem Portfoliounternehmen. Ein undifferenziertes Bild ergibt sich hier bezüglich der gesellschaftlichen Anforderungen. Zwar weist der H-Test nach Kruskal-Wallis einen signifikanten Unterschied auf (p = 0,011) Jedoch zeigt sich, dass sowohl Minder- als auch Mehrheitsanteilseigner eine positivere Einschätzung abgeben. Dies heißt im Umkehrschluss, dass Gesellschaften, die keine bevorzugte Anteilsstrategie aufweisen, in ihrem Beteiligungsverhalten eher undifferenziert sind und auf gesellschaftliche Anforderungen im Vergleich eher weniger stark reagieren. Hinsichtlich [*PolAkt*] kann eine weitere Unterscheidung aufgrund der Größe einer Gesellschaft getroffen werden (p = 0,029). Es zeigt sich, dass sehr große Gesellschaften mit einem verwalteten Kapitalvolumen von mehr als 1 Mrd. EUR. politische Anforderungen eher als wichtigen Treiber zur Änderung bestimmter Haltungen sehen als kleinere Gesellschaften. Die zusätzliche Bevorzugung der politischen Anforderungen durch Spätphaseninvestoren (p = 0,000) rundet das gewonnene Bild ab.

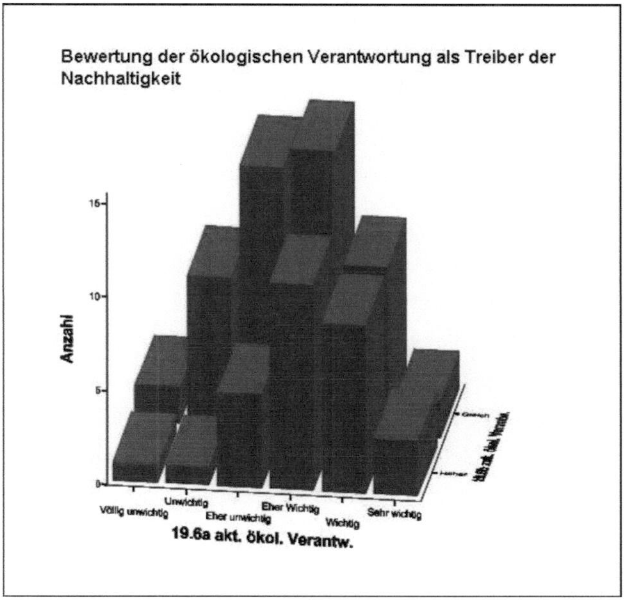

Abbildung 32: Verhältnis der aktuellen und zukünftigen Bewertungen der ökologischen Verantwortung als Treiber der Nachhaltigkeitsorientierung
Quelle: Eigene Erhebung

2.2.5 Exkurs: Investition in den Bereich „Erneuerbare Energien"

Zusätzlich zu den in Abschnitt C.1.3 beschriebenen Hintergrundvariablen wurden die Probanden in Frage 6 auffordert anzugeben, ob sie aktuell bereits **Investitionen in den Sektor der erneuerbaren Energien** getätigt haben bzw. ob sie solche Investitionen planen (Ja / Nein).

Investitionen in den Bereich der erneuerbaren Energien werden momentan als äußert lohnend angesehen, sodass sich in den letzten Jahren einregelrechter Trend ("*hype*") entwickelt hat.[164] Dieser Trend wird dabei sowohl von kapitalmarkt-orientierten Fonds als auch von Eigenkapitalinvestoren geteilt. In beiden Bereichen haben sich bereits hoch-spezalisierte Gesellschaften entwickelt, die sich ausschließlich mit den relevanten Märkten und Anwendungen befassen. Besonders innovative, junge Unternehmen aus dieser stark Technologie-orientierten Branche sind beliebte Akquisitionsziele. Getrieben werden die Investoren dabei vor allem von den

[164] Der Trend beruht dabei vor allem auf drei Treibern: der Deregulierung der Energiemärkte, einem sich verschärfenden ökologischen Drucks (hier vor allem der globale Klimawandel) und Sicherheitsbestrebungen (zur Sicherung der zukünftigen Energieversorgung); vgl. Moore & Wüstenhagen, 2004, S. 241; Fleischhauer, Hoyer & Partner, 2007.

zugesicherten sehr guten Zukunftsaussichten der Branche. Vor allem neue Methoden und Erkenntnisse im Bereich der alternativen fossilen Brennstoffe und Nuklearenergie-ersetzenden Energien gelten als die Technologien der nächsten Generation. Zusammenfassend bezeichnen Moore & Wüstenhagen (2004) diesen „nachhaltigkeitsrelevanten“ Sektor als „*technologies that reduce environmental impacts, are socially acceptable and can be economically competitive*“ (S. 237).[165]

Es zeigt sich in der Auswertung, dass knapp die Hälfte (44,0%) der befragten Beteiligungsgesellschaften bereits Investitionen in diesen Bereichen getätigt haben. Somit kann festgestellt werden, dass sich auch im vorliegenden Sample die angesprochene „Attraktivität“ dieses Bereiches wieder findet. Diese Auffassung wird durch die Angaben zu zukünftige möglichen Investitionen gestärkt. 74,0% der Probanden geben an, zukünftig Investitionen im alternativen, „grünen“ Energiesektor tätigen zu wollen. Dies kann als Beleg dafür genommen werden, dass die momentan beobachtbare Attraktivität der relevanten Märkte in Zukunft noch zunehmen kann und wird (siehe Abbildung 33).

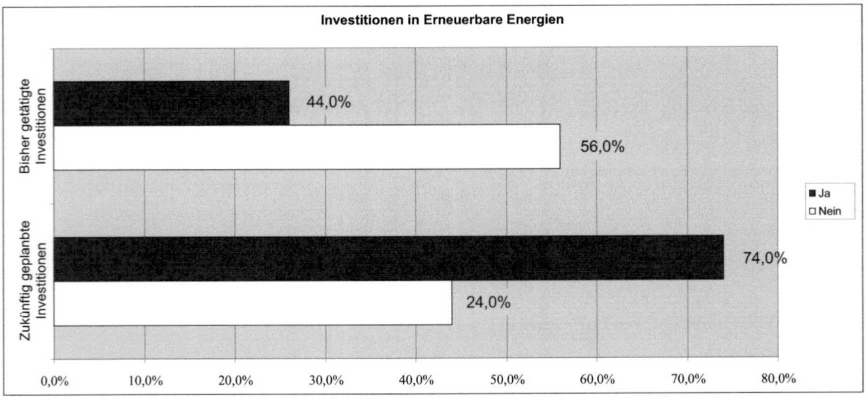

Abbildung 33: Bereitschaft zur Investition in Erneuerbare Energien
Quelle: Eigene Erhebung

Zusätzlich zu den Bewertungen wurde explizit nach den Gründen gefragt, weshalb die betreffenden Probanden bisher keine Investitionen in den Bereich getätigt haben. Die meistgenann-

[165] Nach den Ausführungen der Autoren unterteilen Pfeuti et al. (2002) den Bereich in vier Segmente: 1) erneuerbare Energien, 2) verteilte Energiesysteme, 3) natürliches Gas und 4) Nachfrage-orientierte Energieeffizienz; vgl. Moore & Wüstenhagen, 2004, S. 237.

ten Gründe beziehen sich auf die *Natur der Zielmärkte* sowie die wahrgenommenen spezifischen *Anforderungen* an die Investoren, die mit einer Investition einhergehen.

Im ersten Fall werden zum einen besonders die hohe Technologie-Lastigkeit bzw. eine geringe „Skalierbarkeit" der vorhandenen Technologien als Hindernise angeführt. Zum anderen finden sich Kommentare, dass sich bisher zu wenige Investitionsmöglichkeiten ergeben haben, dass vorhandene Zielunternehmen keine adäquaten Firmencharakteristika (z.B. Finanzierungsphase etc.) aufweisen konnten bzw. nicht im Industrie- bzw. Investitionsfokus (Know-how-Bereich, strategischer Fokus) der Probanden lagen. Diese Gründe haben dazu geführt, dass sich viele der Probanden (noch) nicht mit diesem Sektor auseinander gesetzt haben; somit fehlen hier ausreichende Expertisen.

Im zweiten Fall ist die Natur der relevanten Unternehmen bzw. der Märkte oft ein Hindernis. Besonders werden hier der hohe Kapitalbedarf der Unternehmen in diesen (üblicherweise) sehr kapitalintensiven Branchen, sowie die (hohe) Subventionsabhängigkeit bzw. die „Unberechenbarkeit der staatlichen Subventionen" und sich ändernde Lage der Förderung von Investitionen (vor allem auf EU-Ebene) angeführt. Auch wird die im vorherigen Abschnitt angesprochene Deregulierung der Märkte nicht von allen Probanden wahrgenommen oder findet nicht im erwarteten Umfang statt. Zusätzlich haben bisher nur wenige Unternehmen aus diesen Bereichen beweisen können, dass sie profitabel arbeiten können. Nichtsdestotrotz wird angeführt, dass (aufgrund des bereits angesprochenen Trends) ein „*run*" auf die verfügbaren Unternehmen stattgefunden hat. Dies hat dazu geführt, dass die Preise für attraktive Investitionsobjekte stark angestiegen sind. Als ein letzter Punkt muss hervorgehoben werden, dass die angesprochenen Beteiligungsgesellschaften, vor allem die Spätphasen-orientierten, bisher genug Investitionsmöglichkeiten außerhalb der Märkte für alternative Energie hatten. Somit war es für viele Investoren bisher schlichtweg nicht notwenig, in neue Bereiche zu wechseln, in denen sie keine Expertise aufweisen können, womit ein höheres Risiko für sie einhergeht. Dennoch zeigt sich, dass sich dies zu ändern beginnt und Expertise in diesen nachhaltigkeitsrelevanten Bereichen durch die Beteiligungsgesellschaften als Grundlage für Investitionsentscheidungen etabliert wird.

Die Aussage, dass die Beteiligungsgesellschaften trotz aller genannten Hürden angeben, sich in nachhaltigen Branchen engagieren zu wollen, lässt die Frage nach den dahinter stehenden Antriebskräften aufkommen. Vordergründing kann vermutet werden, dass nicht die inhaltliche Dimension dieser Investments, also die Finanzierung und Förderungen von z.B. umweltschonender, gesellschaftsverträglicher und dennoch profitabler Energie-Produktion, im Vordergrund steht, sondern die geschäftliche Dimension. Dies bedeutet, dass sich die Investoren rein aufgrund der Aussicht auf lohnende Investitionen mit Nachhaltigkeits-Themen bzw. nachhaltigen Branchen und Unternehmen beschäftigen. Da Beteiligungsgesellschaften durchweg profitorientierte Wirtschaftsunternehmen sind, ist diese Sicht auch nicht verwerflich oder angreifbar. Unklar ist jedoch, ob auch noch andere Treiber bzw. Dimensionen, d.h. übergeordnete Themen, eine Rolle spielen bzw. ob Nachhaltigkeits-relevante Elemente systematisch erfasst werden. Wie bereits ausgeführt wurde, soll diese systematische Erfassung als „Nachhaltigkeits-Orientierung" bezeichnet werden. Die folgenden empirischen Analysen sollen hieran anschließend erste Hinweise darauf generieren, ob Beteiligungsgesellschaften rein opportunistisch mit „nachhaltigen" Themen bzw. Branchen umgehen, oder ob ein „Umdenken" in der Branche feststellbar ist.

2.3 Fazit

Wie bereits im Vorfeld zu erwarten war, werden primär ökonomische Problembereiche und Bedürfnisse sowie direkt betriebsrelevante Elemente deutlich wichtiger eingeschätzt als andere. Mit Blick auf die übergeordnete Ausrichtung auf Renditeerzielung als fundamentaler Sinn der Beteiligungsgesellschaften ist dieses Ergebnis verständlich und als angemessen nachvollziehbar. Es zeigt sich allerdings auch, dass nicht nur die ökonomischen Interessen zählen. Die Abstufungen in den Ergebnissen zeigen, dass nicht primär ökonomische Faktoren und betriebswirtschaftliche Themen durchaus für einen Teil der befragten Private Equity-Gesellschaften eine Rolle spielen (siehe hierzu die zusammenfassende Grafik mit zu Ergebnissen in Tabelle 11).

Es zeigt sich weiterhin, dass die aufgenommenen Bewertungen tendenziell nicht statisch sind. Vielmehr ist zu erkennen, dass es sehr wahrscheinlich ist, dass sich die aktuell bestehenden Bewertungsverhältnisse in bestimmten Fällen in Zukunft verändern werden. Dies lässt sich auch bezüglich der Treiber einer vermehrten Wahrnehmung von an die Beteiligungsgesellschaften gestellten Ansprüchen feststellen. Hier besteht ein Bruch innerhalb der erhobenen Treiber. Die Bewertungen der zukünftigen Verlagerungen weist jedoch auch hier auf eine Zunahme in der Wichtigkeit von nicht-primär finanziellen Elementen hin.

Fazit ist an dieser Stelle also, dass aktuell weitläufig diskutierte und besonders kritisch vorgetragene Problembereiche und Bedürfnisse graduell ihre Beachtung in den Werten und Zielschemata der Beteiligungsgesellschaften finden.

	Größe der Beteiligungsgesellschaft					Haltedauer				Investor-typ		Beteiligungsart			Geografischer Hauptsitz			Einflussnahme		
	< 250 Mio. EUR	250 Mio. - 500 Mio.	500 Mio. - 750 Mio.	750 Mio. - 1 Mrd. EUR	> 1 Mrd. EUR	< 5 Jahre	5 - 10 Jahre	10 - 15 Jahre	15 - 20 Jahre	Frühphaseninvestor	Spätphaseninvestor	Mehrheitsbeteiligung	Minderheitsbeteiligung	Beides	Deutschland	Europa	Global (außerhalb Europa)	Strategisch	Controlling	Operativ
Ökonomische Anforderungen																				
Ökologische Anforderungen	-	-	-	+++	+															
Klimatische Anforderungen															+	-	++			
Soziale Anforderungen	-	-	+	+++	+															
Mitarbeiter						+	+	-												
Management des Portfoliounternehmens						++	++	-										+		
Kunden/ Kundenorganisationen																				
Andere Anteilseigner (Mehrheit/ Minderheit)																				
Fondsmanager										+										
Banken/ andere Fremdkapitalgeber											+									
Lieferanten													+	-						+
Medien																				
Wissenschaft/ Universitäten	++	+	-	-	++						+	-	-	+						
Gemeinden																				
Regierung																				
Umwelt-NGOs (z.B. Greenpeace, WWF)															+	-	+			+
Soziale NGOs (z.B. Kirchen)																				+
Ökonomische NGOs												+	+	-						
Globalisierung der Wertschöpfung	-	+	+	-	++										-	+	+	+		
Zunehmender Kostendruck												+	-	-				+		
Staatliche Transparenzanforderungen																				
Reputationswettbewerb																				
Innovationswettbewerb (z.B. IT)										+					-	+		+		+
Steigende Energiepreise																				
Steigende Emissionspreise												+		-				+		
Emissionsstandards												+		-						
Rohstoffverknappung																				
Effiziente Nutzung der Ressourcen																				
Mangelnde Infrastruktur																				
Mangel an qualifiziertem Personal																				
Fiskalische Anpassungen (Steuerpolitik)												+		-						
Veränderte Sozialstandards																		+		
Anforderungen der Kapitalgeber																				
Umsatz-/ Wertsteigerung															+			+	+	
Neue Geschäftschancen																				
Kostenreduktion																		+		
Motivation von Beschäftigten	+	+	+	–	+															
Kundenanforderungen	+	+	+	–	+															
Anforderungen von Kapitalgebern																			+	
Imageförderung																				
Gesellschaftliche Verantwortung										+						-	+	+		
Ökologische Verantwortung																				
Reaktion auf polit. Anforderungen	+	+	+	–	+						++	+		-						
Reaktion auf gesell. Anforderungen												+	+	-						

Tabelle 11: Zusammenfassung der Bewertungsergebnisse der Wichtigkeit nachhaltigkeits-relevanter Anforderungen und Trends
Quelle: Eigene Darstellung

Die zweite untersuchte Kategorie sind die Unterschiede in den Bewertungsergebnissen hinsichtlich verschiedener Organisationscharakteristika sowie Verhaltensmerkmale. Es zeigen sich Unterschiede der Bewertungsergebnisse in Abhängigkeit der überprüften Merkmale. Von den fünf überprüften Merkmalen stellen sich drei als besonders unterscheidungsrelevant heraus.[166] Neben der Beteiligungsart sowie der Art und dem Umfang der Einflussnahme der

[166] Als besonders unterscheidungsrelevant wurden Merkmale identifiziert, die in Bezug auf die durchgeführten Stichprobenvergleichen bei mehr als sechs Variablen signifikante Unterschiede ergeben haben. Entscheidungsre-

Investoren auf ihre Portfoliounternehmen, ist dies vor allem die Größe der Gesellschaften zurückzuführen.

Die Größe der Gesellschaften führt vor allem bei der Wahrnehmung von abstrakten Anforderungen sowie einigen Nachhaltigkeitstreibern zu signifikanten, in den folgenden Abschnitten kritisch zu diskutierenden Unterschieden. Obwohl die Ergebnisse in den Kategorien zwischen positiven und negativen Tendenzen fluktuieren, zeigen die sehr großen Gesellschaften (vor allem die Gesellschaften mit einem die 1 Mrd. EURO-Schwelle überschreitenden Volumen) im Vergleich häufig positivere Bewertungstendenzen. Gesellschaften mit Präferenz für Mehrheitsbeteiligungen (als Proxy für den Haftungs- und Wirkungsumfang) sowie der Tendenz zum strategischen Eingreifen in ihre Portfoliounternehmen zeigen vor allem bezüglich der Relevanz von Anspruchsgruppen und aktuellen Themen als Merkmale positivere Bewertungen. Formal betrachtet beschreiben diese Merkmale die eher prominenten Beteiligungsgesellschaften wie z.B. KKR, The Carlyle Group, Blackstone, Permira, terra firma, 3i etc., welche häufig aufgrund ihrer z.T. medienträchtigen Transaktionen ein weites Interesse hervorrufen.[167]

Es zeigt sich somit in der Gesamtschau dieses Kapitels, dass verschiedene Merkmale der Beteiligungsgesellschaften zu unterschiedlichen Ergebnissen hinsichtlich der Wahrnehmung von anderen, als rein finanziellen Thematiken führen. Es kann also davon ausgegangen werden, dass vor allem für diese Gesellschaftsmerkmale Unterschiede in der Bewertung und damit in der Wahrnehmung von den Nachhaltigkeits-relevanten Problembereichen und der Bewertung von an die Gesellschaften und ihre Beteiligungen herangetragene Bedürfnisse bestehen. Dies kann als ein erster Hinweis darauf angesehen werden, dass nicht alle Beteiligungsgesellschaften die gleichen Werte und Einstellungen haben, und dass dadurch neue Trends, Anforderungen und Themen unterschiedlich aufgenommen und vor allem umgesetzt werden. Allerdings lässt sich aufgrund dieser Erkenntnisse bis zum gegenwärtigen Stand der Auswertung nicht auf eine grundsätzliche Allgemeingültigkeit der Zusammenhänge schließen.

levante Unterschiede sind in der Grafik durch entsprechende "+" und "-" Symbole gekennzeichnet. "+" steht dabei für eine positivere Bewertung, "-" für eine negativere. Die Anzahl der Symbole kennzeichnet die Ausprägung dieser Bewertungen.

167 Neben ihren Transaktionen üben diese Beteiligungsgesellschaften auch anderweitig einen großen Einfluss aus. Dies zeigt sich z.B. in Erhebungen zu ihrem Einfluss auf Unternehmen. So wurden nach einer Studie von Fortune (2007) Steve Schwarzman (Blackstone), Lloyd Bankfein (Goldman Sachs) und Steve Feinberg (Cerberus) unter die 25 mächtigsten Manager der Welt gewählt; vgl. http://money.cnn.com/galleries/2007/fortune/0711/gallery.power_25.fortune/index.html; aufgerufen am 29.11.2007, 13:43h.

3. Relevanz spezifischer Controllinginhalte für Beteiligungsgesellschaften

3.1 Einführende Bemerkungen und Definitionen

3.1.1 Ziele und Aufbau der Analyse

Bereits in der Einführung wurde herausgehoben, dass alleinige Erkenntnisse über die Bewertung relativ abstrakter bzw. allgemeiner Aspekte eines Themas nur unzureichend brauchbar für eine grundsätzliche Aussage über dessen Relevanz für die betrachteten Untersuchungseinheiten sind. Meist kann vermutet werden, dass eine große Diskrepanz zwischen den Aussagen zu allgemeinen Themen und einer konkreten Berücksichtigung bzw. der Bewertung spezifischer (Verwendungs-) Inhalte besteht. Bisher blieb auch in Studien, die sich mit der grundsätzlichen Bewertung des Konzeptes der nachhaltigen Entwicklung eines Unternehmens beschäftigten, weitgehend offen, welche Controllinginhalte, also welche verwendeten Systeme und Instrumente, von Private Equity- Investoren als wichtig erachtet und damit als adäquat und relevant für ihre Zwecke eingeschätzt werden. Es existieren zwar bereits Erkenntnisse sowohl zu einzelnen nachhaltigkeits-relevanten Inhalten in Industrie-Bereichen (siehe hierzu die Ausführungen in Abschnitt C.3.2) als auch spezifischer, sachlich nicht-fokussierter Inhalte in der Private Equity-Branche (siehe Abschnitt B.3.2 & C.4.1.3), jedoch ist deren empirische Fundierung vor allem im Private Equity-Bereich unvollkommen. Aus diesem Grund soll das Konzept der nachhaltigen Entwicklung resp. seine Übersetzung in die unternehmerische Nachhaltigkeit in diesem Untersuchungsabschnitt pragmatisch am Beispiel der Relevanz von Nachhaltigkeits-relevanten Controllinginhalten betrachtet werden.

Dieser Abschnitt beschäftigt sich entsprechend mit der deskriptiven Untersuchung Controlling-bezogener Controllinginhalte in der Transaktionsphase des Private Equity-Beteiligungsprozesses. Diese Ergebnisse sollen somit Forschungsfrage 2 (F2) beantworten, die explizit nach der Wichtigkeit von Nachhaltigkeits-relevanten, strategischen und operativen Controllinginhalten für Private Equity-Investoren fragt. Des Weiteren soll in diesem Untersuchungsabschnitt auf Unterschiede in den Bewertungen der identifizierten Beteiligungsgesellschaftstypen eingegangen als zweiten Fokus der Forschungsfrage eingegangen werden. Hier wurde die Frage gestellt, inwieweit verschiedene Grundtypen von Beteiligungsgesellschaften unterschiedliche Auffassungen der Wichtigkeit spezifischer Controllinginhalte im Rahmen des Private Equity-Controllings haben.

Ziel des gesamten empirischen Analyseteils ist es, auf Basis der darzustellenden Untersuchungsergebnisse einen Überblick über die Adäquanz von Nachhaltigkeits-relevanten Controllingsystemen und –instrumenten auf Basis der Bewertung durch Private Equity-Investoren zu erhalten. Abbildung 34 fasst die zu untersuchenden Inhalte nochmals grafisch in Form eines begrifflichen Bezugsrahmens[168] zusammen.

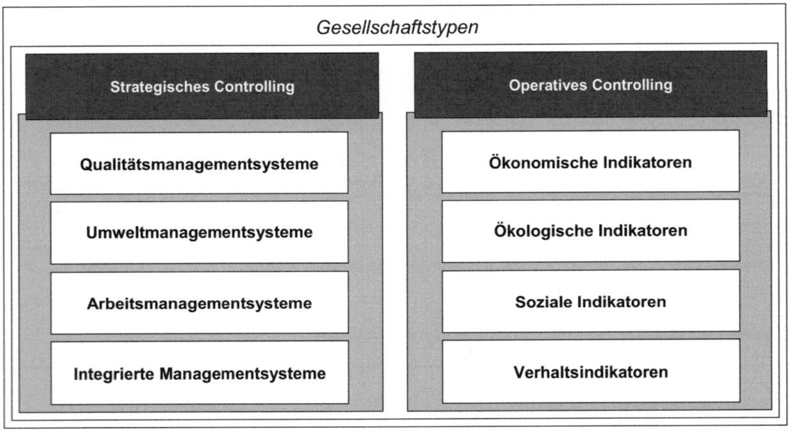

Abbildung 34: Bezugsrahmen zur Bewertung Nachhaltigkeits-relevanter Controllinginhalte
Quelle: Eigene Darstellung

3.1.2 Ablauf der Analyse

Im Anschluss an diese Einführung und vor der eigentlichen empirischen Analyse soll kurz auf die Konzeption des Nachhaltigkeitscontrollings sowie auf ausgewählte Konzepte des strategischen und operativen Nachhaltigkeitscontrollings (Kapitel C.3.2.2) eingegangen werden. Ziel ist es, die inhaltlichen Grundlagen der im Folgenden zu untersuchenden Controllingsysteme und –instrumente zu legen.

Der erste empirische Abschnitt widmet sich der Unterscheidung von heterogenen Gruppen der Beteiligungsgesellschaften. Diese sollen mittels einer Clusteranalyse identifiziert und anschließend anhand der bereits dargestellten erhobenen Merkmale profiliert werden (Kapitel C.3.3.1). Kapitel C.3.3.2 stellt die Ergebnisse der Bewertung der Relevanz Nachhaltigkeits-relevanter Controllinginhalte dar. Die folgenden zwei Abschnitte befassen sich darauf auf-

[168] Die Begründung der rein deskriptiven, nicht-hypothesen-prüfenden Untersuchungsform und damit (indirekt) die Wahl der Form des Bezugsrahmens wurden bereits der Einleitung zu diesem Empirieteil C gegeben.

bauend mit den grundsätzlichen Bewertungen sowie den Gruppenunterschieden hinsichtlich zentraler nicht-finanzieller Controllingsysteme (Kapitel C.3.3.2.2) sowie zentraler Nachhaltigkeits-relevanter Indikatoren (Kapitel C.3.3.2.3). Der letzte Abschnitt fasst die wichtigsten Erkenntnisse übersichtsartig zusammen (Kapitel C.3.4).

3.2 Konzeption des Nachhaltigkeitscontrollings und der Nachhaltigkeitsberichterstattung

"Reporting [and accounting] is a promising indicator that business practioners are beginning to invest more in restoration of a social grammar that articulates the proper role and position of business in society" - Painter-Morland,2006, S. 353 -

Die Ausführungen zum Konzept der Nachhaltigkeit in Abschnitt B.2 haben gezeigt, dass dieses Konzept vor allem auf der Vorstellung basiert, dass die Betrachtung des Unternehmens als alleiniges Mittel zur Umsatz- bzw. Gewinngenerierung bzw. der damit einhergehenden Fokussierung auf die ökonomische Dimension des Unternehmens für eine langfristige Sicherung des Unternehmenserfolgs nicht adäquat ist (Leadbeater, 1999, S. 17). Vielmehr sollten neben traditionellen ökonomischen Konzepten auch solche genutzt werden, die den ökonomischen Erfolg mit anderen Leistungsdimensionen verknüpfen (Yongvanich & Guthrie, 2006, S. 310; Elkington, 1999). Dementsprechend werfen z.B. Guthrie & Boedker (2006, S. 786-789) die Frage auf, ob die traditionellen Controlling- bzw. Berichtssysteme, die besonders häufig allein mit den ökonomischen Dimensionen beschäftigt sind, vor diesem Hintergrund noch passend sind (so auch z.B. Mathews, 1997). Die Autoren begründen ihre kritische Haltung vor allem damit, dass „intangible resources and intellectual capital [like human resources and ecological production factors] take precedence over physical and financial capital as the means and modes of economic production“ (Guthrie & Boedker, 2006, S. 786). Die Lösung dieses Problems kann und sollte grundsätzlich über zwei Wege geschehen: a) Entwicklung neuer Konzepte zur Erfassung und Integration von nicht-monetären Größen und b) Modifizierung bzw. Anpassung bestehender Systeme an die neuen Anforderungen (Schaltegger, Bennett & Burrit, 2006, S. 6).

Die Argumentation zur Notwendigkeit des Managements bzw. der Kontrolle der Nachhaltigkeit eines Unternehmens lässt sich auf Grundlage dieser Ausführungen relativ stringent herleiten: Nachhaltigkeitsanforderungen resultieren aus situativen Herausforderungen, die von Seiten der Gesellschaft, der Belegschaft und den Kapitalgebern an die Unternehmen herangetragen werden (Yongvanich & Guthrie, 2006, S. 310).[169] Die Zuwendung zu einem nachhaltigeren Wirtschaften bzw. einer nachhaltigeren Unternehmensführung funktioniert nur dann, wenn die zu organisatorischer Anpassung und organisationellem Lernen notwendigen Voraussetzungen gegeben sind. Im Besonderen ist eine erweiterte Spanne von Anspruchsgruppen (Stakeholdern) zu berücksichtigen als nur die, die einen finanziellen Anspruch gegenüber der betrachteten Organisation geltend machen können. Nachhaltigkeitscontrolling und Nachhaltigkeitsberichterstattung sind hierbei zentrale Instrumente zur Umsetzung der angestrebten bzw. erwarteten Adaptionen (Schaltegger, Bennett & Burritt 2006, S. 3, 12).[170]

Nachhaltigkeitscontrolling (auch *triple bottom line accounting* genannt) hat zum Ziel, alle Interaktionen eines Unternehmens mit seinen relevanten ökonomischen, ökologischen und sozialen Anspruchsgruppen (Stakeholdern) zu erfassen, und einen Überblick über diese zu geben. Dabei gehen die zu erfassenden Informationen in ihrem Umfang über die Vorgaben über das traditionelle, finanzorientierte Controlling hinaus. Dies geschieht vor allem in Bezug auf die zu erfassenden immateriellen Vermögenswerte (Jennifer Ho & Taylor, 2007, S. 124-125). Das Nachhaltigkeitscontrolling stellt dabei die Basis für die Nachhaltigkeitsberichterstattung dar (Lamberton, 2005, S. 10-11). Somit sind beide Konzepte zwar inhaltlich verschieden, jedoch innerhalb des Konzeptes zum Management von Nachhaltigkeit nicht voneinander zu trennen (Braun, Loew & Clausen, 2007, S. 7). Nur bei Berücksichtigung beider Konzepte

[169] Zu einer detaillierteren Darstellung der Gründe für eine verstärkt nachhaltige Unternehmensführung (z.B. geänderte Anforderungen von Investoren, Kunden, Mitarbeitern und der Öffentlichkeit bzw. des Staates) siehe Kapitel B.3 sowie die Ausführungen von Morhardt, Baird & Freeman (2002, S. 215-220) und Keeble, Topiol & Berkeley (2003, S. 149).

[170] Ein Modell, das die Einbeziehung von externen Anforderungen in die Wahrnehmung und Beachtung von Unternehmensverantwortlichen erklärt, ist das *cognitive-contingent model* von Schweikart (1992). Das Modell geht davon aus, dass Entscheidungen von Managern sowohl von der externen Umwelt (Politik, Moral und nationale Werte, Bildung, ökonomische Entwicklung etc.) sowie von direkt wirkenden Faktoren (Kundenanforderungen und Anforderungen der Gesellschaft, Unternehmenskultur, geltende Gesetze und politische bzw. Nicht-Regierungs-Institutionen) beeinflusst werden. Dabei bestimmen die externen Umweltfaktoren die Ausprägungen der direkt wirkenden Faktoren. Diese sind diejenigen, die der Handelnde direkt wahrnehmen kann. Veränderungen in Werten oder der ökonomischen Lage werden so an sie herangetragen. Die direkten Faktoren beeinflussen entsprechend, wie bestimmte Probleme, die von den Handelnden zu lösen sind, wahrgenommen und bearbeitet werden (Schweikart, 1992).

Dies lässt sich damit auf die Nachhaltigkeitsproblematik übertragen. Diese Nachhaltigkeitsdiskussion wurde speziell durch eine Veränderung von Werten bzw. der Wahrnehmung eines Problemdrucks ausgelöst. In einem langen Prozess haben die daraus resultierenden Forderungen ihre Aufnahme in die Denkmodelle von Gesellschaften, Regierungen und Gesetzen gefunden. Diese wirken nun direkt auf Unternehmen bzw. ihre Handelnden ein, um ein entsprechendes Handeln zu erzeugen. Das Handeln wiederum entsteht aufgrund eines Entscheidungsprozesses der betroffenen Personen. In diesem spielen nach dem Modell von Schweikart (1992) besonders die Wahrnehmung und Einstellung der Umwelt der Entscheidenden, ihre gespeicherten Werte, sowie die ihren Entscheidungen zugrunde liegenden Entscheidungsheuristiken- und Algorithmen eine prägende Rolle. Ein Beispiel aus der Praxis, das diesen Ablauf möglicherweise unterstützt, ist das Aufkommen und die Entwicklung des *Socially Responsible Investment* (SRI); vgl.: Schweikart, 1992, S: 475-477.

kann sowohl der als wichtige „interne Ansatz“ (*internal approach*; determiniert durch öffentliche Debatten) als auch der „externe Ansatz“ (*external approach*; basierend auf Einschätzungen und Beurteilungen der strategischen Situation eines Unternehmens sowie zentralen Themen zur effektiven Umsetzung dieser) des Nachhaltigkeitsmanagements beachtet werden (Schaltegger & Wagner, 2006, S. 682-689). Die obenstehende Abbildung soll die Verbindung aber auch die Unterschiede beider Konzepte darstellen (siehe Abbildung 35).

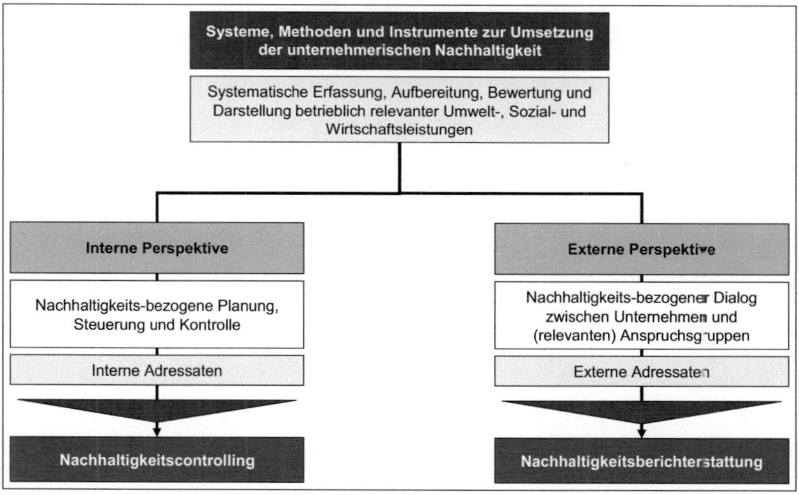

Abbildung 35: Nachhaltigkeitscontrolling und -berichterstattung im Vergleich
Quelle: Eigene Darstellung

Grundlagen

Nachhaltigkeitscontrolling (*sustainability accounting/ -management*) stellt auf die Betrachtung und Einbeziehung anderer als rein finanzieller Leistungsmerkmale und –Indikatoren ab. Insbesondere sollen so Umwelt- und Sozial-Themen ihre Berücksichtigung in den Führungssystemen der Unternehmen finden.[171] Dabei gilt das Credo: „[the] value [of the firm] is not [anymore] only expressed in financial terms“ (Guthrie & Boedker, 2006, S. 786). Demnach kann Nachhaltigkeitscontrolling als ein neues Informations-, Kontroll- bzw. Managementsys-

[171] An dieser Stelle muss nochmals darauf hingewiesen werden, dass zum aktuellen Stand der wissenschaftlichen Erkenntnisse (z.B. beruhend auf Studien von Halme & Niskanen (2001), Cerin & Dobers (2001), Ball et al. (2000) und SustainaAbility (1997); Morhardt & Baird, 2002) die konkrete Richtung und Stärke der Einflusses der Wahrnehmung bzw. Berücksichtigung und aktiven Einbindung von sozialen und ökologischen Themenfeldern auf Wirtschafts-Unternehmen bzw. deren ökonomische Leistungen nicht final geklärt werden konnte, vgl.: u.a. Morhardt, Baird & Freeman, 2002, S. 216f.

tem[172] definiert werden, das dem Zweck der Generierung und Bereitstellung von Informationen zur Umsetzung von Nachhaltigkeit innerhalb eines Unternehmens dient (Schaltegger, Bennett & Burrit, 2006, S. 15; Chatterji & Levine, 2006). Aufgabe ist es, die Unternehmensführung zu unterstützen, indem Informationen und Entscheidungsgrundlagen in Bezug auf die Unternehmensleistung in Relation zu allen relevanten unternehmerischen Nachhaltigkeitsherausforderungen und -dimensionen generiert, aufbereitet und zur Verfügung gestellt werden. Im Mittelpunkt stehen vor allem Leistungsindikatoren[173] zu Effektivität (als absolute Leistungsindikatoren und Maßzahlen) und Effizienz (relative Leistungsindikatoren und Maßzahlen) in den ökonomischen, ökologischen und sozialen Teilgebieten (Schaltegger, Bennett & Burritt, 2006, S. 7-8). Das Ziel des Nachhaltigkeitscontrollings ist es somit, die Unternehmensleistung ganzheitlich, d.h. unter integrativer Berücksichtigung von ökonomischen, ökologischen und sozialen Leistungsmerkmalen, zu erfassen und zu analysieren (*sustainability assessment*[174]).

Da Unternehmen, wie bereits erwähnt, nicht isoliert vom Rest der Gesellschaft (Umwelt) agieren, fällt auch dem Dialog mit dieser eine wichtige Rolle zu (Gray, Bebbington & Walters, 1995, S. 52). Das Aufgabengebiet der Kommunikation fällt der Nachhaltigkeitsberichterstattung[175] zu. Die **Nachhaltigkeitsberichterstattung** (*sustainability reporting*) grenzt sich demnach dadurch ab, dass hier keine Informationsgenerierung oder Führungsunterstützung stattfindet. Vielmehr handelt es sich per Definition um standardisierte und systematisierte Kommunikationsarten zur Bereitstellung von Informationen an interne sowie vor allem an externe Anspruchsgruppen des Unternehmens (Schaltegger, Bennett & Burritt, 2006, S. 15). Der Zweck der Nachhaltigkeitsberichterstattung ergibt sich aus der Notwendigkeit der Unternehmen, die (gesteigerten) Informationsansprüche der für sie relevanten Stakeholder zu be-

[172] In dieser Untersuchung sollen die Begriffe Management-/ Controlling- und Kontrollsystem synonym verwendet werden.

[173] Leistungsindikatoren sind definiert als "[quantitative und qualitative] Indikatoren, die vergleichbare Informationen über die ökonomische, ökologische und gesellschaftliche/ soziale Leistung der Organisation liefern" (Global Reporting Initiative, 2006, S. 19) und diese durch die Standardisierung/ Normierung mit anderen Organisationen vergleichbar machen; vgl.: Global Reporting Initiative, 2006, S. 19, 39.

[174] „Sustainability assessment" kann definiert werden als „a tool that can held decision-makers and policy-makers decide what action they should take and should not take in an attempt to make society [!] more sustainable" (Devuyst, 2001, S. 9), vgl.: Pope, Annandale & Morrison-Saunders, 2004, S. 596.

[175] Der Begriff der Nachhaltigkeitsberichterstattung bisher noch nicht verbindlich und eindeutig defininiert. Nach Definition der *Global Reporting Initiative* (GRI) umfasst die Nachhaltigkeitsberichterstattung „die [ausgewogene] Ermittlung, die Veröffentlichung und die Rechenschaftslegung der unternehmerischen Leistung gegenüber internen und externen Stakeholdern im Hinblick auf die Ziele einer nachhaltigen Entwicklung" (Global Reporting Initiative, 2006, S. 3). Oft synonym verwendete Begriffe sind Tiple-Bottom-Line-Reporting oder Corporate Responsibility Reporting.

friedigen (Quick & Knocinski, 2006, S. 616).[176] Eine besondere Rolle spielen hier die Kapitalgeber, die dem Unternehmen sowohl Eigen- als auch Fremdkapital zuführen. Diese Kapitalgeber brauchen Informationen, um die zukünftige Unternehmensentwicklung sowie die damit verbundene immanente Unsicherheit (*risk exposure*[177]) dieser beurteilen bzw. sich Erwartungen über die Entwicklung des Unternehmens und seiner Geschäftsbereiche bilden zu können. Investoren sind folglich nur dann bereit Kapital zu investieren, wenn sie die damit verbundenen Risiken in einer ihnen passenden Art und Weise beurteilen können. Demnach hängt der Zugang von Unternehmen zu benötigtem Kapital direkt mit den Erwartungen und Anforderungen der von den Unternehmen bereitgestellten Informationen bzw. Daten zusammen (Schaltegger & Burrit, 2003, S. 86).[178] Zahlreiche Studien haben ergeben, dass die Forderungen von Kapitalgebern nach Information, die über rein monetäre Aussagen über die Unternehmen hinausgehen, zugenommen haben.[179] Damit hat sich der Druck auf die Unternehmen, a) nachhaltig zu handeln bzw. b) die betreffenden Handlungen und Ergebnisse (Leistungen) adäquat zu erfassen, sichtlich erhöht (Yongvanich & Guthrie, 2006, S. 311).[180] Der erhöhte Druck bei den Kapitalgebern wird nach Erkenntnissen von Robbie, Wright & Chiplin (1997) vor allem durch die Anforderungen der Anleger der Kapitalgeber induziert. Die Autoren sprechen in diesem Zusammenhang von einem „*feed-through-effect*“ (S. 14; siehe hierzu auch Kapitel C.4.3.3)

Welche konkreten Teilgebiete und Informationen der bereits erwähnten Dimensionen das Nachhaltigkeitscontrolling darstellt, wird durch die strategische und operative Situation im spezifischen Unternehmensfall determiniert (Yongvanich & Guthrie, 2006, S. 309). Die

[176] Eine wichtige Rolle spielen hier die Berichtsgrenzen einer Unternehmung. Die Berichtsgrenzen der Nachhaltigkeitsberichterstattung definieren sich anhand der „Organisationseinheiten, über die die berichtenden Organisationen Kontrolle ausübt oder auf die sie über ihre Beziehungen sowohl zu verschiedenen vorgelagerten Stufen […] als auch zu nachgelagerten Stufen [..] erheblichen Einfluss ausübt“ (Global Reporting Initiative, 2006, S. 17).

[177] Ein gegebenes Risikopotenzial (*risk exposure*) ergibt sich aus dem monetären Wert eines möglicherweise gefährdeten Gebietes multipliziert mit der Wahrscheinlichkeit, mit der der gefährdende Zustand eintreten kann, vgl.: Harvey, 1995, S. 20.

[178] Es muss an dieser Stelle klar herausgestellt werden, dass die gebildeten Erwartungen und identifizieren Risiken nur für Bereiche gelten, auf die die betreffenden Unternehmen Einfluss nehmen können. Demnach müssen Bereiche, die direkt von legalen, politischen, gesellschaftlichen und marktlichen Umständen abhängen, die außerhalb des Einflussbereiches der Unternehmen liegen, anders behandelt werden, vgl.: Schaltegger & Burritt, 2003, S. 93; sowie die Ausführungen in Kapitel B.2.3.1.

[179] Morhardt, Baird & Freeman (2002) fassen aktuelle Studien zum Status Quo der Berichterstattung in Unternehmen zusammen; vgl: Morhardt, Bair & Freeman, 2002, S. 215-219.

[180] Zu den hier zu nennenden Arbeiten zählen u.a. die Studien von Buhr (1998), Deegan et al. (2002), Gray, Bebbington & Walters (1995); Guthrie & Parker (1989); Hogner (1982) und Neu et al. (1998).

„Festlegung der relevanten Inhalte erfolgt [also] auf strategischer Ebene unter Berücksichtigung der Umstände des Einzelfalls" (Quick & Knocinski, 2006, S. 618). Die Situation entscheidet demzufolge über die Informationsbedürfnisse sowie über die Qualität und das Format der jeweiligen Informationen (siehe hierzu auch die weiteren Ausführungen in Kapitel C.4). Im Falle der Nachhaltigkeitsberichterstattung existieren externe Richtlinien und Strukturierungsschemata, die den Aufbau der Berichte beeinflussen. Hierbei sind vor allem die Vorgaben der Global Reporting Initiative (GRI) zu nennen (siehe hierzu die Ausführungen in Kapitel C.3.3.2).[181]

3.2.1 Ausgewählte Konzepte des strategischen und operativen Nachhaltigkeitscontrollings

„... man kann nur managen, was man messen kann" (Müller-Christ & Hülsmann, 2003, S. 245)

Es wurde bisher klar, dass das Management von (unternehmerischer) Nachhaltigkeit Hand in Hand mit der Erhebung, Analyse und Integration sowohl von finanziellen als auch von nichtfinanziellen Leistungsindikatoren und Kennzahlen einhergehen muss. Hierzu sind dementsprechend adäquate Ansätze notwendig. Im Folgenden sollen Konzepte und Modelle des Nachhaltigkeitsmanagements dargestellt werden, die den Zweck verfolgen, dem Management eines Unternehmens die Informationen bereitzustellen, die es braucht, um Entscheidungen im Sinne des Konzeptes der nachhaltigen Entwicklung zu treffen. Des Weiteren stellen diese z.T. Standards dar, anhand derer u.a. die korrekte Erfassung und Verarbeitung garantiert und eine Vergleichbarkeit von Unternehmen innerhalb und über verschiedene Industrien hinweg ermöglicht werden kann (Chatterji & Levine, 2006, S. 41). Die darzustellenden Konzepte sind Gegenstand der empirischen Analyse dieses Untersuchungsteils (Kapitel C.4.3).

3.2.2 Abgrenzung des strategischen und operativen Controllings

Controllingssysteme und -inhalte unterscheiden sich hinsichtlich ihres Informationsgehaltes bzw. hinsichtlich des Gebrauchs der durch die Konzepte generierten Informationen (Sturm, 2000, S. 117). Der Unterschied liegt darin, in welcher Weise die Kennzahlen genutzt werden Diese unterschiedliche Verwendung differenziert die Controllingansätze in das „strategische

[181] Hierbei ist zu erwähnen, dass die GRI nicht nur einen Standard zur Nachhaltigkeitsberichterstellung darstellen, sondern daneben auch als Ansatz zur Unternehmenssteuerung durch die Vorgabe von relevanten Nachhaltigkeitsindikatoren zur Integration in bestehende Management- und Steuerungssysteme genutzt werden.

Controlling"[182] und das „operative Controlling". Beide Kategorien sind kennzahlen-basiert. Das „**operative Controlling**" orientiert sich typischerweise am kurzfristigen, kalkulatorischen Rechnungswesen. Bestimmungsgröße hier ist vor allem der kalkulatorische Periodenerfolg eines Unternehmens. Inbegriffen sind besonders Kosten- und Gewinnplanungen, die hier notwendigen Planungs- und Verprobungsrechnungen sowie die dafür benötigten *Kennzahlen*. Das „**strategische Controlling**" dagegen betrachtet nicht den aktuellen, konkreten Erfolg eines Unternehmens, sondern vielmehr die „Schaffung neuer sowie die Pflege und Nutzung bereits bestehender Erfolgspotentiale" (Ossadnik, 2003, S. 281).[183] Zur Realisierung dieser Ziele bzw. zur Einnahme einer langfristigen Perspektive kommen hier meist nicht einzelne Kennzahlen, sondern eher zu *Kennzahlensystemen* zusammengefasste Bündel von Kennzahlen zum Tragen.

Es wurde schon in Abschnitt C.3.1 angesprochen, dass komplexer werdende Umweltzustände, die vor allem durch beschleunigten Wandel induziert werden, „nach einer zeitnahen Versorgung mit Informationen, durch die die zu treffenden Entscheidungen auf eine möglichst breite und aktuelle Basis gestellt werden können" (Ossadnik, 2003, S. 261) verlangen. Die Entscheidungsträger sind jedoch nicht immer in der Lage, alle bereitgestellten Informationen in ihrer originären Form a) zu erhalten und b) zu verarbeiten. Um diesen Missstand zu beheben und Entscheidungen effizienter zu machen bzw. zu ermöglichen, werden in Unternehmen **Kennzahlen** eingesetzt (Weber & Schäffer, 2006, S. 167). Kennzahlen[184] sind definiert als „Zahlen und Zahlenverhältnisse, die in verdichteter und quantitativ messbarer Form betriebliche Fakten, Ergebnisse, Tatbestände und Vorgänge wiedergeben und im Hinblick auf ein spezifisches Erkenntnisziel einen positiven Informationswert haben" (Ossadnik, 2003, S. 261

---

[182] Der Begriff „Strategie" (griechisch: „*stratos*" = Herr; „*agein*" = führen) wurde in den 1960er und 70er Jahren für die Betriebswirtschaft erstmals allgemein akzeptabl definiert. Wegweisend waren hier die Arbeiten von Chandler (1962), Ansoff (1965) und Andrews (1971). Unter einer Strategie wird nach allgemeinem Verständnis die Ableitung und Verfolgung von (langfristig) geplanten Verhaltensweisen verstanden, die zum Erreichen von Zielen, die für ein Unternehmen gesteckt wurden, beitragen sollen. Allerdings ist diese Definition aufgrund der immanenten Annahme der „Planbarkeit" häufig kritisiert worden. Bezeichnend für Strategien ist jedoch durchgehend die längerfristige Perspektive bzw. Gültigkeit dieser, sowie die Verknüpfung mit Unternehmenszielen, vgl.: Steinmann & Schreyögg, 2005, S. 165-172; Ossadnik, 2003, S. 279-280.

[183] Unter Erfolgspotentialen wird hier „das gesamte Gefüge alle jeweils produkt- und marktspezifisch erfolgsrelevanten Voraussetzungen, die spätestens dann bestehen müssen, wenn es um die Erfolgsrealisierung geht [...]" (Gälweiler, 1974, S. 132).

[184] Gängige Synonyme für den Begriff Kennzahlen sind weiterhin: Kennziffern, Kontrollzahlen, Messzahlen, Ratio, Standardzahlen etc., vgl.: Ossadnik, 2003, S. 261.

nach Bouffier, 1952, S. 28; Schott, 1988; 17; Meyer, 1994, S. 1; Reichmann, 2001, S. 19).[185] Der Informationscharakter, die Quantifizierbarkeit und die spezifische, in ihrer Aufbereitung situativ angepasste Form der enthaltenen Information sind die bestimmenden Eigenschaften der Kennzahlen (Botta, 1996, S. 406).

Inhaltlich verwandte bzw. auf einander aufbauende oder von einander abhängige Kennzahlen können zu **Kennzahlsystemen**[186] zusammengefasst werden.[187] Durch die Aufstellung von Kennzahlensystemen werden einzelne, an sich zwar informative aber isoliert schwer zu interpretierende Kennzahlen in einen Sinnzusammenhang gesetzt (Sandt, 2004, S. 14). Dadurch wird a) die Interpretierbarkeit der einzelnen Kennzahlen erhöht und b) die Wahrscheinlichkeit einer Fehlinterpretation einer oder mehrerer Kennzahlen gemindert. Alles in allem kann durch eine adäquate Zusammenfassung und Strukturierung bzw. Positionierung zentraler Kennzahlen ein komplettes Zielsystem bzw. die Organisationsstruktur eines Unternehmens abgebildet werden (Ossadnik, 2003, S. 266; Weber & Schäffer, 2006, S. 180).

Dienen die Kennzahlensysteme in ihrem systematischen Aufbau einem bestimmten Zweck, so kann man sie als **Managementsysteme** bezeichnen. Ein Zweck bezeichnet in diesem Zusammenhang die Ausrichtung des Systems auf einen bestimmten Unternehmensbereich (z.B. Produktion, Personal oder Logistik) bzw. einen bestimmten Aspekt der Unternehmensführung (z.B. Qualität, Arbeitsbedingungen oder Umweltmanagement). Managementsysteme stellen somit einen Ansatz dar, den unternehmerischen Herausforderungen der Steuerung, Kontrolle und Verbesserung der Unternehmensabläufe und –organisation systematisch zu begegnen (Schaltegger et al., 2002, S. 3, 99).

---

[185] Kennzahlen können im Hinblick auf ihre statistische Form in *absolute* und *relative* Kennzahlen, hinsichtlich ihres Zielbezuges in *monetäre* und *nicht-monetäre* (auch qualitative) Kennzahlen und hinsichtlich ihres Sektorbezuges in *lokale* und *globale* Kennzahlen unterschieden werden (Weber & Schäffer, 2006, S. 168-169). Relative Kennzahlen werden neben den absoluten am häufigsten verwendet. Relative Kennzahlen werden dabei durch Division gebildet. Je nach in Verhältnis gesetzter Kennzahl wird dabei in Gliederungs-, Beziehungs- oder Indexzahlen unterschieden (Sturm, 2000, S. 37; Botta, 1996, S. 406).

[186] Kennzahlensysteme können in Ordnungssysteme und Rechensysteme unterteilt werden. Ordnungssysteme unterteilen bzw. verteilen die Kennzahlen dabei in Abhängigkeit der durch die Kennzahlen erfassten Sachverhalte. Rechensysteme ordnen die Kennzahlen dagegen nicht nur rein sachlogisch, sondern stellen vor allem auf die rechnerischen Beziehungen zwischen den Kennzahlen ab. Hierbei ergeben bestimmte Kennzahlen eine daraus resultierende, die wiederum Basis für die Berechnung weiterer Kennzahlen ist. Insgesamt ergibt sich hierdurch eine immer stärkere Aggregierung des Informationsgehaltes der Kennzahlen (ein prominenter Vertreter der Rechensysteme ist z.B. das *Du-Pont-System*), vgl.: Ossadnik, 2003, S. 266; Siegwart, 1998, S. 30-35.

[187] Die Zusammenfassung der Kennzahlen zu einem System kann auf logischer, hierarchischer oder empirischer Basis erfolgen, siehe hierzu Ossadnik, 2003, S. 264-266.

Entsprechend den vorangegangenen Ausführungen wird im Folgenden zuerst eine Auswahl relevanter Managementkonzepte bzw. Kennzahlensysteme aus dem Bereich des strategischen Controllings vorgestellt (Kapitel C.3.2.2). Anschließend wird der Kennzahlen-Katalog der Global Reporting Initiative (GRI) als ein prominentes Beispiel des operativen Controllings vorgestellt (Kapitel C.3.3.3). Anhand dieses Rahmens wird eine systematische Aufzählung und Beschreibung von Kennzahlen und Indikatoren dargestellt, die zur Messung der ökonomischen, ökologischen und sozialen Leistung eines Unternehmens herangezogen werden können.

3.2.2.1 Strategisches Controlling: Management- und Kennzahlensysteme

Wie bereits ausgeführt, befassen sich die Konzepte und Methoden des strategischen Controllings mit den Erfolgspotentialen eines Unternehmens auf einer abstrakteren bzw. längerfristigen Ebene. In Bezug auf das Management von Nachhaltigkeit (Nachhaltigkeitscontrolling) bedeutet dies für die einbezogenen Konzepte, dass das System, die Struktur sowie die Akteure eines betrachteten Unternehmens adäquat dargestellt werden müssen. Abstrakt heißt dies, dass a) das externe Kapital, b) das interne Kapital und c) das Humankapital abgebildet werden. Entsprechend sollen soziale und die ökologische Dimension in jeder Kategorie hinreichend berücksichtigt werden (Yongvanich & Guthrie, 2006, S. 316; Zingales, O'Rourke, Orsatto, 2002).

Die wichtigsten, zum Management von Nachhaltigkeit verwendeten standardisierten Systeme sollen in diesem Abschnitt überblicksartig dargestellt werden.[188] Zuvor können diese Systeme jedoch wiederum in zwei Kategorien unterteilt werden. Bei der ersten Kategorie handelt es sich um reine Standardsysteme, bei der zweiten um integrierte Managementsysteme.

Umweltmanagementsysteme, als ein prominentes Beispiel der **Standardsysteme**, befassen sich z.B. mit der Organisation des Umweltschutzes in Unternehmen. Die ersten Umweltmanagementsysteme wurden in den 1990er Jahren etabliert. Grundlage für ihre Etablierung waren vor allem Erkenntnisse aus dem Qualitätsmanagement[189] und den dafür erarbeiteten Nor-

[188] Die Auswahl der Systeme erfolgte hier in Anlehnung an die Studie von Hahn & Scheermesser (2006).

[189] Qualitätsmanagement ist ein Teilbereich des funktionalen Managements. Dabei wird das Ziel verfolgt, Arbeiten bzw. Geschäftsprozesse zu gestalten und ihre Effizienz zu erhöhen. Wichtig sind hier vor allem zeitliche Kontingente und die Qualität von Produkten und Dienstleistungen. Qualitätsmanagement soll der Qualität einen zentralen Stellenwert innerhalb eines Unternehmens vermitteln. Qualität wird hier als ein Maß verstanden, das angibt, inwieweit Produkte und Dienstleistungen (expliziten oder impliziten) Anforderungen, die an sie gestellt werden, genügen; vgl.: Greßler & Göppel, 2006, S. 1-5.

men (z.B. ISO-Normen). Die notwendigen Elemente eines Umweltmanagementsystems sind Umweltprüfung, Umweltpolitik, Umweltprogramme (mit Zielen und Maßnahmen), eine Definition der Aufbau- und Ablauforganisation sowie die externe Auditierung bzw. Zertifizierung. Eine große Einschränkung der Umweltmanagementsysteme ist es, dass diese lediglich zur Durchsetzung und Befolgung von bestehenden rechtlichen Vorgaben beitragen können. Ein (freiwilliges) Engagement über diese Vorgaben hinaus kann zwar abgebildet werden, ist jedoch in den Standards nicht per se vorgesehen (Loew & Braun, 2006, S. 15).[190] Weitere wichtige Standardsysteme sind vor allem Qualitätsmanagementsysteme und Arbeitsmanagementsysteme.

Qualitätsmanagementsysteme	ISO 9001
Umweltmanagementsysteme	ISO 14001, EMAS
Arbeitsmanagementsysteme	SA 8000
Integrierte Managementsysteme	SBSC, EFQM, TEQM

Abbildung 36: Übersicht über die darzustellenden Managementsysteme
Quelle: Eigene Darstellung

Integrierte Managementsysteme haben zur Aufgabe, unterschiedliche, standardisierte Systeme aus verschiedenen Bereichen in einer einheitlichen Struktur zusammenzufassen. Dies ist besonders bei Managementsystemen möglich, die adäquat formalisiert sind.[191] Ziel ist vor allem, die Führung des Unternehmens durch effizientere Führungssysteme zu erleichtern und zu unterstützen (Bleicher, 2001, S. 1-4). Dementsprechend können integrierte Managementsysteme additiver (Hinzufügen zu bestehenden Elementen), regelwerkbasierter (Integration in bestehende Systeme), systemübergreifender (Managementmodell) oder prozessorientierter (spezifisch für betriebliche Prozesse) Natur sein (Weber & Schäffer, 2006, S. 180-193). Die

[190] Verschiedene Studien haben sich mit der Verwendung und Ausgestaltung bzw. dem Nutzen von Umweltmanagementsystemen beschäftigt. Beispiele sind Dyllick & Hamschmidt (1999), Clausen (2004) und Loew et al. (2003), vgl.: Loew & Braun, 2006, S. 15.

[191] Formalisiert bedeutet in diesem Zusammenhang, dass die Systeme einem einheitlichen, formalen Aufbau hinsichtlich Grundsätzen und Strategie, Führung, Aufbau- und Ablauforganisation folgen, vgl.: Leow & Braun, 2006, S. 15-16.

folgende Abbildung gibt einen Überblick über die hier darzustellenden Systeme und ihre kategoriale Zuordnung (siehe Abbildung 36).[192]

Im Folgenden sollen die genannten strategischen Controllingsysteme überblicksartig dargestellt werden Es bleibt hinzuzufügen, dass keines der hier aufgeführten Systeme als umfassend oder komplett angesehen werden kann. Das grundsätzliche Verständnis ist, dass bisher kein Managementsystem existiert, das alle Anforderungen bzw. Aspekte integrierend abbildet (Steurer et al., 2005, S. 264).

3.2.2.1.1 Sustainability Balanced Scorecard (SBSC)

Die *Sustainability Balanced Scorecard* (SBSC) ist ein integriertes Managementsystem innerhalb des strategischen Controllings und nimmt eine wertorientierte Sicht des Nachhaltigkeitsmanagements ein. Die Einnahme einer wertorientierten, jedoch ganzheitlichen bzw. nachhaltigen Sichtweise wird durch die Integration der drei Nachhaltigkeitsdimensionen Ökonomie, Ökologie und Gesellschaft erreicht (Schaltegger & Dyllick, 2002, S. 37-38; Figge et al., 2001, 2002; Hahn & Wagner, 2001, 2002). Es werden also finanzielle und relevante Umwelt- und Sozialaspekte betrachtet (Schaltegger et al., 2002, S. 109).

Die SBSC baut auf dem 1992 entwickelten Konzept der konventionellen Balanced Scorecard (BSC) von Kaplan & Norton (2001) auf. Anders als herkömmliche Kennzahlensysteme, wie z.B. das *DuPont-System* (z.B. nach Heigl, 1989, S. 142), verzichtet die BSC auf die Abbildung eines Unternehmens in mathematischen Zusammenhängen. Vielmehr werden verschiedene Perspektiven eingeführt, die sich auf die von dem Unternehmen verfolgte Strategie beziehen, und die jeweilig relevanten Kennzahlen zur Abbildung der jeweiligen Strategieperspektive enthalten (Schaltegger & Dyllick, 2002, S. 28). Die BSC geht dabei grundsätzlich von gegebenen und abbildbaren Ursache-Wirkungs-Zusammenhängen innerhalb eines Unternehmens aus (Horváth & Partners, 2007, S. 1-5). Die BSC ist damit ein kennzahlenbasiertes Managementsystem. Die jeweiligen finanziellen Kennzahlen (Ergebniskennzahlen – *lagging indicators*) werden durch Indikatoren, Leistungstreiber (*key performance indicators* – KPI)[193], aus anderen Bereichen ergänzt. Pro Perspektive werden zwischen drei und sechs dieser Kenn-

[192] Es muss angefügt werden, dass neben den im nachfolgenden Text noch weitere, standardisierte Managementsystem existieren.

[193] Diese Kennzahlen werden auch als *leading indicators* bezeichnet. In der Übersicht sind Ergebniskennzahlen damit per se Vergangenheits-orientierte Werte, während KPIs Zukunfts-orientierte Kennzahlen darstellen; vgl.: Bieker, Gminder Hahn & Wagner, 2002, S. 1.

zahlen berücksichtigt. Die von Kaplan & Norton (1996) abgeleiteten Perspektiven sind a) die finanzielle Perspektive, b) die Kundenperspektive, c) die interne Prozessperspektive und d) die Lern- und Entwicklungsperspektive (Weber & Schäffer, 2006, S. 184; Kaplan & Norton, 1996, S. 24-36).[194] Letztlich dient die BSC damit sowohl der Strategieformulierung als auch der Strategieumsetzung und –kontrolle (Schaltegger & Dyllick, 2002, S. 28).

Die SBSC erweitert das traditionelle BSC-Konzept in zweierlei Hinsicht. Zum einen wird eine weitere Perspektive hinzugefügt. Die neue Perspektive deckt den Nicht-Markt-Bereich ab. Der Nicht-Markt-Bereich reflektiert diejenigen Bereiche und Aspekte, die bisher noch nicht durch die Marktmechanismen und somit auch nicht von der Unternehmensstrategie erfasst wurden. Dadurch ergibt sich die Möglichkeit, auch Aspekte in einem Führungssystem zu berücksichtigen, die zwar nicht-marktliche Charakteristika aufweisen, jedoch strategisch durchaus relevant sind (Schaltegger & Dyllick, 2002, S. 60). Zum anderen werden in den nun fünf Perspektiven jeweils auch gesellschafts- und ökologie-orientierte Kennzahlen und Leistungsindikatoren erhoben.[195]

3.2.2.1.2 European Foundation for Quality Management (EFQM)

Das System der *European Foundation for Quality Management* (EFQM) wurde in den 1990er Jahren in Folge der aufkommenden Qualitätsmanagementbewegung entwickelt. Ziel der Bemühungen war es, eine möglichst hohe Qualität in den Prozessen von Unternehmen zu fördern, und die Ergebnisse der Unternehmen darstellen (*zertifizieren*) zu können. Grundlegend für die Qualitätsorientierung der Prozesse sollten dabei die Anforderungen und Bedürfnisse der relevanten Kunden sein (Nippel, 1995, S. 60-113). Das System basiert auf acht Grundprinzipien (Zink, 2004, S. 65-74:

- Kundenorientierung,
- Partnerschaft mit Lieferanten,

[194] Für eine weitergehende Übersicht, vor allem mit Fokus auf die Kennzahlen innerhalb der BSC siehe Weber & Schäffer, 2006, S. 184-188.

[195] Es muss an dieser Stelle angefügt werden, dass neben diesem vorgestellten Ansatz auch noch Alternativen vorgeschlagen wurden. So entwickeln z.B. van der Woerd & van den Brink (2004) auf Grundlage des *European Corporate Sustainability Framework* (ECSF) eine *Responsive Business Scorecard* (RBS). Diese funktioniert ungefähr nach dem gleichen Vorbild, integriert jedoch eine andere, eher noch nachhaltigere Perspektive. An dieser Stelle kann keine abschließende Beurteilung der existenten Alternativen getroffen werden. Da die vorgestellte SBSC in Deutschland bisher am häufigsten in der Literatur erwähnt wird, soll sie auch als Konzept in diese Untersuchung eingehen, vgl.: van der Woerd & van den Brink, 2004, S. 6-16.

- Mitarbeiterentwicklung und –beteiligung,
- Prozesse und Fakten,
- Ständige Verbesserung und Innovation,
- Führen und Zielkonsequenz,
- Gesellschaftliche Verantwortung,
- Ergebnisorientierung.

Wie auch die SBSC ist das EFQM ein strukturiertes, kennzahlenbasiertes Managementsystem, das die relevanten Kennzahlen in verschiedene Dimensionen bzw. Perspektiven einteilt (Weber & Schäffer, 2006, S. 190). Außerdem stellt dieses System eine Abkehr von der Erhebung und Betrachtung von rein finanziellen Steuerungsgrößen dar. Im spezifischen Fall wird der Fokus vor allem auf Kennzahlen und Indikatoren gelegt, die die Qualitätsaspekte von Unternehmensprozessen erfassen. Damit beinhaltet es vor allem die Betrachtung und Beachtung von (qualitativen) Größen, die relevant für die Einschätzung der Qualität eines Unternehmens bzw. seiner Prozesse und Produkte sind (EFQM, 2003, S. 13-15). Dabei gliedern sich die Kennzahlen in „Befähiger (*enablers*)" und „Ergebniskriterien (*results*)". Innerhalb dieser beiden Kategorien sind die Kennzahlen nochmals in sechs bzw. vier Gruppen unterteilt. Die „Befähiger", die Kriterien darstellen, die als Voraussetzung für Qualitätsprozesse gegeben sein müssen (Zink, 2004, S. 67-70), verteilen sich dabei auf die Gruppen Führung, Mitarbeiter, Politik und Strategie, Partnerschaften und Ressourcen und Prozesse. Die „Ergebniskriterien" bilden die folgenden Gruppen: Mitarbeiter-bezogene Ergebnisse, Kunden-bezogenen Ergebnisse, Gesellschafts-bezogene Ergebnisse und Schlüsselergebnisse.

Es muss an dieser Stelle festgehalten werden, dass das EFQM vor allem ein Ordnungssystem darstellt. Dies bedeutet, dass, anders als z.B. bei der BSC oder SBSC, die Kennzahlen nicht frei und situativ gewählt und integriert werden. Vielmehr gibt es einen zwar nachvollziehbaren Rechenzusammenhang, der Einzelteile darstellt, dennoch besteht die Gefahr, dass im individuellen Fall wichtige Teilaspekte nicht berücksichtigt werden (Weber & Schäffer, 2006, S. 190). Abbildung 36 stellt die Gliederung und Beziehungen schematisch dar.

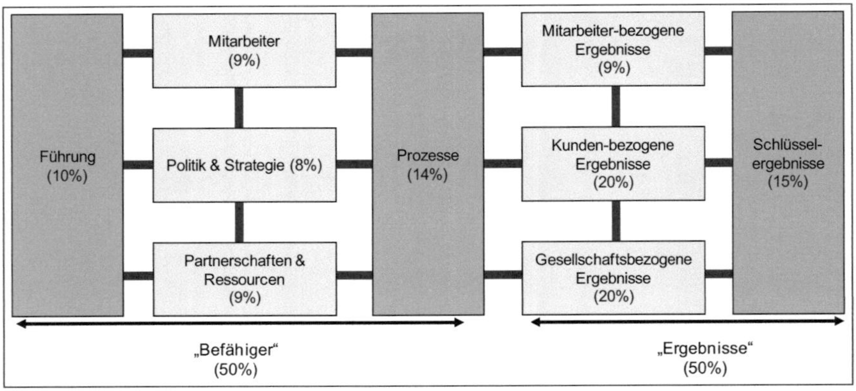

Abbildung 37: Struktur der Kennzahlgruppen des EFQM
Quelle: Eigene Darstellung in Anlehnung an Weber & Schäffer (2006, S. 189), IÖW (1999, S. 2)

Die Prozentsätze der einzelnen Kriteriengruppen bilden die Bewertungseinheiten, die für die Vergabe des Europäischen Qualitätspreises, der von der EFQM vergeben wird und sich am Vorbild anderer Qualitätspreise z.B. in den USA oder Japan orientiert (Christiansen, 1999, S. IX), herangezogen werden. Die Prozentsätze wurden aufgrund einer empirischen Erhebung festgelegt (Peacock, 1992, S. 525).

3.2.2.1.3 Economic Management and Audit Scheme (EMAS)

Es wurde bereits in Abschnitt B.2 angemerkt, dass Nachhaltigkeit kein originär betriebswirtschaftliches Konzept ist, sondern in seinen Ursprüngen auf volkswirtschaftlichen und politischen Überlegungen beruht. Die erste betriebswirtschaftliche Anwendung erfuhr das Konzept der nachhaltigen Entwicklung im Rahmen der Entwicklung von Umweltmanagementsystemen und Umweltberichterstattungssystemen. Ein prominenter Vertreter dieser ist das *Economic Management and Audit Scheme* (EMAS) (Loew et al., 2004, S. 64).

Als ein Konzept zur Bereitstellung von Informationsgrundlagen für die externe Anwendung (Sturm, 2000, S. 233) bildet es im Kanon der hier angesprochenen Systeme vor allem die ökologische Dimension von Unternehmen ab (Steurer et al., 2005, S. 264). Ziel des EMAS ist die „Förderung der kontinuierlichen Verbesserung des betrieblichen Umweltschutzes" (Sturm, 2000, S. 233, zitierend aus Art. 1 II 1 der EG-Öko-Audit-Verordnung). Speziell bedeutet dies, dass sich mit Hilfe des systematischen Vorgehens des EMAS relevante ökologische Umwelteinflüsse und –auswirkungen adäquat erfassen und bewerten lassen. Unternehmen können sich an diesem System freiwillig beteiligen und lassen sich dementsprechend von Experten auditieren und bewerten (Rothlauf, 2004, S. 469).

Die Erfassung der Einflüsse eines Unternehmens auf die Umwelt wird in die Art und in den Umfang der zu bewertenden Umwelteinflüsse unterteilt. Hinsichtlich der Art werden die Einflüsse grob in Input und Output getrennt. Der Input bezieht sich dabei auf die „Nutzung von Boden, Wasser, Brennstoffen und Energie sowie anderen natürlichen Ressourcen" (Sturm, 2000, S. 234, zitierend aus der EG-Öko-Audit-Verordnung). Der Output setzt sich vor allem aus den Kondukten (Ausschüssen) des Produktionsprozesses (z.B. Abluft, Abwasser, Abfall und Altlasten) zusammen. Die Bewertung der Umwelteinflüsse bzw. –auswirkungen hinsichtlich ihrer Umfänge erfolgt konsequent betriebs- bzw. standortbezogen. Die Aufstellung von Produkt- bzw. Prozessbilanzen, also die spezifische Aufrechnung der Input- und Output-Faktoren, ist dabei nicht zwingend vorgeschrieben (Sturm, 2000, S. 234-235).

1998 wurde eine novellierte Fassung der EMAS (EMAS II) vorgestellt. Diese korrigiert die originäre Fassung an vielen Stellen um vorher gemeinhin kritisierte Eigenschaften. Vor allem wurde der gerade erwähnte Standortbezug eliminiert. In der neuen Fassung gelten die Regeln zur Erfassung und Bewertung nun unternehmensweit, d.h. für das betreffende Unternehmen mit all seinen Einzelteilen. Daneben wurden auch die Ziele erweitert. Während ursprünglich nur die Erfassung und Bewertung der Umwelteinflüsse intendiert war, steht nun die Erreichung einer gesteigerten Umweltleistung im Fokus des Systems. Erreicht werden soll dies vor allem durch die Anwendung spezifischer Umweltmanagementsysteme, ihre systematische, regelmäßige und objektive Bewertung und die Einbeziehung aller interessierten Kreise sowie Gesellschaft und Arbeitnehmer. Weitere Änderungen des EMAS II gegenüber der Ursprungsversion, vor allem hinsichtlich der Erfassungs- und Bewertungsregeln, finden sich in Sturm (2000, S. 238-243). Eine Überprüfung der Erfolgswirkung der EMAS findet sich in Albelda-Perez et al. (2007).

3.2.2.1.4 Total Quality Environmental Management (TQEM)

Ein weiteres System mit Fokus auf die ökologische Leistung bzw. die Umwelteinflüsse von Unternehmen und deren Integration in die Unternehmensstrategie ist das *Total Quality Environmental Management* (TQEM). Das Konzept dazu wurde in den 1990er Jahren von der *Global Environmental Management Initiative* (GEMI) entwickelt. Ziel war es, die Systematik und die Prinzipien das *Total Quality Management* (TQM)[196] auf das Umweltmanagement von Unternehmen zu übertragen und so die negativen Einflüsse des Unternehmens auf die Umwelt kontinuierlich zu reduzieren. Dadurch ist dieses Konzept ein klarer Vertreter von integrierten Managementsystemen. Anders als das EMAS wird hier jedoch nicht nur auf die Informationsgenerierung und –bereitstellung abgestellt. Vielmehr soll das TQEM Maßnahmen und Instrumente für die kontinuierliche Leistungserfassung und Leistungserhöhung bereitstellen (Schaltegger et al., 2002, S. 113).

Das TQEM folgt vier spezifischen Grundsätzen, die es als eine Modifikation das TQM ausweisen (Vasanthakumar, 1998, S. 32-57):

- Identifikation mit den Kunden (wie auch das EFQM determinieren Kundeninteressen die Ansprüche an die (Umwelt-) Qualität; unter Kunden werden hier nicht nur die Konsumenten, sondern auch andere Anspruchsgruppen wie z.B. lokale Gemeinden, Umweltgruppen und die Öffentlichkeit, gezählt);
- Kontinuierliche, systematische Verbesserung der Umweltleistung;
- Eliminierung von Umweltbedingten Risiken;
- Systemansatz (Konzept muss das Unternehmen als ganzes System abbilden und einbeziehen).

Zur Umsetzung des Konzeptes ist besonders die adäquate Erfassung und Aufbereitung der notwendigen Informationen und die Bildung von Qualitätszirkeln bzw. ein entsprechend honoriertes Vorschlagsweisen zentral (Schaltegger et al., 2002, S. 113).

3.2.2.1.5 ISO-Normen (ISO 14001 & ISO 9000ff.)

„Normen sind Hilfsmittel zur Ordnung, mit denen die Austauschbarkeit, Kommunikation und Arbeitsteilung gefördert werden soll. Sie schaffen für alle Beteiligten eine gemeinsame Ar-

[196] Das *Total Quality Management* (TQM) stellt einen ganzheitlichen, langfristig integrierten Managementansatz zur Einbeziehung und Steuerung von prozess-, mitarbeiter- und kundenorientierten Aspekten des Unternehmens dar. Erreicht werden soll eine Optimierung der Qualität von Produkten und Dienstleistungen eines Unternehmens, von der angenommen wird, dass sie den langfristigen Unternehmenserfolg positiv beeinflusst (Schaltegger et al., 2002, S. 113). Damit stellt es sich den Herausforderungen an ein modernes Management, das sich in einer komplexer werden (Unternehmens-) Welt bewähren muss. Innerhalb des TQM wird Qualität als oberstes Ziel definiert. Hierbei ist Qualität das Resultat „aller in einem Unternehmen Beschäftigten […] und ist allen andern Funktionen übergeordnet“ (Kamiske, 1996, S. 2) und besteht, wenn die Bedürfnisse des Kunden befriedigt werden konnten. Somit kann hier die Produktqualität mit der gesamten Unternehmensqualität gleichgesetzt werden, vgl.: Rothlauf, 2004, S. 49-51.

beitsgrundlage, reduzieren den Abstimmungsaufwand, beugen falschen Interpretationen vor und sind damit ein wesentlicher Ansatz zur Rationalisierung" (Binner, 2000, S. 45). Grundsätzlich sind Normen keine fixen Vorgaben z.B. eines Staates, sondern stellen Vereinbarungen dar, die für die Anwender freiwilliger Natur sind (Rauberger, Wagner & Jasch, 1997, S. 12).[197]

Die ISO 14000er-Reihe

Bei der Entwicklung von Normen für das Umweltmanagement von Unternehmen hat die ISO die Auditierung des Umweltmanagements von Unternehmen in a) die Organisationsbewertung und b) in die Bewertung von Produkten und Prozessen unterteilt. Der Hintergrund der Unternehmensbeurteilung bzw. der Umweltleistungsmessung bei Unternehmen ist wiederum die Ökobilanzierung[198] (siehe hierzu Hamschmidt & Dyllick, 2001). Die verschiedenen Normungen wurden in den Normenreihen 14000ff. (*environmental management systems – EMS*), 14010ff. (*environmental auditing – EA*), 14020ff. (*environmental labelling – EL*), 14030ff. (*environmental performance evaluation – EPE*) und 14040ff. (*life cycle assessment – LCA*) festgehalten. Hierbei bilden die Normen 14000ff., 14010ff. und 14030ff. die Organisationsbewertung, während die Normen 14020ff. und 14040ff. die Produkt- und Prozessbewertung abbilden (Tibor & Feldman, 1996, S. 5; Engelmann & Scheunemann, 2005 , S. 11).

Die standardisierten Vorgaben sind streng Verfahrens- bzw. Implementierungs-orientiert (Sturm, 2000, S. 163). Die verschiedenen Normen sollen Unternehmen dazu befähigen, effiziente Umweltmanagementsysteme zu installieren, zu betreiben sowie ihre Produkte, Dienstleistungen und Prozesse bewerten zu können. Auch hier steht dahinter die Annahme, dass die Ein- und Durchführung eines Umweltmanagementsystems das Unternehmen auf langfristiger Basis leistungsfähiger macht (Tibor & Feldman, 1996, S. 16). Erreicht werden soll dies speziell durch z.B. Ressourcenschonung, Emissionsminderung, kontinuierliche Verbesserung der Umweltleistung sowie Einhaltung einschlägiger Gesetze und Verordnungen (Steurer et al., 2005, S. 264).

[197] Die Normierung erfolgt in Deutschland durch das *Deutsche Institut für Normung e.V.* (DIN). International wird diese Funktion vom *International Organization for Standardization* (ISO) übernommen. Speziell für den Umweltbereich wurden sowohl in Deutschland (*Normenausschuss Grundlagen des Umweltschutzes im DIN* (NAGUS)), als auch international (*Strategical Advidory Group on Environment* (SAGE)) eigene Institutionen gegründet, vgl.: Sturm, 2000, S. 126.

[198] Zu den Grundlagen der Ökobilanzierung bzw. den Grundlagen zu Beurteilungskriterien, sowie für eine Darstellung unterschiedlicher Ansätze (z.B. nach öbu, UVP oder IÖW) siehe Sturm, 2000, S. 128-163.

Die ISO-Norm 14001 „Umweltmanagementsysteme“ stellt dabei eine der wichtigsten Normen dar. Sie gibt einen spezifischen Prozess zum Management der Umweltleistung von Unternehmen vor. Dieser enthält Umweltpolitik, Planung, Implementierung und Durchführung, Kontroll- und Korrekturmaßnahmen sowie die Bewertung durch die Unternehmensführung. Unternehmen, die einen dementsprechenden Prozess vorweisen, werden nach dieser Norm zertifiziert. Inhaltlich stellt ISO 14001 neben Informationen zu den Umweltaspekten (Input vs. Output) vor allem auf Angaben zum Aufbau und Ablauf der Umweltmanagementsystemen (z.B. Anzahl von Schulungen, Störfälle, Audits etc.) ab. Diese Norm enthält somit keine Richtlinien zur Leistungsmessung. Somit können auch keine Kriterien zur Verbesserung der Leistung eines Unternehmens im Umweltbereich hergeleitet werden (Sturm, 2000, S. 164-165).

Die Normen ISO 14031 und ISO 14010-43 stellen Richtlinien zur Bewertung der umweltorientierten Unternehmensleistungen dar. Dabei legt die erste die Verfahrensabläufe der prozessorientierten Bewertung fest, während die anderen Hinweise zur systematischen, produktbezogenen Beurteilung enthalten (Rothlauf, 2004, S. 470).[199] ISO 14031 kann dabei vor allem dazu genutzt werden, relevante Trends in Bezug auf Entwicklungen auf dem ökologischen Sektor zu identifizieren. Die Wahrnehmung dieser Trends kann somit dem Management wichtige und wertvolle Informationen darüber vermitteln, welche Chancen bzw. Risiken sich hier auftun bzw. wie genau die Umwelteinflüsse des betreffenden Unternehmens sinnvoll beeinflusst und gesteuert werden können (Sheu & Lo, 2005, S. 80; Richardsen, 2001).[200]

Die ISO 9000er-Reihe

Die Normen nach ISO 9000ff. stellen Richtlinien für die Einhaltung von bestimmten Qualitätsstandards auf. Eine Zertifizierung von Geschäftsprozessen bzw. Produkten lässt sich nur dann erreichen, wenn diese durch ein Qualitätsmanagementsystem überwacht werden, das den Richtlinien nach DIN EN ISO 9000ff. genügt (Hering, Lindner & Steparsch, 1997, S. 2).

Neben dem EFQM-Modell ist die ISO 9000ff. eines der bekanntesten Qualitätsmanagementmodelle. Anders als das EFQM-Modell wird hier jedoch kein Einfluss des Wettbewerbes abgebildet, was bedeutet, dass keine Kontrolle bestimmter Vorgaben stattfindet. Vielmehr wird

[199] Für eine detaillierte Beschreibung der ISO 14031 zur Umweltleistungsbewertung siehe die Ausführungen von Sturm (2000, S. 185-201).
[200] Weiterführende Informationen zur ISO 14001 finden sich unter www.14001news.de.

nur auf eine Selbstbewertung der Unternehmen auf Grundlage zertifizierbarer Normen (und deren Mindestanforderungen) und ihre durch anschließende Maßnahmen bewirkte Selbstverantwortung abgestellt.[201] Die ISO 9000er-Reihe umfasst folgende Normen: ISO 9000 (*Qualitätsmanagementsysteme – Grundlagen und Begriffe*); ISO 9001 (*Qualitätsmanagementsysteme – Anforderungen*); ISO 9002 (*Qualitätsmanagementsystem – Modell zur Qualitätssicherung in Produktion, Montage und Wartung*), ISO 9003 (*Qualitätsmanagementsystem – Modell zur Qualitätssicherung bei der Endprüfung*), ISO 9004 (*Qualitätsmanagementsysteme – Leitfaden zur Leistungsverbesserung*) und ISO 19011 (*Leitfaden für Audits von Qualitätsmanagement – und/oder Umweltmanagementsystemen*) (Heinen & Peischke, 1995, S. 73; Pfeifer, 1993).

ISO 9001: 2000 stellt in der ISO 9000er-Reihe eine Norm zum Qualitätsmanagement dar. Hier werden Grundlagen und Begriffe des Qualitätsmanagements definiert. In 2005 hat durch diese Norm eine Novellierung erfahren. Hauptänderung der Novellierung war, dass die Grundlagen und Begriffe des Qualitätsmanagements mit denen des Umweltmanagements (ISO 19011: 2002-10) harmonisiert wurden (Graebig, 2005, o.S.).

3.2.2.1.6 SA 8000

In den vorangegangenen Abschnitten wurden bislang vor allem Qualitäts- und Umweltmanagementsysteme als Beispiele für Standardsysteme beschrieben. Diesen Ansätzen muss jedoch auch noch die soziale Dimension hinzugefügt werden (Steurer et al., 2005, S. 264). Diese Rolle übernimmt das Sozial- bzw. Arbeitsmanagement, da „[m]it Hilfe eines Sozialmanagementsystems [...] soziale Aspekte in das Unternehmensmanagement mit einbezogen werden [können]“ (Schaltegger et al., 2002, S. 99).

Die SA 8000 wurden durch die Nicht-Regierungsorganisation *Social Accountability International* (SAI), die ihren Sitz in New York hat, entwickelt (Engelmann & Scheunemann, 2004, S. 11). Genau wie die *AccountAbility 1000* (AA 1000) stellen diese einen Normenkatalog zur Prüfung und Bewertung des Sozialmanagements eines Unternehmens dar, spezifisch der Arbeitsbedingungen der Mitarbeiter. Die darin enthaltenen Normen basieren in direkter Ablei-

[201] „Standards und Normen gehen weiter als Richtlinien und konkretisieren Grundsätze auf überprüfbare Bewertungskriterien. Sie ermöglichen anhand genauer Maßstäbe eine Beurteilung durch Dritte“ (Engelmann & Scheunemann, 2005, S. 11).

tung auf den Menschenrechts-Prinzipien der *UN Rights Convention* und der *Convention of the International Labour Union* (ILO) (van der Woerd & van den Brink, 2002, S. 17).

Insgesamt umfasst der angesprochene Normenkatalog neun Themenbereiche mit jeweils einer unterschiedlichen Anzahl von Einzelthemen: *Kinderarbeit* (kein Einsatz von Kindern, Aus-/ Weiterbildung), *Zwangsarbeit, Gesundheit und Arbeitsschutz* (Vorbeugung, Verantwortlichkeiten), *Vereinigungsfreiheit und Kollektivverhandlungen* (Tarifverhandlungen), *Diskriminierung* (Gefahrabwendung, Eingliederung von Minderheiten, Gleichbehandlung von Geschlechtern), *Disziplinarverfahren* (keine körperliche Züchtigung), *Arbeitszeit* (49-Stunden-Regelungen, Einhaltung rechtlicher Vorgaben), *Entlohnung/ Vergütung* (Mindestlöhne) und *Managementsysteme* (Grundlagen, Pläne, Auditierung, Berichterstattung und Training) (van der Woerd & van den Brink, 2002, S. 17).[202] Die definierten Themen und aufgestellten Kriterien sind sowohl auf individuelle Unternehmen als auch auf deren Lieferanten und andere Partner in der Wertschöpfungskette anzuwenden. Die Implementierung erfolgt über ein Sozialmanagementsystem, die Kontrolle bzw. Zertifizierung u.a. aufgrund Sozial-Audits durch externe, unabhängige Experten (Schaltegger et al., 2002, S. 99).[203]

Ein großer Schwachpunkt der Sozialmanagementsysteme ist, dass ihre Prinzipien bislang nur in geringem Umfang berücksichtigt worden sind. Gegenüber Umweltmanagementsystemen sind Sozialmanagementsysteme in der Praxis kaum repräsentiert und umgesetzt. Des Weiteren wird häufig ihre nur unzureichende Integration mit anderen Managementsystemen bemängelt. Zudem hängt vor allem in der Lieferantenkette viel von den jeweiligen Regelungen in den Heimatländern der Lieferanten ab. Bestehen hier nicht die notwendigen Mindeststandards der SA 8000, kann die Umsetzung und Forderung danach erhebliche Probleme mit sich bringen (Schaltegger et al., 2002, S. 100).

3.2.2.2 Operatives Controlling: Nachhaltigkeits-relevante Kennzahlen und -indikatoren

In der Einführung zu Abschnitt C.3.2.2 wurde ausgeführt, dass das operative Controlling besonders im kurzfristigen, kalkulatorischen Rechnungswesen verankert ist. Die hier zu betrachtenden Bestimmungsgrößen müssen aufgrund ihrer vielfältigen Natur in Form von klaren Kennzahlen dargestellt werden. Besonders im Bereich des Nachhaltigkeitsmanagements bzw.

---

[202] Schaltegger et al. (2002) führen hier nur acht Themengebiete an. Dies ist dadurch begründet, dass van der Woerd & van den Brink (2005) hier noch die „Managementsysteme“ mit einbeziehen, obwohl diese originär zum „*Deming Cycle*“, einer anderen Arbeits- und Sozialnorm, gehören, vgl.: Schaltegger et al., 2002, S. 99.

[203] Weiterführende Informationen finden sich unter www.sa-intl.org/SA8000/SA8000.htm.

–controllings spielen adäquate Kennzahlen eine Rolle. Hierzu existieren verschiedene Ansätze (Painter-Morland, 2005, S. 355; McIntosh et al., 2003 etc.). Ein möglicher Ordnungsrahmen von relevanten Nachhaltigkeitskennzahlen, der Kriterienkatalog nach der *Global Reporting Initiative* (GRI), soll im Folgenden näher dargestellt sowie seine Auswahl begründet werden. Zu Beginn ist jedoch der Begriff der „Kennzahl" aufbauend auf der Definition aus der Einführung dieses Abschnittes konkreter zu definieren.

3.2.2.2.1 Kennzahlarten und Funktionen

Kennzahlen beziehen sich auf alle Bereiche des Unternehmens. So werden sie nicht, wie weitläufig angenommen, nur zum Zweck der externen Unternehmensdokumentation (Bilanzanalyse und Unternehmens- bzw. Betriebsvergleich) und zur Darstellung der Wirtschaftlichkeit bzw. Liquidität genutzt. Vielmehr dienen sie auch der internen Unternehmensanalyse, bei der z.T. häufig auch andere als rein finanzielle bzw. strikt quantifizierbare Maßzahlen eine entscheidende Rolle spielen. Durch die Vielzahl der Bereiche, in denen Kennzahlen erhoben werden können, ergibt sich auch eine Vielzahl unterschiedlicher Kennzahlenarten.[204] Welche Kennzahlen relevant bzw. berechenbar sind und welchen Gehalt die Aussagen haben, wird durch das in dem betreffenden Unternehmen installierte Informationssystem bestimmt. Dieses stellt a) die notwendigen Informationen / Daten zur Berechnung der Kennzahlen zur Verfügung und wird b) durch ein „gedankliches Modell" bestimmt, das erst die Interpretation der sich ergebenden Kennzahlen möglich macht. Die Interpretation der einzelnen Kennzahlen findet nicht nur in der isolierten Betrachtung der jeweiligen Zahl statt. Vielmehr kann eine Steigerung des Informationswertes erzielt werden, wenn Kennzahlen verknüpft (*Verhältniskennzahlen*) werden, ihre Veränderung im Zeitablauf betrachtet wird (*Zeitvergleiche*) oder wenn Ergebnis- und Planwerte einer Periode vergleichend gegenüber gestellt werden (*Soll-Ist-Vergleiche*) (Lachnit, 1979, S. 15-20; Ossadnik, 2003, S. 264).

Grundsätzlich können Kennzahlen durch ihre sehr flexible und situative Natur eine Vielzahl von Funktionen in einem Unternehmen für eine Vielzahl von Akteuren übernehmen (Küpper, 2001, S. 345).[205] Als erste Funktion informieren Kennzahlen über konkrete Sachverhalte.

[204] Die Kennzahlenarten sollen an dieser Stelle nicht einzeln diskutiert werden. Für eine Übersicht über die gängigsten Kennzahlenarten siehe Ossadnik, 2003, S. 263.

[205] Weitere Kennzahlen sind z.B. die wertorientierten Kennzahlen (z.B. relevante Kennzahlen aus dem Shareholder-value). Anders als herkömmliche Kennzahlen, gelten diese nicht nur kurz- bis mittelfristig, sondern bilden Informationen ab, die auch auf strategischer Ebene, z.B. zur Steuerung des (zukünftigen) Unternehmenswertes, genutzt werden können, vgl.: Ossadnik, 2003, S. 272-273. Für einen Überblick über weitere traditionelle (Return

Diese Funktion wurde bereits in den vorangegangenen Abschnitten besprochen. Des Weiteren jedoch können Kennzahlen auch zur Steuerung des Verhaltens bestimmter betrieblich-relevanter Akteure eingesetzt werden. Zusammenfassend kristallisiert Ossadnik (2003) fünf spezifische Funktionen von Kennzahlen heraus (S. 270-272):[206]

- Informationsinstrument (bildet betriebs-/ finanz-/ und güterwirtschaftliche, externe wie interne Vorgänge an und stellte benötigte Daten [= Wissen] für die dabei anstehenden Entscheidungen an);
- Vergleichsinstrument (Gegenüberstellung von Kennzahlen und ganzen Kennzahlsystemen aus unterschiedlichen Unternehmen oder Unternehmensbereichen zur Identifizierung von Unterschieden oder Zusammenhängen);
- Indikator (Einzelne Kennzahlen, deren Veränderung Rückschlüsse auf spezifische, nicht durch andere Kennzahlen bzw. ein existierendes Kennzahlensystem erfasste Größen und Merkmale zulässt; besondere Relevanz haben Indikatoren, wenn sie schwache Signale widerspiegeln oder Rückschlüsse auf mögliche zukünftige Entwicklungen zulassen);
- Koordinationsinstrument (Kennzahlen erhalten eine Koordinationsfunktion, wenn sie in ein „Entscheidungsfeld" eingebracht werden bzw. Vorgabewerte darstellen und so einen „normativen Charakter" erhalten. Spezifisch werden hierdurch sich ergebende Konsequenzen messbar und damit handhabbar, also bewertbar);
- Stellenspezifische Kennzahl (Kennzahlenausprägungen eines Unternehmens- bzw. Einflussbereiches werden mit einem ex-post aufgestellten Sollwert verglichen. Die Kennzahl stellt somit nicht nur Daten für eine Entscheidungssituation bereit, sondern bildet die Situation weitaus umfassender ab [z.B. Gesamtkoordination ganzer (teil-) Bereiche]).

Besonders Indikatoren spielen im Controlling eines Unternehmens eine wichtige Rolle. Nach Ausführungen von Knecht (2003) können Indikatoren aufgrund ihrer Verknüpfung mit den Erfolgspotentialen von Unternehmen als Richtwerte für die Erfassung von Werttreibern (des Unternehmenswertes eines Unternehmens) verwendet werden. Wird einem Teilgebiet eine

on Investment [ROI], Gesamtkapitalrentabilität [ROA, ROC], Umsatzrentabilität [ROS] etc.) und neuere Kennzahlen (Economic Value Added [EVA], Cash Value Added [CVA] etc.) siehe auch Weber & Schäffer, 2006, S. 170-179.

[206] Weber & Schäffer (2006) sprechen hier von der Anregungsfunktion, Operationalisierungsfunktion, Vorgabefunktion, Steuerungsfunktion und Kontrollfunktion, vgl.: Weber & Schäffer, 2006, S. 169.

Erfolgsrelevanz bzw. ein für das Unternehmen strategisch wichtiges Potential unterstellt, so müssen adäquate Maßzahlen gefunden werden, die dieses Teilgebiet treffend abbilden. Im Umkehrschluss bedeutet dies, dass die verwendeten Arten von Kennzahlen darauf hinweisen, welche Konzepte, Elemente, Problembereiche, Themen o.ä. durch die Unternehmensverantwortlichen als relevant erachtet werden. Die ausgewählten und verwendeten Kennzahlen im Controlling eines Unternehmens spiegeln somit die Dinge wider, die für die Benutzer von Wert sind (dieser Zusammenhang soll in Abschnitt C.4 nochmals aufgegriffen werden).

3.2.2.2.2 Nachhaltigkeitskennzahlen und –indikatoren

Die Einnahme einer Nachhaltigkeitsorientierung führt dazu, dass entsprechende Maßzahlen zur Erfassung des erweiterten Unternehmensleistungskonzeptes definiert werden müssen (Keeble, Topiol & Berkeley, 2003, S. 149). Die Basis hierzu bildet das Triple Bottom Line-Accounting (siehe Kapitel C.3.2).

Traditionell verstehen viele Akteure der akademischen und praktischen Betriebswirtschaft Kennzahlen direkt oder indirekt als mit dem Erfolg bzw. der finanziellen Situation des Unternehmens verbundene Kenngrößen. Jedoch hat sich diese Situation in den letzten Jahren verändert. So fanden Bassen & Gröne (2003) in einer Studie unter 65 Venture Capital-Gesellschaften heraus, dass nicht-monetäre Größen wie z.B. Kunden-, Prozess- und, Lern-/ Entwicklungskennzahlen, also Kennzahlen, die besonders die nicht-finanziellen Bereiche von Unternehmen erfassen, immer mehr an Wert für die befragten Gesellschaften gewinnen (S. 295).

Der Begriff des Nachhaltigkeitsindikators[207] kam zum ersten Mal nach der Rio-Konferenz 1992 im Zuge der Diskussion um den Begriff der „nachhaltigen Entwicklung" auf. Hier wurde festgestellt, dass es nicht reicht, dass Einzelindikatoren aus den relevanten Bereichen (Soziales, Umwelt und Ökonomie) additiv nebeneinander stehen. Vielmehr müssen Kataloge entwickelt werden, deren inbegriffene Indikatoren die verschiedenen Dimensionen adäquat widerspiegeln und kombinieren (Born & de Haan, 1998, S. 2). Es können vier mögliche Arten von Nachhaltigkeitsindikatoren differenziert werden (Szerenyi, 1999, S. 4):

[207] Eine allgemein akzeptierte Definition des Begriffs des "Nachhaltigkeitsindikators" liegt bisher nicht vor. Eine Möglichkeit ist die Definition des Begriffs als „definierbare, messbare Kennwerte, deren absolute Werte bzw. deren Veränderungsgeschwindigkeit und –richtung aufzeigen sollen, ob sich ein Land/ Region, Kommune/ Projekte/ Unternehmen im Zeitverlauf in Richtung einer nachhaltigen Entwicklung bewegt" (Born & de Haan, 1998, S. 2).

- Sozial-ökologische Indikatoren,
- Ökonomisch-ökologische Indikatoren,
- Ökonomisch-soziale Indikatoren,
- Ökonomisch-ökologisch-soziale Indikatoren.

Die Indikatoren erfüllen dabei verschiedene konkrete Funktionen. Zum einen ermöglichen sie die Operationalisierung des Nachhaltigkeitskonzeptes in Unternehmen durch a) die Darstellung des Status Quo eines Unternehmen in den relevanten Nachhaltigkeitsdimensionen und b) die Festlegung von Maßzahlen, anhand derer eine Veränderung bzw. Verbesserung des Status Quo erzielt werden kann (Born & de Haan, 1998, S. 5). Konkret repräsentieren die gewählten Indikatoren damit die Handlungsfelder, die ein Unternehmen im Rahmen seines Nachhaltigkeitsengagements bearbeiten sollte bzw. die für sie relevant sind (Keeble, Topiol & Berkeley, 2003, S. 150). Zum anderen sind die Information zur Entscheidungsfindung und die Kommunikation von relevanten Defiziten, Bedingungen, Entwicklungen (zum Nachhaltigkeitsreporting) als wichtige Funktionen zu nennen. Als letzte Punkte dienen Nachhaltigkeitsindikatoren vor allem der Kontrolle und der Vergleichbarkeit im Zeitverlauf und mit anderen Organisationen (*benchmarking*) (Born & de Haan, 1998, S. 6-7).

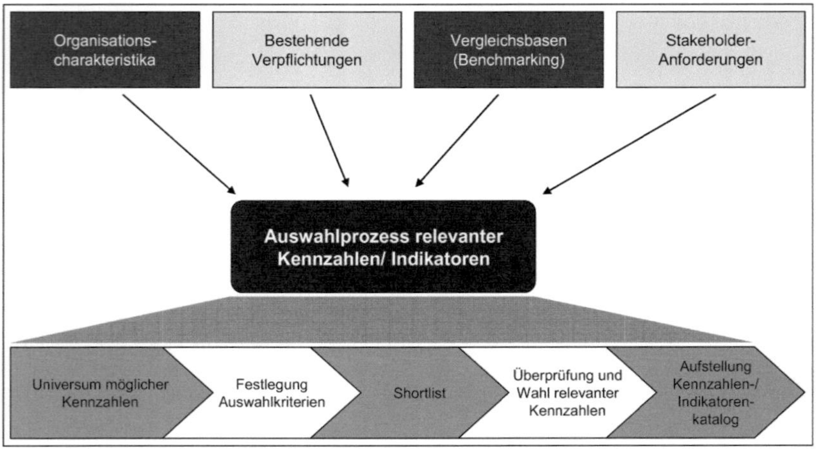

Abbildung 38: Auswahlprozess relevanter Kennzahlen und beeinflussende Rahmenbedingungen
Quelle: Eigene Darstellung in Anlehnung an Keeble, Topiol & Berkeley, 2003, S. 153.

Keeble, Topiol & Berkeley (2003, S. 151) halten explizit fest, dass die Auswahl der zu verwendenden Kennzahlen und Indikatoren unternehmensspezifisch ist, es also grundsätzlich kein „perfektes" Kennzahlen-Set gibt, das bei allen Anwendern gleich gut funktioniert. Ein adäquates Konzept muss dabei passend, ausbalanciert und angemessen umfangreich sein. Weiterhin wird die Auswahl darüber hinaus besonders von den Anforderungen der Anspruchsgruppen des Unternehmens (z.B. Mitarbeiter, Investoren) und den Einstellungen der Verantwortlichen bestimmt (siehe hierzu auch die Ausführungen in Abschnitt C.4.1 und C.4.2). Zur Auswahl der Indikatoren schlagen die Autoren den folgenden, aus der Praxis abgeleiteten Rahmen vor, der sowohl bestimmende Faktoren der Kriterienauswahl als auch den eigentlichen Auswahlprozess grafisch darstellt (siehe Abbildung 38):

Hier beeinflussen vor allem Organisationscharakteristika, bestehende (wahrgenommene) Verpflichtungen und an das Unternehmen gestellte (Stakeholder-) Anforderungen die Auswahl der Kennzahlen.

3.2.2.2.3 Kennzahlen und Richtlinien der GRI Sustainability Reporting Guidelines

Die Frage nach den Kennzahlen und Indikatoren, die das Nachhaltigkeitskonzept in Unternehmen bzw. deren Nachhaltigkeitsleistung am besten erfassen, hat zu einer Vielzahl unterschiedlicher Kennzahlen-Kataloge geführt (Lamberton, 2005, S. 10-15). Die *Sustainability Reporting Guidelines* der GRI werden allgemein als zentraler und am besten geeigneter Leitfaden und Kennzahlen-Katalog zur Erfassung und Ausweisung von Nachhaltigkeit in Unternehmen bewertet (Quick & Knocinski, 2006, S. 617; Loew et al., 2004, S. 32; Yongvanish & Guthrie, 2006, S. 314). Die ersten Richtlinien wurden bereits 1999 vorgestellt (van der Woerd & van den Brink, 2002, S. 16) und waren das Ergebnis eines internationalen Diskussions- und Austauschprozesses von mehr als 1.000 Unternehmen (Braun, Loew & Clausen, 2007, S. 10). Ziel war damals und ist es heute, „einen Beitrag zum Thema Normierung für eine nachhaltige Berichterstattung" (Sturm, 2000, S. 246) zu leisten, indem Unternehmen in ihren ökonomischen, ökologischen und sozialen Ausprägungen korrekt erfasst werden können. Die enthaltenen Kriterien und Kennzahlen können entweder von einem Unternehmen selbst oder von externen Experten zur Bewertung verwendet werden. Damit gehören die angesprochenen Richtlinien in die Gruppe der externen Konzepte zur Messung der Nachhaltigkeits-Leistung (van der Woerd & van den Brink, 2002, S. 16). Grundsätzlich ist die Anwendung der Richtlinien freiwillig (GRI, 2002, S. 1).

Die *Sustainability Reporting Guidelines* gliedern sich in Kategorien, Aspekte und Kennzahlen. Kategorien sind die höchste Aggregationsstufe. Diese umfassen allgemeine Gruppen der ökonomischen, ökologischen und sozialen Dimension, die tendenziell für die Anspruchsgruppen von Unternehmen relevant sind. Aspekte beschreiben konkrete Begriffe innerhalb der Kategorien. Auf der untersten Aggregationsstufe sind die Kennzahlen (Indikatoren) angesiedelt. Diese werden Aspekt-abhängig gebildet und erfassen konkrete Ausprägungen der inhaltlichen Elemente der Aspekte (Sturm, 2000, S. 247).

Bei dieser Aufteilung unterscheiden die Autoren der Richtlinien zwischen den einzelnen Nachhaltigkeitsdimensionen. Auf Kennzahlenebene werden somit ökonomische und ökologische Indikatoren und Indikatoren zur Produktverantwortung, zu Arbeitspraktiken und menschenwürdiger Beschäftigung, zu Menschenrechten und zur Gesellschaft unterschieden und definiert. Da die Aspekte der ökologischen Dimension sich für eine große Anzahl von Unternehmen auch aus unterschiedlichen Industrien und Branchen einfacher verallgemeinern lassen, sind die hier aufgestellten Kennzahlen bei weitem konkreter als im Fall des sozialen und ökonomischen Bereichs. Sturm (2000) begründet dies damit, dass die beiden letzteren Dimensionen abhängiger von spezifischen Unternehmenssituationen sind als die ökologische Dimension. Daher ist es hier nur in begrenztem Maße möglich, einheitliche Standards zu definieren (S. 247).[208]

2006 wurde die neuste Fassung der GRI-Leitlinien, die GRI G3, veröffentlicht. Die Leitlinien umfassen (Braun, Loew & Clausen, 2007, S. 10):

- das Hauptdokument (allgemeinen Prinzipien und Indikatorenkataloge zur Erstellung von Nachhaltigkeitsberichten),
- Indikatoren-Protokolle (detaillierte Beschreibungen zur Erfassung und Darstellung der entsprechenden Kennzahlen/ Indikatoren) und
- *Sector Supplements* (Beschreibungen von branchenspezifischen Anpassungen an die im Hauptdokument beschriebenen Richtlinien).

[208] Gängige Konzeptkritik ist zudem, dass die Kennzahlen z.T. nur unzureichend für kleinere Unternehmen (KMU) geeignet sind. Gründe sind vor allem die zu hohe Kennzahlanzahl und zu detaillierten Veröffentlichungsanforderungen (*disclosure requirements*). Dies macht die Kennzahlerhebung für KMU überaus schwierig, z.T. teuer und zeitaufwändig (Loew & Clausen, 2006). Weiterhin wird kritisiert, dass die ökologischen und sozialen Indikatoren meist rein in absoluten Werten gemessen werden (*social and economic effectiveness*) und nur unzulänglich die ökonomische Relevanz dieser widerspiegeln (*social and economic efficiency*); vgl.: Yongvanich & Guthrie, 2006, S. 314.

Die inbegriffenen Kennzahlen wurden von der GRI in Zusammenarbeit mit der Praxis ausgewählt und/ oder entwickelt. Die Zusammenarbeit mit einer Vielzahl von Unternehmen sollte sicherstellen, dass die Kennzahlen (in diesem Kontext auch Indikatoren genannt) allgemein auf eine große Anzahl von Unternehmen angewendet werden können. Es besteht allerdings die Möglichkeit zur Auswahl spezifischer Kennzahlen bzw. zur Neudefinition von Kennzahlen.

Die Kennzahlen sind drei Arten zuzuteilen: ökonomische (Verdeutlichung des Kapitalflusses zwischen verschiedenen Stakeholdern und einhergehende Auswirkungen auf die Gesellschaft), ökologische (Auswirkungen von Unternehmen auf „lebende und nicht lebende Natursysteme“) und soziale/ gesellschaftliche (Leistungsaspekte zu Arbeitspraktiken, Menschenrechten und Produktverantwortung) Leistungsindikatoren. Die Kennzahlen beziehen sich dabei auf sämtliche relevanten Unternehmensbereiche (Global Reporting Initiative, 2006, S. 25-36).[209]

3.3 Empirische Ergebnisse zur Relevanz spezifischer, nachhaltigkeits-relevanter Controllinginhalte

3.3.1 Unterscheidung heterogener Beteiligungsgesellschaftstypen

Die Differenzierung von heterogenen Gruppen kann grundsätzlich entweder das Ergebnis konkreter analytisch empirischer Analysen sein oder auf Grundlage von konkreten anwendungsorientierten Problemen erfolgen. Da bisher keine gesicherten Erkenntnisse zur (inhaltlichen) Unterscheidung von Beteiligungsgesellschaften hinsichtlich ihres Kontrollverhaltens bestehen, wird in diesem Fall auf die statistische Klassifizierung mittels der Clusteranalyse zurückgegriffen. Im Folgenden soll der Ansatz der Clusteranalyse und die ausgewählten Gruppierungsvariablen überblicksartig dargestellt werden.

3.3.1.1 Grundlagen der Klassifikation von Untersuchungseinheiten (Clusteranalyse)

Die Clusteranalyse gehört zu den statistischen Techniken, die ähnliche Objekte zu Gruppen (Clustern) zusammenfasst. Die Gruppen sollen dabei hinsichtlich ihrer Eigenschaftsstrukturen in sich homogen, untereinander jedoch verschieden, also heterogen sein. Der Unterschied zwischen den Gruppen wird als Distanz bezeichnet. Die Distanz misst also die Gleich- bzw. Unterschiedlichkeit zwischen den erfassten Untersuchungsobjekten. Es wird versucht durch

[209] Für eine detaillierte Übersicht und Beschreibung des Konzeptes und der Inhalte wird auf die Dokumentation der *Global Reporting Initiative* (2006) verwiesen; vgl.: Global Reporting Initiative, 2006, S. 3-40.

die Anwendung bestimmter Fusionierungsalgorithmen die Intra-Cluster-Distanz zu minimieren und gleichzeitig die Inter-Cluster-Distanz zu maximieren (Backhaus, Erichson, Plinke & Weiber, 2003, S. 480). Die Ergebnisse der Clusteranalyse geben sowohl einen Einblick über die Anzahl der zu unterscheidenden Gruppen als auch über die Zahl und Art der Merkmale und Untersuchungseinheiten der Gruppen.

Es existieren verschiedene Ansätze zur Durchführung einer Clusteranalyse. Grundsätzlich kann zwischen *partionierenden* (Austauschverfahren) und *hierarchischen* Verfahren unterschieden werden.[210] Der Ablauf ist bei beiden Verfahren gleich: 1) Bestimmung von Ähnlichkeiten anhand der aus den Beschreibungsmerkmalen errechneten Proximitätsmaße; 2) Auswahl und Anwendung des Fusionierungsalgorithmus zur Zusammenfassung von Fällen aufgrund der Proximitätsmaße;[211] 3) Bestimmung der Clusteranzahl anhand von Grundüberlegungen zu Handhabbarkeit der Gruppen und spezifischen Homogenitätsanforderungen.

Bestimmend für die Anzahl und Güte der Cluster sind neben den gewählten Gruppierungsvariablen (Merkmale) die Wahl des Algorithmus zur Distanzbestimmung der sowie der verwendete Fusionierungsalgorithmus. Mehrere Fusionierungsmethoden sind im Rahmen der hierarchischen Clusteranalyse verfügbar. Es kann zwischen *agglomerativen* und *divisiven* Partitionierungsmethoden unterschieden werden. Dabei gehen agglomerative Methoden von der feinsten Partition (den nächstliegende Variablen) aus. Divisive Methoden gehen im Unterschied dazu von der gröbsten Partition (den entferntesten Variablen) aus. Im Vergleich werden agglomerative Verfahren häufiger in der Praxis (Backhaus et al., 2003, S. 530) und somit auch im Rahmen dieser Untersuchung verwendet. Nachdem die feinsten Partitionen festgelegt wurden, werden die Distanzen zwischen den Fällen berechnet. Die Art der Berechnung ist dabei abhängig von der Skalierung der zugrunde liegenden Gruppierungsvariablen. Gängi-

[210] Auf der nächst höheren Aggregationsebene werden die Verfahren weiterhin in *monothetische* und *polythetische* Verfahren eingeteilt. Monothetische Verfahren verwenden dabei nur eine Variable zur Unterscheidung von Gruppen, während polythetische Verfahren eine simultane Berücksichtigung aller ausgewählten Gruppierungsvariablen vornehmen; vgl. Backhaus et al., 2003, S. 480.

[211] Die Wahl des Proximitätsmaßes ist abhängig von Skalen-Niveaus und von der zu beantwortenden Fragestellung. **Distanzmaße** eignen sich, wenn nur der absolute Abstand zwischen den betrachteten Objekten betrachtet werden soll, also auf die "Unähnlichkeit" der Objekte abgestellt wird. Ist der Abstand nicht von Interesse, sondern nur das Profil der Objekte, eignen sich **Ähnlichkeitsmaße** am besten; vgl.: Backhaus et al., 2003, S. 530.

gerweise werden dabei für Intervall- und binär-skalierte Variablen die Euklidische Distanz und für kategoriale Variablen das Chi-Quadratmaß verwendet.[212]

Das Vorgehen der anschließenden Schritte wird durch die Wahl des *Fusionierungsalgorithmus* bestimmt. Als Algorithmen stehen u.a. das Single-Linkage-Verfahren (*Nearest-Neighbour-Verfahren*) das Complete-Linkage-Verfahren (*Furthest-Neighbour-Verfahren*), das Centroid-Verfahren, das Median-Verfahren oder das Ward-Verfahren zur Auswahl. Die Unterschiede zwischen den Ansätzen sind die Methoden, wie die Distanz zwischen einem Objekt und einem neuen Cluster ermittelt wird. Der gängigste Algorithmus ist das Single-Linkage-Verfahren. Hier werden aufgrund der berechneten Distanzen die Cluster (Gruppen) mit der geringsten Distanz voneinander gesucht. Die Cluster mit den größten Ähnlichkeiten, also den geringsten Distanzen, werden zusammengefasst. Die Prozedur wird ein weiteres Mal, nunmehr jedoch mit einer reduzierten Clusteranzahl, durchgeführt. Unabhängig von der Wahl der Fusionierungsmethode führen die hierarchischen Verfahren durch die fortlaufende Fusionierung der Cluster final somit immer zu einer „Ein-Cluster-Lösung“.

Die hierarchische Clusteranalyse führt nie zu einem eineindeutigen Ergebnis. Dies bedeutet vor allem, dass es keine „optimale“ Anzahl der Cluster und somit keine sachlogische Begründung für die finale Clusteranzahl gibt. Als Ausweg kann die Orientierung an statistischen Hilfszahlen dienen. Gängigstes Vorgehen ist die Hinzunahme des *Ellbogen-Kriteriums* als Entscheidungshilfe. Hierbei werden zur Entscheidungsfindung die sich ergebenen Koeffizienten der Heterogenitätsentwicklung betrachtet. Diese Koeffizienten, die die Fehlerquadratsumme bei jedem Fusionierungsschritt berechnen, werden bei jedem durchgeführten Fusionierungsschritt angegeben. Das Ellbogen-Kriterium kann z.B. unter Zuhilfenahme der grafischen Betrachtung der Koeffizienten angewendet werden. Dabei wird beobachtet, bei welchem Fusionierungsschritt der größte „Sprung“, d.h. ein im Vergleich zur bisherigen Entwicklung übermäßiger Anstieg der Heterogenitätskoeffizienten, besteht. Die dazugehörige Clusteranzahl wird durch Subtraktion der Schrittnummer von der Gesamtzahl der einbezogenen Fälle ermittelt.[213] (Backhaus et al., 2003, S. 528-540)

---

[212] Neben diesen Varianten können die Distanzmaße für intervallskalierte Variablen zusätzlich nach den Vorgaben von Tschebyscheff, Minkowski, dem Kosinus oder der Pearson-Korrelation berechnet werden. Für kategoriale Variablen steht neben dem Chi-Quadratmaß lediglich das Phi-Quadratmaß zur Verfügung. Die meisten Varianten zur Berechnung stehen für binäre Variablen zur Verfügung.

[213] Optimale Clusteranzahl = $N_{Fälle} - S_x$.

3.3.1.2 Ergebnisse der Clusteranalyse

In der vorliegenden Untersuchung wurden als Gruppierungsvariablen (1) die Haltedauer [*Dauer*] und (2) das verwaltete Kapital [*VewKap*] bestimmt. Die Beschränkung auf diese beiden Variablen rührt daher, dass beide in metrischer Skalierung vorliegen und in Kombination als zentrale Charakterisierungs- und als Größenmaßstäbe verstanden werden können. Weiterhin konnte, anders als bei den anderen Variablen, keine signifikante Korrelation festgestellt werden ($r = -0{,}087$; $p = 0{,}401$). Zudem ist neben der inhaltlichen, sachlogischen Auswahl der Variablen noch ein anderes wichtiges Problemfeld, die Anzahl der verwendeten Variablen, zu beachten. Weisen die verwendeten Fälle fehlende Werte bei den berücksichtigten Gruppierungsvariablen auf, so werden diese von SPSS automatisch aus der Berechnung ausgeschlossen. Bei vielen fehlerhaften Datensätzen kann dies dazu führen, dass nur wenige Fälle wirklich in die Berechnung einbezogen werden (Reid & Smith, 2003, S. 41). Dieses Problem kann in der vorliegenden Untersuchung ausgeschlossen werden. Lediglich fünf Fälle weisen fehlende Werte in den betrachteten Variablen auf; somit können bei der Wahl der Variablen 95 Fälle in die Clusteranalyse einbezogen werden.

Hinsichtlich der weiteren Verwendungsgüte[214] wurden einige Umrechnungen angewendet. Die explorative Analyse (mittels Kolmogorov-Smirnov-Test[215] und Q-Q-Diagramm[216]) beider Variablen ergab, dass vor allem die Werte bezüglich [*VewKap*] nicht normalverteilt sind. Um die Werte trotzdem nutzen zu können, wurden die Variable logarithmiert (LN(*VewKap*)), um diese an eine Normalverteilung der Werte anzunähern. Im weiteren Verlauf der Analyse wurden, zur Vermeidung der Verzerrung der Ergebnisse, die z-standardisierten Werte der beiden Variablen verwendet.

---

[214] Variablen sollten nicht hoch korreliert und normalverteilt sein.

[215] Der Kolmogorov-Smirnov-Test ist ein Anpassungstest zur Analyse einer Stichprobe. Er vergleicht die beobachtete kumulative Verteilungsfunktion für eine Variable mit einer festgelegten theoretischen Verteilung, die eine Normalverteilung, eine Gleichverteilung, eine Poisson-Verteilung oder Exponentialverteilung sein kann und berechnet daraus einen Distanzfaktor (Kolmogorov-Smirnov-Z). Dieser gibt Aufschluss darüber, ob die Beobachtung wahrscheinlich aus der geprüften Verteilung stammt und damit über die Güte der Anpassung der getesteten Variable; vgl. Hollander & Wolfe, 1999, S. 60-72.

[216] Das Q-Q-Diagramm gehört zur Gruppe der Wahrscheinlichkeitsdiagramme. Wahrscheinlichkeitsdiagramme testen (grafisch), ob die Verteilung einer Variablen einer gegebenen, zu überprüfenden Verteilung entspricht. Spezifisch werden im Q-Q-Diagramm die Quantile der Verteilung einer Variablen gegen die Quantile einer beliebigen Anzahl von zu testenden Verteilungen (hier Normalverteilung) gegeneinander abgetragen. Gruppieren sich die abgetragenen Punkte um eine Gerade herum, kann angenommen werden, dass die ausgewählte Variable der zu testenden Verteilung entspricht; vgl. Reinboth, 2006, S. 33-34.

Zur Unterscheidung der Erhebungseinheit in Gruppen wurde das *hierarchische Verfahren* angewendet. Da beide Gruppierungsvariablen eine metrische bzw. Intervall-Skalierung aufweisen, wurde die *Euklidische Distanz*[217] als Distanzmaß gewählt. Die Fusionierung der Cluster wurde auf Grundlage des *Ward-Verfahrens*[218] durchgeführt. Dieses wurde, neben den Anforderungen, die von der Skalierung der Variablen ausgehen, aufgrund spezifischer Vorteile gegenüber anderen Verfahren gewählt. Zum einen gilt das Ward-Verfahren neben dem Centroid- und dem Average-Linkage-Verfahren als sehr ausreißerrobust. Vor allem jedoch lassen sich mit dem Ward-Verfahren nach Studien von Milligan (1981) die besten Resultate erzielen, wenn die Distanzen durch Euklidische Distanzen berechnet werden.

Die sich ergebende Lösung der Clusteranalyse führt unter Anwendung des Ellbogen-Kriteriums zu vier heterogenen Clustern, die in Abbildung 39 in einer zwei-dimensionalen Matrix grafisch dargestellt sind. Die horizontale Achse trägt dabei die Werte der Größen-Dimension ab. Die Werte der Haltedauer-Dimension werden auf der vertikalen Achsel abgetragen. Zur besseren Abtragung der Gruppen wurden die beiden Dimensionen in jeweils zwei Kategorien unterteilt. Die Dimension „Verwaltetes Kapital“ unterteilt als Maßeinheit für die Größe der Gesellschaften die Untersuchungseinheiten in Gesellschaften mit mehr als 200 Mio. EUR verwaltetem Kapitalvolumen und Gesellschaften, deren verwaltetes Kapital unter 200 Mio. EUR liegt. In Bezug auf die Dimension „Haltedauer“ wurden Gesellschaften in solche mit einer durchschnittlichen Haltedauer von mehr als fünf Jahren und in solche mit einem Durchschnitt von weniger als fünf Jahren unterteilt. Die Berechnung und Übertragung der Durchschnitte der beiden Variablen für die Untersuchungseinheiten der vier Gruppen führte zu der oben dargestellten Einordnung in die Gruppierungsmatrix (siehe Abbildung 39).

---

[217] Die Distanzen werden bei der Euklidischen Distanz aus der Minkowski-Metrik hergeleitet. Nach der Minkowski-Metrik werden die Distanzmaße wie folgt berechnet: $d_{k,l} = [\Sigma(J \rightarrow j=1) \mid x_{kj} - x_{lj}{}^{r}]^{1/r}$; mit: $d_{k,l}$: Distanz der Objekte k und l; x_{kj}, x_{lj}: Wert der Variablen j bei Objekt k, l (j=1,2,…, J); r=2. Nach Backhaus et al. (2003) stellt r eine positive Konstante da, die zur Euklidischen Distanz führt, wenn sie den Wert 2 annimmt; vgl. Hotho, 2004, S. 50; Backhaus et al., 2003, S. 492.

[218] Der Unterschied des Ward-Verfahrens zum Single-Linkage-Verfahren liegt in dem Vorgehen zur Fusionierung der Gruppen begründet. Dabei wird nicht die berechnete Distanz, sondern ein gewähltes Heterogenitätsmaß (z.B. die Fehlerquadratsumme) der Variablen zugrundegelegt. Ziel ist es, diejenigen Objekte zu fusionieren, die die Streuung (Varianz) am wenigsten erhöhen. Das Ergebnis sind relativ homogene Cluster; es kann angenommen werden, dass die Elemente tendenziell den „richtigen“ Gruppen zugeordnet werden. Dies wird dann erreicht, wenn a) Variablen metrisch skaliert sind, b) Variablen unkorreliert sind, c) u erwarten ist, dass Elementzahl in jeder Gruppe ungefähr gleich groß ist und d) Gruppen in etwa gleich Ausdehnung besitzen; vgl.: Backhaus et al., 2003, S. 491-496.

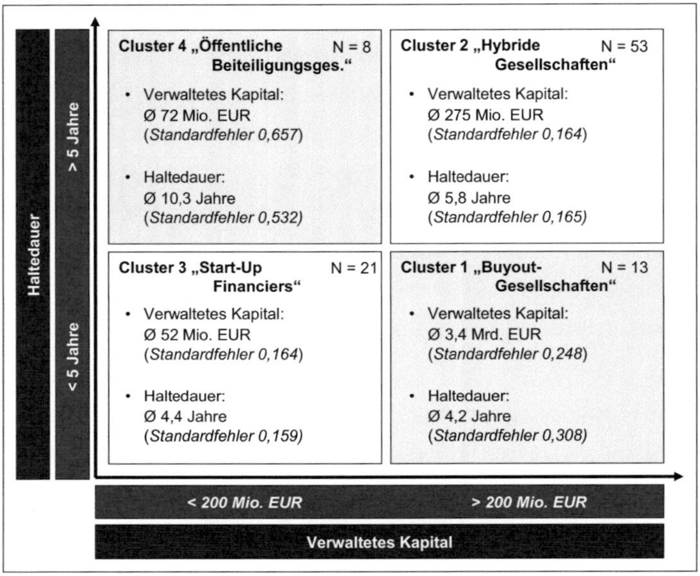

Abbildung 39: Gruppierungsmatrix und Detaillierung der Clusterergebnisse
Quelle: Eigene Erhebung

Die die Güte der sich ergebenen Clusterlösungen kann durch die Berechnung der Homogenität der Gruppen (F-Werte) ermittelt werden. Die Güte der Homogenität der Gruppen gibt Aufschluss über die Eignung der Variablen zur Trennung der Beteiligungsgesellschaften. Es wird deshalb geprüft, ob die gefundenen Cluster diese Homogenitätserwartungen erfüllen. Die F-Werte werden nach folgender Formel berechnet:

$$F = \frac{V(J,X)}{V(J)}$$

mit V(J,X): Varianz der Variable J in Cluster X;
V(J): Varianz der Dimension J in der Erhebungsgesamtheit.

Die sich ergebenden F-Werte pro Cluster sind in Tabelle 12 dargestellt.

	F-Werte			
	Cluster 1	Cluster 2	Cluster 3	Cluster 4
Haltedauer	0,328	0,284	0,235	0,602
Größe	0,254	0,333	0,298	**1,096**

Tabelle 12: F-Werte für die 4-Cluster-Lösung
Quelle: Eigene Erhebung

Ein Cluster ist nach Backhaus et al. (2003) dann als homogen anzusehen, wenn alle F-Werte für alle Dimensionen eines Clusters kleiner als 1 sind. Es zeigt sich, dass fast alle F-Werte der Variablen in den Clustern F-Werte von kleiner als 1 ergeben. Die Varianzen in den Clustern zeigen also eine geringere Abweichung (geringere Streuung) als in der Erhebungsgesamtheit. Lediglich die Variable „Größe" in Cluster 4 ergibt einen Wert, der um 0,096 größer als 1 ist. Trotz dieser geringen Überschreitung kann angenommen werden, dass die die Wahl der Clusterlösungen den Daten nicht aufgezwungen worden ist; demnach kann eine annehmbare Güte der Lösungen unterstellt werden.

3.3.1.3 Profilierungen der Cluster

	Cluster 1	Cluster 2	Cluster 3	Cluster 4
	Buyout-Gesellschaften	Hybride Gesellschaften	Venture Capital-Gesellschaften	Öffentliche Beteiligungsges.
Investortyp	• **Spätphaseninvestoren** (100%)	• Frühphaseninvestor (48,4%) • Spätphaseninvestor (51,6%)	• Frühphaseninvestor (70,4%) • Spätphaseninvestor (29,6%)	• **Spätphaseninvestor (100%**
Hauptkapitalgeber	• Versicherungen & Banken (34,8%) • Pensionskassen (30,4%)	• **Versicherungen & Banken (52,2%)** • Pensionskassen (13,0%) • Privatinvestoren (10,9%	• **Pensionskassen (45,0%)** • Versicherungen & Banken (36,4%)	• Versicherungen & Banken (50,0%) • **Privatinvestoren (25,0%)**
Ø investiertes Kapital	**44,2%**	65,0%	62,0%	**92,9%**
Beteiligungsart	• **Mehreit (76,9%)** • Minderheit (15,4%) • Beides (7,7%)	• Beides (68,4%) • Mehrheit (18,4%) • Minderheit (13,2%)	• Beides (60,0%) • Minderheit (20,0%) • Mehrheit (20,0%)	• **Beides (100%)**
Geografischer Hauptsitz	• **Global (61,5%)** • Europa (38,5%	• Deutschsprachig (61,5%) • Europa (20,5%) • Global (17,9%)	• **Deutschsprachig (82,9%)** • Global (11,4%) • Europa (5,7%)	• Deutschsprachig (75,0%) • Global 25,0%)
Inevstitionskriterien *	• 1) Ø 1,62; Median 2,00 • 2) Ø 1,69; Median 1,00 • 3) **Ø 3,38; Median 4,00** • 4) Ø 1,46; Median 1,00	• 1) Ø 1,77; Median 2,00 • 2) Ø 1,46; Median 1,00 • 3) Ø 2,51; Median 2,00 • 4) Ø 1,53; Median 1,00	• 1) Ø 1,91; Median 2,00 • 2) Ø 1,46; Median 1,00 • 3) Ø 3,09; Median 3,00 • 4) Ø 1,18; Median 1,00	• 1) Ø 1,86; Median 2,00 • 2) **Ø 2,75; Median 2,00** • 3) Ø 2,[illegible]3; Median 3,00 • 4) Ø 1,63; Median 1,00
Relative Performanceeinschätzung	**Ø 1,38; Median 1,00**	Ø 2,18; Median 2,00	Ø 2,23; Median 2,00	**Ø 2,5; Median 2,00**
Einflussnahme **	• A) Ø 1,50; Median 1,50 • B) Ø 2,69; Median 2,67 • C) Ø 2,69; Median 2,50	• A) Ø 2,36; Median 2,25 • B) Ø 3,18; Median 3,00 • C) Ø 2,80; Median 2,50	• A) Ø 2,26; Median 2,25 • B) Ø 3,28; Median 3,33 • C) Ø 2,02; Median 3,00	• A) **Ø 3,43; Median 3,50** • B) **Ø 3,67; Median 4,00** • C) Ø 2,86; Median 3,00

* 1) Unternehmenscharakteristika; 2) Markt/ Technologie; 3) Geografische Region; 4) Management-Team
** A) strategisches Eingreifen; B) Eingreifen in Controlling; C) operatives Eingreifen

Abbildung 40: Profilierung der Clusterergebnisse
Quelle: Eigene Erhebung

In diesem Abschnitt sollen die identifizierten Cluster charakterisiert und profiliert werden. Zur Profilierung werden die verbleibenden erhobenen Gesellschaftsmerkmale (beschrieben in

Kapitel C.1.3) herangezogen. Abbildung 40 gibt einen Überblick über die individuellen Profile der Cluster.

3.3.1.3.1 Cluster 1: Buyout-Gesellschaften

Innerhalb des ersten Clusters sind 13 Probanden (13,7% des Gesamtsamples) gruppiert. Es wurden Beteiligungsgesellschaften zusammengefasst, die über ein sehr hohes verwaltetes Kapital (Ø 3,4 Mrd. EUR) verfügen, die Gesellschaften jedoch eher kurz (Ø[219] 4,2 Jahre)[220] halten. Die Streuung innerhalb des Clusters (Standardfehler des Mittelwertes) ist sehr gering, und liegt für das verwaltete Kapital bei 0,248 und für die Haltedauer bei 0,308. Die Zusammenführung mit den Profilierungsmerkmalen zeigt an erster Stelle, dass diese Gruppierung v.a. Spätphaseninvestoren enthält. Es kann bereits an dieser Stelle festgestellt werden, dass die Charakterisierung hier besonders auf Buyout-Gesellschaften passt (Schäfer & Fisher, 2007, S. 9; BvK, 2007; siehe hierzu auch Kapitel B.1.2.2). Die weiteren Profilierungsergebnisse sind im Folgenden stichpunktartig aufgeführt:

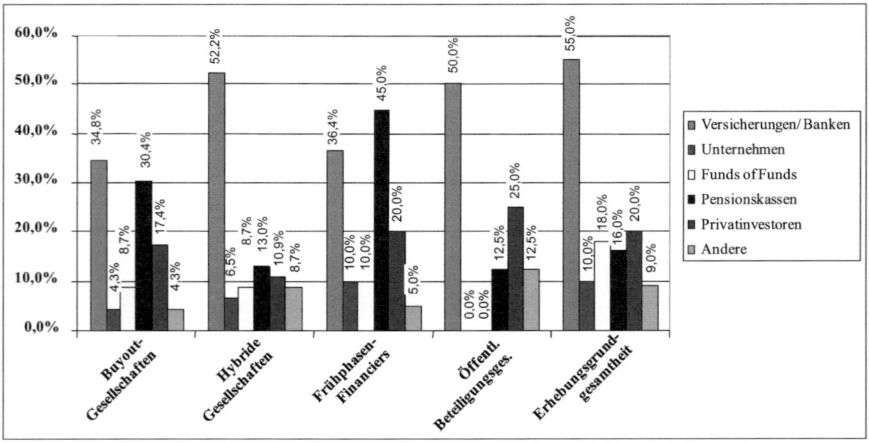

Abbildung 41: Struktur der Hauptkapitalgeber in der Gesellschaftsgruppen
Quelle: Eigene Erhebung

- Zentrale Hauptkapitalgeber sind Versicherungen und Banken (34,8%) sowie Pensionskassen (30,4%); Privatinvestoren spielen mit 17,4% nur eine untergeordnete Rolle (Abbil-

[219] "Ø" soll hier als Symbol für den (arithmetischen) Mittelwert stehen.

[220] Cao & Lerner (2006) haben in ihrer Studie einen Durchschnitt von 6,87 Jahren errechnet, wobei der Median bei 3,55 Jahren liegt. Demnach kann diese Ergebnis als vertretbar und sinnhaft beurteilt werden; vgl.: Cao & Lerner, 2006, S. 14.

dung 41 gibt einen Überblick über alle Zusammensetzungen der Hauptkapitalgeber in den Clusterlösungen und der Erhebungsgrundgesamtheit).

- Der Umfang des investierten Kapitals liegt bei 44,2% und weist damit von allen Clustern den niedrigsten Anteil auf. Dies deutet darauf hin, dass die meisten Mittel der hier allokierten Gesellschaften noch nicht investiert sind und mag daher a) einen Aufschluss über die Situation des deutschen Buyout-Marktes geben (siehe hierzu Schäfer & Fisher, 2007, S. 17-20) bzw. b) auf einen Investitionsstau (Zürchner, 2006, S. 13) hinweisen.
- Die inbegriffenen Probanden gehen meist Mehrheitsbeteiligungen ein (in 75,9% der Fälle). Dies entspricht der gängigen Auffassung, dass Buyout-Gesellschaften eine Führungsposition übernehmen und (mehrheitliche) Kontrolle über ihre Portfoliounternehmen erlangen wollen (vgl. Kapitel B.1.2.2).
- Zu 61,5% sind die Hauptquartiere außerhalb Deutschlands und Europas (also global) angesiedelt; 38,5% der Hauptquartiere liegen im außerdeutschen Europa. Dies deckt sich mi der Erkenntnis, dass (fast) alle großen Beteiligungs-/ bzw. Buyout-Gesellschaften aus den USA bzw. Großbritannien kommen (Kaserer et al., 2007).
- Die Bewertung der Wichtigkeit der Investitionskriterien als rudimentäreres Proxy für die verfolgte Investitionsstrategie unterscheidet sich nur wenig von den anderen Clustern. Allerdings wird die „geografische Region" als Investitionskriterium als deutlich unwichtig (Ø 3,38, M = 4,0) bewertet. Dies deckt sich wiederum mit den vorherigen Aussagen, dass die Buyout-Gesellschaften international ausgerichtet sind und global agieren, ihren Investitionsfokus also nicht auf konkrete Regionen konzentrieren.
- Grundsätzlich wird die Performance als „deutlich besser" als die der Konkurrenz (Ø 1,38, M = 1,0) ein [auch besser als Durchschnitt des Gesamtsamples (Ø 2,1)].
- Die Probanden greifen verhältnismäßig stark in die verschiedenen Bereiche der Portfoliounternehmen ein (M(„strategisches Eingreifen") = 1,50; M(„Eingriff in Controlling") = 2,67; M(„operatives Eingreifen" = 2,50); dabei liegen vor allem die Bewertungen für das operative Eingreifen und den Eingriff in das Controlling über den der anderen Cluster und des Gesamtsamples (siehe hierzu Kapitel B.1.2.2).

3.3.1.3.2 Cluster 2: Hybride Gesellschaften

Dem zweiten Cluster werden insgesamt 39 Probanden (41,1% des Gesamtsamples) zugeteilt. Damit stellt es das anzahlig größte Cluster dar. Die ihm inbegriffenen Gesellschaften verwalten durchschnittlichen ein Vermögen von rund 200 Mio. EUR (Ø 275 Mio. EUR), und halten ihre Beteiligungen eher über einen längeren Zeitraum (Ø 5,8 Jahre). Auch hier liegt die Streuung der Werte eher auf geringem Niveau. Es ergeben sich folgende Profilierungen:

- Homogene Verteilung zwischen Früh- und Spätphaseninvestoren (48,4% resp. 51,6%).
- Zentrale Kapitalgeber sind vor allen Pensionskassen (45,0%), danach folgen Versicherungen und Banken (36,4%) und Unternehmen (10,9%).
- Das verfügbare Kapital ist zu 65,0% investiert. Dies ist schlüssig, da Investitionen sowohl im Früh- als auch im Spätphasensegment durchgeführt werden können, und somit grundsätzlich eine größere Grundgesamtheit möglicher Investitionsobjekte zugrunde gelegt werden kann.
- Es werden sowohl Mehrheits- als auch Minderheitsbeteiligungen eingegangen (68,4%).
- Im Gegensatz zu Cluster 1 sind die haben die meisten Gesellschaften (68,4%) hier ihren Hauptsitz in einem deutschsprachigen Land, d.h. in Deutschland, Österreich oder der Schweiz. Nur 20,5% bzw. 17,9% der zugeteilten Gesellschaften haben ihren Hauptsitz in Europa oder einem anderen Land außerhalb des deutschsprachigen Raumes oder Europas.
- Den Investitionskriterien werden ungefähr die gleichen Wichtigkeiten wie im Gesamtsample gegeben. Allerdings ist hier, wie auch für die Probanden des Cluster 1, die geografische Region eher unwichtig.
- Im Vergleich zu Cluster 1 schätzen sich die gruppierten Gesellschaften eher besser ein als die Konkurrenz und damit als ungefähr gleichstark wie das Gesamtsample.
- Der Eingriff in das Controlling der Portfoliounternehmen wird als am wenigsten wichtig betrachtet (M = 3,00). Allerdings liegt vor allem die Wichtigkeit des operativen Eingreifens leicht über der der anderen Cluster bzw. des Gesamtsamples.

In der Gesamtschau sollen die hier allokierten Gesellschaften als „hybride“ bezeichnet werden. Vornehmlicher Grund ist die Ausgewogenheit aus eher großen Früh- als auch aus Spätphaseninvestoren. Es sind hier somit Gesellschaften inbegriffen, die sowohl junge als auch etablierte Unternehmen als Investitionsziele fokussieren. Daher liegen sie zwischen dem reinen Buyout- und dem Start-Up/ Venture Capital Segment.

3.3.1.3.3 Cluster 3: Start-Up-Financiers

Dem dritten Cluster sind 35 Probanden zugeordneten. Die Anzahl ist damit ähnlich groß wie die Gruppe der "hybriden" Gesellschaften. Die Gesellschaften verwalten jedoch ein im Vergleich eher kleines Vermögen (Ø 52 Mio. EUR) und halten ihre Beteiligungen weniger als 5 Jahre (Ø 4,4 Jahre).[221] Die Streuung der Werte liegt wiederum auf einem geringen Niveau (Standardfehler des Mittelwertes liegt bei 0,159 für die Gruppierungsvariable „Haltedauer" bzw. bei 0,164 für „verwaltetes Kapital").

- Frühphaseninvestoren machen den größten Teil der gruppierten Probanden (70,4%) aus. Die restlichen Probanden wurden als Spätphaseninvestoren charakterisiert.
- Vor allem Pensionskassen (45,0%) sowie Versicherungen und Banken (36,4%) bzw. Privatinvestoren (20,0%) finanzieren die Gesellschaften (siehe Abbildung 41).
- Das verwaltete Kapital ist durchschnittlich zu 62,0% investiert. Dies deutet darauf hin, dass zwar noch Kapital zur Investition vorhanden ist, aber die Gesellschaften in den letzten Jahren genug Beteiligungsobjekte identifizieren und Anteile erwerben konnten. Die Gesellschaften können also konkrete Erfahrungswerte vorweisen.
- Wie auch im zweiten Cluster, werden sowohl Mehrheits- als auch Minderheitsbeteiligungen (60,0%) bevorzugt. Eine Konzentration auf eine der beiden Alternativen kommt eher selten vor (nur in 20% der Fälle für jede Alternative).
- Der überwiegende Teil der Gesellschaften kommt aus dem deutschsprachigen Raum (82,9%).
- Hinsichtlich der Investitionskriterien ähneln die Ergebnisse stark dem zweiten Cluster bzw. dem Gesamtsample. Allerdings überrascht, dass das Kriterium „geografische Region" (M = 3,00) wie bei den Buyout-Gesellschaften als weniger wichtig bewertet wird.
- Die Bewertung der eigenen Performance relativ zur Konkurrenz wird als überdurchschnittlich bewertet und liegt damit auf dem gleichen Niveau wie das Gesamtsample.

[221] Diese Ergebnisse korrespondieren somit mit den Darstellungen von Pakes & Ericsen (1988) und Sahlman (1990) (siehe Abschnitt B.1.2.1).

- Die Bewertungen der Eingriffalternativen ähneln den der hybriden Gesellschaften, liegen jedoch auch unterhalb der Bewertungen der Buyout-Gesellschaften.

Diese Lösung passt grundsätzlich zum Start-Up-Segment. Gängigerweise sind hier eher kleinere Gesellschaften aktiv, die junge Start-Ups mit eher geringen Kapitalbeträgen in ihrer Entwicklung unterstützen. Es werden nicht allzu große Anteile an den Unternehmen erworben (meist Minderheitsanteile). Dass hier auch Spätphaseninvestoren zugeteilt werden, kann durch die nicht immer eindeutig differenzierten Anlagestrategien der befragten Gesellschaften begründet werden. Es kann somit vorkommen, dass kleinere Gesellschaften auch (Minderheits-) Anteile an etablierten Unternehmen erwerben und diese nach relativ kurzer Zeit wieder veräußern. Dies ist besonders wahrscheinlich in Fällen, bei denen etablierte Unternehmen Kapital außerhalb des organisierten Kapitalmarktes zur Finanzierung von Expansionsvorhaben brauchen (ohne dabei große Anteile veräußern zu müssen), welches ihnen durchaus auch von kleineren Gesellschaften zur Verfügung gestellt werden kann. Weiterhin ist die relativ starke Präsenz von privaten Investoren ein klares Zeichen für das Start-Up-Segment, da hinter vielen Start-Up-Finanzierungsgesellschaften wohlhabende oder erfahrene Individuen stehen, die einen signifikanten Teil ihres Vermögens in den Gesellschaften allokieren. Start-Up-Financiers investieren außerdem häufig in spezifische fokussierte Regionen, besonders in die Regionen, in denen sie ansässig sind. Begründend hierfür sind vor allem Kosten zu nennen, die mit Beteiligungen in geografisch eher weiter entfernten Regionen verbunden sind. Daher kann auch die geringere Bewertung dieses Investitionskriteriums plausibilisiert werden, da zu vermuten ist, dass sich die hier betrachteten Investoren nur Investitionsobjekte aus der Region ansehen und daher das Kriterium der regionalen Lokalisation an Relevanz verliert. Der letzte Grund betrifft die verfolgten Eingriffsstrategien. Meist verfügen kleinere Start-Up-Financiers über keine formalisierte bzw. fest definierte Strategie im Umgang mit ihren Portfoliounternehmen. Dies bedeutet, dass nicht unbedingt ein wirklicher Eingriff in die Unternehmen vorgenommen wird, sondern der Investor eher als Berater auftritt, der mit dem Management zusammen das junge Unternehmen entwickelt.

3.3.1.3.4 Cluster 4: Öffentliche Beteiligungsgesellschaften

Das letzte Cluster umfasst mit 8 Gesellschaften 9,5% des Gesamtsamples. Die hier gruppierten Gesellschaften halten ihre Beteiligungen extrem lange (Ø 10,4 Jahre). Dabei verfügen die Gesellschaften jedoch nur über ein relativ geringes durchschnittlich verwaltetes Vermögen (Ø

72,0 Mio. EUR).Wie auch bei den anderen Clustern ist nur eine geringe Streuung zu verzeichnen.

Das verwaltete Kapital stammt zu einem großen Teil (50,%) von Versicherungen und Banken. Nur ein kleiner Teil stammt von Privatpersonen (25,0%) und Pensionskassen (12,5%), und ist zum größten Teil bereits investiert (92,9%). Grundsätzlich legen sich diese Gesellschaften nicht auf eine bestimmte Beteiligungsart fest („Beides" 100%)

Die Bezeichnung diese Clusters als „öffentliche Beteiligungsgesellschaften" ergibt sich vor allem bei der Betrachtung der zusammengefassten Investortypen. Hier zeigt sich, dass sich in diesem Cluster ausschließlich Spätphaseninvestoren befinden. Dies kann damit erklärt werden, dass öffentliche Beteiligungsgesellschaften ihren Fokus nicht auf bestimmte Finanzierungsanlässe legen, sondern allein der regionalen Entwicklung und Förderung der Unternehmen dienen, die Kapital benötigen. Daher können die Gesellschaften nicht eindeutig als Früh- oder Spätphasenfinanziers identifiziert werden, und wurden grundsätzlich als Spätphaseninvestoren erfasst.

Die Bewertung der Eingriffsvarianten sticht hier aus den bisherigen Ergebnissen heraus. Als einzige Gruppe weisen die öffentlichen Beteiligungsgesellschaften sowohl der strategischen und operativen als auch dem Eingriff in das Controlling eine geringe Relevanz zu. Dies legt die Vermutung nahe, dass es sich hier grundsätzlich um Gesellschaften handelt, die Beteiligungen erwerben und lange halten, dieses jedoch nicht oder nur in geringem Maße beeinflussen. Dieser Punkt stärkt vor allem die Auffassung, dass es sich hier vor allem um Unternehmen mit einem gesellschaftlichen Auftrag handelt, die Unternehmen durch (langfristige) Kapitalbereitstellung unterstützen und es dabei nicht auf eine mittelfristige, überdurchschnittliche Kapitalverzinsung angelegt haben.

3.3.2 Analyse und typenspezifische Unterschiede der Relevanz Nachhaltigkeitsrelevanter Controllinginhalte

„*If boards are to begin seeing the real significance and value of codes of conduct, a paradigm shift of sorts is required, a shift that eliminates the distinction between core business interests and ethical concerns*" - Painter-Morland, 2006, S: 352 -

Nachdem im vorangegangenen Anschnitt die identifizierten Clusterlösungen hinsichtlich ihrer Charakteristika beschrieben und definiert wurden, stellt der folgende Abschnitt nun die empirischen Ergebnisse der Erhebung zur Relevanz der Nachhaltigkeits-relevanten Controllinginhalte dar. Dieser Abschnitt bildet den ersten Kernteil der empirischen Untersuchung. Es sollen die in Abschnitt C.3.2.2 vorgestellten Nachhaltigkeits-relevanten Instrumente des strategischen und operativen Controllings auf ihre Relevanz für die Beteiligungsgesellschaften hin überprüft werden.

Hierbei wird zuerst in einem Exkurs auf die Ergebnisse der Kontroll-relevanten Themenfelder eingegangen (C.3.3.2.1). Daran anschließend erfolgt mit den Bewertungsergebnissen der Nachhaltigkeits-relevanten Controllinginhalte der eigentliche inhaltliche Fokus dieses Untersuchungsteils. Es werden zuerst die Bewertung der Controllingsysteme (C.3.3.2.2) und anschließend die Ergebnisse zu den zentralen Indikatoren (C.3.3.2.3) vorgestellt.

3.3.2.1 Exkurs: Kontrollverhalten der befragten Beteiligungsgesellschaften

Das Kontrollverhalten von Beteiligungsgesellschaften, d.h. wie oft und intensiv diese ihre Portfoliounternehmen prüfen, welche Ziele sie dabei verfolgen und wie sie den Erfolg der eingesetzten Systeme beurteilen, ist mehrmals Teil wissenschaftlicher Untersuchungen gewesen (z.B. Meier, Hiddemann & Brettel, 2006). Im Folgenden soll ein knapper Überblick über die Ergebnisse des Kontrollverhaltens des Untersuchungssamples gegeben werden. Dieser soll die vorab dargestellten Profile erweitern und einen vollständigeren Blick auf die Probanden erlauben. Die Diskussion der Ergebnisse ist im Gesamtkontext als Exkurs zu verstehen und soll kein Teil der weiterführenden Analysen sein.

Die Kontrollverhaltens-relevanten Variablen wurden in den Fragen 7 - 10 des Fragebogens erhoben. Es zeigt sich, dass die befragten Beteiligungsgesellschaften im Schnitt 11,1 Stunden pro Woche für die Kontrolle jedes ihrer Portfoliounternehmen (M = 7,500) aufwenden. Während die hybriden Gesellschaften hier mit durchschnittlich 15,6 Stunden über dem Schnitt liegen und damit am intensivsten kontrollieren, liegt die Anzahl der Stunden, die für die formale Kontrolle der Beteiligungen aufgebracht werden, bei Frühphasen-Financiers mit durchschnittlichen 7,0 Stunden am niedrigsten. Formale Berichte werden von den befragten Beteiligungsgesellschaften im Schnitt monatlich eingefordert. Lediglich die öffentlichen Beteiligungsgesellschaften tendieren zu einer quartalsweisen Berichterstattung durch ihre Portfoliounternehmen (siehe hierzu Abbildung A7 und A8 in Anhang 1).[222]

Hinsichtlich der verfolgten Ziele der Gestaltung von Controllingsystemen zeigte sich, dass die Überwachungsfunktion der Controllingsysteme, d.h. die Überwachung der Zielerfüllung, als zentrale Funktion und wichtigstes Ziel gesehen wird (M = 1,000). Weiterhin wichtig sind sachlogisch auch die Aktualität und die Genauigkeit der inbegriffenen Daten (M = 2,000). Keine Rolle dagegen spielen für die Beteiligungsgesellschaften die kostengünstige Gestaltung, die Sicherung des Entscheidungsverhaltens sowie die Ziel- und Strategieabstimmung zwischen den Portfoliounternehmen. Dies kann als Beleg dafür genommen werden, dass Controllingsysteme grundsätzlich ein Mittel zum Zweck für die Private Equity-Investoren darstellen. Dies bedeutet, dass diese vor allem als Informationslieferanten und Unterstützungsinstrumente für die Entscheidungsfindung verwendet werden und weniger als ganzheitliche Führungsinstrumente (siehe hierzu Abbildung A5 im Anhang 1).

Die abgefragten, wahrgenommenen Problembereiche der verwendeten Controllingsysteme geben eine Vorstellung über spezifische Schwierigkeiten, die die Beteiligungsgesellschaften in Bezug auf ihre Controllingsystemen sehen sowie über den Erfolg in spezifischen Bereichen, mit dem sie Controllingsysteme einsetzen. Es zeigt sich, dass die Risikofrüherkennung und die veritable Steuerung der Portfoliounternehmen anhand von Controllingsystemen als die zentralen Problembereiche angesehen werden. Am effizientesten bewerten sich die Probanden hinsichtlich der Nutzenorientierung ihrer eingesetzten Controllingsysteme. Hier zeigt sich, dass dies in keiner Weise als Problemfeld gesehen wird (M = 5,000), und somit davon ausgegangen werden kann, dass die befragten Beteiligungsgesellschaften damit a) sehr effizient in ihren Kontrollprozessen der Portfoliounternehmen sind und b) die eingesetzten Controllingsystemen konkret auf die intendierten Anwendungsformen abgestimmt sind und eine effiziente Nutzung ermöglichen (siehe hierzu Abbildung A6 in Anhang 1).

3.3.2.2 Relevanz spezifischer Controllingsysteme

Die angesprochenen Managementsysteme, also Instrumente des strategischen Controlling, wurden in Frage 13 des Fragebogens abgefragt. Es wurden elf verschiedene Management-

222 Diese Ergebnisse korrelieren stark mit den Aussagen und Ergebnissen von Robbie, Wright & Chiplin (1998) die für Venture Capital-Investoren einen Trend hin zum Quartals-Reporting und eher häufigen Kontakten herausstellten; vgl.: Robbie, Wright & Chiplin, 1998, S. 25.

bzw. Management-Reporting-Systeme aufgeführt, die von den Probanden einzeln bewertet werden sollten. Die Probanden wurden gebeten, zu den einzelnen Systemen (aus C.3.2.2) eine konkrete Bewertung abzugeben. Neben den bereits beschriebenen Nachhaltigkeits-relevanten Systemen wurden zusätzlich fünf bekanntere, traditionelle Managementsysteme abgefragt, die ebenfalls nicht rein finanziell fokussiert sind. (siehe hierzu Bassen & Gröne, 2004). Dies soll einen Vergleich möglicher Bewertungsunterschiede zwischen bekannten, traditionellen und neueren, „exotischeren" Systemen ermöglichen. Somit ergibt sich eine Aufteilung in sechs Nachhaltigkeits-relevante und fünf sonstige Managementsysteme. Die Bewertung erfolgte mit Hilfe einer 6-Likert-Skala von (1) „sehr wichtig" bis (6) „gar nicht wichtig". Sofern ein System den Probanden komplett neu war, wurden sie aufgefordert dieses lediglich nicht „nicht bekannt" zu markieren.

Viele der abgefragten Systeme sind relativ neu und werden deshalb in der Praxis nur selten verwendet. Dieser Abschnitt soll demnach nicht darauf abzielen, welche Systeme konkret angewandt und verfolgt werden. Vielmehr soll die Bekanntheit bzw. Indifferenz und damit einhergehende Relevanz der Systeme für die Beteiligungsgesellschaften einen ersten Eindruck darüber zulassen, wie aufgeschlossen die Gesellschaften gegenüber einzelnen Systemen sind.

3.3.2.2.1 Analyse der übergeordneten Systemgruppen

Bevor in der Detailanalyse individuelle Systeme auf ihre Relevanz bzw. Bekanntheit hin überprüft werden, soll ein grober Überblick der übergeordneten Systemgruppen gegeben werden. Ziel ist es zu untersuchen, ob sich bereits übergeordnet ein Unterschied zwischen explizit Nachhaltigkeits-relevanten Systemen und sonstigen, nicht rein finanziell orientieren Systemen ergibt. Zu diesem Zweck wurde eine Faktorenanalyse durchgeführt. Es ergab sich eine 2-Faktoren-Lösung[223], deren Aufteilung 52,6% der Varianz erklären und damit als genügend bewertet werden kann. Auf den ersten Faktor [*Fak 13.1*] laden dabei ausschließlich die sechs Nachhaltigkeits-relevanten Systeme, während auf den zweiten Faktor [*Fak 13.2*] die fünf sonstigen, nicht finanziell orientierten Systeme laden. Die Zuteilung und resultierenden Faktorenladungen (rotierte Komponentenmatrix) sind in Tabelle 13 aufbereitet.

[223] Die Faktorenanalyse (Extraktion nach Hauptkomponenten; Rotation Varimax mit Kaiser-Normalisierung) ergab primär drei Komponenten. Der Abgleich mit den Ergebnissen der Parallelanalyse (siehe hierzu Kapitel C.1.3.3) deutete jedoch lediglich auf die Extraktion von Komponenten als optimale Lösung hin.

Ergebisse Faktorenanalyse		
Rotierte Komponentenmatrix	Fak 13.1	Fak 13.2
Szenarioanalyse		0,326
Marktforschungsbericht		0,732
EMAS (Eco-Management and Audit Scheme); ISO 14001 ff.	0,816	
SA 8000(Social Accountability)	0,792	
Sustainability Balanced Scorecard (SBSC)	0,661	
Kundenzufriedenheitsanalyse		0,759
Technologie-/ Produktbenchmarking		0,704
EFQM (European Foundation for Quality Mgmt.)	0,861	
Total Quality Environmental Management	0,807	
ISO 9001:2000	0,475	
Innnovationsscreening/ -management		0,558
Extraktionsmethode: Hauptkomponentenanalyse		
Rotationsmethode: Varimax mit Kaiser-Normalisierung		

Tabelle 13: Ergebnisse Faktorenanalyse der Managementsysteme zur Bildung von Systemgruppen
Quelle: Eigene Erhebung

Im Folgenden wurden für die kalkulierten Faktoren die (arithmetischen) Durchschnitte für jeden der 100 Einzelfälle neu berechnet. Diese Durchschnitte wurden im weiteren Verlauf als die neuen Faktorwerte der Einzelvariablen verwendet. Für die beiden identifizierten Faktoren wurden weiterhin die bereits verwendeten deskriptiven Statistiken (Mittelwert, Median, Modalwert, Standardfehler des Mittelwertes, Standardabweichung, sowie die Schiefe und Kurtosis) berechnet. Die Ergebnisse zu Median und Standardabweichung sind in Tabelle 14 abgetragen.[224]

Unterscheidung der Systemgruppen	Buyout	Hybrid	Start-Up	Öffentlich	Gesamt-sample
Nachhaltigkeits-bezogene Managementsysteme					
Median	4,000	4,333	4,167	**3,833**	4,167
Standardabweichung	1,44	1,52	1,38	1,46	1,39
Sonstige Managementsysteme					
Median	2,400	2,700	2,600	**3,500**	2,800
Standardabweichung	1,03	0,86	0,93	0,68	0,90

Tabelle 14: Unterscheidung verschiedener Systemgruppen
Quelle: Eigene Erhebung

[224] Hier ist anzumerken, dass eine Umrechnung der erhobenen Werte zur Kalkulation der Ergebnisse notwendig war. Die Kennzeichnung eines Wertes als „unbekannt" wurde in der Erhebung mit dem Wert „0" erfasst. Würden die Werte ohne Bereinigung in die Kalkulation einfließen, würden die Fälle, in denen ein System als „unbekannt" gekennzeichnet wurde, die Ergebnisse in den positiven Bereich verzerren. Aus diesem Grund wurden zuerst die als unbekannt gekennzeichneten Fälle gezählt und in einem zweiten Schritt die „0"-Werte eliminiert. Die dann durchgeführt Berechnung der deskriptiven Werte sowie die Mittelwertvergleich konnten von nun an mit unverzerrten Werten weiter durchgeführt werden.

Die sonstigen, traditionellen Managementsysteme [*Fak 13.1*] (M = 2,800) werden grundsätzlich weitaus besser bewertet als die Nachhaltigkeits-relevanten Managementsysteme [*Fak 13.2*] (M = 4,167). Dieses Ergebnis konnte erwartet werden, da es sachlogisch und auch stringent ist, zu vermuten, dass bekannte und in der Betriebswirtschaft oft angewendete Systeme eine höhere Relevanz zugewiesen bekommen als unbekanntere. Auch liegt die Streuung bei [*Fak 13.2*] niedriger (δ = 0,90) als bei [*Fak 13.1*] (δ = 1,39). Dies deutet darauf hin, dass sich die Probanden grundsätzlich bei den bekannten Systemen eher einig in der Bewertung waren als bei den neueren Nachhaltigkeits-relevanten Systemen.

Hinsichtlich der Unterschiede zwischen den Clusterlösungen ergeben sich nur wenige Abweichungen zu den Ergebnissen des Gesamtsamples. In Bezug auf [*Fak 13.1*] bewerten sowohl die Buyout-Gesellschaften als auch die hybriden Gesellschaften und Start-Up-Financiers die Relevanz der Nachhaltigkeits-relevanten Managementsysteme als „eher unwichtig". Allein die Öffentlichen Beteiligungsgesellschaften zeigen hier eine etwas aufgeschlossenere Einstellung. Hier ergibt sich ein durchschnittlicher Median von 3,833, der, auch aufgrund der Ergebnisse zur Schiefe der Verteilung, in seiner Bewertung in Richtung „eher wichtig" tendiert. In Bezug auf [*Fak 13.2*] fällt auf, dass auch hier die Öffentlichen Beteiligungsgesellschaften von der Bewertung des Gesamtsamples abweichen. In diesem Fall bewerten die Öffentlichen Beteiligungsgesellschaften jedoch die Relevanz der sonstigen, nicht rein finanziell orientierten Managementsysteme als tendenziell „eher unwichtig". Im Vergleich zu den anderen Clusterlösungen, die diese als „wichtig" bis „eher wichtig" bewerten, stellt dies eine recht große Abweichung dar. Der H-Test nach Kruskal-Wallis konnte in beiden Fällen keine signifikanten Unterschiede in den Bewertungen feststellen. Im Folgenden soll die Analyse der einzelnen, abgefragten Managementsysteme diese Sicht detaillieren.

3.3.2.2.2 Ergebnisse zu Instrumenten des strategischen Controllings

Da eine Vielzahl von einzelnen Systemen abgefragt wurde, soll eine bewertungs-orientierte Strukturierung einen besseren Überblick erlauben. Hierzu wurden den bewerteten Variablen anhand ihrer Bewertung durch das Gesamtsample zwei Hauptkategorien zugewiesen. Diese unterteilen sich in a) „(eher) wichtige" Systeme mit Medianen von „1" bis „3" und b) „(eher) unwichtige" Systeme mit Bewertungen von „4" bis „6". Das Ergebnis der Unterteilung ist in Abbildung 42 abgetragen. Einen Überblick über sämtliche Detailergebnisse bietet Tabelle 15.

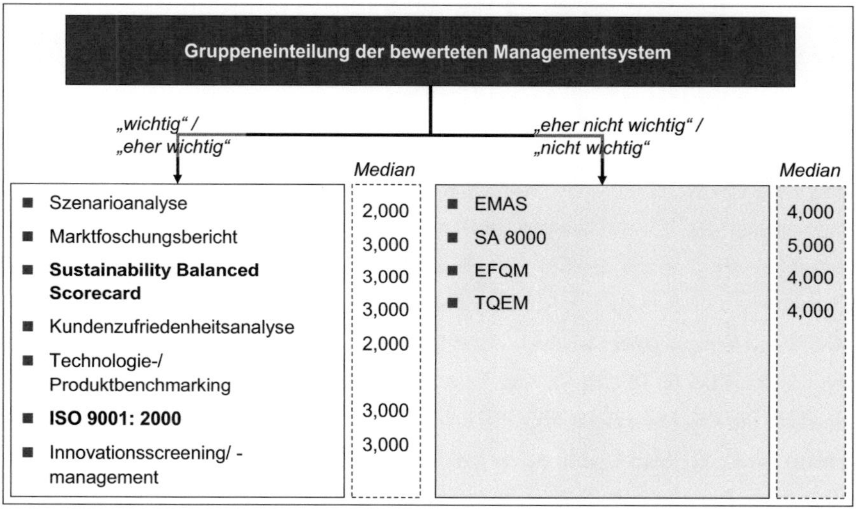

Abbildung 42: Gruppierung der Managementsystembewertungen
Quelle: Eigene Erhebung

Die erste, am positivsten bewertete Hauptkategorie umfasst sieben Variablen (dies entspricht 63,6% aller Variablen). Es fällt auf, dass alle sonstigen Managementsysteme und lediglich zwei Nachhaltigkeits-relevante Managementsysteme (die Sustainability Balanced Scorecard [*SBSC*] und die ISO 9001: 2000 [*ISO900*]) hier enthalten sind. Die verbleibenden Nachhaltigkeits-relevanten Systeme wurden durchweg als „(eher) unwichtig“ beurteilt.

1. Kategorie [„(eher wichtige Systeme“)]

Relativ zur gebotenen Auswahl als am wichtigsten wurden die Szenarioanalyse [*SzeAnl*] und das Technologie-/ Produktbenchmarking [*TecBen*] bewertet (M = 2,000). Bezogen auf das Grundsample sind diese Systeme auch relativ bekannt. Nur 6,1% bzw. 7,2% der Probanden waren diese Systeme unbekannt. Bezogen auf die Clusterlösungen ergeben sich kaum Unterschiede. Sämtliche Cluster bewerten [***SzeAnl***] durchgängig als wichtig (M = 2,00 resp. 2,500). Dabei fällt allerdings auf, dass der Indifferenzanteil bei Öffentlichen Beteiligungsgesellschaften für die Szenarioanalyse mit 28,6% sehr viel höher liegt. Dies weicht in großem Maße zum Gesamtsample und den anderen Gruppen ab. Bezüglich [***TecBen***] zeigt sich ein ähnliches Bild. Alle Cluster folgen in ihren Bewertungen der des Gesamtsamples, und lediglich die Öffentlichen Beteiligungsgesellschaften weisen das Technologie-/ Produktbenchmarking in

14,3% als unbekannt aus, während diese allen Probanden der Buyout-Gesellschaften bekannt sind.

Der Marktforschungsbericht [*MaFo*], die Kundenzufriedenheitsanalyse [*KunZuf*], das Innovationsscreening/ -management [*InoScr*] sowie die ISO 9001: 2000 [*ISO900*] und die Sustainability Balanced Scorecard [*SBSC*] wurden, wie bereits erwähnt, durch das Gesamtsample als „eher wichtig" (M = 3,000) bewertet. In Bezug auf die beiden zuletzt genannten Nachhaltigkeits-relevanten Systeme ergeben sich hinsichtlich der Clusterbewertungen keine Abweichungen vom Gesamtsample. Allerdings zeigt sich bereits hier, dass der Indifferenzanteil dieser Systeme weitaus größer ist als de der anderen, traditionellen Systeme. Im Gesamtsample ergibt sich hierbei für [*SBSC*] ein Anteil von 21,4% und für [*ISO900*] ein Anteil von 14,3%. Innerhalb der Clusterlösungen liegt der Indifferenzanteil der [***SBSC***] der hybriden Gesellschaften sowie der Start-Up-Financiers bei 20,5% bzw. 22,9%, während der Anteil bei den Buyout-Gesellschaften mit 15,4% darunter und der Anteil in Bezug auf die Öffentlichen Beteiligungsgesellschaften mit 42,9% weit darüber liegt. Die generell gute Bewertung der SBSC bzw. ihr noch (relativ) geringerer Indifferenzanteil kann möglicherweise darauf zurückgeführt werden, dass die BSC ist in der Betriebswirtschaft per se ein sehr populäres und weithin bekanntes Konzept ist. Somit kann davon ausgegangen werden, dass alle befragten Private Equity-Investoren diese kennen und somit wenigstens ansatzweise eine Vorstellung haben, womit sich die SBSC als Nachhaltigkeits-orientierte Abwandlung der BSC grundsätzlich befasst.

Bezüglich [***ISO900***] divergieren die Indifferenzanteile weitaus mehr. Während die Öffentlichen Beteiligungsgesellschaften einen gleichen Anteil wie das Gesamtsample aufweisen (14,3%), liegt der Anteil bei den Start-Up-Financiers mit 5,7% weit darunter. Die Anteile der Buyout-Gesellschaften und hybriden Gesellschaften liegen jedoch mit 15,4% bzw. 20,5% Indifferenzanteil über dem Anteil des Gesamtsamples. Auch hier kann wiederum der hohe Bekanntheitsgrad (diesmal) der ISO-Normen und ihre weithin gebräuchliche Verwendung als Erklärungsgrund herangezogen werden.

Relevanz Managementsysteme	Buyout	Hybrid	Start-Up	Öffentlich	Gesamt-sample
Szenarioanalyse					
Median	2,000	2,500	2,000	2,000	2,000
Standardabweichung	1,48	1,31	1,30	0,95	1,33
nicht bekannt (Häufigkeit)	0	2	3	2	6
Marktforschungsbericht					
Median	2,000	2,500	3,000	3,000	3,000
Standardabweichung	1,32	1,13	1,29	1,15	1,19
nicht bekannt (Häufigkeit)	0	2	2	3	4
EMAS (Eco-Management and Audit Scheme); ISO 14001 ff.					
Median	4,000	4,000	4,000	4,000	4,000
Standardabweichung	2,13	2,31	2,39	1,95	2,29
nicht bekannt (Häufigkeit)	3	19	16	2	41
SA 8000(Social Accountability)					
Median	4,000	5,000	5,000	5,000	5,000
Standardabweichung	2,27	2,41	2,46	2,15	2,36
nicht bekannt (Häufigkeit)	6	24	21	4	58
Sustainability Balanced Scorecard (SBSC)					
Median	3,000	3,000	3,000	3,000	3,000
Standardabweichung	1,71	1,95	1,85	2,14	1,86
nicht bekannt (Häufigkeit)	2	8	8	3	21
Kundenzufriedenheitsanalyse					
Median	2,000	3,000	3,000	3,000	3,000
Standardabweichung	1,07	1,21	1,31	0,90	1,24
nicht bekannt (Häufigkeit)	0	2	2	0	4
Technologie-/ Produktbenchmarking					
Median	2,000	2,000	2,000	2,000	2,000
Standardabweichung	1,01	1,35	1,38	1,80	1,31
nicht bekannt (Häufigkeit)	0	3	3	1	7
EFQM (European Foundation for Quality Mgmt.)					
Median	4,500	4,000	4,000	4,000	4,000
Standardabweichung	2,31	2,24	2,34	2,15	2,30
nicht bekannt (Häufigkeit)	7	23	19	4	54
Total Quality Environmental Management					
Median	4,000	4,000	4,000	4,000	4,000
Standardabweichung	1,93	2,24	2,29	2,06	2,26
nicht bekannt (Häufigkeit)	2	18	15	3	39
ISO 9001:2000					
Median	3,000	3,000	3,000	3,000	3,000
Standardabweichung	1,93	1,81	1,46	1,57	1,71
nicht bekannt (Häufigkeit)	2	8	2	1	14
Innnovationsscreening/ -management					
Median	3,000	3,000	3,000	4,000	3,000
Standardabweichung	1,86	1,92	1,61	1,25	1,83
nicht bekannt (Häufigkeit)	2	9	10	1	24

Tabelle 15: Detaillierung der Relevanz spezifischer Managementsysteme
Quelle: Eigene Erhebung

Abweichungen in den Bewertungen zwischen den Clusterlösungen und des Gesamtsamples zeigen sich bezüglich [*MaFo*], [*KunZuf*] und [*InoScr*]. Der Marktforschungsbericht [***MaFo***] wird, abweichend von der Bewertung des Gesamtsamples, durch die Buyout-Gesellschaften als „wichtig" (M = 2,000) eingestuft (Indifferenzanteil 0,0%). Bei den Öffentlichen Beteiligungsgesellschaften liegt der Indifferenzanteil dieses Ansatzes jedoch bei 42,9%. Die restlichen Cluster folgen der Bewertung des Gesamtsamples und weisen auch einen ungefähr gleichen Indifferenzanteil (5,1% bzw. 5,7%) auf, wobei die Bewertung durch die hybriden Gesellschaften (M = 2,500) leicht besser als der Durchschnitt liegt. Auch bezüglich der Kundenzufriedenheitsanalyse [***KunZuf***] bewerten die Buyout-Gesellschaften diese im Gegensatz zum Gesamtsample als „wichtig“ (M = 2,00) Alle anderen Cluster folgen der Bewertung des Gesamtsamples. Das Innovationsscreening /-management [***InoScr***] wird von den Öffentlichen Beteiligungsgesellschaften, abweichend von der Bewertung des Gesamtsamples, als „eher unwichtig“ (M = 4,00) gesehen, während die verbleibenden Cluster der Bewertung des Gesamtsamples folgen. Hierzu lässt sich außerdem festhalten, dass [*InoScr*] mit einem Indifferenzanteil von 24,5% in der Gruppe der traditionellen Systemen mit Abstand am wenigsten bekannt ist.

2. Kategorie [„(eher) unwichtige Systeme“]

Die zweite Hauptkategorie, die die als „(eher) unwichtig“ bewerteten Variablen enthält, umfasst vier ausschließlich Nachhaltigkeits-relevante Managementsysteme (46,4% der bewerteten Variablen). Auch in dieser Kategorie sind Abstufungen feststellbar. Als „eher unwichtig“ (M = 4,000), und damit im Vergleich noch am positivsten, werden das EMAS [*EMAS*], das EFQM [*EFQM*] und das Total Quality Environmental Management [*TQEM*] bewertet. Alle drei Variablen sind jedoch im Gesamtsample den meisten Probanden unbekannt. Für [*EMAS*] ergibt sich ein Indifferenzanteil von 41,8%, für [*EFQM*] 55,1%[225] und für [*TQEM*] 40,2%. Betrachtet man jedoch die einzelnen Clusterlösungen, so ergibt sich ein differenzierteres Bild. Bezüglich [**EMAS**] liegt der Anteil bei den Buyout-Gesellschaften und den Öffentlichen Beteiligungsgesellschaften bei „lediglich“ 23,1% bzw. 28,6%. Bezüglich [***EFQM***] differieren sowohl die Bewertungen als auch die Indifferenz-Anteile nicht stark vom Gesamtsample, während das [***TQEM***] den Buyout-Gesellschaften bekannter ist als den restlichen Clustern bzw. dem Gesamtsample.

Als „unwichtig“ für die Beteiligungsgesellschaften wird das *Social Accountabilitysystem* SA 8000 [***SA8000***] gesehen (M = 5,000). Zudem ist es (im Gesamtsample) am unbekanntesten (Indifferenzanteil 59,2%).Während dieser bei den Start-Up-Financiers ähnlich ist, liegt er bei den hybriden Gesellschaften sogar bei 63,2%. Den Buyout-Gesellschaften und Öffentlichen Beteiligungsgesellschaften sind die [SA8000] dabei mit Indifferenzanteilen von 46,2% und 42,9% noch am bekanntesten. Trotzdem bewerten die Buyout-Gesellschaften die [*SA8000*] tendenziell besser als die anderen Cluster (M = 4,000; „eher unwichtig“). Da die Standardab-

[225] Dies deckt sich ungefähr mit den Ergebnissen von Bassen & Gröne (2003), die für die EFQM einen Bekanntheitsgrad bei Frühphaseninvestoren von ca. 45,2% erhoben haben; vgl.: Bassen & Gröne, 2003, S. 295.

weichung bei allen genannten Nachhaltigkeits-relevanten Variablen recht hoch und im konkreten Fall sogar bei 1,29 liegt, kann dies als Anhaltspunkt gesehen werden, dass es in der Gruppen der Buyout-Gesellschaften durchaus einige Probanden gibt, die die [*SA8000*] als nicht komplett obsolet und negierbar einschätzen. Ein Blick auf die Häufigkeitsverteilung der Einstufung bestätigt diese Einschätzung.

3.3.2.2.3 Zusammenfassung

Dieser Abschnitt hat einen ersten Einblick in die Relevanz und die Bekanntheit einer Gruppe von Controllingsystemen gegeben, die wichtig im Umgang und zur Umsetzung von Nachhaltigkeit in Unternehmen sind. Es hat sich gezeigt, dass, obwohl diesen nicht die höchste Priorität zugemessen wird, durchaus aber Unterschiede in der grundsätzlichen Bewertung als auch in der Bewertung durch die einzelnen identifizierten Cluster bestehen. Konkret bestätigen diese Ergebnisse rudimentär, dass die anfangs aufgestellte Vermutung, Nachhaltigkeits-relevante Themen von unterschiedlichen Beteiligungsgesellschaften würden unterschiedlich aufgenommen, Relevanz hat.

Grundsätzlich kann festgehalten werden, dass sonstige, nicht primär Nachhaltigkeits-relevante Managementsysteme für die Beteiligungsgesellschaften eine höhere Relevanz haben als Nachhaltigkeits-relevante. Zudem sind die Bewertungen (gemessen an den Standardabweichungen) der Nachhaltigkeits-relevanten Systeme, vor allem innerhalb der Clusterlösungen, weitaus uneinheitlicher als bei den sonstigen, traditionellen Systemen. Somit divergieren die Ansichten der Probanden dieser Systeme z.T. recht stark. Dies lässt wiederum den Schluss zu, dass die hier festgestellten durchschnittlichen Bewertungsergebnisse bei einer individuellen Analyse durchaus widerlegt werden können.

Als wichtigste Systeme konnten ISO 2001: 9000 und die Sustainability Balanced Scorecard identifiziert werden. Besondere Relevanz haben diese im ersten Fall für die Start-Up-financiers und im zweiten Fall für die Buyout-Gesellschaften. Bezüglich der Buyout-Gesellschaften ist festzuhalten, dass diese in allen Fällen den geringsten Indifferenz-Anteil aufweisen. Es zeigt sich also, dass Qualitätsmanagementsysteme und Integrierte Managementsysteme tendenziell wichtiger, weil geeigneter für Private Equity-Investoren sind. Vor allem in Bezug auf die SBSC korreliert dieses Ergebnis mit den Erkenntnissen der Arbeit von Bassen & Gröne (2003).

3.3.2.3 Relevanz und Gruppenunterschiede der Kennzahlen (Indikatoren) des operativen Controllings

Nach der Bewertung der Inhalte des strategischen Controllings sollen im Folgenden die Ergebnisse der Bewertung der konkreten Nachhaltigkeits-relevanten Inhalte des operativen Controllings vorgestellt werden. Die zu bewertenden Kennzahlen, die in den meisten Fällen als spezifische Indikatoren fungieren,[226] sind aus den Kriterien der *Sustainable Reporting Guidelines der* GRI, die als repräsentativ und umfassend für die Erfassung der zentralen Bereiche der Nachhaltigkeit in Unternehmen angesehenen werden (Jennifer Ho & Taylor, 2007, S. 136-137), ausgewählt worden. Das übergeordnete Konzept wurde bereits in Abschnitt C.3.2.2.2 grundlegend dargestellt. Die Indikatoren beziehen sich auf diverse Bereiche eines Unternehmens. Es werden sowohl finanzielle, ökologische als auch Mitarbeiter- und Gesellschafts-relevante Indikatoren erfasst. Daher wurden die 33 Indikatoren des GRI-Rahmens inhaltlich (in Anlehnung an Adams, Hill & Roberts, 1998) vier konkreten Gruppen zugeordnet. Zum einen erfolgte dies zur Vereinfachung ihrer Bewertung durch die Probanden, zum anderen können verschiedene Indikatoren so einfacher miteinander verglichen werden. Die Indikatoren ordnen sich konkret nach Relevanz zur Messung der „ökonomischen Leistung" (Gruppe 1), der „ökologischen Leistung" (Gruppe 2), in Bezug auf Mitarbeiter und Gesellschaft (Gruppe 3) und in Bezug auf bestimmte ethische Indikatoren Gruppe 4) an.

Die Indikatorengruppen wurden in Frage 15 des Fragebogens abgefragt. Die Probanden wurden aufgefordert, insgesamt 33 in vier Gruppen eingeteilten Indikatoren Bewertungen hinsichtlich ihrer Relevanz für die Beteiligungsgesellschaften zuzuordnen. Die Bewertung erfolgte auch hier mit Hilfe einer ordinalen 6-Likert-Skala. Dabei sollten die als „sehr wichtig" erachteten Indikatoren mit (1) bewertet werden, die als „gar nicht wichtig" erachteten mit (6). Die Probanden wurden gebeten, die jeweilige Bewertung in ein dem jeweiligen Indikator zugeordneten Feld in numerischer Form einzutragen.

Der folgende Abschnitt gliedert sich wie folgt: zuerst sollen, wie auch schon im vorangegangenen Abschnitt, die übergeordneten Indikatorengruppen analysiert werden (C.3.3.2.3.1). Nach diesem einführenden Überblick sollen die einzelnen Gruppen sukzessive auf ihre Bewertung durch das Gesamtsample sowie auf Unterschiede in den einzelnen Beteiligungsge-

[226] Im Folgenden soll daher in diesem spezifischen Fall von „Indikatoren" anstatt von „Kennzahlen" gesprochen werden

sellschaftsclustern hin überprüft werden (C. 3.3.2.3.2 – C. 3.3.2.3.4). Den Abschluss bilden eine zusammenfassende Übersicht über die gewonnenen Ergebnisse, sowie eine Herausarbeitung ihrer Auffälligkeiten (C.3.3.2.3.5).

3.3.2.3.1 Analyse der übergeordneten Indikatorengruppen

Zur Zusammenfassung der Elemente wurden, wie auch im vorangegangenen Abschnitt, die einzelnen Variablen mit Hilfe einer Faktorenanalyse analysiert. Es ergeben sich vier Hauptfaktoren, die 58,6% der Gesamtvarianz erklären. Die Faktorenwerte wurden in Anlehnung an das Vorgehen in C.3.3.1.2 berechnet. Die folgende Grafik gibt einen Überblick über die Ladungen der einzelnen Variablen (siehe Tabelle 16). Die Ergebnisse der deskriptiven Analyse sind in Tabelle 17 aufbereitet.

Ergebisse Faktorenanalyse				
Rotierte Komponentenmatrix	Fak 15.1	Fak 15.2	Fak 15.3	Fak 15.4
Umsatz, EBITDA, EBIT				0,69
Auftragseingang/ -bestand				0,634
Cash Flow; Liquidität, Working Capital				0,686
Covenants				0,436
Kosten aller Waren, Materialien und DL			0,601	
Summe Lohnzahlungen/ Zusatzleistungen			0,749	
Kapitalkosten (Zinsen, Dividenden)			0,56	
Erhaltene Subventionen (z.B. nach IAS 20)			0,509	
Spenden an Personen, Gesellschaften, Gemeinden			0,588	
Forschungs- und Entwicklungsbudget			0,512	
Gesamtmaterialeinsatz	0,525			
Direkter und indirekter Energieverbrauch	0,685			
Gesamtwasserverbrauch	0,706			
Emissionen klimarelevanter Gase (z.B. Co2)	0,755			
Emissionen umweltgefährdender Gase (Gifte)	0,859			
Signifikante Umweltbelastungen der Produktion	0,892			
Umweltbelastungen zentraler Produkte und DL	0,878			
Umweltschutzinvestitionen	0,822			
Strafzahlungen/ Bußgelder für Nichteinhaltung gesetzlicher Regelungen	0,597			
(Umweltorientierte) Patentanmeldungen	0,631			
Netto geschaffene Beschäftigung			0,667	
Durchschnittliche Fluktuationsrate		0,515		
Mitteilungsfristen in Bezug auf wesentliche betrieblichen Veränderungen		0,407		
Kennzahlen zu Verletzungen, Arbeitsunfällen, Abwesendheit, Todesfällen		0,726		
Ø Anzahl Trainingsstunden pro Jahr pro MA		0,774		
Gleichstellungsgrundsätze und -programme (Geschlecht, Diversität, Kultur)		0,725		
Informationen zu Verstößen gegen Menschenrechten (FDI; Zulieferkette)		0,782		
Gesamtzahl Vorfälle von Diskriminierung und ergriffene Maßnahmen		0,825		
… Bekämpfung der Kinder- und Zwangsarbeit		0,705		
… Bestechung und Korruption		0,648		
… Konsumentengesundheit/ -sicherheit		0,547		
… Produktinformation und Labeling		0,626		
… Begrenzung der Vereinigungsfreiheit		0,76		
Extraktionsmethode: Hauptkomponentenanalyse				
Rotationsmethode: Varimax mit Kaiser-Normalisierung				

Tabelle 16: Faktorenanalyse der unternehmens- und nachhaltigkeits-relevanten Indikatoren
Quelle: Eigene Erhebung

Die extrahierten Faktoren sollen im Folgenden kurz charakterisiert werden. [*Fak 15.1*] umfasst vor allem Indikatoren, die in der Aufteilung nach dem Katalog der GRI Relevanz für die Messung der Umweltleistung eines Unternehmens haben. Diese werden hier dementsprechend als *Umweltindikatoren* benannt. [*Fak 15.2*] umfasst alle Verhaltensindikatoren sowie

Indikatoren zum Umgang mit Mitarbeiterthemen innerhalb eines Unternehmens. Diese werden als *(ethische) Verhaltensindikatoren* bezeichnet. [*Fak 15.3*] allokiert sowohl Kosten- und Budget-relevante als auch Beschäftigungs-spezifische Variablen. Somit können die hier zusammengefassten Faktoren als *Kosten- und Beschäftigungsindikatoren* bezeichnet. [*Fak 15.4*] schließt nur rein finanzielle Indikatoren ein. Diese werden demnach im Folgenden als *Finanzindikatoren* bezeichnet.

Bei der Betrachtung der Ergebnisse lässt sich eine klare Abstufung erkennen. Wie zu erwarten war, werden die **Finanzindikatoren** im Gesamtsample weitaus höher bewertet (M = 1,500) als die anderen, eher nicht-finanziellen Indikatorengruppen. Die geringe Streuung (δ = 0,48) weist zudem auf eine recht homogene Auffassung und Bewertung durch die befragten Probanden hin. In den Clusterlösungen variieren die Ergebnisse in einem überschaubaren Maße. Grundsätzlich passt dies damit zu den Ergebnissen von Weber & Sandt (2001), die bei einer Befragung von Managern herausfanden, dass Finanzindikatoren mit Abstand die höchste Bedeutung für die Manager besitzen (S. 13f-15) Es zeigt sich weiterhin, dass Buyout-Gesellschaften Finanzindikatoren am höchsten bewerten (M = 1,000 „sehr wichtig“). Die verbleibenden Cluster schließen sich dem Gesamtsample-Ergebnis an. Ausnahme sind hier die Öffentlichen Beteiligungsgesellschaften, die die niedrigste Bewertung (M = 1,750) aufweisen.

Relevante Indikatorengruppen	Buyout	Hybrid	Start-Up	Öffentlich	Gesamt-sample
Finanzindikatoren					
Median	**1,000**	1,500	1,500	**1,750**	1,500
Standardabweichung	0,59	0,45	0,42	0,51	0,48
Kosten- und Beschäftigungsindikatoren					
Median	2,857	3,000	3,143	2,714	3,000
Standardabweichung	0,78	0,82	0,64	0,66	0,73
Umweltindikatoren					
Median	3,800	**4,000**	3,400	**3,200**	3,700
Standardabweichung	1,33	1,41	1,22	1,05	1,32
(ehtische) Verhaltensindikatoren					
Median	**3,083**	4,167	3,667	**4,083**	3,667
Standardabweichung	1,40	1,25	0,97	0,93	1,18

Tabelle 17: Ergebnisse und Gruppenunterschiede der Hauptkomponenten
Quelle: Eigene Erhebung

Dies bedeutet, dass die klassisch Finanz-fokussierten Buyout-Gesellschaften vornehmlich und konkret auf die genannten finanziellen Indikatoren achten, andere Private Equity-Gesellschaften, hier vor allem die Öffentlichen Beteiligungsgesellschaften, in diesen aber zwar auch zentrale, aber eben nicht dominierende bzw. weniger dominierende Kennzahlen sehen.

Die Gruppe der **Beschäftigungsindikatoren** wird durchschnittlich als weniger wichtig (M = 3,000) bewertet. Es ist hier somit ein klarer Bruch gegenüber den Finanzindikatoren zu beobachten. Die Öffentlichen Beteiligungsgesellschaften geben hier im Vergleich zu den anderen Clusterlösungen die beste Bewertung (M = 2,7) ab. Auch weisen die Ergebnisse dieser Gruppe die geringste Streuung (δ = 0,66) auf. Die verbleibenden Gruppen schließen sich mit geringen Fluktuationen ($\varnothing\delta$ = 0,1) der Bewertung des Gesamtsamples an.

Umwelt- und Verhaltensindikatoren werden als am wenigsten wichtig bewerten. Der durchschnittliche Median im Gesamtsample liegt hier bei 3.700 bzw. 3.667. Somit liegen beide Bewertungen eher im unwichtigen Bereich („eher nicht wichtig"). Interessanterweise sind die Ergebnisse zu diesen Indikatorengruppen jedoch nicht eindeutig. Im Vergleich zu den beiden vorangegangenen Gruppen weisen beide eine überdurchschnittlich hohe Streuung ($\varnothing\delta_1$ = 1,27 bzw. $\varnothing\delta_2$ = 1,15) auf. Dies zeigt sich dementsprechend in stärker variierenden Clusterergebnisse. In Bezug auf die **Umweltindikatoren** werden diese durch die hybriden Gesellschaften als „eher unwichtig" (M = 4,00) bewertet. Damit liegen sie unter dem Durchschnitt des Gesamtsamples. Die positivste Bewertung geben die Öffentlichen Beteiligungsunternehmen ab (M = 3,200). Es kann somit gezeigt werden, dass die Öffentlichen Beteiligungsgesellschaften in der Tendenz den Umweltindikatoren eine wichtigere Bedeutung zumessen als z.B. die hybriden Gesellschaften. In Bezug auf die **(ethischen) Verhaltensindikatoren** vermittelt sich ein anderes Bild. Buyout-Gesellschaften weichen hier von der grundsätzlichen Bewertung des Gesamtsamples als „eher unwichtig" (M = 3,667) ab, und stufen die Verhaltensindikatoren mit einem Median von 3,083 als „eher wichtig" ein. Damit unterscheiden sie sich klar von den hybriden Gesellschaften und Öffentlichen Beteiligungsgesellschaften, die die Verhaltensindikatoren als „eher unwichtig" (M = 4,167 bzw. M = 4,083) bewerten.[227]

Im Überblick ergibt sich ein relativ klares erstes Bild zur Relevanz der Indikatorengruppen für die befragten Private Equity-Gesellschaften. Wie zu erwarten war, werden übergeordnet finanziell orientierte Indikatoren als weitaus wichtiger betrachtet als Indikatoren zur Umweltleistung eines Unternehmens bzw. verhaltensbeschreibende Indikatoren. Es erstaunt, dass

[227] Trotz dieser Differenzen konnte keine signifikante Unterscheidung zwischen den Gruppen durch den H-Test nach Kruskal-Wallis belegt werden.

auch Kosten- bzw. Budget- und Beschäftigungs-relevante Indikatoren nur als „eher wichtig“ bewertet werden. Weiterhin konnte herausgestellt werden, dass Kosten- und Beschäftigungsindikatoren sowie Umweltindikatoren von den Öffentlichen Beteiligungsgesellschaften als relevanter betrachtet werden als von den anderen Beteiligungsgesellschaftstypen. Den Verhaltensindikatoren, also Indikatoren, die vor allem der Risikovermeidung auf gesellschaftlichem Niveau dienen, wird von den Buyout-Gesellschaften die im Vergleich höchste Relevanz zugeordnet.

Diese Ergebnisse sollen im Folgenden durch die Einzelanalyse der verschiedenen Indikatoren noch spezifiziert, und konkretere Gruppenunterschiede herausgearbeitet werden. Es ist anzumerken, dass in der folgenden Analyse die Einteilung der Faktorenanalyse nicht weiter eingehalten werden soll. Vielmehr soll die Analyse der in der Einleitung zu diesem Abschnitt gegebenen Einteilung in vier Gruppen (ökonomischen Leistung, ökologischen Leistung, Mitarbeiter und Gesellschaft und Verhalten) folgen.

3.3.2.3.2 Indikatoren zur ökonomischen Leistung

Die erste zu untersuchende Unterkategorie sind die ökonomischen Indikatoren. Die im Folgenden analysierten Ergebnisse sind in Tabelle 18 dargestellt.

Die ersten abgetragenen Indikatoren (Umsatz, EBITDA, EBIT [***Umsatz***], Auftragseingang/ -bestand [*Auftra*], Cash Flow, Liquidität, Working Capital [***CFLiq***]) werden durchgängig sowohl in den Clusterlösungen als auch im Gesamtsample als „sehr wichtig“ (M = 1,000) deklariert. Einzige Ausnahme ist die Bewertung von [***Auftra***] als „wichtig“ durch die Öffentlichen Beteiligungsgesellschaften. Als signifikant (p = 0,41) hinsichtlich Bewertungsunterschiede zwischen den Gruppen kann der Indikator [*Auftra*] herausgestellt werden. Es zeigt sich, dass hier besonders die Start-Up-Financiers [*Auftra*] besser bewerten als die Öffentlichen Beteiligungsgesellschaften, und sich dadurch von diesen unterscheiden. Demgegenüber werden Spenden des Portfoliounternehmens an Personen, Gesellschaften oder Gemeinden [*Spende*] als völlig unwichtig (M = 6,000) sowohl durch das Gesamtsample als auch die Gesellschafts-Cluster fast kategorisch ausgeschlossen.

Indikatoren zur ökonomische Leistung	Buyout		Hybrid		Start-Up		Öffentlich		Gesamtsample
Umsatz, EBITDA, EBIT									
Median	1,000		1,000		1,000		1,000		1,000
Standardabweichung	0,55		0,39		0,24		0,53		0,39
Auftragseingang/ -bestand									
Median	1,000	→	1,000	→	1,000	↑	**2,000**	↓	1,000
Standardabweichung	0,65		0,64		0,47		0,49		0,62
Cash Flow; Liquidität, Working Capital									
Median	1,000		1,000		1,000		1,000		1,000
Standardabweichung	0,38		0,45		0,36		0,49		0,40
Covenants									
Median	**1,000**		2,000		**3,000**		2,000		2,000
Standardabweichung	1,24		1,30		1,42		0,98		1,36
Kosten aller Waren, Materialien und DL									
Median	**2,000**		**2,000**		3,000		**2,000**		3,000
Standardabweichung	0,93		1,00		1,02		1,11		1,01
Summe Lohnzahlungen/ Zusatzleistungen									
Median	3,000		3,000		3,000		**2,000**		3,000
Standardabweichung	0,88		0,96		0,99		0,69		0,93
Kapitalkosten (Zinsen, Dividenden)									
Median	2,000	→	2,000	→	2,000	↑	2,000	↓	2,000
Standardabweichung	0,82		1,02		0,90		0,53		0,94
Erhaltene Subventionen (z.B. nach IAS 20)									
Median	**4,000**		3,000		3,000		3,000		3,000
Standardabweichung	1,48		1,57		1,27		1,57		1,43
Spenden an Personen, Gesellschaften, Gemeinden									
Median	6,000		6,000		**5,000**		6,000		6,000
Standardabweichung	1,34		1,32		1,22		1,46		1,26
Forschungs- und Entwicklungsbudget									
Median	2,000		2,000		2,000		2,000		2,000
Standardabweichung	1,01		1,54		1,00		1,11		1,24

Tabelle 18: Ergebnisse und Gruppenunterschiede zu ökonomischen Indikatoren
Quelle: Eigene Erhebung

Ein weiterer in dieser Gruppe als signifikant unterschiedlicher Indikator sind die Kapitalkosten des Portfoliounternehmens [***KapKos***], d.h. Kosten für die Fremdkapitalfinanzierung (Zinsen) und für die Eigenkapitalfinanzierung (Dividenden). Im Gesamtsample werden die Kapitalkosten als lediglich „wichtig“ (M = 2,000) eingestuft. Interessanterweise zeigt sich, dass hier die Öffentlichen Beteiligungsgesellschaften tendenziell eine bessere Bewertung abgeben als die Start-Up-Financiers, auch wenn der durchschnittliche Median bei 2,000 liegt, während die Buyout-Gesellschaften und hybriden Gesellschaften nicht eindeutig zuzuordnen sind. Somit wird hier die eigentliche Vermutung ausgeschlagen, dass vor allem Buyout- und hybride Gesellschaften eine etwas höhere Bewertung abgeben würden. Bestehende Covenants[228] in

[228] Covenants sind vertragliche Zusicherungen, die zwischen einem Kapitalgeber und einem Kapitalnehmer bei Vertragsschluss vereinbart werden. Meist handelt es sich bei den Covenants um Nebenbestimmungen (Richtwerte bzw. Limits in Bezug auf zentrale Stellgröße der Unternehmen) von Vertragsinhalten, von denen nicht abgewichen werden soll. Im Falle einer Verletzung der Covenants drohen (vereinbarte) Strafen, Änderungen des Vertrages oder die Vertragsauflösung. Die Covenants werden von den Kapitalgebern genutzt, um ihr getragenes

abgeschlossenen Verträgen der Portfoliounternehmen [***Coven***] wurden im Gesamtsample auch als lediglich „wichtig“ (M = 2,000) eingestuft. Grundsätzlich liegen die Streuungsmaße dieser Variablen höher als bei den vorangegangenen (Øδ = 1,26). In der Detailanalyse zeigen sich besonders Unterschiede zwischen den Buyout-Gesellschaften und den Start-Up-Financiers. Während dieser Indikator für erstgenannte sehr großen Gesellschaften eine „sehr wichtige“ Rolle (M = 1,000) spielt, bewerten die eher kleinen Start-Up-Financiers diese lediglich als „eher wichtig“ (M = 3,000). Weiterhin als „wichtig“ eingestuft wurden Indikatoren zum Forschungs- und Entwicklungsbudget des Portfoliounternehmens [***FuEK***] (M = 2,000). Auch wenn hier die durchschnittliche Streuung relativ hoch ist (Øδ = 1,18), sind keine Unterschiede zwischen den Bewertungen der Gruppen festzustellen.

Die Kosten aller Waren, Materialien und Dienstleistungen [*WarenK*] sowie die Summe aller Lohn- und Gehaltszahlungen sowie damit verbundene Zusatzleistungen [*LohnK*] werden vom Gesamtsample als „eher wichtig“ (M = 3,000) bewertet. Während bezüglich [***WarenK***] dieser Bewertung nur die hybriden Gesellschaften folgen, die anderen Cluster jedoch einen Median von 2,000 aufweisen, ist die Bewertung von [***LohnK***] einheitlicher. Lediglich die Öffentlichen Beteiligungsgesellschaften stufen diesen Indikator als „wichtig (M = 2,000) ein.

Erhaltene **Subventionen** (die nach IAS 20 als solche verbucht werden müssen) werden im Durchschnitt als „eher wichtig“ (M = 3,000) eingestuft. Von dieser Bewertung weichen lediglich die großen Buyout-Gesellschaften ab, die sie als „eher unwichtig“ (M = 4,000) sehen. Die durchschnittliche Streuung (Øδ = 1,46) liegt hier sehr hoch und deutet dadurch auf eine bestehende Uneinheitlichkeit der Bewertungen durch die Probanden hin.

Zusammenfassend kann festgehalten werden, dass neben den zu erwartenden primären Finanzindikatoren vor allem die Kosten für Forschung und Entwicklung eine wichtige Rolle für Private Equity-Gesellschaften spielen. Andere Indikatoren, vor allem Spenden, spielen eher eine untergeordnete Rolle. Jedoch können klare Unterschiede zwischen den Beteiligungsgesellschaftstypen erkannt werden. Hier bewerten vor allem Buyout-Gesellschaften Indikatoren zu bestehenden Verpflichtungen der Portfoliounternehmen (z.B. Covenants) als unbedingt wichtiger als die anderen Gruppen, weichen jedoch bezüglich der anderen ökonomischen Indikatoren jedoch nicht vom Gesamtsample ab. Weiterhin ist festzustellen, dass vor allem für

Risiko abzusichern bzw. in ungünstigen Verläufen eine Eingriffs- und Steuermöglichkeit zu haben; vgl.: Nash, Netter & Poulsen, 2003, S. 203.

die Financiers von jungen Unternehmen Kennzahlen zu Umsatz und operativer Leistung sowie zur Auslastung z.B. der Produktion eine besonders hohe Relevanz haben. Betriebsferne Kosten wie z.B. Spenden haben keinerlei Relevanz für die befragten Private Equity-Gesellschaften.

3.3.2.3.3 Indikatoren zur ökologischen Leistung

Nachdem ein erster Blick auf Kennzahlen der ökonomischen Dimension des Nachhaltigkeitskonzeptes geworfen wurde, sollen nun die zur Messungen und Bewertung der ökologischen Leistung eines Unternehmens relevanten Indikatoren hinsichtlich ihrer Bewertung durch Beteiligungsunternehmen untersucht werden. Die Ergebnisse sind in Tabelle 19 dargestellt.

Wie bereits in der Analyse der übergeordneten Indikatorengruppen (Kapitel C.3.3.2.3.1) festgestellt wurde, werden diese Kennzahlen im Vergleich zu den ökonomischen Indikatoren per se als weniger wichtig betrachtet. Innerhalb der Indikatorengruppe jedoch sind der Gesamtmaterialeinsatz [***MatEin***], die Kennzahlen zu signifikanten Umweltbelastungen durch die Produktion [***UVsPro***], die Umweltbelastungen durch die offerierten Produkte und Dienstleistungen [***UmVsDL***] sowie Strafzahlungen aufgrund Verstößen bzw. aufgrund Nichtbeachtung (bestehender) gesetzlicher Reglungen [***Strafe***] mit einem Median von 3,000 („eher wichtig“) noch als am relevantesten zu betrachten. Zwischen den Gesellschaftstypen zeigen sich bezüglich [*UVsPro*] und [*UmVsDL*], also den Kennzahlen zur Umweltverträglichkeit bzw. Umweltbelastung durch das operative Handeln der Portfoliounternehmen, keine Abweichungen von dieser Gesamtbewertung. Sehr wohl zeigen sich dagegen Unterschiede bezüglich [*MAtEin*] und [*Strafe*]. Der Verbrauch von Material zur Erstellung der angebotenen Produkte oder Dienstleistungen wird von Buyout-Gesellschaften und Öffentlichen Beteiligungsgesellschaften (M = 2,000) wichtiger eingestuft als vom Gesamtsample sowie den hybriden Gesellschaften und den Start-Up-Financiers (M = 3,000). Kennzahlen zu gezahlten und anstehenden Strafen [*Strafe*] werden vor allem von den Öffentlichen Beteiligungsgesellschaften als „wichtig“ (M = 2,000) bewertet. Als „eher unwichtig“ werden diese Kennzahlen allerdings von den Buyout-Gesellschaften (M = 4,000) beurteilt. Hierzu können auch die hybriden Gesellschaften gezählt werden, die zwar einen Median von 3,000 ausweisen, jedoch tendenziell zu einer negativeren Bewertung dieser Kennzahlen neigen.

Indikatoren zur ökologischen Leistung	Buyout	Hybrid	Start-Up	Öffentlich	Gesamt-sample
Gesamtmaterialeinsatz					
Median	**2,000**	3,000	3,000	**2,000**	3,000
Standardabweichung	1,44	2,00	1,61	0,38	1,73
Direkter und indirekter Energieverbrauch					
Median	**3,000** →	**5,000** ↓	4,000 →	4,000 ↑	4,000
Standardabweichung	1,41	1,78	1,31	1,63	1,58
Gesamtwasserverbrauch					
Median	**4,000** →	5,000 ↓	**4,500** ↓	**4,000** ↑	5,000
Standardabweichung	1,52	1,38	1,40	1,38	1,46
Emissionen klimarelevanter Gase (z.B. Co2)					
Median	**4,000**	5,000	**4,500**	4,000	4,000
Standardabweichung	1,61	1,43	1,53	1,38	1,53
Emissionen umweltgefährdender Gase (Gifte)					
Median	4,000	4,000	**3,500**	4,000	4,000
Standardabweichung	1,60	1,82	1,71	1,21	1,71
Signifikante Umweltbelastungen der Produktion					
Median	3,000	3,000	3,000	3,000	3,000
Standardabweichung	1,49	1,82	1,66	1,53	1,69
Umweltbelastungen zentraler Produkte und DL					
Median	3,000	3,000	3,000	3,000	3,000
Standardabweichung	1,66	1,83	1,58	1,35	1,68
Umweltschutzinvestitionen					
Median	**3,000**	4,000	4,000	**2,000**	4,000
Standardabweichung	1,54	1,65	1,41	1,38	1,56
Strafzahlungen/ Bußgelder für Nichteinhaltung gesetzlicher Regelungen					
Median	**4,000**	3,000	3,000	**2,000**	3,000
Standardabweichung	1,89	1,92	1,78	1,15	1,81
(Umweltorientierte) Patentanmeldungen					
Median	4,000	**5,000**	**3,000**	4,000	4,000
Standardabweichung	1,58	1,75	1,65	1,13	1,66

Tabelle 19: Ergebnisse und Gruppenunterschiede zu ökologischen Indikatoren
Quelle: Eigene Erhebung

Als „eher unwichtig“ (M = 4,000) werden Indikatoren zum direkten und indirekten Energieverbrauch [***EnergV***], der Emission von klimarelevanten Gasen [***EmisKl***] bzw. umweltgefährdenden Gasen [***EmisGi***] sowie Kennzahlen zur Erfassung von Investitionen in umweltrelevante Vermögenswerte [***Uminv***] und Patentanmeldungen, die sich auf umweltrelevante Bereiche bzw. Technologien beziehen [***Patanm***], bewertet. Hier zeigen sich mannigfaltige Unterschiede in den Auffassungen der einzelnen Clusterlösungen. [*EnergV*] wird dabei signifikant (p = 0,034) vor allem von den Buyout-Gesellschaften am positivsten (M = 3,000) bewertet, während die hybriden Gesellschaften die hier angesprochenen Kennzahlen als „unwichtig“ (M = 5,000) deklarieren. Die aktuell im Mittelpunkt der gesellschaftlichen Diskussion stehenden Emissionen von klimarelevanten Gasen [*EmisKl*] bzw. umweltschädlichen Gasen (z.B. Giften) [*EmisGi*] werden überraschenderweise als „eher unwichtig“ (M = 4,000) eingestuft und von den hybriden Gesellschaften im Falle von [*EmisKl*] als besonders irrelevant (M = 5,000) beurteilt. Dies überrascht deshalb, da die Themen im Moment die politische und auch wirtschaftspolitische Debatte prägen. Die Bewertung kann allerdings auch darauf hindeuten, dass die Beteiligungsgesellschaften sich tendenziell eher nicht an Themen orientieren, die vielleicht nur eine kurze Zeit in einer solch intensiven Art geführt werden (sog. „politische Strohfeuer").

Die Kennzahlen zu (umweltorientierten) Patentanmeldungen [*PatAnm*] und Umweltinvestitionen [*Uminv*] werden, wie bereits erwähnt, als „eher unwichtig" (M = 4,000) betrachtet. Während bezüglich [***Uminv***] diese Bewertung von den Start-Up-Financiers und den hybriden Gesellschaften geteilt wird, werden diese Kennzahlen von Buyout-Gesellschaften als „eher wichtig" (M = 3,000) und von den Öffentlichen Beteiligungsgesellschaften sogar als „wichtig" (M = 2,000) bewertet. Ein zu erwartendes Ergebnis zeigt sich bei den Unterschieden bezüglich der umweltorientierten Patentanmeldungen [***PatAnm***]. Diese sind vor allem für die Start-Up-Financiers „eher wichtig" (M = 3,000). Dies ist ein verständliches Ergebnis, da vor allem die Investoren von jungen, meist technologie-orientierten Unternehmen in Patentanmeldungen, also Neuentwicklungen von Produkten, Verfahren oder Technologien, Kenngrößen zur Abschätzung des Potenzials eines betreffenden Start-Ups sehen (Kapitel B.1.2.1). Zudem befinden sich insbesondere die Umwelttechnologie-orientierten Branchen aktuell in einem stetigen Aufschwung und rasanten Entwicklungsstadium, so dass vor allem Patente in diesen Bereichen von Investoren als sehr wertvoll und vielversprechend angesehen werden. Als beachtenswert kann dagegen die Einstufung dieser Kennzahlen als „unwichtig" durch die hybriden Gesellschaften (M = 5,000) gesehen werden.

Es ergibt sich, dass vor allem Indikatoren zu Ressourcenverbrauch und Emissionen sowie zu durch Verstöße entstandene Kosten als die relevantesten Kenngrößen dieser Kategorie gesehen werden. Zudem zeigt sich, dass vor allem die großen Buyout-Gesellschaften ein z.T. höheres Problembewusstsein, z.B. in Bezug auf Kennzahlen zu Ressourcenverbrauchszahlen bzw. Investitionen in umweltschonende Maßnahmen, zeigen. Weiterhin kann hier die Vermutung untermauert werden, dass Beteiligungsgesellschaften dann von Kennzahlen bzw. den dahinter stehenden Konzepten Gebrauch machen, wenn sie meinen, direkten Nutzen daraus zu ziehen bzw. Kosten vermeiden zu können. Dies zeigen die Daten zum einem bezüglich der Wichtigkeit von umweltorientierten Patentanmeldungen für die Start-Up-Financiers und zum anderen durch die im Vergleich höhere Einstufung von Strafen aus Sicht der Buyout-Gesellschaften.

3.3.2.3.4 Beschäftigungsrelevante Indikatoren

Die dritte abgefragte Indikatoren-Kategorie bezieht sich auf Kennzahlen zur Messung von Mitarbeiter-relevanten Kennzahlen und entsprechende betriebliche Handlungen. Insgesamt wurden Bewertungen zu acht verschiedenen Indikatoren erhoben. Die Ergebnisse sind in Tabelle 20 dargestellt.

Neben den bereits zu erwartenden geringeren Wichtigkeitseinstufungen fallen besonders die relativ hohen Streuungsmaße auf. Wie bereits zuvor erwähnt, lässt dies darauf schließen, dass die Meinungen zur Wichtigkeit der einzelnen Indikatoren sowohl in der Grundgesamtheit (repräsentiert durch das Gesamtsample) als auch in spezifischen Einzelgesellschaften auseinander liegen können. Weiteren Aufschluss sollen die Detailergebnisse liefern.

Indikatoren bezüglich Mitarbeiter und Gesellschaft	Buyout		Hybrid		Start-Up		Öffentlich		Gesamt-sample
Netto geschaffene Beschäftigung									
Median	**2,000**		3,000		3,000		3,000		3,000
Standardabweichung	1,26		1,28		1,18		0,76		1,24
Durchschnittliche Fluktuationsrate									
Median	3,000		3,000		**2,000**		3,000		3,000
Standardabweichung	1,14		1,36		0,98		0,82		1,18
Mitteilungsfristen in Bezug auf wesentliche betrieblichen Veränderungen									
Median	3,000		3,000		3,000		**2,000**		3,000
Standardabweichung	1,45		1,80		1,35		0,95		1,54
Kennzahlen zu Verletzungen, Arbeitsunfällen, Abwesendheit, Todesfällen									
Median	**3,000**	↑	4,000	↓	4,000	→	**5,000**	↓	4,000
Standardabweichung	1,53		1,48		1,34		1,50		1,48
Ø Anzahl Trainingsstunden pro Jahr pro MA									
Median	**3,000**		4,000		4,000		**5,000**		4,000
Standardabweichung	1,27		1,29		1,31		1,13		1,29
Gleichstellungsgrundsätze und -programme (Geschlecht, Diversität, Kultur)									
Median	4,000	↑	4,000	↑	4,000	→	**5,000**	↓	4,000
Standardabweichung	1,42		1,55		1,32		1,15		1,48
Informationen zu Verstößen gegen Menschenrechten (FDI; Zulieferkette)									
Median	**3,000**	↑	4,000	↓	**5,000**	↓	**6,000**	↓	4,000
Standardabweichung	1,44		1,69		1,56		1,21		1,67
Gesamtzahl Vorfälle von Diskriminierung und ergriffene Maßnahmen									
Median	**3,000**	↑	5,000	↓	4,000	→	**5,000**	↓	4,000
Standardabweichung	1,58		1,68		1,63		1,38		1,68

Tabelle 20: Ergebnisse und Gruppenunterschiede zu Beschäftigungs-relevanten Indikatoren
Quelle: Eigene Erhebung

Die Analyse erfolgt in Gruppen, eingeteilt anhand ihrer Bewertungen durch das Gesamtsample. Dabei zeigt sich, dass die Indikatoren zur netto geschaffenen Beschäftigung [***VeränAN***], zur durchschnittlichen Fluktuationsrate [***Flukra***] und zu Mitteilungsfristen in Bezug auf wesentliche betriebliche Veränderungen [***Mittfri***] am besten bewertet (M = 3,000 „eher wichtig") werden. In den Bewertungen der Clusterlösungen zeigen sich hier nur wenige Abweichungen zur Bewertung durch das Gesamtsample. Bezüglich [*VeränAN*] weichen nur die Buyout-Gesellschaften ab. Im konkreten Fall weisen sie der Messung der Änderung des Beschäftigungsstandes eine höhere Wichtigkeit (M = 2,000 „wichtig") zu als die anderen Cluster und die Grundgesamtheit. Die durchschnittliche Fluktuationsrate [*Flukra*] wird vor allem von den Start-Up-Gesellschaften mit einem M = von 2,000 besser bewertet. Gleiches gilt für die Bewertung durch die Öffentlichen Beteiligungsgesellschaften bezüglich der Einhaltung von Mitteilungsfristen [*Mittfri*] (M = 2,000). Somit kann hier festgehalten werden, dass unterschiedliche Indikatoren zu Mitarbeiter-relevanten Veränderungen, zu denen insbesondere auch die Änderung der Beschäftigung bzw. Fluktuationsraten gehören, unterschiedlichen Beteiligungsgesellschaften besonders wichtig sind. Dass diese Ergebnisse jedoch für die Grundgesamtheit gelten, konnte in den entsprechenden Signifikanztest nicht nachgewiesen werden.

Die verbleibenden fünf Indikatoren wurden jeweils durch die Grundgesamtheit als „eher unwichtig" (M = 4,000) eingestuft. Diese Kennzahlen beziehen sich besonders auf die Arbeitssicherheit, Aus-/ Weiterbildung der Mitarbeiter eines Unternehmens sowie auf spezifische Rechte der Mitarbeiter bzw. Mitarbeitergruppen. Es zeigt sich in der Detailanalyse, dass besonders Buyout-Gesellschaften Kennzahlen, die Informationen zu Verletzungen, Arbeitsunfällen, Abwesenheit von Mitarbeitern oder Todesfällen [***Unfall***] generieren, signifikant (p = 0,048) wichtiger einstufen (M = 3,000 „eher wichtig") als vor allem die Öffentlichen Beteiligungsgesellschaften (M = 5,000 „unwichtig"). Zudem stellt er heraus, dass auch die hybriden Gesellschaften dieser Indikatorenart eher eine weniger hohe Bedeutung zumessen. Die gleichen Ergebnisse, wenn auch nicht signifikant, ergeben sich hinsichtlich Angaben (Indikatoren) zur durchschnittlichen Anzahl von Trainingsstunden pro Jahr pro Mitarbeiter [***Traini***]. Auch hier weisen die Buyout-Gesellschaften eine bessere Bewertung auf, während die Öffentlichen Beteiligungsgesellschaften den Indikator am wenigsten wichtig beurteilen.

Ein ähnliches Bild vermitteln die Bewertungen der Indikatoren, die Gleichstellungsgrundsätze und –programme [***Geschl***], Informationen zur Einhaltung von Menschenrechten sowohl im eigenen Unternehmen als auch in gehaltenen Beteiligungen und der Zulieferkette [***InfoMR***], sowie Vorfälle von Diskriminierung und reaktiv eingeführte Maßnahmen [***InfoDI***] umfassen. Wiederum weisen die Öffentlichen Beteiligungsgesellschaften hier die im Vergleich geringste Wichtigkeit (M = 5,000) auf. Besonders die Informationen zu Verstößen gegen Menschenrechte werden von diesen als „gar nicht wichtig" (M = 6,000) und damit als unwichtigster aller bewerteten Indikatoren eingestuft. Im konkreten Fall weichen lediglich die Buyout-Gesellschaften hier wiederum positiv ab. Während sie [*InfoMR*] eine „eher wichtige" Bedeutung (M = 3,000) zuweisen, sind sie für die hybriden Gesellschaften (M = 4,000) und die Start-Up-Financiers (M = 5,000) eher nicht relevant (p = 0,017). Die Unterschiede in den Bewertungen bleiben auch bezüglich [*Geschl*] und [*InfoDI*] gleich. Die Buyout-Gesellschaften weisen beiden Indikatorenarten eine höhere Wichtigkeit (M = 3,000) zu, während die die hybriden Gesellschaften und Öffentlichen Beteiligungsgesellschaften zu geringen Einstufungen (M = 5,000) tendieren. Diese Unterschiede sind mit $p_{[Geschl]}$ = 0,038 und $p_{[InfoDI]}$ = 0,057 entsprechend signifikant.

Zusammenfassend kann festgestellt werden, dass die grundsätzlich recht geringe Wichtigkeit der Indikatoren zu Mitarbeiter-relevanten Themenfeldern durch das Gesamtsample der Erhebung nicht geteilt werden, grundsätzlich gilt. Belegt wird dies vor allem durch die tendenziell fast diametralen Bewertungen durch die (eher kleinen) Öffentlichen Beteiligungsgesellschaften und die (sehr großen) Buyout-Gesellschaften. Des Weiteren passt das Ergebnis zu den Ausführungen und Befunden auf Kapitel C.3.2.2, die deutlich gemacht haben, dass soziale Belange a) immer noch am schwierigsten klar erfasst werden können und b) im Vergleich zu z.B. ökologischen Belangen häufig weniger oft fokussiert werden.

Ein möglicher Erklärungsansatz kann in der Natur der beiden Gesellschaftstypen gesucht werden. Öffentliche Beteiligungsgesellschaften sind, wie bereits in der Beschreibung des Clusters erwähnt, operativ (eher) wenig involviert. Daher ist es verständlich und sachlogisch, wenn daher Indikatoren, die sich auf operative Themen beziehen, eine eher geringe Wichtigkeit zugeteilt bekommen. Während dieses Argument auch für die Buyout-Gesellschaften im inversen Sinne gilt, da diese doch vergleichsweise eher konzentriert auf die Portfoliounternehmen Einfluss nehmen, müssen allerdings auch Imagegründe berücksichtigt werden. Anders als die Öffentlichen Beteiligungsgesellschaften stehen Buyout-Gesellschaften oft im allgemeinen Interesse der Öffentlichkeit. Daher kann es schierer Selbstzweck sein, und nicht etwa ein besonders ausgeprägtes soziales Verantwortungsgefühl, dass diese Gesellschaften den angesprochenen Themen eine im Vergleich zu anderen Gesellschaften höhere Wichtigkeit zuordnen, da sie in Bezug auf diese nicht in die öffentliche Kritik geraten möchten. Dies kann somit als ein Argument zur Aufrechterhaltung der bereits mehrfach angesprochenen „*social licence to operate*" angesehen werden.

3.3.2.3.5 Ethische Indikatoren

Die letzte Kategorie der zu bewertenden Indikatorenarten bezieht sich auf konkrete Verhaltensweisen, die besonders zur Reduzierung von (nicht primär finanziellen) Risiken geeignet sind. Dies bedeutet, dass Unternehmen, die mit ihrem Verhalten nicht gegen bestehende Moralvorstellungen bzw. Konventionen (*codes of conduct*) (Painter-Morland, 2006) verstoßen, negative Konsequenzen vermeiden können.[229] Die Ergebnisse sind in Tabelle 21 dargestellt.

Insgesamt wurden fünf konkrete (ethische) Verhaltensweisen bzw. Indikatoren, die Entscheidungen, welche die Vermeidung von Risiken unterstützen, erhoben. Die sich ergebenden unterschiedlichen Bewertungsabstufungen des Grundsamples lassen auch hier eine Einteilung und getrennte Bewertung der verschiedenen Kennzahlenarten zu.

Indikatoren bezüglich des Unternehmensverhaltens und Kodizes	Buyout	Hybrid	Start-Up	Öffentlich	Gesamt-sample
... Bekämpfung der Kinder- und Zwangsarbeit					
Median	**3,000**	**5,000**	4,000	4,000	4,000
Standardabweichung	2,13	1,92	1,78	1,68	1,89
... Bestechung und Korruption					
Median	**2,000**	**4,000**	**2,500**	3,000	3,000
Standardabweichung	2,01	1,78	1,96	1,5[illegible]	1,88
... Konsumentengesundheit/ -sicherheit					
Median	3,000	**2,500**	3,000	**2,000**	3,000
Standardabweichung	1,80	1,73	1,75	1,11	1,79
... Produktinformation und Labeling					
Median	3,000	**2,000**	3,500	3,000	3,000
Standardabweichung	1,86	1,33	1,81	0,95	1,56
... Begrenzung der Vereinigungsfreiheit					
Median	**4,000**	**4,000**	**4,000**	5,000	5,000
Standardabweichung	1,98	1,62	1,90	1,40	1,72

Tabelle 21: Ergebnisse und Gruppenunterschiede zu Verhaltensindikatoren
Quelle: Eigene Erhebung

Die als am wichtigsten empfundenen Indikatoren sind jene bezüglich Bestechung und Korruption [***Korrup***], Konsumentengesundheit bzw. –sicherheit [***KonGuS***] und Produktinformation und Labelling [***ProInf***]. Das Gesamtsample ordnet alle drei Indikatorenarten als „eher wichtig" (M = 3,000) ein. Informationen zu Bestechung und Korruption [*Korrup*] bzw. der Erhalt dieser Informationen zur Vermeidung von Risiken hierdurch wird besonders von den Buyout-Gesellschaften als sehr wichtig empfunden (M = 2,000). Auch die Start-Up-Financiers folgt dieser sehr positiven Einstufung mit einem Median von 2,500. Als „eher un-

[229] Beispiele hier sind u.a. die Aufregungen um Shell und die „Brent Spar" und ihr Agieren im Niger-Delta (Begrenzung Vereinigungsfreiheit, Bedrohung etc.), was bei vielen Kunden von Shell Abehrreaktionen ausgelöst hat, oder auch die „Sweat-Shop"-Vorwürfe (Kinderarbeit) gegen Nike.

wichtig“ (M = 4,000) wird die Indikatorenart durch die hybriden Gesellschaften eingestuft, während die Öffentlichen Beteiligungsgesellschaften der Bewertung des Gesamtsamples folgen. Besonders von den Öffentlichen Beteiligungsgesellschaften als wichtig eingeschätzt werden wiederum Informationen bezüglich der Konsumentensicherheit bzw. der Konsumentengesundheit [*KunGuS*] (M = 2,000). Auffälligerweise bewerten auch die hybriden Gesellschaften diese Indikatorenart als wichtig (M = 2,500). Sie zeigen sich damit sehr offen und interessiert für Informationen, die eine direkte Kundenorientierung aufweisen. Diese Ansicht wird auch durch die Zuweisung einer hohen Wichtigkeit für Informationen zu Produktinformationen und Labelling [*ProInf*] deutlich. Hier sind die hybriden Gesellschaften die einzigen aus den vier Clustern, die von der Bewertung des Gesamtsamples (deutlicher) positiv abweichen.

Die Vermeidung von Risiken durch Bekämpfung von Kinder- bzw. Zwangsarbeit [***Kinarb***] wird insgesamt von den Buyout-Gesellschaften als „eher wichtig“ (M = 3,000) gewertet, während das Gesamtsample sowie Öffentlichen Beteiligungsgesellschaften und Start-Up-Financiers dies als „eher unwichtig“ (M = 4,000) betrachten. Für die hybriden Gesellschaften sind diese Informationsarten gänzlich unwichtig (M = 5,000). Somit zeigt sich auch hier, dass Buyout-Gesellschaften eher sensibel und aufgeschlossen für Themen sind, die recht konkret im Interesse der Öffentlichkeit stehen.

Als Ergebnis dieses Abschnitts zeigt sich, dass die bereits vorher gewonnenen Deutungen auch hier bestärkt werden. Buyout-Gesellschaften zeigen sich offen und interessiert für öffentlichkeitswirksame Themen. Ein neuer Aspekt konnte hinsichtlich der hybriden Gesellschaften gewonnen werden. Für diese sind besonders Konsumenten- und Produktinformationen bzw. die Vermeidung von Risiken durch diese wichtig. Dies kann darauf hinweisen, dass die hybriden Gesellschaften vor allem für Themen, die die Leistungsbereitschaft bzw. Leistungserstellung mit direkter Kundenbindung und –orientierung betreffen, besonders sensibel sind.

3.4 Fazit

Die vorangegangenen Abschnitte stellten die Klassifizierungsergebnisse der Clusteranalyse sowie die deskriptiven und bivariaten Ergebnisse Erkenntnisse zur Wichtigkeit spezifischer, Nachhaltigkeits-relevanter Inhalte des strategischen Controllings (Controllingsysteme) und des operativen Controllings (Indikatoren) sowie Unterschiede zwischen klassifizierten Gruppen dar.

Die Clusteranalyse führte zu vier homogenen Gesellschaftstypen, die als Repräsentanten unterschiedlicher Basistypen der im Markt aktiven Beteiligungsgesellschaften angesehen werden können. Die Profilierungen zeigen, dass sich die Gruppen z.T. trennscharf hinsichtlich ihrer Merkmale unterscheiden. Dies zeigt, dass die in Abschnitt C.1.3 herausgestellten Merkmale adäquat gewählt wurden.

Das Kontrollverhalten (Kontrollintensität, geforderte Berichtsfrequenz, Kontrollerfolg und –ziele) der Beteiligungsgesellschaften wurden in einem Exkurs untersucht. Es zeigt sich, dass vor allem die großen Buyout-Gesellschaften sowie die gemischt zusammengestellten, eher größeren hybriden Gesellschaften eine höhere Kontrollintensität resp. Berichtsanforderungen stellen als die beiden anderen Gesellschaftstypen (exemplarisch hierzu Vieweg, Reinhard & Weichenrieder, 2002, S. 67).

Die Ergebnisse zur Bewertung der verschiedenen Controllingsysteme und Indikatoren decken sich weitestgehend mit den im Grundlagenteil angestellten Überlegungen (siehe hierzu Tabelle 22). In der Gesamtschau kann festgestellt werden, dass die unterschiedlich profilierten Gesellschaften in ihren Bewertungen sowohl der Controllingsysteme als auch der abgefragten Kennzahlen differieren. Es vermittelt sich das Bild, dass die Gesellschaftstypen z.T. Extrempositionen im Spektrum der Einschätzung und Wahrnehmung von Nachhaltigkeits-relevanten Kontrollgestaltungen einnehmen. Als Extrempositionen können z.B. die der Buyout-Gesellschaften und der öffentlichen Beteiligungsgesellschaften ausgemacht werden.

		Cluster 1 Buyoutgesellschaften	Cluster 2 Hybride Gesellschaften	Cluster 3 Start-Up-Financiers	Cluster 4 Öffentl. Beteiligungsgesellschaften
▮▮▮	Höchste Bewertung				
╲╲╲	Geringste Bewertung				
+ / -	Signifikante Unterschiede				
	Faktor: Nachhaltigkeits-Managementsysteme				▮▮▮
	Faktor: Technologieorientierte Managementsysteme	++	+	+	--
Bewertung von nicht-finanziellen Managementsystemen	Szenarioanalyse				
	Marktforschungsbericht	▮▮▮			
	Kundenzufriedenheitsanalyse	▮▮▮			
	Technologie-/ Produktbenchmarking				
	Innnovationsscreening/ -management				╲╲╲
	ISO 9001:2000				
	Sustainability Balanced Scorecard (SBSC)				
	EFQM (European Foundation for Quality Mgmt.)	╲╲╲			
	Total Quality Environmental Management				
	EMAS (Eco-Management and Audit Scheme); ISO 14001 ff.				╲╲╲
	SA 8000(Social Accountability)				
	Faktor: Finanzindikatoren	▮▮▮			
	Faktor: Beschäftigungsindikatoren				▮▮▮
	Faktor: Umweltindikatoren				▮▮▮
	Faktor: Verhaltensindikatoren	╲╲╲			
Ökonomische Indikatoren	Umsatz, EBITDA, EBIT				
	Auftragseingang/ -bestand			+	-
	Cash Flow; Liquidität, Working Capital				
	Covenants	▮▮▮			
	Kosten aller Waren, Materialien und DL			╲╲╲	
	Summe Lohnzahlungen/ Zusatzleistungen				▮▮▮
	Kapitalkosten (Zinsen, Dividenden)			-	++
	Erhaltene Subventionen (z.B. nach IAS 20)	╲╲╲			
	Spenden an Personen, Gesellschaften, Gemeinden			▮▮▮	
	Forschungs- und Entwicklungsbudget				
Ökologische Indikatoren	Gesamtmaterialeinsatz	▮▮▮			▮▮▮
	Signifikante Umweltbelastungen der Produktion				
	Umweltbelastungen zentraler Produkte und DL				
	Strafzahlungen/ Bußgelder				
	Direkter und indirekter Energieverbrauch	+	-	-	+
	Emissionen klimarelevanter Gase (z.B. Co2)		╲╲╲		
	Emissionen umweltgefährdender Gase (Gifte)			▮▮▮	
	Umweltschutzinvestitionen				▮▮▮
	(Umweltorientierte) Patentanmeldungen			▮▮▮	
	Gesamtwasserverbrauch	+	-	-	+
Soziale Indikatoren	Netto geschaffene Beschäftigung	▮▮▮			
	Durchschnittliche Fluktuationsrate			▮▮▮	
	Mitteilungsfristen				▮▮▮
	Kennzahlen zu Arbeitsunfällen, Abwesendheit	++	-	+	-
	Ø Anzahl Trainingsstunden pro Jahr pro MA	▮▮▮			
	Gleichstellungsgrundsätze und -programme	++	-	-	-
	Informationen zu Menschenrechten (FDI; Zulieferkette)	++	-	-	-
	Gesamtzahl Diskriminierung	▮▮▮			
Risikominimierende Indikatoren	... Bestechung und Korruption	▮▮▮	╲╲╲		
	... Konsumentengesundheit/ -sicherheit				▮▮▮
	... Produktinformation und Labeling		▮▮▮		
	... Bekämpfung der Kinder- und Zwangsarbeit	▮▮▮			
	... Begrenzung der Vereinigungsfreiheit				╲╲╲

Tabelle 22: Zusammenfassung der Ergebnisse der Clusterergebnisse zur Kontrollgestaltung
Quelle: Eigene Erhebung

Im Vergleich zu weitgehend bekannten und verbreitet angewendeten Controllingsystemen spielen neuere, direkt mit dem Nachhaltigkeitskonzept verbundene Controllingsysteme für die Private Equity-Gesellschaften eine untergeordnete Rolle. Interessanterweise können das klar Nachhaltigkeits-relevante System der Sustainability Balanced Scorecard (SBSC) sowie die ISO 9001-Normen zu den bekannteren und als wichtig wahrgenommenen Controllingsystemen gezählt werden. Dies lässt den Schluss zu, dass sich diese Systeme in der praktischen Anwendung bereits stärker profiliert haben als andere Systeme mit Fokus auf eine verantwortungsvollere bzw. nachhaltigere Unternehmensführung bzw. Unternehmensaktivitäten. Obwohl nicht statistisch signifikant belegt, setzen sich die Buyout-Gesellschaften hier von den anderen Gruppen ab. Insbesondere weisen sie einen niedrigeren Indifferenzanteil als die anderen Gruppen auf. Andeutungsweise zeigt sich somit auch hier die stärkere formale Fokussierung der großen, ressourcenstarken Gesellschaften auf nachhaltigkeits-relevante Themen.

Obwohl weniger wichtig als die ökonomischen, wurden Indikatoren zu ökologischen Leistungen bzw. ökologischen Eckdaten im Vergleich zu sozialen und ethischen Indikatoren als relevanter gekennzeichnet.[230] Dies führt zu dem interessanten Schluss, dass sich auch hier die Tendenz von Seiten der Investoren zeigt, Inhalten aus aktuell diskutierten Themen eine höhere Relevanz zuzuordnen als anderen Elementen. Detailanalysen haben zudem gezeigt, dass auch innerhalb der einzelnen Gruppen Unterschiede bestehen (siehe hierzu Tabelle 22).

Die Profilierung der großen Gesellschaften durch tendenziell positivere Bewertungen zeigt sich auch in diesem Abschnitt. Jedoch kann hier eine größere Varianz in den Bewertungen festgestellt werden, da sich nun auch andere Gesellschaften stärker positionieren. Es finden sich damit Hinweise auf die Beobachtung, dass für viele Finanzinstitutionen, deren Teile Private Equity-Gesellschaften sind, Corporate Social Responsibility-Themen eine Rolle spielen, der größte Anteil jedoch diese Themen von ihren eigentlichen betriebswirtschaftlichen Themen trennt (Cumming & Johan, 2007, S. 396).

Wie bereits in den vorangegangenen Abschnitten erweisen sich die Buyout-Gesellschaften bei vielen der Variablen in ihren Bewertungen als positiver gegenüber den anderen Gesellschaftstypen eingestellt. Insbesondere bei der Bewertung von sozialen und verhaltensbeschreibenden Indikatoren liegen die Buyout-Gesellschaften häufig näher am positiven Pol. Demgegenüber stehen in vielen Fällen, z.B. bezüglich der ökologisch-relevanten Kenzahlen, die Öffentlichen Beteiligungsgesellschaften in einem diametralen Verhältnis dazu. Der Befund, dass Buyout-Gesellschaften in vielen Fällen eine verstärkt positive Wahrnehmung bzw. Aufgeschlossenheit aufweisen, zeigt sich vor allem in der Anzahl der Unterschiede, die als statistisch signifikant identifiziert wurden. Besonders in den Gruppen der sozialen und ökologischen Indikatoren erweisen sich die Buyout-Gesellschaften als signifikant positiver eingestellt als der Rest. Dies deckt sich mit den Erkenntnissen aus Kapitel C.2. Da sich die beiden Gesellschaftstypen hinlänglich der zentralen Merkmale unterscheiden (siehe Positionierung in Matrix bzw. Ausgestaltung der Profile in Kapitel C.3.5), lässt dies den Schluss zu, dass positive bzw. negative

230 Bereits Adams, Hill & Roberts (1998) haben in ihrer Studie herausgefunden, dass die Wichtigkeiten und Inhalte, vor allem im Bereich der sozialen Berichterstattung, stark divergieren können; vgl.: Adams, Hill & Roberts, 1998, S. 18-20.

Bewertung tendenziell von einem oder mehreren Charakteristika der Gesellschaften bedingt sein können.

4. Einfluss der Gesellschaftsmerkmale auf die Nachhaltigkeitsorientierung

4.1 Einführende Bemerkungen und Literaturanalyse

4.1.1 Ziele der Untersuchung

Viele Autoren (z.B. Gray, Bebbington & Walters, 1998) haben sich damit beschäftigt, wie Controllingsysteme dazu genutzt werden können, das Verhalten von Unternehmen zu beeinflussen resp. die Unternehmen zu einem Umdenken zu bewegen. Daneben wurde jedoch auch vermutet, dass Unternehmen dazu tendieren können, das Nachhaltigkeitscontrolling und seine Instrumente zu verwenden, um ihre eignen Interessen zu verfolgen (z.B. Larrinaga-González et al., 2001). Hieraus würde folgen, dass Unternehmen zwar bestimmte Dinge berichten, dies aber keine Effekt auf ihr eigentliches Verhalten bzw. ihre wirkliche Nachhaltigkeits-bezogene Leistung hat (Adams & Larrinaga-González, 2007, S. 334). Nichtsdestotrotz kann nicht bestritten werden, dass Controllingsysteme einen Einfluss auf Organisationen haben et vice versa. Demnach besteht immer ein Spannungsverhältnis zwischen den Umständen und Charakteristika einer Organisation und seinen Controllingsystemen (Otley, 1980, S. 414). In Kapitel C.3.2.2.2 wurde z.B. herausgearbeitet, dass die Auswahl und die Zusammenstellung von z.B. Kennzahlen immer unternehmensspezifisch sind. Die verwendeten Kennzahlen sind damit ein konkreter Ausdruck a) der Art der Organisation, b) ihrer situativen Konditionen sowie c) den involvierten Personen und den von ihnen verfolgten Interessen. Dabei gilt, dass diejenigen Merkmale eines Unternehmens, die den Verantwortlichen, seien es das Management oder Investoren, aktiv wahrgenommen und beachtet werden, eine Rolle in den Entscheidungen spielen und das Handeln bzw. die Auswahl des Unternehmens beeinflussen (Chenhall, 2003, S. 128).

Jennifer Ho & Taylor (2007, S. 124) führen aus, dass eine zunehmende Erfassung und Veröffentlichung von nicht-finanziellen, Nachhaltigkeits-relevanten Informationen in den Controllingsystemen von Unternehmen (tendenziell) auf eine zunehmende Durchsetzung des Konzeptes der nachhaltigen Entwicklung schließen lässt In Bezug auf das Nachhaltigkeitscontrolling kann somit festgestellt werden, dass sich eine systematische Berücksichtigung bzw. Verwendung von Nachhaltigkeits-relevanten Controllinginstrumenten, d.h. von standardisierten Managementsystemen und Regelungen zur Berichterstattung, grundsätzlich mit einer Orientierung an dem genannten Nachhaltigkeitskonzept in Verbindung bringen ließe (Hahn & Scheermesser, 2006, S. 152). Diese Orientierung kann dann als eine Art der Institutionalisierung anderer als rein ökonomischer bzw. finanzieller Ziele innerhalb der Unternehmen gesehen werden. Weiterhin bedeutet diese Orientierung ein „Bekenntnis“ zum Konzept der nachhaltigen Entwicklung, d.h. es wird anerkannt, dass der Gesellschaft bestimmte Handlungsräume zur Verfügung stehen, um den Anforderungen der relevanten Anspruchsgruppen nachzukommen (Hansen & Schrader, 2005, S. 375).

Bisher wurde in dieser Untersuchung die Bedeutung von sowohl abstrakten Themen als auch von spezifischen, Nachhaltigkeits-relevanten Controllinginstrumenten für Private Equity-Investoren untersucht. Es konnte gezeigt werden, dass diese Instrumente zwar (noch) nicht die höchste Priorität genießen, jedoch auch nicht als vollends obsolet wahrgenommen werden. Vielmehr zeigten sich starke Schwankungen in den Bewertungen verschiedener Beteiligungsgesellschaftstypen. Somit stellt sich die Frage, ob dies nur eine rein zufällige Auffälligkeit ist, oder ob diese Bewertungsschwankungen auf systematische Strukturen zurückgeführt werden können. Die Klärung dieses Umstandes intendiert Forschungsfrage 3, die danach fragt, ob (spezifische) Charakteristika die Verwendung Nachhaltigkeits-relevanter Controllinginstrumente und damit die Nachhaltigkeits-Orientierung beeinflussen.

Auf Grundlage eines kontingenztheoretischen Modells und der relevanten Literatur zum Private Equity-Controlling sollen daher im Folgenden die Forschungsfrage 3 beantwortende Hypothesen entwickelt und systematisch überprüft werden. In Anlehnung an die Ausführungen von Bortz & Döring (2003) wird ein konsistentes Vorgehen zur Gewinnung der Hypothesen über die Präsenz und Gewichtung von Nachhaltigkeits-relevanten Managementsystemen und Indikatoren genutzt. Dies wird überprüft, indem die Kontroll-spezifischen Merkmale mit (institutionellen) Charakteristika der befragten Gesellschaften in Verbindung gesetzt werden (S. 376).[231]

[231] Es muss an dieser Stelle festgehalten werden, dass die folgenden Analysen nicht dazu dienen sollen, die erzielte Clusterlösung bzw. die einzelnen Cluster (aus Abschnitt C.3.3) zu bestätigen. Die spezifisch benannten Gruppen dienten im vorangegangenen Abschnitt lediglich zur Aggregierung der Merkmale sowie zur Ableitung der Hypothesen über mögliche Beziehungszusammenhänge. Dieser Abschnitt ist damit als völlig autark anzusehen. Vielmehr sollen die Charakteristika identifiziert werden, die eine systematische Verwendung von Nachhaltigkeits-relevanten Controllinginstrumenten, und damit eine Nachhaltigkeits-Orientierung der Beteiligungsgesellschaften statistisch signifikant bedingen.

4.1.2 Untersuchungsablauf

Der Ablauf dieses dritten und letzten empirischen Untersuchungsabschnittes ist wie folgt aufgebaut: den Anfang machen die Grundlagen zur Herleitung der zu überprüfenden Hypothesen. Hierzu werden erst bestehende, empirische Erkenntnisse zum Private Equity-Controlling und seinen Determinanten vorgestellt (Kapitel C.4.1.3). Anschließend wird die gewählte theoretische Basis begründet und erläutert (Kapitel C.4.2). Diese fungiert als Basis für die Ableitung des zugrunde liegenden Bezugsrahmens (Kapitel C.4.3.1). Diese vorbereitenden Abschnitte kumulieren in der Ableitung der zu prüfenden Hypothesen in Abschnitt C.4.3.2. Die für die Überprüfung der Hypothesen adäquaten Variablen und Untersuchungsmethoden sollen als erster Schritt in den Kapiteln C.4.3.3 – C.4.3.5 dargestellt werden. Die Untersuchung der Nachhaltigkeits-Orientierung erfolgt im Anschluss in einem mehrstufigen Verfahren. Nach der einleitenden Beschreibung der verwendeten Variablen sowie einer einführenden Korrelationsanalyse sollen zuerst die Determinanten der aktuellen bzw. zukünftigen Verwendung von nicht-primär finanziellen Managementsystemen (Kapitel C.4.3.6) sowie die Determinanten der aktuellen bzw. zukünftigen Verwendung von Nachhaltigkeits-relevanten Indikatoren (Kapitel C.4.3.7) überprüft werden.[232] Als abschließender Teil sollen die Determinanten der Nachhaltigkeits-Orientierung der Beteiligungsgesellschaften mittels einer aus den beiden vorangegangenen Abschnitten synthetisierten Maßgröße ermittelt, und die gewonnen Erkenntnisse zusammengefasst werden (Kapitel C.4.3.8). Abschnitt C.4.4 resümiert die Ergebnisse überblicksartig und zieht ein Fazit.

4.1.3 Empirische Erkenntnisse zum Private Equity-Controlling

Nachdem in Abschnitt B.3 die Grundlagen des Controllings bzw. die Abgrenzung des Private Equity-Controllings vom (industriellen) Beteiligungscontrolling sowie die Herausstellung der inhaltlichen Besonderheiten ausgearbeitet wurden, soll sich dieser Abschnitt mit dem empirischen Kenntnisstand über das Private Equity-Controlling befassen. Zur Identifizierung der relevanten Studien in diesem Bereich wurde eine umfassende Literaturanalyse durchgeführt.

[232] Die Auswahl der Methoden orientiert sich dabei nach den Ausführungen von Drazin & Van de Ven (1985). Die Autoren differenzierten hier bei der Untersuchung von Kontingenztheorie-basierten Studien zwischen a) der Suche und Auswahl von Kontextfaktoren (*selection*), b) der Untersuchung der Interaktion von Kontextfaktoren und Strukturen und c) der Analyse von Systemen. Da es sich bei dieser Untersuchung klar um die Analyse der Interaktion zwischen den Merkmalen der Beteiligungsgesellschaften und der Verwendung spezifischer Controllinginstrumente handelt, trifft aus dieser Untersuchung der Fall b) zu. Hierfür empfehlen Drazin & Van de Ven (1985) die Anwendung von Mittelwertvergleich und Regressionsanalysen vor. Die vorgeschaltete Korrelationsanalyse dient hier zur Identifizierung erster Auffälligkeiten; vgl.: Drazin & Van de Ven, 1985, S. 515.

Der Zweck der Literaturanalyse war es, die Theorien, Konzepte und vor allem (empirischen) Erkenntnisse zu erfassen, die den Wissenstand zu dem behandelten Themengebiet ausmachen. Es sollten die Studien identifiziert werden, die sich a) mit dem Private Equity-Controlling an sich (Gestaltung, Instrumente, Inhalte etc.) und b) der Interaktion zwischen Beteiligungsgesellschaft und Portfoliounternehmen auf dem Controlling-Niveau beschäftigen.

Das Vorgehen orientierte sich dabei an den Empfehlungen und Ausführungen von Webster & Watson (2002) zu den Methoden der Literaturanalyse (so auch Rom & Rohde, 2007, S. 41; Roskos, 2003, S. 166). Zu Beginn der Literaturanalyse wurde eine erste grobe Stichwortsuche in den gängigen Literaturdatenbanken (Ebsco, ScienceDirect, Jstor, ABI-Inform, SSRN etc.) sowie dem (öffentlichen) Internet durchgeführt.[233] Als zweiter Schritt wurde die Suche auf die Journale und Magazine ausgeweitet, die im ersten Schritt relevante Artikel und Beiträge enthielten. Parallel dazu wurden zusätzlich Dokumentationen von Konferenzen nach relevanten Beiträgen durchsucht, die thematisch verwandte Forschungsgebiete fokussieren (z.B. BCERC, RENT, ICSB, AISDRC, EURAM, G-Forum etc.). Diese drei Schritte ergaben eine erste Auswahl möglicherweise relevanter Artikel. Neben der Durchsicht und Analyse dieser wurden ihre Literaturlisten nach weiteren, dort zitierten relevanten Artikeln und wissenschaftlichen Beiträgen durchsucht.

Es konnte nur eine überschaubare Anzahl von relevanten Studien identifiziert werden, die sich explizit mit dem Controlling von Beteiligungsgesellschaften bzw. Controlling in Private Equity-Transaktion im Allgemeinen auf empirischer Ebene befassen. Insgesamt befassen sich 14 Studien aus internationalen Journalen im Groben mit dem angesprochenen Thema.[234] Diese relativ geringe Zahl wissenschaftlicher Studien deckt sich mit den Ausführungen verschiedener Autoren (Armstrong et al. 2006; Hand, 2005; Beuselinck, Deloof & Manigart, 2004).

[233] Zentrale Stichworte waren *„Private Equtiy"* / *„Venture Capital"*, *„management accounting (system)"*, *"management information system"*; *"Controlling"*, *"reporting"* und *"instruments"*. Diese wurden jeweils in sinnvollen Kombinationen in den entsprechenden Datenbanken abgefragt.

[234] Die spezifische Literaturanalyse wurde allein für relevante Quellen zu Private Equity und Controlling durchgeführt. Studien, die sich empirisch mit Nachhaltigkeitscontrolling befassen, wurden nicht berücksichtigt. Begründung hierfür ist die konkrete Fokussierung der vorliegenden Studie auf Controllinginhalte von Private Equity-Gesellschaften. Studien zur Verbindung aller drei Themengebiete (Private Equity, Nachhaltigkeit und Controlling) konnten nicht ausgemacht werden.

Beuselinck & Manigart (2007, S. 262) bestätigen dies nochmals ausdrücklich für den aktuellsten Stand der Wissenschaft.[235]

Die Studien wurden hinsichtlich ihrer inhaltlichen Fokussierung in zwei Kategorien aufgeteilt. Die größte Kategorie bilden dabei Studien, die sich mit dem Einfluss der Private Equity-Investoren auf Controlling-relevante Themen ihrer Portfoliounternehmen beschäftigen. Die zweite, weitaus kleinere Kategorie, bilden Studien, die sich explizit mit Inhalten und Gestaltungen des Controllings auf Beteiligungsgesellschafts-Ebene befassen. Die Studien sollen hinsichtlich ihrer Fragestellungen, Methodiken und Ergebnisse in den folgenden beiden Abschnitten überblicksartig dargestellt und zusammengefasst werden.

4.1.3.1 Studien zum Einfluss der Beteiligungsgesellschaften auf das Controlling der Portfoliounternehmen

Studien z.B. von Gompers (1995) und Sapienza, Manigart & Vermeir (1996) sowie spätere Analysen z.B. von Kaplan & Strömberg (2002) haben gezeigt, dass Private Equity-Investoren ihre Beteiligungen sehr eng kontrollieren und überwachen (siehe hierzu auch Kapitel B.1.1). Um resultierende Konflikte und Probleme zu vermeiden, sind sie sehr oft auch im Tagesgeschäft der Portfoliounternehmen involviert. Die Grundlage der Interventionen und Datenversorgung sind die verhandelten Einfluss- und Informationsrechte (Wright & Robbie, 1998, S. 539). Durch die Einbindung und resolute Einflussnahme haben die Private Equity-Investoren oft einen großen Effekt auf die Art und Weise und auf die Professionalität der Führung von Portfoliounternehmen (*governance*) (siehe hierzu z.B. Hellman & Puri, 2002). Bisher konnte noch kein umfassendes einheitliches Konzept bzw. Verständnis dieser Mechanismen entwickelt werden (Beuselinck & Manigart, 2007, S. 262).

Wie bereits klar wurde, bilden Controllingsysteme einen zentralen Baustein der Unternehmensführung. Die folgenden Studien beschäftigen sich ausschließlich mit der Frage, in welcher Weise die Private Equity-Investoren die Controllingsysteme der Portfoliounternehmen beeinflussen.

[235] Abzugrenzen sind hier Studien, die sich besonders mit Kennzahlen zu Private Equity-Transaktionen bzw. der Relevanz von Controlling-Inhalten zu Investitionsentscheidungs- oder Bewertungszwecken beschäftigen. Zu diesem Bereich liegt eine Vielzahl von Studien vor, die bereits eine lange Tradition haben. Zu nennen sind hier u.a. die Studien von MacMillan, Zemann & Subbanarasimha (1987); Fried & Hisrich, 1994; Gompers (1995); Lerner (1995); Wright & Robbie (1996, 1998), Manigart et al. (2000) und Ljungqvist, Richardson & Wolfenzon (2007). Da diese Studien jedoch inhaltlich nicht mit einem Gestaltungseffekt o.ä. befasst sind, wurden sie in der Literaturanalyse nicht erfasst.

Jones (1992) untersucht Veränderungen von Controllingsystemen, die durch einen Management Buyout (MBO) induziert wurden. Im Speziellen interessiert er sich für die Rolle der Informationssysteme für die Wertgenerierung in MBO's und veränderte Einstellungen von Managern gegenüber diesen. Den theoretischen Unterbau der Arbeit bildet die Kontingenztheorie (z.B. nach Otley (1980) oder Khandwalla (1975)). Für ein Sample aus 20 US-Unternehmen, die laut Presseaussagen MBO's durchgeführt hatten, wurden Interviews mit dem Senior Management durchgeführt. Es ergibt sich, dass die Controllingsysteme in Folge eines MBO z.T. grundlegend umgeformt wurden. Individuelle Determinanten der Veränderungen konnten nicht identifiziert werden.

Hieran anschließend differenzieren Bruining, Bonnet & Wright (2004) weiterhin zwischen den Auswirkungen auf etablierte oder junge Buyouts. Sie zeigen in einer komparativen Fallstudie, dass vor allem unternehmerisch geprägte, junge Buyouts Bedarf an Private Equity-Investoren haben, die auch andere als rein finanziell-analytische Fähigkeiten in das neue Unternehmen einbringen. Diese Fähigkeiten müssen u.a. dazu eingesetzt werden, bestehende Controllingsysteme durch Veränderungen, z.B. durch die Einführung von nicht-finanziellen Betrachtungsweisen, optimal an die neue Unternehmenssituation anzupassen. Des Weiteren zeigt sich, dass die Finanzierung mit Private Equity (in Form eines Buyouts) die Grundsätze und Ansichten der Unternehmen verändern kann (*contingency perspective*). Dieses schlägt sich laut den erzielten Ergebnissen auch in den Controllingsystemen des post-MBO-Unternehmens nieder.

Eine explorative Studie von Mitchell, Reid & Terry (1996) untersucht die Charakteristika der Controllingsysteme von Firmen, die durch Venture Capital-Investoren finanziert wurden. Ziel der Studie ist der Nachweis von Effekten der Kapitalbeschaffung auf die Veränderung von internen Informationssystemen und -prozessen. Auch hier wird die Kontingenztheorie als theoretische Grundlage verwendet. Das Sample bildeten jeweils zwölf Venture Capital-Investoren und mindestens ein finanziertes Unternehmen, mit denen jeweils Interviews geführt wurden. Buyout- (40%) und Entwicklungsphasen-Investoren (45%) waren am stärksten im Sample vertreten. Es ergibt sich, dass die Einflussmöglichkeiten der Investoren auf die Controllingsysteme a) von der Beteiligungshöhe und b) von der Ausgestaltung der geschlossenen Verträgen abhängen. Die Beteiligung von Venture Capital-Investoren hat definitiven Einfluss auf die Ausgestaltung der Controllingsysteme. Vor allem zieht diese Involvierung eine Standardisierung der Berichtssysteme nach sich. Weiterhin unterstreicht die Studie den hohen Bedarf der Investoren an adäquaten Informationen, vor allem nach dem Beteiligungserwerb, also während der Transaktionsphase.

Der Effekt von Private Equity-Investoren auf das Reportingverhalten (*financial disclosure*) und die Controllinginhalte wurde in einer späteren Studie von Beuselinck, Deloof & Manigart (2004) untersucht. Die Grundlage bilden 556 Private Equity-finanzierte, belgische Unternehmen, deren Daten aus dem Zeitraum von 1985 bis 1999 erhoben und mittels der Panel-Analyse ausgewertet wurden. Es zeigt sich, dass Unternehmen ein Jahr vor dem Investment mehr Informationen veröffentlichen als Firmen, die kein Private Equity erhalten haben. Des Weiteren korreliert eine professionellere Ausgestaltung der Controllingsysteme positiv mit dem Eintreten eines Private Equity-Investors.

Hand (2005) generiert ähnliche Befunde für ein Sample von 600 US-Biotechnologie-Firmen. Die Ergebnisse unterstreichen die Relevanz der kommunizierten finanziellen Daten (ausgewiesen nach den Richtlinien das US-GAAP[236]) für die Wertentwicklung in öffentlichen Kapitalmärkten (*post-IPO*), vor allem in den späteren Entwicklungsphasen der Unternehmen, und wenn Venture Capital-Investoren Anteile halten.[237] Umgekehrt verhält sich diese Entwicklung für nicht-finanzielle Daten.[238] In frühen Entwicklungsphasen und außerhalb der organisierten Kapitalmarktes (*pre-IPO*) sowie Venture Capital-Transaktionen spielen nicht-finanzielle Daten in eine dominantere Rolle.[239] Hand (2005) schlussfolgert, dass Venture Capital-Investoren vor allem in frühen Entwicklungsphasen Abschätzungen über Wertentwicklungen eher aus nicht-finanziellen Daten ziehen. Logischerweise richten sie hierfür ihre Controllingsysteme, und damit auch die ihrer Portfoliounternehmen, extensiver auf die Erfassung und Aufbereitung von nicht-finanziellen Daten aus.

[236] United States-Generally Accepted Accounting Principles (US-GAAP). Siehe für eine Beschreibung und Einführung z.B. Schildbach (2002).

[237] Hierzu passend legen Engel, Gordon & Hayes (2002) dar, dass die Präsenz von Venture Capital-Gebern bei IPO-Firmen regelmäßig mit einer Verringerung der finanziellen Zuwendungen an die Manager bzw. von diesen geringe im Vergleich zu nicht-Venture Capital-finanzierten Unternehmen gewährt werden; vgl.: Engel, Gordon & Hayes, 2002, S. 485.

[238] Dies sind in der Studie z.B. das Alter der Unternehmen, Werte des AMEX Biotechnology Index, Patentzahlen und –umfänge, die Anzahl strategischer Allianzen, Investition eines CVC-Investors, die Lebenszyklus-Phase des Unternehmens sowie Angaben zur Anteilsverwässerung (*equity dilution*); vgl.: Hand, 2005, S. 625-626.

[239] Für empirische Erkenntnisse zur Rolle von Private Equity-Investoren für den Erfolg von Börsengängen junger Unternehmen siehe auch Jain & Kini (2000).

Davila & Foster (2005) überprüfen in einer Querschnittsanalyse (*cross-sectional analysis*) die Determinanten der Etablierung von unterschiedlichen Controllingsystemen (z.B. Budgets, Activity-Based-Costing, Total Quality Management (TQM) etc.). Für die Anwendung von Budgets wurden bestehende Agency-Kosten, die Unternehmensgröße und gelebte Managementstile als Einflussgrößen identifiziert. Der Weiteren korrelieren vor allem die Präsenz von Venture Capital-Investoren sowie die (positiven) Einstellungen der Unternehmensleitung positiv mit einer Etablierungsentscheidung. Die Venture Capital-Investoren werden besonders herausgehoben. Die Autoren führen aus, dass die Präsenz von diesen die schnelle Einführung von professionellen, strukturierten Controllingsystemen fördert.

Zu einem ähnlichen Ergebnis kommen Granlund & Taipaleenmäki (2005), die herausstellen, dass es vor allem für Unternehmen aus der „*new economy*" charakteristisch ist, Controllingsysteme auf externen Druck von Financiers (z.B. Venture Capital-Investoren) schnell zu etablieren.

In einer aktuellen Nachfolgestudie heben Davila & Foster (2007) bestimmte Controllingsysteme (z.B. Finanzplanung, strategische Planung und Personalplanung) als besonders wichtige Systeme in der Gründungsphase hervor. Wiederum steht die Präsenz eines oder mehrer Venture Capital-Investoren in einem positiven Zusammenhang mit der schnelleren Etablierung dieser Controllingsysteme.[240] Die Autoren weisen besonders auf die Rolle der Unternehmensgröße (als Maß für die Entwicklungsstufe des Portfoliounternehmens) für die Notwendigkeit von professionelleren und komplexeren Controllingsystemen hin.

Beuselinck & Manigart (2007) untersuchen den Zusammenhang der Qualität des finanziellen Reportings (*monitoring*) von Private Equity-finanzierten Unternehmen und der Beteiligungshöhe eines Private Equity-Investors. Für ein Sample von 270 belgischen Unternehmen zeigt sich, dass Firmen mit hoher Private Equity-Beteiligungsquote eine schlechtere Qualität im finanziellen Reporting aufweisen als Firmen, die eine geringere Beteiligungsquote von Private Equity-Gesellschaften aufweisen. Die Autoren begründen dieses Ergebnis mit den bestehenden Agency-Konflikten in Private Equity-Transaktionen. Private Equity-Investoren mit einem geringen Anteil haben höhere Ansprüche an die Qualität des Reportings als PE-

[240] Zur Vermeidung von Verwirrungen muss an dieser Stelle auf die terminologische Verwendung der Begriffe „*management accouting systems*" und „*management control systems*" und deren Gleichbedeutung hingewiesen. Wie bereits in Abschnitt C.1.3 ausgeführt, werden diese Begriffe innerhalb dieser Arbeit allgemein unter den Begriff „Controllingsystem" subsumiert.

Investoren mit einem hohen Anteil, da diese andere Methoden haben, an unternehmensrelevante Informationen zu kommen. Zusätzlich betonen Beuselinck & Manigart (2007), dass die systematische Verbesserung der Controllingsysteme nach dem Erhalt von Risikokapital stetig steigt.[241] Dies kann ein als ein Hinweis auf einen positiven Zertifizierungseffekt von Private Equity-Investoren gewertet werden.

Einen anderen Blick werfen Wijbenga, Postma & Stratling (2007) auf die Controllingbeziehungen zwischen Private Equity-Investoren und Portfoliounternehmen. Sie gehen dabei von dem Gedanken aus, dass alle Steuerungsmaßnahmen durch den Venture Capital-Investor die Ausgestaltung und Komplexität von Controllingsystemen der Portfoliounternehmen beeinflussen.[242] Die Studie untersucht die Verbindung zwischen den Steuerungsmaßnahmen und der Bevorzugung von entweder Kosten- oder Anreiz-orientierten Controllingsystemen sowie deren Auswirkungen auf die finanzielle Leistungsfähigkeit der Portfoliounternehmen. Die Autoren zeigen, dass vor allem Betreuungs- und Überwachungsmaßnahmen der Venture Capital-Investoren positiv mit der Entwicklung von Controllingsystemen korrelieren. Grundsätzlich unterstützen diese eine solide finanzielle Entwicklung der Gründungsunternehmen.

Als Fazit ergibt sich, dass sämtliche vorgestellte Studien die positive Beziehung zwischen dem Anteilsbesitz von Venture Capital-Investoren und der Ausgestaltung von Controllingsystemen stützen. Des Weiteren wurde mehrfach gezeigt, dass die Art und Weise dieser Beziehung durch bestimmte Determinanten beeinflusst wird. Die Ergebnisse sind jedoch aufgrund der noch recht geringen Anzahl empirischer Befunde nicht allgemein anerkannt. Weiterhin muss angemerkt werden, dass sich lediglich eine Studie konkret mit nicht-finanziellen Daten und deren Anwendung und Rolle innerhalb von Private Equity-Transaktionen beschäftigt hat. Sämtliche andere Studien sind allein auf die Betrachtung von finanziellen Daten und Indikatoren fokussiert. Auch stellen nur zwei Studien die Entscheidung für die Auswahl bestimmter Controllingsysteme und die hier bestimmenden Faktoren in den Fokus des akademischen Interesses.

---

[241] Diese Ergebnisse korrespondieren mit früheren Befunden von Beuselinck, Deloof & Manigart (2004) sowie Katz (2006), die den Zusammenhang von Qualität der Finanzdaten von Private Equity-finanzierten Unternehmen und dem Unternehmenswert betrachtet haben.

[242] Wobei sich die Autoren bezüglich der theoretischen Basis aus die *Agency-Theorie* und die *Resource-Dependence-Theorie* stürzen; vgl.: Wijbenga, Postma & Stratling, 2007, S. 258.

4.1.3.2 Studien zur Verwendung und Gestaltung von Controlling-Instrumenten und -Systemen durch Beteiligungsgesellschaften

Studien, die sich mit den Präferenzen und Verhalten von Private Equity-Gesellschaften hinsichtlich Controllinginhalten bzw. ihres Informationsverhaltens befassen, sind bei weitem weniger zahlreich vertreten als Untersuchungen zum Einfluss der Investoren auf ihre Portfoliounternehmen. Die relevanten Studien unterteilen sich in die Untersuchung a) der Informations- und Veröffentlichungspolitik von Private Equity-Gesellschaften und b) der Bewertung von Controllinginhalten durch Private Equity-Gesellschaften. In der ersten Kategorie konnten drei relevante Studien identifiziert werden, in der zweiten lediglich eine aktuelle Studie von Bassen & Gröne (2003). Die Studien sollen im Folgenden überblicksartig dargestellt werden.

In einer der ersten Studien überhaupt widmen sich Robbie, Wright & Chiplin (1997) dem Thema der Überwachung von Privat Equity-Gesellschaften durch ihre Kapitalgeber. Ziel der Studie ist es, Befunde über die Natur und den Umfang der Informationsübermittlung zwischen Investoren und (institutionellen) Kapitalgebern zu sammeln. In Fragebogen-basierten Interviews mit 25 Private Equity-Geschäftsführern stellte sich heraus, dass die Anforderungen der Kapitalgeber an die Informationsbereitstellung vom Geschäftstyp abhängt. Hier unterschieden sich vor allem „unabhängige" Beteiligungsgesellschaften von anderen Gesellschaftsarten. Der IRR sowie Liquiditätsmaße, also rein finanzielle Leistungsdaten, wurden als wichtigste Informationsträger identifiziert. Des Weiteren konnte gezeigt werden, dass die Kapitalgeber aufgrund des relativ geringen Anteils von Private Equity-Anteilen in ihren Portfolios eher reaktiv bzw. passiv als proaktiv mit diesen umgehen. Ein möglicher Einfluss der Kapitalgeber auf die Controllinginhalte wurde nicht untersucht.

Kemmerer & Weidig (2005) bestätigen die Anforderungen der Kapitalgeber an eine zeitnahe Informationsversorgung durch den Private Equity-Investor. Die Überprüfung von 200 Beteiligungsgesellschaften (15% Buyout; 85% Venture Capital) ergab, dass die Kapitalgeber grundsätzlich ein Viertel- oder (maximal) halbjährliches Reporting verlangen. Daneben stellte sich heraus, dass die Qualität dieser Berichte bei europäischen Beteiligungsgesellschaften stark zugenommen hat. Als Grund für die schnellere Informationsversorgung werden vor allem Ansätze zur Reduzierung von Agency-Konflikten (resultierend aus Informationsasymmetrien) angeführt. Die Autoren weisen besonders auf die wichtige Rolle der Berichterstattung durch die Private Equity-Investoren für die Reputationsbildung hin. Als eines der zentralen Ergebnisse stellen Kemmerer & Weidig (2005) die Organisationscharakteristika der Private Equity-Gesellschaften (z.B. Erfahrung, Finanzierungsfokus etc.) als wichtige Determinanten des Berichterstattungsverhaltens heraus.

Eine weitere Studie zur Informationsersorgung der Kapitalgeber stammt von Thoen & Lefebvre (2005), die einen Einblick in die Praxis der Veröffentlichungs-Politik von Private Equity-Gesellschaften geben. Konkret fragen die Autoren danach, wie und auf welcher Aggregationsebene belgische Private Equity-Gesellschaften ihre Kapitalgeber informieren. Der inhaltliche Fokus der explorativ gestalteten Studie liegt auf den Informationen zur Bewertung bzw. zum Wert von Beteiligungsportfolios. Die Grundlagen der Untersuchung fußen auf theoretischen Erkenntnissen zur Veröffentlichungspolitik (*disclosure*) von Unternehmen (z.B. Dyre, 2001). Die deskriptiven Ergebnisse wurden aus einem Sample von 42 Private Equity-Gesellschaften gewonnen. Die Ergebnisse unterstützen die vorherigen Aussagen, dass die Information der Kapitalgeber eine zentrale Aufgabe der Private Equity-Investoren ist. Weiterhin stellen die Autoren heraus, dass in vielen Fällen weit mehr Informationen bereitgestellt und aufbereitet werden, als dies gesetzlich vorgeschrieben ist.

Die einzige Studie, die sich spezifisch mit der Relevanz bestimmter Controllingsysteme und – instrumente für Private Equity-Gesellschaften beschäftigt, wurde von Bassen & Gröne (2003) vorgelegt. Ziel der Studie ist die Analyse der „Erwartungen und Anforderungen von [Private Equity-] Investoren an ein problemadäquates Early-Stage-Controlling“ (Bassen & Gröne, 2003, S. 293).[243] Es werden verschiedene Kategorien von Controllingsystemen und – instrumenten überprüft (Rentabilitäts-orientierte Instrumente, integrierte Plan- und Berichtssysteme, Shareholder-Value-orientierte Instrumente, Ressourcen-orientierte Controllingsystemen). Die Analyse ergibt, dass in der Praxis vor allem traditionelle Controllinginstrumente (z.B. Kennzahlenanalyse etc.) eine wichtige Rolle spielen. Neuere, integrierte Konzepte (z.B. Balanced Scorecard) haben sich noch nicht durchgesetzt. Weiterhin konnte nochmals die enorme Wichtigkeit von nicht-finanziellen Kennzahlen in den Frühphaseninvestitionen unterstrichen werden (siehe hierzu die Ausführungen in Kapitel 3.2.2.1). Einschränkend muss hier angemerkt werden, dass die Autoren nicht die Determinanten der Verwendung von bestimmten Instrumenten untersuchen.

[243] Die Studie grenzt sich durch den Private Equity-Fokus von Studien z.B. von Pohl & Rehkugler (1986), Kosmider (1991) und Niedermayr (1994) ab, die Verwendung von Controllinginstrumenten in kleinen und mittleren Unternehmen (KMU) sowie die Determinanten der Relevanz und der Verwendung dieser analysiert haben.

Zusammenfassend kann festgestellt werden, dass die beschriebenen empirischen Studien sich bisher recht einseitig mit dem Thema Private Equity-Controlling auseinandergesetzt haben. Die konkrete Fokussierung auf die Bewertungen von Instrumenten durch Private Equity-Investoren kommt meist zu kurz. Auch werden Determinanten der Relevanz bzw. Verwendung fast nie explizit betrachtet. Zudem divergieren die benutzten, theoretischen Grundlagen. Oftmals beziehen die Studien die relevanten Theorien nicht bzw. unzureichend ein. Jedoch zeigt sich, dass die Kontingenztheorie, falls angewendet, einen adäquaten und oft genutzten Zugang darstellt.

4.2 Kontingenztheoretische Ausgestaltung von Controllingsystemen

In der Controllingforschung wurde bisher eine Vielzahl unterschiedlicher Theorien verwendet. Ein Grund dafür ist die Natur der Controllingforschung, die Abstimmungsprozesse zwischen Organisationen, Teilen von Organisationen oder Personen zu erforschen und zu erklären versucht. Aufgrund der dadurch induzierten Komplexität muss auf unterschiedlichste theoretische Erklärungsansätze zurückgriffen werden, um beobachtete Phänomene oder vermutete Zusammenhänge untersuchen bzw. die Ergebnisse erklären zu können. Die meisten Theorien stammen dabei aus der Betriebswirtschaftslehre. Jedoch sind auch aus anderen nahestehenden Disziplinen wie z.B. der Soziologie, der Volkswirtschaft oder der Verhaltenswissenschaften theoretische Modelle auf das Themenfeld des Controllings anwendbar. U.a. sind dies die Neoklassische Theorie, die Neue Institutionenökonomie, die Industrieökonomik, die Entscheidungs- und Spieltheorie, die Systemtheorie, der Resource-Dependence-Ansatz, der Netzwerkansatz sowie die Kontingenztheorie (Möller, 2002, S. 99-103).[244]

In vielen Studien, vor allem bei solchen zu den Determinanten von Controllinginhalten und –gestaltungen, nimmt die Kontingenztheorie einen zentralen Platz ein[245] und bildet die theoretische Fundierung (Adams & Larrinaga-González, 2007, S. 336).[246] Hinsichtlich dieser Studien können zwei grundsätzliche Strömungen identifiziert werden. Zum einen sind dies Stu-

[244] Für eine kurze Charakterisierung der einzelnen Theorien sowie deren Verbindung mit und Relevanz für die Controllingforschung siehe die bereits zitierte Arbeit von Möller, 2002, S. 99-103.

[245] Hier gilt es darauf hinzuweisen, dass kontingente Ansätze nicht nur in der Controllingforschung angewendet werden, sondern auch in anderen Forschungsbereichen der Betriebswirtschaftslehre. Es soll jedoch von einer Vorstellung von Studien z.B. aus dem Bereich der Strategieforschung (z.B. Ginsberg & Venkatraman (1985) abgesehen werden.

[246] Daneben legen auch viele Studien der Institutionenökonomie speziell den Principal-Agent-Ansatz zugrunde. Diese Arten von Studien fokussieren meist die Untersuchung z.B. der Rationalität von Controllingentscheidungen, Rituale, Legitimation- und Mobilisierungshandlungen etc.; vgl.: Adams & Larrinaga-González, 2007, S. 336.

dien, die das Controlling als unabhängige Variable positionieren und seinen Einfluss auf bestimmte Resultate (z.B. Profitabilität) untersuchen (Themen sind z.B. Informationseffizienz, Effekt auf Unternehmenswert, Effekt auf Unternehmensleistung)[247]. Zum anderen handelt es sich dabei um Studien, die das Controlling als abhängige Variable betrachten. Hier wird untersucht, ob Kontextfaktoren einen Einfluss auf die Controllingsysteme haben bzw. ob sie die spezifischen Ausprägungen (Ausprägungsgrad, die Strukturen oder die Verwendung/ Bewertung von Instrumenten) erklären können. Bei diesen Untersuchungsansätzen stellt die Kontingenztheorie besonders häufig die theoretische Basis dar (Flacke & Segbers, 2005, S. 1-2).[248]

Im Folgenden sollen die Grundlagen der Kontingenztheorie sowie zentrale Modelle zur Verquickung von Controllingsystemen und kontextuellen Einflussfaktoren dargestellt werden. Das Ziel dieses Abschnittes ist die Bereitung der theoretischen Grundlagen zur Ableitung und Aufstellung des Untersuchungsbezugsrahmens.

4.2.1 Grundlagen der Kontingenztheorie

"Contingency theory is based on the assumption that there is no universally appropriate accounting system for all organisations in all circumstances" – Shotter, 2001, S. 267.

"MAS are highly subjective, situational and systems should be tailored to business, objectives and managers of each company" – Jones, 1985, S. 304.

Im Ursprung ist die Kontingenztheorie eine theoretische Perspektive des Verhaltens von Organisationen, die die Wirkung von Kontingenzfaktoren (Technologien, Umwelt) auf die Gestaltung und die Funktion von Organisationen im Fokus der Betrachtung hat. Die Fundamente dieser organisationellen Richtung wurden von Thompson (1967), Perrow (1967) und Lawrence & Lorsch (1969) gelegt. Die Übertragung der Gedanken der Kontingenztheorie auf das Gebiet des Controllings fand vor allem in den 1970er Jahren statt. Auslöser waren Ergebnisse von Studien, die konträr zu den Erwartungen waren und mit den damaligen theoretischen Ansätzen nicht hinreichend erklärt werden konnten. Die damals gerade neu entwickelte Kontingenztheorie der Organisationswissenschaft bot hier Erklärungsansätze (Jones, 1985, S. 304).[249] Khandwalla (1972) hat als erster versucht, eine direkte Verbindung zwischen den (bis dato) erkannten Kontingenzfaktoren und den Controlling- und Informationssystemen herzustellen.

[247] Für einen Überblick siehe z.B. Chenhall (2003).
[248] Die Autoren geben u.a. einen Überblick über relevante Studien zum Thema des Kontext-spezifischen Aufbaus von Controllingystemen in KMU; vgl.: Flacke & Segbers, 2005, S. 3.
[249] Aktuelle Literaturüberblicke finden sich in Luft & Shields (2003), Chendall (2003) und Littkemann (2004).

Gordon & Miller (1976) sowie Waterhouse & Tiessen (1978) zielten in ihren Arbeiten vor allem auf die eher feinsinnigen Beziehungen zwischen Kontextfaktoren, strukturellen Charakteristika und der Controllingsystemgestaltung ab. Weiterhin hat der Ansatz von Lawrence & Lorsch (1969) als einer der ersten auch explizit die Wirkung von sozialen Arrangements, sozialer Kontrolle und Koordination sowie die Organisationsumwelt (inkl. Stakeholder) einbezogen (Covalski, Dirsmith & Samuel, 1996, S. 4-5).[250] Einschränkend muss hier jedoch angemerkt werden, dass der konkrete, allgemein akzeptierte empirische Nachweis der angenommenen Zusammenhänge trotz mannigfaltiger Studien bisher noch nicht belegt werden konnte (Emmanuel, Otley & Merchant 1990, S. 60-66; Shotter, 2001, S. 266-267).

Die Kontingenztheorie ist innerhalb der Controllingforschung ein Teilgebiet des *behavioral accounting*[251] (Schweikart, 1992, S. 471; Littkemann, 2004, S. 21), und stellt einen situativen Ansatz zur Betrachtung und Erklärung der Gestaltung und des Inhalts von Controllingsystemen dar (Möller, 2002, S. 103). Gerdin & Greve (2004, S. 304) beschreiben die Kontingenztheorie als einen Ansatz zur Erklärung der Struktur von Controllingsystemen und -instrumenten, der davon ausgeht, dass diese von Kontextfaktoren wie z.B. der Umwelt, der Strategie oder der Größe abhängig ist.[252] Somit liegt das zentrale Interesse der Kontingenztheorie in der Untersuchung der Art, des Umfangs und der Komplexität der Informationsnutzung in Organisationen. Untersuchungen, die auf der Kontingenztheorie basieren, sollen Zusammenhänge zwischen einzelnen Kontext- und Gestaltungsvariablen aufzeigen und Entscheidungsgrundlagen und –empfehlungen bereitstellen.

Nach Staehle (1999, S. 555), der sich auf die Arbeiten von Keppler (1974) beruft, sind kontingenztheoretische Probleme ein grundsätzliches Forschungsproblem innerhalb der Theorie der Planungsorganisation. Die hier fokalen Zusammenhänge sind in der folgenden Abbildung grafisch dargestellt (siehe Abbildung 43).

---

[250] Von sozialwissenschaftlicher Seite wurde die Entwicklung der Kontingenztheorie besonders durch Burns & Stalker (1970), Pugh et al. (1969) und Blau (1970) betrieben.

[251] *Behavioral Accounting* wurde von Burns & DeCoster (1969) als „Forschungsrichtung definiert, „*[that] considers the impact of the process of measuring and reporting on peaople and organizations*" (Burns & DeCoster, 1969, S. 5). Der Ansatz basiert zum großen Teil auf dem Lens Modell (Libby & Lewis, 1982). Das Modell beschäftigt sich mit der Beziehung zwischen Entscheidungen und Information und spezifisch mit der Nutzung von Information. Es wird angenommen, dass alle (verfügbaren) Informationen in einen Entscheidungsprozess aufgenommen werden und keine vorherige Filterung stattfindet; vgl.: Schweikart, 1992, S. 471.

[252] Grundlegende Arbeiten kamen hierzu u.a. von Otley (1980).

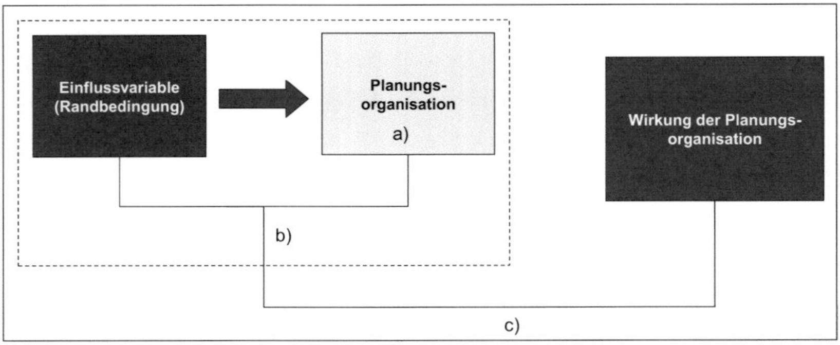

Abbildung 43: Grundsätzliche Zusammenhänge der Kontingenztheorie
Quelle: Eigene Darstellung in Anlehnung an Staehle (1999, S. 550)

Der dargestellte kontingenztheoretische Bezugsrahmen verbindet spezifische Einflussvariablen, die als Randbedingungen von Unternehmen verstanden werden können, über die Ausgestaltung der Planungsorganisation mit der Wirkung der Planungsorganisation auf ein Unternehmen bzw. auf die Leitungsfähigkeit eines Unternehmens und somit seinen Erfolg. Das Modell kann a) zur Beschreibung realer Planungsorganisationen, b) zur Erklärung und Prognose von Planungsorganisationen anhand von Randbedingungen und c) zur Erklärung und Prognose der Wirkungen von Planungsorganisationen unter Berücksichtigung der Randbedingungen („*fit*"; Gerdin & Greve, 2004) herangezogen werden.

Diese Annahmen folgen einem inhärenten Muster. Zu den Einflussvariablen zählen Umweltmerkmale (Dynamik, Komplexität, Abhängigkeit von anderen Akteuren etc.) und Unternehmensmerkmale (Unternehmensgröße etc.). Diese Merkmale haben nach dem dargestellten Modell direkten Einfluss auf die Art und Weise der Organisationsgestaltung. Die Organisationsgestaltung bestimmt vor allem die Formalisierung und die Funktionen von Organisationen. Die Merkmale von Organisationen sind primäre Determinanten des Organisationsspezifischen Planungsverhaltens. Zu diesem werden vor allem eingesetzte Prognoseverfahren, Entscheidungshilfen, benötigte Informationen, der zugrunde liegende Zeithorizont und der Formalisierungsgrad der Planung gezählt. Es kann davon ausgegangen werden, dass das notwendige Planungsmaß von der Komplexität und Dynamik bzw. den Anforderungen der ökonomischen Umwelt (inkl. Technologie) abhängt. Weiterhin gilt, dass eine höhere Komplexität bzw. Dynamik aufgrund des hierdurch induzierten erhöhten Unsicherheitsniveaus zu einer höheren Bedeutung des Controllings führt. Ein erhöhtes Planungsmaß stellt wiederum Anforderungen an eine passende Organisation. Deren Größe, Struktur und Merkmale (z.B. Planungsstellen und Aufbau-/ Ablaufstruktur) ist durch das Planungsmaß bedingt. Dieser Zusammenhang wird auch als *Kontext-Organisation-Planungsverhaltens-Muster* bezeichnet. (Staehle, 1999, S. 553-555)[253]

4.2.2 Beziehungszusammenhänge zwischen Controllinggestaltung und Kontextfaktoren

Es wurde bereits klar, dass in dem vorgestellten Beziehungsgeflecht zwischen verschiedenen Bestimmungsfaktoren zu unterscheiden ist. Übergeordnet kann hier eine Differenzierung in Umweltfaktoren und Unternehmens-interne Faktoren vorgenommen werden (Amigoni, 1978, S. 279). Die **Umweltfaktoren** sind dabei Variablen, die unabhängig von den Handlungen des zu betrachtenden Unternehmens sind. Diese beziehen sich vor allem auf die Gesellschaft, die Industrie oder die vorherrschenden Technologien. Flacke & Segbers (2005, S. 2) zählen zusätzlich insbesondere die nationalen Kulturen als wichtige Umweltvariable auf. Umweltvariablen werden als limitierende Faktoren für die Ausgestaltung der Organisationsgestaltung wahrgenommen. Ausgehend vom Zweck und den Zielen des Unternehmens bestimmen diese, wie Ausgestaltungen zu Zielvereinbarungen und Strukturierungsprozessen konkretisiert werden (Jennifer Ho & Taylor, 2007, S. 126-129). **Interne Variablen** liegen im direkten Einflussbereich des zu betrachtenden Unternehmens, und sind daher als direkte Gestaltungsvariablen zu verstehen. Anders als die Umweltvariablen sind sie eng miteinander verknüpft, und beeinflussen sich in komplexem Maße gegenseitig. Sie sind das Resultat der Evolution der Organisationsgestaltung in Kombination mit spezifischen Entscheidungen der Gestaltung der zentralen Prozesse.[254] Hierzu zählen vor allem die Unternehmensgröße, Unternehmensziele, strukturelle Differenzierung, Unternehmenskultur, vorherrschende Koalitionen und die Prioritäten (*preferences*) der Akteure des Unternehmens. (Jones, 1985, S. 305).

Besonders den Akteuren des Unternehmens fällt eine tragende Rolle zu. Neben den rein institutionellen Kontextfaktoren wurde in frühen Arbeiten auch immer der Einfluss der Handelnden in einer Organisation als ein wichtiger Kontextfaktor gesehen. Eine der wichtigsten Ein-

[253] Grundsätzlich muss hier jedoch angemerkt werden, dass ein positivistisches Weltbild zugrunde gelegt wird. Dies bedeutet u.a., dass die Annahme gilt, dass eine gesetzmäßige Ursache-Wirkung-beziehungen zwischen den Untersuchungsobjekten vorausgesetzt werden kann (Staehle, 1999, S. 551). Jones (1992) bemerkt hierzu kritisch, dass die Kontingenztheorie nicht direkt auf die Erklärung der Gründe des Wandels ab zielt. Vielmehr soll eine zentrale Aussage sein, dass Veränderungen in Organisationen und/ oder Veränderungen in Umweltzuständen die Veränderung von Managementinformations-/ bzw. Managementsystemen determinieren; vgl.: Jones, 1992, S. 152.

[254] Die Ausführungen gehen hier zurück auf den *Information Systems Approach* von Weick (1969).

sichten basiert auf den Arbeiten von March & Simon (1958). Aufbauend auf Arbeiten von Mayo (1938) und Barnard (1938) stellt diese heraus, dass soziale und psychologische Einstellungen und Wahrnehmungen signifikante Faktoren in Unternehmensentscheidungen und dadurch auch bei der Gestaltung von Controllingsystemen spielen (*human relations approach*). Einstellungen und Wahrnehmungen sind wiederum von Unternehmenszielen bzw. deren Interpretation durch die Unternehmensakteure abhängig. Repräsentiert werden diese grundsätzlich durch die immanente Managementphilosophie des Unternehmens (Ideologie). Bestimmend für die konkrete Ausgestaltung der Einstellungen und Wahrnehmungen sind z.B. die Qualität von Zielvorgaben (Cohen & March, 1974), politische Prozesse innerhalb des Unternehmens (Pettigrew, 1973), individuelle Handlungspräferenzen (Mintzberg, 1973) und Prioritätensetzung bei Unsicherheit (Jones, 1985). Konkret bedeutet dies, dass die Entscheidung, welche Inhalte (z.B. Kennzahlen) berücksichtigt werden, von den verantwortlichen Personen (Manager, Geschäftsführung, Anteilseigener etc.) getroffen und ist damit entscheidend von den Einstellungen und Wahrnehmungen der verschiedenen Anforderungen (z.B. ökonomisch, ökologisch und sozial) der Verantwortlichen beeinflusst (Morhardt, Baird & Freeman, 2002, S. 216). Die zentralen Entscheidungen werden dabei auf strategischer Ebene und unter der Berücksichtigungen der Einzelfallaspekte getroffen (Quick & Knocinski, 2006, S. 618). Mitchell, Reid & Terry (1996, S. 4) sprechen hier vom „*mindset*“ der Entscheidungsträger und heben die Anteilseigener als definitiv zu berücksichtigende Gruppe hervor.[255]

Auf Grundlage der geschilderten Erkenntnisse haben sich früh zwei unterschiedliche Grundtypen von Hypothesen in der controlling-relevanten Kontingenztheorie gebildet (Jones, 1985, S. 307-311):

- Umweltdynamik-Hypothesen (*environmental dynamism hypothesis*) und
- Strukturelle Komplexität und Umwelt-Heterogenitäts-Hypothesen (*structural complexity and environmental hypothesis*).

Die erste Hypothesengruppe fußt auf dem Kontingenz-Modell von Gordon & Miller (1976), die zweite Gruppe auf einem von Amigoni (1978) vorgeschlagenem Modell. Beide konkretisieren das einführend grafisch dargestellte Modell. Die grundlegenden Implikationen aus beiden Modellen sollen im Folgenden überblicksartig dargestellt werden.

[255] Für ein Modell zur Integration und Darstellung der Beeinflussung von Entscheidungsprozessen durch externe und interne Faktoren sei an dieser Stelle nochmals auf das Modell von Schweikart (1992) verwiesen.

4.2.2.1 Modell nach Gordon & Miller (1976)

Unternehmen führen Controllingsysteme ein und bauen diese aus, um Unsicherheit zu reduzieren. Unsicherheit wird vor allem durch die externe Umwelt eines Unternehmens determiniert. Durch die Einbindung in die externe Umwelt (als einen Teil von ihr) wird die Unsicherheit in Unternehmen induziert. Gordon & Miller (1976) vertreten, wie Khandwalla (1975), die Annahme, dass die Struktur, die Organisation und die Funktionen von spezifischen Controllingsystemen von der Dynamik der Umwelt determiniert werden. Die Frage ist, welche Ausgestaltungen die richtigen sind (Flacke & Segbers, 2005, S. 2). Das von Gordon und Miller (1976) vorgeschlagene Modell zur Darstellung der Beziehungen und Lösungsfindung ist in Abbildung 44 dargestellt.

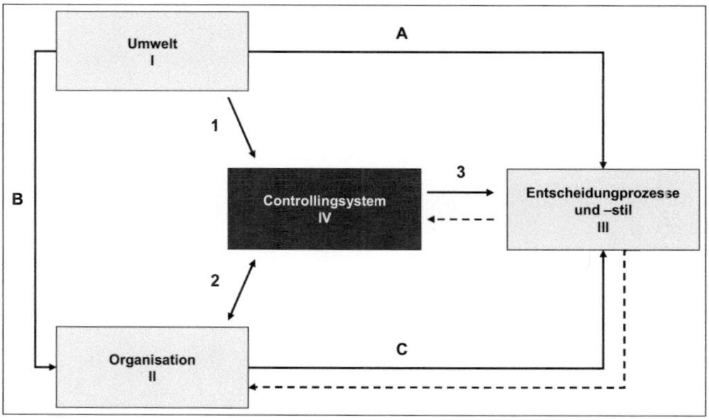

Abbildung 44: Beziehungen und Interaktion der Kontingenzvariablen
Quelle: Eigene Darstellung in Anlehnung an Gordon & Miller (1976, S. 59)

Im Fokus des Interesses steht die Ausgestaltung der **Controllingsysteme**. Inhaltliche Elemente sind hier: Informationslast (*information load*), Zentralisierung des Controllings, Berichtsfrequenz, Verwendung von finanziellen und nicht-finanziellen Daten und Bewertungsmethoden etc. Den Ausgangspunkt bildet die **Unternehmensumwelt**. Ihre Dynamik, Heterogenität und „Feindseligkeit“ (*hostility*) beeinflusst sowohl die Unternehmensorganisation (**B**) als auch die Entscheidungsprozesse des Unternehmens (**A**). Dynamik und Heterogenität werden vor allem durch sich ändernde Rahmenbedingungen bzw. Anforderungen und Präferenzen von den zentralen Umweltelementen (z.B. Kunden, Gesellschaft, Lieferanten, Politik etc.) getrieben. Die **Organisation** wird hier durch die jeweilige Dezentralisierung, Differenzierung, das Ausmaß der Integration und den Bürokratiegrad charakterisiert. Charakterisierende Dimensionen von **Entscheidungsprozessen und -stilen** sind vor allem die Art und Weise der Entscheidungsanalysen, die Zukunftsbezogenheit, die Adaptivität an externe Trends, Proaktivität und Strategiebewusstsein. Die Gestaltung der Organisation und die Entscheidungsprozesse und –stile beeinflusst sich gegenseitig (**C**). Während sich jedoch die Organisationsgestaltung direkt auf die Entscheidungsprozesse auswirkt, sind deren Auswirkungen im Gegensatz dazu zeitversetzt (über Erfahrungswerte zu Effizienz und Effektivität der Entscheidungen). Alle drei Faktoren wirken direkt auf die Controllingsysteme. Während die Wirkungsrichtung bei der Umwelt (1) nur einseitig ist, bedingen sich die Ausgestaltung der Organisation und der Controllingsysteme (2) gegenseitig. Da Entscheidungen auf Informationen beruhen, wirkt die Gestalt der Controllingsysteme direkt auf die Entscheidungsprozesse (3) bzw. es besteht eine wechselseitige Beeinflussung (Gordon & Miller, 1976, S. 60-65).

Zentrale Hypothesen des Modells sind u.a., dass bei zunehmender Dynamik der Umwelt (Jones, 1985, S. 307)

- der Bedarf an nicht-finanziellen Informationen (in Bezug auf andere als rein produktionsbezogenen Unternehmensbereiche) steigt;
- die Berichtsfrequenz und Anforderungen an die Aufbereitung der Informationen steigt;
- die Zukunftsbezogenheit des Controllings größer wird (d.h. längere Zeithorizonte betrachtet und Auswirkungen des aktuellen Handels erfasst werden).

4.2.2.2 Modell nach Amigoni (1978)

Anders als Gordon & Miller (1976), stellt Amigoni (1978) eine direkte Verbindung zwischen verschiedenen unabhängigen Variablen (A) und der Wahl bestimmter Controllingsysteme (C) her (siehe hierzu Abbildung 45). Wie bereits vorher beschrieben, unterscheidet Amigoni (1978) hinsichtlich der abhängigen Variablen zwischen (internen) Organisationsvariablen und Umweltvariablen. Fokus des Modells ist die Modellierung der Einflüsse von a) unabhängigen Umwelt- und Organisationsvariablen auf die (geforderten) Eigenschaften (*features*) von Controllingsystemen und damit b) die Überführung dieser in die Wahl adäquater Controllingsysteme (Moores, 1992, S. 16).

Die Umweltvariablen beziehen sich, ähnlich wie bei Gordon & Miller (1976), auf unternehmensexterne Bereiche. Es wird grundsätzlich zwischen einer stabilen und einer dynamischen Umwelt unterschieden. Die Differenzierung zwischen stabil und dynamisch erfolgt über die

Betrachtung a) der Änderungsraten und b) der Prognostizierbarkeit der Änderungen der Umwelt und damit auch der Organisationsstruktur (Stahle, 1999, S. 550). Die (internen) Organisationsvariablen werden bestimmt durch a) die Anzahl und den Grad der Interdependenzen und b) die Anzahl und den Typus der Organisationseinheiten innerhalb eines Unternehmens und damit durch dessen strukturelle Komplexität. In einfachen Unternehmensstrukturen genügt es, wenn Controllingsystemen rein zur Informationsgenerierung eingesetzt werden. In komplexeren Strukturen müssen Controllingsysteme daneben auch z.B. zur Zielsetzung und Zielerreichung, Motivation und Vergütung des Managements, und Leistungsmessung und –evaluierung beitragen. Bezüglich des Controllings wird eine Hierarchie von Controllingsystemen entwickelt. Diese beinhaltet ein breites Spektrum unterschiedlicher Systeme, die von der (einfachen) Finanzbuchhaltung und Kennzahlenanalyse bis hin zu komplexen, langfristigen Strategiequantifizierungen reicht.

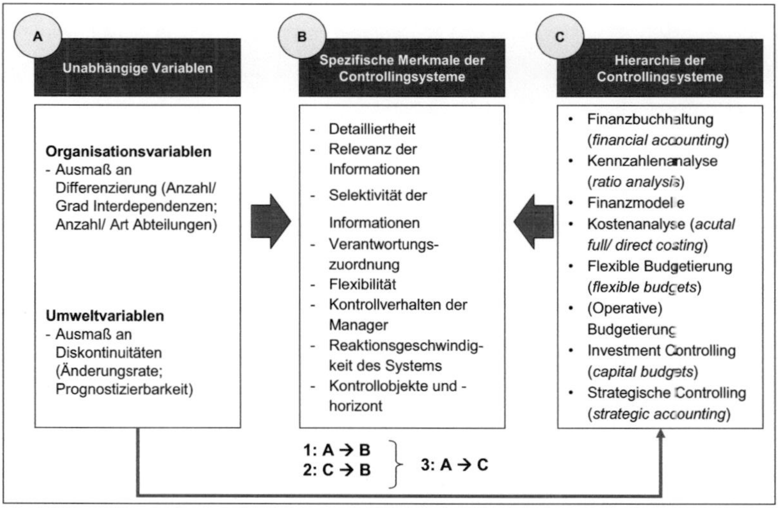

Abbildung 45: Determinanten und Interrelationen der Controllingsysteme nach Amigoni (1992)
Quelle: Eigene Darstellung in Anlehnung an Amigoni (1992, S. 280)

Hinsichtlich der Eigenschaften von Controllingsystemen werden acht distinkte Merkmale unterschieden: Detailliertheit, Relevanz, Selektivität, Formale Verantwortlichkeiten, (prozessuale) Starrheit, Kontrollstil, Schnelligkeit und inhaltliche Orientierung. Diese Merkmale variieren je nach zugrunde gelegter Umweltkomplexität. Eine hohe Organisationskomplexität bedingt hierbei z.B. eine unterschiedlich hohe selektive Detailliertheit der Systeme, Produktionsorientierung und striktere Kontrollen. Schwer zu prognostizierende Umweltbedingungen benötigen dagegen schnellere und langfristige Controllingsysteme. Die Zusammenstellung der relevanten Merkmale ist spezifisch für einzelne Controllingsystemen und divergiert daher zwischen diesen (Amigoni, 1978, S. 281/289).

4.3 Empirische Analyse der Determinanten der Nachhaltigkeitsorientierung von Beteiligungsgesellschaften

4.3.1 Analysestruktur und Bezugsrahmen

Die vorangegangenen Kapitel haben in die Grundzüge des Controllings (Kapitel B.1) eingeführt, die Grundlagen des Nachhaltigkeitscontrollings (Kapitel C.3.2) sowie des Private Equity-Controllings (Kapitel B.3) eingehender beschrieben. Die Literaturanalyse (in Kapitel C.4.1.3 und C.4.2) hat die Kontingenztheorie als ein passendes Konzept zur Fundierung der Untersuchung identifiziert und zentrale Modelle näher dargestellt. Dieser Abschnitt soll die gewonnenen Erkenntnisse zu Inhalt und Theorie nun in einen Untersuchungsrahmen überführen. Das Ziel liegt dabei darin, einen kontextuellen Rahmen zu kreieren, der es erlaubt, die gestellte Forschungsfrage 3 (siehe 4.1.1) adäquat zu beantworten. Dazu sollen im Folgenden zuerst die Begriffe des Untersuchungsansatzes in einen grafischen Bezugsrahmen überführt werden. Dieser Abschnitt stellt in der Gesamtübersicht die Grundlage zur Entwicklung der zu überprüfenden Hypothesen dar. Diese werden im folgenden Abschnitt (Kapitel C.4.3.2) hergeleitet.

Es wurde dargelegt, dass Private Equity-Gesellschaften eine wichtige Rolle bei der Durchsetzung des Konzeptes der nachhaltigen Entwicklung spielen können. Dies funktioniert jedoch nur durch die Förderung von nachhaltiger Entwicklung in Branchen bzw. über die entsprechende Beeinflussung ihrer Portfoliounternehmen und über die Förderung relevanter unternehmerischer Verhaltensweisen (Sheu & Lo, 2005, S. 79). Hierzu sind Informationen unerlässlich. Die Private Equity-Investoren brauchen Informationen a) um sicherzustellen, dass sich ihre Portfoliounternehmen entsprechend ihrer Vorgaben und Vorstellung verhalten und entwickeln, b) um ihre eigene Leistung effizient und richtig zu überwachen und c) um ihren Kapitalgebern diese adäquat kommunizieren zu können (Robbie, Wright & Chiplin, 1997, S. 15; sowie Abschnitt B.3). Hierbei dürfen sich die Informationen nicht allein auf finanzielle Leistungen beschränken. Auf dem Weg zu einem nachhaltigen Handeln müssen vielmehr auch Informationen über die operativen sozialen und ökologischen Leistungen durch die entsprechenden Systeme erfasst und verarbeitet werden (Sheu & Lo, S. 79). Dies bedeutet im Umkehrschluss, dass eine (existente) Erfassung bestimmter Sachverhalte durch angemessene Instrumente tendenziell auf eine entsprechende Relevanz eines Themas bzw. Konzeptes hinweisen kann. In Bezug auf die vorgestellten Kontingenzmodelle kann nun weiterhin vermutet werden, dass die (systematische) Wahl der Instrumente und damit auch die dahinter stehenden Einstellungen z.T. auf in der Kontingenztheorie zugrunde gelegte Einflussfaktoren (interne und externe Faktoren) zurückgeführt werden kann (siehe hierzu Abschnitt C.4.2). Dieser Zusammenhang ist Kern der in Abschnitt C.4.1.1 aufgestellten Forschungsfrage und soll im Folgenden überprüft werden.

Nach Definition von Klandt (2008) enthält ein Bezugsrahmen „eine Reihe empirischer Begriffe von denen angenommen wird, dass sie einmal Bestandteil einer Theorie sein könnten" (S. 56). Ein Bezugsrahmen ist damit eine Form, welche die einer Untersuchung zugrunde liegenden (empirischen) Begriffe erfasst und ihren (vermuteten) Beziehungszusammenhänge entsprechend systematisierend darstellt. Fokussierte Zusammenhänge können hiermit aus einem großen, komplexen Rahmen herausgelöst und vereinfachend pointiert aufgegliedert werden. Innerhalb des Bezugsrahmens werden Merkmalsträger nicht explizit erwähnt. Vielmehr werden sie durch die zu betrachtenden empirischen Begriffe (Variablen) dargestellt. Zusammengefasst kann ein Bezugsrahmen als ein System nicht-validierter Hypothesen verstanden werden (Klandt, 2008, S. 58).

Der Vorteil dieser Systematisierung ist, dass erste Vorstellungen über die Art von Beziehungszusammenhängen und ihre Richtung entwickelt werden können. Somit wird bereits vor der eigentlichen Untersuchung eine Möglichkeit entwickelt, intendierte Zusammenhänge (auf einer explorativen, heuristischen Basis) nachvollziehen zu können (Kirsch, 1981, S. 191).

Der im Folgenden dargestellte erkenntnisorientierte, kausale Bezugsrahmen konkretisiert die Elemente der gestellten Forschungsfrage und setzt sie in einen Zusammenhang (siehe Abbildung 46). Er stellt die Basis der die im Anschluss zu spezifizierenden Hypothesen dar, die empirisch überprüft werden sollen.[256]

[256] Anders als die bisher dargestellten begrifflichen Bezugsrahmen, die eine sehr frühe Stufe der empirischen Beschäftigung mit den jeweiligen Themen darstellten, basiert dieser Bezugsrahmen auf einer fundierten Theorie. Daher stellt dieser eine höhere Entwicklungsstufe dar und kann mehr Details und Charakteristika des Untersuchungsgegenstandes beitragen; vgl.: Klandt, 2007, S. 58-59.

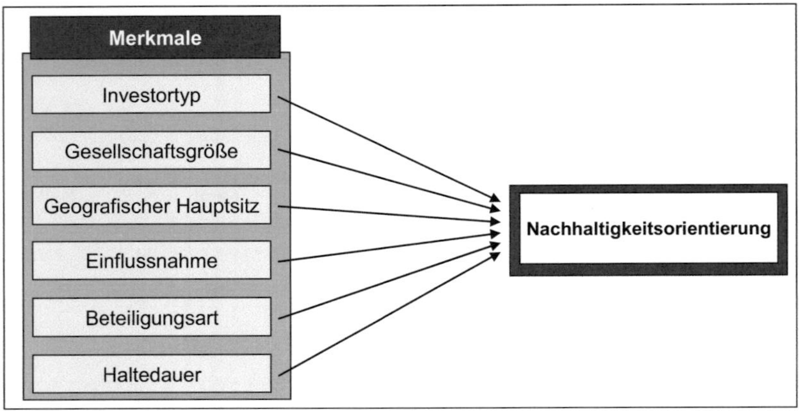

Abbildung 46: Untersuchung der Determinanten der Nachhaltigkeitsorientierung
Quelle: Eigene Darstellung

Zentrale Begriffe des Bezugsrahmens sind die Merkmale der Beteiligungsgesellschaften auf der einen Seite, und die Nachhaltigkeitsorientierung auf der anderen Seite. Die **Nachhaltigkeitsorientierung** wird hier, wie bereits in der Einleitung zu diesem Abschnitt erwähnt, als die systematische Verwendung der im zweiten Untersuchungsteil (Kapitel C.3) dargestellten Nachhaltigkeits-relevanten Controllingsysteme und Indikatoren verstanden. In Anlehnung an die Operationalisierung von Cumming & Johan (2007) wird die Nachhaltigkeitsorientierung hierbei sowohl anhand der Überprüfung der systematischen Verwendung der relevanten a) *Controllingsystemen* und b) *Indikatoren* als auch anhand einer *zusammengesetzten Variable* aus der gleichzeitigen, aktuellen und/ oder zukünftigen Verwendung *beider aufgezählten Inhalte* erfasst. Dabei weist die jeweilige systematische Verwendung auf eine Institutionalisierung bestimmter Denk- und Verhaltensweisen der befragten Merkmalsträger (Beteiligungsgesellschaften) hin (siehe hierzu auch die Detaillierung in C.4.3.3).[257]

Die **Merkmale** der Beteiligungsgesellschaften werden entsprechend der dargestellten theoretischen Modelle (siehe Abschnitt C.4.2.2) als kontingente Faktoren der Gestaltung von Controllingsystemen verstanden. Sie wurden bereits in den vorangegangenen beiden Untersuchungsteilen vorgestellt (siehe Abschnitt C.1.3) und als Differenzierungsmerkmale verwen-

[257] Die institutionalisierte Verwendung weist dabei auf eine Akzeptanz der dahinter liegenden Konzepte hin. Loew (2002) führt aus, dass durch eine grundsätzliche „Handlungsorientierung", also die Orientierung an den substantiellen und instrumentellen Regeln des Konzeptes der nachhaltigen Entwicklung, bestimmt ist; vgl.: Loew, 2002, S. 25, siehe hierzu auch Abschnitt B.2.3.1.

det. Ausgewählte Elemente dieser sollen als Determinanten modelliert und deren Einfluss auf die systematische Verwendung der Controllinginhalte überprüft und prognostiziert werden (so auch Kemmerer & Weidig, 2005, S. 29). Es muss an dieser Stelle darauf hingewiesen werden, dass zur Erklärung der systematischen Verwendung der Controllinginhalte lediglich interne Organisationsmerkmale der Merkmalsträger herangezogen werden. Spezifische Umweltfaktoren wurden in diesem frühen Stadium der Forschung auf diesem Gebiet nicht mit einbezogen.

4.3.2 Ableitung der Untersuchungshypothesen

Aus der theoretischen Grundlage konnte abgeleitet werden, dass es einen grundsätzlichen Zusammenhang zwischen der Merkmalen der Private Equity-Gesellschaften und der systematischen Verwendung von Nachhaltigkeits-relevanten Controllinginstrumenten gibt. Auf Basis des erarbeiteten Bezugsrahmens sollen nun Hypothesen zu den erwarteten Beziehungszusammenhängen abgeleitet werden. Zuerst geht es um Hypothesen zu den bestimmenden (institutionellen) Organisationsvariablen der Beteiligungsgesellschaften (Größe, Investortyp und geografischer Hauptsitz). Anschließend werden die Hypothesen zu den Investitionsspezifischen Variablen (Art der Einflussnahme, Beteiligungsumfang und Haltedauer) entwickelt. Die Merkmale werden dementsprechend nach institutionellen Kriterien und Merkmalen der Investitionsstrategie in Gruppen geordnet dargestellt.

4.3.2.1 Hypothesen zu institutionellen Determinanten der Nachhaltigkeitsorientierung von Beteiligungsgesellschaften

Die Unternehmensgröße ist das erste Merkmal, dessen Einfluss auf die Nachhaltigkeitsorientierung überprüft werden soll. Einerseits wurde in den Ausführungen zur Kontingenztheorie deutlich, dass die Unternehmensgröße per se eine der zentralen Determinanten der Controllinggestaltung darstellt. So kann vermutet werden, dass große Unternehmen aufgrund ihrer Ressourcenstärke eine stärkere Fokussierung auf Controllingaufgaben verwenden als kleinere Unternehmen. Des Weiteren gehen mit einer zusätzlichen Fokussierung auf Nachhaltigkeitsrelevante Aspekte auch höhere Anforderungen an die verfügbaren Ressourcen einer Gesellschaft einher. Dies bedeutet vor allem für kleinere Gesellschaften ein zusätzliche, wahrscheinlich eher schwer zu handhabende Bürde. Daher ist anzunehmen, dass vor allem größere Unternehmen hier eine systematische Verwendung zeigen (Cumming & Johan, 2007, S. 398). Fichter & Loew (2002) belegen, dass die Wahrnehmung von Verantwortung bzw. die Umsetzung gemäß Kriterien der Nachhaltigkeit u.a. durch die Größe der Unternehmen bestimmt wird.

Andererseits können auch externe Einflüsse, z.B. politischer resp. gesellschaftlicher Druck, als bestimmend ausgemacht werden (Rowley & Berman, 2000, S. 399; sowie Abschnitt B.2.2.2). Politische Kosten wurden bereits von Jensen & Meckling (1976) sowie Watts & Zimmermann (1986) als Grund für eine umfangreichere Berichterstattung über die verschiedenen Dimensionen der Unternehmensaktivitäten angeführt. Politische Kosten entstehen für Unternehmen vor allem aus Ansprüchen der „Gesellschaft" bzw. Politik resp. durch die zur Durchsetzung angewandten Maßnahmen. Um dem öffentlichen Druck nachzukommen, ist es wahrscheinlich, dass Unternehmen sich zu Legitimationszwecken (*social impact hypothesis*) auch Nachhaltigkeits-relevanten Anforderungen stellen, entsprechend berichten und diese damit auch systematisch wahrnehmen (Cornell & Shapiro, 1987, S. 6).

Es wird also angenommen, dass der ausgeübte „öffentliche Druck" Unternehmen zu einem Umdenken zwingt und besonders bei großen, prominenten Gesellschaften präsent ist (Cumming & Johan, 2007, S. 398-399; Hansen & Schrader, 2005, S. 385).[258] Rein ergebnisorientiert würde dies darauf hindeuten, dass insbesondere die großen, prominenten *Player* Nachhaltigkeits-Themen bzw. Nachhaltigkeits-relevante Problembereiche sowie unterschiedlichste Anspruchsgruppen und die daraus resultierenden Bedürfnisse eher wahrnehmen und als wichtiger einstufen, als kleinere Unternehmen. Ein mögliches Argument hierfür ist die erhöhte kritische mediale Aufmerksamkeit, die große Gesellschaften, vor allem im Private Equity-Bereich, erhalten. Jennifer Ho & Taylor (2007, S. 144-145) prognostizieren entsprechend einen positiven Zusammenhang zwischen der Größe eines Unternehmens und der Verwendung von Nachhaltigkeits-relevanten Controllinginstrumenten.

Es kann also angenommen werden, dass die **Größe der Beteiligungsgesellschaft** (gemessen an ihrem verwalteten Kapital) die systematische Verwendung von Nachhaltigkeits-relevanten Controllinginstrumenten und damit die Nachhaltigkeitsorientierung der Beteiligungsgesellschaften beeinflusst. In Kombination mit der Prognose von Jennifer Ho & Taylor (2007) ergibt daher sich folgende Hypothese

[258] Bassen, Hölz & Schlange (2007) widersprechen dieser Einschätzung, indem sie hervorheben, dass die Nachhaltigkeitsleistung und damit auch die Beachtung der Themen nicht von der Größe der betrachteten Einheit abhängig ist. Stattdessen führen sie eine gemessene Leistung vor allem auf einen „regulativen Druck" zurück, der auf die betrachteten Unternehmen wirkt; vgl.: Bassen, Hözle & Schlange, 2007, S. 40.

H_1: *Je größer eine Beteiligungsgesellschaft, desto eher werden nachhaltigkeitsrelevante Controllingsysteme und Indikatoren systematisch verwendet und desto Nachhaltigkeits-orientierter ist die Beteiligungsgesellschaft.*

Abgesehen von den in Kapitel C.2.2.5 erwähnten nachhaltigen Branchen (z.B. alternative Energien), sind Nachhaltigkeitsthemen heute schon vor allem in etablierten Unternehmen ein Thema. Zwar existiert bereits eine recht umfangreiche Literatur zur Rolle der Nachhaltigkeit in jungen Unternehmen und Unternehmensgründungen („Sustainable Entrepreneurship“[259]), jedoch richten sich viele aktuell diskutierte Problem- und Handlungsbereiche sowie empirischen Untersuchungen vor allem an größere Firmen, die in ihrer Entwicklung bereits weiter fortgeschritten sind (z.B. Steeger, Ionescu-Somers & Salzmann, 2007). Durch ihre fundierte Unternehmensaktivität können insbesondere diese einen nennenswerten Einfluss auf Gesellschaften (Mitarbeiter, Umfeld etc.) und die Umwelt (ökologisch) haben. Etablierte Unternehmen sind vor allem Investitionsziele von Spätphaseninvestoren (siehe B.1.3). Im Umkehrschluss bedeutet dies, dass viele der genannten und untersuchten Nachhaltigkeits-bezogenen Themen und Problembereichen oft nicht an Frühphaseninvestoren herangetragen werden bzw. sich ihnen eher weniger stellen.

Des Weiteren kann hier ein Effekt der Medienexponierung vermutet werden. Oft werden vor allem diese Frühphaseninvestoren als „Unterstützer“ von (vor allem jungen) Unternehmen gesehen. Ihre Investitionen sind besonders in strukturschwachen Regionen sehr willkommen. Es wird davon ausgegangen, dass sich durch das von ihnen bereitgestellte Kapital Unternehmen entwickeln können, die die Region etc. durch Arbeitsplatzzuwachs bzw. Netzwerk- und Verbundeffekte weiter entwickeln. Schlussendlich stehen diese Investoren unter weit weniger kritischer Beobachtung. Damit werden in einem weit geringeren Maße Anforderungen an verantwortungsvolleres Handeln etc. an sie herangetragen. Nach der oben angeführten Logik würde dies bedeuten, dass diese Themen per se auch eine weniger wichtige Rolle für **Spätphaseninvestoren** spielen.[260] Mit Blick vor allem auf das Medienargument wird daher folgende Hypothese aufgestellt:

[259] Siehe hierzu z.B. Schaltegger & Petersen (2005).

[260] Auch hier müssen die Begründungsansätze kritisch hinterfragt werden. Kritikpunkt sind hier nochmals kontrollrelevante Unterschiede zwischen den Investortypen. Aufgrund der Konzeption des Untersuchungsmodels ist eine Bedingung zur Erfassung der Nachhaltigkeitsorientierung ein gewisses Level der formalen Ausgestaltung der Kontrolle der Portfoliounternehmen durch die Investoren. Wie jedoch bereits angemerkt wurde, sind die Kontrollsysteme und –abläufe bei Venture Capital-Investitionen aufgrund der Natur der Investitionsobjekte oder

H_2: Spätphaseninvestoren verwenden im Vergleich zu Frühphaseninvestoren Nachhaltigkeits-relevante Controllinginstrumente eher systematisch und sind daher eher nachhaltigorientiert.

Wie auch in vielen anderen Bereichen der Gesellschaft, haben neue Trends bzw. Entwicklungsrichtungen im Private Equity-Bereich ihren Ursprung in den USA (Fried & Hisrich, 1994, S. 30). Durch die *„first mover“*- bzw. Führungsfunktion der angloamerikanischen Märkte finden neue „Trends“ ihren Weg in andere Märkte. Dass vor allem in den USA vermehrt Nachhaltigkeitsüberlegungen stattfinden zeigen die Entwicklungen auf dem SRI – Markt (hierzu Schumacher-Hummel, 2005). Hier waren es vor allem die großen Kapitalgeber (Pensionskassen, z.B. CalPers), die diese Veränderungen auf Druck ihrer Kunden eingeführt haben. Es ist zu erwarten, dass sich diese Entwicklung auch im Private Equity-Markt niederschlägt. Die angewendete "grüne" Strategie einer großen Beteiligungsgesellschaft bei Erwerb und Entwicklung eines der größten amerikanischen Energieproduzenten (TXU) zeigt, dass sich die voran beschriebenen Themen und das Szenario dieses „Drucks“ bereits manifestieren. Zu europäischen oder deutschen Beteiligungsgesellschaften liegen hierzu noch keine Aussagen vor.

Flacke & Segbers (2005) führen in Anlehnung an bestehende Studien zur Kontext-abhängigen Gestaltung von Controllingsystemen aus, dass u.a. die nationale Kultur eines Unternehmens einen definitiven Einfluss auf die Ausgestaltung und die Struktur von Controllingsystemen hat. Jennifer Ho & Taylor (2007) beschreiben, dass angloamerikanische Unternehmen eher ein Nachhaltigkeitscontrolling als Unternehmen aus anderen Kulturkreise (hier vor allem im Vergleich mit Japan)[261] besitzen. Gompers (1995) findet heraus, dass globale Beteiligungsgesellschaften ein besseres Reporting aufweisen als regionale Gesellschaften. Es kann somit angenommen werden, dass der **Hauptsitz** einer Beteiligungsgesellschaft einen Einfluss auf

der Aufstellung der Beteiligungsgesellschaften oft weniger formalisiert (siehe Kapitel B.1.3). Es kann damit nicht ausgeschlossen werden, dass ein negatives Statement zur Verwendung von nicht-finanziellen Managementsystemen oder Indikatoren schlichtweg deshalb abgegeben wurde, da dies diese per se, somit auch formalisierte finanzielle Systeme und Indikatoren, keine Rolle spielen. Damit würde dies nicht darauf hinweisen, dass die Frühphaseninvestoren nicht nachhaltig orientiert sind und damit ein Grund für eher weniger aufgeprägte Befunde für diese Investorengruppe seind. Dennoch kann festgestellt werden, dass der Investortyp die systematische Verwendung von Nachhaltigkeits-relevanten Controllinginstrumenten und damit die Nachhaltigkeitsorientierung von Beteiligungsgesellschaften beeinflusst.

[261] Hier muss angemerkt werden, dass sich dies lediglich auf (Industrie-)Unternehmen bezieht. In Bezug auf die Nationalitäten von (individuellen) Personen haben Shafer, Fukukawa & Meina Lee (2007) herausgefunden, dass diese keinen Einfluss auf die (soziale) Nachhaltigkeits-Orientierung von Managers haben; vgl. Shafer, Fukukawa & Meina Lee, 2007, S. 265.

die systematische Verwendung von Nachhaltigkeits-relevanten Controllinginstrumenten und damit auf die Nachhaltigkeitsorientierung von Beteiligungsgesellschaften hat. Trotz der angeführten Argumente ist die Wirkungsrichtung nicht eindeutig.

H_3: Der geografische Hauptsitz der Beteiligungsgesellschaften hat einen signifikanten Einfluss auf die systematische Verwendung von Nachhaltigkeits-relevanten Controllinginstrumenten und daher auf die Nachhaltigkeitsorientierung von Beteiligungsgesellschaften.

4.3.2.2 Hypothesen zu investitionsspezifischen Determinanten der Nachhaltigkeitsorientierung von Beteiligungsgesellschaften

Neben dem Aufbau und den Ausprägungen der Beteiligungsgesellschaften als Institution spielen für die Charakterisierung dieser auch die Merkmale der verfolgten Investitionsstrategie eine entscheidende Rolle.

Neben der bereits angeführten Größe ist einer der wichtigsten Merkmale, um Kapitalbeteiligungsgesellschaften zu unterscheiden, ob es sich um einen aktiven oder einen passiven Investor handelt. Passive Investoren sind (in den meisten Fällen) entweder reine Arbitrageure oder investieren aus anderen als rein finanziellen Gründen. Aktive Investoren nutzen nicht nur Gegebenheiten oder Unterbewertungen aus, sondern versuchen durch direkte Einwirkungen auf die betreffenden Unternehmen Werte für sich zu schaffen. Meist folgen sie dabei den Vorstellungen, die sie über mögliche Entwicklungspfade der betreffenden Unternehmen haben und versuchen, die dadurch implizierten Änderungen durch ihre Stellung als Anteilseigner durchsetzen.[262] Daneben spielen aber auch Anforderungen der Unternehmen und die Identifizierung von aufkommenden Trends eine wichtige Rolle (siehe hierzu Abschnitt B.1.4). Aktiv beeinflussende Investoren konzentrieren sich auf die Veränderungen der Strategie und der Beeinflussung von operativen Abläufen oder in der Professionalisierung des Controllings.[263] Uebele

[262] Im ersten Fall nutzt der Investor Ungleichgewichte im Marktgefüge aus bzw. sucht aktiv nach unterbewerteten Unternehmen. Hier setzt der Investor darauf, dass die Dysbalancen aufgedeckt und er, bei Augleich dieser, die Beteiligung mit einer für ihn ausreichenden Kapitalverzinsung wieder abstoßen kann. Im zweiten Fall handelt sich es sich meistens um Gesellschaften, die einem vorgegebenen, meist politisch motivierten Ziel folgen. Hierbei steht nicht die Kapitalverzinsung als primäres Ziel fest, sondern andere Gründe wie z.B. die Förderung einer Technologie oder Branche bzw. Infrastrukturunterstützungen etc.

[263] Die frühen Ergebnisse von Mitchell, Reid & Terry (1996) verbinden dieses Argument mit dem Beteiligungsumfang. Es wird empirisch herausgestellt, dass der Umfang des Einflusses mit dem Umfang des gehaltenen Unternehmensanteils korreliert. Auch weisen die Autoren darauf hin, wie bereits voran erwähnt, dass dabei der ausgeübte Umfang der Beeinflussungsmöglichkeiten über den rein finanziellen Anteil aufgrund von zusätzlich verhandelten Rechten hinausgehen kann; vgl.: Mitchell, Reid & Terry, 1996, S. 22).

(1981) führt aus, dass aktive Investoren Einfluss auf das Controlling ihrer Beteiligungen nehmen. Quick & Knocinski (2006) heben hervor, dass die Beeinflussung von Controllinginhalten durch Investoren vor allem durch Involvierung auf der strategischen Ebene induziert ist. Mit Blick auf das Konzept der nachhaltigen Entwicklung unterstreichen Hambrick & Chen (2007), dass dessen Anerkennung vor allem ein strategisches Thema ist.

Neben Controlling- und Strategie-Effekt sind aktive Investoren direkter in ihre Portfoliounternehmen involviert und haben einen tieferen (auch operativen) Einblick. Durch die aktive Kooperation bzw. Steuerung gelangt der Investor an detailliertere Informationen und kann diese zu einem kompletteren und ganzheitlicheren Bild zusammensetzen. Dadurch kann vermutet werden, dass relevante Geschäftsanforderungen bzw. Entwicklungen in Märkten und in der Gesellschaft, die entscheidend für das betreffende Unternehmen sind, eher erkannt werden, als wenn der Investor rein passiv mit dem Unternehmen umgeht. Besonders ist zu vermuten, dass sich abzeichnende Auswirkungen resp. Konsequenzen der wahrgenommenen z.B. gesellschaftlichen und politischen Trends und Veränderungen für die Portfoliounternehmen bzw. ihre gesamtwirtschaftliche Entwicklung aus Sicht eines aktiven Investors besser abzusehen und einzuschätzen sind. Dies führt zu der Annahme, dass die **Art und der Umfang des Eingreifens** in ein Portfoliounternehmen einen Einfluss auf die systematische Verwendung von Nachhaltigkeits-relevanten Controllinginstrumenten und damit auf die Nachhaltigkeitsorientierung von Beteiligungsgesellschaften hat. Hierdurch ergeben sich folgende Hypothesen.

H_{4a}: *Je mehr Beteiligungsgesellschaften strategischen Einfluss auf Portfoliounternehmen ausüben, desto eher berücksichtigen sie Nachhaltigkeits-relevante Controllinginstrumente systematisch und desto eher sind sie Nachhaltigkeits-orientiert.*

H_{4b}: *Je mehr Beteiligungsgesellschaften Einfluss auf das Controlling eines Portfoliounternehmens ausüben, desto eher berücksichtigen sie Nachhaltigkeits-relevante Controllinginstrumente systematisch und desto eher sind sie Nachhaltigkeits-orientiert*

H_{4c}: *Je mehr Beteiligungsgesellschaften operativen Einfluss Portfoliounternehmens ausüben, desto eher berücksichtigen sie Nachhaltigkeits-relevante Controllinginstrumente systematisch und desto eher sind sie Nachhaltigkeits-orientiert*

Neben dem ausgeübten Einfluss ist der Beteiligungsumfang des Investors ein bestimmendes Investitions-spezifisches Merkmal. Frühere empirische Untersuchungen haben gezeigt, dass der **Beteiligungsumfang** des Investors mit seinem Einfluss auf das Controlling der Portfoliounternehmen verbunden ist (u.a. Mitchell, Reid & Terry, 1996). Der Umfang der Beteiligung an einem Portfoliounternehmen regelt a) welchen Einfluss ein Investor auf das finanzierte bzw. übernommene Unternehmen ausüben kann[264] und b) welchem Risiko er sich damit aussetzt. Somit ist es verständlich, wenn angenommen wird, dass das Vorliegen einer Minderheitsbeteiligung tendenziell z.B. die Durchsetzung von Vorstellungen der Investoren u.a. aufgrund schwächerer Mitsprache- oder Informationsrechte erschwert (Hipp, 2004, S. 609). Dem gemäß führen Beuselinck & Manigart (2007) aus, dass Minderheitsbeteiligte auf eine bessere Berichterstattung von Seiten ihrer Beteiligungen vor allem in kritischen Bereichen angewiesen sind. Somit nehmen die Autoren an, dass die Qualität des Controllings (Inhalt, Umfang, Zeitnähe, Genauigkeit etc.) bei Minderheitsbeteiligungen höher ist. Daneben, in Verbindung mit den Argumenten zum Einfluss der Investoren, kann jedoch vermutet werden, dass besonders mehrheitsbeteiligte Investoren wachsamer in Bezug auf aufkommende Veränderungen, Herausforderungen und vor allem bezüglich bewertungsrelevanter Aspekte sind als Minderheitsbeteiligte. Es wird also nicht klar, ob eine der beiden Beteiligungsarten oder gar beide zu einer Nachhaltigkeitsorientierung beitragen. Es kann folglich vermutet werden, dass sowohl eine engere Verbindung mit Portfoliounternehmen durch eine Mehrheitsbeteiligung als auch die Notwendigkeit einer besseren Information über die Unternehmensgeschicke bei Minderheitsbeteiligungen die Sensibilität auch für nicht-primäre finanzielle Themen und Entwicklungen schürt. Somit soll folgende ungerichtete Hypothese auf ihren Bestand hin überprüft werden:

H_5: Die Beteiligungsart hat einen signifikanten Einfluss auf die systematische Verwendung von Nachhaltigkeits-relevanten Controllinginstrumente und damit auf die Nachhaltigkeitsorientierung von Beteiligungsgesellschaften.

[264] An dieser Stelle sei auf die Ausführungen in Kapitel B 1 verwiesen. Demnach ist es für Private Equity-Investitionen spezifisch, dass die ausgeübte Kontrolle nicht immer mit den gehaltenen Unternehmensanteilen korrespondieren muss. Besonders in Frühphaseninvestitionen, bei denen meinst Minderheitsbeteiligungen eingegangen werden und bei denen hohe und z.T. unabwägbare Risiken bestehen, lassen sich Investoren oft Informations-, und Kontrollrechte garantieren, die ihnen von Seiten des gehaltenen Beteiligungsumfanges nicht zustehen würden; vgl. Kapitel B 1, insbesondere auch Schefcyzk (2000), sowie Wright & Robbie (1998) und Welpe & Dowling (2003).

Auch die **Haltedauer** von Private Equity-Gesellschaften ist eines der bestimmenden Differenzierungsmerkmale in dieser Arbeit. Grundsätzlich gilt die Auffassung, dass, je kürzer der Investitionshorizont ist, desto restriktiver Entscheidungen über Investitionen in materielle und immaterielle Wertgegenstände getroffen werden (Marginson & Macaulay, 2008, S. 273). Cox, Brammer & Millington (2004) fanden heraus, dass im Falle von institutionellen Investoren eine längere Haltedauer mit einer erhöhten Nachhaltigkeitsperformance bei den finanzierten Unternehmen einhergeht.[265] Die explizite Dauer der Beibehaltung von Engagements von Seiten der Beteiligungsgesellschaften ermöglicht somit den Schluss auf die Ziele, die die Gesellschaften mit ihren Investitionen für die Portfoliounternehmen verfolgen. Eine lange Haltedauer weist meist darauf hin, dass a) eher in Potentiale als in vorhandene verwertbare Wertgegenstände investiert wurde oder, dass b) ein anderer als rein finanzieller bzw. kapitalvermehrender Effekt verfolgt wird. Im Umkehrschluss heißt dies, dass eine kurze Haltedauer meist auf ein Arbitrageziel hinweist. Damit würden Investoren mit einem Arbitrageziel kein wirkliches Interesse an der (nachhaltigen) Entwicklung bzw. Umstrukturierung und Beeinflussung ihrer Portfoliounternehmen zeigen. Somit kann davon ausgegangen werden, dass diese Investoren an einer nachhaltigen Entwicklung des Portfoliounternehmens bzw. der Beachtung von Anforderungen der jeweiligen Anspruchsgruppen kein gesteigertes Interesse zeigen. Somit soll folgende Hypothese aufgestellt und geprüft werden:

> H_6: *Je länger die Haltedauer, desto eher werden Nachhaltigkeits-relevante Controllinginstrumente systematisch verwendet und desto Nachhaltigkeits-orientierter sind die Beteiligungsgesellschaften.*

4.3.2.3 Zusammenfassung der vermuteten Wirkungsbeziehungen

Abbildung 47 fasst die aufgestellten Hypothesen (H_1 – H_6) und ihre erwarteten Wirkungsrichtungen zusammen.

Neben den erfassten Charakteristika ist jeweils die erwartete Beziehungsrichtung abgetragen. Soweit ein positiver Zusammenhang zwischen den unabhängigen und den abhängigen Variablen erwartet wird ist dies mit einem Plus (+) gekennzeichnet et vice versa. Es wird somit erwartet, dass, wenn der Faktor eine höhere resp. positivere Ausprägung annimmt, die abhängige Variable sich dementsprechend auch in positive Richtung verändert. Konnte kein abschlie-

[265] Diese Ergebnisse bestätigen damit Vorläuferstudien von Johnson & Greening (1999) und Graves & Waddock (1994).

ßendes Bild über konkrete Wirkungsrichtung der einbegriffenen Variablen gemacht werden, wurde dies mit Minus/Plus (-/+) markiert.

Neben den erfassten Hypothesenvariablen sollen auch andere Merkmale als Kontrollvariablen in die Analyse einbezogen werden. „**Hauptkapitalgeber**" und „**Investitionskriterien**" spielen hierbei im Private Equity-Beteiligungsprozess eine wichtige Rolle.

Hypothese	Variable	Erwarteter Einfluss
Institutionelle Charakteristika		
H_1	Investortyp	
$H_{1.1}$	*Frühphaseninvestor*	-/+
$H_{1.2}$	*Spätphaseninvestor*	+
H_2	Größe der Beteiligungsgesellschaft	+
H_3	Geografischer Hauptsitz	
$H_{3.1}$	*Deutschland*	-/+
$H_{3.2}$	*Europa*	-/+
$H_{3.3}$	*Global*	-/+
Investitionsspezifische Charkteristika		
H_4	Einflussnahme	
$H_{4.1}$	*Strategisch*	+
$H_{4.2}$	*Controlling*	+
$H_{4.3}$	*Operativ*	+
H_5	Beteiligungsart	
$H_{5.1}$	*Mehrheitsbeteiligung*	-/+
$H_{5.2}$	*Minderheitsbeteiligung*	-/+
$H_{5.3}$	*Beides*	-/+
H_6	Haltedauer	+

Abbildung 47: Grafische Übersicht der aufgestellten Hypothesen
Quelle: Eigene Darstellung

Institutionelle Investoren können für die Private Equity-Gesellschaften als die primären und zentralen Finanzierungsquellen angesehen werden. Gompers & Lerner (1999) haben gezeigt, dass in den USA institutionelle Investoren bis zu 60% des Kapitals in Private Equity-Investitionen von 1990 bis 1997 gestellt haben.[266] Daher sollen sie in der weiteren Analyse nicht unberücksichtigt bleiben. Vor allem die Kontrolle auf die Art der Hauptkapitalgeber ist ein wichtiger Punkt. Aufgrund ihrer Geschäftsmodelle unterscheiden sich z.B. Pensionskassen, Banken und Versicherungen grundsätzlich hinsichtlich ihrer Investitionsanforderungen und –strategie sowie hinsichtlich ihrer wahrgenommen Risiko-Return-Charakteristika (Cox, Brammer & Millington, 2004, S. 30). Daher ist anzunehmen, dass unterschiedliche Hautkapi-

[266] Der Anteil der Institutionellen Investoren lag dagegen in Europa nach einer Studie von Bottazzi & Da Rin (2002) bei lediglich 15% - 34%.

talgeberarten unterschiedliche Anforderungen an die Private Equity-Gesellschaften stellen, denen sie ihr Kapital zur Verfügung stellen (so auch Cumming & Johan, 2007, S. 413).[267]

Die Investitionskriterien stellen Approximationen dar, welche Investitionsstrategie der Investor verfolgt bzw. welche Unternehmen bevorzugt finanziert werden. Da dies die Informationsanforderungen und Controllinginhalte primär beeinflusst (Kreikebaum, 1997, S. 121), sollen auch diese Daten erhoben werden.

Der folgende multivariate Abschnitt soll die Haltbarkeit der aufgestellten Hypothesen konfirmatorisch überprüfen.

4.3.3 Operationalisierung der abhängigen Variablen

Während die vorangegangenen Teile auf die Bewertung der Wichtigkeit der verschiedenen Controllingsysteme und Indikatoren eingegangen sind, wird hier nach der aktuellen/ zukünftigen Applikation dieser gefragt. In Frage 12 und 14 des Fragebogens wurde erhoben, ob die Probanden momentan qualitative bzw. nicht finanziell orientierte Managementsysteme [*AktMas*] bzw. Indikatoren [*IndAkt*] verwenden resp. ob dies zukünftig geplant sei [*ZukMas* bzw. *IndZuk*]. Die Probanden hatten hier die Auswahl mit „Ja" (1) oder „Nein" (0) zu antworten. Damit die Probanden einen Hinweis hatten, was unter den angesprochenen Managementsystemen oder Indikatoren zu verstehen ist, stehen diese Fragen innerhalb des Fragebogens den Bewertungen der jeweiligen Beispiele voran (siehe Anhang).

In Anlehnung an die Operationalisierung von Cumming & Johan (2007) wurden die Variablen in verschiedene Dummy-Variablen umgerechnet. Aus den erhobenen nominalen Variablen wurden jeweils für Managementsystemen und Indikatoren zwei neue, nominale Variablen mit jeweils zwei Kategorien [„Ja = (1); „Nein" = (2)] gebildet. Die erste Variable [*MaDumAkt* bzw. *InDumAkt*] erfasst die aktuelle Bereitschaft zur Verwendung von nicht-finanziellen Controllinginhalten. Sie nimmt den Wert (1) an, wenn die Probanden im jeweiligen Fall eine aktuelle Verwendung angegeben haben. Die zukünftigen Ausprägungen spielen hier keine Rolle. Die zweite gebildete Variable erfasst sowohl die aktuelle als auch die zukünftige Verwendung der Variablen [*MasDummy* bzw. *IndDummy*]. Diese nimmt den Wert (1) an, wenn die Probanden angegeben haben a) die betreffenden Variablen aktuell zu nutzen ([*AktMas]*

[267] Jedoch fanden Cox, Brammer & Millington (2004) heraus, dass z.B. die Pensionskassen keinen signifikant anderen Einfluss auf das Vorliegen einer erhöhten Corporate Social Performance hatten als andere institutionelle Investoren; vgl.: Cox, Brammer & Millington, 2004, S. 36.

bzw. [IndAkt] = 1) bzw. b) planen, diese zukünftig zu nutzen ([*ZukMas*] bzw. [*IndZuk*] = 2 oder 1).[268]

Diese Tabelle stellt die ausgewählten bzw. berechneten abhängigen Variablen der nachfolgenden Binären Logistischen Regression sowie relevante deskriptive Statistiken dar. Für Angaben zu den deskriptiven Statistiken und Erhebungsmethoden der unabhängigen Variablen sei auf die Ausführungen in Kapital D 3 verwiesen.

Variablenname	Definition	Häufigkeiten	Mittelwert	Median	Standard-abweichung	Minimum	Maximum
Aktuelle Verwendung Indikatoren	Dummy-Variable, die den Wert 1 für Probanden annimmt, die nicht-primär finanzielle Indikatoren aktuell verwenden	100	0,610	1,0	0,490	0	1
Aktuelle Verwendung Mmgt-Systeme	Dummy-Variable, die den Wert 1 für Probanden annimmt, die nicht-primär finanzielle Controllingsysteme aktuell verwenden	100	0,620	1,0	0,488	0	1
Aktuelle und/oder geplante Verwendung Indikatoren	Dummy-Variable, die den Wert 1 für Probanden annimmt, die nicht-primär finanzielle Indikatoren aktuell verwenden oder dies zukünftig planen	100	0,520	1,0	0,502	0	1
Aktuelle und/oder geplante Verwendung Mmgt-Systeme	Dummy-Variable, die den Wert 1 für Probanden annimmt, die nicht-primär finanzielle Controllingsysteme aktuell verwenden oder dies zukünftig planen	100	0,540	1,0	0,501	0	1
Nachhaltigkeits-Orientierung aktuell	Dummy-Variable, die den Wert 1 für Probanden annimmt, die nicht-primär finanzielle Controllingsysteme und Indikatoren aktuell verwenden	100	0,430	0,0	0,498	0	1
Nachhaltigkeits-Orientierung generell	Dummy-Variable, die den Wert 1 für Probanden annimmt, die nicht-primär finanzielle Controllingsysteme und Indikatoren aktuell verwenden oder dies zukünftig planen	100	0,380	0,0	0,488	0	1

Tabelle 23: Definitionen der abhängigen Variablen des Logit-Modells und deskriptive Statistiken
Quelle: Eigene Erhebung

Um die Nachhaltigkeitsorientierung konkret zu messen, stellte sich das Problem, dass nicht differenziert werden konnte, welche der beiden erhobenen Ausprägungsarten, Controllingsysteme oder Indikatoren, die richtigen Absatzpunkte sind. Daher wurden weitere Dummy-Variablen gebildet, die die generelle systematische Verwendung von Nachhaltigkeitsrelevanten Controllinginstrumenten per se erfassen. Die Variablen sollen in der Analyse die vorherigen Ergebnisse plausibilisieren resp. konkretisieren. Es wurde unterschieden in eine aktuelle systematische Verwendung [*SumDum2*] und in eine generelle systematische Verwendung [*SumDum1*]. [*SumDum1*] nimmt hierbei den Wert (1) an, wenn ein Proband bei beiden Ausprägungen, Controllingsystemen und Indikatoren, entweder eine aktuelle Verwendung bzw. die zukünftig geplante Verwendung gekennzeichnet hat. Ansonsten wurde der

[268] Diese Untersuchungsform stellt dadurch einen indirekten Ansatz zur Messung der Nachhaltigkeitsorientierung dar. Diese Form wurde aufgrund bisher kaum vorhandener alternativer Erhebungsformen gewählt. Existente Ansätze wurden aufgrund ihrer unpassenden Erhebungsform nicht berücksichtigt. Ein Beispiel hierfür ist der Ansatz von Aupperle, Carroll & Hatfield (1985), die, in Anlehnung an die Arbeiten von Carroll (1979), die Nachhaltigkeitsorientierung durch direkte Abfrage der Einstellungen und Werte in den ökonomischen, ökologischen und sozialen Dimensionen erheben. Ähnlich sind sich dieser Ansatz und der Untersuchungsansatz nur darin, dass die Nachhaltigkeitsorientierung final als Durchschnittswert der Ergebnisse berechnet wird; vgl.: Ibrahim & Pasra, 2005, S. 27.

Wert (0) vergeben. [*SumDum2*] nimmt den Wert (1) an, wenn die angefragten Managementsysteme und Indikatoren nur aktuell verwendet werden. Ist dies nicht der Fall, wurde der Wert (0) vergeben. Anhand der Analyse dieser Variablen sollen die aufgestellten Hypothesen zum Abschluss dieses Abschnittes bewertet werden. Tabelle 23 fasst die Kodierungen der Dummy-Variablen zusammen und gibt einen Überblick über die sich damit ergebenden univariaten Ausprägungen.

Die Betrachtung der Mittelwerte bzw. der einhergehenden Mediane zeigt, dass die Bereitschaft zur Verwendung von entweder Nachhaltigkeits-relevanten Controllingsystemen oder nicht-finanziellen Indikatoren bei den befragten Beteiligungsgesellschaften tendenziell gegeben ist. Hinsichtlich der systematischen Verwendung (Orientierung) zeigt sich eine eher negative Tendenz. Da das Ziel dieser Arbeit jedoch nicht primär die Messung bzw. die Feststellung des Umfangs der Nachhaltigkeits-Orientierung von Beteiligungsgesellschaften, sondern vielmehr die Identifikation ihrer möglichen gesellschafts-charakteristischen Determinanten ist, gereichen die vorangegangenen Ergebnisse nicht zum Nachteil der Untersuchung.

4.3.4 Korrelationsanalyse

Für eine erste Überprüfung der Beziehungszusammenhänge zwischen den Variablen der Nachhaltigkeits-Orientierung und den erhobenen ausgewählten Gesellschaftsmerkmalen wurde eine bivariate Korrelationsanalyse mittels des Rangkoeffizienten nach Spearman durchgeführt. Die Ergebnisse sind in Tabelle 24 dargestellt. Die anschließende überblicksartige Diskussion soll erste Eindrücke in die Beziehungszusammenhänge ermöglichen sowie mögliche abschließende Urteile über die Determinanten in den folgenden Analyseabschnitten vorbereiten.

Hinsichtlich der korrelations-analytischen Ergebnisse zeigt sich ein recht durchwachsenes Bild. Nur sieben der 17 Variablen weisen signifikante bzw. akzeptable Zusammenhänge[269] auf. Nichtsdestotrotz lassen bereits aus diesen vorläufige Erkenntnisse zu der Beziehungsstruktur zwischen Nachhaltigkeits-orientierten Variablen und Gesellschaftsmerkmalen ableiten.

Mit Blick auf die Variable „**Investortyp**“ zeigt sich ein Zusammenhang mit der aktuellen Verwendungsbereitschaft von Indikatoren (r = -0,242) bzw. mit der aktuellen Nachhaltig-

---

[269] In die Aufstellung miteinbezogen wurden nur Werte, die einen Signifikanz-Wert p < 0,15 aufweisen, vgl.: so auch z.B. Knecht, 2003, S. 341.

keitsorientierung (r = 0,204). Die schwach negativen Korrelationskoeffizienten deuten darauf hin, dass Frühphaseninvestoren tendenziell eher qualitative Indikatoren verwenden bzw. eher Nachhaltigkeits-orientiert sind.[270] Auf der einen Seite würde dies die aufgestellte Forschungshypothese $H_{1.2}$, die aussagt, dass Spätphaseninvestoren eher nachhaltigorientiert sind, widerlegen. Auf der anderen Seite kann das Ergebnis jedoch auch so verstanden werden, dass eine eindeutigere Aussage über die ungerichtete Forschungshypothese $H_{1.1}$ formuliert werden kann.

		Aktuelle Verwendung Indikatoren	Aktuelle Verwendung Contr. Systeme	Aktuelle und/oder geplante Verwendung Indikatoren	Aktuelle und/oder geplante Verwendung Contr. Systeme	Nachhaltigkeits-orientierung aktuell	Nachhaltigkeits-orientierung generell
Investortyp	Spearman-Rho Signifikanz (2-seitig)	**-0,242** ** 0,035	-	* -	-	-0,204* 0,077	-
Versicherungen/Banken	Spearman-Rho Signifikanz (2-seitig)	-	-	-	-	-	-
Unternehmen	Spearman-Rho Signifikanz (2-seitig)	0,174 * 0,084	-	-	-	-	-
Fund of Funds	Spearman-Rho Signifikanz (2-seitig)	-	-	-	-	-	-
Pensionskassen	Spearman-Rho Signifikanz (2-seitig)	-	-	-	-	-	-
Private Investoren	Spearman-Rho Signifikanz (2-seitig)	-	-	-	-	-	-
Größe	Spearman-Rho Signifikanz (2-seitig)	-	-	-	-	-	-
Beteiligungsart	Spearman-Rho Signifikanz (2-seitig)	-	-	-	-	-	-
geo. Hauptsitz	Spearman-Rho Signifikanz (2-seitig)	-	-	-	-	-	-
Haltedauer	Spearman-Rho Signifikanz (2-seitig)	**-0,264** ** 0,009	-	-0,178 * 0,081	-	**-0,238** ** 0,019	-
IK Unternehen/Fin.Phase	Spearman-Rho Signifikanz (2-seitig)	-	-0,180 * 0,073	-	-	-	-
IK Mart/Tech.	Spearman-Rho Signifikanz (2-seitig)	**-0,237** ** 0,017	**-0,242** ** 0,015	**-0,290** ** 0,003	**-0,228** ** 0,023	**-0,202** ** 0,044	-0,187* 0,062
IK geo. Region	Spearman-Rho Signifikanz (2-seitig)	-	-	-	-	-	-
IK Management	Spearman-Rho Signifikanz (2-seitig)	-	-	-	-0,191 * 0,060	-	**-0,201** ** 0,047
Mittelwert Strategisches Eingreifen	Spearman-Rho Signifikanz (2-seitig)	**-0,257** *** 0,011	**-0,199** ** 0,049	**-0,250** ** 0,013	**-0,230** ** 0,023	**-0,265** ** 0,008	-
Mittelwert Eingreifen in Controlling	Spearman-Rho Signifikanz (2-seitig)	-	-	-	-	-	-
Mittelwert operatives Eingreifen	Spearman-Rho Signifikanz (2-seitig)	**-0,215** ** 0,034	-	**-0,224** ** 0,027	**-0,207** ** 0,042	-0,172 * 0,093	-0,171 * 0,093

* Die Korrelation ist auf dem Niveau von 0,1 (2-seitig) signifikant.
** Die Korrelation ist auf dem Niveau von 0,05 (2-seitig) signifikant.
*** Die Korrelation ist auf dem Niveau von 0,01 (2-seitig) signifikant.
Korrelationen, deren Signifikanzniveau p > 0,15 ist, werden nicht explizit aufgeführt

Tabelle 24: Korrelationsmatrix der Indikatoren zur Überprüfung der Nachhaltigkeitsorientierung und der Gesellschaftsmerkmale.
Quelle: Eigene Erhebung

Aus der Gruppe der einzeln analysierten Hauptkapitalgeberarten weisen die „**Unternehmen**" einen signifikant schwach positiven Zusammenhang mit der aktuellen Verwendung von nicht-finanziellen Indikatoren auf (r = 0,174).[271] Hinsichtlich der Hauptkapitalgeber konnte bisher noch keine finale Zusammenhangsrichtung oder Priorisierung abgeleitet werden. Somit erweist sich diese Erkenntnis als ein erster Hinweis darauf, dass ein besonderes Augenmerk auf

270 Hinsichtlich der Kodierung dieser Variablen wurde Frühphaseninvestoren ein Wert von (1) und Spätphaseninvestoren ein Wert von (2) zugewiesen.

271 Die Kodierung der Hauptkapitalgeber-Variabel erfolgte nach der Dummy-Variablen-Methode. Der Wert (1) besagt dabei, dass die entsprechende Kapitalgeberart in großem Umfang (> 40%) investiert ist et vice versa.

die Unternehmen als möglicherweise Einfluss ausübende, externe Parteien zur Durchsetzung des Nachhaltigkeitsgedankens gelegt werden sollte.

Fundierter fallen die Korrelationsergebnisse im Zusammenhang mit der Variable „**Haltedauer**" aus. Bis auf die generelle und aktuelle Verwendung von Nachhaltigkeits-relevanten Controllingsystemen sowie die generelle Nachhaltigkeitsorientierung lassen sich signifikante, mittelstarke negative Zusammenhänge erkennen (Ør ≈ -0,21). Es liegt der Schluss nahe, dass die Bereitschaft zur Verwendung von nicht-finanziellen Indikatoren bzw. Managementsystemen und die damit zusammenhängende Orientierung von Nachhaltigkeits-relevanten Gedanken und Konzepten bei Gesellschaften mit einer kürzeren Haltedauer der Beteiligungen tendenziell höher ist. Dieses Ergebnis läuft somit konträr zu Forschungshypothese H_6. Kapitalmarkt-relevante Studien (z.B. Marguinson & Mcaulay, 2008) haben bereits ähnliches festgestellt und darauf hingewiesen, dass dieses Ergebnis eigentlich nicht per se intuitiv eingängig ist.

Während, genau wie im Zusammenhang mit den Arten der Hauptkapitalgeber, die konkrete Wirkung der Investitionskriterien auf die Ausprägung der Nachhaltigkeits-Orientierung nicht eindeutig definiert werden konnte, weisen drei Investitionskriterien(-gruppen) dennoch hervorzuhebende Zusammenhänge auf. Der signifikant schwach negative Zusammenhang des Investitionskriteriums „**Markt/ Technologie**" mit der aktuellen sowie generellen Verwendungsbereitschaft nachhaltigkeits-relevanter Indikatoren (r = -0,237 bzw. r = -0,290) bzw. mit dem aktuellen und generellen Vorliegen einer Nachhaltigkeitsorientierung (r = -0,202 bzw. r = -0,187) und der aktuellen sowie generellen Verwendungsbereitschaft von Nachhaltigkeits-relevanten Controllingsystemen (r = -0,242 bzw. r = -0,228) deutet darauf hin, dass die hohe Wichtigkeit dieses Kriteriums mit einer systematischen Berücksichtigung von Nachhaltigkeits-relevanten Controllinginhalten einhergeht. Dies mag sich mit den Ausführungen zur Rolle der Märkte für Alternative Energien (Kapitel C.2.2.5) decken. Momentan sind die Investoren, die sich eher als Nachhaltigkeits-affin einstufen ließen, besonders in den ausgewiesen „grünen" Märkten aktiv (das Phänomen des „*green investments*" wurde bereits in den Kapiteln B.1.4 angesprochen). Somit können diese Ergebnisse die Auffassung stützen, dass momentan nur die Investoren sich offen für die Gedanken des Nachhaltigkeitskonzeptes zeigen, wenn sie sich aktiv mit Nachhaltigkeits-Branchen beschäftigen. Der zudem schwache Zusammenhang des „**Managements**" des Portfoliounternehmens als Investitionskriterium mit der generellen Verwendung von Nachhaltigkeits-relevanten Controllingsystemen (r = -0,191) und der generellen, systematischen Beachtung von Nachhaltigkeits-relevanten Controllinginhalten (r = -201) verweist auf den Zusammenhang der verwendeten Systeme zur Steuerung eines Unternehmens mit der Zusammensetzung bzw. Qualität des Managements (vgl. hierzu u.a. Meier, Hiddemann & Brettel, 2006). Es scheint leicht verständlich, dass Investoren dann bestimmte Managementsysteme eher nutzen, wenn ein dazu passendes Managementteam bzw. eine davon geprägte Managementkultur in einem Portfoliounternehmen vorhanden ist. Dennoch kann auch dieses Ergebnis dahingehend interpretiert werden, dass Nachhaltigkeits-relevante Themen dann entsprechende Priorisierung erfahren, wenn sich das Portfoliounternehmen bereits damit beschäftigt. Dies scheint im vorliegenden Szenario vor allem in Nachhaltigkeits-affinen Branchen der Fall zu sein. Beide Ergebnisse sind somit insofern unbefriedigend, da die Untersuchung sich mit der grundsätzlichen Nachhaltigkeitsorientierung der Beteiligungsgesellschaften und weniger mit den branchen- bzw. industrie-spezifischen Ausprägungen auseinandersetzt.

Konsistentere Resultate ergeben sich hinsichtlich der „strategischen“ bzw. „operativen“ Einflussnahme durch einen Investor. Während die **„strategische“ Einflussnahme** einen mittelstarken negativen Zusammenhang (Ør ≈ -0,240) mit sämtlichen definierten abhängigen Variablen (bis auf die generelle Nachhaltigkeitsorientierung) aufweist, korreliert die **„operative“ Einflussnahme** mittel bis schwach negativ (Ør ≈ -0,198) mit diesen Variablen. Wie auch hinsichtlich der Aussagen zu den Investitionskriterien weist dies darauf hin, dass eine „stärkere“ Einflussnahme tendenziell mit einer eher ausgeprägten Nachhaltigkeits-Orientierung einhergeht. Damit unterstützen diese Ergebnisse vorerst die Forschungshypothesen $H_{4.1}$ und $H_{4.3}$.

Ob und wie sich die beobachteten Zusammenhänge in den multivariaten Analysen wiederfinden, ist in den folgenden Abschnitten zu klären.

4.3.5 Logit-Analyse und Modellbildung

4.3.5.1 Grundlagen der Logistischen Regression

Multivariate statistische Verfahren werden angewendet, um die Beziehungen zwischen einer oder mehreren abhängigen Variablen und einer Reihe (auch unterschiedlich skalierter) unabhängige Variablen zu erkunden (Backhaus et al., 2003, S. 412). Innerhalb der Gruppe der multivariaten statistischen Verfahren nehmen Logit-Modelle eine Sonderrolle ein (Diaz-Bone & Künemund, 2003, S. 1). Anders als multivariate, lineare Regressionsmodelle eignen sich

Logit-Modelle dazu, auch Untersuchungsmodelle sinnvoll zu berechnen, die u.a. nominal- und ordinal-skalierte abhängige Variablen enthalten. Zur Gruppe der (binären) Logit-Modelle gehören die Logistische sowie die Ordinale Regression. Während die Ordinale Regression in der Lage ist, kategoriale abhängige Variablen sinnvoll auf ihre Reihenfolge hin zu analysieren, eignet sich die Logistische Regression vornehmlich zur Analyse von nominal skalierten abhängigen Variablen (Rohrlack, 2006, S. 205).

Logistische Regressionen können hinsichtlich ihrer Anwendung auf die Anzahl der Ausprägungen der nominalen abhängigen Variablen (y_k) in zwei Varianten unterschieden werden. Liegen für die abhängige Variable lediglich zwei konkrete Ausprägungskategorien [0, 1] vor, ist die binäre logistische Regression anzuwenden. Weist die abhängige Variable jedoch mehrere Ausprägungen auf [0,1, ...,n], so muss die multinominale logistische Regression verwendet werden (Backhaus et al, 2003, S. 413). Die Skalierung der unabhängigen Variablen (x_j) kann in beiden Fällen sowohl metrisch als auch kategorial sein. Im ersten Falle werden sie als Kovariaten bezeichnet. Die Verarbeitung der Variablen erfolgt als kodierte binäre Dummy-Variablen. Die verwendeten Variablen müssen sich als robust gegenüber Multikollinearität (Schneider, 2006, S. 187-189) und Autokorrelation (Aldrich & Nelson, 1984, S. 49) erweisen. Eine Normalverteilung der Variablen muss, im Gegensatz zur Diskriminanzanalyse, nicht vorliegen (Rohrlack, 2006, S. 206).

Im Rahmen dieser Untersuchung soll aufgrund des Skalenniveaus und der Anzahl der Ausprägungen der abhängigen Variablen die binäre logistische Regression angewendet werden. Die binäre logistische Regression verfolgt das Ziel, die Auswirkungen der in das Rechenmodell aufgenommenen unabhängigen Variablen (x_j) auf die Eintrittswahrscheinlichkeit einer abhängigen Variable (y_k) zu berechnen,[272] damit unterscheidet sie sich von der linearen Regression und der Diskriminanzanalyse. Das Logit-Modell schätzt dabei die Parameter (Koeffizienten) b_j der unabhängigen Variablen, die die Wirkungsrichtung dieser auf die gewählte abhängige Variable anzeigen. Die Koeffizienten bedingen dabei die Lage der sich ergebenden Regressionskurve (siehe FN 272), nicht jedoch ihre Steigung. Ein positiver Koeffizient be-

[272] Es werden Einzelfälle betrachtet, denen jeweils der Wert (1) oder (0) zugewiesen wird und deren relative Häufigkeiten über alle Fälle berechnet wird. Die Eintrittswahrscheinlichkeit (p) ist dann die (näherungsweise) berechnete Prozentzahl p, die zwischen 0 und 1 liegt Dieser Wert wird zur entsprechend seiner Verwendung in der Regression durch monotone Transformation (im Intervall [0,1]) zur Berechnung des Risikos (*odds*) umgerechnet. Das *Logit* entsteht über die Logarithmierung der *odds*. Durch die Logarithmierung nehmen die monotonen Werte ein geschwungene, s-förmige Gestalt an, die punkt-symmetrisch zu den Wendepunkten der Kurve verläuft; vgl. Backhaus et al, 2004, S. 419f; Diaz-Bone & Künemund, 2003, S. 5-8.

deutet hierbei, dass die Kurve „positiv“, also von links nach rechts, ansteigt. Im negativen Fall verhält sich dies entgegengesetzt. Die Berechnung (Schätzung) findet dabei auf Grundlage der Maximum-Likelihood-Methode[273] statt (Rohrlack, 2006, S. 206-207).

Anders als bei einer linearen Regression ist die Interpretation der Logit-Koeffizienten nicht trivial, da, wie bereits beschrieben, der Zusammenhang nicht linear, sondern durch einen Sättigungseffekt eine nicht-lineare Form annimmt (Diaz-Bone & Künemund, 2003, S. 8). Als Interpretationshilfe wird neben dem Logit-Koeffizienten daher der Effekt-Koeffizient e^{bj} berechnet. Dieser betrachtet nicht mehr den eigentlichen Effekt des Logit-Koeffizienten, sondern eher die Auswirkung, die eine Veränderung (Erhöhung) von x_k um eine Einheit auf das Wahrscheinlichkeitsverhältnis (Risiko) hat.[274] Dieser Effekt-Koeffizient wird auch als *„odds-ratio“* bezeichnet. Im Ergebnis ergibt sich also der Wert, um den sich das Risiko verändert, wenn sich die betrachtete unabhängige Variable um eine Einheit erhöht. Es können sich nur positive Werte ergeben ($0 < e^{bj} < +\infty$). Werte zwischen 0 und 1 verringern dabei die Eintrittswahrscheinlichkeit, Werte über 1 erhören die Wahrscheinlichkeit des Eintretens der ausgewählten Ausprägung der abhängigen Variable x_k. In der Interpretation heißt dies, dass die Veränderung der unabhängigen Variable x_k um 1 eine Veränderung um e^{bj}[275] bedingt. Mittels einer auf der χ^2-Verteilung basierenden Wald-Statistik wird die Signifikanz des Effektkoeffizienten e^{bj} berechnet (Diaz-Bone & Künemund, 2003, S. 8-10).

Zur Beurteilung der Güte eines aufgestellten Logit-Modells können verschiedene Methoden angewendet werden. Neben Likelihood-Ratio-Tests[276], Pseudo-R^2-Statistiken[277] und dem

[273] Mit Maximum-Likelihood-Methode werden unbekannte Parameter einer Funktion anhand ermittelter Daten ermittelt. Anders als die spezifischere Methode der kleinsten Quadrate müssen, die Werte hier nicht normalverteilt sein. Problematisch ist, dass das Maximum der ermittelten Likelihood-Funktion keine Aussage über die Güte der Anpassung der ermittelten Lösung gibt; vgl. White, 1982, 1-5.

[274] Die Berechnung erfolgt nach der Formel: $e^{bj} = (p_i / (1-p_i)) * e^b$.

[275] Die prozentuale Änderung des dargestellten Risikos wird über $1-e^{bj}$ errechnet.

[276] Der *Likelihood-Ratio-Test* (LR) benutzt ein vollständiges Modell mit allen erklärenden Variablen und subtrahiert von diesem das Ergebnis eines Modells, das nur durch Einbeziehung der Konstanten β_0 des Logit-Modells berechnet wurde. Ein positives Ergebnis des Tests ergibt sich, je größer der sich ergebende Test-Wert (LR) ist. Dieser sollte zudem den, durch gängige Software-Pakete automatisch mitberechneten, χ^2-Wert übersteigen; vgl. Rohrlack, 2006, S. 208f; Backhaus et al., 2003, S. 420.

[277] Die gängigsten Methoden sind hier die Berechnungen nach McFadden (*McFadden-R^2*) und Cox & Snell *(Cox & Snell-R^2)*. Beide Methoden gehen von der Grundlage des Likelihood-Tests aus und quantifizieren die Güte der Trennkraft der Variablen. Je größer die Ergebnisse der beiden Modell ($0 < x < 1$) sind, desto besser kann die Güte des Modells beurteilt werden. Für beide gilt, dass Werte ab 0,2 akzeptabel und Werte ab 0,4 als gut zu beurteilen sind. Eine weitere Pseudo-R2-Methode ist die nach Nagelkerke (*Nagelkerke's-R^2*). Hier wird, anderes als bei den voranstehenden Methoden, berechnet, inwieweit das Modell die Gesamtheit der sich ergebenen Varianz erklären kann. Auch hier liegen die Wert zwischen 0 und 1; wobei 0,2 als akzeptabel, 0,4 als gut und Wert ab 0,5 als sehr gut zu betrachten sind; Backhaus, 2003, S. 440; Krafft, 1997, S. 631; Rohrlack, 2006, S. 209.

Hosmer-Lemeshow-Test[278] kann vor allem die Analyse der berechneten Klassifizierungsmatrizen[279] Aufschluss über die Güte der Ergebnisse geben (Hosmer & Lemeshow, 2000, S. 144-150; Rohrlack, 2006, S. 208).

4.3.5.2 Einbezogene Variablen und Analysemodelle

Die aufgestellten Hypothesen zum Zusammenspiel von Gesellschaftscharakteristika und Nachhaltigkeitsorientierung der Beteiligungsgesellschaften sollen nun multivariat anhand der sechs abhängigen Variablen überprüft werden. Wie bereits angedeutet, wird aufgrund der Ausgestaltung der abhängigen Variablen ein binär logistisches Regressionsmodell verwendet. Die Modelle sollen dabei die Wahrscheinlichkeit untersuchen, dass Beteiligungsgesellschaften Nachhaltigkeits-relevante Gestaltungsinstrumente verwenden bzw. Nachhaltigkeitsorientiert sind.

Als **unabhängige Variablen** werden die Gesellschaftscharakteristika einbezogen, die bereits für die deskriptive und univariate Untersuchung in den vorangegangenen Abschnitten verwendet wurden. Obwohl, wie bereits erwähnt, die Logistische Regression weniger starke Ansprüche an die Skalierung und andere Ausprägungen der Variablen stellt, konnten nicht alle Variablen sinnvoll in die Analyse einbezogen werden. Für eine Einbeziehung mussten die 22 erhobenen und in Kapitel C1.3 deskriptiv beschriebenen Variablen vor allem auf ihre Korrelationen hin überprüft werden. Dazu wurde eine univariate Korrelationsanalyse der Hintergrundvariablen durchgeführt. Die Korrelationsanalyse sollte diejenigen Variablen ausschließen, die übermäßig starke und anzahlig viele Beziehungszusammenhänge mit anderen Variablen aufweisen.[280] Die Auswertung der Analyse ergab, dass die Variablen „Investiertes Kapi-

---

[278] Der Test nach *Hosmer-Lemeshow* testet die Null-Hypothese, dass die Differenz zwischen den durch das Modell vorhergesagten Werte und den real beobachteten 0 ist. Damit wird getestet, ob die Ergebnisse durch Zufall entstanden sind, oder auf existierende Strukturen zurückgehen. Die Nullhypothesen besagt hier, dass sich die Daten nicht von dem Modell unterscheiden. Für eine positive Beurteilung der Modellgüte muss demnach die Nullhypothesen angenommen werden, d.h. es muss eine recht hohe Signifikanz (am besten $p > 0{,}05$) erreicht werden; vgl.: Hosmer & Lemeshow, 2002, 144-150.

[279] Die *Klassifikationsmatrix* wird von gängigen Software-Paketen (z.B. SPSS oder SAS) automatisch berechnet und angezeigt. Um die Güte des Modells bestimmen zu können, muss der sich ergebende modellierte Prozentsatz der richtig zugeordneten Klassifikationen mit dem im Anfangsmodell berechneten Ergebnis verglichen werden. Das Modelergebnis wird über das „*proportional chance criterion*" (PCC) berechnet [$PCC = a^2 + (1 - a)^2$] (Rohrlack, 2006, S. 210 in Anlehnung an Morrison, 1969, S. 158). Liegt der beobachteten Prozentsatz über dem modellierten PCC-Wert, kann von einer akzeptablen Modell-Güte ausgegangen werden; vgl.: Backhaus et a., 2003, S. 435; Rohrlack, 2006, S. 210.

[280] In die Korrelationsanalyse wurden alle 20 Variablen aufgenommen. Es wurde für alle Variablen der Korrelationskoeffizient nach Pearson berechnet. Koeffizienten mit einem über +/- 0,35 (auf dem 10%-Signifikanzniveau) wurden systematisch ausgeschlossen.

tal"[281] und „Relative Performance-Einschätzung" ausgeschlossen werden müssen. Da die Ausprägungen nicht eindeutig einem bestimmten Merkmal zugeordnet werden konnten, wurde des Weiteren auch die Hauptkapitalgeberart „Andere" ausgeschlossen. Die Analyse der Determinanten der Nachhaltigkeits-Orientierung wurde demnach mit den verbleibenden 20 Hintergrundvariablen weiter durchgeführt.

Wie bereits in der Beschreibung der zu verwendenden Methodik beschrieben, müssen die in die Analyse einbezogenen Variablen weiterhin bestimmten Anforderungen genügen. Konkret sind dies vor allem die Robustheit gegenüber a) Multikollinearität[282] und b) Autokorrelation (Brosius, 2002; Reinboth, 2006). Multikollinearität kann über die Berechnung das *„variance inflation factors"* (VIF)[283] festgestellt werden. Nach Menard (2001, S. 75-85) kann Multikollinearität zwischen den verwendeten unabhängigen Variablen hinreichend ausgeschlossen werden, wenn die Werte der einzelnen Variablen keine VIF-Werte über 3,0 bzw. 3,5 aufweisen. Dies konnte für alle zu verwendenden Merkmalsvariablen ausgeschlossen werden.

Die Prüfung auf Autokorrelation findet mittels des *Durbin-Watson-Test*[284] statt (Aldrich & Nelson, 1984, S 49). Der Durbin-Watson-Wert *d* wird auf 2,012 berechnet. Dieser Wert kann als sehr gut interpretiert werden und weist darauf hin, dass die verwendeten unabhängigen Variablen robust gegenüber Autokorrelation sind. Es kann somit davon aufgegangen werden, dass die verwendeten unabhängigen Variablen als brauchbar für die aufzustellenden binären Logit-Modelle zu beurteilen sind.

[281] Für den Ausschluss plädieren zudem die Erkenntnisse von Gompers (1995), der herausgefunden hat, dass die Erfahrung von Private Equity-Gesellschaften, deren Proxy hier das investierte Kapital ist, keinen Einfluss auf die Art und Weise des *monitoring* der Portfoliounternehmen durch die Investoren hat; vgl.: Gompers, 1995, S. 1461.

[282] Multikollinearität meint die wechselseitige Abhängigkeit von verwendeten unabhängigen Variablen eines aufgestellten statistisch-analytischen Modells. Vollständige oder perfekte Multikollinearität liegt dann vor, wenn die Werte einer oder mehrerer unabhängigen Variablen aus den Werten bzw. Ausprägungen der anderen unabhängigen Variablen mehr oder weniger exakt vorhergesagt werden können. Dies ist ein Umstand, der das aufgestellte statistisch-analytische Modell unbrauchbar werden lässt, da die Aussagekraft z.B. eines Regressionsmodells dadurch negativ beeinflusst wird; vgl.: Schneider, 2006, S. 184-186.

[283] Der *„variance inflation factor"* (VIF) ist eine prominente Maßzahl zur Berechnung bzw. Ausweis von Multikollinearität in Regressionsmodellen. Er wird wie folgt berechnet: $VIF_j = 1 / (1-R^2_j)$. Demnach ist der VIF eine skalierte Version des multiplen Korrelationskoeffizienten der Variablen j und der restlichen verwendeten Variablen; vgl.: Neter, Wassermann & Kunter, 1990, S. 248.

[284] Die Überprüfung von Variablen auf Autokorrelation der 1. Ordnung kann mittels *Durbin-Watson-Test* durchgeführt werden. Die Autokorrelation 1. Ordnung bezeichnet die Überprüfung auf Korrelationen zwischen zwei aufeinanderfolgenden Residualgrößen. Die Ergebniswerte des Tests, der Durbin-Watson-Wert *d*, liegt dabei zwischen (0) und (4). Die Ergebnisse weisen tendenziell auf das Vorliegen bzw. die Richtung der Autokorrelation hin. So weist eine sehr kleine bzw. sehr große Differenz zwischen den Residualgrößen auf eine positive bzw. negative Autokorrelation hin. Dabei sagt ein Wert von (2), dass keine Autokorrelation vorliegt, während ein Wert von annährend (0) auf eine positive, ein Wert von annähernd (4) auf eine negative Autokorrelation hinweist; vgl.: Gujarati, 1995, S. 605-606.; Verbeek, 2004, 102f.

Die Variablen werden mit der gleichen Kodierung in die Rechnung der Logit-Modelle einbezogen, wie in den vorangegangenen Abschnitten vorgestellt. Ausnahmen sind hier die Variablen „Beteiligungsart" und „Geografischer Hauptsitz". Beide Merkmale stellen kategoriale Variablen dar. Die Berechnung in SPSS verlangt, dass diese Variablen als solche kodiert werden. Hierzu wird jeweils eine Kategorie als Referenzkategorie definiert. Die verbleibenden Kategorien werden an dieser orientiert. Dies bedeutet, dass die sch ergebenden Effektkoeffizienten der Kategorien relativ zur Referenzkategorie interpretiert werden müssen (Rohrlack, 2006, S. 205). Im vorliegenden Fall wurde für „Beteiligungsart" die Kategorie „Beides" und für „Geografischer Hauptsitz" die Kategorie „Global" als Referenzkategorien definiert.

Für jede **abhängige Variable** wurden eigenständige Modelle definiert. Die Analyse der jeweiligen abhängigen Variablen gliedert sich in zwei Panel-Gruppen. Panel A bezieht dabei alle beschriebenen unabhängigen Variablen bis auf die Variable „Investortyp" ein. Panel B umfasst dieses Merkmal und damit alle definierten Gesellschaftsmerkmale. Die Aufteilung in Panels geht auf die bereits beschriebenen, nicht vollständigen Datenergebnisse hinsichtlich der Variable „Investortyp" zurück. Dies manifestiert sich in einer geringeren Anzahl der Modelle, in denen diese Variable berücksichtigt wurde. Während Panel A bei allen aufzustellenden Modellen eine Fallzahl von 87 Einheiten umfasst, können aufgrund der fehlenden Werte nur 67 Einheiten in Panel B eingezogen werden. Die Panelaufteilung soll einen strukturierten Vergleich der Ergebnisse bzw. eventueller Variationen ermöglichen.

Weiterhin werden für jede abhängige Variable bzw. jedes Panel sechs Einzel-Modelle aufgestellt. Die jeweiligen Modelle kontrollieren sukzessive auf den Einfluss spezifischer Hauptkapitalgeberarten bzw. lassen in einem ersten Schritt diese als Vergleichsmodell komplett heraus. Die Hauptkapitalgeber weisen z.T. recht hohe Korrelation mit den anderen unabhängigen Variablen auf. Dies wird in diesem Rahmen und in Anlehnung an das methodische Vorgehen nach Cumming & Johan (2007) als die Begründung für die gewählte Methodik herangezogen. Insgesamt ergeben sich somit für alle sechs untersuchten abhängigen Variablen (siehe C.4.3.3) 72 Einzel-Rechenmodelle.

Im Folgenden sind die Ergebnisse der Analyse systematisch dargestellt. Für die verschiedenen Modelle werden in Anlehnung an das Vorgehen von Diaz-Bone & Künemund (2003) die Effektkoeffizienten (e^{bj}), die dazugehörige Signifikanzniveaus sowie die einhergehenden, berechneten Gütekriterien des Modells angegeben. Zuerst werden die Resultate zur aktuellen und zukünftigen Verwendung der Nachhaltigkeits-relevanten Controllingsysteme und Indikatoren gezeigt. Den Abschluss bildet die Analyse der Determinanten der systematischen Verwendung der abgefragten Controllinginstrumente. Die finale Hypothesenbeurteilung soll in einem Fazit auf Basis der bis dahin ermittelten Ergebnisse stattfinden.

4.3.6 Verwendung von Nachhaltigkeits-relevanten Controllingsystemen

4.3.6.1 Determinanten der aktuellen Verwendungswahrscheinlichkeit

Die Untersuchung der Wahrscheinlichkeit der **aktuellen** Verwendung von qualitativen, nicht-finanziell orientierten **Controllingsystemen** kann erste Hinweise auf die Determinanten geben, die die momentan für Nachhaltigkeits-relevante Problemfelder und Thematiken aufgeschlossenen Beteiligungsgesellschaften ausmachen. Gesellschaften, die sich bereits heute tendenziell an Themen wie Verantwortung, Legitimität etc. orientieren, können als mögliche „*leader*“ im Markt gesehen werden. Natürlich muss auch hier einschränkend gesagt werden, dass die Ergebnisse nicht darauf kontrolliert werden können, welche Systeme genau in welcher Intensität oder überhaupt eingesetzt werden. Nichtsdestotrotz ermöglichen die Ergebnisse einen ersten Einblick in Gesellschaftsmerkmale, die tendenziell solche „*leader*“ ausmachen.

Wie bereits eingangs beschrieben, wurde die aktuelle Verwendung von den angesprochenen Managementsystemen in Frage 12 des Fragebogens erhoben. Die resultierende abhängige Variable mit nominaler Skalierung wurde zusammen mit den beschriebenen unabhängigen Variablen in zwölf verschiedene Modelle (Modell 1 – Modell 12) eingebracht. Dabei unterteilen sich die Modelle in die zwei Panels zu je sechs Modellen, die bereits in dem vorangegangenen Abschnitt C.4.3.5.2 definiert wurden. Die errechneten Effektkoeffizienten und Waldstatistiken sowie die Gütekriterien der Modelle sind in Tabelle 25 abgetragen

Die Gütekriterien sind für alle Modelle akzeptabel, unterscheiden sich jedoch zwischen den Panels. Die *Hosmer-Lemeshow* Statistiken sind jeweils nicht signifikant, was einer guten Modellanpassung entspricht. Einzig Modell 15 weist ein signifikantes Ergebnis aus. Des Weiteren zeigen die Klassifikationsergebnisse, dass die Modelle in Panel A durchschnittlich ca. 72,0% der Fälle korrekt klassifizieren. Die Modelle in Panel B klassifizieren sogar 77,0% der Fälle richtig.

Binäre Logistische Regression: Aktuelle Verwendung von Managementsystemen (MaDumAkt)

*Die untenstehende Tabelle stellt die Ergebnisse der Binären Logistischen Regression dar, nach der die Wahrscheinlichkeit berechnet wurde, dass die befragten Beteiligungsgesellschaften durch die aktuelle Verwendung von nachhaltigkeits-relevanten Controllingsystemen [masakt] eine Nachhaltigkeits-Orientierung zeigen. Panel A umfasst alle Fälle mit einem kompletten Datensatz (n = 87). Die Modelle (19) - (24) in Panel B beziehen die Variable [Investortyp] mit ein. Hierbei verringert sich die Anzahl der einbezogenen Fälle auf n = 68. Die abhängigen Variablen wurden wie in Kapitel C.4.6.1 angegeben berechnet. Die Koeffizienten der unabhängigen Variablen sind robust gegenüber Kollinearität und Autokorrelation. Die präsentierten Werte sind nicht die Standard-Logit-Ergebnisse, sondern stellen die umgerechneten Effekt-Koeffizienten für die einzelnen Variablen dar. Die Koeffizienten geben die Stärke des Zusammenhangs wieder. Die Richtung wird durch die Größe der Koeffizienten bestimmt. Ein Koeffizient < 0 weist dabei auf einen negativen Zusammenhang hin, ein Koeffizient > 0 auf einen positiven Zusammenhang. Die Annotationen *, **, *** stellen die Signifikanz-Niveaus dar. Diese weisen die Variablen aus, die sich als signifikant auf dem 10%, 5% resp. 1% Level gezeigt haben.*

Panel A: Gesamtes Sample

	Model (1)		Model (2)		Model (3)		Model (4)		Model (5)		Model (6)	
Variablen	Exp$^{\beta}$	Sign.	Exp$^{\beta}$	Sign.	Exp$^{\beta}$	Sign.	Exp$^{\beta}$	Sign.	Exp$^{\beta}$	Sign.	Exp$^{\beta}$	Sign.
Konstante	4,269	0,467	3,773	0,508	2,740	0,641	5,511	0,406	4,331	0,465	2,343	0,677
HKVERB			0,738	0,602								
HKUNT					1,804	0,578						
HKFOF							0,626	0,510				
HKPEN									0,944	0,943		
HKPRIV											2,408	0,260
EINFAK1	0,515	0,125	0,526	0,135	0,516	0,126	0,501	0,117	0,516	0,126	0,520	0,139
EINFAK2	1,322	0,428	1,310	0,442	1,291	0,472	1,397	0,359	1,318	0,437	1,501	0,286
EINFAK3	0,860	0,703	0,868	0,724	0,881	0,748	0,868	0,720	0,858	0,699	0,859	0,708
LOGGRÖßE	1,578 **	0,038	1,607 **	0,032	1,643	0,034	1,576 **	0,040	1,580 **	0,038	1,686 **	0,024
BETART	**	0,023	**	0,034		0,031	**	0,021	**	0,025	**	0,026
BETART(1)	0,111 **	0,008	0,121 **	0,013	0,116	0,010	0,110 **	0,008	0,112 **	0,009	0,119 **	0,012
BETART(2)	0,248 **	0,067	0,255 *	0,070	0,274	0,096	0,231 *	0,057	0,249 *	0,068	0,202 **	0,045
GEOREG		0,105	*	0,092		0,096	*	0,099		0,118	*	0,076
GEOREG(1)	7,718 **	0,034	8,409 **	0,029	9,163	0,030	8,135 **	0,032	7,599 **	0,040	9,869 **	0,023
GEOREG(2)	3,051	0,205	3,337	0,183	3,521	0,171	3,149	0,194	3,067	0,205	3,165	0,193
DAUER	0,651 **	0,014	0,659 **	0,018	0,662	0,019	0,638 **	0,011	0,651 **	0,014	0,648 **	0,015
INVUCH	0,441 **	0,037	0,451 **	0,043	0,436	0,035	0,405 **	0,030	0,442 **	0,037	0,423 **	0,032
INVMAR	1,246	0,565	1,252	0,551	1,242	0,586	1,267	0,527	1,252	0,562	1,132	0,758
INVGEO	1,082	0,699	1,086	0,686	1,072	0,732	1,066	0,756	1,081	0,705	1,054	0,800
INVMAT	1,000	0,999	0,954	0,883	0,982	0,955	0,976	0,940	1,003	0,992	0,922	0,791
Model Diagnostics												
Beobachtungsanzahl	87		87		87		87		87		87	
Nagelkerkes R-Quadrat	0,31		0,31		0,31		0,31		0,31		0,33	
Cox & Snell R-Quadrat	0,23		0,23		0,23		0,24		0,23		0,24	
-2 Log-Likelihood	97,37		97,10		97,06		96,94		97,37		96,02	
Hosmer-Lemeshow-Test Chi-Qudrat (Sign.)	3,382	0,908	9,267	0,320	16,537	0,035	6,973	0,540	3,357	0,910	3,112	0,927

Panel B: Ergebnisse mit "Investortyp" (reduzierte Sampelgröße)

	Model (7)		Model (8)		Model (9)		Model (10)		Model (11)		Model (12)	
Variablen	Exp$^{\beta}$	Sign.	Exp$^{\beta}$	Sign.	Exp$^{\beta}$	Sign.	Exp$^{\beta}$	Sign.	Exp$^{\beta}$	Sign.	Exp$^{\beta}$	Sign.
Konstante	1,540	0,864	1,185	0,946	1,310	0,922	1,913	0,799	1,364	0,903	0,697	0,891
HKVERB			0,490	0,409								
HKUNT					1,202	0,885						
HKFOF							0,522	0,468				
HKPEN									1,586	0,684		
HKPRIV											3,514	0,270
INVTYP	1,635	0,711	1,647	0,706	1,599	0,726	1,676	0,701	1,359	0,827	2,133	0,580
EINFAK1	0,281 *	0,081	0,307 *	0,102	0,284 *	0,084	0,272 *	0,076	0,283 *	0,082	0,270 *	0,084
EINFAK2	1,346	0,584	1,246	0,684	1,326	0,609	1,439	0,511	1,345	0,581	1,692	0,384
EINFAK3	1,059	0,922	1,152	0,815	1,072	0,906	1,091	0,882	1,131	0,839	1,052	0,933
LOGGRÖßE	2,292 **	0,013	2,361 ***	0,010	2,327 **	0,016	2,300 **	0,013	2,322 **	0,012	2,455 ***	0,009
BETART	**	0,021	**	0,023	**	0,024	**	0,020	**	0,022	**	0,022
BETART(1)	0,013 **	0,007	0,016 **	0,010	0,014 ***	0,009	0,013 ***	0,008	0,014 ***	0,008	0,012 ***	0,009
BETART(2)	0,026 **	0,019	0,024 **	0,017	0,027 **	0,022	0,022 **	0,016	0,026 **	0,019	0,013 **	0,017
GEOREG	**	0,023	**	0,018	**	0,026	**	0,022	**	0,020	**	0,020
GEOREG(1)	42,226 ***	0,009	45,103 ***	0,007	43,983 ***	0,010	46,606 ***	0,009	47,603 ***	0,009	57,371 ***	0,008
GEOREG(2)	21,440 **	0,023	30,338 **	0,020	22,456 **	0,025	23,301 **	0,022	21,263 **	0,021	22,765 **	0,022
DAUER	0,551 **	0,023	0,568 **	0,030	0,556 **	0,028	0,534 **	0,019	0,559 **	0,026	0,530 **	0,023
INVUCH	0,245 **	0,011	0,257 **	0,014	0,245 **	0,011	0,222 ***	0,009	0,235 **	0,011	0,219 ***	0,009
INVMAR	1,314	0,594	1,405	0,508	1,309	0,604	1,322	0,572	1,296	0,621	1,253	0,684
INVGEO	1,209	0,462	1,198	0,480	1,205	0,470	1,201	0,481	1,223	0,437	1,127	0,652
INVMAT	1,092	0,829	0,961	0,926	1,087	0,838	1,050	0,906	1,060	0,892	0,973	0,942
Model Diagnostics												
Beobachtungsanzahl	68		68		68		68		68		68	
Nagelkerkes R-Quadrat	0,52		0,52		0,52		0,52		0,52		0,53	
Cox & Snell R-Quadrat	0,39		0,39		0,39		0,39		0,39		0,40	
-2 Log-Likelihood	60,98		60,29		60,96		60,45		60,82		59,63	
Hosmer-Lemeshow-Test Chi-Qudrat (Sign.)	9,165	0,329	14,644	0,066	9,202	0,326	4,800	0,779	10,778	0,215	4,418	0,818

Tabelle 25: Ergebnisse zu den Determinanten der aktuellen nachhaltigkeits-relevanten Controllingsysteme
Quelle: Eigene Erhebung

Panel A mit 87 einbezogenen Fällen[285] ergibt bezüglich der R^2-Werte nach *Nagelkerkes* und *Cox & Snell* durchweg akzeptable Werte. Obwohl Panel B eine geringere Fallzahl (n = 68)

[285] Hosmer & Lemeshow (2002) empfehlen als solide Fallbasis einer Logistischen Regression eine Fallanzahl von n ≈ 100. Diese Marke wird hier knapp verfehlt. Aufgrund der begrenzten Grundgesamtheit und der im Ver-

einschließt, verbessern sich hier die R^2-Werte. Während sie bei Panel A bei durchschnittlich 0,31 (Nagelkerkes-R^2) bzw. 0,23 (Cox & Snell-R^2) lagen, sind die Werte in Panel B mit Werten über 0,5 bzw. 0,35 allgemein als gut zu bezeichnen. Dies legt den Schluss nahe, dass ein Ausschluss der Variable „Investortyp" zu einer schlechteren Modellanpassung führt. Die folgenden Ergebnisse der Effektkoeffizienten soll dies weiter detaillieren.

Die Analyse des Einflusses der **Hauptkapitalgeber** ergibt in Panel A keine signifikanten Zusammenhänge. Dessen unberührt zeigt sich trotz der Insignifikanz, dass das Vorhandensein von „Unternehmen" sowie „Privatinvestoren" sich positiv auf die aktuelle Verwendung der Nachhaltigkeits-relevanten Controllingsysteme auswirkt, solange sie einen großen Teil des Kapitals einer Beteiligungsgesellschaft stellen. „Versicherungen", „Pensionsfonds" und „Fund of Funds" mindern in den Modellen des Panels A diese Wahrscheinlichkeit. Panel B führt hier zu teilweise abweichenden Ergebnissen. Im Gegensatz zu Panel A tritt hier ein positiver, wenn auch nicht signifikanten Einfluss auf.

Obwohl sich ein Effekt hinsichtlich „**Investortyp**" auf die Interpretation der Hauptkapitalgeber auswirkt, weist der Effektkoeffizient dieser Variable zwar einen positiven, jedoch keinen signifikanten Effekt auf. Dies bedeutet, dass Spätphaseninvestoren sich tendenziell positiv auf die aktuelle Verwendungswahrscheinlichkeit auswirken, dieser Effekt aber nicht sicher verallgemeinert werden kann.

In Bezug auf die verschiedenen **Arten der Einflussnahme** der Investoren auf ihre Portfoliounternehmen weist nur Panel B (Model 7 – Model 12) die „strategische Einflussnahme" als signifikanten Prädiktor aus ($e^{bj} \approx 0,277$)[286]. Die negative Ausrichtung des Effektkoeffizienten deutet darauf hin, dass eine zunehmende Einflussnahme auf die strategischen Entscheidungen die Wahrscheinlichkeit der Verwendung von qualitativen Managementsystemen um 27,7% (pro „Wichtigkeitsschritt") erhöht. Dieser Befund deckt sich mit dem bereits vorliegenden Ergebnis der univariaten Korrelationsanalyse (Kapitel C.4.3.4). Einen gleichermaßen negativen, jedoch nicht signifikanten Effekt weist die „operative Einflussnahme" auf. Einzig der „Controllingeinfluss" ist positiv, wenn auch ebenfalls nicht signifikant, mit der getesteten

gleich recht hohen Rücklaufquote bzw. für die Grundgesamtheit recht hohen Fallzahl und der guten Modellgütekriterien, wird dies hier nicht als ein die Untersuchung gefährdender Umstand gesehen. Des Weiteren weisen auf Cumming & Johan (2007) für einige der untersuchten Modelle nur n = 35 auf und weisen darauf hin, dass dies kein kritischer Umstand ist; vgl.: Hosmer & Lemeshow, 2002, S. 144-150; Cumming & Johan, 2007, S. 399.

[286] Diese gerundete Angabe ist ein ungefährer Durchschnitt der Ergebnisse aus den jeweiligen Modellen.

Wahrscheinlichkeit korreliert. Die würde bedeuten, dass der Investor die Verwendung von nachhaltigkeits-relevanten Controllingsystemen wahrscheinlicher implementiert bzw. fördert, je weniger ein Investor in die Kontroll-relevanten Entscheidungen und Prozesse seiner Beteiligungen interveniert.

Alle hier betrachteten Modelle führen hinsichtlich des statistischen Effektes der „**Größe**“ von Beteiligungsgesellschaften zu einem eindeutigen Ergebnis. Je größer eine Beteiligungsgesellschaft ist, desto größer ist die statistisch belegte, aktuelle Verwendungswahrscheinlichkeit von Nachhaltigkeits-relevanten Controllingsystemen ($e^{bj} \approx 2{,}0$). Sämtliche Ergebnisse (ausgenommen Modell 3 und Modell 11) sind auf dem 5%-Singifikanzniveau, eines sogar auf dem 1%-Signifikanzniveau (Modell 21) signifikant. Ein Ansteigen der Größe hat damit fast eine Verdopplung der Verwendungswahrscheinlichkeit zur Folge. Man sieht, dass sich der Effekt bei Einschluss der „Investortyp“-Variable (Panel B) nochmals verstärkt.

Die Effekte, die die jeweiligen **Beteiligungsarten**, die die Investoren durchschnittlich an ihren Portfoliounternehmen haben, auf die Verwendungswahrscheinlichkeit haben, werden, wie bereits beschrieben, relativ zur Referenzkategorie „Beides“ interpretiert. Es zeigt sich sowohl in Panel A als auch in Panel B, dass sowohl „Minderheitsbeteiligungen“ als auch „Mehrheitsbeteiligungen“ jeweils stark negativ mit der Verwendungswahrscheinlichkeit korreliert sind (Ø $e^{bj} < 0{,}1$). Relativ zur definierten Referenzkategorie bedeutet dies, dass ein Vorliegen einer Minder- oder Mehrheitsbeteiligung die Verwendungswahrscheinlichkeit im Vergleich zu einer indifferenten Beteiligungsstrategie senkt. Demnach ergibt sich eine höhere Wahrscheinlichkeit, dass Beteiligungsgesellschaften Nachhaltigkeits-relevante Controllingsysteme aktuell verwenden, wenn diese sich nicht auf einen bestimmten Beteiligungsumfang festlegen.

Relativ zur Referenzkategorie ergibt sich für den Prädiktor „**geografischer Hauptsitz**“ ein umgekehrtes Bild. Hier ergeben sich für die Effektkategorien „Deutschland“ und „Europa“ positive Werte. Dies bedeutet, dass Beteiligungsgesellschaften mit einem deutschen resp. europäischen Hauptsitz tendenziell zu einer höheren, aktuellen Verwendungswahrscheinlichkeit führen als Gesellschaften mit einem „globalen“, also einem Hauptsitz außerhalb Europas. Der Vergleich der Ergebnisse aus Panel A und Panel B ergibt, dass der nur der Prädiktor „Deutschland“ in beiden Panels signifikant ist (in Panel B sogar auf dem 1%-Signigikanzniveau; Modell 7 - 12). „Europa“ ist nur in Panel B signifikant. Des Weiteren liegen die Ergebnisse hierzu in Panel B um ein Vielfaches höher als in Panel A. Dies unterstreicht nochmals der Effekt der Aufnahme des Merkmals „Investortyp" auf die Aussagekraft bzw. die Effektdarstellung der berechneten Modelle.

Die Korrelationsanalyse hat in Bezug auf die **Haltedauer** als Prädiktor der Verwendungswahrscheinlichkeit einen negativen Zusammenhang angedeutet. Dies bestätigt sich auch in den logistisch-regressiven Befunden. Die Modelle aus beiden Panels ergeben einen negativen Effekt ($e^{bj} \approx 0{,}6$) und sind auf dem 5%-Niveau signifikant. Es lässt sich demnach schließen, dass die aktuelle Verwendung von nachhaltigkeits-relevanten Controllingsystemen wahrscheinlicher ist, je kürzer ein Investor die Beteiligung an einem Portfoliounternehmen hält.

Hinsichtlich des Effektes der unterschiedlichen Investitionskriterien als Prädiktoren stimmen die Modelle der Panels wiederum überein. Es zeigt sich, dass lediglich die Kriteriengruppe „**Unternehmenscharakteristika & Finanzierungsphase**" einen stark negativen signifikanten Effekt haben. Konkret bedeutet dies, dass, je wichtiger diese Kriterien sind, die Wahrscheinlichkeit der aktuellen Verwendung von Nachhaltigkeits-relevanten Controllingsystemen zunimmt ($e^{bj} \approx 0{,}3$). Dieses Argument knüpft an die Überlegungen der Korrelationsanalyse (Kapitel C.4.3.4) an. Da momentan Nachhaltigkeit fast ausschließlich in „grünen" Branchen thematisiert wird, ist nachvollziehbar, dass Beteiligungsgesellschaften, die ihre Beteiligungen vor allem in Abhängigkeit von den unternehmensspezifischen Charakteristika aussuchen, eher bereit sind, auch Nachhaltigkeits-relevante Controllingsysteme zu verwenden.

4.3.6.2 Determinanten der generellen Verwendungswahrscheinlichkeit

Anders als die Untersuchung der Wahrscheinlichkeit der aktuellen Verwendung von Nachhaltigkeits-relevanten **Controllingsystemen** wird nicht nur die Determinanten der bereits angesprochenen aktuellen „*leader*" erfasst werden, sondern auch die der Probanden, die die angesprochenen Controllingsysteme momentan noch nicht verwenden. Für sie wird davon ausgegangen, dass sie jedoch die zukünftige Wichtigkeit der Verwendung und die Notwendigkeit der Applikation durchaus sehen.

Die Analyse der **generellen** Verwendungswahrscheinlichkeit erfolgt wie auch im vorangegangenen Fall durch die Aufstellung von zwölf Modellen zu je sechs Modellen in Panel A (Modell 13 – Modell 18) und in Panel B (Modell 19 – Modell 24). Innerhalb der Panels kontrollieren die verschiedenen Modelle jeweils den Einfluss der verschiedenen Hauptkapitalgeberarten. Als abhängige Variable wird die berechnete Variable [*masdummy*] untersucht.

Auch hier sind die Modelle hinsichtlich der einzubeziehenden Gütekriterien als durchweg akzeptabel zu bewerten. Während im Panel A die R^2-Werte nach *Nagelkerkes* sowie *Cox & Snell* bei durchschnittlich 0,3 bzw. 0,21 liegen, weisen sie in Panel B eine wiederum höhere Güte auf (Nagelkerkes $R^2 \approx 0{,}53$; Cox & Snell-$R^2 \approx 0{,}39$). Die *Hosmer-Lemeshow-Tests* sind durchweg nicht-signifikant und stützen dadurch die gegebene Güte der Modelle. Die Ergebnisse der *Klassifikationstabellen* liegen hier recht nah zusammen. Panel A gruppiert durchschnittliche 73,0% der Fälle richtig, während in Panel B rund 78,0% der Fälle den korrekten Klassen zugeteilt werden (siehe hierzu die Ergebnisse in Tabelle 26).

Die **Hauptkapitalgeberarten** unterschieden sich in Panel A und Panel B hinsichtlich der Effektkoeffizienten kaum von den „aktuellen" Ergebnissen. Lediglich die „Fund of Funds" weisen einen negativen Effekt auf die Verwendungswahrscheinlichkeit im "generellen" Fall auf. Allerdings stellt sich nun ein stark positiver Effekt ($e^{bj} = 13{,}859$) der „Unternehmen" als Hauptkapitalgeber auf dem 10%-Niveau signifikant dar. Im konkreten Fall bedeutet dies, dass „Unternehmen" als Hauptkapitalgeber die generelle Verwendungswahrscheinlichkeit um ein Vielfaches erhöhen.

Der Prädiktor „**Investortyp**" ist wiederum positiv korreliert, jedoch nicht signifikant. Wie bereits im aktuellen Fall lässt sich allerdings feststellen, dass das Merkmal des Investortyps eindeutig eine Modellrelevanz hat. Beides, die Signifikanz bestimmter Determinanten und die Modellgüte, verbessern sich durch die Hinzunahme dieses Prädiktors. Daneben hat die Hinzunahme eine Auswirkung auf die Stärke der Effekte bestimmter Variablen. So verschiebt sich z.B. die der Effektkoeffizient der „strategischen Einflussnahmen" durch die Hinzunahme von $e^{bjA} = 0{,}668$ (Modell 1) in Panel A auf $e^{bjB} = 0{,}277$ (Modell 7) in Panel B. Es kann somit festgehalten werden, dass die Differenzierung in Früh- bzw. Spätphaseninvestoren innerhalb der Modelle zur Überprüfung der Verwendungswahrscheinlichkeit von qualitativen Modellen eine moderierende bzw. katalytische Rolle einnimmt.

Die Ergebnisse der weiteren Merkmale ähneln den bereits in C.4.3.6.1 vorgestellten sehr stark. Wiederum stellen sich die „**strategische Einflussnahme**", die „**Größe**", die indifferente Strategie hinsichtlich des Beteiligungsumfangs, die **europäischen bzw. deutschen Hauptsitze** sowie die Investitionskriterien „**Unternehmenscharakteristika & Finanzierungsphase**" als signifikanten Prädiktoren der generellen Verwendungswahrscheinlichkeit heraus. Während die Richtung der Effekte gleich ist, bestehen Unterschiede vor allem in der Stärke dieser. Es zeigt sich somit, dass die Überprüfung der der generellen Verwendungswahrscheinlichkeit die Effekte der zu prüfenden Merkmale regelrecht akzentuiert.

Binäre Logistische Regression: Aktuelle und geplante Verwendung von Managementsystemen (MasDummy)

*Die untenstehende Tabelle stellt die Ergebnisse der Binären Logistischen Regression dar, nach der die Wahrscheinlichkeit berechnet wurde, dass die befragten Beteiligungsgesellschaften durch die aktuelle bzw. zukünftige Verwendung von nachhaltigkeits-relevanten Controllingsystemen [masdummy] eine Nachhaltigkeits-Orientierung zeigen. Panel A umfasst alle Fälle mit einem kompletten Datensatz (n = 87). Die Modelle (19) - (24) in Panel B beziehen die Variable [Investortyp] mit ein. Hierbei verringert sich die Anzahl der einbezogenen Fälle auf n = 68. Die abhängigen Variablen wurden wie in Kapitel C.4.6.1 angegeben berechnet. Die Koeffizienten der unabhängigen Variablen sind robust gegenüber Kollinearität und Autokorrelation. Die präsentierten Werte sind nicht die Standard-Logit-Ergebnisse, sondern stellen die umgerechneten Effekt-Koeffizienten für die einzelnen Variablen dar. Die Koeffizienten geben die Stärke des Zusammenhangs wieder. Die Richtung wird durch die Größe der Koeffizienten bestimmt. Ein Koeffizient < 0 weist dabei auf einen negativen Zusammenhang hin, ein Koeffizient > 0 auf einen positiven Zusammenhang. Die Annotationen *, **, *** stellen die Signifikanz-Niveaus dar. Diese weisen die Variablen aus, die sich als signifikant auf dem 10%, 5% resp. 1% Level gezeigt haben.*

Panel A: Gesamtes Sample

	Model (13)		Model (14)		Model (15)		Model (6)		Model (17)		Model (18)	
Variablen	Exp$^{\beta}$	Sign.	Exp$^{\beta}$	Sign.	Exp$^{\beta}$	Sign.	Exp$^{\beta}$	Sign.	Exp$^{\beta}$	Sign.	Exp$^{\beta}$	Sign.
Konstante	1,333	0,884	1,517	0,834	0,209	0,499	1,584	0,819	1,297	0,895	0,780	0,903
HKVERB			1,342	0,619								
HKUNT					8,935 *	0,081						
HKFOF							0,704	0,629				
HKPEN									1,227	0,810		
HKPRIV											2,234	0,316
EINFAK1	0,668	0,323	0,651	0,305	0,664	0,318	0,656	0,309	0,664	0,320	0,697	0,385
EINFAK2	1,444	0,290	1,446	0,291	1,374	0,372	1,501	0,256	1,462	0,279	1,608	0,205
EINFAK3	0,633	0,247	0,632	0,244	0,663	0,304	0,638	0,255	0,637	0,256	0,621	0,239
LOGGRÖßE	1,589 **	0,033	1,561 **	0,043	1,908 **	0,012	1,594 **	0,032	1,576 **	0,038	1,685 **	0,023
BETART		0,112	*	0,100		0,133		0,107	*	0,109		0,133
BETART(1)	0,169 **	0,037	0,155 **	0,032	0,178 **	0,046	0,166 **	0,035	0,166 **	0,036	0,185 **	0,050
BETART(2)	0,464	0,311	0,460	0,310	0,656	0,599	0,437	0,282	0,460	0,306	0,396	0,244
GEOREG	**	0,033	**	0,046	**	0,014	**	0,031	**	0,033	**	0,026
GEOREG(1)	13,081 ***	0,009	11,992 **	0,013	29,556 ***	0,004	13,717 ***	0,009	13,795 ***	0,009	16,094 ***	0,007
GEOREG(2)	3,814	0,137	3,493	0,170	6,968 *	0,051	3,872	0,133	3,794	0,138	3,887	0,135
DAUER	0,801	0,204	0,793	0,187	0,852	0,388	0,787	0,181	0,803	0,211	0,796	0,203
INVUCH	0,451 **	0,044	0,442 **	0,041	0,419 **	0,039	0,422 **	0,041	0,449 **	0,044	0,440 **	0,039
INVMAR	1,134	0,722	1,130	0,735	1,130	0,770	1,155	0,682	1,114	0,767	1,020	0,958
INVGEO	1,262	0,276	1,255	0,287	1,228	0,344	1,249	0,302	1,267	0,270	1,240	0,319
INVMAT	0,811	0,517	0,851	0,633	0,769	0,429	0,798	0,489	0,800	0,501	0,754	0,373
Model Diagnostics												
Beobachtungsanzahl	87		87		87		87		87		87	
Nagelkerkes R-Quadrat	0,28		0,29		0,33		0,29		0,29		0,30	
Cox & Snell R-Quadrat	0,21		0,21		0,24		0,21		0,21		0,22	
-2 Log-Likelihood	95,10		94,85		91,59		94,87		95,04		94,02	
Hosmer-Lemeshow-Test Chi-Qudrat (Sign.)	4,318	0,827	5,719	0,679	7,929	0,440	6,145	0,631	5,944	0,653	7,425	0,492

Panel B: Ergebnisse mit "Investortyp" (reduzierte Sampelgröße)

	Model (19)		Model (20)		Model (21)		Model (22)		Model (23)		Model (24)	
Variablen	Exp$^{\beta}$	Sign.	Exp$^{\beta}$	Sign.	Exp$^{\beta}$	Sign.	Exp$^{\beta}$	Sign.	Exp$^{\beta}$	Sign.	Exp$^{\beta}$	Sign.
Konstante	0,339	0,668	0,362	0,694	0,021	0,213	0,409	0,723	0,291	0,632	0,225	0,572
HKVERB			1,945	0,467								
HKUNT					13,859 *	0,099						
HKFOF							0,567	0,534				
HKPEN									2,118	0,544		
HKPRIV											1,952	0,563
INVTYP	2,151	0,577	2,289	0,559	1,512	0,767	2,143	0,581	1,562	0,761	2,504	0,519
EINFAK1	0,277 *	0,071	0,236 *	0,065	0,294 *	0,082	0,266 *	0,070	0,286 *	0,080	0,280 *	0,078
EINFAK2	1,518	0,460	1,673	0,393	1,378	0,574	1,645	0,401	1,507	0,463	1,695	0,394
EINFAK3	0,781	0,693	0,749	0,646	0,851	0,803	0,792	0,710	0,850	0,801	0,770	0,679
LOGGRÖßE	2,404 **	0,013	2,421 **	0,015	3,264 ***	0,006	2,471 **	0,013	2,375	0,015	2,481 **	0,013
BETART	**	0,036	**	0,038		0,054	**	0,035	**	0,041	**	0,041
BETART(1)	0,012 **	0,011	0,008 **	0,012	0,014 **	0,016	0,011 **	0,011	0,013 **	0,013	0,011 **	0,014
BETART(2)	0,117 *	0,104	0,117	0,110	0,234	0,321	0,096 *	0,089	0,116	0,101	0,099 *	0,096
GEOREG	**	0,010	**	0,013	***	0,006	**	0,012	***	0,009	**	0,011
GEOREG(1)	146,046 ***	0,003	162,040 ***	0,004	401,586 ***	0,002	177,234 ***	0,004	168,485 ***	0,003	162,741 ***	0,004
GEOREG(2)	27,052 **	0,021	22,226 **	0,030	65,262 **	0,011	30,965 **	0,019	28,484 **	0,017	25,522 **	0,023
DAUER	0,689	0,245	0,663	0,220	0,810	0,534	0,658	0,208	0,721	0,327	0,679	0,243
INVUCH	0,276 **	0,026	0,248 **	0,023	0,233 **	0,024	0,249 **	0,023	0,263 **	0,024	0,271 **	0,025
INVMAR	1,046	0,924	1,004	0,994	1,003	0,996	1,076	0,875	1,030	0,951	0,966	0,945
INVGEO	1,561	0,136	1,555	0,140	1,553	0,159	1,533	0,154	1,590	0,128	1,513	0,175
INVMAT	0,818	0,638	0,928	0,874	0,797	0,614	0,792	0,593	0,788	0,609	0,757	0,506
Model Diagnostics												
Beobachtungsanzahl	68		68		68		68		68		68	
Nagelkerkes R-Quadrat	0,52		0,52		0,56		0,52		0,52		0,52	
Cox & Snell R-Quadrat	0,38		0,38		0,41		0,38		0,38		0,38	
-2 Log-Likelihood	57,03		56,49		53,94		56,65		56,66		56,69	
Hosmer-Lemeshow-Test Chi-Qudrat (Sign.)	4,496	0,810	9,618	0,293	3,863	0,869	3,709	0,882	8,942	0,347	3,792	0,875

Tabelle 26: Ergebnisse zu den Determinanten der aktuellen Verwendung von nachhaltigkeits-relevanten Controllingsystemen
Quelle: Eigene Erhebung

Unterschiedlich fallen allerdings die Ergebnisse hinsichtlich der **Haltedauer** aus. Dieses ist in beiden Panels nicht signifikant ($e^{bj} \approx 0{,}7$; Øp > 0,1). Die grundsätzlich gleiche Richtung des Merkmals „Dauer“ lässt den Schluss zu, dass hier sicher ein negativer Effekt besteht. Allerdings muss aufgrund der Überschreitung der Signifikanzniveaus in den Modellen sowie der besseren Güte dieser Modelle davon ausgegangen werden, dass der Effekt in Bezug auf die (systematische) generelle Verwendung von Nachhaltigkeits-relevanten Controllingsystemen lediglich eingeschränkt gilt.

4.3.6.3 Zusammenfassung

Hinsichtlich der relevanten Prädiktoren der aktuellen sowie generellen Verwendungswahrscheinlichkeit von Nachhaltigkeits-relevanten Controllingsystemen lassen sich folgende zentrale Erkenntnisse zusammenfassen:

- Die Verwendungswahrscheinlichkeit steigt bei:
  - einem größeren verwalteten Kapitalvolumen,
  - einer kürzeren Haltedauer,
  - einer differenzierten (flexiblen) Beteiligungsstrategie,
  - Gesellschaften mit Hauptsitzen in Europa bzw. Deutschland,
  - Fokussierung auf „Unternehmenscharakteristika“ bzw. die „Finanzierungsphase“ zur Auswahl potentieller Investitionsobjekte.
- Bis auf „Unternehmen“ als Hauptkapitalgeber, die einen signifikant positiven Einfluss auf die generelle Verwendungswahrscheinlichkeit haben, zeigen sämtliche andere Arten zwar gemischte, jedoch durchweg nicht signifikante Effekte. Grundsätzlich einheitlich Effekte ergeben sich dabei zu „Privatinvestoren“ (positiv) und „Fund of Funds“ (negativ). Es zeigt sich jedoch, dass die Kontrolle auf die Hauptkapitalgeber z.T. die Relevanz von bestimmten Merkmalen treibt. Die geringe Relevanz dieser Merkmalsart erstaunt trotzdem. Überraschend sind die Ergebnisse vor allem vor dem Hintergrund der Veränderungen am Kapitalmarkt (SRI), wo Kapitalgeber eine gewichtige Rolle einnehmen (Cumming & Johan, 2007, S. 399). Ein möglicher Grund könnten strukturelle Unterschiede der Kapitalgeber in beiden Marktformen sein. Die Gründe können vor allem in a) weniger Transparenzanforderungen, b) der geringeren direkten Kontrolle durch „organisierte Märkte“ und c) der ge-

ringeren „Macht“ der einzelnen Kapitalgeber, da diese nicht derart „vernetzt“ sind, gesehen werden (so auch Kaserer et al., 2007). Zusammenfassend scheinen die Hauptkapitalgeber eine in der Stärke eher beschränkte aber dennoch zentrale Moderatorenrolle einzunehmen.

- Das Merkmal „Investortyp“ hat keinen signifikanten Einfluss, dennoch bestimmt es die Modellergebnisse (Stärke bzw. Signifikanz der Prädiktoren) nachhaltig. Die positiven Effektkoeffizienten lassen darauf schließen, dass vor allem Spätphaseninvestoren tendenziell eine höhere Verwendungswahrscheinlichkeit fördern. Diesem Prädiktor kann damit eine katalytische bzw. moderierende Rolle anheim gestellt werden.[287]
- Hinsichtlich der verschiedenen Arten der Einflussnahme konnten die Befunde der Korrelationsanalyse für die Merkmale „Haltedauer“ und „strategische Einflussnahme“ bestätigt werden. Es zeigte sich bei beiden ein klarer und statistisch signifikanter negativer Effekt. Dieser belegt somit, dass die Verwendungswahrscheinlichkeit für Nachhaltigkeits-relevante Managementsysteme dann höher ist, wenn die Investoren sich aktiv in die strategischen Geschicke der Portfoliounternehmen einbringen und die Anteile lange halten. Ähnliche Effekte konnten für die beiden verbleibenden Merkmale nicht nachgewiesen werden. Einschränkend muss nur hinzugefügt werden, dass die "Haltedauer" für die generelle Verwendungswahrscheinlichkeit eher einen untergeordneten Effekt darstellt.

4.3.7 Verwendung von Nachhaltigkeits-relevanten Indikatoren

4.3.7.1 Determinanten der aktuellen Verwendungswahrscheinlichkeit

Wie bereits im Falle der Nachhaltigkeits-relevanten Controllingsysteme, wurden entsprechende **Indikatoren** in den vorangegangenen Abschnitten (C.3.3.2.3) stellvertretend als eine mögliche Gestaltungsoption gesehen, an denen sich eine tendenzielle Nachhaltigkeits-Orientierung ablesen lässt. Kongruent können Probanden, die die angesprochenen Indikatoren bereits **aktuell** anwenden, als eine Art „Vorreiter“ angesehen werden. Jedoch kann auch hier die wirkliche Applikation nicht final kontrolliert werden, so dass grundsätzlich eine gewisser „*social desirability bias*“ nicht ausgeschlossen werden kann. Um das Bild der Determinanten einer systematischen Indikatoren-Verwendung zu konkretisieren, welches aufgrund der Er-

[287] Es soll an dieser Stelle vorweggenommen werden, dass dieser Effekt auch in allen folgenden Modellen aufzufinden ist. Daher wird im Folgenden auf eine explizite und detaillierte Diskussion der Unterschiede verzichtet, sondern lediglich auf herausstechende Differenz eingegangen.

gebnisse der Hypothesenbildung gezeichnet wurde, sollen im Folgenden dessen statistisch signifikante Determinanten herausgearbeitet werden.

Binäre Logistische Regression: Aktuelle Verwendung von Indikatoren (InDumAkt)

*Die untenstehende Tabelle stellt die Ergebnisse der Binären Logistischen Regression dar, nach der die Wahrscheinlichkeit berechnet wurde, dass die befragten Beteiligungsgesellschaften durch die aktuelle Verwendung von nachhaltigkeits-relevanten Indikatoren [indakt] eine Nachhaltigkeits-Orientierung zeigen. Panel A umfasst alle Fälle mit einem kompletten Datensatz (n = 87). Die Modelle (19) - (24) in Panel B beziehen die Variable [Investortyp] mit ein. Hierbei verringert sich die Anzahl der einbezogenen Fälle auf n = 68. Die abhängigen Variablen wurden wie in Kapitel C.4.6.1 angegeben berechnet. Die Koeffizienten der unabhängigen Variablen sind robust gegenüber Kollinearität und Autokorrelation. Die präsentierten Werte sind nicht die Standard-Logit-Ergebnisse, sondern stellen die umgerechneten Effekt-Koeffizienten für die einzelnen Variablen dar. Die Koeffizienten geben die Stärke des Zusammenhangs wieder. Die Richtung wird durch die Größe der Koeffizienten bestimmt. Ein Koeffizient < 0 weist dabei auf einen negativen Zusammenhang hin, ein Koeffizient > 0 auf einen positiven Zusammenhang. Die Annotationen *, **, *** stellen die Signifikanz-Niveaus dar. Diese weisen die Variablen aus, die sich als signifikant auf dem 10%, 5% resp. 1% Level gezeigt haben.*

Panel A: Gesamtes Sample

	Model (25)		Model (26)		Model (27)		Model (28)		Model (29)		Model (30)	
Variablen	$Exp^{ß}$	Sign.	$Exp^{ß}$	Sign.	$Exp^{ß}$	Sign.	$Exp^{ß}$	Sign.	$Exp^{ß}$	Sign.	$Exp^{ß}$	Sign.
Konstante	20,647	0,137	17,488	0,167	3,417	0,591	54,814	0,072	20,431	0,140	13,110	0,222
HKVERB			0,575	0,323								
HKUNT					14,671 **	0,047						
HKFOF							0,310 *	0,098				
HKPEN									1,042	0,959		
HKPRIV											1,653	0,459
EINFAK1	0,677	0,303	0,677	0,304	0,694	0,342	0,651	0,276	0,677	0,303	0,694	0,339
EINFAK2	1,064	0,849	1,050	0,883	0,985	0,966	1,194	0,606	1,066	0,846	1,121	0,735
EINFAK3	0,611	0,190	0,614	0,201	0,656	0,265	0,599	0,181	0,612	0,193	0,620	0,209
LOGGRÖßE	1,153	0,485	1,198	0,385	1,389	0,168	1,130	0,562	1,151	0,495	1,192	0,404
BETART		0,200		0,270		0,122		0,229		0,200		0,296
BETART(1)	0,433	0,259	0,514	0,386	0,467	0,314	0,397	0,224	0,432	0,258	0,474	0,324
BETART(2)	2,169	0,306	2,219	0,291	3,163	0,142	1,891	0,408	2,164	0,308	2,006	0,363
GEOREG		0,706		0,655		0,427		0,706		0,726		0,656
GEOREG(1)	1,629	0,579	1,889	0,474	3,669	0,212	1,672	0,569	1,649	0,583	1,776	0,518
GEOREG(2)	0,848	0,844	0,951	0,953	1,592	0,612	0,866	0,865	0,846	0,842	0,861	0,858
DAUER	0,706 **	0,049	0,723 *	0,071	0,749	0,106	0,661 **	0,026	0,706 **	0,050	0,711 *	0,057
INVUCH	0,720	0,396	0,762	0,488	0,637	0,277	0,550	0,165	0,720	0,396	0,737	0,431
INVMAR	0,930	0,828	0,943	0,860	0,885	0,760	0,997	0,993	0,927	0,824	0,868	0,687
INVGEO	1,105	0,625	1,105	0,629	1,052	0,810	1,076	0,727	1,107	0,624	1,096	0,656
INVMAT	1,682	0,153	1,540	0,257	1,658	0,181	1,696	0,153	1,681	0,154	1,570	0,223
Model Diagnostics												
Beobachtungsanzahl	87		87		87		87		87		87	
Nagelkerkes R-Quadrat	0,26		0,27		0,32		0,30		0,26		0,27	
Cox & Snell R-Quadrat	0,20		0,20		0,24		0,22		0,20		0,20	
-2 Log-Likelihood	101,40		100,41		96,09		98,52		101,40		100,84	
Hosmer-Lemeshow-Test Chi-Qudrat (Sign.)	5,716	0,679	7,404	0,494	3,412	0,906	2,537	0,960	5,715	0,679	7,885	0,445

Panel B: Ergebnisse mit "Investortyp" (reduzierte Sampelgröße)

	Model (31)		Model (32)		Model (33)		Model (34)		Model (35)		Model (36)	
Variablen	$Exp^{ß}$	Sign.	$Exp^{ß}$	Sign.	$Exp^{ß}$	Sign.	$Exp^{ß}$	Sign.	$Exp^{ß}$	Sign.	$Exp^{ß}$	Sign.
Konstante	1350,478 **	0,015	1314,074 **	0,018	241,822 **	0,084	21517,824 **	0,008	1360,488 **	0,016	1125,182 **	0,023
HKVERB			0,537	0,421								
HKUNT					10,762	0,107						
HKFOF							0,067 **	0,021				
HKPEN									0,979	0,985		
HKPRIV											1,191	0,847
INVTYP	0,955	0,967	0,978	0,984	0,765	0,815	1,173	0,897	0,964	0,976	0,940	0,956
EINFAK1	0,220 **	0,030	0,251 **	0,040	0,217 **	0,029	0,152 **	0,033	0,220 **	0,031	0,223 **	0,033
EINFAK2	1,278	0,644	1,189	0,732	1,077	0,890	1,499	0,522	1,279	0,644	1,303	0,625
EINFAK3	0,368	0,116	0,370	0,118	0,414	0,162	0,387	0,184	0,367	0,121	0,373	0,125
LOGGRÖßE	1,433	0,243	1,412	0,259	1,798	0,109	1,316	0,437	1,433	0,244	1,442	0,237
BETART		0,066		0,125	*	0,056	*	0,076	*	0,082	*	0,090
BETART(1)	0,082 *	0,054	0,116	0,103	0,099 *	0,069	0,057 **	0,044	0,081 *	0,060	0,086 *	0,065
BETART(2)	2,156	0,540	2,296	0,514	4,025	0,287	1,514	0,763	2,161	0,541	2,094	0,561
GEOREG		0,186		0,197		0,110		0,210		0,205		0,183
GEOREG(1)	11,891 *	0,072	10,856 *	0,075	23,126 **	0,037	14,052 *	0,086	11,823 *	0,080	11,910 *	0,071
GEOREG(2)	2,349	0,454	2,509	0,427	3,727	0,278	2,288	0,496	2,346	0,456	2,345	0,453
DAUER	0,519 **	0,032	0,537 **	0,045	0,573 *	0,062	0,429 **	0,018	0,518 **	0,034	0,522 **	0,035
INVUCH	0,337 **	0,047	0,373 *	0,075	0,291 **	0,036	0,182 **	0,011	0,337 *	0,050	0,341 *	0,051
INVMAR	1,047	0,926	1,029	0,952	0,990	0,986	1,119	0,811	1,048	0,925	1,039	0,938
INVGEO	1,101	0,742	1,112	0,717	1,111	0,723	1,098	0,763	1,099	0,752	1,094	0,760
INVMAT	2,236	0,104	2,047	0,164	2,204	0,113	2,453	0,091	2,234	0,106	2,163	0,140
Model Diagnostics												
Beobachtungsanzahl	68		68		68		68		68		68	
Nagelkerkes R-Quadrat	0,50		0,51		0,54		0,58		0,50		0,50	
Cox & Snell R-Quadrat	0,37		0,38		0,40		0,44		0,37		0,37	
-2 Log-Likelihood	62,24		61,60		59,17		55,19		62,24		62,20	
Hosmer-Lemeshow-Test Chi-Qudrat (Sign.)	7,570	0,477	8,548	0,382	4,111	0,847	17,316	0,027	7,602	0,473	6,642	0,576

Tabelle 27: Ergebnisse zu den Determinanten der aktuellen Verwendung von nachhaltigkeits-relevanten Indikatoren.
Quelle: Eigene Erhebung

Die Probanden wurden in Frage 14 des Fragebogens aufgefordert anzugeben, ob sie andere als rein finanziell orientierte Indikatoren bei der Kontrolle und Steuerung ihrer Portfoliounternehmen verwenden. Die Probanden konnten sich durch die anschließend abgefragten, konkreten Indikatoren eine Vorstellung bilden, was unter den angesprochenen nicht-primär finanziellen Indikatoren in Kontext dieser Untersuchung zu verstehen ist. Es wurden zwölf Modelle (Modell 25 – Modell 36) eingeteilt zu je sechs Modellen in zwei Panels, aufgestellt. Der Aufbau der Modelle hinsichtlich der strukturierten Berücksichtung ausgewählten Variablen erfolgt übereinstimmend mit den Ausführungen in Abschnitt C.4.3.5.2.

Die Modelle weisen insgesamt unproblematische Gütekriterien auf. Panel A klassifiziert durchschnittlich 69,0% der Fälle richtig. In Panel B werden durchschnittlich etwa 81,0% der Fälle den richtigen Kategorien zugeordnet. Wiederum zeigt sich eine strukturelle Verbesserung der Gütekriterien bei der Hinzunahme der Variable „Investortyp“. Bezüglich der Anpassung des Modells an die eingegebenen Daten fällt lediglich Modell 34 durch ein signifikantes Ergebnis des *Hosmer-Lemeshow-Tests* aus dem Rahmen. Im Überblick lässt sich feststellen, dass die Modelle weniger signifikante Ergebnisse aufweisen als die Modelle der Controllingsysteme. Die Ergebnisse der Analysen sind in Tabelle 27 dargestellt.

In beiden Panels korrespondieren die Effektkoeffizienten der **Hauptkapitalgeber.**[288] Der Effekt ist hier ausgeprägter als bezüglich der aktuellen Verwendungswahrscheinlichkeit der Controllingsysteme. „Unternehmen“ sowie „Fund of Funds“ weisen in beiden Panels statistische Signifikanz auf dem 10%- bzw. 5%-Niveau auf.[289] Während sich für die „Unternehmen“ ein weiteres Mal ein stark positiver Effekt auf die Verwendungswahrscheinlichkeit ergibt (e^{bjA} = 14,671 bzw. e^{bjB} = 10,762), wirken sich „Funds of Funds“ als Hauptkapitalgeber stark negativ auf die Verwendungswahrscheinlichkeit aus (e^{bjA} = 0,310 bzw. e^{bjB} = 0,067). Beide Hauptkapitalgeberarten stellen hier somit tendenziell Extrempunkte im Spektrum der überprüften Kapitalgeberarten dar. Obwohl sich durchaus sinnvolle wissenschaftliche und anekdotische Erklärungsansätze zu diesem Phänomen finden lassen würden, soll hier davon Abstand

---

288 Eine Ausnahme bildet hier die Ausprägung „Pensionskassen“ in Modell 29 und Modell 35. Hier zeigt sich einmal ein positiver, nicht-signifikanter Effekt (e^{bj} = 1,042 in Modell 29), ein anderes Mal ein negativer, nicht-signifikanter Effekt (e^{bj} = 0,979 in Modell 35). Jedoch liegen beide Effektkoeffizienten derart nahe bei einander, dass von einem fast gleichgerichteten und, da nahe der 1, nahezu effektlosen Zusammenhang ausgegangen werden kann.

289 Die „Unternehmen“ weisen in Modell 33 p = 0,107 auf und wären damit knapp nicht signifikant auf dem 10%-Signifikanzniveau. Aus Gründen der Einheitlichkeit sowie der nur äußerst knappen Überschreitung soll dieses Ergebnis im Verlauf trotzdem als signifikant in die Analyse aufgenommen werden.

genommen werden. Die vorhandene empirische Kenntnislage zu Einstellungen und Wirkungsweisen, speziell dieser beiden Kapitalgeberarten, ist zu lückenhaft und rudimentär, als dass sichere Schlüsse auf valide, strukturelle Unterschiede in den Effekten der beiden Ausprägungen gezogen werden könnten. Nichtsdestotrotz soll der beobachtete Effekt im Folgenden erfasst bleiben.

Im Überblick zeigt sich, dass auch hier die Aufnahme der Variable „**Investortyp**" nicht nur zu einer Verbesserung der Modellgütekriterien, sondern auch zu einer bedeutsamen Vermehrung der statistisch signifikanten Effekte führt. Somit kann der bereits festgestellte akzentuierende Effekt der Differenzierung in Früh- bzw. Spätphaseninvestoren wiederholt festgestellt werden. Die Effektkoeffizienten variieren zwischen Werten knapp über oder knapp unter $e^{bj} = 1$. Dies bedeutet, dass die Art des Investors, abgesehen von der statistischen Insignifikanz, eher neutral auf die (aktuelle) Verwendungswahrscheinlichkeit der untersuchten Indikatoren wirkt. Im Gegensatz zu der tendenziellen Präferierung der Spätphaseninvestoren auf die aktuelle Verwendungswahrscheinlichkeit von Nachhaltigkeits-relevanten Controllingsystemen sowie den primären Erkenntnissen der Korrelationsanalyse, die vermuten ließ, dass die Frühphaseninvestoren hier eine bestimmendes Merkmal seien, ist dies wichtiger Befund.

Im weiteren Verlauf können die „**strategische Einflussnahme**" ($e^{bj} \approx 0{,}21$); die „**Haltedauer**" ($e^{bj} \approx 0{,}51$) sowie die Investitionskriterien „**Unternehmenscharakteristika & Finanzierungsphase**" ($e^{bj} \approx 0{,}31$) als statistisch signifikant[290] ausgemacht werden. Alle Merkmale haben einen negativen Effekt auf die Verwendungswahrscheinlichkeit und entsprechen damit den bereits in Bezug auf die Managementsysteme identifizierten Wirkungsbefunden bzw. den durch die Korrelationsanalyse zu postulierenden Zusammenhängen.

Gegenüber einem differenzierten Vorgehen bei der Wahl von **Beteiligungsumfängen** („Beides") wirkt sich die Fokussierung auf „Minderheitsbeteiligungen" klar mindernd auf die aktuelle Verwendungswahrscheinlichkeit von Nachhaltigkeits-relevanten Indikatoren aus ($e^{bj} \approx 0{,}08$). Die Bevorzugung von „Mehrheitsbeteiligungen" wirkt im inversen Sinne (ebj ≈ 2,5), jedoch ist dieser Effekt insignifikant und damit nicht verallgemeinerbar. Dennoch interessiert es, da der gezeigte, (insignifikante) positive Effekt diametral zu den Aussagen der Determinanten der Controllingsysteme steht. Demnach würde dies bedeuten, dass Mehrheitsbeteili-

[290] Die statistische Signifikanz wurde für diese Variablen nur in Panel B festgestellt. Aufgrund der überlegenen Güte der hier einbezogenen Modelle kann und soll dieser Effekt im Folgenden jedoch als verallgemeinerbar aufgefasst werden.

gungen die systematische Verwendung von Nachhaltigkeits-relevanten Indikatoren eher fördern würden als eine flexible Beteiligungsstrategie.

Ähnlich können die Ausprägungen der geografischen Lokalisierung der **Hauptsitze** der Beteiligungsgesellschaften interpretiert werden. Sowohl das Merkmal eines „Hauptsitzes in Deutschland" ($e^{bj} \approx 14{,}0$) als auch ein „europäischer Hauptsitz" ($e^{bj} \approx 2{,}4$) wirken sich stark positiv auf die Verwendungswahrscheinlichkeit gegenüber einem „globalen" Hauptsitz aus. Dies zeigt, dass die erste Ausprägung einen weitaus höheren Effekt hat als die zweite Ausprägung. Allerdings ist, entgegengesetzt zu den Ergebnissen hinsichtlich der Controllingsysteme, lediglich der Prädiktor „deutscher Hauptsitz" hier statistisch signifikant (auf dem 10%-Niveau).

4.3.7.2 Determinanten der generellen Verwendungswahrscheinlichkeit

Die Determinanten einer **generellen** Verwendungswahrscheinlichkeit lassen Rückschlüsse darauf zu, wie Gesellschaften tendenziell zu charakterisieren sind, die sich entweder heute bereits oder in Zukunft den angesprochenen Thematiken zuwenden. Durch Abgleich mit den Ergebnissen der aktuellen Determinanten lässt sich ableiten, welche Merkmale die höchste Aussagekraft besitzen. Wiederum wurden 12 Modelle (Modell 37 –46) in 2 Panels à 6 Modellen aufgestellt.

Bei der Analyse der Gütekriterien der Modelle, besonders der R^2-Werte nach Cox & Snell ($\varnothing R^2 < 0{,}2$), stellt sich heraus, dass die Modelle in Panel A nur leidlich als akzeptabel anerkannt werden können. Demzufolge werden im Folgenden lediglich die Ergebnisse der Modelle 43 – 48 (Panel B) vertiefend diskutiert.[291] Die Ergebnisse sind in Tabelle 28 abgetragen.

Im Überblick sind die Beziehungszusammenhänge zwischen der aktuellen sowie zukünftigen Verwendungswahrscheinlichkeit Nachhaltigkeits-relevanter Indikatoren und den Gesellschaftsmerkmalen durch weit weniger statistisch-signifikante Merkmale geprägt, als sich dies für die aktuelle Variante ergab. In Panel A erweist sich lediglich die „Haltedauer" als negativ signifikant. In Panel B können weiterhin die „strategische Einflussnahme" sowie das Investitionskriterium „Unternehmenscharakteristika & Finanzierungsphase" als signifikant ausgemacht werden.

[291] Damit wird implizit akzeptiert, dass eine Interpretation ohne den Einschluss der Variable „Investorentyp" hier keinen Sinn macht.

Binäre Logistische Regression: Aktuelle Verwendung von Indikatoren (IndDummy)

*Die untenstehende Tabelle stellt die Ergebnisse der Binären Logistischen Regression dar, nach der die Wahrscheinlichkeit berechnet wurde, dass die befragten Beteiligungsgesellschaften durch die aktuelle bzw. zukünftige Verwendung von nachhaltigkeits-relevanten Indikatoren [inddummy] eine Nachhaltigkeits-Orientierung zeigen. Panel A umfasst alle Fälle mit einem kompletten Datensatz (n = 87). Die Modelle (19) - (24) in Panel B beziehen die Variable [Investortyp] mit ein. Hierbei verringert sich die Anzahl der einbezogenen Fälle auf n = 68. Die abhängigen Variablen wurden wie in Kapitel C.4.6.1 angegeben berechnet. Die Koeffizienten der unabhängigen Variablen sind robust gegenüber Kollinearität und Autokorrelation. Die präsentierten Werte sind nicht die Standard-Logit-Ergebnisse, sondern stellen die umgerechneten Effekt-Koeffizienten für die einzelnen Variablen dar. Die Koeffizienten geben die Stärke des Zusammenhangs wieder. Die Richtung wird durch die Größe der Koeffizienten bestimmt. Ein Koeffizient < 0 weist dabei auf einen negativen Zusammenhang hin, ein Koeffizient > 0 auf einen positiven Zusammenhang. Die Annotationen *, **, *** stellen die Signifikanz-Niveaus dar. Diese weisen die Variablen aus, die sich als signifikant auf dem 10%, 5% resp. 1% Level gezeigt haben.*

Panel A: Gesamtes Sample

	Model (37)		Model (38)		Model (39)		Model (40)		Model (41)		Model (42)	
Variablen	$Exp^{ß}$	Sign.	$Exp^{ß}$	Sign.	$Exp^{ß}$	Sign.	$Exp^{ß}$	Sign.	$Exp^{ß}$	Sign.	$Exp^{ß}$	Sign.
Konstante	14,045	0,178	13,446	0,189	4,329	0,496	20,641	0,145	14,473	0,176	11,444	0,233
HKVERB			0,912	0,868								
HKUNT					6,751	0,139						
HKFOF							0,613	0,475				
HKPEN									0,884	0,878		
HKPRIV											1,255	0,738
EINFAK1	0,736	0,405	0,737	0,407	0,751	0,440	0,729	0,395	0,740	0,417	0,744	0,423
EINFAK2	1,134	0,701	1,133	0,703	1,071	0,838	1,190	0,605	1,128	0,716	1,160	0,657
EINFAK3	0,751	0,426	0,752	0,431	0,789	0,511	0,746	0,416	0,747	0,420	0,758	0,445
LOGGRÖßE	1,093	0,664	1,100	0,647	1,228	0,366	1,083	0,701	1,097	0,652	1,109	0,621
BETART		0,748		0,765		0,585		0,791		0,748		0,807
BETART(1)	0,818	0,792	0,842	0,826	0,880	0,868	0,803	0,772	0,827	0,804	0,854	0,839
BETART(2)	1,550	0,550	1,550	0,550	2,003	0,356	1,449	0,617	1,561	0,545	1,494	0,589
GEOREG		0,384		0,381		0,319		0,384		0,462		0,371
GEOREG(1)	1,857	0,485	1,910	0,473	3,120	0,257	1,877	0,483	1,783	0,533	1,925	0,465
GEOREG(2)	0,620	0,566	0,634	0,590	0,952	0,956	0,625	0,574	0,623	0,571	0,623	0,570
DAUER	0,752 *	0,079	0,755 *	0,088	0,784	0,139	0,733 *	0,063	0,751 *	0,078	0,755 *	0,086
INVUCH	0,663	0,282	0,669	0,298	0,620	0,232	0,595	0,212	0,664	0,284	0,669	0,294
INVMAR	0,817	0,545	0,819	0,548	0,795	0,549	0,840	0,600	0,827	0,577	0,794	0,505
INVGEO	1,169	0,439	1,170	0,438	1,123	0,570	1,157	0,474	1,165	0,450	1,161	0,460
INVMAT	1,390	0,359	1,368	0,399	1,355	0,404	1,383	0,367	1,393	0,355	1,346	0,421
Model Diagnostics												
Beobachtungsanzahl	87		87		87		87		87		87	
Nagelkerkes R-Quadrat	0,20		0,20		0,24		0,21		0,20		0,20	
Cox & Snell R-Quadrat	0,15		0,15		0,18		0,15		0,15		0,15	
-2 Log-Likelihood	102,33		102,30		99,61		101,82		102,31		102,22	
Hosmer-Lemeshow-Test Chi-Qudrat (Sign.)	9,402	0,310	18,394	0,018	5,780	0,672	4,407	0,819	3,286	0,915	15,546	0,049

Panel B: Ergebnisse mit "Investortyp" (reduzierte Sampelgröße)

	Model (43)		Model (44)		Model (45)		Model (46)		Model (47)		Model (48)	
Variablen	$Exp^{ß}$	Sign.	$Exp^{ß}$	Sign.	$Exp^{ß}$	Sign.	$Exp^{ß}$	Sign.	$Exp^{ß}$	Sign.	$Exp^{ß}$	Sign.
Konstante	241,181 **	0,035	234,098 **	0,036	109,210 *	0,088	769,595 **	0,023	236,443 **	0,038	249,271 **	0,049
HKVERB			0,826	0,790								
HKUNT					3,398	0,375						
HKFOF							0,291	0,179				
HKPEN									1,053	0,961		
HKPRIV											0,972	0,974
INVTYP	0,859	0,880	0,884	0,903	0,842	0,864	1,019	0,985	0,842	0,874	0,863	0,885
EINFAK1	0,386	0,064	0,391 *	0,068	0,392 *	0,068	0,374 *	0,068	0,386 *	0,064	0,385 *	0,065
EINFAK2	1,004	0,993	1,007	0,986	0,952	0,907	1,063	0,888	1,006	0,989	1,001	0,998
EINFAK3	0,734	0,540	0,729	0,534	0,752	0,575	0,739	0,555	0,737	0,551	0,731	0,544
LOGGRÖßE	1,088	0,774	1,086	0,779	1,187	0,594	1,026	0,935	1,088	0,774	1,086	0,782
BETART		0,500		0,560		0,475		0,555		0,516		0,525
BETART(1)	0,359	0,369	0,385	0,416	0,395	0,414	0,336	0,334	0,362	0,379	0,355	0,378
BETART(2)	1,498	0,696	1,484	0,704	1,839	0,562	1,147	0,898	1,495	0,697	1,502	0,695
GEOREG		0,279		0,283		0,255		0,272		0,309		0,281
GEOREG(1)	4,675	0,208	4,751	0,202	6,150	0,165	4,524	0,236	4,772	0,228	4,663	0,210
GEOREG(2)	0,926	0,942	0,969	0,977	1,166	0,889	0,839	0,873	0,932	0,947	0,925	0,941
DAUER	0,656 *	0,086	0,662 *	0,096	0,683	0,118	0,597 *	0,053	0,658 *	0,092	0,655 *	0,089
INVUCH	0,400 *	0,077	0,410 *	0,089	0,387 *	0,074	0,312 **	0,041	0,398 *	0,080	0,399 *	0,079
INVMAR	0,771	0,566	0,769	0,557	0,748	0,558	0,788	0,589	0,770	0,565	0,772	0,569
INVGEO	1,409	0,203	1,413	0,201	1,393	0,222	1,421	0,206	1,412	0,205	1,411	0,208
INVMAT	1,671	0,257	1,612	0,313	1,615	0,288	1,684	0,254	1,673	0,257	1,680	0,282
Model Diagnostics												
Beobachtungsanzahl	68		68		68		68		68		68	
Nagelkerkes R-Quadrat	0,37		0,38		0,39		0,40		0,38		0,38	
Cox & Snell R-Quadrat	0,28		0,28		0,29		0,30		0,28		0,28	
-2 Log-Likelihood	68,52		68,45		67,65		66,60		68,52		68,52	
Hosmer-Lemeshow-Test Chi-Qudrat (Sign.)	4,697	0,789	3,972	0,860	7,305	0,504	5,796	0,670	4,674	0,792	4,705	0,789

Tabelle 28: Ergebnisse zu den Determinanten der generellen Verwendung von nachhaltigkeits-relevanten Indikatoren
Quelle: Eigene Erhebung

Der durchschnittliche Effektkoeffizient der „**strategischen Einflussnahme**“ liegt mit $e^{bj} \approx 0{,}38$ ($p \approx 0{,}066$) sehr niedrig. Damit kann die Aussage getroffen werden, dass eine positive Bewertung z.B. der Intervention in die Unternehmensstruktur oder –politik bzw. –strategien sowie die Bestimmung von z.B. der Finanzierungsstruktur mit einer höheren Wahrscheinlichkeit einhergeht, dass Nachhaltigkeits-relevante Kennzahlen eher durch die betreffende Beteiligungsgesellschaft aktuell oder zukünftig genutzt werden.

Hinsichtlich der „**Haltedauer**" ($e^{bj} \approx 0{,}6$) sowie der Investitionskriterien „**Unternehmenscharakteristika & Finanzierungsphase**" ($e^{bj} \approx 0{,}39$) weisen die Effektresultate weiterhin recht ausgeprägte negative Zusammenhänge mit der Verwendungswahrscheinlichkeit auf. Die Ergebnisse sind größtenteils lediglich auf dem 10%-Niveau signifikant. Im Vergleich zu den Ergebnisse der aktuellen Verwendung bzw. der der Applikation von Controllingsystemen, sind diese Befunde damit weniger aussagekräftig. Konkreter scheinen die Ergebnisse zur generellen Verwendung von Indikatoren hinsichtlich der bestimmenden Determinanten eher unklar zu sein.

4.3.7.3 Zusammenfassung

Zusammenfassend fallen vor allem die Unterschiede zwischen den Befunden der aktuellen und der generellen Verwendungswahrscheinlichkeit Nachhaltigkeits-relevanter Indikatoren auf. In Bezug auf die aktuelle Verwendung lassen sich mehr Merkmale als signifikant hinsichtlich ihres Effektes identifizieren, als dies für die generelle Verwendung der Fall ist. Dies lässt den Schluss zu, dass die anfangs erwähnten „Vorreiter"-Gesellschaften eher mehr gleiche Merkmale aufweisen als die Gesellschaften, die eine Notwendigkeit zur Fokussierung auf Nachhaltigkeits-relevante Themen (noch) nicht heute sehen.

Anders als z.T. komplexe und hoch formalisierte Controllingsysteme können Indikatorengruppen bzw. einzelne Kennzahlen größtenteils schnell und spezifisch erhoben werden. Die Applikation von Indikatoren gestaltet sich damit leichter und vor allem kostengünstiger als die Einführung, Pflege und Analyse von komplexeren Systemen. Durch die Vielfältigkeit der Indikatoren, die ohne einen kompletten Rahmen auch einzeln und spezifisch für bestimmte Problembereiche erhoben und auf ihren Informationsgehalt hin untersucht werden, müssen weniger Ressourcen aufgewendet werden. Indikatoren lassen sich damit weitaus individueller zusammenstellen und applizieren, als dies für nur limitiert anpassbare Controllingsystem der Fall ist (Sandt, 2004). Somit ist es durchaus sachlogisch, dass dies eine vielschichtigere, heterogenere Nutzergruppe bedingt. Das wiederum lässt die Wahrscheinlichkeit sinken, dass sich eine ausreichend große Gruppe gleichartiger Gesellschaften finden lässt, die dieselben Verwendungspräferenzen aufweisen.

Grundsätzlich können folgende Wirkungsweisen zusammengefasst werden:

- Die Veränderung der Effektkoeffizienten bei Aufnahme bzw. Eliminierung von **Hauptkapitalgeberarten** stützt die Relevanz des bereits beobachteten moderierenden Effekts dieser Merkmale. Die signifikant positive Wirkung der „Unternehmen" unterscheidet diese damit wiederholt von den anderen Kapitalgebern. Dass diese Ausprägung hinsichtlich der aktuellen Verwendung auftritt, weist auf die Bedeutung hin, die die „Unternehmen" bereits heute als Kapitalgeber von Beteiligungsgesellschaften und als Einfluss auf die Applikation Nachhaltigkeits-relevanter Anwendungen der in Deutschland aktiven Beteiligungsgesellschaften haben.
- Die Veränderungen zwischen den Panels bestätigen die Beobachtung, dass das Merkmal „**Investortyp**" eine hohe Bedeutung für das Gesamtmodell hat. Obwohl der Effekt nicht signifikant ist, zeigt sich eine tendenzielle positive Assoziation der „Frühphaseninvestoren" mit der untersuchten Verwendungswahrscheinlichkeit von Indikatoren

  Das vorherige „Komplexitäts-Argument" könnte hier als eine Erklärung für die sich hier zeigenden (wenn auch insignifikanten) positiven Assoziationen der Frühphaseninvestoren mit der Verwendungswahrscheinlichkeit der Indikatoren dienen. Anders als die größeren Spätphaseninvestoren verfügen die meisten Frühphaseninvestoren nämlich nur über begrenzte Personalressourcen. Daher sind der Aufbau, die Applikation und die Pflege von komplexen Systemen tendenziell zu aufwendig und Ressourcen-intensiv für sie. Daher wäre es nur konsequent, wenn sich die Nachhaltigkeits-orientierten Gesellschaften daher anstatt auf komplette Controllingsystem auf die Definition und Applikation einzelner, ihnen dienlicher Indikatoren beschränken (Bassen & Gröne, 2003, S. 295). Aufgrund der insignifikanten Ergebnisse kann dieser Zusammenhang jedoch nur vermutet werden.
- Der positive Effekt einer stärkeren „**strategischen Intervention**" kann sowohl für den aktuellen als auch für den generellen Fall bestätigt werden. Aktive Investoren sind damit bei beiden untersuchten Spielarten wichtige Determinanten. Während dieser Effekt die Korrelationsanalyseergebnisse stärkt, konnte der bivariat identifizierte Effekt hinsichtlich des operativen Eingreifens in der multivariaten Analyse nicht bestätigt werden.
- Der negative Effektkoeffizient der „**Haltedauer**" zeigt einen Zusammenhang von kürzeren Haltephasen und der Wahrscheinlichkeit der Beachtung von nicht-finanziellen Indika-

toren. Er stimmt damit mit der bereits aus der Korrelationsanalyse erwarteten Wirkungsweise überein.

- Eine hohe Verwendungswahrscheinlichkeit der Indikatoren zeigen Gesellschaften, die besonders auf „**Unternehmenscharakteristika & Finanzierungsphase**" als Investitionskriterium schauen. Damit ist zu vermuten, dass die Wahrscheinlichkeit der Verwendung der abgefragten Indikatoren bei Unternehmen, in denen z.B. soziale oder ökologische Belange eine wichtige Rolle spielen, höher ist als in Unternehmen, bei denen dies aus der Unternehmenssituation heraus nicht der Fall ist. Dies könnte als ein Beleg dafür gesehen werden, dass für die Verwendung von Nachhaltigkeits-relevanten Instrumenten nicht (allein) die grundsätzliche Haltung der Gesellschaften ausschlaggebend ist, sondern vielmehr situative Notwendigkeiten entscheidend sind.

Insgesamt passen die Ergebnisse zu dem Eindruck, den die deskriptiven Mediane sowie bivariaten Mittelwertvergleiche in Abschnitt C.3.3.2 vermittelt haben. Hier weisen die verschiedenen Beteiligungsgesellschaftstypen an unterschiedlichen Stellen herausstechende Bewertungen auf. Es konnte dementsprechend kein Beteiligungstypus ausgemacht werden, der sich hinsichtlich seiner Bewertungsangaben konkret von allen anderen Typen unterscheidet. Es zeigte sich vielmehr eine hohe Varianz der typenspezifischen Bewertungsergebnisse in den abgefragten Bereichen. Die hier gezeigten, multivariaten Befunde können somit als „Konsens" dieser heterogenen Beobachtungen verstanden werden. Da in unterschiedlichen thematischen Bereichen eine Vielzahl von unterschiedlichen Gesellschaftsmerkmalen eine Rolle spielen, könnten die hier identifizierten Merkmale somit als eine Art „kleinster" Nenner für eine übergreifende Verwendung von Nachhaltigkeits-relevanten Indikatoren zu verstehen sein.

4.3.8 Determinanten der systematischen Verwendung von nachhaltigkeits-relevanten Controllinginhalten von Beteiligungsgesellschaften

Bisher wurde klar, dass die Analyse der Nachhaltigkeits-Orientierung von Unternehmen alles andere als trivial ist. Grundsätzliches Problem hierbei ist, dass es mannigfaltige Determinanten und Faktoren gibt, die a) eine potentielle Orientierungsausprägung beeinflussen und b) eine mögliche Orientierung überhaupt bestimmbar machen.[292]

Da es damit an einer einheitlichen Basis zur Definition wie zur empirischen Erfassung der Nachhaltigkeits-Orientierung mangelt, soll neben der Analyse der Determinanten der Verwendungswahrscheinlichkeit der aktuellen und generellen Nachhaltigkeits-relevante Controllingsysteme und Indikatoren auch die der simultanen Verwendung beider Controllinginhalte analysiert werden. Die Berechungsweise der zu generierenden, unabhängigen Variablen wurde bereits in C.4.3.3 dargestellt. Die Tabellen 29 und 30 fassen die Ergebnisse zusammen.

Im Überblick zeigen sich sowohl zwischen den Modellen der aktuellen und generellen Verwendung als auch zwischen den jeweiligen Panels klare Unterschiede in Bezug auf die Güte der Modelle. Die Panels A in beiden Variablenvariationen weisen weitläufig nicht akzeptable R^2-Werte (vor allem nach *Nagelkerkes*) sowie eine schlechte Modellanpassung (*Hosmer-Lemeshow-Tests*) auf. Dies deutet darauf hin, dass die verwendeten Modellspezifikationen hier als nicht passend aufgefasst werden müssen. Die Panels B in beiden Varianten zeigen dagegen gute bis sehr gute Ergebnisse. Die R^2-Werte nach *Nagelkerkes* sowie *Cox & Snell* liegen durchschnittlich über 0,4 bzw. 0,3. Die Tests nach *Hosmer-Lemeshow* sind hier durchweg nicht signifikant. Wie bereits in Abschnitt C.4.3.6, soll daher im Folgenden auf eine eingehende Analyse der Modelle aus den Panels A verzichtet werden.

Im Überblick ergeben sich folgende Zusammenhänge:

- Der bereits beobachtete Effekt, dass keine der **Hauptkapitalgeberarten** einen signifikanten Effekt hat, wird sowohl hinsichtlich der aktuellen als auch der generellen systematischen Verwendung bestätigt und unterstützt die Erkenntnis von Cumming & Johan (2007). Weiterhin bestätigen sich auch die Wirkungsrichtungen. Grundsätzlich haben vor allem die „Unternehmen" den stärksten, positiven Effekt ($e^{bj} \approx 4{,}00$), auch wenn dieser nicht strukturell auf die Grundgesamtheit übertragen werden kann. Einen positiven, aber weitaus schwächeren Effekt haben weiterhin die „Pensionsfonds" ($e^{bj} \approx 1{,}75$) und „Privatinvestoren" ($e^{bj} \approx 1{,}55$). Einen negativ Effekt haben dagegen „Fund of Funds" ($e^{bj} \approx 0{,}30$) und „Versicherungen & Banken" ($e^{bj} \approx 0{,}55$). Hinsichtlich der Stärke der beobachteten Ef-

[292] Bisher wurden nur vereinzelt Ansätze hierzu vorgestellt. Allerdings lässt sich feststellen, dass sich viele der dennoch vorliegenden Studien auf spezifische Branchen, z.B. die Internetbranche (z.B. Noack & Springer, 2006) oder auf volkswirtschaftliche Studien (z.B. Branzei & Vertinsky, 2003) beziehen.

fekte kann erwartet werden, dass vor allem „Fund of Funds“ als Hauptkapitalgeber seine nachhaltige Orientierung tendenziell mindern.

- Obwohl die Korrelationsanalyse einen positiven Effekt in Bezug auf die Frühphaseninvestoren erwarten ließ, kann der Unterscheidungsvariable **„Investortyp“** kein signifikanter Effekt nachgewiesen werden. Vor dem Hintergrund der stark verbesserten Modellgütekriterien nach der Aufnahme der Variable in die Berechnungsmodelle zeigt sich nochmals die hohe Wichtigkeit dieser Variable, obwohl diese keine isolierte Wirkung ausübt. Der niedrige Effektkoeffizient in beiden Variablenausprägungen (e^{bj}(aktuell) ≈ 0,48; e^{bj}(generell) ≈ 0,30) deutet bestätigend darauf hin, dass vor allem die Financiers von jüngeren Unternehmen und Start-Ups aktuell wie generell eher nachhaltigkeits-orientiert sind. Dieser Effekt wurde bereits durch die Korrelationsanalyse (für die aktuelle Verwendung) vorausgesagt. In der Gesamtschau sollte somit $H_{1.2}$ widerlegt und $H_{1.1}$ bestätigt werden. Da der beobachtete Effekt jedoch nicht statistisch signifikant abgesichert werden kann, muss davon Abstand genommen werden. Vielmehr muss festgestellt werden, dass in Bezug auf die aufgestellten Hypothesen der Effekt nicht abschließend beobachtet werden konnte.

- Einen unerwartet wenig repräsentativen Effekt beobachtet man in Bezug auf die strategischen, operativen und Controlling-bezogenen **Einflussarten**. Wie bereits in den vorherigen Analyseschritten und der Korrelationsanalyse beobachtet, haben die operative Intervention (e^{bj}(aktuell) ≈ 0,37; e^{bj}(generell) ≈ 0,71) sowie der Einfluss der Investoren auf das Controlling der Portfoliounternehmen (e^{bj}(aktuell) ≈ 1,10; e^{bj}(generell) ≈ 0,61) einen gemischten, allerdings insignifikanten Effekt. Durchweg belegen die Befunde damit a) einen uneindeutigen Effekt der verstärkten Controlling-Beeinflussung auf die Wahrscheinlichkeit einer Nachhaltigkeits-Orientierung der Beteiligungsgesellschaft, jedoch auch b) dass sich eine stärkere operative Einflussnahme positiv auf die wahrscheinliche systematische Verwendung von Nachhaltigkeits-relevanten Controllinginhalten auswirkt. Diese Effekte können allerdings nicht verallgemeinert werden. Deshalb können Hypothesen $H_{4.2}$ und $H_{4.3}$ zu diesen Determinanten nicht widerlegt, aber auch nicht bestätigt werden.

  Die strategische Einflussnahme dagegen zeigt besonders hinsichtlich der aktuellen Verwendungswahrscheinlichkeit eine sehr ausgeprägte Wirkung (ebj ≈ 0,19; p ≈ 0,07). Dies zeigt, dass eine strategische Versiertheit die scheinbar vor allem aktuell Nachhaltigkeits-orientierten Gesellschaften charakterisiert. Die Hypothese $H_{4.1}$ kann damit als bestätigt angesehen werden.

- Die Wirkung der „**Größe**" der Beteiligungsgesellschaften wird auch hier durchweg bestätigt. Sämtliche aufgestellten Modelle belegen den signifikanten, stark positiven Zusammenhang ($e^{bj} \approx 2{,}00$) zwischen einem größeren verwalteten Kapital und der systematischen Verwendung von Nachhaltigkeits-relevanten Controllinginstrumenten, und damit einer wahrscheinlichen Orientierung eines Investors an nachhaltigen Konzepten, Problemen oder Ideen. Die Hypothesen H_2 kann somit in Übereinstimmung mit Cumming & Johan (2007) sowie Jennifer Ho & Taylor (2007) bestätigt werden.

- Die Hypothesen zu den **Beteiligungsstrategien** sind von einem grundsätzlichen Zusammenhang zwischen den bevorzugten Beteiligungsumfänge und einer systematischen Nachhaltigkeitsorientierung ausgegangen. Die Ergebnisse legen dar, dass relativ zu einer indifferenten Strategie Minder- aber vor allem Mehrheitsbeteiligungen die Wahrscheinlichkeit einer Nachhaltigkeits-Orientierung mindern. Dies lässt darauf schließen, dass eine indifferente, flexible Beteiligungsstrategie wahrscheinlicher eine systematische Verwendung von Nachhaltigkeits-relevanten Controllinginhalten bedingt als spezifischere Strategien. Die generellen Befunde grenzen diesen Effekt jedoch ein. Zwar zeigen sich die gleichen Beziehungsstrukturen (siehe hierzu Modelle 55 – 60 und Modelle 67 – 72 im Vergleich), jedoch ist hier lediglich der negative Effekt der Mehrheitsbeteiligung signifikant. Demnach sinkt die Wahrscheinlichkeit einer nachhaltigen Orientierung relativ zu einer indifferenten Strategie besonders dann, wenn ein betreffender Investor bevorzugt Mehrheitsanteile an seinen Portfoliounternehmen hält. Wenn auch nur insignifikant, kann dennoch weiterhin konstatiert werden, dass die Bevorzugung von **Minderheitsanteilen** in Relation zu einer indifferenten Beteiligungsstrategie stark negativ wirkt. Dieses Argument unterstützt nochmals die Vermutung, dass passive Investoren, die bevorzugt Minderheitsanteile halten und von einer aktiven Gestaltung der Portfoliounternehmen absehen, tendenziell nicht bzw. überhaupt nicht an anderen als rein finanziellen Indikatoren interessiert sind. Neben diesem Detailergebnis bedeutet dies jedoch vor allem, dass die grundsätzliche Annahme eines generellen Zusammenhangs dieser Merkmale und der abhängigen Variable nachgewiesen werden konnte. Somit könnten an dieser Stelle alle drei aufgestellten Hypothesen verifiziert werden.

Binäre Logistische Regression: Aktuelle Nachhaltigkeitsorientierung (susdum2)

*Die untenstehende Tabelle stellt die Ergebnisse der Binären Logistischen Regression dar, nach der die Wahrscheinlichkeit berechnet wurde, dass die befragten Beteiligungsgesellschaften durch die aktuelle Verwendung von nachhaltigkeits-relevanten Controllingsystemen UND Indikatoren [sumdum1] eine Nachhaltigkeits-Orientierung zeigen. Panel A umfasst alle Fälle mit einem kompletten Datensatz (n = 87). Die Modelle (19) - (24) in Panel B beziehen die Variable [Investortyp] mit ein (n = 68). Die abhängigen Variablen wurden wie in Kapitel C.4.6.1 angegeben berechnet. Die Koeffizienten der unabhängigen Variablen sind robust gegenüber Kollinearität und Autokorrelation. Die präsentierten Werte sind nicht die Standard-Logit-Ergebnisse, sondern stellen die umgerechneten Effekt-Koeffizienten für die einzelnen Variablen dar. Die Koeffizienten geben die Stärke des Zusammenhangs wieder. Die Richtung wird durch die Größe der Koeffizienten bestimmt. Ein Koeffizient < 0 weist dabei auf einen negativen Zusammenhang hin, ein Koeffizient > 0 auf einen positiven Zusammenhang. Die Annotationen *, **, *** stellen die Signifikanz-Niveaus dar. Diese weisen die Variablen aus, die sich als signifikant auf dem 10%, 5% resp. 1% Level gezeigt haben.*

Panel A: Gesamtes Sample

	Model (49)		Model (50)		Model (51)		Model (52)		Model (53)		Model (54)	
Variablen	Exp^ß	Sign.	Exp^ß	Sign.	Exp^ß	Sign.	Exp^ß	Sign.	Exp^ß	Sign.	Exp^ß	Sign.
Konstante	10,117	0,160	10,160	0,183	4,709	0,519	30,728	0,126	19,407	0,170	16,473	0,206
HKVERB			0,761	0,639								
HKUNT					5,743	0,115						
HKFOF							0,453	0,274				
HKPEN									1,003	0,997		
HKPRIV											1,232	0,763
EINFAK1	0,603	0,255	0,607	0,260	0,617	0,281	0,571	0,230	0,603	0,255	0,603	0,258
EINFAK2	1,120	0,758	1,092	0,810	1,063	0,872	1,250	0,567	1,120	0,759	1,144	0,720
EINFAK3	0,506	0,106	0,513	0,114	0,530	0,135	0,506	0,112	0,506	0,107	0,507	0,109
LOGGRÖßE	1,416	0,115	1,431	0,105	1,650 *	0,053	1,406	0,128	1,416	0,117	1,429	0,108
BETART		0,201		0,259		0,300		0,167		0,202		0,213
BETART(1)	0,289	0,115	0,318	0,158	0,316	0,150	0,272 *	0,102	0,289	0,116	0,303	0,136
BETART(2)	0,311	0,161	0,329	0,180	0,385	0,271	0,276	0,128	0,311	0,161	0,306	0,155
GEOREG		0,113		0,109	*	0,079		0,120		0,140		0,108
GEOREG(1)	3,530	0,181	3,686	0,167	6,674	0,081	3,727	0,170	3,533	0,194	3,672	0,172
GEOREG(2)	0,520	0,464	0,536	0,487	0,817	0,833	0,556	0,510	0,520	0,465	0,523	0,468
DAUER	0,698 *	0,057	0,710 *	0,075	0,732 *	0,094	0,673 **	0,038	0,698 *	0,057	0,701 *	0,062
INVUCH	0,539	0,121	0,552	0,138	0,506 *	0,096	0,451 *	0,069	0,539	0,121	0,544	0,126
INVMAR	0,743	0,395	0,752	0,415	0,665	0,282	0,804	0,538	0,743	0,410	0,721	0,369
INVGEO	1,288	0,241	1,294	0,236	1,263	0,280	1,251	0,302	1,289	0,243	1,287	0,242
INVMAT	1,075	0,835	1,031	0,931	1,014	0,970	1,065	0,859	1,075	0,837	1,053	0,880
Model Diagnostics												
Beobachtungsanzahl	87		87		87		87		87		87	
Nagelkerkes R-Quadrat	0,29		0,29		0,32		0,31		0,29		0,29	
Cox & Snell R-Quadrat	0,21		0,22		0,24		0,23		0,21		0,22	
-2 Log-Likelihood	94,47		94,25		91,77		93,22		94,47		94,38	
Hosmer-Lemeshow-Test Chi-Qudrat (Sign.)	14,112	0,079	13,898	0,084	14,278	0,075	9,363	0,313	14,113	0,079	16,942	0,031

Panel B: Ergebnisse mit "Investortyp" (reduzierte Sampelgröße)

	Model (55)		Model (56)		Model (57)		Model (58)		Model (59)		Model (60)	
Variablen	Exp^ß	Sign.	Exp^ß	Sign.	Exp^ß	Sign.	Exp^ß	Sign.	Exp^ß	Sign.	Exp^ß	Sign.
Konstante	388,446 *	0,053	356,687 *	0,057	69,802	0,206	709,541 **	0,040	361,524 *	0,059	253,572 *	0,079
HKVERB			0,535	0,445								
HKUNT					4,767	0,294						
HKFOF							0,280	0,200				
HKPEN									1,820	0,637		
HKPRIV											1,747	0,542
INVTYP	0,488	0,567	0,493	0,575	0,368	0,440	0,525	0,614	0,399	0,487	0,462	0,542
EINFAK1	0,205 *	0,076	0,236	0,107	0,247	0,112	0,173 *	0,067	0,221 *	0,091	0,211 *	0,084
EINFAK2	1,153	0,797	1,042	0,942	1,020	0,973	1,255	0,688	1,138	0,815	1,232	0,715
EINFAK3	0,360	0,150	0,378	0,178	0,413	0,209	0,400	0,210	0,376	0,168	0,358	0,153
LOGGRÖßE	2,112 **	0,024	2,041 **	0,032	2,574 **	0,022	2,072 **	0,031	2,104 **	0,025	2,138 **	0,023
BETART	*	0,091		0,130		0,112	*	0,073		0,108	*	0,094
BETART(1)	0,063 *	0,054	0,094	0,115	0,083 *	0,076	0,056 **	0,047	0,071 *	0,067	0,077 *	0,079
BETART(2)	0,026 **	0,050	0,030 *	0,056	0,026 *	0,060	0,021 **	0,038	0,030 *	0,055	0,023 **	0,045
GEOREG	*	0,065	*	0,089	*	0,052	*	0,064	*	0,058	*	0,060
GEOREG(1)	29,075 **	0,021	24,521 **	0,028	47,597 **	0,016	30,774 **	0,020	33,424 **	0,018	31,070 **	0,019
GEOREG(2)	2,704	0,407	2,851	0,391	4,220	0,269	2,860	0,393	2,897	0,374	2,789	0,387
DAUER	0,606	0,060	0,640	0,107	0,639 *	0,088	0,574 **	0,039	0,614 *	0,068	0,618 *	0,076
INVUCH	0,305 **	0,033	0,340 *	0,056	0,286 **	0,029	0,240 **	0,017	0,293 **	0,033	0,312 **	0,036
INVMAR	0,867	0,756	0,896	0,807	0,764	0,593	0,965	0,938	0,813	0,672	0,825	0,686
INVGEO	1,369	0,316	1,365	0,322	1,343	0,344	1,327	0,367	1,415	0,280	1,358	0,331
INVMAT	0,931	0,893	0,844	0,754	0,946	0,918	0,978	0,968	0,874	0,820	0,895	0,824
Model Diagnostics												
Beobachtungsanzahl	68		68		68		68		68		68	
Nagelkerkes R-Quadrat	0,54		0,54		0,55		0,56		0,54		0,54	
Cox & Snell R-Quadrat	0,40		0,40		0,41		0,41		0,40		0,40	
-2 Log-Likelihood	56,92		56,34		55,77		55,13		56,70		56,54	
Hosmer-Lemeshow-Test Chi-Qudrat (Sign.)	5,598	0,692	2,659	0,954	5,634	0,688	5,528	0,700	10,615	0,224	3,720	0,881

Tabelle 29: Ergebnisse zu den Determinanten der aktuellen, systematischen Verwendungswahrscheinlichkeit von Beteiligungsgesellschaften
Quelle: Eigene Erhebung

Binäre Logistische Regression: Aktuelle und zukünftige Nachhaltigkeitsorientierung (susdum1)

*Die untenstehende Tabelle stellt die Ergebnisse der Binären Logistischen Regression dar, nach der die Wahrscheinlichkeit berechnet wurde, dass die befragten Beteiligungsgesellschaften durch die generelle Verwendung von nachhaltigkeits-relevanten Controllingsystemen UND Indikatoren [sumdum1] eine Nachhaltigkeits-Orientierung zeigen. Panel A umfasst alle Fälle mit einem kompletten Datensatz (n = 87). Die Modelle (19) - (24) in Panel B beziehen die Variable [Investortyp] mit ein (n = 68). Die abhängigen Variablen wurden wie in Kapitel C.4.6.1 angegeben berechnet. Die Koeffizienten der unabhängigen Variablen sind robust gegenüber Kollinearität und Autokorrelation. Die präsentierten Werte sind nicht die Standard-Logit-Ergebnisse, sondern stellen die umgerechneten Effekt-Koeffizienten für die einzelnen Variablen dar. Die Koeffizienten geben die Stärke des Zusammenhangs wieder. Die Richtung wird durch die Größe der Koeffizienten bestimmt. Ein Koeffizient < 0 weist dabei auf einen negativen Zusammenhang hin, ein Koeffizient > 0 auf einen positiven Zusammenhang. Die Annotationen *, **, *** stellen die Signifikanz-Niveaus dar. Diese weisen die Variablen aus, die sich als signifikant auf dem 10%, 5% resp. 1% Level gezeigt haben.*

Panel A: Gesamtes Sample

	Model (61)		Model (62)		Model (63)		Model (64)		Model (65)		Model (66)	
Variablen	Exp^{ß}	Sign.	Exp^{ß}	Sign.	Exp^{ß}	Sign.	Exp^{ß}	Sign.	Exp^{ß}	Sign.	Exp^{ß}	Sign.
Konstante	6,745	0,337	6,644	0,344	1,866	0,780	8,636	0,291	6,857	0,334	6,295	0,371
HKVERB			0,021	0,942								
HKUNT					0,117	0,149						
HKFOF							0,120	0,506				
HKPEN									0,003	0,898		
HKPRIV											1,092	0,896
EINFAK1	0,823	0,613	0,823	0,613	0,840	0,652	0,813	0,597	0,827	0,622	0,825	0,618
EINFAK2	0,986	0,968	0,984	0,963	0,946	0,871	1,044	0,903	0,982	0,957	0,995	0,988
EINFAK3	0,598	0,183	0,599	0,185	0,624	0,223	0,601	0,190	0,596	0,181	0,598	0,184
LOGGRÖßE	1,364	0,142	1,367	0,143	1,562 *	0,070	1,359	0,150	1,368	0,141	1,369	0,141
BETART		0,321		0,331		0,468		0,292		0,324		0,319
BETART(1)	0,540	0,418	0,547	0,440	0,585	0,486	0,530	0,404	0,543	0,424	0,551	0,442
BETART(2)	0,311	0,138	0,313	0,141	0,375	0,228	0,293	0,122	0,312	0,139	0,309	0,137
GEOREG	*	0,078	*	0,078	*	0,058	*	0,081		0,108	*	0,079
GEOREG(1)	3,521	0,166	3,556	0,167	6,261 *	0,079	3,609	0,161	3,418	0,190	3,580	0,165
GEOREG(2)	0,475	0,392	0,479	0,399	0,722	0,726	0,491	0,414	0,479	0,398	0,477	0,394
DAUER	0,761	0,105	0,763	0,115	0,793	0,170	0,744 *	0,085	0,760	0,104	0,762	0,109
INVUCH	0,622	0,210	0,625	0,218	0,593	0,178	0,563	0,161	0,622	0,209	0,625	0,215
INVMAR	0,702	0,288	0,704	0,291	0,643	0,215	0,733	0,355	0,710	0,316	0,693	0,291
INVGEO	1,352	0,149	1,353	0,148	1,315	0,187	1,329	0,176	1,349	0,153	1,351	0,149
INVMAT	0,905	0,764	0,899	0,757	0,865	0,669	0,896	0,743	0,911	0,781	0,898	0,748
Model Diagnostics												
Beobachtungsanzahl	87		87		87		87		87		87	
Nagelkerkes R-Quadrat	0,25		0,25		0,28		0,26		0,25		0,25	
Cox & Snell R-Quadrat	0,19		0,19		0,21		0,19		0,19		0,19	
-2 Log-Likelihood	100,77		100,77		98,50		100,32		100,76		100,75	
Hosmer-Lemeshow-Test Chi-Qudrat (Sign.)	20,371	0,009	17,988	0,021	12,842	0,117	12,775	0,120	23,178	0,003	18,058	0,021

Panel B: Ergebnisse mit "Investortyp" (reduzierte Sampelgröße)

	Model (67)		Model (68)		Model (69)		Model (70)		Model (71)		Model (72)	
Variablen	Exp^{ß}	Sign.	Exp^{ß}	Sign.	Exp^{ß}	Sign.	Exp^{ß}	Sign.	Exp^{ß}	Sign.	Exp^{ß}	Sign.
Konstante	22,012	0,203	22,269	0,202	6,142	0,512	31,978	0,165	20,996	0,212	15,961	0,269
HKVERB			0,665	0,590								
HKUNT					3,832	3,832						
HKFOF							0,448	0,345				
HKPEN									1,727	0,614		
HKPRIV											1,496	1,496
INVTYP	0,309	0,275	0,321	0,289	0,266	0,225	0,339	0,324	0,261	0,231	0,287	0,255
EINFAK1	0,600	0,390	0,623	0,420	0,667	0,495	0,588	0,386	0,608	0,398	0,629	0,444
EINFAK2	0,646	0,359	0,620	0,324	0,611	0,303	0,683	0,432	0,653	0,370	0,663	0,400
EINFAK3	0,700	0,514	0,706	0,527	0,737	0,576	0,736	0,581	0,717	0,539	0,698	0,515
LOGGRÖßE	1,871 **	0,044	1,841 **	0,050	2,200 **	0,036	1,840 **	0,051	1,875 **	0,045	1,889 **	0,043
BETART		0,117		0,115		0,132	*	0,099		0,118		0,114
BETART(1)	0,310	0,298	0,367	0,387	0,369	0,371	0,303	0,292	0,327	0,317	0,362	0,388
BETART(2)	0,046 **	0,041	0,044 **	0,039	0,044 **	0,046	0,040 **	0,033	0,049 **	0,041	0,042 **	0,039
GEOREG	*	0,097		0,108	*	0,079	*	0,095	*	0,088	*	0,095
GEOREG(1)	13,842 **	0,041	13,391 **	0,044	22,331 **	0,031	14,114 **	0,039	16,656 **	0,036	14,671 **	0,040
GEOREG(2)	1,513	0,721	1,588	0,694	2,296	0,508	1,552	0,707	1,622	0,676	1,555	0,703
DAUER	0,735	0,185	0,757	0,247	0,761	0,241	0,699	0,135	0,744	0,205	0,747	0,222
INVUCH	0,490	0,146	0,521	0,193	0,459	0,123	0,423 *	0,097	0,473	0,137	0,499	0,156
INVMAR	0,799	0,586	0,811	0,610	0,726	0,474	0,852	0,697	0,762	0,528	0,768	0,534
INVGEO	1,560	0,126	1,575	0,123	1,507	0,153	1,516	0,151	1,601	0,113	1,565	0,127
INVMAT	0,783	0,578	0,727	0,488	0,782	0,581	0,778	0,575	0,737	0,529	0,768	0,534
Model Diagnostics												
Beobachtungsanzahl	68		68		68		68		68		68	
Nagelkerkes R-Quadrat	0,46		0,46		0,47		0,47		0,46		0,46	
Cox & Snell R-Quadrat	0,34		0,35		0,35		0,35		0,35		0,35	
-2 Log-Likelihood	65,14		64,84		64,20		64,22		64,88		64,93	
Hosmer-Lemeshow-Test Chi-Qudrat (Sign.)	9,656	0,290	10,173	0,253	6,832	0,555	6,986	0,538	10,300	0,245	11,517	0,174

Tabelle 30: Ergebnisse zu den Determinanten der generellen systematischen Verwendungswahrscheinlichkeit von Beteiligungsgesellschaften.
Quelle: Eigene Erhebung

- In ihrer Studie zu den Determinanten der Wahrscheinlichkeit der Investitionsentscheidung in „Sustainable Private Equity“ stellen Cumming & Johan (2007, S. 398) die Erwartung auf, dass *(institutionelle)* Investoren (Hauptkapitalgeber), die sich tendenziell „national“

engagieren, eher in nachhaltiges Private Equity investieren. Als Gründe werden u.a. vor allem Reputationsgewinne in den „heimischen" Märkten angeführt. Ihre empirische Analyse widerlegt diese Annahme jedoch. Es stellt sich heraus, dass die Wahrscheinlichkeit der Investition in nachhaltiges Private Equity insbesondere mit einer internationalen Ausrichtung der Institutionellen Investoren korreliert.

Die Ergebnisse der aktuellen sowie generellen systematischen Verwendung ergeben ein differenzierendes Bild. Zum einem ist erkennbar, dass besonders ein deutscher **Hauptsitz** sich eher positiv auf die Nachhaltigkeitswahrscheinlichkeit auswirkt als ein globaler Hauptsitz. Der Effekt des deutschen Hauptsitzes ist hierbei überaus stark ($e^{bj} \approx 20{,}00$) und durchweg auf dem 5%-Niveau signifikant. Zwar zeigen sich ähnliche Effekte in Bezug auf einen europäischen Hauptsitz, jedoch sind diese hier nicht signifikant. Demnach deuten die Befunde klar darauf hin, dass deutsche im Vergleich zu globalen Gesellschaften eher die Wahrscheinlichkeit eine Nachhaltigkeits-Orientierung aufweisen. In Verbindung mit den Ergebnissen zur aktuellen Verwendung von Controllingsystemen kann zusätzlich dem Merkmal eines europäischen Hauptsitzes ein positiver Einfluss attestiert werden. Somit kann festgestellt werden, dass die grundsätzliche Erwartung der aufgestellten Hypothesen ($H_{3.1}$ – $H_{3.3}$), dass ein (ungerichteter) Zusammenhang zwischen dem Merkmal des Hauptsitzes und der Nachhaltigkeitsorientierung besteht, bestätigt werden kann.

Somit untermauern die multivariaten Befunde die originäre Argumentation der Studie von Cumming & Johan (2007). Zwar mag für institutionelle Investoren Internationalität förderlich für eine stärkere Wahrnehmung ihrer Verantwortungen sein, da die Beteiligungsgesellschaften jedoch „operativer" sind, d.h. sich explizit mit ihren Portfoliounternehmen auseinandersetzen, ist zu vermuten, dass die von Cumming & Johan (2007, S. 397) angesprochenen „Reputationsgewinne" vor Ort ein starkes Argument für private Eigenkapitalfinanzierer sind. Möglicherweise greifen hier z.B. die Argumente, dass a) für Beteiligungsgesellschaften die meisten relevanten Stakeholders explizit vor Ort sind und b) das öffentliche Interesse (Politik, Medien) momentan besonders auf diese Investoren wirkt. Einschränkend ist aber anzumerken, dass die Befunde nicht ausdrücklich darlegen, dass eine internationale Herkunft einen klar negativen Effekt auf die eine wahrscheinliche Nachhaltigkeits-Orientierung hat. Einzig konnte nachgewiesen werden, dass dieser Effekt relativ zu anderen Herkunftsparametern einen geringeren Effekt ausübt.

- Die Ergebnisse der Korrelationsanalyse ließen erwarten, dass die „**Haltedauer**" negativ mit einer möglichen Orientierung an nachhaltigen Themen korreliert ist. Diese Erkenntnis unterstützt die generierte Hypothese H_6 bereits im Vorfeld. Die multivariaten Befunde zur aktuellen, systematischen Verwendungswahrscheinlichkeit bestätigen diese Erwartung durch sich ergebende negative, signifikante Effektkoeffizienten ($e^{bj} \approx 0,60$). Allerdings sind die negativen Befunde im generellen Fall insignifikant. Dies bedeutet, dass die Haltedauer vor allem bei der Prognose der aktuellen Nachhaltigkeits-Orientierung von Beteiligungsgesellschaften als valider und statistisch signifikanter Faktor einzubeziehen ist. Dennoch, die Richtung der Effektkoeffizienten, die auf dem 5%-Niveau sehr signifikanten Befunde aus dem aktuellen systematischen Fall sowie die Ergebnisse bezüglich der Controllingsysteme und Indikatoren deuten ausreichend daraufhin, dass die aufgestellte Hypothese H_6 angenommen werden kann.
- Die Ergebnisse hinsichtlich der Prognosequalität der verschiedenen **Investitionskriterien** fallen unterschiedlich aus. Bereits in der deskriptiven Analyse waren die Ausprägungen der Zusammensetzung der Bewertungen der Investitionskriteriengruppen innerhalb der Gesellschaftstypen derart heterogen, dass keine abschließenden Hypothesen aufgestellt werden konnten. Die multivariaten Befunde stellen klar „Unternehmenscharakteristika & Finanzierungsphasen" als die einzig signifikanten Kriterien heraus ($e^{bj} \approx 0,35$). Dieses Ergebnis steht augenscheinlich nochmals in Verbindung mit dem bereits vorgetragenen Argument der starken Branchenabhängigkeit der Wahrnehmung von Verantwortung bzw. des nachhaltigen Verhaltens. Die Ergebnisse legen nahe, dass es vor allem von den Merkmalen der Portfoliounternehmen und dem inhärenten Finanzierungsanlass abhängt, ob ein Investor tendenziell Nachhaltigkeits-relevante Aspekte erfasst und verarbeitet. Augenscheinlich ist dies besonders in „nachhaltigen" Branchen der Fall. Nochmals muss hier demnach angemerkt werden, dass dies nicht dem grundsätzlichen Verständnis von Nachhaltigkeit entspricht. Es zeigt sich durchweg, dass sämtliche andere Investitionskriterien keinen Einfluss auf die Verwendungswahrscheinlichkeit jeglicher Controllinginhalte haben.

Im Überblick können die Diskussion der aufgestellten Hypothesen folgendermaßen zusammengefasst werden (siehe Abbildung 48):

Nr.	Variable	Erwarteter Einfluss	beobachteter Einfluss	Hypothesen-beurteilung
Institutionelle Charakterisika				
H_1	Investortyp			
$H_{1.1}$	*Frühphaseninvestor*	-/+	/	~
$H_{1.2}$	*Spätphaseninvestor*	+	/	~
H_2	Größe der Beteiligungsgesellschaft	+	+	✓
H_3	Geografischer Hauptsitz			
$H_{3.1}$	*Deutschland*	-/+	+	✓
$H_{3.2}$	*Europa*	-/+	/	✓
$H_{3.3}$	*Global*	-/+	-	✓
Investitionsstrategie				
H_4	Einflussnahme			
$H_{4.1}$	*Strategisch*	+	+	✓
$H_{4.2}$	*Controlling*	+	/	~
$H_{4.3}$	*Operativ*	+	/	~
H_5	Beteiligungsart			
$H_{5.1}$	*Mehrheitsbeteiligung*	-/+	-	✓
$H_{5.2}$	*Minderheitsbeteiligung*	-/+	-	✓
$H_{5.3}$	*Beides*	-/+	+	✓
H_6	Haltedauer	+	-	×

+ positiver Zusammenhang -/+ ungerichteter Zusammenhang ✓ bestätigte Hypothese
- negativer Zusammenhang / insignifikantes Ergebnis × falsifizierte Hypothese

Abbildung 48: Hypothesenbeurteilung
Quelle: Eigene Darstellung

4.4 Fazit

In diesem Kapital wurde davon ausgegangen, dass sich die Überzeugungen, Werte und Einstellungen, kurz die Orientierung von Unternehmen, im Speziellen in Private Equity-Gesellschaften, in den von ihnen genutzten Controllinginstrumenten niederschlagen. Im Anschluss an die Detailbeobachtungen zu den Präferenzen konkreter Controllinginhalte ist es das Ziel, die Determinanten der Verwendung von Nachhaltigkeits-relevanten Controllinginstrumenten zu identifizieren und ihre Wirkungseffekte zu prognostizieren. Die Nachhaltigkeits-Orientierung wurde dabei (in Anlehnung an bestehende Aussagen) als einzelne oder simultane, systematische Verwendung von Nachhaltigkeits-relevanten Controllingsystemen und Indikatoren verstanden. Da die bisherigen Erkenntnisse aus dem Bereich des Private Equity-Controllings, vor allem in Bezug auf die hier zu prüfenden Controllinginstrumente, recht rudimentär sind, wurde auf Grundlage der Kontingenztheorie ein Beziehungszusammenhang zwischen den Merkmalen von Private Equity-Gesellschaften und ihrer Controllinggestaltungsentscheidungen her- und Hypothesen über die Wirkung bestimmter Charakteristika aufgestellt. Die Überprüfung der Hypothesen erfolgte mittels verschiedener logistischer Regressionsmodelle, deren Aufbau und Variablenoperationalisierung sich an der Methodik von Cumming & Johan (2007) orientieren.

Die Ergebnisse der empirischen Analyse deuten darauf hin, dass sich spezifische Determinanten finden lassen, die die Wahrscheinlichkeit der aktuellen und generellen Verwendung von Nachhaltigkeits-relevanten Controllingsystemen und Indikatoren bzw. ihre simultane Verwendung bestimmen. Es deutet sich an, dass sich vor allem für eher große Beteiligungsgesellschaften bzw. Gesellschaften, die in einem erhöhten Maße in strategische Entscheidungen ihrer Portfoliounternehmen eingreifen, eine höhere Wahrscheinlichkeit der (systematischen) An- und Verwendung von Nachhaltigkeits-relevanten Controllinginstrumenten ergibt. Des Weiteren zeigt sich dies insbesondere auch für Gesellschaften mit Hauptsitz in Deutschland, die nicht auf bestimmte Beteiligungsumfänge bei ihren Investitionen festgelegt sind. Einerseits folgt dies aus der Erkenntnis, dass die Festlegung z.B. auf den kategorischen Erwerb von Minder- oder Mehrheitsanteilen strukturell die Wahrscheinlichkeit der Verwendung der angesprochenen Controllinginstrumente mindert. Anderseits weisen die Ergebnisse daraufhin, dass die Verwendungswahrscheinlichkeit für Gesellschaften mit Hauptsitz in Deutschland um ein Vielfaches höher liegt als die für Gesellschaften mit Sitz außerhalb von Europa (vornehmlich in den USA).

Neben diesen hypothesierten Zusammenhängen konnte kein eigenständiger Effekt der Hauptkapitalgeber ausgemacht werden. Vielmehr zeigte sich ein stark moderierender Effekt von bestimmten Arten dieser. Außerdem konnte gezeigt werden, dass vor allem Gesellschaften, die ihre Investitionsobjekte hauptsächlich auf Basis der Unternehmenscharakteristika und der Finanzierungsphase aussuchen, tendenziell offener für die Berücksichtigung von Nachhaltigkeits-bezogenen Aspekten sind. Während meisten Ergebnisse bereits hinlänglich in der Analyse interpretiert wurden, soll im Folgenden auf einige Besonderheiten eingegangen werden.

Ein zentraler Punkt der Analyse ist die stärkere mediale und gesellschaftliche Exponierung von großen Unternehmen als ein möglicher Erklärungsansatz für die Resultate (Jensen & Meckling, 1976; Watts & Zimmermann, 1986). Die Wahrnehmung durch die Öffentlichkeit bzw. der daraus resultierende Druck hat demnach ein eine große Bedeutung für die Durchsetzung von Nachhaltigkeits-relevanten Konzepten und Ideen. Den Ausgangspunkt bildet hier die „öffentliche Meinung" bzw. der „öffentliche Druck" (Godfrey, 2007, S. 94).[293] Dieser äußert sich vor allem über die Medien (Hansen & Schrader, 2005, S. 378) und wirkt auf a) die Politik und b) auch auf die Wirtschaftsunternehmen. Um wirkungsrelevant für die Beteiligungsgesellschaften zu werden, kann angenommen werden, dass vor allem der Gesetzgeber oder die Kapitalgeber fokale Umsetzungshebel dieser „öffentlichen Meinung" sind. Im ersten Fall geschieht dies z.B. durch die Unterstützung oder die Regulierung der Beteiligungsmärkte, im zweiten durch die Bereitstellung oder den Abzug von finanziellen Mitteln. Es ist anzunehmen, dass Anforderungen des „öffentlichen Drucks" Folge geleistet wird, wenn er durch entsprechende Institutionen durchgesetzt wird (Hansen & Schrader, 2005, S. 374). Im zweiten Fall geschieht dies vor allem durch bestehende Transparenzanforderungen, anhand derer die institutionellen Investoren Rechenschaft gegenüber ihren Kunden, die oft die „Gesellschaft" repräsentieren, ablegen müssen (Cumming & Johan, 2007, S. 396). Entsprechendes Verhalten resultiert, weil sich die betroffenen Gesellschaften a) Vorteile aus einer Befolgung der Vorgaben bzw. eine Befriedigung der Ansprüche erhoffen (*window dressing*; Brouwers, 2004, S. 11) oder b) Kosten aus (möglicherweise) drohenden Konsequenzen vermeiden wollen. Diese beiden Gründe sind damit, anders als ihre Basis, konkret und direkt betriebswirtschaftlich relevant. Somit würde an diesen Stellen die *social impact hypothesis* (Cornell & Shapiro, 1987, S. 6) greifen.

Ein weiteres interessantes Ergebnis ist die negative Assoziation von Haltedauer und der Wahrscheinlichkeit einer Nachhaltigkeitsorientierung. Es wurde erwartet, dass eine kurze Haltedauer eher mit einer Vernachlässigung von extra-finanziellen Aspekten einhergeht. Nach dem Argument von Marginson & Macaulay (2008) würden die Ergebnisse bedeuten, dass die Berücksichtigung von Nachhaltigkeitsaspekten für Private Equity-Gesellschaften kein Umsetzungsthema ist, das während der Halteperiode angegangen werden muss, sondern ein wertrelevanter Risikoaspekt, der Berücksichtigung in den Plänen und Prognosen der Gesellschaften finden muss. In Verbindung mit den voran dargestellten Argumenten kann angenommen werden, dass Private Equity-Gesellschaften mit kürzeren Haltedauern die Notwendigkeit sehen, relevante Risiken[294] und Potentiale (Dyllick, 2003, S. 239) insbesondere in den Bewertungen

[293] Siehe hierzu auch die Ausführungen in Abschnitt B.2.2.2.

[294] Z.B. Reputationsverlust; Umsatzeinbrüche; Haftungsrisiken oder Beschaffungsrisiken etc. Insgesamt geht dies damit mit einer langfristige Absicherung des Unternehmenserfolges (Planungssicherheit), Vermeidung von Konflikten mit Stakeholdern (Sicherung Akzeptanz und Legitimität) und einem Erkennen und Ausnützen von

bzw. Bewertungsgrundlagen darzustellen, und die relevanten Trends abzubilden. Eine mögliche, sachlogische Begründung der Aussage kann die Rolle der Zukunftsperspektiven für die Bewertungen von Unternehmen sein. Hierbei entscheidet die Bewertung eines Portfoliounternehmens zum Abschluss des Transaktionsprozesses durch einen potentiellen Käufer[295] darüber, ob sich die Investition für den (verkaufenden) Investor (im Sinne eines adäquaten IRR) auszahlt. Die Entwicklungsszenarien, die der potentielle Käufer dabei seinen Kalkulationen zugrunde legt, fußen auf der situativen Konstitution des Unternehmens und den Annahmen zu zukünftigen Risiken und Potentialen (hierzu z.B. Porter & Cramer, 2002). Als Beispiel gilt, dass ein geringeres wahrgenommenes Risiko tendenziell zu geringeren Kapitalkosten (*cost of capital*) führt. Diese bedingen innerhalb der Bewertungsmechanismen (z.B. DCF) einen höheren beizulegenden Unternehmenswert (Hansen & Schrader, 2005, S. 538; Bassen, Hölz & Schlange, 2007, S. 12). Somit ist anzunehmen, dass vor allem die kürzer haltenden Investoren eine Notwendigkeit darin sehen, glaubhaft und auf Basis von konkreten Informationen zu erkennen, wie diese Risken und Potenziale durch eine entsprechende Positionierung bzw. Aufstellung des Portfoliounternehmens vermieden bzw. geschaffen werden können.

Differenzierungs- und Marktpotenzialen (Innovation + Zukunftssicherung) einher; vgl.: Dyllick, 2003, S. 239. Siehe hierzu auch die Ausführungen in Abschnitt B.2.2.2.

[295] Käufer sind hier z.B. a) andere Private Equity-Gesellschaften, b) Unternehmen (strategische Investoren), c) die alten Eigentümer oder d) Kapitalmarktakteure im Rahmen eines Initial Public Offering (IPO).

Teil D: Zusammenfassung und Ausblick

1. Kritische Würdigung

Im Spannungsfeld der Themen des nachhaltigen Handelns und Wirtschaftens von Unternehmen sowie dem (betriebs)wirtschaftlichen Engagement von Private Equity-Gesellschaften in ihren Portfoliounternehmen versucht die vorliegende Arbeit eine Verbindung der Themen durch die Betrachtung der eingesetzten Controllingsysteme zu schaffen. Übergeordnetes Ziel ist es, einen ersten, grundsätzlichen Überblick über die Relevanz des Nachhaltigkeitskonzeptes und seiner Komponenten für Eigenkapitalinvestoren zu erhalten. Zudem soll erfasst werden, in welchem Umfang sich diese Themen in den Controllingsystemen der Beteiligungsgesellschaften manifestieren. Insbesondere vor dem Hintergrund der sich ändernden Anforderungslage in der heutigen Wirtschaft und des großen Einflusses der Beteiligungsgesellschaften auf ihre Portfoliounternehmen kann die Untersuchung der „Bereitschaft" von Beteiligungsgesellschaften, Nachhaltigkeitsanstrengungen in den eigenen Portfoliounternehmen zu fördern, einen hohen Nutzen für die Weiterentwicklung der Private Equity-Industrie darstellen. Die Erfassung des Zusammenhangs ist deshalb wichtig, da es a) von der Bereitschaft der Investoren und b) von der Anzahl der „Nachhaltigkeits-orientierten" Beteiligungsgesellschaften abhängt, in welchem Maße die Risikokapitalbranche den nachhaltigen Wandel mittragen bzw. unterstützen kann.

Konkret werden auf Grundlage bereits bestehender Erkenntnisse in den relevanten Themenfeldern sowie aktueller, anekdotischer Befunde drei Forschungsfragen abgeleitet. Als erstes stellt sich die Frage nach der Bewertung von aktuellen politischen und gesellschaftlichen Anforderungen und Trends durch Private Equity-Investoren. Die zweite Forschungsfrage bezieht sich auf die Wichtigkeit spezifischer, Nachhaltigkeits-relevanter Controllinginhalte für diese Private Equity-Investoren. Beide Fragenkomplexe kontrollieren zusätzlich auf mögliche Bewertungsunterschiede zwischen Merkmalen bzw. Gruppen von Beteiligungsgesellschaften. Die dritte Forschungsfrage beschäftigt sich mit der Untersuchung der Determinanten der Verwendungswahrscheinlichkeit von Nachhaltigkeits-relevanten Controllingsystemen und fragt damit nach den Determinanten der (grundsätzlichen) Nachhaltigkeitsorientierung von Private Equity-Gesellschaften. Im Folgenden sollen die zentralen Erkenntnisse der drei Untersuchungsteile zusammenfassend dargestellt werden.

Hinsichtlich der Wichtigkeit spezifischer Anforderungen und Trends (**Forschungsfrage 1**) zeigen die Ergebnisse eine grundsätzliche, übergeordnete Priorisierung ökonomische Ziele. Dieses Ergebnis war eindeutig zu erwarten. Es geht jedoch auch mit dem Nachhaltigkeitskonzept konform, das die Erzielung von Gewinnen als zentrales Ziel des nachhaltigen Wirtschaftens klar in den Mittelpunkt stellt. Weiterhin kann empirisch belegt werden, dass generelle ökologische Anforderungen auf abstrakter Ebene eine zunehmend wichtige Rolle für die Eigenkapitalinvestoren spielen. Demgegenüber fallen soziale Anforderungen (relativ gesehen) weitaus weniger ins Gewicht. Bei der Wichtigkeit spezifischer Anspruchsgruppen (Stakeholder) haben direkte Betriebs-relevante Stakeholder für die Investoren das meiste Gewicht. Gesellschaftliche und politische Stakeholder werden als untergeordnet wichtig angesehen. Diese Erkenntnisse weisen daraufhin, dass bisher von Seiten der Investoren Anforderungen verschiedenster Art vornehmlich über die Anspruchgruppen angebracht werden können, die direkt mit den wirtschaftlichen Tätigkeiten der Investoren gekoppelt sind. Themenkomplexe, die die direkte Wertschöpfung der Private Equity-Gesellschaften oder ihrer Portfoliogesellschaften betreffen, sind dementsprechend im weiteren Verlauf als am wichtigsten bewertet worden. Diese stellen somit für die Private Equity-Investoren eine klare Herausforderung dar, die aktuell sowie in Zukunft wahrgenommen werden muss. Ökologische und soziale Ressourcenthemen sind hier eher weniger wichtige Herausforderungen. Bei allen Ergebnissen zeigt sich, dass besonders große Beteiligungsgesellschaften in der Tendenz positivere Bewertungen aufweisen.

Im Rahmen der Bewertung Nachhaltigkeits-relevanter Controllingsysteme (**Forschungsfrage 2**) werden zur Differenzierung der Ergebnisse vier homogenen Beteiligungsgesellschaftstypen zur Unterscheidung der Bewertungsergebnissen anhand ihrer Gesellschaftsmerkmale /-charakteristika unterschieden. In der Analyse zeigt sich, dass vor allem die Sustainability Balanced Scorecard (SBSC) und die ISO 9001-Normen bezüglich ihrer Wichtigkeit klar von anderen Nachhaltigkeits-relevanten Systemen (wie z.B. dem EFQM oder den SA 8000) unterschieden werden können. Dies kann als ein Hinweis darauf gesehen werden, dass sich diese beiden systematischen Ansätze (insbesondere aufgrund ihrer bekannten Ursprünge) bereits in praxi durchgesetzt haben bzw. eine breitere Basis von möglichen Anwendern ansprechen. In Bezug auf die Untersuchung Nachhaltigkeits-relevanter Indikatoren (aus dem Kennzahlenrahmenwerk des GRI) werden ökonomische Indikatoren klar als die am relevantesten Kennzahlen eingestuft. Anders als im ersten Untersuchungsteil, erhalten vor allem ökologische

Indikatoren zwar geringfügig niedrigere Bewertungen, können hier jedoch als klar relevant herausgestellt werden. Soziale Indikatoren fallen hier wiederum zurück. Als eine mögliche Erklärung kann hier die gesteigerte Aufmerksamkeit und Schwerpunktsetzung von Gesellschaft und Politik auf die Wahrnehmung und Regulierung/ Kontrolle von Umweltthemen angeführt werden. Insgesamt unterscheiden sich die befragten Beteiligungsgesellschaften recht stark in ihren Bewertungen der Nachhaltigkeits-relevanten Controllingsysteme. Insbesondere große, ressourrcenstarke Gesellschaften sowie öffentliche Beteiligungsgesellschaften zeigen sich deutlich offener in Bezug auf Bewertung/ Anerkennung der abgefragten Controllinginhalte.

Der dritte Analyseteil untersucht die (systematische) Nachhaltigkeitsorientierung von Beteiligungsgesellschaften. Ziel ist es, grundlegende Determinanten der Verwendung von Nachhaltigkeits-relevanten Controllinginstrumenten zu identifizieren und entsprechende Wirkungseffekte zu prognostizieren (**Forschungsfrage 3**). Dies soll speziell auf Grundlage der Kontingenztheorie erreicht werden, die einen konzeptionellen Beziehungszusammenhang zwischen den Merkmalen von Private Equity-Gesellschaften und ihrer Controllinggestaltungsentscheidungen herstellt. Es ergibt sich, dass vor allem eher große Beteiligungsgesellschaften (Hypothese H_2), die in einem erhöhten Maße in strategische Entscheidungen ihrer Portfoliounternehmen eingreifen (Hypothese $H_{4.1}$), eine höhere Wahrscheinlichkeit der (systematischen) An- und Verwendung von Nachhaltigkeits-relevanten Controllinginstrumenten aufweisen. Dies gilt des Weiteren auch für Gesellschaften mit Hauptsitz in Deutschland (Hypothese $H_{3.1}$), die nicht auf bestimmte Beteiligungsumfänge bei ihren Investitionen festgelegt sind (Hypothese $H_{5.3}$). Hieraus folgt, dass die Festlegung z.B. auf den kategorischen Erwerb von Minder- oder Mehrheitsanteilen strukturell die Wahrscheinlichkeit der Verwendung der angesprochenen Controllinginstrumente mindert, anderseits weist es darauf hin, dass die Verwendungswahrscheinlichkeit für Gesellschaften mit Hauptsitz in Deutschland um ein Vielfaches höher liegt als für Gesellschaften mit Sitz außerhalb von Europa (vornehmlich in den USA). Im Rahmen der bi- und multivariaten Analyse konnte kein Effekt hinsichtlich unterschiedlicher Hauptkapitalgeber ausgemacht werden. Statistisch zwar nicht signifikante, trotzdem zu erfassende Erkenntnisse sind, dass vor allem Gesellschaften, die ihre Investitionsobjekte vor allem auf Basis der Unternehmenscharakteristika und der Finanzierungsphase aussuchen, tendenziell offener für die Berücksichtigung von Nachhaltigkeits-bezogenen Aspekten sind.

Ein zentraler Punkt bei der Interpretation der Ergebnisse (aller Analyseteile) ist die stärkere mediale und gesellschaftliche Exponierung von großen Unternehmen (siehe hierzu die Arbeiten von Jensen & Meckling (1976) sowie Watts & Zimmermann (1986)). Die Wahrnehmung durch die Öffentlichkeit bzw. der daraus resultierende Druck hat demnach ein eine große Bedeutung für die Durchsetzung von Nachhaltigkeits-relevanten Konzepten und Ideen *(social impact hypothesis* nach Cornell & Shapiro, 1987, S. 6). Dies bedingt, dass der Größeneffekt bei der Ergebnisinterpretation besonders kritisch berücksichtigt werden muss. Einerseits ist zu beachten, dass die großen, ressourcenstarken Beteiligungsgesellschaften schlicht die Möglichkeiten zur Verfügung haben, sich auch anderer als ihren rein geschäftsmodell-getriebener Anforderungen anzunehmen. Kleineren Gesellschaften, die in ihren Ressourcen beschränkt sind, bietet sich diese Möglichkeit eventuell nicht. Andererseits muss jedoch aufgrund der stärkeren medialen Exponierung der großen Beteiligungsgesellschaften eine mögliche Verzerrung durch die „soziale Erwünschtheit“ (*social desirability bias*) beachtet werden (Randall & Fernandes, 2004, S. 806; Zerbe & Paulhus, 1987, S: 250).[296]

Insgesamt kann festgehalten werden, dass das Thema des „nachhaltigen Wirtschaftens“ bzw. der „Nachhaltigkeit“ nicht komplett in der Private Equity-Industrie angekommen ist. Dieses Ergebnis ist nicht verwunderlich, betrachtet man a) die relative Neuheit des angesprochenen Themas bzw. seine erst seit den letzten Jahren breite gesellschaftliche Wahrnehmung und b) die „abgesicherte“ Positionierung der Beteiligungsgesellschaften. Insbesondere der zweite Punkt gewinnt Relevanz, sobald die gängigen Argumente zur „Nichtbeachtung“ von nachhaltigen Aspekten angeführt werden. Unternehmen aller *couleur* können sich momentan noch darauf berufen „ihrem eigentlichen Sinn als Unternehmen zu folgen“, indem rein wirtschaftliche Entscheidungen getroffen und rein ökonomische Interessen verfolgt werden. Dies spiegelt sich klar in den Ergebnissen wieder. Jedoch weisen die aufgenommenen und herausgestellten Nuancen in den Ergebnissen auch deutlich darauf hin, dass ein Wandel stattfindet bzw. sich ein solcher andeutet. So ist es anzunehmen, dass sich die betrachtete Branche bzw. Industrie in Zukunft dem Themenfeld und seinen Implikationen nicht komplett verschließen wird.

[296] Auch wenn im Rahmen der Datenerhebung versucht wurde diese zu minimieren, indem absichtlich auf die Nennung des Begriffs „Nachhaltigkeit“ bzw. eindeutig damit zusammenhängender Begriffe verzichtet wurde.

2. Einschränkungen und Forschungsausblick

Aufgrund der Neuartigkeit des Forschungsgebietes sowie der vorgenommenen, umfangreichen empirischen Untersuchungen, bietet sich entsprechend Raum für die Erweiterung und Verbesserung der angewendeten Verfahren sowie für alternative Untersuchungsansätze und –fragen. Im Folgenden sollen einige benannt werden.

Ein erster Ansatzpunkt ist die die Einbeziehung und Operationalisierung der unabhängigen Variablen in den multivariaten Analysemodellen. Aufgrund der Neuartigkeit des Forschungsgebietes wurden diese auf eine Auswahl charakterisierender Gesellschaftsmerkmale beschränkt. Es ist jedoch anzunehmen, dass aus einer ganzheitlichen Perspektive zusätzlich zu diesen auch andere, komplexere Merkmale eine Rolle spielen. Beispielsweise wurde die Zusammensetzung der Kapitalgeber der Beteiligungsgesellschaften, spezifischere Finanzierungsstratgien sowie Erfolgsmerkmale nur rudimentär einbezogen. Aus Sicht des Autors bietet es sich für nachfolgende Untersuchungen an u.a. zu untersuchen, welche Auswirkungen z.B. die Syndizierung von Investoren oder individuelle Finanzierungsabsprachen zwischen Investor und Kapitelgebern (Covenants, Investitionsstrategie etc.) auf die Wahrnehmung und Beachtung von nachhaltigen Aspekten der Beteiligungsgesellschaften haben. Auch ist die Rolle spezifischer Charakteristika des Managements und der Beteiligungsmanager der Gesellschaften aus Sicht des Autors ein wichtiger Punkt, der dis dato nicht berücksichtigt wurde.

Eine weitere wichtige Frage ist der Zusammenhang zwischen der Nachhaltigkeitsorientierung von Beteiligungsgesellschaften und ihrem wirtschaftlichen Erfolg. Es wurde bereits in Kapitel A.1 (FN 9) erwähnt, dass in Bezug auf die *performance* von Kapitalfonds divergierende Ergebnisse hierzu vorliegen. Nichtsdestotrotz gewinnt die Bearbeitung dieser Frage vor allem als Argument für eine stärkere praktische Berücksichtigung des Nachhaltigkeitskonzeptes an Relevanz. Weiterhin stellt sich in diesem Kontext die Frage, ob eher erfolgreiche Beteiligungsgesellschaften zu einer stärkeren Nachhaltigkeitsorientierung neigen (siehe hierzu z.B. Jennifer Ho & Taylor (2007, S. 13)).

In Bezug auf die abhängigen Variablen ist ein weiterer Ansatz die Verwendung und Überprüfung alternativer Konzeptionen bzw. Operationalisierungen der Nachhaltigkeitsrelevanz bzw. –orientierung. Da bisher kein allgemeine anerkanntes Nachhaltigkeitskonzept bzw. keine allgemein anerkannte Operationalisierung von Nachhaltigkeit existiert, kann die in der vorliegenden Untersuchung verwendete Operationalisierung nur als eine vorläufige und nicht abschließende gewertet werden. Daher bietet es sich für nachfolgende Forschungen an auch anderer Operationalisierungen zu verwenden um ein differenzierteres Bild zu erhalten.

Insgesamt kann erwartet werden, dass die Einbeziehung weiterer Variablen zu einer vollständigeren Identifikation von alternativen Erklärungsansätzen bzw. zur Konkretisierung der hier beschriebenen dienen kann. Weitere Erkenntnisgewinne sind auch von der Untersuchung von anderen regionalen Märkten (z.B. Großbritannien, USA etc.) und deren Vergleich zu erwarten. Beispielhaft hierzu kann die Studie von Sapienza et al. (1994) genannt werden.

Neben den einbezogenen Variablen zeigt sich auch in konzeptioneller Hinsicht weiterer Forschungsbedarf. Die vorliegende Untersuchung fokussiert ausschließlich die Wahrnehmung nachhaltigkeits-relevanter Aspekte innerhalb von Beteiligungsgesellschaften. Dabei wurde die eigentliche Wirkung der Gesellschaften auf ihre Portfoliounternehmen ausgespart. Die Klärung der Frage nach dem Einfluss von Beteiligungsgesellschaften auf die *Nachhaltigkeitsperformance* ihrer Portfoliounternehmen[297] ist somit noch offen. Dabei stellt vor allem die Auswahl und Definition von entsprechenden Modellen und Operationalisierungen zur Erfassung und Messung der Nachhaltigkeitsperformance aus Sicht des Autors eine zentrale Herausforderung dar.

Zur Ableitung eines beispielhaften Rahmens der Interaktion zwischen Beteiligungsgesellschaften und Portfoliounternehmen unter Berücksichtigung nachhaltigkeits-relevanter Aspekte kann die Untersuchung von ausgewiesenermaßen nachhaltig agierender Gesellschaften dienen. Hier sind allerdings grundsätzliche Unterschiede in den Ausrichtungen dieser und „klassischer“ Beteiligungsgesellschaften zu beachten.

Als ein letzter Punkt sollte die Beachtung und Einbeziehung von weiteren, wichtigen Kontextfaktoren zur Untersuchung des Stellenwertes und der Rolle des Nachhaltigkeitskonzeptes in der Private Equity-Branche sein. Hier sollten vor allem politische und gesellschaftliche Institutionen betrachtet werden. Im Fokus stehen hierbei u.a. auch die Prognoserelevanz der Elemente für die systematische Konzeptbedeutung, insbesondere sollten sich jedoch auch konzeptioneller Ebene damit auseinandergesetzt werden, wie diese Institutionen genutzt werden bzw. sich einbringen können, um die Bedeutung der Nachhaltigkeit zu steigern.

[297] U.A. unter Beachtung der Porter-Hypothese (siehe hierzu Wagner, 2003, S. 6-7).

Zusammenfassend kann festgehalten werden, dass die Beschäftigung mit der Verbindung von Nachhaltigkeit und Eigenkapitalinvestitionen ein noch wenig erforschtes Gebiet darstellt. Auch wenn in der Realität bereits vielfach erste Ansätze zu sehen waren, ist die Resonanz im wissenschaftlichen Diskurs bislang gering. Daher wäre es zu wünschen, dass sich in Zukunft weitere Studien und wissenschaftliche Bemühungen den sich auftuenden Wissenslücken annehmen und so zu einem besseren Verständnis und einer höheren Wahrnehmung dieses wichtigen Themenfeldes beitragen.

Anhang

Verzeichnis des Anhangs

Fragebogen der Untersuchung

European Business School
International University · Schloss Reichartshausen

Fragebogen zur empirischen Untersuchung:

„Anforderungen und Trends in der Gestaltung von Kontrollsystemen der Beteiligungsgesellschaften in Deutschland“

Liberalisierung und Globalisierung der Märkte habe u.a. dazu geführt, dass gesellschaftliche Verantwortung von Unternehmen an Bedeutung gewinnt. Verantwortung bezieht sich dabei auf die Wahrnehmung von Problembereichen und Bedürfnissen, vertreten durch vielfältige Anspruchsgruppen. Durch den zunehmenden Einfluss von Beteiligungsgesellschaften auf die (deutsche) Wirtschaft kann angenommen werden, dass dies auch für sie gilt. Bisher ist jedoch unerforscht, wie sich diese Verantwortungswahrnehmung im Rahmen der übergeordneten Ausrichtung auf Renditeerzielung der Beteiligungsgesellschaften manifestiert.

Ziel des Forschungsprojektes ist es daher, Stand und Perspektiven der Kontrollsysteme von Beteiligungsgesellschaften in Deutschland in diesem Zusammenhang zu erheben und zu evaluieren. Dazu gehört auch zu erfassen, wie Finanzinstitutionen die politischen und wirtschaftlichen Trends wahrnehmen und bewerten, und welche Konsequenzen Finanzinstitutionen im Hinblick auf die Entwicklung von Kontrollsystemen daraus ziehen.

Diese Untersuchung ist Teil des Forschungsprogramms „Responsible Investment and Finance (RIF)“ unter Leitung von Dr. Paschen von Flotow, Finance Department, und wird gemeinsam mit Prof. Dr. Heinz Klandt, KfW-Stiftungslehrstuhl für Entrepreneurship, durchgeführt.

Der vorliegende Fragebogen richtet sich an Eigenkapitalfinanzierer mit Aktivitäten in Deutschland. Den teilnehmenden Gesellschaften werden die Ergebnisse der Studie nach Abschluss zur Verfügung gestellt.

Die Fragebogen gliedert sich in 4 Themengebiete, die sowohl Charakteristika der Probanden als auch Aussagen zu den Kontrollsystemen und Einschätzungen zu aktuellen Trends aufnehmen. **Sämtliche Angaben und Daten werden in der Analyse durch Aggregierung anonymisiert.** Das vollständige Ausfüllen des Fragebogens nimmt ungefähr **15 Minuten** in Anspruch.

Bitte schicken Sie den ausgefüllten Fragebogen am besten per Fax oder per Mail an uns zurück.

Mit freundlichen Grüssen,

Prof. Dr. Heinz Klandt
KfW-Stiftungslehrstuhl für Entrepreneurship

Dr. Paschen von Flotow
RIF- Responsible Investment and Finance

Wir danken Ihnen für die Teilnahme an der Studie und die Rücksendung des ausgefüllten Fragebogens.

1. Themengebiet: Institutionelle Charakteristika

1. Welcher Kategorie würden Sie Ihre Hauptkapitalgeber am ehesten zuordnen?

(Hinweis: Hauptkapitalgeber haben > 40%-Anteil am gesamten verwalteten Kapital.)

Versicherungen/ Banken	☐	Pensionskassen	☐
Unternehmen	☐	Privatinvestoren/ Family Offices	☐
Fund of Funds/ Investmenthäuser	☐	Andere ________________	

2. Wie hoch ist Ihr verwaltetes Kapital näherungsweise (in Mio. EUR) und ...

Mio. EUR	**... davon investiert**		%

... welche Beteiligungsart wählen Sie bevorzugt?

Mehrheitsbeteiligungen	☐	Minderheitsbeteiligungen	☐
Beides	☐		

... und in welchen geografischen Regionen ist Ihre Gesellschaft aktiv?

Deutschsprachiger Raum	Europa	Global
☐	☐	☐

3. Wie lange halten Sie Ihre Beteiligungen durchschnittlich?

	Jahre

4. Inwieweit sind folgende Investitionskriterien für Ihre Entscheidungen von Bedeutung?

	Äußerst wichtig 1	2	3	Gar nicht wichtig 4	5	6
Unternehmenscharakteristika/ Finanzierungsphase	☐	☐	☐	☐	☐	☐
Markt/ Technologie	☐	☐	☐	☐	☐	☐
Geografische Region	☐	☐	☐	☐	☐	☐
Management (-team)	☐	☐	☐	☐	☐	☐
Sonstiges________________						

5. Wie schätzen Sie die Performance-/ Renditeentwicklung Ihrer Gesellschaft in den letzten Jahren relativ zum relevanten Wettbewerb ein?

deutlich besser	eher besser	gleich	eher schlechter	deutlich schlechter
☐	☐	☐	☐	☐

6. Haben Sie bisher in Umweltmärkte oder erneuerbare Energien investiert?

Ja	☐	Nein	☐

Wenn „nein", warum?: ________________

Planen Sie in Zukunft in diese Sektoren zu investieren?

Ja	☐	Nein	☐

____

____

2. Themengebiet: Ziele und Erfolg von Kontrollsystemen

Die folgenden Fragen sollen ein Verständnis der Ziele und der Erfolgseinschätzung der Kontrollsysteme/ Monitoringsysteme Ihrer Gesellschaft vermitteln. Unter **Kontroll-/ Monitoringsystemen** werden hierbei die eingeführten Verfahren und Indikatoren verstanden, die auf die organisatorische Umsetzung der Entscheidungen der Entscheidungsträger zur Sicherung der Wirksamkeit und Wirtschaftlichkeit der Geschäftstätigkeit abzielen. Die Systeme können dabei von Ihnen eingeführt worden sein, **oder** sich auf bereits bei dem Portfoliounternehmen verwendete Kontroll- und Informationssysteme beziehen

1. Welche Zielsetzungen verfolgen Sie bei der Gestaltung der verwendeten Kontrollsysteme?

(Bitte kreuzen Sie ein Feld in jeder Zeile an.)

	trifft voll zu					trifft gar nicht zu
	1	2	3	4	5	6
Ziel- und Strategieabstimmung zwischen Investor und Portfoliounternehmen	☐	☐	☐	☐	☐	☐
Ziel- und Strategieabstimmung zwischen den Portfoliounternehmen (z.B. zur *Buy-and-Build-Strategie*)	☐	☐	☐	☐	☐	☐
Sicherung des (einheitlichen) Entscheidungsverhaltens	☐	☐	☐	☐	☐	☐
Überwachung der Zielerfüllung bei den Portfoliounternehmen	☐	☐	☐	☐	☐	☐
Ermittlung des Erfolgsbeitrages der einzelnen Portfoliounternehmen	☐	☐	☐	☐	☐	☐
Aktualität der Daten	☐	☐	☐	☐	☐	☐
Genauigkeit/ Aussagefähigkeit der Daten	☐	☐	☐	☐	☐	☐
Schnelle Anpassung des Systems an veränderte Rahmenbedingungen	☐	☐	☐	☐	☐	☐
Kostengünstige Gestaltung	☐	☐	☐	☐	☐	☐
Andere: ________________						

2. Welche Problembereiche sehen Sie in den von Ihnen verwendeten Kontrollsystemen?

(Bitte kreuzen Sie ein Feld in jeder Zeile an.)

	trifft voll zu					trifft gar nicht zu
	1	2	3	4	5	6
Nutzen des Systems/ der Systeme gering	☐	☐	☐	☐	☐	☐
System zielt sehr auf Kontrolle, weniger auf Steuerung	☐	☐	☐	☐	☐	☐
Berichtswesen ist zu kompliziert	☐	☐	☐	☐	☐	☐
Keine Einheitlichkeit der Berichte	☐	☐	☐	☐	☐	☐
Unpassende Bemessungsgrundlagen der Kennzahlen	☐	☐	☐	☐	☐	☐
System ist stark rechnungswesenlastig	☐	☐	☐	☐	☐	☐
Dient nicht ausreichend der Risikofrüherkennung	☐	☐	☐	☐	☐	☐
Andere: ________________						

3. Themengebiet: Gestaltung von Kontrollsystemen

Die Gestaltung von Kontrollsystemen durch Verantwortungsverteilung und eingesetzte Instrumente ist der zentrale Aspekt bei der vorliegenden Untersuchung. Ziel der folgenden Fragen soll es sein, des Status Quo einiger wichtiger Stellhebel in Ihrer Gesellschaft in Bezug auf die Kontrollsysteme zu erfassen, sowie Ihre Einschätzung der Wichtigkeit bestimmter Gestaltungskomponenten aufzunehmen.

1. **Wie viele Stunden pro Woche werden durchschnittlich mit der Betreuung und Kontrolle einzelner, aktueller Beteiligungen in Ihrer Gesellschaft verbracht (auch informell)?**

	Stunden

2. **Wie oft wird die Bereitstellung von (Informations-) Berichten durchschnittlich eingefordert?**

Mehrmals in der Woche	☐	Wöchentlich	☐
Monatlich	☐	Quartalsweise	☐
Jährlich	☐		

3. **In welchen der folgenden Entscheidungssituationen Ihrer Beteiligungen sind Ihr Rat und Ihre Unterstützung am stärksten gefragt?**

(Bitte kreuzen Sie ein Feld in jeder Zeile an.)

	Sehr stark 1	2	3	4	5	Gar nicht 6
Festlegung der Unternehmenspolitik und -struktur	☐	☐	☐	☐	☐	☐
Ausrichtung der Unternehmensstrategien und –ziele	☐	☐	☐	☐	☐	☐
Festlegung der Liquiditäts- und Finanzierungsstruktur	☐	☐	☐	☐	☐	☐
Festlegung der Ergebnis- und Rentabilitätsziele	☐	☐	☐	☐	☐	☐
Ausrichtung/ Gestaltung der Controllinginstrumente	☐	☐	☐	☐	☐	☐
Beurteilung von Investitionen	☐	☐	☐	☐	☐	☐
Personalentscheidungen	☐	☐	☐	☐	☐	☐
Vertriebsentscheidungen	☐	☐	☐	☐	☐	☐
F&E-Entscheidungen	☐	☐	☐	☐	☐	☐

4. **Verwenden Sie im Moment qualitative bzw. andere als finanz-orientierte Managementsysteme/ -konzepte im Rahmen Ihrer Unternehmenskontrolle oder Berichterstattung?**

Ja	☐	Nein	☐

… ist dies in Zukunft geplant?

Ja	☐	Nein	☐

5. **Welche der folgenden Management- und Informationssysteme sind Ihnen bekannt, bzw. wie relevant schätzen Sie diese ihm Rahmen Ihrer Kontroll-Aktivitäten aktuell und zukünftig ein?**

Falls System unbekannt, bitte „n.B." („nicht bekannt") ankreuzen. *(Bitte kreuzen Sie ein Feld in jeder Zeile an)*

	n.B.	Sehr wichtig 1	2	3	4	5	Gar nicht wichtig 6
Szenarioanalyse	☐	☐	☐	☐	☐	☐	☐
Marktforschungsbericht	☐	☐	☐	☐	☐	☐	☐
EMAS *(Eco-Management and Audit Scheme)*; ISO 14001 ff. oder andere betr. Umweltmanagementsysteme	☐	☐	☐	☐	☐	☐	☐
SA 8000(*Social Accountability)*	☐	☐	☐	☐	☐	☐	☐

1. **Verwenden Sie im Moment qualitative bzw. andere als finanz-orientierte Managementsysteme/ -konzepte im Rahmen Ihrer Unternehmenskontrolle oder Berichterstattung?**

Ja	☐	Nein	☐

… ist dies in Zukunft geplant?

Ja	☐	Nein	☐

2. **Welche der folgenden Management- und Informationssysteme sind Ihnen bekannt, bzw. wie relevant schätzen Sie diese ihm Rahmen Ihrer Kontroll-Aktivitäten aktuell und zukünftig ein?**

Falls System unbekannt, bitte „n.B." („nicht bekannt") ankreuzen. *(Bitte kreuzen Sie ein Feld in jeder Zeile an)*

	n.B.	Sehr wichtig 1	2	3	4	5	Gar nicht wichtig 6
Szenarioanalyse	☐	☐	☐	☐	☐	☐	☐
Marktforschungsbericht	☐	☐	☐	☐	☐	☐	☐
EMAS *(Eco-Management and Audit Scheme)*; ISO 14001 ff. oder andere betr. Umweltmanagementsysteme	☐	☐	☐	☐	☐	☐	☐
SA 8000(*Social Accountability)*	☐	☐	☐	☐	☐	☐	☐
Sustainability Balanced Scorecard (*SBSC*)	☐	☐	☐	☐	☐	☐	☐
Kundenzufriedenheitsanalyse	☐	☐	☐	☐	☐	☐	☐
Technologie-/ Produktbenchmarking	☐	☐	☐	☐	☐	☐	☐
EFQM (*European Foundation for Quality Mgmt.*)	☐	☐	☐	☐	☐	☐	☐
Total Quality Environmental Management	☐	☐	☐	☐	☐	☐	☐
ISO 9001:2000	☐	☐	☐	☐	☐	☐	☐
Innnovationsscreening/ -management	☐	☐	☐	☐	☐	☐	☐
Andere verwendete Systeme: ______							

3. **Erfassen sie im Moment Indikatoren mit einem qualitativen bzw. einem anderen als Finanz-Fokus in Ihren Kontrollsystemen?**

Ja	☐	Nein	☐

… ist dies in Zukunft geplant?

Ja	☐	Nein	☐

4. **Wie relevant schätzen Sie folgende Indikatoren und Informationen für eine aktuelle oder zukünftige Verwendung in Ihren Kontrollsystemen ein?**

Schwerpunkt der Untersuchung. Zentrales Interesse ist hier die Erfassung der Sensibilisierung für bestimmte, gesellschaftlich-relevante Themen **Bitte bewerten Sie jeden Indikator von 1 („*sehr wichtig*") bis 6 („*völlig* unwichtig").**

Hinweis: Indikatoren, die nicht auf Ihre Branchen zutreffen sollten mit „6" bewertet werden.

Wirtschaftliche Leistung	
Umsatz, EBITDA, EBIT	
Auftragseingang/ -bestand	
Cash Flow; Liquidität, Working Capital	
Covenants	
Kosten aller Waren, Materialien und DL	
Summe Lohnzahlungen/ Zusatzleistungen	

Umweltbezogene Leistung	
Gesamtmaterialeinsatz	
Direkter und indirekter Energieverbrauch	
Gesamtwasserverbrauch	
Emissionen klimarelevanter Gase (z.B. Co_2)	
Emissionen umweltgefährdender Gase (Gifte)	
Signifikante Umweltbelastungen der Produktion	

4. Themengebiet: Bestehende und zukünftige Geschäftsanforderungen

Die Wahrnehmung und Einschätzung der Anforderungen an das Geschäft bedingt die Gestaltung und Formulierung von Strategien. Die folgenden Fragen sollen Ihre Einschätzung bestehender und zukünftiger Trends in Ihrem Geschäftsumfeld/ Industrie aufnehmen. Der Zeithorizont der zukunftsorientierten Fragen bezieht sich dabei auf die kommenden 5 – 10 Jahre.

1. **Welche Relevanz weisen Sie den folgenden Anforderungen für Aktivitäten Ihrer Gesellschaft und Ihrer Beteiligungen aktuell und zukünftig zu?**

	Wichtig			Unwichtig			Bewertung in Zukunft		
	1	2	3	4	5	6	höher	gleich	Geringer
Ökonomische Anforderungen	☐	☐	☐	☐	☐	☐	☐	☐	☐
Ökologische Anforderungen (allg.)	☐	☐	☐	☐	☐	☐	☐	☐	☐
Klima (politische) Anforderungen	☐	☐	☐	☐	☐	☐	☐	☐	☐
Soziale Anforderungen	☐	☐	☐	☐	☐	☐	☐	☐	☐

2. **Welche Stakeholdergruppen betrachten Sie momentan und zukünftig am wichtigsten für die Lösung der dringlichsten Probleme Ihrer Gesellschaft und Ihrer Beteiligungen?**

	Sehr wichtig			Völlig unwichtig		
	1	2	3	4	5	6
Andere Anteilseigner (Mehrheit/ Minderheit)	☐	☐	☐	☐	☐	☐
Fondsmanager	☐	☐	☐	☐	☐	☐
Banken/ andere Fremdkapitalgeber	☐	☐	☐	☐	☐	☐
Mitarbeiter	☐	☐	☐	☐	☐	☐
Management des Portfoliounternehmens	☐	☐	☐	☐	☐	☐
Kunden/ Kundenorganisationen	☐	☐	☐	☐	☐	☐
Lieferanten	☐	☐	☐	☐	☐	☐
Medien	☐	☐	☐	☐	☐	☐
Gemeinden	☐	☐	☐	☐	☐	☐
Regierung	☐	☐	☐	☐	☐	☐
Umwelt-NGOs (z.B. Greenpeace, WWF)	☐	☐	☐	☐	☐	☐
Soziale NGOs (z.B. Kirchen)	☐	☐	☐	☐	☐	☐
Ökonomische NGOs (z.B. Gewerkschaften)	☐	☐	☐	☐	☐	☐
Wissenschaft/ Universitäten	☐	☐	☐	☐	☐	☐

1. **Bitte beurteilen Sie die folgenden Herausforderungen für die Handlungsfähigkeit und den Erfolg Ihrer Gesellschaft?**

(Bitte beurteilen Sie jedes Element der Gruppen mit Schulnoten von 1 („am wichtigsten") bis 6 („nicht wichtig"))

ppe 1		Gruppe 2		Gruppe 3	
palisierung der Wertschöpfung		Steigende Energiepreise		Mangelnde Infrastruktur	
ehmender Kostendruck		Steigende Emissionspreise		Mangel an qualifiziertem Personal	
itliche Transparenz- rderungen		Emissionsstandards		Fiskalische Anpassungen (Steuerpolitik)	
utationswettbewerb		Rohstoffverknappung		Veränderte Sozialstandards (Stakeholder-Aktivismus)	
vationswettbewerb (z.B. IT)		Effiziente Nutzung der Ressourcen (z.B. Recycling)		Anforderungen der Kapitalgeber (Investitionsrichtlinien)	

stig Herausfor- ngen: ____________________

2. **Aus welchen Gründen sollte sich bzw. befasst sich Ihr Unternehmen aktuell (zukünftig) mit Stakeholder-Anforderungen?**

(Bitte kreuzen Sie ein Feld in jeder Zeile an.)

	Sehr wichtig 1	2	3	4	5	Völlig unwichtig 6	Bewertung in Zukunft höher	gleich	geringer
Umsatz-/ Wertsteigerung	☐	☐	☐	☐	☐	☐	☐	☐	☐
Neue Geschäftschancen	☐	☐	☐	☐	☐	☐	☐	☐	☐
Imageförderung	☐	☐	☐	☐	☐	☐	☐	☐	☐
Kostenreduktion	☐	☐	☐	☐	☐	☐	☐	☐	☐
Gesellschaftliche Verantwortung	☐	☐	☐	☐	☐	☐	☐	☐	☐
Ökologische Verantwortung	☐	☐	☐	☐	☐	☐	☐	☐	☐
Motivation von Beschäftigten	☐	☐	☐	☐	☐	☐	☐	☐	☐
Reaktion auf polit. Anforderungen	☐	☐	☐	☐	☐	☐	☐	☐	☐
Reaktion auf gesell. Anforderungen	☐	☐	☐	☐	☐	☐	☐	☐	☐
Kundenanforderungen	☐	☐	☐	☐	☐	☐	☐	☐	☐
Anforderungen von Kapitalgebern	☐	☐	☐	☐	☐	☐	☐	☐	☐
Sonstige ____________________									

Falls Sie an dem Erhalt einer Zusammenfassung der Untersuchungsergebnisse oder an weiteren Informationen interessiert sind, geben Sie bitte folgende Kontaktdaten an:

Ausfüllender: ______________________________

Position: ______________________________

Gesellschaft: ______________________________

Gründungsjahr: ______________________________

Kontaktdaten: ______________________________

____

____

E-Mail: ______________________________

Vielen Dank für die Teilnahme an dieser Untersuchung!

Abbildungen im Anhang

Abbildung A1:

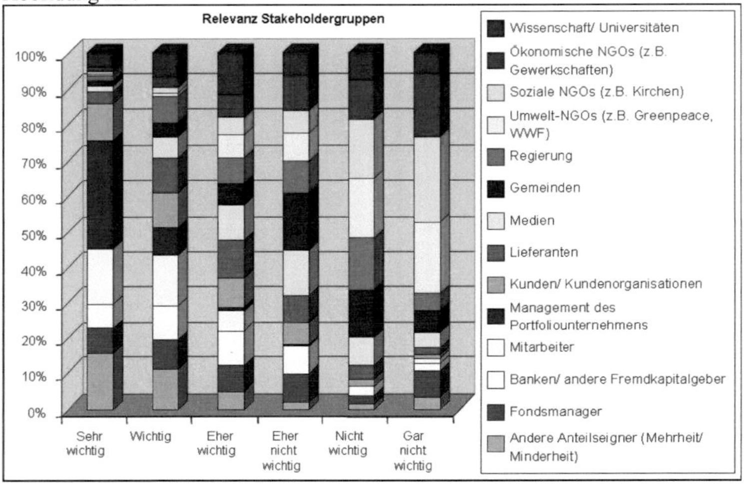

Anteile der Stakeholder an den Antwortkategorien
Quelle: Eigene Darstellung

Abbildung A2:

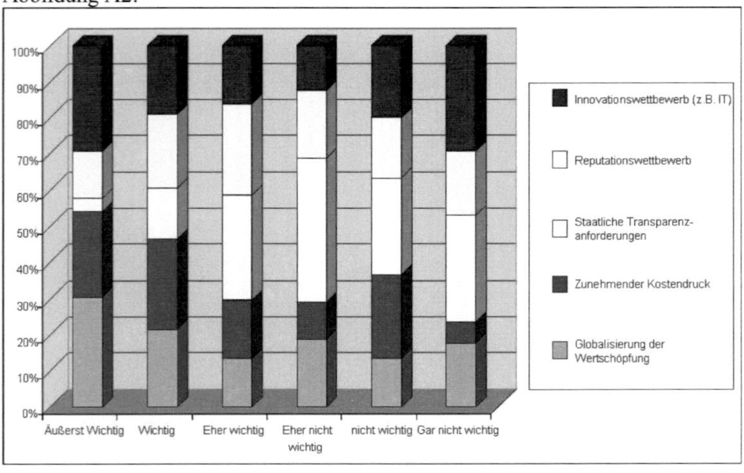

Anteile der wertschöpfungs-relevanten Themen an den Bewertungskategorien
Quelle: Eigene Darstellung

Abbildung A3:

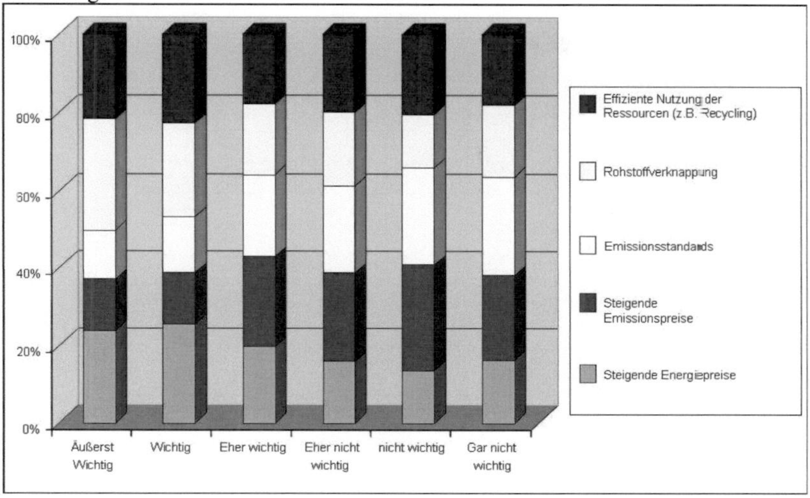

Anteile der ressourcen-orientierten Themen an den Bewertungskategorien
Quelle: Eigene Darstellung

Abbildung A4:

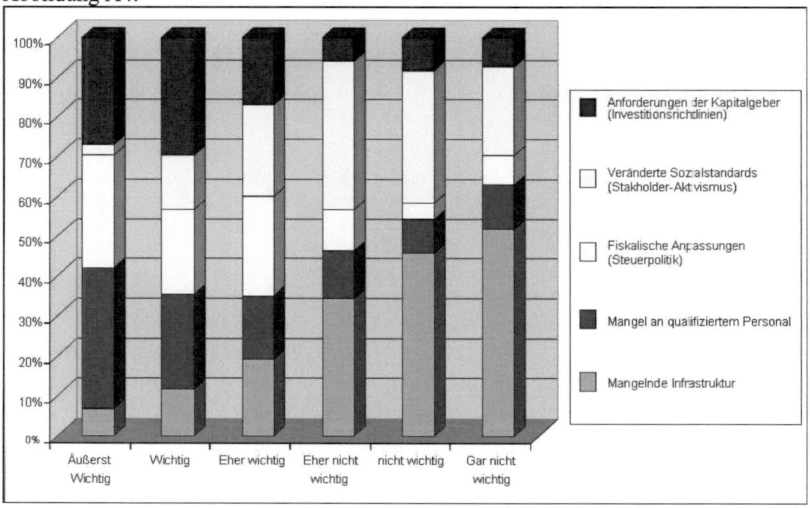

Anteile der gesellschaftlich-relevanten Themen an den Bewertungskategorien
Quelle: Eigene Darstellung

Abbildung A5:

Zielsetzung bei Kontrollsystem-Gestaltung	Buyout	Hybrid	Start-Up	Öffentlich	Gesamt-sample
Ziel-/ Strategieabstimmung zwischen Investor und PU					
Median	**1,000** ↑	2,000 →	2,000 ↓	2,000 ↓	2,000
Standardabweichung	0,44	1,13	1,11	0,83	1,03
Zie-/ Strategieabstimmung zwischen Pus					
Median	**3,000**	4,000	4,000	**3,500**	4,000
Standardabweichung	1,73	1,68	1,36	1,75	1,55
Sicherung Entscheidungsverhalten					
Median	3,000	3,000	3,000	3,000	3,000
Standardabweichung	1,41	1,24	1,23	0,71	1,19
Überwachung Zielerfüllung					
Median	1,000	1,000	1,000	**2,000**	1,000
Standardabweichung	1,12	0,72	0,74	0,53	0,77
Ermittlung Erfolgsbeitrag					
Median	2,000	2,000	2,000	2,000	2,000
Standardabweichung	1,26	0,97	0,96	0,69	0,97
Aktualität der Daten					
Median	**1,000**	2,000	2,000	2,000	2,000
Standardabweichung	1,01	0,68	0,86	0,71	0,78
Genauigkeit der Daten					
Median	**1,000**	2,000	2,000	**1,500**	2,000
Standardabweichung	0,95	0,73	0,80	0,89	0,79
Schnelle Anpassung an Veränderungen					
Median	**3,000**	2,000	2,000	2,000	2,000
Standardabweichung	1,39	0,85	1,09	1,40	1,04
Kostengünstige Gestaltung					
Median	3,000	3,000	3,000	3,000	3,000
Standardabweichung	1,61	1,00	1,09	1,55	1,18

Zielsetzungen von Kontrollsystemen - Deskriptive Ergebnisse und Mittelwertvergleich
Quelle: Eigene Darstellung

Abbildung A6:

Wahrgenomme Problembereiche in der Verwendung von Kontrollsystemen	Buyout	Hybrid	Start-Up	Öffentlich	Gesamt-sample
Geringer Nutzen					
Median	5,000	5,000	5,000	**4,000**	5,000
Standardabweichung	1,50	1,30	1,16	0,69	1,22
Mehr Kontrolle, weniger Steuerung					
Median	**3,500**	3,000	**4,000**	**2,000**	3,000
Standardabweichung	1,51	1,35	1,18	0,76	1,29
Kompliziertes Berichtswesen					
Median	4,000	**5,000**	**4,500**	4,000	4,000
Standardabweichung	1,44	1,29	1,23	0,95	1,28
Keine Berichtseinheitlichkeit					
Median	**4,500**	4,000	4,000	4,000	4,000
Standardabweichung	1,56	1,72	1,64	1,11	1,60
Unpassende Bemessungsgrundlage					
Median	**4,500**	**4,500**	5,000	**4,000**	5,000
Standardabweichung	1,15	1,31	1,05	0,98	1,13
Stark Rechnungswesenlastig					
Median	**5,000**	4,000	4,000	**3,000**	4,000
Standardabweichung	1,50	1,39	1,27	0,82	1,32
keine ausreichende Risikofrüherkennung					
Median	**4,500**	**3,000**	**4,000**	**3,000**	3,500
Standardabweichung	1,19	1,44	1,37	1,41	1,37

Wahrgenommene Problembereiche bei der Verwendung von Kontrollsystemen
Quelle: Eigene Darstellung

Abbildung A7:

Anzahl aufgewendete Kontrollstunden	Gruppe 1		Gruppe 2		Gruppe 3		Gruppe 4		Gesamt-sample
Mittelwert	11,150		**15,556**		**7,047**		8,714		11,073
Median	9,00		10,00		5,00		6,00		7,50
Modus	20,000		10,000		5,000		[illegible],000		10,000

Frequenz der Berichterstattung	Gruppe 1		Gruppe 2		Gruppe 3		Gruppe 4		Gesamt-sample
Mittelwert	2,846		2,923		3,086		3,857		3,060
Median	3,00	↑	3,00	↑	3,00	↑	**4,00**	↓	3,00
Modus	3,000		3,000		3,000		4,000		3,000

Kontrollintensität und Frequenz der Berichterstattung
Quelle: Eigene Darstellung

Abbildung A8:

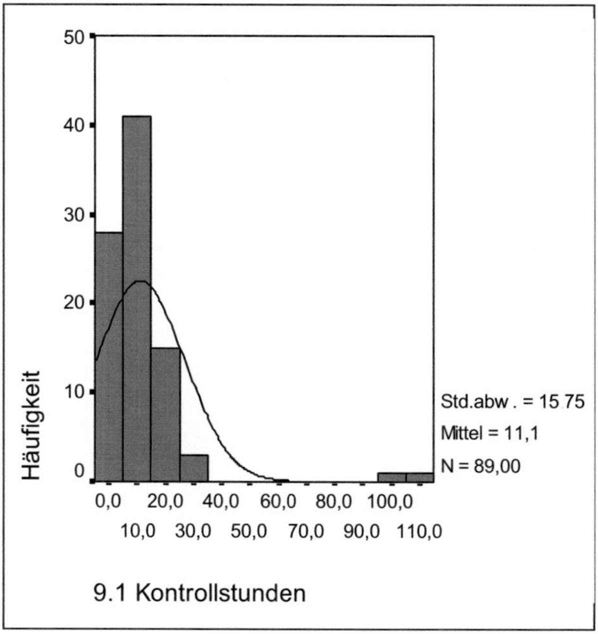

Kontrollstunden in Grundgesamtheit
Quelle: Eigene Darstellung

Literaturverzeichnis

Achleitner, A.-K. & Bassen, A. (2003). Grundüberlegungen zum Controlling von jungen Unternehmen. In: A.-K. Achleitner & A. Bassen (Hrsg.). Controlling von jungen Unternehmen (3-23). Stuttgart.

Achleitner, A.-K. & Klöckner, O. (2005). Employment Contribution of Private Equity and Venture Capital in Europe. EVCA Research Paper.

Achleitner, A.-K., Jais, S.-D. & Nietzer, P. (2004). Buy-out Controlling von Private Equity-Gesellschaften. *Controlling & Management*, 48, 32-45.

Adams, C. A. & Larrinaga-Gonzales, C. (2007). Engaging with organizations in pursuit of improved sustainability accounting and accountability. *Accounting, Auditing & Accountability Journal*, *20*, 333-355.

Adams, C. A., Hill, W.-Y. & Roberts, C. B. (1998). Corporate Social Reporting Practices in Western Europe: Legitimating Corporate Behaviour?. *British Accounting Review*, *30*, 1-21.

Adizes I. (1989). Corporate Lifecycles: How and Why Corporations grow and die and what to do about it. Prentice Hall: Englewood Cliffs.

Adler, P. & Kwon, S. (2002). Social Capital: Prospects for a new concept. *Academy of Management Review*, *27*, 17-45.

Admati, A. R. & Pfleiderer, P. (1994). Robust Financial Contracting and the Role of Venture Capitalists, *The Journal of Finance, 49*, 371-402.

Aghion, P. & Tirole, J. (1994). The Management of Innovation. *Quarterly Journal of Economics, 109*, 1185-1209.

Albelda-Peréz, E., Correa-Ruiz, C. & Carrasco-Fenech, F. (2007). Environmental management systems and management accounting practices as engagement tools for Spanish companies. *Accounting, Auditing & Accountability Journal*, *20*, 403-422.

Albers, S., Klapper, D. & Konradt, U. (2006). Methodik der empirischen Forschung. Wiesbaden.

Aldrich, J. H. & Nelson, F. D. (1984). Linear Probability, Logit, and Probit Models. Beverly Hills/ London.

Alvarez, S. A. & Busenitz, L. W. (2001). The entrepreneurship of resource-based theory. *Journal of Management*, *27*, S. 755-775.

Amigoni, F. (1978). Planning Management Control Systems. *Journal of Business Finnce & Accounting*, *5*, S. 279-291.

Amit, R., Brander, J. & Zott, C. (1998). Why do venture capital firms exit? Theory and Canadian evidence. *Journal of Business Venturing*, *13*, S. 441-466.

Anders, G. W. (2000). The "Barbarians" in the Boardroom. *Harvard Business Review*, *70*, S. 79-87.

Anderseck, K. & Walterscheid, K. (2005). Grundüberlegungen zur Theorieorientierung in der Gründungsforschung. in: C. Börner & D. Grichnik (Hrsg.). Entrepreneurial Finance. (3-24). Heidelberg.

Andrews, K. R. (1971). The Concept of Corporate Strategy. Homewood (Illinois).

Ansoff, H. I. (1965). Corporate Strategy. London.

Arlow, J. (1989). Corporate Social Responsibility, Corporate Structure and Economic Performance. *Academy of Management Review*, *7*, S. 235-241.

Armbruster, C. (2000). Entwicklung ökologieorientierter Fonds: eine Untersuchung im deutschsprachigen Raum und Großbritannien. Dissertation, Lohmar/Köln.

Armstrong, C., Davila, A. & Foster, G. (2006). Venture-backed private equity valuation and financial statement information. *Review of Accounting Studies*, *17*, S. 119-154.

Arthurs, J. D. & Busenitz, L. W. (2003). The Boundaries and Limitations of Agency Theory and Stewardship Theory in the Venture Capitalist/ Entrepreneur Relationship. *Entrepreneurship Theory and Practice*, *27*, S. 145-162.

Arthurs, J. D. & Busenitz, L. W. (2006). Dynamic capabilities and venture performance: The effects of venture capitalists. *Journal of Business Venturing*, *21*, 195-215.

Artley, P., Bobrauz, G., Plasonig, G., & Strasser, R. (2003). Making money out of technology. Zürich.

Atteslander, P. (2006). Methoden der empirischen Sozialforschung. (11. neu bearb. und erweit. Aufl.). Berlin.

Aupperle, K. E., Carroll, A. B. & Hatfield, J. P. (1985). An Empirical Examination of the Relationship Between Corporate Social Responsibility and Profitability. *Academy of Management Review*, *28*, 446-463.

Backhaus, K., Erichson, B., Plinke, W. & Weiber, R. (2006). Multivariate Analysemethoden. Eine anwendungsorientierte Einführung (11. Aufl.). Frankfurt.

Bader, H. (1996). Private Equity als Anlagekategorie: Theorie, Praxis und Portfoliomanagement für institutionelle Investoren. Bern/ Stuttgart/ Wien.

Ball, A., Owen, D. L. & Gray, R. (2000). External transparency or internal capture? The role of third-party statements in adding value to corporate environmental reports. *Businesss Strategy and the Environment, 9*, 1-23.

Balzer, W. (1997). Die Wissenschaft und ihre Methoden. Grundsätze der Wissenschaftstheorie. Ein Lehrbuch. Freiburg/München: Verlag Karl Alber.

Bandulet, F. (2005). Finanzierung technologieorientierter Unternehmensgründungen. Wiesbaden: Gabler Verlag.

Barnard, Chester I. (1938). Functions of the Executive. Cambridge.: Harvard University Press.

Barney, J. B., Busenitz, L. W. & Fiet, J. O. (1996). New Venture Teams' Assessment of Learning Assistance from Venture Capital Firms. *Journal of Business Venturing*, *11*, 257-272.

Bascha, A. & Walz, U. (2000). Convertible securities and optimal exit decisions in venture capital finance. *Journal of Corporate Finance, 7*, 285-306.

Bassen, A. & Gröne, F. (2003). Controlling von Start-Up-Unternehmen aus der Perspektive von Venture-Capital-Gesellschaften. *Controlling*, *XX*, 293-299.

Bassen, A. & Kleinschmidt, M. (2005). Controlling in der Wachstumsfinanzierung. In C. Börner & D. Grichnik (Hrsg.). Entrepreneurial Finance (S. 551-566). Heidelberg.

Bassen, A. (2000). Institutionelle Investoren. In: A.-K. Achleitner/ G. F. Thoma (Hrsg.). Handbuch Corporate Finance (2. Aufl., 1-22). Köln.

Bassen, A. (2002). Einflussnahme institutioneller Investoren auf Corporate Governance und Unternehmensführung – Ergebnisse einer empirischen Untersuchung. *Zeitschrift für Bankrecht und Bankwirtschaft*, *14*, 430-436.

Bassen, A., Hölz, H.-M. & Schlange, J. (2007). The Influence of Corporate Responsibility on the Cost of Capital. Working Paper.

Basu, K. & Palazzo, G. (2005). An Inductive Typology of Corporate Social Responsibility. Best paper proceedings of the annual meeting of the Academy of Management Conference.

Batty, C. B., Muscarella, C. J., Peavy, J. W. & Vetsuypens, M. R. (1990). The Role of Venture Capital in the Creation of Public Companies: Evidence from the Going Public Process. *Journal of Financial Economics, 3*, 447-471.

Bausch, A. & Kaufmann, L. (2000). Innovationen im Controlling am Beispiel der Entwicklung monetärer Kennzahlensysteme. *Controlling, 12*, 121-128.

Becker, A. & Messner, M. (2005). After the scandals: A German-speaking perspective on management accounting research and education. *European Accounting Review, 14*, 417-427.

Bello, Z. (2005). Socially Responsible Investing and Portfolio Diversification. *The Journal of Financial Research*, *28*, 41-57.

Berg, A. & Gottschalg, O. (2004). Wertgenerierungshebel in Buyout-Transaktionen. *M&A-Review*, *o.Jhg.*, 207-212.

Berger, A. N. & Udell, G. F. & (1998). The economics of small business finance: The roles of private equity and debt markets in the financial growth cycle. *Journal of Banking and Finance*, *22*, 613-673.

Berglöf, E. (1994). A Control Theory of Venture Capital Finance. *Journal of Law, Economics, and Organization, 10*, 247-267.

Berthelot, S., Magnan, M. & Cormier, D. (2004). Environmental Disclosure Research : Review and and Synthesis. *Journal of Accounting Literature, 22*, 1-44

Beston, G. J. & Smith, C.W (1976). A transactions cost approach to the theory of financial intermediation. *Journal of Finance, 31*, 215-31.

Betsch, O., Schmidt, K. & Groh, A. P. (2000). Gründungs- und Wachstumsfinanzierung innovativer Unternehmen. München.

Beuselinck C., Deloof, M. & Manigart, S. (2004). Venture Capital, Private Equity and Earnings Quality. Working Paper, Vlerick Leuven Gent Management School.

Beuselinck, C. & Manigart, S. (2007). Financial Reporting Quality in Private Equtiy Backed Companies: The Impact of Ownership Concentration. *Small Business Economics*, *29*, 261-274.

Bieker, T, Dyllick, T. & Gminder, C. U. (2001). Management unternehmerischer Nachhaltigkeit mit einer Sustainability Balanced Scorecard - Forschungsmethodische Grundlagen und erste Konzepte. Working Paper.

Bieker, T, Gminder, C. U. & Hahn, T (2001). Unternehmerische Nachhaltigkeit umsetzen: Welchen Beitrag kann die Balanced Scorecard dazu leisten?. Working Paper.

Bieker, T. (2002). Managing corporate sustainability with the Balanced Scorecard: Developing a Balanced Scorecard for Integrity Management. Working Paper.

Bigus, J. (2005). Risikocontrolling bei Venture-Capital-Finanzierungen. In: C. Börner & D. Grichnik (Hrsg.). Entrepreneurial Finance (S. 347-368). Stuttgart.

Binner, H. F. (2000). Prozessorientierte TQM-Umsetzung. München: Hanser Verlag.

Bitz, M. (2002). Theoretische Grundlagen der Gründungsfinanzierung. Working Paper.

Black, B. S. & Gilson, R. J. (1998). Venture Capital and the Structure of Capital Markets: Bank versus Stocks Markets. *Journal of Financial Economics, 47*, S. 243-277.

Blair, M. (2003). Shareholder Value, Corporate Governance, and Corporate Performance. In: P. K. Cornelius & B. Kogut (Hrsg.): Corporate Governance and Capital Flows in a Global Economy (53-82). Oxford: Oxford University Press.

Blau, P. M. (1970). A Formal Theory of Differentiation in Organizations. *American Sociological Review, 35*, 201-218.

Bleicher, K. (1995). Das Konzept des integrierten Managements - Das St. Galler Management (3. Aufl.). Frankfurt: Campus Verlag.

Bleicher, K. (2001). Integriertes Management als Herausforderung. In: S. Schwendt & D. Funk (Hrsg.) Integrierte Managementsysteme. Konzepte, Werkzeuge, Erfahrungen (S. 1-25). Heidelberg.

Blome-Drees, J. & Rang, R. (2006). Private Equity-Investitionen in deutsche Unternehmen und ihre Wirkungen auf die Mitarbeiter. Working Paper.

Blyth, A. (2005). Business behaving responsibly. *Director, 59*, 30.

Boatright, J. R. (1999). Ethics in Finance. Malden: Blackwell Publishers.

Borchers, S. (2006). Beteiligungscontrolling - Ein Überblick. *Zeitschrift für Planung & Unternehmenssteuerung, 17*, 233-250.

Borchers, S. (2000). Beteiligungscontrolling in der Management-Holding – Ein integrativer Ansatz. Wiesbaden: Gabler Verlag.

Born, M. & de Haan, G. (1998). Methodik, Entwicklung und Anwendung von Nachhaltigkeitsindikatoren. Working Paper.

Börner, C. J. & Grichnik, D. (2005). Entrepreneurial Finance. Heidelberg.

Bortz, J. & Döring, N. (2003). Forschungsmethoden und Evaluation (3. Aufl.). Heidelberg.

Botta, V. (1996). Kennzahlen. In: C. Schulte (Hrsg.) Lexikon des Controlling (S.404-409). München/ Wien.

Böttinger, C. (2005). Strukturen und Strategien von Finanzinvestoren. Working Paper.

Bouffier, W. (1952). Kennzahlen im betrieblichen Rechnungswesen. *ÖB, 2*, 26-40.

Bowman, J. S. (1977). Business and the environment: corporate attitudes, actions in energy-rich states. *MSU Business Topics, 25*, 37-49.

Brand, K.-W. & Jochum, G. (2000). Der deutsche Diskurs zu nachhaltiger Entwicklung. München.

Brav, A. & Gompers, P. A. (1997). Myth or reality? The long-run underperformance of initial public offerings: Evidence from venture and nonventure capital-backed companies. *Journal of Finance, 52*, 1791-1821.

Braun, S., Loew, T. & Clausen, J. (2007). Nachhaltigkeitsberichterstattung – Empfehlungen für eine gute Unternehmenspraxis. Berlin.

Brealey, R. A. & Meyers, S. C. (2003). Principles of Corporate Finance (7. Aufl.). McGraw-Hill.

Bredeck, T.(2002): Private Equity im Firmenkundengeschäft regionaler Kreditinstitute – Eine geschäftspolitische Analyse. O.O.

Brettel, M. (2002). Entscheidungskriterien von Venture Capitalists. *Die Betriebswirtschaft (DBW)*, *62*, 305-325.

Brettel, M., Rudolf, M. & Witt, P. (2005). Finanzierung von Wachstumsunternehmen. Wiesbaden: Gabler Verlag.

Brigham, E. F., Gapenski, L. C. & Ehrhardt, M. C. (1999). Financial Management: Theory and Practice (9. Aufl.).Orlando.

Brignall, T. (2002). The unbalanced scorecard: a social and environmental critique. IN: A. Neely, A. Walters & Austin R. (Hrsg.) Performance Measurement and Management: Research and Action (S. 85-92). Boston.

Brinkrolf, A. (2002). Managementunterstützung durch Venture-Capital-Gesellschaften. Wiesbaden: Gabler Verlag.

Brosius, F. (2002). SPSS 11: Professionelle Statistik unter Windows. Bonn.

Brouwers, H. (2004). Possible in Practice - An analysis of possible approaches for implementation of Corporate Sustainable Development into a multinational chemical corporation. *ipblic*, *9*, 10-15.

Brown, D., Dillard, J. & Marshall, R. S. (2006). Triple Bottom Line: A Business Metaphor for a Social Construct. Working Paper.

Bruining, H., Bonnet, M. & Wright, M. (2004). Management control systems and strategy change in buyouts. *Management Accounting Research*, *15*, 155-177.

Bruns, W. J. & DeCoster, D. T. (1969). Preface. In: W. Burns & D. DeCoster (Hrsg.) Accounting and its Behavioural Implications (S. V-VI), New York et al..

Bruns, W. J. & Waterhouse, J. H. (1975). Budgetary control and organization structure. *Journal of Accounting Research, 13*, 177-203.

Bruton, G. D., Fried, V. H. & Manigart, S. (2005). Institutional Influences on the Worldwide Expansion of Venture Capital. *Entrepreneurship Theory and Practice,* XX, 737-760.

Bühl, A. & Zöfel, P. (2002). SPSS 11: Einführung in die moderne Datenanalyse unter Windows (9. Aufl.). München.

Buhr, N. (1998). Environmental Performance, Legislation and annual report disclosure: the case of acid rain and Falconbridge. *Accounting, Auditing and Accountability Journal, 11*, 163-190.

Bundesverband Alternative Investments (BAI) (2006). Private Equity als alternative Anlageklasse für institutionelle Investoren. Working Paper.

Burns, W. J. & DeCoster, D. T. (1969). Accounting and its Behavioural Implications. New York.

Busack, M. & Kaiser, D. G. (2006). Alternative Investment-Strategien. In: M. Busack & D. G. Kaiser (Hrsg.). Handbuch Alternative Investments (Bd. 1, S. 3-33). Wiesbaden.

Busenitz, L. W., Moesel, D. D. & Fiet, J. O. (1997). The impact of post-funding involvement by Venture Capitalists on long-term performance outcomes. Working Paper.

Bygrave, W.D., Hay, M. & Peters, J.B. (eds.) (1994) Realizing Investment Value. London: Pitman.

Bygrave, W. & Hofer, C. W. (1991). Theorizing about Entrepreneurship. *Entrepreneurship Theory and Practice*, *XX*, 13-22.

Bygrave, W. D. & Timmons, J. A. (1992). Venture Capital at the Crossroads. Boston, MA: Harvard Business School Press.

Cao, J. X. & Lerner, J. (2006). The Performance of Reverse Leveraged Buyouts. Working Paper.

Carpenter, R. E. & Petersen, B. C. (2002). Capital market imperfections, high-tech investment, and new equity financing. *Economic Journal*, *112*, F54-F72.

Carroll, A. (1979). A three dimensional model of corporate performance. *Academy of Management Review, 22*, S. 99-120.

Casamatta, C. (2003). Financing and Advising: Optimal Financial Contracts with Venture Capitalists, *Journal of Finance, 58*, 2059-2085.

Castro, N. R. & Chousa, J. P. & (2006). An Integrated Framework for the Financial Analysis of Sustainability. *Business Strategy and the Environment, 15*, 322-333.

Cattell, R. B. (1966). The scree test for the numbers of factors. *Multivariate Behavioural Research, 1*, 245-276.

Cerin, P. & Dobers, P. (2001). What does the Performance of the Dow Jones Sustainability Index Tell Us?. *Eco-Management and Auditing, 8*, 123 – 133.

Chandler, A. D. (1962). Strategy and Structure - Chapters in the History of the American Industrial Enterprise. Cambridge / London.

Chatterji, A. & Levine, D. (2005). Breaking down the wall of codes: Evaluating Nan-Financial Performance Measurement. Working Paper.

Chenhall, R. H. (2003). Management control systems design within its organizational context: findings from contingency-based research and directions for the future. *Accounting, Organization and Society, 28*, 127-168.

Christensen, J. (1998). Die industrielle Symbiose in Kalundborg. Ein frühes Beispiel eines Recycling-Netzwerks. In: Strebel, H. & Schwarz, E. (Hrsg.): Kreislauforientierte Unternehmenskooperationen – Innovative Verwertungsnetze. Reihe: Lehr- u. Handbücher zur Ökologischen Unternehmensführung und Umweltökonomie. München.

Churchill, N. L. & Lewis, V. L. (1983). The five stage of small business growth. *Harvard Business Review, 61*, S. 30-50.

Clarkson, M. (1995). A stakeholder framework for analysing and evaluating corporate social performance. *Academy of Management Review, 20*, 92-117.

Clausen, J. (2004). Umsteuern oder Neugründen? Die Realisierung ökologischer Produktpolitik in Unternehmen. Norderstedt.

CMBOR (2005). Management Buy-out Trends. Management Buy-outs Quarterly Review from CMBOR. Nottingham: CMBOR.

Coase, R. H. (1960). The problem of social cost. *Journal of Law and Economics, 3*, 1–44.

Cochrane, J. H. (2003). The Risk and Return of Venture Capital. Working Paper.

Cohen, M. D. & March, J. G. & (1974). Leadership and Ambiguity: The American College President. New York.

Cordes, H.-P. (1976). Das Problem der Berücksichtigung von Interdependenzen in der Planung. Münster.

Cornell, B. & Shapiro, A. C. (1987). Corporate Stakeholders and Corporate Finance. *Financial Management, 16*, 5-14.

Cornelli, F. & Yosha, O. (2003). Stage Financing and the Role of Convertible Securities. *The Review of Economic Studies, 70*, 1 –48.

Covaleski, M.A. & M.W. Dirsmith, S. S. (1996). Managerial Accounting Research: The Contributions of Organizational and Sociological Theories. *Journal of Management Accounting Research, 8*, 1-35.

Cox, P., Brammer, S. & Millington, A. (2004). An empirical examination of international investors for corporate social performance. *Journal of Business Ethics*, *52*, 27-43.

Coyle, B. (2000). Venture Capital and Buy-outs. Chicago.

Cumming, D. & MacIntosh, J. G. (2002). Venture Capital exits in Canada and the United States. *Journal of Multinational Financial Management*, *11*, 445-463.

Cumming, D. (2002): United States Venture Capital Financial Contracting: Foreign Securities, Working Paper, University of Alberta.

Cumming, D., Fleming, G. & Suchard, J.-A. (2005). Venture Capitalist Value Added Activities, Fundraising and Drawdowns. *Journal of Banking and Finance, 29*, 295-331.

Cumming, D., Siegel, D. S. & Wright, M. (2007). Private equity, leveraged buyouts and governance. *Journal of Corporate Finance*, *13*, 439-460.

Cummings, D. & Johan, S. (2007). Socially Responsible Institutional Investment in Private Equity. *Journal of Business Ethics*, *75*, 395-416.

Cuny, C. J. & Talmor, E. (2007). A theory of private equity turnarounds. *Journal of Corporate Finance, 13*, 629-646.

Dai, N. A. (2007). Does investor identity matter? An empirical examination of investments by venture capital funds and hedge funds in PIPE's. *Journal of Corporate Finance, 13*, 538-563.

Daly, H. (1991). Towards some Operational Principles of Sustainable Development. *Ecological Economics, 2*, 1-6.

Davila, A. & Foster, G. (2005). Management Accounting Systems Adoption Decisions: Evidence and Performance Implications from Early-Stage/Start-up Companies. *The Accounting Review, 80*, 1039-1068.

Davila, A. & Foster, G. (2007). Management Control Systems in Early-Stage Start-up Companies. *The Accounting Review, 82*, 907-937.

Dawkins, J. & Lewis, S. (2003). CSR in Stakeholder Expectations and their Implication for Company Strategy. *Journal of Business Ethics, 44*, 185-193.

Deegan, C., Rankin, M. & Tobin, J. (2002). An examination of the corporate social and environmental disclosures of BHP from 1983-1997". *Auditing, Accounting and Accountability Journal, 15*, 312-343.

Delius, V. (2001). Der Markt für Business Angels - Organisationsformen und ihre Erfolgsfaktoren. Working Paper: Universität St. Gallen (HSG).

Demsetz, H. (1967). Toward a theory of property rights. *American Economic Review, 57*, 347-359.

Denis, D. J. (2004). Entrepreneurial Finance: An overview of the issues and evidence. *Journal of Corporate Finance, 10*, 301-326.

Denk, R. & Kunesch, H. (1996). Einsatzvoraussetzungen, Gestaltungskontext und kritische Erfolgsfaktoren für die Gestaltung von Controllingsystemen. In: Eschenbach, R. (Hrsg.). Controlling (525-545). Stuttgart

Diaz-Bone, R. & Künemund, H (2003). Einführung in die logistische Regression. Mitteilungen aus dem Schwerpunktbereich Methodenlehre, Working Paper: Freie Universität Berlin.

Diefendorf, S. (2000). Venture capital & the environmental industry. *Corporate Environmental Strategy, 7*, 388-399.

Diem, A. (2005). Akquisitionsfinanzierungen – Kredite für Unternehmenskäufe. München.

Dimov, D. & DeClercq, D. 2006. Venture capital investment strategy and portfolio failure rate: A longitudinal study. *Entrepreneurship Theory & Practice, 30*, 207-223.

Döring, R. & Ott, K. (2001). Nachhaltigkeitskonzepte. *Zeitschrift für Wirtschafts- und Unternehmensethik, 2*, 315-339.

Drazin, R. & Van de Ven, A. H. & (1985). Alternative Forms of Fit in Contingency Theory. *Administrative Science Quarterly, 30*, 514-539.

Dyllick, T. & Hockerts, K. (2002). Beyond the Business Case for Corporate Sustainability. *Business Strategy and the Environment, 11*, 130-141.

Dyllick, T. (2003). Konzeptionelle Grundlagen unternehmerischer Nachhaltigkeit. In: G. Linne & M. Schwarz (Hrsg.). Handbuch Nachhaltige Entwicklung (235-243). Opladen.

Dyllick, T. (2004). Strategisches Nachhaltigkeitsmanagement. In: M. Hülsman, G. Müller-Christ & Haasis, H.-D. (Hrsg.) Betriebswirtschaftslehre und Nachhaltigkeit - Bestandsaufnahme und Forschungsprogrammatik (73-103). Wiesbaden.

Dyllick, Thomas (2003). Nachhaltigkeitsorientierte Wettbewerbsstrategien. In: G. Linne & M. Schwarz (Hrsg.). Handbuch Nachhaltige Entwicklung (267-271). Opladen..

Easterbrook, F. H.& Fischel, D. R. (1991). The Economic Structure of Corporate Law. Cambridge: Harvard University Press.

Edwards, R. (1979). Herrschaft im modernen Produktionsprozess. Frankfurt/ New York.

Eisele, F., Habermann, M. & Oesterle, R. (2003). Die Beteiligungsauswahl durch Venture Capital-Gesellschaften: Entscheidungskriterien bei Projekten unterschiedlicher Reife. *Finanz Betrieb, 5*, 403-413.

Eisenhardt, K. (1989). Agency theory: An assessment and review. *Academy of Management Review, 14*, 57-74.

Elkington, J. (1997). Cannibals with Forks: the Triple Bottom Line of 21th Century Business. Oxford.

Elmore, R. C. (1990). The Linkage between Organizational Size and the Management Accounting System. *Akron Business and Economic Review, 21*, 69-80.

Emmanuel, C., Otley, D. & Merchant, K. (1990). Accounting for Management Control (2. Aufl.). London.

Engel, E., Gordon, E. A. & Hayes, R. M. (2002). The roles of performance measures and monitoring in annual governance decisions in entrepreneurial firms. *Journal of Accounting Research, 40*, 485-518.

Engel, E., Hayes, R. M. & Wang, X. (20007). The Sabanes-Oxley-Act and firms' going-private decisions. *Journal of Accounting and Economics, 44*, 116-145.

Engelmann, A. & Heitzer, B. (2001). Beteiligungsprozess von Venture Capital-Gesellschaften und Business Angels bei Marktunvollkommenheiten. *Finanz Betrieb, 3*, 215-221.

Enquete-Kommission, (1998). Schutz des Menschen und der Umwelt - Ziele und Rahmenbedingungen einer nachhaltig zukunftsverträglichen Entwicklung. Working Paper.

Esser, H. (2000). Der Begriff der Institution. In: H. Esser (Hrsg.). Soziologie. Spezielle Grundlagen (Bd. 5, S. 32-50). Frankfurt a.M..

European Private Equity & Venture Capital Association (EVCA) (2001). EVCA Reporting and Valuation Guidelines. Working Paper.

European Private Equity & Venture Capital Association (EVCA) (2007). Private Equity and sustainable development. Working Paper.

EUROSIF (2007). Venture Capital for Sustainability. Working Paper.

Ezzamel, M. & Bourn, M. (1990). The roles of informationsystems in an organization experiencing financial crisis. Accounting, Organizations and Society, 15, 399-424.

Fama, E. & Jensen, M. & (1983). Separation of ownership and control. *Journal of Law and Economics, 26*, 301-325.

Feinendegen, S., Schmidt, D. & Wahrenburg, M. (2003). Die Vertragsbeziehungen zwischen Investoren und europäischen Venture Capital-Fonds: einen empirische Untersuchung und Klassifizierung unterschiedlicher Vertragsmuster. *Zeitschrift für Betriebswirtschaft, 73*, 1167-1195.

Fenn, G., Liang, N. & Prowse, S. (1997). The Ecomomics of the Private Equity Market. O.O..

Ferrari, M. J. (2007). Venture Capital Syndications: Strategic Networks for Risk Diversification or Resource Sharing?. *Academy of Management Proceedings*, *o.J.*, 1-6.

Fichter, K. & Clausen, J. (1998). Schritte zum nachhaltigen Unternehmen. Berlin/ Heidelberg.

Fichter, K. (2005). Interpreneurship. Nachhaltigkeitsinnovationen in interaktiven Perspektiven unternehmerischen Handelns. Marburg.

Fichter, K., Noack, T. & Beucker, S. (2006). Nachhaltigkeitskonzepte für Innovationsprozesse. Working Paper.

Flacke, K. & Segbers, K. (2005). Does Managerial Accounting Follow Entrepreneurial Characteristics?. Working Paper: Universität Münster.

Flamholtz, E. & Randle, Y. (1998). Changing the game-Organizational transformations of the first, second and third kinds. New York.

Fleischhauer, Hoyer & Partner (2007). Cleantech - Chance für deutsche Venture Capital Investoren. o.O..

Fleischhauer, U. & Hoyer, G. A. & (2004). Studie: Private Equity als fester Bestandteil des Anlageportfolios europäischer Institutionen. *Finanz Betrieb*, *6*, 395-297.

Fleury, A. (2005). Eine Nachhaltigkeitsstrategie für den Energieversorgungssektor. Karlsruhe.

Fombrun, C. J., Gardberg, N. A. & Barnett, M. L. (2000). Opportunity Platforms and Safety Nets: Corporate Citizenship and Reputational Risk. *Business and Society Review, 105*, 85–106.

Freimann, J. (2004). Akteure einer nachhaltigen Unternehmensentwicklung. München/ Mering.

Fried, B. (2003). Controlling. Lucius & Lucius: Stuttgart.

Fried, V. & Hisrich, R. (1994). Towards a Model of Venture Capital Investment Decision Making. *Financial Management*, *23*, 28-37.

Friedman, M. L. (1970). The Social responsibility of Business Is to increase its Profits. *The New York Times Magazine*, *33*, 122-126.

Friedrichs, J. (1990). Methoden der empirischen Sozialforschung (14. Aufl.). Opladen.

Frommann, H. & Dahmann, A. (2005). Zur Rolle von Private Equity und Venture Capital in der Wirtschaft. Working Paper.

Gaitanides, M. (1983). Prozessorganisation, Entwicklung, Ansätze und Programme prozessorientierter Organisationsgestaltung. München.

Galbraith,J. R.,(1982). Designing the Innovating Organization. *Organizational Dynamics, o.J.*, 5-25.

Garnsey, E. (1996). A New Theory of the Growth of the Firm. Cambridge.

Garz, H., Volk, C. & Gilles, M. (2002). More gain than pain: Sustainability pays off. WestLB Panmure.

Gerdin, J. & Greve, J. (2004). Forms of contingency fit in management accounting research - a critical review. Accounting, *Organizations and Society, 29*, 303-326.

Ginsberg, A. & Venkatraman, N. (1985). Contingence Perspectives of Organizational Strategy: A Critical Review of the Empirical Research. *Academy of Management Review, 10*, 421-434.

Gladwin, T., Kennelly, J. & Krause, T.S. (1995b). Beyond eco-efficiency: towards socially sustainable business. *Sustainable Development*, *3*, 35-43.

Global Reporting Initiative, (2006). Leitfaden zur Nachhaltigkeitsberichterstattung. o.O..

Gminder, C. (2005). Environmental management with the balanced scorecard. A case study of the Berlin Water Company. St. Gallen.

Gminder, C. U., Bieker, T. & Dyllick, T. (2002). Nachhaltigkeitsstrategien umsetzen mit einer Sustainability Balanced Scorecard. in: S. Schaltegger & T. Dyllick (Hrsg.). Nachhaltig managen mit der Balanced Scorecard (101-147) Wiesbaden: Gabler Verlag.

Gmür, M. & Schwerdt, B. (2005). Der Beitrag des Personalmanagements zum Unternehmenserfolg. Eine Metaanalyse nach 20 Jahren. *Zeitschrift für Personalforschung, 19*, 221-251.

Godfrey, P. C. (2005). The Relationship Between Corporate Philanthropy and Shareholder Wealth: A Risk Management Perspective. *Academy of Management Review*, *30*, 777-798.

Godfrey, P. C. (2007). The Dynamics of Social Responsiveness: Processes, Positions, and Paths in the Oil and Gas Industry. *Schmalenbach Business Review*, *59*, 208-224.

Gomez-Mejia, L., Balkin, D., & Welbourne, T. (1990). Influence of Venture Capitalists on High Tech Management. *Journal of High Technology Management Research, 1*, 90-106.

Gompers, P. A. (1995). Optimal investment, monitoring, and the staging of venture capital. *Journal of Finance*, *50*, 1461-1490.

Gompers, P A. & Lerner, J. (1998). The Determinants of Corporate Venture Capital Successes: Organizational Structure, Incentives, and Complementarities. Working Paper.

Gompers, P. A. & Lerner, J. (1999a). The Venture Capital Cycle. Cambridge: MIT Press.

Gompers, P. A. & Lerner, J. (1999b). What Drives Venture Capital Fundraising?. Harvard Business School Working Paper, No. 99-079.

Gompers, P. A.& Lerner, J. (1999c). An Analysis of Compensation in the U.S. Venture Capital Partnership. *Journal of Financial Economics, 51*, 3-44.

Gompers, P. A. & Lerner, J. (2001). The Venture Capital Revolution. *Journal of Economic Perspectives, 15*, 145-168.

Gordon, L. A. & Miller, D. (1976). A Contingency Framework for the Design of Accounting Information Systems. *Accounting, Organization and Society*, *1*, 59-69.

Gorman, M. & Sahlman, W. A. (1986). What do venture capitalists do?. *Frontiers of Entrepreneurship Research* (414-436). Babson College.

Gottschalk, O. (2007). Private Equity and Leveraged Buy-outs. Working Paper.

Grabherr, O. (2000). Finanzierung mit Private equity und Venture Capital - Investitionsphasen und -situationen für den Einsatz von Risikokapital. Working Paper.

Graebig, K. (2005). Terminologie ISO 9000 - Stand der Normung. *DIN Mitteilungen*, *12-2005*, o.S..

Granlund, M. & Taipaleenmäki, J. (2005). Management control and controllership in new economy firms - a life cycle perspective. *Management Accounting Research*, *16*, 21-57.

Graves, S. B. & Waddock, S. A. (1994). Institutional owners and social performance. Academy of Management Journal, 37, 1034-1046.

Gray, R., Bebbington, K. J. & Walters, D. (1995). The greening of enterprise: an exploration of the (non) role of environmental accounting and environmental accountants in organisational change. *Critical Perspectives on Accounting*, *6*, 211-239.

Greenwood, J. & Jovanovic, B. (1990). Financial Development, Growth, and the Distribution of Income. *Journal of Political Economy, 98*, 1076-1107.

Greßler, U. & Göppel, R. (2006). Qualitätsmanagement - Eine Einführung. Troisdorf.

Groh, A. & Gottschalk, O. & (2005). Venture Capital und Private Equity aus Sicht der Wissenschaft. *Kreditwesen, 26*, 20-24.

Gruber, A., Harhoff, D. & Tausend, C. (2003). Finanzielle Entwicklung junger Wachstumsunternehmen. in: A.-K. Achleitner & A. Bassen (Hrsg.). Controlling von jungen Unternehmen (27-50). Stuttgart.

Grunwald, A. & Kopfmüller, J. (2006). Nachhaltigkeit. Frankfurt/ New York.

Gujarati, D. (1995). Basic Econometrics (3. Aufl.). New York et al..

Günterberg, B. & Wolter, H.-J. (2004). Unternehmensgrößenstatistik 2001 / 2002: Daten und Fakten. IfM-Materialien: Bonn.

Gupta, A. K., & Sapienza, H. (1992). Determinants of venture capital firms' preferences regarding the industry diversity and geographic scope of their investments. *Journal of Business Venturing, 7*, 347-362.

Gutenberg, E. (1958). Grundlagen der Betriebswirtschaftslehre. Berlin.

Guthrie, J. & Boedker, C. (2006). Perspectives on "new" models of business reporting: a reflective note. *Accounting, Auditing & Accountability Journal, 19*, 785-792.

Hahn, T. & Scheermesser, M. (2006). Approaches to corporate sustainability among German companies. *Corporate Social Responsibility & Environmental Management, 16*, 150-165.

Hahn, T. & Wagner, M. (2001). Sustainability Balanced Scorecard. Von der Theorie zur Umsetzung. Center for Sustainability Management: Lüneburg.

Haigh, M. & Hazelton, J. (2004). Financial Markets: A Tool for Social Responsibility?. *Journal of Business Ethics, 52*, 59-71.

Hall, J. & Hofer, C. W. (1993). Venture Capitalists' Decision Criteria in New Venture Evaluation. *Journal of Business Venturing*, *8*, 25-42.

Halme M. & Niskanen J. (2001). Does corporate environmental protection increase or decrease shareholder value? The case of environmental investments. *Business Strategy and the Environment, 10*, 200–214.

Hambrick, D. C. & Chen, M.-J. (2007). New academic fields as admittance-seeking social movement: the case of strategic management. *Academy of Management Review*, *33*, 32-54.

Hamschmidt, J. & Dyllick, T. (2000). Nutzen Managementsysteme? Vom Umwelt- zum Sustainability-Managementsystem. in: J. Hamschmidt & T. Dyllick (Hrsg). Wirksamkeit und Leistung von Umweltmanagementsystemen (S. 5-15). St. Gallen.

Hamschmidt, J. & Dyllick, T. (2001). ISO 14001: Profitable - Yes! But is it Eco-effective?. *Greener Management International*, *o.J.*, 34-54.

Hand, J. R. (2005). The Value Relevance of Financial Statements in the Venture Capital Market. *The Accounting Review*, *80*, 613-648.

Hannemann, M. (2006). Diskriminiert. *Brandeins*, *5*, 72-77.

Hansen, U. & Schrader, U.(2005). Corporate Social Responsibility als aktuelles Thema der Betriebswirtschaftslehre. *Die Betriebswirtschaft (DBW)*, *65*, 373-395.

Hansen, U. (1998). Marketing und soziale Verantwortung. *Die Betriebswirtschaft (DBW)*, *48*, 711-721.

Harrison, P. (2005). Venture Capital as a Pattern for Sustainable Social Enterprise Finance. Working Paper, , .

Harrison, R. T., Mason, C. M. & Girling, P. (2004). Financial bootstrapping and venture development in the software industry. *Entrepreneurship & Regional Development*, *16*, 307-333.

Hart, O. (1995). Corporate Governance: Some Theory and Implications. *The Economic Journal*, *105*, 678-689.

Hart, S. L. & Milstein, M. B. & (2003). Creating sustainable value. *Academy of Management Executive*, *17*, 56-69.

Hart, S. L. (1995). A Natural-Resource-Based View of the Firm. *Academy of Management Review*, *20*, 986-1014.

Hartmann-Wendels, T. (2005). Venture-Capital-Gesellschaften als Finanzintermediäre. in: C. Börner & D. Grichnik (Hrsg.). Entrepreneurial Finance (S. 215-232). Heidelberg.

Harvey, C. R. (1995). The Risk Exposure of Emerging Equity Markets. *World Bank Economic Review*, *9*, 19-50.

Hauff, V. (1987). Unsere gemeinsame Zukunft: Der Brundtland Bericht. Ascheberg.

Hauser-Ditz, A. & Wilke, P. (2005). Corporate Social Responsibility - Soziale und ökologische Verantwortung von Unternehmen. Working Paper.

Hayn, D., Nölting, B. & Voß, J. P. (2003). Methodenfragen der Nachhaltigkeitsforschung. In: cA. Volkens (Hrsg.). Orte nachhaltiger Entwicklung: Transdisziplinäre Perspektiven (S. 4-9). Berlin.

Heigl, A. (1989). Controlling - Interne Revision (2. Aufl.). Stuttgart.

Heinen, F. & Peischke, St. & (1995). Qualitätsmanagement-System und Zertifizierung nach DIN EN ISO 9000ff.. *IMW-Mitteilungen*, *o.J.*, 73-74.

Heinke, Volker G. & Heitzer, Bernd & (1999). Early-Stage-Rating für technologieorientierte Innovationsfinanzierungen. *Finanz Betrieb*, *1*, 215-221.

Hellmann, T. & Puri, M. (2002). Venture Capital and the professionalization of Start-Up firms. *Journal of Finance*, *57*, 169-197.

Hellmann, T. (1998). A Theory of Corporate Venture Investing. Working Paper.

Henri, Jean-Francois (2006). Management control systems and strategy: A resource-based perspective. *Accounting, Organization and Society, 31*, 529-558.

Hering, E., Steparsch, W. & Linder, M.(1996). Zertifizierung nach DIN EN ISO 9000: Prozessoptimierung und Steigerung der Wertschöpfung. Düsseldorf: VDI-Verlag.

Hill, R. P., Ainscough, T. & Shank, T. (2006). Corporate Social Responsibility and Socially Responsible Investing: A Global Perspective. *Journal of Business Ethics*, *70*, 165-174.

Hipp, H. (2004). Venture Capital Controlling - ganzheitliches Wachstums- und Investmentmanagement. in: J. Littkemann & H. Zündorf (Hrsg.) Beteiligungscontrolling (S. 604-624). Herne/ Berlin.

Hirsch, B. (2003): Zur Lehre im Fach Controlling – Eine empirische Bestandsaufnahme an deutschsprachigen Universitäten, in: Weber, J.& Hirsch, B. (Hrsg.): Zur Zukunft der Controllingforschung (249-266). Wiesbaden.

Hirsch-Kreinsen, H. (2008). Technologische Innovation und Bedingungen des Finanzmarktes. Working Paper.

Hisrich, R. D. & Fried, V. H.. (1994). Towards a Model of Venture Capital Investment Decision-Making. *Financial Management, 23*, 28-37.

Hockerts, K. (1999). The Sustainability Radar - a tool for the innovation of sustainable products and services. *Greener Management International*, *25*, 29-49.

Hockerts, K. (2003). Sustainability Innovations. Ecological and Social Entrepreneurship and the Management of Antagonistic Assets. University St. Gallen, Dissertation.

Hogner, R. H. (1982). Corporate social reporting: Eight decades of development at U.S. Steel. *Research in Corporate Social Performance and Policy, 4*, 243-250.

Hollander, M. & Wolfe, D.A. (1999). Nonparametric statistical methods. New York.

Holmes, R. & Watts, P. (2000). Corporate Social Responsibility: making good business sense. Working Paper.

Holmes, S. L (1976). Executive perceptions of corporate social responsibilities. *Business Horizons*, *19*, 34-40.

Horn, J. L. (1965). A rationale and test for the number of factors in factor analysis. *Psychometrica*, *30*, 179-185.

Horváth & Partners (2007). Balanced Scorecard umsetzen (4. Aufl.). Stuttgart.

Horváth, P. (1978). Controlling - Entwicklung und Stand einer Konzeption zur Lösung der Adaptions- und Koordinationsprobleme der Führung. *Zeitschrift für Betriebswirtschaft*, *48*, 194-208.

Horváth, P. (1996). Controlling (6. Aufl.). München: Vahlen Verlag.

Hosmer, D. W. & Lemeshow, S. C. & (2000). Applied Logistic Regression (2. Aufl.). New York et al..

Houben, E. (2003). Optimale Vertragsgestaltung bei Venture-Capital-Finanzierungen. Wiesbaden.

Hülsmann, M. (2004). Bezugspunkte zwischen Strategischem Management und Nachhaltigkeit. In: M. Hülsman, G. H. Müller-Christ & Haasis, H.-D. (Hrsg.) Betriebswirtschaftslehre und Nachhaltigkeit - Bestandsaufnahme und Forschungsprogrammatik (25-72). Wiesbaden.

Institut für ökologische Wirtschaftsforschung (IÖW) (1999). Selbstbewertung des Umweltmanagementsystems. Working Paper.

Issaksson, A. (2006). Studies on the Venture Capital Process. Umea School of Business.

Ivonav, V. & Xie, F. (2005). Do corporate venture capitalists add value to start-up firms?. Working Paper.

IW Consult, (2006). Forschungsförderung in Deutschland: Stimmen Angebots- und Nachfragebedingungen für den Mittelstand. Köln.

Jain, B. A. & Kini, O. (2000). Does the Presence of Venture Capitalists improve the Survival Profile of IPO Firms?. *Journal of Business Finance & Accounting*, *27*, 1139-1176.

Jais, D. (2003). Entwicklung einer wertorientierten Controllingkonzeption zur Steuerung von Buyout. Technische Universität München.

Jelic, R., Saadouni, B. & Wright, M. (2005). Performance of Private to Public MBOs: The Role of Venture Capital. *Journal of Business Finance & Accounting*, *32*, 643-682.

Jennifer Ho, L.-C. & Taylor, M. E. & (2007). An Empirical Analysis of Triple Bottom-Line Reporting and its Determinants: Evidence from the United States and Japan. *Journal of International Financial Management & Accounting*, *18*, 123-150.

Jensen, M. & Meckling, W. (1976). Theory of the firm: Managerial behaviour, agency costs, and ownership structure. *Journal of Financial Economics*, *3*, 305-360.

Jesch, T. (2004). Private-Equity-Beteiligungen: Wirtschaftliche, rechtliche und steuerliche Rahmenbedingungen aus Investorensicht. Wiesbaden: Gabler.

Johnson, D. B. (2004). Socially Responsible Investing. A Critical Appraisal. *Journal of Business Ethics, 43*, 219-222.

Johnson, R. A. & Greening, D. W. & (1999). The effects of corporate governance and institutional ownership types on corporate social performance. *Academy of Management Journal, 42*, 564-576.

Jones, C. S. (1985). An Empirical Study Of The Evidence For Contingency Theories of Management Accounting Systems In Conditions Of Rapid Change. *Accounting, Organizations and Society, 10*, 303-328.

Jones, C. S. (1992). The Attitudes of Owner-Managers Towards Accounting Control Systems Following Management Buyout. *Accounting, Organizations and Society, 17*, 151-168.

Jordan, J. S. (1989). The Economics of Accounting Information Systems. *American Economic Review, 79*, 140-146.

Jörissen, J, Kopfmüller, J. G. & Brandl, V. (1999). Ein integratives Konzept nachhaltiger Entwicklung. Karlsruhe.

Joyner, B. E., Payne, D. & Raiborn, C. A. (2002). Building Values, Business Ethics and Corporate Social Responsibility into the Developing Organization. *Journal of Developmental Entrepreneurship, 7*, 113-131.

Juhos, B. (1970). Die methodologische Symmetrie von Verifikation und Falsifikation. *Journal for General Philosophy of Science, 1*, 41-70.

Kailer, Norbert (2000). Gründung und Frühentwicklung von Unternehmen - Leistungsspektrum der Gründungshelfer, Kooperationsprobleme und Ansatzpunkte zur Verbesserung. In: N. Kailer, N. Pernsteiner & Schauer, R. (Hrsg.) Initiativen zur Unternehmensgründung & -entwicklung (57-90). Wien.

Kaiser, H. F. & Dickmann, K. (1959). Analytic determination of common factors. *American Psychologist, 14*, 425-439.

Kaiser, M. (2002). Profilierungsstrategie Corporate Citizenship. *Schweizer Arbeitgeber, 16*, 762-765.

Kamiske, G. F. (1996). Rentabel durch Total Quality Management. Heidelberg.

Kamp, L. & Krieger, A. (2005). Die Aktivitäten von Finanzinvestoren in Deutschland - Hintergründe und Orientierungen. Working Paper.

Kanniainen, V. & Keuschnigg, C. (2003). The optimal portfolio of start-up firms in venture capital finance. *Journal of Corporate Finance, 9*, 521-534.

Kanniainen, V. & Keuschnigg, C. (2004). Start-up investment with scarce venture capital support. *Journal of Banking and Finance*, *28*, 1935-1959.

Kaplan, R. & Norton, D. (1996). Translating strategy into action: The Balanced Scorecard. Boston.

Kaplan, R. & Norton, D. (2001). Die strategiefokussierte Organisation. Führen mit der Balanced Scorecard. Stuttgart.

Kaplan, S. & Strömberg, P. (2001). Venture Capitalists as Principals: Contracting, Screening, and Monitoring. *American Economic Review*, *91*, 426-430.

Kaserer, C., Achleitner, A.-K., von Einem, C. & Schiereck, D. (2007). Private Equity in Deutschland - Rahmenbedingungen, ökonomische Bedeutung und Handlungsempfehlungen. Norderstedt.

Katz, S. (2006). Earnings management and conservatism in the transition between private and public ownership: The role of private equity sponsors. Columbia University.

Kazanjian, R. & Drazin, R. (1990). A Stage-Contingent Model of Design and Growth for technology based New Ventures. *Journal of Business Venturing, 5*, 137-150.

Keating, M. (1993). Erdgipfel 1992 – Agenda für eine nachhaltige Entwicklung. Eine allgemein verständliche Fassung der Agenda 21 und der anderen Abkommen von Rio. Genf: Centre for Our Common Future.

Keeble, J. J., Topiol, S. & Berkeley, S. (2003). Using Indicators to Measure Sustainability Performance at a Corporate and Project Level. *Journal of Business Ethics*, *44*, 149-158.

Keller, Michael (2004). Trade Sale als Exit-Strategie. *M&A-Review, o.J.*, 11-16.

Kemmerer, A. & Weidig, T. (2005). Reporting Value to the Private Equity Fund Investor. Working Paper.

Keuschnigg, C. & Nielsen, S. B. (2003). Taxes and Venture Capital Support. *European Finance Review, 7*, 515-539.

Keuschnigg, C. & Nielsen, S. B. (2004). Start-ups, Venture Capitalists, and the Capital Gains Tax. *Journal of Public Economies, 88*, 1011-1042.

Keuschnigg, C. (2003). Optimal Public Policy for Venture Capital Backed Innovation. CEPR Discussion Papers 3850.

Khandwalla, P. N. (1972). The Effect of Different Types of Competition on the Use of Management Controls. *Journal of Accounting Research*, *6*, 275-285.

Khandwalla, P.N. (1975). Unsicherheit und die optimale Gestaltung von Organisationen. in: Grochla, E. (Hrsg.). Organisationstheorie (Aufl.1, 140-156). Stuttgart.

Kieser, A. & Walgenbach, P. (2003). Organisation. Stuttgart.

King, R. G. & Levine, R. (1993). Finance and Growth: Schumpeter Might Be Right. *The Quarterly Journal of Economics, 108*, 717-737.

Kirsch, W. (1981). Über den Sinn der empirischen Forschung in der angewandten Betriebswirtschaftlehre. in: E. Witte (Hrsg.). Der praktische Nutzen empirischer Forschung (189-229). Tübingen.

Klandt, H. (1984). Aktivität und Erfolg des Unternehmensgründers - Eine empirische Analyse unter Einbeziehung des mikrosozialen Umfeldes. Bergisch-Gladbach.

Klandt, H. (1997). State of the Art of Entrepreneurship and SME Research and Education in Germany. in: Landström, F., Hermann, F. & J. M. Veciana (Hrsg.). Entrepreneurship and Small Business Research in Europe (112-137). Aldershot et al.

Klandt, H. (1999). Entrepreneurship: Unternehmerische Ausbildung an Deutschen Hochschulen. *Betriebswirtschaftliche Forschung und Praxis*, *o.J.*, 241-255.

Klandt, H. (2008): Empirische Forschungsmethoden in der Betriebswirtschaft. München: Oldenbourg Verlag, im Erscheinen.

Kleinschnittger, U. (1993). Beteiligungscontrolling. München.

Klingebiel, N. (2006). Standortbestimmung der Betriebswirtschaftlehre. in: W. Pepels (Hrsg.). ABWL – Eine praxisorientierte Einführung in die moderne Betriebswirtschaftslehre (3. Aufl., 21-40). Troisdorf.

Knecht, T. (2003). Bewertung innovativer Spin-off-Unternehmen – Eine empirische Analyse zur Quantifizierung von Werttreibern aus der Perspektive eines externen Investors. Berlin.

Kollmann, T. (2004). E-Venture: Grundlagen der Unternehmensgründung in der Net Economy. Wiesabden: Gabler Verlag.

Konrad, A., Steurer, R.& Langer, M. E. (2006). Empirical Findings on Business-Society Relations in Europe. *Journal of Business Ethics*, *63*, 89-105.

Kopfmüller, J., Brandl, V. & Jörisson, J. (2001). Nachhaltige Entwicklung integrativ betrachtet, Konstitutive Elemente, Regeln, Indikatoren. Berlin.

Kortum, S. & Lerner, J. (2000). Assessing the Contribution of Venture Capital to Innovation. *RAND Journal of Economics, 31*, 674-692.

Kosmider, A. (1991). Controlling im Mittelstand. Eine Untersuchung der Gestaltung und Anwendung des Controllings in mittelständischen Industrieunternehmen. Stuttgart.

Krafft, M. (1997). Der Ansatz der Logistischen Regression und seine Interpretation. *Zeitschrift für Betriebswirtschaftslehre*, *67*, 625-642.

Kreikebaum, H. (1987). Strategische Unternehmensplanung (3. Auflage). Stuttgart et al.

Küpper, H.U. & Picot, A. (1999). Ethische Aspekte wirtschaftlichen Handels im Rahmen von Unternehmungen. in: Korff, W. (Hrsg.) Handbuch der Wirtschaftsethik (132-148). Gütersloh.

Küpper, H.-U. (1987): Konzeption des Controlling aus betriebswirtschaftlicher Sicht. in: Scheer, A.-W. (Hrsg.): Rechnungswesen und EDV (82–116). Heidelberg.

Küpper, H.-U. (1992). Unternehmensethik: Ein Gegenstand betriebswirtschaftlicher Forschung und Lehre?. *Betriebswirtschaftliche Forschung und Praxis*, *44*, 498-518.

Küpper, H.-U. (2005). Controlling. Konzeption, Aufgaben, Instrumente (4.Aufl.). München.

Küpper, H.-U., Weber, J. & Zünd, A. (1999). Verständnis und Selbstverständnis des Controllings. Zeitschrift für Betriebswirtschaft – *(ZfB) Ergänzungsheft*, *61*, 1-7.

Küpper, H.-U., Weber, J. & Zünd, A. (1999). Zum Verständnis und Selbstverständnis des Controllings. Zeitschrift für Betriebswirtschaft - *ZfB, 60,* 281-293.

Kussmaul, H. (2006). Venture Capital in der Existenzgründung. *Finanz Betrieb, o.J.*, 198-202.

Küster, H. (2005) Das ist Ökologie: Die biologischen Grundlagen unserer Existenz. München: Beck.

Lachnit, L. (1979). Systemorientierte Jahresabschlussanalyse. Wiesbaden.

Lamberton, G. (2005). Sustainability accounting – a brief history and conceptual framework. *Accounting Forum, 29*, 7-26.

Lange, C. & Schaefer, S. (2004). Perspektiven der Controllingforschung: Weiterentwicklung des informationsorientierten Controllingansatzes. Working Paper.

Lange, S. & Bender, R. (2001). Median oder Mittelwert?. *DMW*, *126*, 25-26.

Laux, H. & Liermann, F. (1997). Grundlagen der Organisation. Die Steuerung von Entscheidungen als Grundproblem der Betriebswirtschaftslehre (4. Aufl.). Berlin et al..

Lawrence, J.D.& Lorsch, J. W. (1967). Organization and Environment: Managing Differentiation and Integration. Boston

Leadbeater, C. (1999). Living on Thin Air. The New Economy. London.

Leitschuh-Fecht, H. & Steger, U. (2003). Wie wird Nachhaltigkeit für Unternehmen attraktiv? Business Case für nachhaltige Unternehmensentwicklung. In: G. Linne & M. Schwarz (Hrsg.). Handbuch Nachhaltige Entwicklung (257-266). Opladen.

Lerner, J. (1995). Venture Capitalists and the Oversight of Private Firms. Journal of Finance, 50, 301-318.

Lerner, J., Schoar, A. & Wong, W. (2007). Smart Institutions, Foolish Choices? The Limited Partner Performance Puzzle. *Journal of Finance,* 62, 731-764.

Libby R. & Lewis, B. L. (1982). Human Information Processing Research in Accounting: The State of the Art in 1982. *Accounting Organizations and Society,* 7, 231-285.

Lison, U. (2002). Das nachhaltige Unternehmen – Ein globales Konzept als tragfähiges Unternehmensleitbild. Universität Stuttgart, Dissertation.

Littkemann, J. & Derfuß, K. (2004). Stand der empirischen Forschung zum Controlling und zum Beteiligungscontrolling. In: J. Littkemann & H. Zündorf (Hrsg.). Beteiligungscontrolling (112-143). Herne/ Berlin.

Littkemann, J. (2004). Beteiligungsspezifisches Konzerncontrolling - Ergebnisse einer empirischen Untersuchung. *Controlling & Management*, *48*, 33-46.

Littkemann, Jörn (2004). Einführung in das Beteiligungsmanagement. in: J. Littkemann & H. Zündorf (Hrsg.). Beteiligungscontrolling (2-20). Herne/ Berlin.

Littkemann, Jörn (2004). Managementorientierte Ausrichtung des Beteiligungscontrollings. In: J. Littkemann & H. Zündorf (Hrsg.). Beteiligungscontrolling (48-110). Herne/ Berlin.

Littkemann, Jörn (2004). Verhaltensorientierte Ausrichtung des Beteiligungscontrollings. In: J. Littkemann & H. Zündorf (Hrsg.). Beteiligungscontrolling (22-45). Herne/ Berlin.

Ljunquvist, A., Richardson, M. P. & Wolfenzon, D. (2007). The Investment Behaviour of Buyout Funds: Theory and Evidence. Finance Working Paper N°. 174/2007.

Lockett, A., Moon, J. & Visser, W. (2006). Corporate Social Responsibility in Management Research: Focus, Nature, Salience and Sources of Influence. *Journal of Management Studies*, *43*, 115-136.

Loew, T, Ankele, K., Braun, S. & Clausen, J. (2004). Bedeutung der internationalen CSR-Diskussion für Nachhaltigkeit und die sich ergebenden Anforderungen an Unternehmen mit Fokus Berichterstattung. Berlin/ Münster.

Loew, T. & Clausen, J. (2005). Kriterien und Bewertungsskala zur Beurteilung von Nachhaltigkeitsberichten - Ranking Nachhaltigkeitsberichte 2005. Working Paper.

Loew, T. & Clausen, J. (2006). GRI G3: Improved, but still improvable!. Working Paper.

Loew, T. (2002). Empirische und theoretische Bausteine zu Unternehmen und Nachhaltigkeit. Diskussionspapier des IÖW, 55/02, .

Logsdon, J. & Wood, D. (2002). Business Citizenship: From Domestic to Global Level of Analysis. *Business Ethics Quarterly, 12*, 155-187.

Loske, R. & Bleischwitz, R. (1996). Die Wende zur ökologischen Zukunft: Ohne Respekt vor der Natur und globale Kooperation wird die Zukunft nicht zu gewinnen sein. In: Landeszentrale für politische Bildung Baden-Württemberg (Hrsg.): Umweltgerechte Zukunft. Entwicklung und Wandel in Süd und Nord, Stuttgart.

Lovelock, J. (1998). The ages of Gaia. New York.

Low, M. B. (2001). The Adolescence of Entrepreneurship Research: Specification of purpose. *Entrepreneurship Theory and Practice, 25*, 17-25.

Luft, J. & Shields, M. D. (2003). Mapping management accounting: graphics and guidelines for theory-consistent empirical research. *Accounting, Organizations and Society, 28*, 169-249.

Macharzina, K. (1995). Unternehmensführung: das internationale Managementwissen. Konzepte – Methoden – Praxis (2. Aufl.). Wiesbaden.

Macmillan, I. C., Kulow, D. M. & Khoylian, R. (1988). Venture Capitalists' Involvement in their Investments: Extent and Performance. *Journal of Business Venturing, 4*, 27-47.

Macmillan, I. C., Zemann, L. & Subbanarasimha, P. N. (1987). Criteria Distinguishing successful from unsuccessful ventures in the venture screening process. *Journal of Business Venturing*, *2*, 123-137.

Manigart, S., De Waele, K., Wright, M., Robbie, K., Desbriéres, P., Sapienza, H. & Beckman, A. (2000). Venture capitalists, investment appraisal and accounting information: a comparative study of the USA, UK, France, Belgium and Holland. *European Financial Management, 6*, 389-403.

March, J. G. & Simon, H. A. (1958). Organizations. Hoboken.

Marginson, D. & Mcaulay, L. (2008). Exploring the debate on short-termism: a theoretical and empirical analysis. *Strategic Management Journal*, *29*, 273-292.

Margolis, J. D. & Walsh, J. P. (2001). People and Profits? The Search for a Link between a Company's Social and Financial Performance. Mahwah, NJ: Lawrence Erlbaum Associates.

Marquet-Pondeville, S. (2000). The control systems in the environmental management framework. Working Paper.

Maruschke, C. (2005). Reorganisation und Mikropolitik. Philipps-Universität Marburg.

Marz, J. W., Powers, T. L. & Queisser, T. (2003). Corporate and individual influences on managers' social orientation. *Journal of Business Ethics*, *46*, 1-11.

Mathe, P. (2001). Die Geburt der "Nachhaltigkeit" des Hans von Carlowitz - heute eine Forderung der globalen Ökonomie. *Forst und Holz*, *56*, 246-248.

Mathews, M. R. (1997). Towards a mega-theory of accounting. *Asia-Pacific Journal of Accounting*, *4*, 273-289.

Matten, D. J. (2001). Umweltmanagement und Globalisierung - Konzeptionelle Überlegungen aus betriebswirtschaftlicher Sicht. *Zeitschrift für Betriebswirtschaft - Ergänzungsheft*, *1*, 1-23.

Matten, D. J., Crane, A. & Chapple, W. (2003). Behind the Mask: Revealing the True Face of Corporate Citizenship. *Journal of Business Ethics*, *45*, 109-120.

Mayo, E. (1933). The human problems of an industrial civilization. New York.

McIntosh, M., Thomas, R., Leipziger, D. & Coleman, G. (2003). Living Corporate Citizenship: Strategic Routes to Socially Responsible Business. London: Prentice-Hall.

McLachlan, J. & Gardner, J. (2004). A Comparison of Socially Responsible and Conventional Investors. *Journal of Business Ethics*, *52*, 11-25.

McWilliamns, A. & Siegel, D.(2000). Corporate Social Responsibility and Financial Performance: Correlation or Misspecification?. *Strategic Management Journal*, *21*, 603-609.

McWilliams, A. & Siegel, D. & (2001). Corporate Social Responsibility: a theory of the firm perspective. *Academy of Management Review*, *26*, 117-127.

McWilliams, A., Siegel, D. S. & Wright, P. M. (2006). Corporate Social responsibility: Strategic Implications. *Journal of Management Studies*, *43*, 1-18.

McWilliams, Abagail & Siegel, Donald S. & (2001). Corporate Social Responsibility: A Theory of the Firm Perspective. *Academy of Management Review*, *26*, 117-127.

Meadows, D. H., Meadows, D. L. & Randers, J. (1972). The limits to growth. New York.

Mebratu, D. (1998). Sustainability and Sustainable Development: Historical and conceptual Review. *Environmental Impact Assessment Review*, *18*, 493-520.

Megginson, W.& Weiss, K. (1991). Venture capitalist certification in initial public offerings. *Journal of Finance, 46*, 879-893.

Meier, D., Hiddemann, T. W. M. & Brettel, M. (2006). Wertsteigerung bei Buyouts in der Post-Investment-Phase - der Beitrag von Private Equity-Firmen zum operativen Erfolg ihrer

Portfoliounternehmen im europäischen Vergleich. *Zeitschrift für Betriebswirtschaft*, *76*, 1035-1066.

Mellemvik, F., Monsen, N. & Olson, O. (1988). Functions of Accounting - A Discussion. *Scandinavian Journal of Management*, *4*, 101-119.

Menard, S. (2001). Applied Logistic Regression Analysis. (2. Aufl.). Thousand Oaks.

Merchant, K. A. (1997). Modern Management Control Systems. Prentice Hall.

Merten, K. (2007). Corporate Social Responsibility - Konzepte, Anwendung, Kritik. Working Paper.

Meyer, C. (1994). Betriebswirtschaftliche Kennzahlen und Kennzahlensysteme (2. Aufl.). Stuttgart.

Milligan, G. W. (1981). A review of Monte Carlo tests of cluster analysis. *Multivariate Behavioral Research*, *16*, 379-407.

Mintzberg, H. (1973). The Nature of Managerial Work. New York.

Mitchell, F., Reid, G. C. & Terry, N. G. (1996). Venture Capital Supply and Accounting Information System Development. Working Paper.

Mitchell, R.K., Agle, B.R. & Wood, D.J. (1997). Toward a theory of stakeholder identification and salience: Defining the Principle of Who or What Really Counts. *Academy of Management Review, 22,* 853-886

Möller, K. (2002). Controllingfortschritte. In: Gleich, R., Möller, K., Seidenschwarz, W. & Stoi, R. (Hrsg.) Controllingfortschritte (95-120). München.

Moon, J. (2007). The Contribution of Corporate Social Responsibility to Sustainable Development. *Sustainable Development,15*, 296-306.

Moore, B. & Wüstenhagen, R. (2004). Innovative and sustainable Energy Technologies: The role of Venture Capital. *Business Strategy and the Environment*, *13*, 235-245.

Moores, K. & Yuen, S. (2001). Management accounting systems and organizational configuration: a life-cycle perspective. *Accounting, Organization and Society*, *26*, 351-389.

Moores, K. (1992). Strategic Features of Management Accounting Systems: An examination of the relationship between practice, research, and education. Working Paper.

Morgan, G. (1980). Paradigms, metaphors, and puzzle solving in organization theory. *Administrative Science Quarterly, 25*, 605-622.

Morhardt, J. E., Baird, S. & Freeman, K. (2002). Scoring corporate environmental and sustainability reports using GRI 2000, ISO 14031 and other criteria. *Corporate Social-Responsibility and Environmental Management, 9*, 215-233.

Mossbrugger, H. & Schermelleh-Engel, K. (2007). Exploratorische (EFA) und Konfirmatorische Faktorenanalyse (CFA). Berlin / Heidelberg: Springer.

Müller-Böling, D. & Klandt, H. (1993). Unternehmensgründung. In: Hausschildt, J.& Grün, O. (Hrsg.). Ergebnisse empirischer betriebswirtschaftlicher Forschung (135-178). Stuttgart.

Müller-Christ, G. & Hülsmann, M. (2003). Erfolgsbegriffe eines nachhaltigen Managements. Linne, G. & Schwarz, M. (Hrsg.). Handbuch nachhaltige Entwicklung (244-256). Opladen: V-S Verlag.

Nash, R. C., Netter, J. M. & Poulsen, A. B. (2003). Determinants of contractual relations between shareholders and bondholders: investment opportunities and restrictive covenants. *Journal of Corporate Finance, 9*, 201-232.

Nathusius, E. (2005). Syndizierte Venture-Capital-Finanzierungen. Sternenfels.

Nathusius, K. (2001). Grundlagen der Gründungsfinanzierung. Wiesbaden: Gabler Verlag.

Neter, J., Wasserman, W. & Kunter, M. H. (1990). Applied Linear Statistical Models (3. Aufl.). Irwin.

Neu, D., Dean, H., Hussein, W. & Pedwell, K. (1998). Managing public impressions: environmental disclosures in annual reports. *Accounting, Organizations and Society, 23*, 265-282.

Neus, W. (1989). Ökonomische Agency-Theorie und Kapitalmarktgleichgewicht. Wiesbaden.

Niedermayer, R. (1994). Entwicklungsstand des Controlling: System, Kontext und Effizienz. Wiesbaden.

Nielsen, K. M. (2006). Institutional Investors and Private Equity. Working Paper.

Nikoslainen, E. & Wright, M. (2007). The impact of corporate governance mechanisms on value increase in leveraged buyouts. *Journal of Corporate Finance, 13*, 511-537.

Nippel, H. (1995). Qualitätsmanagement in der Logistik. Wiesbaden.

Norton, B. G. (1991). Toward unity among environmentalists. New York: Oxford University

Orlitzky, M., Schmidt, F. L. & Rynes, S. L. (2003). Corporate Social and Financial Performance: A Meta-analysis. *Organization Studies*, *24*, 403-441.

O'Rourke, A. R. (2003). The message and methods of ethical investment. *Journal of Cleaner Production*, *11*, 683-693.

O'Rourke, A. R. (2006). Venture Capital as a Tool for Sustainable Entrepreneurship. In: Scharper, T. & Scharper, A. (Hrsg.). Making ecopreneurs: Developing sustainable entrepreneurship (122-139). Ashgate.

Ossadnik, W. (2003). Controlling (3. Aufl.). München/ Wien.

Otley, D. T. (1980). The Contingency Theory of Management Accounting: Achievement and Prognosis. *Accounting, Organizations and Society, 5*, 413-428.

Painter-Morland, M. (2006). Triple bottom-line reporting as social grammar: integrating corporate social responsibility and corporate codes of conduct. *Business Ethics: A European Review*, *15*, 352-364.

Pakes, A. & Ericsen, R. (1988). Empirical Implications of Alternative Theories of Frim Dynamics. Working Paper: University of Wisconsin.

Peacock, R.D. (1992). Ein Qualitätspreis für Europa. *Qualität und Zuverlässigkeit*, *37*, 525-528.

Pelz, D. C. (1978). Some Expanded Perspectives on Use of Social Science in Public Policy. In: Yinger, M. & Cutler, S. J. (Hrsg.). Major Social Issues – A Multidisciplinary View (346-357). New York.

Perrow, C. (1967): A Framework for the Comparative Analysis of Organizations.

Pettigrew, A. M. (1973). The politics of Organizational Decision-Making. Tavistock.

Pfeifer, T. (1993). Qualitätsmanagement - Strategien, Methoden , Techniken. München.

Pfeuti, R., Flatz, A. & Moore, M. (2002). Changing Climate in the Energy Sector - a New Wave of Sustainable Investment Opportunities Emerges. Working Paper.

Phalippou, L., & Zollo, M. (2005). Performance of private equity funds: another puzzle?. Working Paper: Harvard University

Pohl, H.-J. & Rehkugler, H. (1986). Mittelständische Unternehmen/ Durch qualifiziertes Management zum Erfolg. Bremen.

Pope, J., Annandale, D. & Morrison-Saunders, A. (2004). Conceptualising sustainability assessment. *Environmental Impact Assessment Review*, *24*, 595-616.

Porter, M. & Kramer, M. (2002). The competitive advantage of corporate philanthropy. *Harvard Business Review, O.J.*, 57–68.

Prester, M. (2000). Exit-Strategien Deutscher Venture-Capital-Gesellschaften. Münster.

Pruys, H. (2005): Datenanalyse. Universität Zürich.

Pümpin, C. & Prange, J. (1991). Management der Unternehmensentwicklung. Phasengerechte Führung und Umgang mit Krisen. Frankfurt.

Quarzi, A. M. & O'Brien, D. & (2000). An empirical test of a cross-national model of corporate social responsibility. *Journal of Business Ethics*, *25*, 33-51.

Quick, R. & Knocinski, M. (2006). Nachhaltigkeitsberichterstattung - Empirische Befunde zur Berichterstattungspraxis von DAX-Unternehmen. *Zeitschrift für Betriebswirtschaft*, *76*, 615-650.

Quigley, J.M. & Woodward, S.E. (2003). An index for venture capital. Working paper,

Randall, D. M. & Fernandes, M. F. & (2004). The social desirability response bias in ethics research. *Journal of Business Ethics*, *10*, 805-817.

Randjelovic, J. (2001). Toward Sustainability Venture Capital. O.O.

Randjelovic, J., O'Rourke, A. R. & Orsato, R. J. (2003). The Emergence of Green Venture Capital. *Business Strategy and the Environment*, *12*, 240-253.

Rauberger, R., Wagner, B. & Jasch, C. (1997). Dokumentation zum Stand der internationalen Normung von "Betrieblichen Umweltkennzahlen. Berlin.

Rauschenberger, R (2002). Nachhaltiger Shareholder Value. Integration ökologischer und sozialer Kriterien in die Unternehmensanalyse und in das Portfoliomanagement. Hamburg.

Reichmann, T. (2001). Controlling mit Kennzahlen und Managementberichten (6. Aufl.). München.

Reid, G. C. & Smith, J. A. (2003). Post-Investment Performance Appraisal: The Impact of Venture Capital Investment on Small Firm Performance. *The Journal of Private Equity*, 7, 36-49.

Reinboth, C. (2006). Multivariate Analyseverfahren in der Marktfoschung. Morrisville.

Reißig-Thust, S. (2003). Venture-Capital-Gesellschaften und Gründungsunternehmen. Empirische Untersuchung zur erfolgsreichen Gestaltung der Beziehung. Wiesbaden.

Rennings, K. (2000). Redefining innovation - eco-innovation research and the contribution from ecological economics. *Ecological Economics*, *32*, 319-332.

Rennings, K., Schröder, M. & Ziegler, A. (2004). The Economic Performance of European Stock Corporations - Does Sustainability Matter?. *Greener Management International*, *44*, 33-43.

Repullo, R. & Suarez, J. (1999). Venture Capital Finance: A Security Design Approach. CEPR Discussion Papers 2097.

Rieper, B. (1992). Betriebswirtschaftliche Entscheidungsmodelle - Grundlagen. Herne/ Berlin.

Rieper, B., Witte, T. & Berens, W. (1996). Betriebswirtschaftliches Controlling - Planung, Entscheidung, Organisation, Wiesbaden: Gabler Verlag.

Robbie, K., Wright, M. & Chiplin, B. (1997). The monitoring of Venture Capital Firms. *Enterpreneurship Theory and Practice*, *21*, 9-28.

Rogall, H. (2004). Ökonomie der Nachhaltigkeit - Handlungsfelder für Politik und Wirtschaft. Wiesbaden.

Rohrlack, C. (2006). Logistische und Ordinale Regression. In: Albers, S., Klapper, D., Konradt, U., Walter, A., & Wolf, J. (Hrsg.). Methodik der empirischen Forschung (205-222). Wiesbaden: Gabler Verlag.

Rom, A. & Rohde, C. (2007). Management Accounting and integrated information systems: A literature review. *International Journal of Accounting Information Systems, 8*, 40-68.

Rosen, R. & von Flotow, P. (2003). Nachhaltigkeit und Shareholder Value aus Sicht börsennotierter Unternehmen. Working Paper.

Rosjek, I. (2001). From red to green: towards the environmental management in the country in transition. *Journal of Business Ethics*, *33*, 37-50.

Roskos, S. (2003). The Influence of Entrepreneurial- and Market Orientation on the Degree of Innovation and Success of New Ventures in Technology-Oriented Industries. Opladen.

Rothlauf, J. (2004). Total Quality Management (2. Aufl.). München / Wien.

Rowley, T. J. & Berman S. (2000). A brand new brand of corporate social performance. *Business & Society, 39*, 397-418

Rudolph, B. (2006). Unternehmensfinanzierung und Kapitalmarkt. Tübingen.

Ruppen, D. A. (2001). Corporate Governance bei Venture Capital-finanzierten Unternehmen. St. Gallen.

Salzmann, O., Ionescu-Somers, A. & Steger, U. (2005). The Business Case for Corporate Sustainability: Literature Review and Research Options. *Business Strategy and the Environment*, *23*, 27-36.

Sanders, P. & Größler, A. (2007). Methoden der Längsschnittanalyse in den Wirtschafts- und Sozialwissenschaften. Working Paper.

Sandt, J. (2004). Management mit Kennzahlen und Kennzahlensystemen - Bestandsaufnahme, Determinanten und Erfolgsaussichten. Wiesbaden.

Sapienza, H. J. & Gupta, A. K. (1994). Impact of agency risks and task uncertainty on venture capitalist-entrepreneur relations. *Academy of Management Journal, 37*, 1618-1632.

Sapienza, H. J. & Korsgaard, M. A. (1996). Procedural Justice in Entrepreneur-Investor Relations. *Academy of Management Journal, 39*, 544-574.

Sapienza, H. J. (1992). When do venture capitalists add value?. *Journal of Business Venturing, 7*, 9-27.

Sapienza, H. J., Manigart, S. & Vermeir, W. (1996). Venture Capitalist Governance And Value Added In Four Countries. *Journal of Business Venturing*, *11*, 439-469.

Sarasvathy, S. D. (2004). Making it Happen: Beyond Theories of the Firm to Theories of Firm Design. *Entrepreneurship Theory and Practice*, 28, 519-531.

Schäfer, D. & Fisher, A. (2007). Die Bedeutung von Buy-Outs/ -Ins für unternehmerische Effizienz, Effektivität und Corporate Governance. Working Paper.

Schäffer, U. (2001). Kontrolle als Lernprozess. Wiesbaden.

Schäffer, U. (2004). Rationalitätssicherung durch Kontrolle. in: E. Scherm & G. Peitsch (Hrsg.). Controlling - Theorien und Konzeptionen (S. 487-500). München.

Schäffer, U. & Eckey, M. (2004). Strategien zur besseren Kontrolle von Beteiligungen. in: Littkemann, J. & Zündorf, H. (Hrsg.). Beteiligungscontrolling – Ein Handbuch für die Unternehmens- und Beratungspraxis (522-539). Herne/ Berlin.

Schäffer, U. & Weber, J. (2003). Balanced Scorecard in Wachstumsunternehmen. in: A.-K. Achleitner/ A. Bassen (Hrsg.). Controlling von jungen Unternehmen (S. 221-238). Stuttgart.

Schäffer, U. & Weber, J. (2004). Thesen zum Controlling. in: E. Scherm & G. Peitsch (Hrsg.). Controlling - Theorien und Konzeptionen (S. 459-466). München.

Schäffer, U., Binder, C. & Gmür, M. (2005). Struktur und Entwicklung der Controllingforschung - Eine Zitations- und Kozitationsanalyse von Controllingbeiträgen in deutschsprachigen wissenschaftlichen Zeitschriften von 1970 - 2003. Working Paper.

Schaltegger, S. & Burritt, R. L. (2006). Corporate Sustainability Accounting: a Nightmare or a Dream Coming True?. *Business Strategy and the Environment*, *15*, 293-295.

Schaltegger, S. & Dyllick, T. (2002). Nachhaltig managen mit der Balanced Scorecard. Konzepte und Fallstudien. Wiesbaden.

Schaltegger, S. & Figge, F. (1997). Environmental Shareholder Value. Sarasin Basic Research Study No. 54.

Schaltegger, S. & Figge, F. (2000). Environmental shareholder value: economic success with corporate environmental management. *Eco-Management and Accounting*, *7*, 29-42.

Schaltegger, S. & Petersen, H. (2005). Sustainable Entrepreneurship: Nachhaltige Entwicklung aus der Unternehmerperspektive. Hagen/ Oberhausen.

Schaltegger, S. & Sturm, A. (1990). Ökologische Rationalität. *Die Unternehmung*, *44*, 273-290.

Schaltegger, S. & Wagner, M. (20006). Managing sustainability performance measurement and reporting in an integrated manner. In: S. Schaltegger, M. Bennett & Burritt, R. (Hrsg.). Sustainability Accounting and Reporting: Development, Linkages and Reflection. (S. 681-697). Dortrecht.

Schaltegger, S., Burritt, R. & Petersen, H. (2003). An Introduction to Corporate Environement Management. Greenleaf.

Schaltegger, S., Bennett, M. & Burritt, R. (2006). Sustainability Accounting and Reporting: Development, Linkages and Reflection. In: S. Schaltegger, M. Bennett & Burritt, R. (Hrsg.). Sustainability Accounting and Reporting: Development, Linkages and Reflection. (S. 1-35). Dortrecht.

Schaltegger, S., Herzig, C., Kleiber, O. & Müller, J. (2002). Nachhaltigkeitsmanagement in Unternehmen – Konzepte, und Instrumente zur nachhaltigen Unternehmensentwicklung. Berlin.

Schaltegger, S., Kleiber, O. & Müller, J. (2003). Die "Werkzeuge" des Nachhaltigkeitsmanagements. Konzepte und Instrumente zur Umsetzung unternehmerischer Nachhaltigkeit. In. Linne, G. & Schwarz, M. (Hrsg.). Handbuch Nachhaltige Entwicklung (331-342). Opladen.

Schefczyk, M. (2000): Finanzieren mit Venture Capital. Stuttgart: Schäffer-Poeschl Verlag.

Schefczyk, M. & Pankotsch, F. (2005). Corporate Governance bei Venture-Capital-Finanzierungen. in: C. Börner & D. Grichnik (Hrsg.). Entrepreneurial Finance – Theoriebeiträge zur Gründungs- und Wachstumsfinanzierung. (301-324). Berlin.

Scheibehenne, V., Ising, J. & Schiereck, D. (2003). Venture Capital für die Biotechnologie - Eine empirische Analyse der Vergabekriterien. *Finanz Betrieb*, *5*, 668-679.

Schenk, G. (2004). Beobachtungen zum Controlling von VC-Beteiligungen. *Finanz Betrieb, 6*, 154-157.

Schildbach, T. (2002). US-GAAP: Amerikanische Rechnungslegung und ihre Grundlagen (2. überarb., aktual. Aufl.). München.

Schmidheiny, S. (1992). Kurswechsel. Globale unternehmerische Perspektiven für Entwicklung und Umwelt. München: Artemis.

Schneider, H. (2006). Nachweis und Behandlung von Kollinearität. in: Albers, S., Klapper, D. & Konradt, U. (2006). Methodik der empirischen Forschung (183-198). Wiesbaden.

Schnell, R., Hill, P. & Esser, E. (1999). Methoden der empirischen Sozialforschung. Oldenburg.

Scholtens, B. (2006). Finance as a Driver of Corporate Social Responsibility. *Journal of Business Ethics*, *68*, 19-33.

Schott, G. (1988). Kennzahlen - Instrumente der Unternehmensführung (5. Aufl.). Wiesbaden.

Schulte, C. (1996). Lexikon des Controlling. München/ Wien.

Schumacher, T. (2005). Beteiligungscontrolling in der Management-Holding - Optimierung der Rationalitätssicherung durch Nutzung des Eigenkapitalmarktes. Wiesbaden.

Schumacher-Hummel, I. (2004). Die Rolle von Pensionskassen im Bereich Socially Responsible Investment - Einflussfaktoren eines aktiven Aktionärstums. St. Gallen.

Schumpeter, J. (1908). On the concept of Social Value. *Quarterly Journal of Economics*, *23*, 213-232.

Schweikart, J. A. (1992). Cognitive-Contingency Theory and the Study of Ethics in Accounting. *Journal of Business Ethics*, *11*, 471-478.

Schwienbacher, A. (2005). An Empirical Analysis of Venture Capital Exits In Europe and In The United States. Working Paper: University of Amsterdam.

Scott, M. & Bruce, R. (1987). Five Stages of Growth in Small Business. *Long Range Planning, 20*, 45-52.

SCS (o.J.). Management Information System - A tool for corporate sustainability. Working Paper.

Sedlmeier, P. (1996). Jenseits des Signifikanztest-Rituals: Ergänzungen und Alternativen. *Methods of Psychological Research Online*, *1*, 41-63.

Sethi, S. P. (2004). Investing in Socially Responsible Companies is a Must for Public Pension Funds _ Because There is no Better Alternative. *Journal of Business Ethics*, *56*, 99-139.

Shafer, W. E., Fukukawa, K. & Meina Lee, G. (2007). Values and perceived Importance of Ethics and Social Responsibility: The U.S. versus China. *Journal of Business Ethics*, *70*, 265-284.

Shotter, M. (2001). Is management accounting theory breaking free from the shackles of neo-classical economics? A South African perspective. *Meditari Accountancy Research, 9*, 257-284.

Siegwart, H. (1998). Kennzahlen für die Unternehmensführung (5. Aufl.). Bern/ Stuttgart.

Simons, R. (1995). Levers of Control: How managers use innovative control systems to drive strategic renewal. Boston.

Soppe, A. (2004). Sustainable Corporate Finance. *Journal of Business Ethics, 53*, 213–224.

Smith, R. L. & Smith, J. K. & (2000). Entrepreneurial Finance. New York: Wiley.

Snow, A. (2007). Chancen und Risiken von NGOs. Working Paper.

Staehle, W. H. (1999). Management (8. Aufl.). München.

Stahl, E. (2003). Bedeutung des Controllings für Venture-Capital-Gesellschaften. Stuttgart. In: A.-K. Achleitner & A. Bassen (Hrsg.). Controlling von jungen Unternehmen (27-50). Stuttgart..

Stahlmann, V. & Clausen, J. (2002). Können Unternehmen dauerhaft ihre Umweltleistung verbessern?. In: Loew, T. (Hrsg.). Empirische und theoretische Bausteine zu Unternehmen und Nachhaltigkeit (9-16). Diskussionspapier des IÖW 55/02.

Stahlmann, V. (1996). Öko-Effizienz und Öko-Effektivität. *UmweltWirtschaftsForum*, *4*, 12-14.

Stappen, R. K. (2006). A Sustainable World is Possible - Der Wise Consensus - Problemlösungen für das 21. Jahrhundert. Working Paper.

Statman, M. (2005). Socially responsible indexes: Composition and performance. Working Paper.

Steeger, U., Ionescu-Somers, A. & Salzmann, O. (2007). The economic foundations of corporate sustianability. *Corporate Governance*, *7*, 162-177.

Steinmann, H. & Schreyögg, G. (2005). Management (6. Aufl.). Wiesbaden.

Steurer, R. (2006). Mapping Stakeholder Theory Anew: From Stakeholder Theory of the Firm to Three Perspectives in Business-Society Relations. *Business Strategy and the Environment, 15*, 55-69.

Steurer, R., Langer, M. E. & Konrad, A. (2005). Corporations, Stakeholders and Sustainable Development I: A Theoretical Exploration of Business-Society Relations. *Journal of Business Ethics*, *61*, 263-281.

Stiglitz, J. (1985). Credit markets and the Control of capital. *Journal of Money, Credit, and Banking, 17,* 133-152.

Stuart, R. W. & Abeti, P. A. (1990). Impact of Entrepreneurial and Management Experience on Early Performance. *Journal of Business Venturing, 5*, 151–162.

Sturm, A. (2000). Performance Measurement und Environmental Performance Measurement. Dresden.

Suchanek, A. (2005). Is Profit Maximization the Social Responsibility of Business?. Working Paper.

Suchanek, A. & Lin-Hi (2006). Eine Konzeption unternehmerischer Verantwortung. Working Paper.

SustainAbility (2004). Values for Money: Reviewing the Quality of SRI Research. Working Paper.

Sweeting, R. (1981). Internal Venture Management: Analytical Aspects. *Journal of General Management, 7*, 34-45.

Szerenyi, T. (1999). Indikatorensysteme nachhaltiger Regionalentwicklung auf unterschiedlichen räumlichen Maßstabsebenen. Working Paper.

Thoen, V. & Lefebvre, C. (2006). How do venture capitalists inform their investors on the investment portfolio? An empirical investigation of the Belgian private equity market. Working Paper.

Thomas, G. & Nowak, M. (2006). Corporate Social responsibility: A definition. Working Paper.

Thommen, Jean-Paul (1983). Die Lehre der Unternehmensführung. Haupt/ Bern/ Stuttgart.

Thompson, J. D. (1967). Organizations in Action. New York: McGraw-Hill.

Thompson, J. K. & Smith, H. L. (1991). Social Responsibility and Small Business: Suggestions for Research. *Journal of Small Business Management, 29*, 39-44.

Thornton, D., Kagan, R. A. & Gunningham, N. (2002). Explaining Corporate Environmental performance: How Does Regulation Matter?. *Law and Society Review, 37*, 51-90.

Tibor, T. & Feldman, I. & (1998). ISO 14000. A Guide to the New Environmental Management Standards. Chicago/ London/ Singapore.

Turner, R. J. (2006). Corporate Social Responsibility: Should disclosure of social considerations be mandatory?. Working Paper.

Tyebjee, T. T. & Bruno, A. V. (1984). A Model of Venture Capitalist Investment Activity. *Management Science*, *30*, 1051-1066.

Uebele, H. (1981). Verbreitungsgrad und Entwicklungsstand des Controllings in deutschen Industrieunternehmen. Stuttgart.

United Nations Environment Programme Finance Initiative (UNEP) (2005). A legal framework for the integration of environmental, social and governance issues into institutional investment. Working Paper.

United Nations Environment Programme Finance Initiative (UNEP) (2004). The Materiality of Social, Environmental and Corporate Governance Issues to Equity Pricing. Working Paper.

Van den Berghe, L. A. & Levrau, A. (2002). The Role of the Venture Capitalist as Monitor of the Company: a corporate governance perspective. *Corporate Governance*, *10*, 124-135.

Van den Brink, T. W. & van der Woerd, F. (2003). Industry Specific Sustainability Benchmarks: An ECSF Pilot bridging Corporate Sustainability with Social Responsible Investments. Working Paper.

Van der Woerd, F. & van den Brink, T. W. (2002). Beyond the Business Balanced Scorecard. Working Paper.

Van der Woerd, F. & van den Brink, T. W. (2004). Feasibility of a Responsive Business Scorecard - a pilot study. Working Paper.

Vasanthakumar, N. B. (1998). Total quality environmental management: an ISO 14001 approach. Westport.

Verbeek, M. (2004). A Guide to Modern Econometrics (2. Aufl.). Chichester.

Viemann, K. & Hibbeln, M. (2006). Anreizsysteme als Instrument des Beteiligungscontrollings in Venture-Capital-Gesellschaften. *Zeitschrift für Planung & Unternehmenssteuerung*, *17*, 301-322.

Vieweg, H.-G., Reinhard, M. & Weichenrieder, A. (2002). Wandel der Unternehmensstrategien und -strukturen in Deutschland vor dem Hintergrund neuer Finanzierungsformen und Entwicklungen im I&K-Technologien. Working Paper, IfO - München.

Vöhringer, F. (2004). Projektbasierte Klimapolitik und nachhaltige Entwicklung. Zertifizierte Treibhausgasminderungen in Costa Ricas Forst- und Elektrizitätswirtschaft. Hamburg.

Von Carlowitz, Hans (1713). Sylvicultura oeconomica. o.O..

Waddock, S. & Graves, S. (1997). The corporate social performance - financial performance link. *Strategic Management Journal*, *18*, 303-319.

Wagner, M. & Schaltegger, S. (2004). How Does Sustainability Performance Relate to Business Competitiveness?. *Greener Management International*, *44*, 5-16.

Wagner, M. (2003). The Porter Hypothesis Revisited: A Literature Review of Theoretical Models and Empirical Tests. Working Paper: Universität Lüneburg.

Wagner, M. (2001). A Review of Empirical Studies Concerning the Relationship between Environmental and Economic Performance. Center for Sustainability Management, Universität Lüneburg.

Wall, F. (1999). Planungs- und Kontrollsystemen - Informationstechnische Perspektiven für das Controlling. Wiesbaden.

Wallace, D. L. (1959). Simplified Beta-Approximations to the Kruskal-wallis H Test. *Journal of the American Statistical Association*, *54*, 225-230.

Warhurst, A. (2001). Corporate Citizenship and Corporate Social Investment. *Journal of Corproate Citizenship*, *1*, 57-73.

Waterhouse, J. H. & Tiessen, P (1978). A Contingency Framework for Management Accounting Systems Research. *Accounting, Organizations and Society, 3, 65-76.*

Watrin, C. & Gocksch, S. (2002). Problembereiche der Besteuerung inländischer Private Equity-Fonds. *Die Betriebswirtschaft, o.J.,* 341-345.

Watts, R. L. & Zimmermann, J. (1986). Positive Accounting Theory. Englewood Cliffs.

Watzlawick, P. (1976). Wie wirklich ist die Wirklichkeit. Wahn, Täuschung, Verstehen. München.

Weber, J (1992). Die Koordinationssicht des Controllings. in Spremann, K. & Zur, E. (Hrsg.): Controlling. Grundlagen – Informationssysteme – Anwendungen (169–183). Wiesbaden.

Weber, J. & Sandt, J. (2001). Erfolg durch Kennzahlen. Neue empirische Erkenntnisse. Vallendar.

Weber, J. & Schäffer, U. (1999). Sicherstellung der Rationalität von Führung als Aufgabe des Controllings. *Die Betriebswirtschaft (DBW)*, *59*, 731-747.

Weber, J. & Schäffer, U. (2006). Einführung in das Controlling. Stuttgart.

Webster, J., & Watson, R. T. (2002). Analyzing the past to prepare for the future: Writing a literature review. *MIS Quarterly, 26*, 13-23.

Wegner, C. (2003). Buyout-Wertsteigerungstypen - Eine empirische Untersuchung der Growth-Buyouts in Deutschland. München..

Weick, K. (1969). The social psychology of organizing. Reading.

Weidig, T. & Mathonet, P.-Y. (2004). The Risk Profiles of Private Equity. Working Paper.

Weißenberger, B. E, (1997). Die Informationsbeziehung zwischen Management und Rechnungswesen. Analyse institutionaler Koordination. Wiesbaden.

Weißenberger, B. E. (2001). Controlling als Teilgebiet der Betriebswirtschaftslehre: Konzeptionelle Einordnung und Konsequenzen für Forschung und Lehre. Working Paper.

Weitnauer, W. (2007). Handbuch Venture Capital: Von der Innovation zum Börsengang. München.

Welpe, I. & Dowling, M. (2005). Venture-Capital-Finanzierung aus Sicht der Portfoliounternehmen. in: C. Börner & D. Grichnik (Hrsg.). Entrepreneurial Finance (S. 277-300). Heidelberg.

White, A. L. (2006). Invest, Turnaround, Harvest: Private Equity Meets CSR. Working Paper.

White, H. (1982). Maximum Likelihood Estimation of Misspecified Models. *Econometrica, 50*, 1-25

Wijbenga, F. H., Postma, T. J. & Stratling, R. (2007). The Influence of the Venture Capitalist's Governance Activities on the Entrepreneurial Firms's Control Systems and Performance. *Entrepreneurship Theory and Practice*, *XX*, 257-277.

Wilber, K. (1995). Sex, ecology, spirituality: The spirit of evolution. Boston.

Williamson, O. (1985). Organization form, residual claimants, and corporate control. *Journal of Law and Economics*, *26*, 351-366.

Wilson, M. (2003). Corporate Sustainability: What is it and where does it come from?. *Ivey Business Journal*, *67*, 1-5.

Windsor, Duane (2006). Corporate Social Responsibility: Three Key Approaches. *Journal of Management Studies*, *43*, 93-114.

Wittmann, W. (1959). Unternehmung und unvollkommene Information: Unternehmerische Voraussicht – Gewissheit und Planung. Köln et al.

Wöhe, G. & Bielstein, J. (2002). Grundzüge der Unternehmensfinanzierung. München.

Wöhe, G. (2000). Einführung in die allgemeine Betriebswirtschaftslehre (20. Aufl.). München.

Wood, D. J. (1991). Corporate Social performance revisited. *Academy of Management Review, 16*, 691-718

Wright, M. & Robbie, K. (1996). Venture Capitalists, Unquoted Equity Investment Appraisal and the Role of Accounting Information. *Accounting and Business Research*, *26*, 153-168.

Wright, M. & Robbie, K. (1998). Venture Capital and Private Equity: Review and Synthesis. *Journal of Business Finance & Accounting*, *25*, 521-570.

Wright, M., Robbie, K., Thompson, S. & Starkey, K. (1994). Longevity and the life-cycle of management buy-outs. *Strategic Management Journal, 15*, 215-227.

Yongvanich, K. & Guthrie, J. (2006). An Extended Performance reporting Framework for Social and Environmental Accounting. *Business Strategy and the Environment*, *15*, 309-321.

Zemke, I. (1995). Die Unternehmensverfassung von Beteiligungskapital-Gesellschaften: Analyse des institutionellen Designs deutscher Venture-Capital-Gesellschaften. Wiesbaden.

Zerbe, W. J. & Paulhus, D. L. & (1987). Socially Desirable Responding in Organizational Behaviour: A Reconception. *Academy of Management Review*, *12*, 250-264.

Ziegenbein, K. (2007). Controlling (9. Aufl.). Ludwigshafen/ Rhein.

Ziegler, A., Rennings, K. & Schröder, M. (2002). Der Einfluss ökologischer und sozialer Nachhaltigkeit auf den Shareholder Value von europäischen Aktiengesellschaften. Working Paper.

Zingales F., O'Rourke A. & Orssatto, R. J. (2002). Environment and Socio-Related Balanced Scorecard: Exploration of Critical Issues. INSEAD working paper.

Zink, K. J. (2004). TQM als integratives Managementkonzept. München/ Wien.

Zöllner, C. (2005). Institutionelle Investoren als Promotoren von Corporate Governance. In: Budäus, D. (Hrsg.). Governance von Profit- und Nonprofit-Organisationen in gesellschaftlicher Verantwortung (241-267). Wiesbaden.

Zühlke, J.-P. (2007): Muster der Wissensverbreitung zu ausgewählten Controlling-Instrumenten in wissenschaftlichen und praxisorientierten Fachzeitschriften. Wiesbaden.

Zürchner, P. (2006). Private Equity. Teilmärkte, Engpässe und Marktzyklus. Berlin.

FGF ENTREPRENEURSHIP-RESEARCH MONOGRAPHIEN

Herausgegeben von Prof. Dr. Heinz Klandt, Oestrich-Winkel, Prof. Dr. Dr. h. c. Norbert Szyperski, Köln, Prof. Dr. Michael Frese, Gießen, Prof. Dr. Josef Brüderl, Mannheim, Prof. Dr. Rolf Sternberg, Hannover, Prof. Dr. Ulrich Braukmann, Wuppertal, und Prof. Dr. Lambert T. Koch, Wuppertal

Band 63
Jutta Hübscher
Regionalspezifische Erfolgsfaktoren von Gründungen
Lohmar – Köln 2008 • 318 S. • € 52,- (D) • ISBN 978-3-89936-727-0

Band 64
Daniel Markgraf
Einfluss von Persönlichkeit und Wissen auf den Gründungsprozess – Eine Untersuchung von kleinen Dienstleistungsunternehmen in Mitteldeutschland
Lohmar – Köln 2008 • 260 S. • € 62,- (D) • ISBN 978-3-89936-729-4

Band 65
Matthias Baum
International Entrepreneurship – Determinants of the Propensity to Internationalize and the Different Types of International New Ventures
Lohmar – Köln 2009 • 80 S. • € 37,- (D) • ISBN 978-3-89936-752-2

Band 66
Alexander Klaußner
Phasenangepasste Führung von Wachstumsunternehmen – Eine empirische Untersuchung im deutschsprachigen Raum
Lohmar – Köln 2009 • 324 S. • € 62,- (D) • ISBN 978-3-89936-843-7

Band 67
Benjamin Pfeifer
Zur Nachhaltigkeitsorientierung von Private Equity-Investoren
Lohmar – Köln 2009 • 408 S. • € 66,- (D) • ISBN 978-3-89936-877-2

JOSEF EUL VERLAG